AUTO
MOTIVE

자 동 차
새시 실습

CHASSIS
EXERCISE

구민사

저자약력 | **장성규**

동의과학대학교 자동차계열 교수

백원철

동의과학대학교 자동차계열 교수

자동차 섀시 실습

초판 인쇄 | 2022년 2월 21일
초판 발행 | 2022년 2월 28일

저 자 | 장성규·백원철
발행인 | 조규백
발행처 | 도서출판 구민사
(07293) 서울특별시 영등포구 문래북로 116, 604호(문래동3가 46, 트리플렉스)
전화 | (02) 701-7421(~2)
팩스 | (02) 3273-9642
홈페이지 | www.kuhminsa.co.kr

신고번호 | 제2012-000055호 (1980년 2월 4일)
I S B N | 979-11-6875-020-3 93550

값 25,000원

PREFACE

머리말

자동차는 양적 증산뿐만아니고 기술 및 질적 고도화를 가일층 도모하여 선진 자동차공업국으로서의 균형발전을 필요로 할 시점이다. 이와 같이 중요한 시점에 자동차를 전공하는 학생들이 나날이 달라지는 자동차의 신기술정보를 접하고 있지만 기본원리의 이해가 부족하여 활용에 많은 어려움이 있다. 그리고 섀시시스템이 종래는 기계식 및 수동형에서 전자제어형으로 발전됨에 따른 시스템의 기본원리의 이해와 중요성에 대한 인식이 점차 높아지고 있는 실정이다. 따라서 이책에서는 자동차 섀시의 전반적인 기본이론과 실습요령에 대하여 자동차제작사의 기준에 맞추어 충실히 하고자 노력하면서 다음 몇가지 사항에 유의하여 이 책을 집필하였다.

첫째 이책은 현재의 자동차기술을 포함하여 앞으로 기술진보을 예측할수있도록 기본원리를 가급적 다양하게 전개하였다. 자동차를 구성하고 있는 각 장치의 기본배경, 구성부품의 구조 및 기능 작동원리등의 이론과 실습방법을 제시하였다.

둘째 이책은 학습자의 창의성을 강조하여 조화 학습이 가능하도록 하였다. 학습자가 자동차관련 과목들의 기초지식을 기초로 하여 이론과 실습방법을 참고로 스스로 체계적인 실습이 이루어 질수있도록 하였다.

셋째 이책은 새로운 정보를 기본주제로 선정하여 다양한 기술 흐름을 각분야별로 세분화하여 원론적으로 접근할 수 있도록 하였다. 특히 기본원리에 중점을 두어 자동차기술을 실질적으로 유연하게 대처할 수 있는 실력을 향상시키도록 하였다.

끝으로 이 책을 만들기까지 물심양면으로 도와주신 도서출판 구민사의 조규백사장님과 임직원 여러분들의 노력에 진심으로 감사의 인사를 드립니다.

저자 씀

contents

차 례

CHAPTER 01 자동차 정비 공구 및 기기

Automotive Chassis Exercise

1. 자동차 정비 공구 및 기기의 개요

자동차 정비용 공구 및 기기는 자동차 실습을 하기 전에 사용법과 용도를 알아야만 정확하고 신속한 정비를 할 수 있다. 자동차는 수많은 부품으로 구성되어 볼트와 너트로 결합되어 있기 때문에 정비 시 잘못된 공구를 사용함으로서 부품의 손 망실이나 사용 불가 상태로 만들 수도 있다. 따라서 정확한 사용법과 사용용도를 알아야 신속하고 정확한 정비를 할 수 있다.

자동차용 정비 공구는 일반적으로 기계부품을 정비하는 용도와 비슷하며, 특수 공구도 많이 개발되어 있다. 아래 공구는 일반적으로 많이 사용하는 공구를 중에서 자동차 정비를 할 때 꼭 필요한 부분만을 나열하였다.

2. 공구 및 기기의 구성

2.1. 기본 공구

[1] 소켓렌치

볼트 너트 풀고 조일 때 사용하며 중간대, 래칫핸들, 스피드핸들 등을 같이 결합하여 사용한다.

[2] 롱 소켓(long socket)

점화플러그 등 너트부분이 중간에 있는 긴 볼트 등을 풀고 조일 때 사용한다.

[3] 유니버셜 조인트

각의 변화를 많이 주어 볼트나 너트를 풀 때 소켓과 핸들 중간에 연결하여 사용한다.

[4] 이음대

소켓과 핸들사이에 연결하여 홈이 깊은 곳에 있는 볼트나 너트를 풀고 조일 때 사용한다.

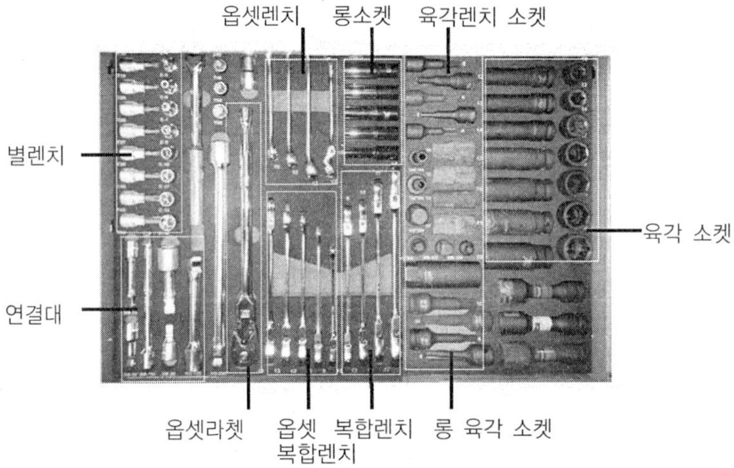

(a)

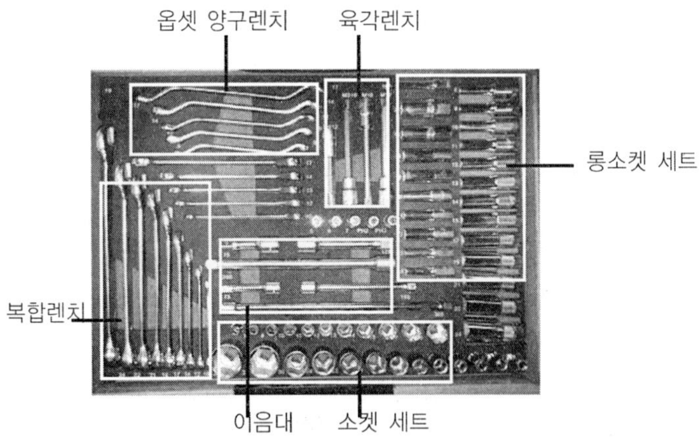

(b)

그림 1. 공구세트(1)

[5] 육각소켓

볼트 머리부분이 육각으로 홈이 파인 곳에 사용한다(실린더헤드 볼트).

[5] 토크렌치(torque wrench)

볼트나 너트를 조인 후 토크를 측정하는 공구로서 여러 개의 볼트나 너트를 균일하게 조일 때 사용한다..

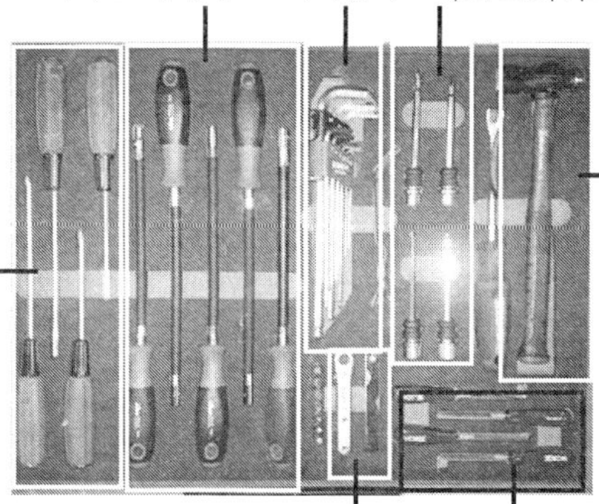

(a)

(b)

그림 2. 공구세트(2)

[7] 라쳇 핸들(ratchet handle)

조임과 풀림의 방향을 변경하는 기구가 설치되어 필요한 한쪽방향으로만 회전시킬 수 있는 공구로서 소켓렌치를 결합하여 사용한다.

[8] 힌지 핸들(hinge handle)

볼트나 너트를 풀고 조일 때 사용하며 소켓 등을 같이 결합하여 사용한다.

[9] 스피드 핸들(speed handle)

소켓을 결합하여 볼트나 너트를 빠른 속도로 풀고 조이는 데 사용하는 공구이다.

[10] 오픈 엔드 렌치(스패너, open end wrench)

볼트 또는 너트를 풀거나 조일 때 사용하는 공구로 복스렌치보다 미끄러지기 쉽다.

[11] 조합렌치(combination wrench)

렌치의 한쪽은 오픈렌치로 되어 있고 다른 한쪽은 동일 규격의 복스렌치로 되어 있는 렌치이다.

[12] 복스렌치(box wrench)

볼트나 너트를 조이고 풀 때 사용하는 렌치로서 볼트나 너트의 머리를 감쌀 수 있어 미끄러지지 않는다.

[13] 기어렌치(gear wrench)

볼트 너트를 빠르게 풀고 조일 때 사용하며 작은 힘이 걸리는 곳에 사용한다.

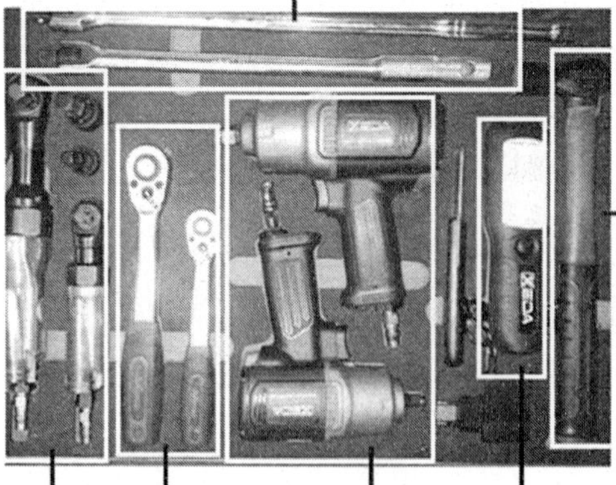

그림 3. 공구세트(3)

[14] 커팅 플라이어

전선을 잡고 자를 때 사용하는 공구이다.

[15] 조합 플라이어

지지 점의 구멍이 2단으로 되어 있는 공구로서 큰 것과 작은 것 모두 잡을 수 있으며 조우에 세레이션이 있기 때문에 미끄러지지 않는다.

[16] 롱 노즈 플라이어(long nose plier)

끝이 뾰족하고 긴 플라이어로서 작은 부품을 잡을 때 또는 장소가 좁은 부분의 작업에 적합한 공구이다.

[17] 바이스 플라이어(vise plier)

물체를 잡을 때 사용하며 턱에 주름이 있어 미끄러지지 않으며 물체의 크기에 따라 턱을 조정하여 사용한다.

[18] 조정 렌치(adjustable wrench)

볼트나 너트의 크기에 따라서 조의 크기를 임의로 조절하여 사용하는 공구. 볼트 또는 너트를 조이거나 풀 때 고정 조에 힘이 가해지도록 사용한다.

[19] 임팩트 렌치(impact wrench)

압축 공기의 압력을 이용하여 충격을 가해 볼트나 너트를 풀고 조이는 렌치이다.

[20] 주먹 드라이브

손이 잘 들어가지 않는 홈의 나사를 풀거나 조이는 데 사용하는 수공구(+. -)이다.

[21] 스크루 드라이버(screw driver)

나사를 풀거나 조이는 데 사용하는 수공구이다.

[22] 고무 해머

물체에 타격을 가할 때 사용하는 공구로서 물체에 손상을 주지 않고 충격만 가하는 해머이다.

[23] 볼 핀 해머

물체에 타격을 가할 때 사용하는 공구로서 금속 해머로 한쪽은 볼과 같이 생겼고 다른 쪽은 핀과 같이 생긴 해머이다.

2.2. 정비용 기기

[1] 볼 조인트 리무브

주로 볼 조인트로 연결된 타이로그 엔드, 로워암, 어퍼암 등 볼 조인트를 빼 낼 때 사용한다.

[2] 브레이크 패드 교환기

디스크 브레이크 패드를 교환할 때 패드가 마모되면서 튀어나온 피스톤을 밀어 넣을 때 사용한다.

(a) 볼 조인트 리무브

(b) 브레이크 패드 교환기

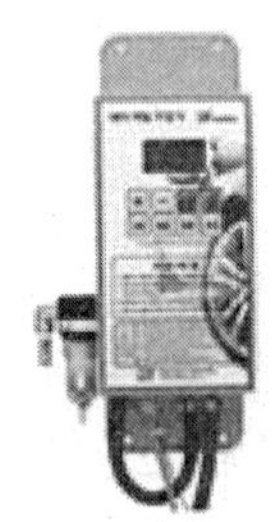
(c) 타이어 공기압 주입기

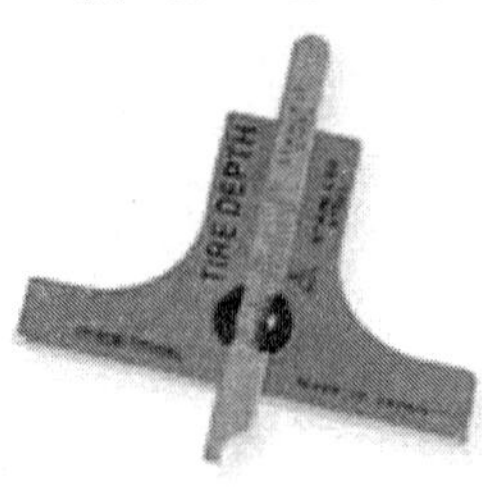

(d) 타이어 마모량 측정기

(e) 브레이크 오일 교환기

(f) 브레이크 오일 오염도 측정기

그림 4. 섀시용 기기 및 공구(1)

[3] 타이어 공기압 주입기

타이어 공기압을 확인, 보충, 주입할 때 사용한다.

[4] 타이어 마모량 측정기

타이어 마모량이 많으면 빗길을 달릴 때 바퀴가 도로에서 뜨는 현상이 발생하며, 이때 트래드 홈의 깊이를 측정할 때 사용한다.

[5] 브레이크 오일 교환기

브레이크 오일을 교환할 때 사용(공기빼기 작업)한다.

[6] 브레이크 오일 오염도 측정기

브레이크 오일은 대기 중에서 수분흡수가 빠르며 수분함유량이 3~4%를 넘으면 교환하여야 한다.

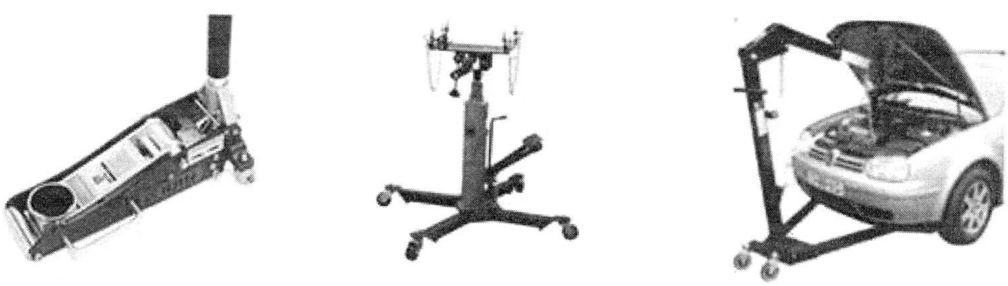

(a) 게러지 잭　(b) 변속기 탈착기　(c) 코끼리 잭

(d) 부동액 교환기　(e) 변속기 오일 교환기　(f) 휠 얼라인먼트　(g) 타이어 탈착기

그림 5. 섀시용 기기 및 공구(2)

[7] 게러지 잭

타이어를 교환하거나 차량의 한 부분을 들어 올릴 때 사용한다.

[8] 변속기 탈착기

변속기를 내릴 때 중량물을 받쳐주는 역할을 하며 부착할 때는 변속기를 들어 올려서 쉽게 부착할 수 있도록 해준다.

[9] 코끼리 잭

코끼리 코 같이 길게 암이 돌출되어 있으며 주로 중량물을 들어 올리거나 엔진작업을 할 때 사용한다.

[10] 부동액 교환기

부동액은 독성물질을 함유하고 있어서 폐기물로 처리하여야 하며 부동액 교환 시에 사용한다.

[11] 변속기 오일 교환기

자동변속기 오일을 교환할 때 사용하며, 오일 회수 충전이 가능하다.

[12] 휠 얼라인먼트

자동차를 정비한 후 얼라인먼트의 확인 조정을 위해 사용한다.

[13] 타이어 탈착기

자동차 타이어를 교환하기 위한 장비이다.

[14] 타이어 휠 밸런스

타이어가 이상 진동을 일으킬 때나 타이어 교환 후 밸런스를 보기 위한 장비이다.

[15] 버니어 캘리퍼스

내경, 외경 깊이를 측정하기 위한 기기이다.

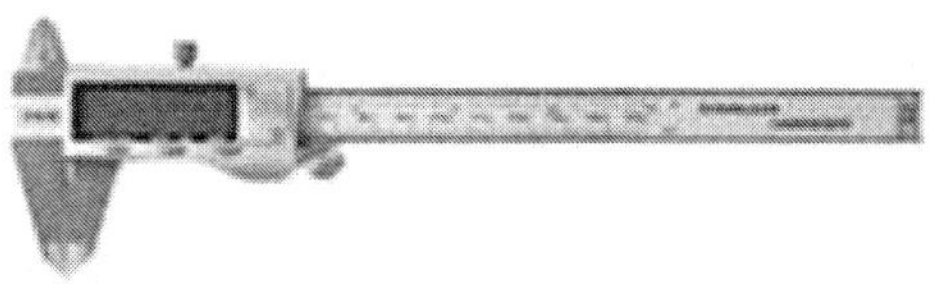

(a) 버니어 캘리퍼스

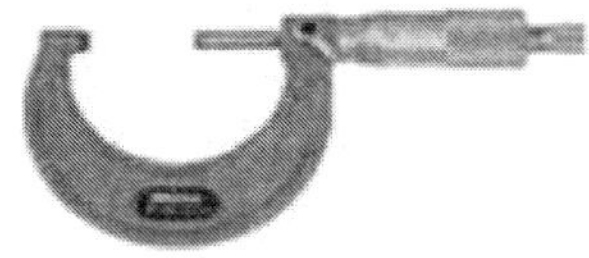

(b) 마이크로미터

(c) 디크니스 게이지

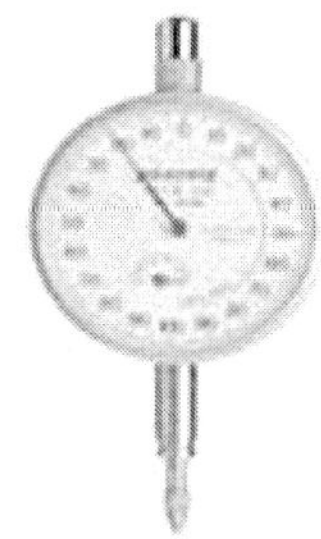

(d) 다이얼 게이지

그림 6. 일반 측정용 공구

[16] 마이크로미터

부품의 내 외경을 측정 할 때 사용하며 내경, 외경 마이크로미터로 나눈다.

[17] 디크니스 게이지

간극게이지라고도 하며 주로 부품사이의 간극을 측정할 때 사용한다.

[18] 다이얼 게이지

시계모양으로 생겼다고 해서 다이얼 게이지라고 하며 주로 축의 휨 량, 런아웃 측정에 사용한다.

CHAPTER 02 자동차의 구성 및 제원

Automotive Chassis Exercise

1. 자동차의 개요

자동차를 구성하고 있는 부분은 차체(body)와 섀시(chassis)로 분리할 수 있다. 먼저 차체는 운전자나 승객 및 화물을 실을 수 있는 부분으로 자동차의 용도와 성능에 따라 다양한 디자인으로 설계가 이루어지고 있다. 자동차 섀시는 차체의 스타일링과 용도에 맞는 여러 종류의 구성요소로 이루어져 있다.

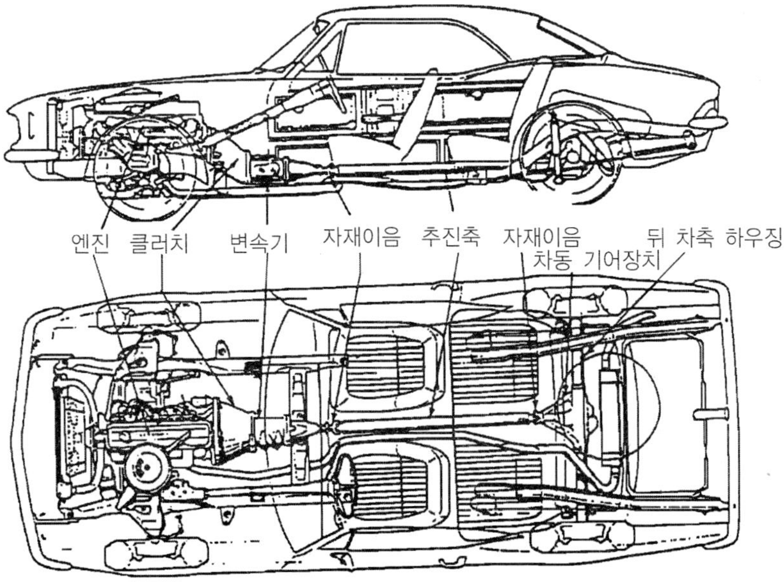

그림 1. 자동차의 구성

그림 1은 차체와 섀시의 구성을 나타낸 것이며, 트럭이나 버스 등을 제외한 일반 승용차는 차체에 프레임을 사용하지 않고 차체에 강성이 필요한 부분만을 강화하여 이 부분에 직접 엔진이나 주행장치, 동력 전달장치 등의 장치를 부착한 프레임리스 보디(frameless body or monocoque body)를 사용한다. 이러한 방식의 차체는 자동차 내부의 유효면적이 넓어지고 차체가 가벼워지는 장점이 있다.

2. 자동차 섀시의 구성

자동차 섀시를 구성하는 각 부품은 주행하는데 필요한 장치들로 이루어져 있으며, 자동차의 성능을 좌우하는 역할을 한다.

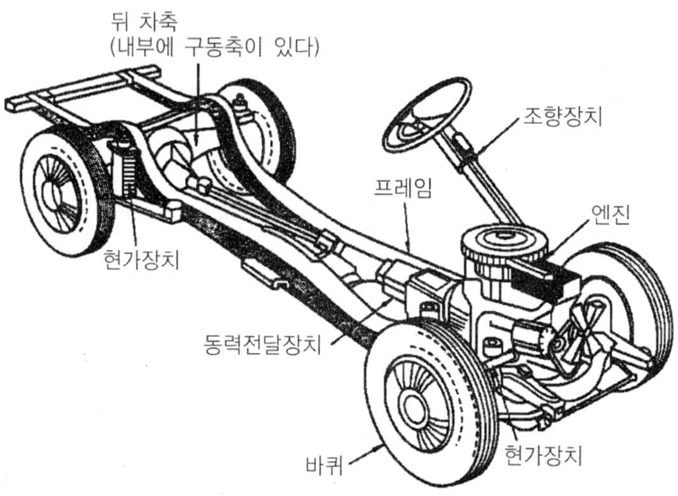

그림 2. 자동차 섀시의 구성

2.1. 동력 발생장치 및 동력 전달장치

동력 발생장치(엔진)는 자동차의 주행과 주행에 필요한 보조 장치들을 작동시키기 위한 동력을 발생시키는 장치로서 사용연료와 작동방식에 따라 많은 종류가 있으며, 현재에도 새로운 기술개발이 계속 진행되고 있다. 동력 전달장치(power train)는 동력 발생장치에서 발생한 동력을 주행상황에 맞는 적절한 상태로 변화를 주어 바퀴에 전달하는 장치이다.

2.2. 현가장치

현가장치는 주행 중 노면으로부터 발생하는 진동이나 충격을 완화하여 차체나 각 장치에 직접 전달되는 것을 방지하는 장치로 승차감을 향상시키고, 주행할 때 안전성을 향상시키는 중요한 역할을 한다.

2.3. 조향장치

조향장치는 운전자의 의지대로 자동차의 방향을 바꾸기 위한 장치이며, 엔진의 동력을 이용하여 조향을 비교적 적은 힘으로도 할 수 있게 한 동력 조향장치(power steer ing)와 현재 사용하는 2WS(2wheel steering)는 앞바퀴만을 조향하지만 이것에 새로운 장치를 부가하여 주행속도에 맞게 앞・뒷바퀴를 모두 조향하는 4WS(4wheel steering)기술도 개발되어 사용되고 있다.

2.4. 브레이크장치

브레이크장치는 주행 중의 자동차를 감속하거나 정지시키고, 정차 중 자동차가 스스로 움직이지 못하도록 고정시키기 위하여 사용되는 장치이며, 모든 바퀴를 제동하는 풋 브레이크(foot brake)와 뒷바퀴만을 고정하는 주차 브레이크(parking brake)가 있다. 또, 노면과 제동의 진행상태에 따라 자동으로 제어되는 전자제어방식의 ABS(anti lock brake system)도 사용되고 있다.

2.5. 주행장치

주행장치는 동력 전달장치로부터 전달되어 온 구동력과 제동할 때 제동력을 노면에 전달하는 장치로서 휠 및 타이어로 구성된다.

3. 자동차의 제원

자동차의 주요치수, 중량, 성능 등을 개략적으로 나타낸 것을 제원이라 한다. 그리고 자동차안전기준에 관한 규칙과 KS R ISO 612를 기준으로 한다.

3.1. 치수에 의한 제원

3.1.1. 자동차의 길이(overall length)

자동차의 가장 앞부분과 가장 뒷부분을 기준면에 투영시켜 차량 중심선에 수평방향의 최대거리를 측정한다. 자동차 안전기준에 관한 규칙에서 자동차 길이는 13m(연결자동차의 경우에는 16.7m) 이내이다.

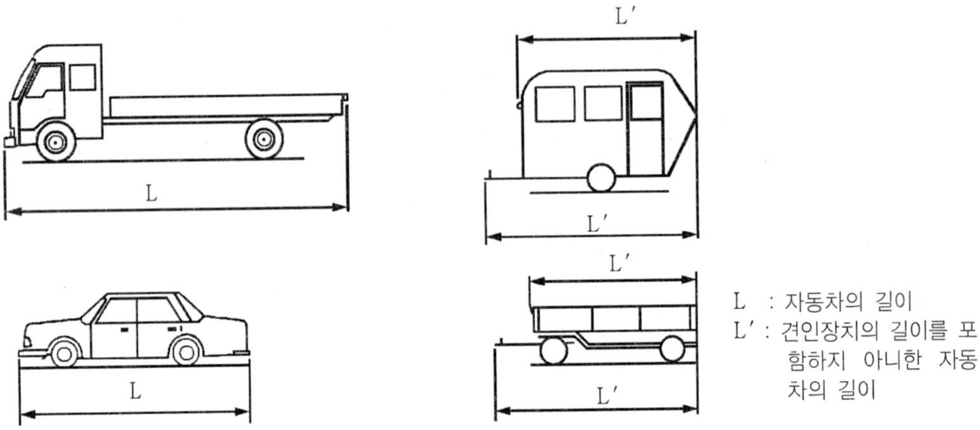

그림 3. 자동차 길이

3.1.2. 자동차의 너비(overall width)

자동차의 앞면 또는 뒷면을 투영시켜 차량 중심선에 직각인 방향의 최대 거리를 측정한다.

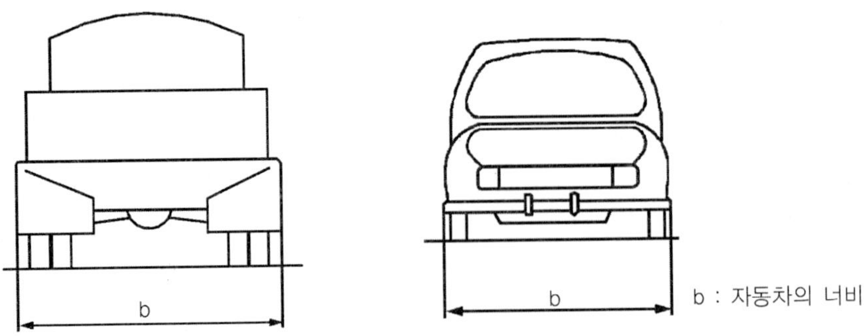

그림 4. 자동차 너비

자동차 및 자동차 부품의 성능과 기준에 관한 규칙에서 자동차 너비는 2.5m(후사경·환기장치 또는 밖으로 열리는 창의 경우 이들 장치의 너비는 승용자동차에 있어서는 25cm, 기타의 자동차에 있어서는 30cm. 다만, 피 견인자동차의 너비가 견인자동차의 너비보다 넓은 경우 그 견인자동차의 후사경에 한하여 피 견인자동차의 가장 바깥쪽으로 10cm를 초과할 수 없다) 이내이다.

3.1.3. 자동차의 높이(overall height)

자동차의 앞면·뒷면 또는 옆면을 투영시켜 차량 중심선에 수직인 방향의 최대 거리를 측정한다. 자동차 안전기준에 관한 규칙에서 자동차 높이는 4m 이내이다.

그림 5. 자동차 높이

3.1.4. 자동차의 차체 오버행

① 차체의 오버행은 제일 앞의 차축의 중심에서 차체 전단까지와 제일 뒷 차축의 중심에서 차체 후단까지의 거리를 측정한다.

② 차대의 오버행은 제일 앞의 차축의 중심에서 차대 전단까지와 제일 뒷 차축의 중심에서 차대 후단까지의 거리를 측정한다.

③ 차체의 오버행을 측정할 때에는 범퍼(bumper), 훅(hook), 핀(pin) 등은 포함되지 않은 상태로 한다.

④ 자동차의 차체 오버행은 다음의 허용한도 이내이어야 한다.

㉮ 소형자동차 C/L ≦ 11/20(L : 축간거리, C : 오버행)

㉯ 밴형화물차, 승합차 등 화물을 밖으로 적재할 우려가 없는 자동차 C/L ≦ 2/3

㉰ 그 밖의 자동차 C/L ≦ 1/2

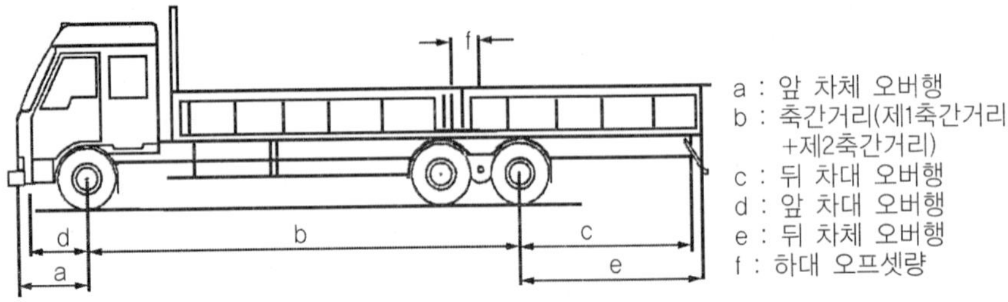

그림 6. 자동차의 차체 오버행

3.1.5. 축간거리(축거, wheel base)

앞뒤 차축 중심사이의 수평거리를 측정하며, 3축 이상의 자동차에서는 앞쪽으로부터 제1·제2 축간거리 등으로 분리하여 측정하여야 하고 무한궤도형의 자동차에서는 무한궤도의 접지부분의 길이를, 피견인 자동차의 경우에는 연결부분(제5륜을 말한다)의 중심에서 뒷차축 중심까지의 수평거리를 측정한다.

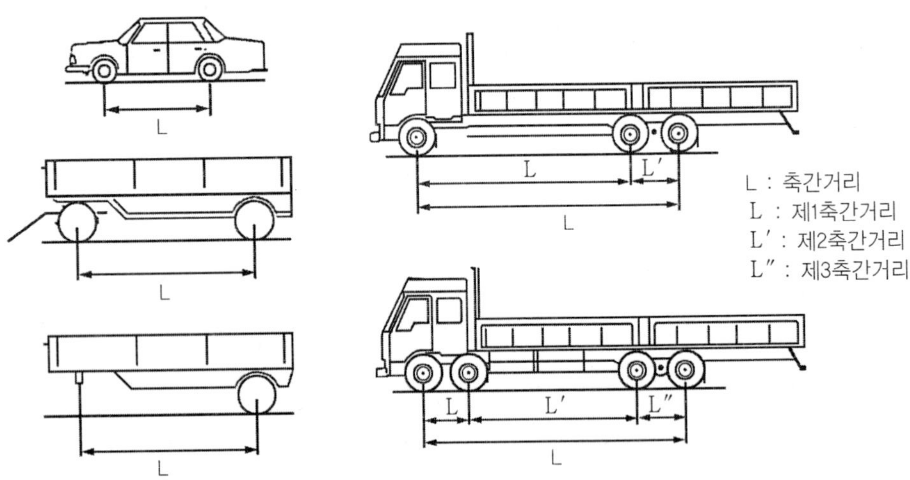

그림 7. 자동차의 축간거리

3.1.6. 윤간거리(윤거, tread)

좌우바퀴가 접하는 수평면에서 바퀴의 중심선과 직각인 바퀴 중심사이의 거리를 측정하며, 복륜(double tire)의 자동차의 경우에는 복륜 중심사이의 거리를 측정한다.

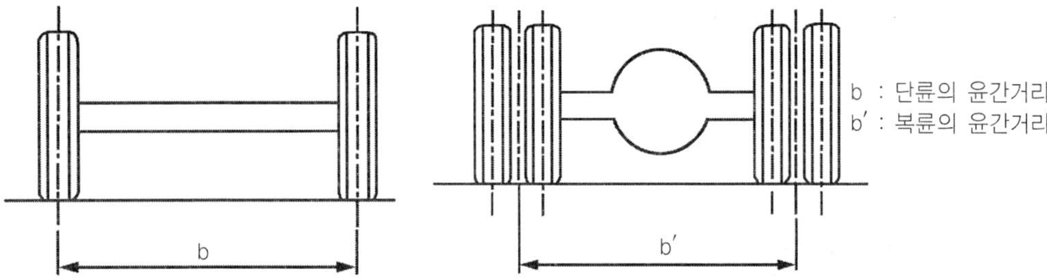

그림 8. 자동차의 윤간거리

3.1.7. 최저 지상고(minimum road clearance)

기준면과 자동차 중앙부분 가장 아랫부분과의 거리를 측정한다. 이 경우 중앙부분이란 바퀴 안쪽 너비의 80%를 포함하는 너비로서 차량 중심선에 좌우가 대칭되는 너비를 말한다. 자동차 안전기준에 관한 규칙에서 공차상태의 자동차에 있어서 접지부분 외의 부분은 지면과의 사이에 12cm 이상의 간격이 있어야 한다.

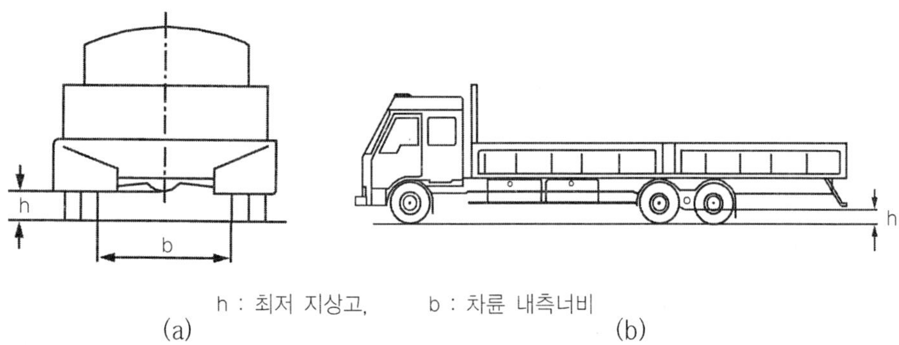

그림 9. 자동차의 최저 지상고

3.1.8. 최대 안정 경사각도

공차상태의 자동차(연결자동차를 포함한다)는 좌·우 각각 35°(차량총중량이 차량중량의 1.2배 이하인 자동차는 30°) 기울인 상태에서 전복되지 아니하여야 한다. 다만, 특수용도형 화물자동차 또는 특수작업형 특수자동차로서 고소작업, 방송중계, 진공흡입청소 등의 특정작업을 위한 구조·장치를 갖춘 자동차의 경우에는 그러하지 아니하다.

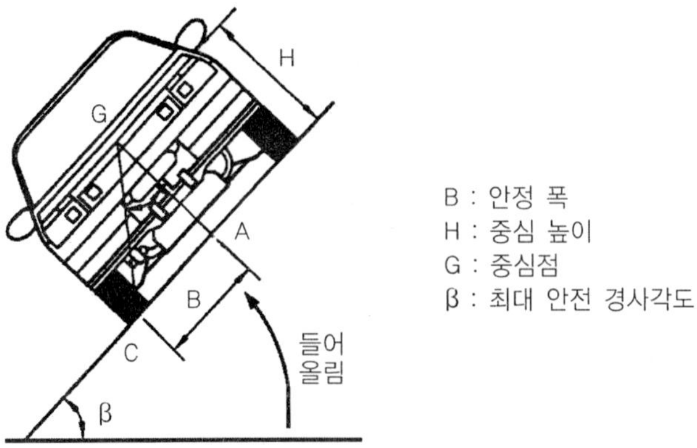

그림 10. 최대 안정 경사각도

최대 안정 경사각도 β는 다음 공식으로 구한다.

$$\tan \beta = \frac{B}{H}$$

B : 안정 폭으로 중심 G로부터 노면에 수직으로 그은 점 A와 경사시킬 때의 지점이 되는 점 C사이의 거리(cm)

H : 중심 높이(cm)이다.

3.2. 중량에 의한 제원

3.2.1. 자동차 중량 및 자동차 총중량

① 자동차 중량이라 함은 자동차가 공차상태일 때의 중량을 말한다.

② 자동차 총중량이라 함은 최대 적차상태(자동차 및 자동차 부품의 성능과 기준에 관한 규칙에서 허용되는 승차정원, 최대적재량을 고르게 적재한 상태)에서의 중량을 말한다. 자동차의 차량 총중량은 20ton(승합자동차의 경우에는 30ton, 화물자동차 및 특수자동차의 경우에는 40ton), 축중은 10ton, 윤중은 5ton을 초과하여서는 아니 된다.

알아두기 — 공차상태와 적차상태

•공차상태 : 자동차에 사람이 승차하지 아니하고 물품(예비부분품 및 공구 기타 휴대물품 포함)을 적재하지 아니한 상태로서 연료·냉각수 및 윤활유를 만재하고 예비타이어(예비타이어를 장착할 수 있는 자동차에 한함)를 설치하여 운행할 수 있는 상태를 말한다.

- 적차상태 : 공차상태의 자동차에 승차정원의 인원이 승차하고 최대적재량의 물품이 적재된 상태를 말한다. 이 경우 승차정원 1인(13세 미만의 자는 1.5인을 승차정원 1인으로 봄)의 중량은 65kgf로 계산하고, 좌석정원의 인원은 정 위치에, 입석정원의 인원은 입석에 균등하게 승차시키며, 물품은 물품적재장치에 균등하게 적재시킨 상태이어야 한다.

3.2.2. 축하중 및 윤하중

① 축하중(축중)이라 함은 자동차가 수평상태에 있을 때에 1개의 차축에 연결된 모든 바퀴의 윤중을 합한 것을 말한다.

② 윤하중(윤중)이라 함은 자동차가 수평상태에 있을 때에 1개의 바퀴가 수직으로 지면을 누르는 중량을 말한다.

3.2.3. 하대 오프셋(rear body off-set)

하대 안쪽 길이의 중심(하중 중심이 중앙에 있지 아니한 경우에는 그 하중의 중심점)에서 뒷차축의 중심(뒷차축이 2축인 경우에는 앞뒤 차축의 중앙, 하중 중심이 두 차축의 중앙에 있지 않은 경우에는 그 하중 중심점)까지의 차량 중심선 방향의 수평거리를 측정한다. 다만 탱크로리 등 형상이 복잡한 경우에는 용적 중심을, 견인자동차의 경우에는 연결부분(제5륜)의 중심을 하대 바닥면 중심으로 한다.

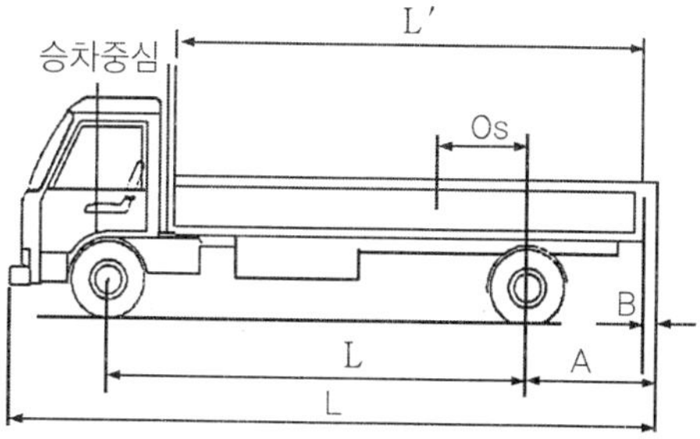

A : 뒤 차축 중심에서 차체 최후단까지의 거리

B : 하대 내측의 뒤끝에서 차체 최후단까지의 거리

L : 차량의 전체길이

L : 축간거리

L′: 하대 내측길이

Os : $\frac{\ell'}{2}$−(A−B)−하대 옵셋

그림 11. 자동차의 하대 오프셋

4. 동력전달방식

엔진의 회전력을 구동바퀴로 전달하는 동력 전달방식은 엔진의 설치위치, 구동바퀴의 수 및 위치 등에 따라 FR(앞 엔진 뒷바퀴)구동방식, FF(앞 엔진 앞바퀴)구동방식, RR(뒤 엔진 뒷바퀴)구동방식, 4WD(4wheel drive) 등이 있다.

4.1. FR구동방식(front engine rear drive)

FR구동방식은 엔진, 클러치, 변속기 등을 일체로 하여 자동차의 앞쪽에 설치하고 또 종감속기어, 차동 기어장치 등은 뒤쪽에 설치한 다음 그 사이를 드라이브라인으로 연결한 것이다. 동력 전달과정은 엔진 → 클러치 → 변속기 → 드라이브라인 → 종감속 기어 → 차동 기어장치 → 차축 → 구동바퀴이다.

[1] FR구동방식의 장점

① 앞 차축으로 구동력을 전달하지 않기 때문에 앞 차축과 엔진 룸 내의 구조가 간단하고, 무게가 가볍다.

② 적재상태에 따라 앞·뒷차축의 하중 분포의 편차가 적다.

③ 엔진 냉각이 효율적이며, FF구동방식보다 앞바퀴의 타이어와 브레이크 패드의 마모가 적다.

④ 고속주행에서 로드 홀딩(road holding)이 좋아 승차감이 좋다.

[2] FR구동방식의 단점

① 변속기의 길이가 길어지고 또 추진축 및 종감속 기어 등으로 자동차 실내의 공간 이용도가 낮아진다.

② 공차상태에서 빙판길이나 등판 주행을 할 때 뒷바퀴가 미끄러지는 경향이 있다.

③ 긴 추진축을 사용하므로 진동발생(whirling)과 에너지 소비량이 FF구동방식보다 크다.

④ 소음과 정비 빈도가 크고, 연료소비율이 좋지 못하다.

⑤ 선회할 때 오버 스티어링(over steering) 경향이 있다.

(a) FR구동방식 (b) FF구동방식

그림 12. FR구동방식과 FF구동방식

4.2. FF구동방식(front engine front drive)

FF구동방식은 엔진과 동력 전달장치 일체를 앞쪽에 설치한 것이며, 앞바퀴가 구동바퀴와 조향바퀴로 작용한다. 또 변속기와 종감속 기어 및 차동 기어장치를 복합한 트랜스액슬(trans axle)을 사용한다. 동력 전달과정은 엔진 → 클러치 → 트랜스액슬 → CV 자재이음 및 앞차축 → 앞바퀴이다.

[1] FF구동방식의 장점

① 앞차축으로 직접 동력을 전달하므로 연료소비율이 향상된다.
② 추진축이 없어 동력 전달계통을 간단하게 할 수 있어 자동차 실내의 유효공간이 넓어진다.
③ 선회 및 미끄러운 노면에서 주행 안정성이 크다.
④ 고속으로 주행할 때 옆 방향 바람에 의한 차체의 쏠림이 적다.
⑤ 가로방향으로의 엔진 설치가 유리하고, 자동차의 선회능력이 향상된다.
⑥ 적차 상태에서 앞·뒷차축의 하중 분포가 비교적 균일하다.
⑦ 뒷차축의 구조가 간단해 진다.

[2] FF구동방식의 단점

① 앞차축의 구조 및 엔진 룸의 구조가 복잡하다.
② 앞차축에 가해지는 하중이 크므로 이에 따른 조향력이 커야한다.
③ 고속선회에서 언더 스티어링(under steering)현상이 발생한다.
④ 제동할 때 하중이 앞쪽으로 쏠리므로 앞바퀴의 타이어와 브레이크 패드의 마모가 비교적 크다.

4.3. RR구동방식(rear engine rear drive)

RR구동방식은 엔진과 동력 전달장치 일체를 뒤쪽에 설치한 것이며 뒷바퀴로 구동한다. 동력 전달과정은 엔진 → 클러치 → 트랜스액슬 → CV자재이음 및 뒷차축 → 뒷바퀴이다.

[1] RR구동방식의 장점

① 앞차축의 구조가 간단하며, 동력전달 경로가 짧고, 조향 조작력이 작아도 된다.
② 운전석의 소음이 적고, 빙판 길이나 등판 도로에서 출발이 쉽다.

[2] RR방식의 단점

① 변속 조작기구의 길이가 길어지고, 오조작의 가능성이 높다.
② 엔진 냉각이 불리하다.
③ 빙판 길이나 모랫길에서 주행 안정성이 나쁘다.
④ 고속선회에서 오버 스티어링(over steering)현상이 발생한다.

그림 13. RR구동방식

4.4. 4WD(4wheel drive)

4WD방식은 엔진의 회전력을 4바퀴에 모두 전달하여 구동하는 것이며, 앞·뒷바퀴로 동력을 분배하기 위한 트랜스퍼 케이스(transfer case)를 두고 있다. 동력 전달과정은 앞바퀴는 엔진 → 클러치 → 변속기 → 트랜스퍼 케이스 → 앞 종감속 기어 및 차동 기어장치 → CV 자재이음 및 앞차축 → 앞바퀴이고, 뒷바퀴는 엔진 → 클러치 → 변속기 → 트랜스퍼 케이스 → 추진축 → 뒤 종감속 기어 및 차동 기어장치 → 뒷차축 → 뒷바퀴이다.

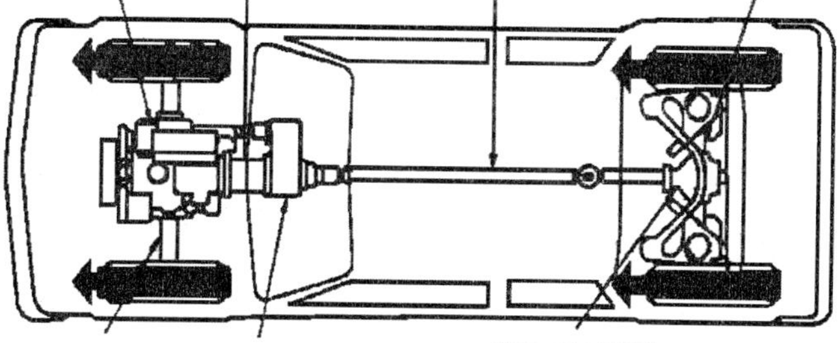

그림 14. 4WD의 구조

[1] 4WD방식의 장점

① 미끄러운 노면이나 등판 도로에서 주행성능이 우수하다.

② 필요에 따라 2바퀴 구동이나 4바퀴 구동으로 변환하여 주행할 수 있으므로 주행 효율을 향상시킬 수 있다.

[2] 4WD방식의 단점

① 앞・뒷바퀴로 동력을 전달하여야 하므로 구조가 복잡해진다.

② 주행할 때 소음이 크다.

③ 제작비용이 많이 든다.

④ 파트타임 방식(part time type)의 경우에는 타이트 코너 브레이크(tight conner brake) 현상이 일어나기 쉽다.

알아두기 — 코너 브레이크(tight conner brake)

4WD로 반지름이 작은 굴곡 길을 저속으로 선회할 때 앞바퀴와 뒤바퀴의 회전 반지름이 달라 브레이크가 걸린 듯이 빽빽해지는 현상이다.

실습보고서

실습명	동력전달장치 및 제원	실습일시:	
학번 및 조		이름	

01. 섀시란 ?

02. 동력전달장치의 구성요소에서 각각 구조와 역할에 대하여 간략하게 설명하시오.

03. FR, FF방식 차량의 동력전달 경로를 설명하시오.

04. `차량제원에서 (1) 너비, (2) 높이, (3) 축거, (4) 윤거, (5) 차량총중량, (6) 축하중에 대하여 설명하시오.

05. 4WD(4 Weel Drive)의 특징을 설명하시오.

점검결과 설명	
실습기자재, 재료, 공구	
작업결과 설명	
다음정비소견	
학습평가	① 암기하고 충분히 활용할 수 있다. ② 암기는 하지만 활용할 수 없다. ③ 단지 이해만 할 수 있다. ④ 암기도 이해도 할 수 없다.

CHAPTER 03 동력전달장치

Automotive Chassis Exercise

1. 클러치(clutch)

1.1 클러치의 일반적인 사항

자동차가 주행 중 클러치가 없으면 엔진은 바퀴를 계속 회전시키게 된다. 엔진을 정지시키지 않고 자동차를 멈추게 하는 장치가 클러치이며, 변속기는 이런 클러치의 하우스(집, house)라고 할 수 있다. 변속기 내에 있는 클러치는 동력을 단계적으로 적용시키는 역할도 하지만 부드러운 출발과 기어 변속을 가능하게 하고 엔진 정지 없이 자동차를 멈추게 해 준다.

자동차가 주행할 때에는 노면, 공기, 차량의 하중, 경사도 등으로 인해 주행저항이 변하는 범위가 넓어진다. 이에 따라 엔진과 구동륜 사이에서 임의 또는 자동적으로 엔진의 회전속도에 대한 구동륜의 회전속도를 변화시켜서 엔진의 회전력을 차륜의 구동력으로 바꾸는 장치를 변속기라 하며 일반적으로 1~5단(자동변속기의 경우 1~8단, 무단(CVT)과 함께 후진 시에 사용할 수 있는 역전(reverse) 장치를 구비하고 있다. 클러치(clutch)는 엔진과 변속기사이에 설치되어 있으며, 동력 전달장치로 전달되는 엔진의 회전력을 단속하는 작용을 한다.

1.1.1. 클러치의 필요성

① 엔진은 자기기동(self starting)이 불가능하다. 따라서 시동할 때에는 엔진을 일단 무부하 상태로 하여야 한다.

② 변속할 때 변속기의 기어를 변환하려면 엔진의 회전력을 일시 차단하여야 한다.
③ 자동차를 관성운전을 하려면 엔진과의 연결을 차단하여야 한다.

1.1.2. 클러치의 구비조건

① 클러치 작용이 원활하며, 조작이 쉽고 확실하여야 한다.
② 냉각이 잘 되어 과열하지 않아야 한다.
③ 회전관성이 작어야 한다.
④ 동력을 전달할 때 서서히 전달되고, 전달된 후에는 미끄러지지 않아야 한다.
⑤ 회전부분의 평형이 좋아야 한다.
⑥ 구조가 간단하고, 다루기 쉬우며 고장이 적어야 한다.

1.2. 클러치의 종류

클러치는 동력을 전달하는 방식에 따라 다음과 같이 분류된다.

- 클러치
  - 마찰 클러치
    - 단판 클러치 ― 건식
      - 코일 스프링 형식
      - 다이어프램 스프링 형식
    - 다판 클러치
      - 건식
      - 습식
  - 유체 클러치
  - 전자 클러치
    - 자성 분말방식
    - 전자 디스크방식

페달의 설치방식에 따라 펜던트식(pendant)과 플로어식(floor type)이 있으며 승용차에서 주로 펜던트식이, 그밖에 대형 유압식 클러치에 주로 쓰이는 플로어식(floor type)이 있다. 중·소형 차량에는 거의 펜던트식이 사용되고 있다.

1.3. 클러치의 고장진단

준비기계 및 기구

완제품 자동차, 클러치판 가이드, 일반 공구세트, 센터 바, 잭, 안전 스탠드, 바이스, 보안경, 버니어캘리퍼스, 마이크로미터, 다이얼게이지, 곧은자 등을 준비한다.

안전 및 주의사항

① 자동차 밑에서 작업을 해야 하는 경우에는 자동차가 움직이지 않도록 고임목으로 고인 후, 잭으로 자동차를 들어 올리고 안전 스탠드로 지지하여야 한다.
② 자동차 밑에서 작업을 하는 때에는 반드시 보안경을 착용하여 눈을 보호하도록 한다.
③ 릴리스 베어링을 바이스에 물릴 때에는 베어링 면이 손상되지 않도록 연질의 금속판을 바이스 조에 대고 물려야 한다.
④ 영구 주유방식의 릴리스 베어링은 세척유로 세척을 해서는 안 된다.
⑤ 클러치판에는 오일이 묻지 않도록 주의하고, 클러치판 청소는 압축공기로 한다.
⑥ 유압조작 방식 클러치의 부품을 떼어낼 때에는 오일이 밖으로 흘러나오지 않도록 주의하여야 하며, 정밀하고 소형이므로 분해할 때 떨어뜨리지 않도록 한다.
⑦ 마스터실린더의 부품을 세척할 때에는 알코올이나 브레이크 오일을 사용하도록 한다.

1.3.1. 클러치가 미끄러지는 원인 및 증상

[1] 클러치가 미끄러지는 원인

① 클러치 페달의 자유간극이 적다.
② 클러치판의 마멸이 크다.
③ 클러치판에 오일 부착 또는 경화되었다.
④ 압력판 또는 플라이휠의 마멸이 크다.
⑤ 클러치 스프링의 장력 및 자유높이가 감소하였다.

[2] 클러치가 미끄러질 때의 증상

① 가속을 할 때 엔진의 회전속도는 증가하나 주행속도는 증가하지 않는다.
② 언덕을 주행할 때 출력이 부족하고, 자동차의 주행속도가 낮다.

③ 엔진이 과열하며, 연료소비량이 증가한다.

④ 클러치의 라이닝 타는 냄새가 난다.

1.3.2. 클러치 차단이 불량한 원인과 증상

[1] 클러치 차단 불량의 원인

① 클러치 페달의 자유간극이 너무 크다.

② 유압계통에서 오일 누설, 공기유입 또는 막힘이 있다.

③ 클러치판의 런 아웃(run out)이 크다.

④ 클러치판의 스플라인이 심하게 마멸되었다.

⑤ 클러치 마스터실린더 또는 릴리스 실린더 피스톤 컵이 손상되었다.

⑥ 다이어프램 스프링이 손상되었다.

[2] 클러치 차단 불량일 때의 증상

변속기의 기어를 변속할 때 마찰소음이 발생하고, 변속이 잘 이루어지지 않는다.

1.3.3. 클러치에서 소음이 발생하는 원인

① 클러치 페달의 자유간극 적다.

② 클러치판의 마멸이 심하다.

③ 릴리스 베어링이 마멸 또는 손상 및 릴리스 베어링에 오일이 부족하다.

④ 클러치 어셈블리 및 릴리스 베어링의 조립이 불량하다.

⑤ 클러치 허브 스플라인의 마멸이 과다하다.

1.3.4. 클러치 페달이 잘 작동하지 않는 원인

① 클러치 페달의 윤활이 불량하다.

② 클러치 축 스플라인의 윤활이 불충분하다.

③ 클러치 릴리스 레버 축의 윤활이 불충분하다.

1.3.5. 변속이 되지 않거나 변속이 어려운 원인

① 클러치 페달의 자유간극이 크다.

② 릴리스 실린더의 작동이 불량하다.

③ 클러치판의 마멸, 런 아웃 과다, 유압회로가 파손되었다.

④ 클러치 축 스플라인 또는 클러치판이 오염되었거나 깎여 있다.

1.4. 기계 조작방식 클러치의 점검 · 정비

1.4.1. 클러치 페달 떼어내기 및 설치하기

[1] 클러치 페달 떼어내기

① 클러치 페달 조정너트와 볼트를 풀고 클러치 케이블을 페달에서 그림 3-1과 같이 분리한다.

② 브레이크 페달과 브레이크 마스터실린더 푸시로드를 연결한 클레비스 핀을 빼내어 분해하고, 제동등 스위치 배선을 분리한다.

③ 클러치 페달과 브레이크 페달을 페달 지지대와 함께 떼어낸다.

④ 클러치 페달 고정너트를 풀고 클러치 페달 축에서 페달을 떼어낸다.

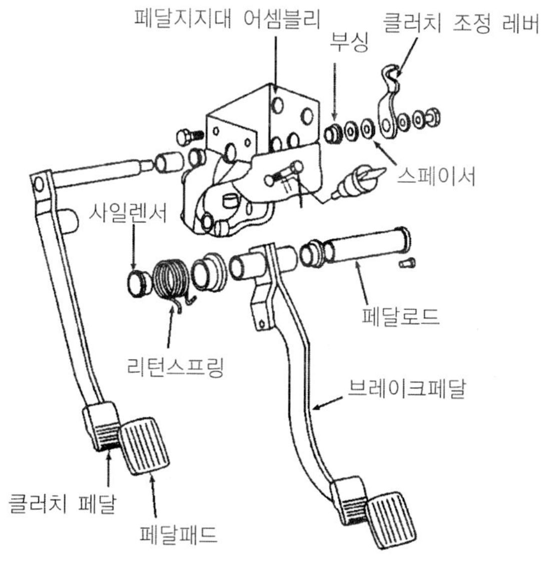

그림 1. 클러치 페달의 분해도

[2] 클러치 페달 점검

① 페달 축 부싱과 페달 패드의 손상 및 마멸 등에 대하여 점검하고 이상이 있으면 교환한다.

② 페달의 휨과 비틀림에 대하여 점검하고 결함이 있으면 수정하거나 교환한다.
③ 리턴스프링의 변형 및 손상에 대하여 점검하고 이상이 있으면 교환한다.

[3] 클러치 페달 설치
① 그리스를 페달 축, 부싱의 안쪽과 바깥쪽 면에 바른 후 분해의 반대순서로 조립한다. 그리고 클러치페달 암 끝의 클러치케이블 연결부분에도 그리스를 얇게 바른다.
② 클러치 페달 축 고정너트를 규정 토크로 조인다.
③ 클러치 페달의 높이와 자유간극을 조정한다.

1.4.2. 클러치 페달 높이 점검 · 정비

[1] 클러치 페달 높이 측정
① 차실 내의 바닥에서 카펫을 들어낸다.
② 클러치 페달에 힘을 가하지 아니한 상태에서 곧은 자를 밑판(토우 보드)과 클러치 페달의 패드 윗면에 직각이 되도록 설치하여 높이를 측정한다.

[2] 클러치 페달 조정방법
유압식에서 설명한다.

1.4.3. 클러치 페달 자유간극(유격) 점검

[1] 클러치 페달의 자유간극이 작을 때 미치는 영향
① 클러치가 미끄러진다.
② 릴리스 베어링, 플라이휠, 클러치판 및 압력판의 마멸을 촉진한다.
③ 클러치가 과열한다.

[2] 클러치 페달의 자유간극이 클 때 미치는 영향
페달의 자유간극이 너무 크면 클러치 페달을 밟아도 엔진의 동력이 차단되지 않으므로 기어를 변속할 때 소음이 나고, 심하면 기어가 파손된다.

[3] 클러치 페달의 자유간극 점검 · 조정

(1) 클러치 페달의 자유간극 점검방법

① 클러치 페달의 패드 쪽을 가볍게 누르면서 반작용의 저항을 느끼는 지점까지의 거리인 페달 자유간극을 측정하여 규정 값과 비교한다.

② 클러치가 분리되었을 때 클러치 페달과 밑판 사이의 거리를 측정하여 규정 값 이내에 있는지를 확인한다.

(2) 클러치 페달의 자유간극 조정방법

조정너트를 반 시계방향으로 돌리면 클러치 페달의 자유간극이 커지고, 시계방향으로 돌리면 자유간극이 작아진다.

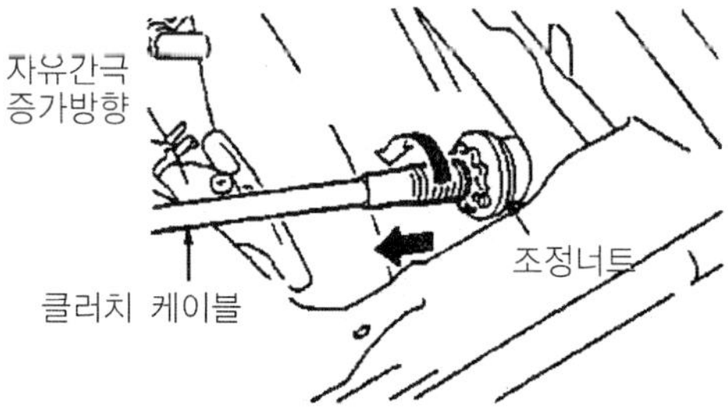

그림 2. 클러치 페달 자유간극 조정

1.4.4. 클러치 케이블 교환방법

① 계기판 아래쪽의 송풍기 덕트를 떼어낸다.

② 릴리스 레버로부터 고정너트 및 조정너트를 푼다.

③ 케이블 브래킷을 트랜스액슬로부터 떼어낸다.

④ 클러치 페달 지지대에서 케이블 고정클립을 분리한다.

⑤ 벌크 헤드의 구멍을 통하여 케이블을 빼낸다.

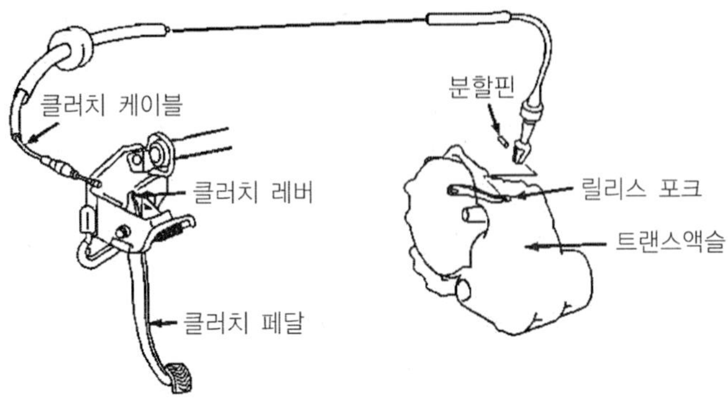

그림 3. 클러치 케이블 교환

1.5. 유압 조작방식 클러치의 점검 · 정비

1.5.1. 클러치 페달 점검 · 정비

[1] 클러치 페달높이 및 자유간극 점검

클러치 마스터실린더의 오일탱크 내의 오일량을 점검한 후 부족하면 보충하고 점검하며, 페달의 높이와 자유간극 점검 및 조정방법은 기계식과 동일하다.

알아두기 — 클러치 페달을 점검할 때 주의사항

① 클러치 페달의 높이나 자유간극을 조정할 때 푸시로드가 마스터실린더 쪽으로 밀리지 않도록 주의한다.
② 클러치 페달의 자유간극이나 클러치가 분리되었을 때 페달과 바닥사이의 거리가 규정 값과 일치하지 않은 경우에는 유압계통에 공기가 유입되었거나 마스터실린더 또는 클러치에 이상이 있으므로 공기빼기 작업을 하거나 마스터실린더나 클러치를 분해 점검한다.

[2] 클러치 페달의 밑판 간극조정

① 그림 4에서 고정너트 C를 풀고 푸시로드 D를 돌려 조정한 다음 고정너트 C를 조인다.
② 조정을 끝 낸 후 클러치 페달을 완전히 눌렀을 때 클러치 페달의 패드 면에서 밑판까지의 거리를 측정하여 규정 값을 벗어난 경우에는 다시 조정하도록 한다.

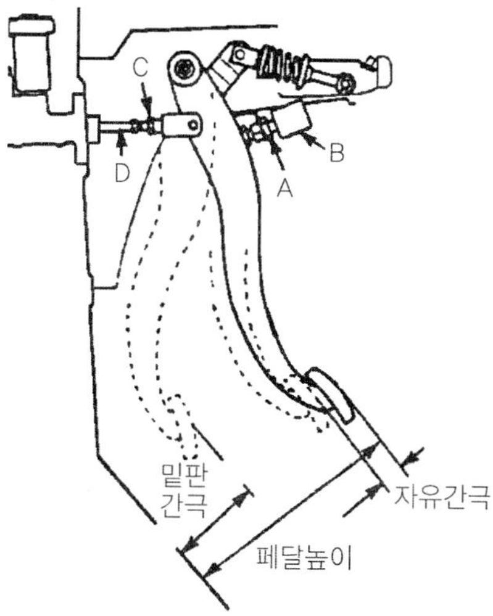

그림 4. 클러치 페달 밑판 간극조정

1.5.2. 클러치 마스터실린더(clutch master cylinder)의 점검 · 정비

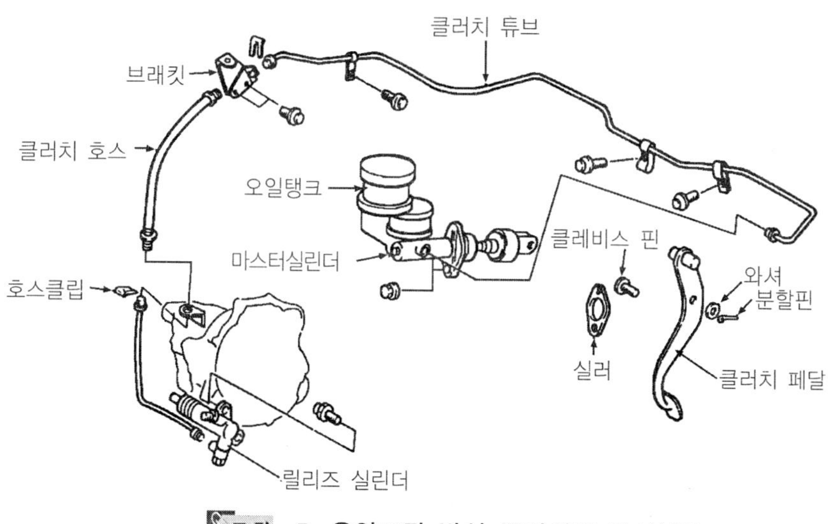

그림 5. 유압조작 방식 클러치의 구성부품

[1] 마스터실린더 떼어내기

① 릴리스 실린더의 공기빼기 나사를 풀고 브레이크 오일을 회수 통에 배출한다.

② 클레비스 핀, 와셔, 코터 핀을 분리한 다음 클러치 페달과 마스터실린더 클레비스의 연결부분을 분리한다.

③ 마스터실린더 쪽에서 클러치 튜브를 분리한다.

④ 마스터실린더 고정 볼트를 푼 다음 마스터실린더를 떼어낸다.

⑤ 클러치 라인 클립을 떼어내고, 클러치 호스에서 클립을 떼어낸다.

⑥ 클러치 튜브를 떼어낸다.

⑦ 릴리스 실린더에서 클러치 튜브를 떼어낸다.

[2] 마스터실린더의 분해 · 점검

(1) 마스터실린더의 분해

① 푸시로드의 부트를 밀고 스냅링 플라이어를 사용하여 피스톤 스톱 링(stop ring)을 분리한 후 푸시로드를 빼낸다.

② 피스톤 어셈블리를 빼낸다.

③ 오일탱크의 밴드를 풀고 오일탱크를 떼어낸다.

④ 피스톤 어셈블리에서 리테이너 로크를 바르게 한 다음 체크밸브, 밸브 로드, 리턴 스프링과 리테이너를 피스톤에서 분리한다.

⑤ 피스톤에서 피스톤 컵을 빼낸다.

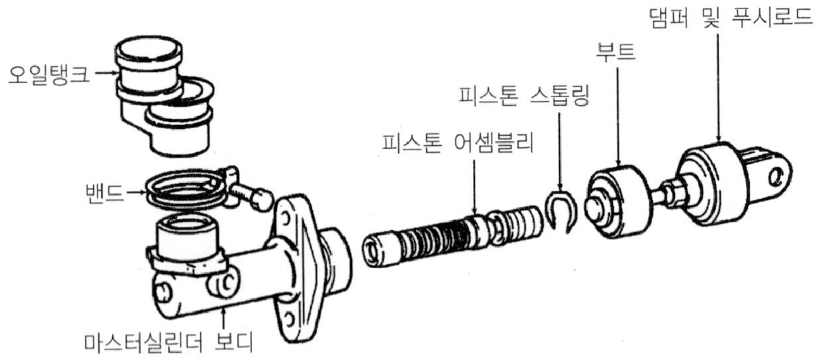

그림 6. 마스터실린더의 분해도

(2) 마스터실린더의 점검

① 점검하기 전에 분해한 부품을 알코올이나 브레이크 오일로 세척한다.

② 마스터실린더 안쪽 면의 계단식 마멸, 긁힘, 부식 등을 점검한다.

③ 외측 마이크로미터로 피스톤의 바깥지름을, 실린더 게이지 또는 텔레스코핑 게이지를 사용하여 마스터실린더의 안지름을 3곳(상, 중, 하)을 측정하고, 마스터실린더와 피스톤의 간극이 규정 값보다 크면 마스터실린더와 피스톤 어셈블리를 교환한다. 이때 한계 값은 0.15mm이다.

④ 마스터실린더의 메인포트와 리턴포트가 막히지 않았는지를 점검하고, 필요하면 포트를 깨끗이 세척한다.

⑤ 피스톤 컵의 손상, 노후 및 립의 마멸을 점검하고, 필요하면 교환한다.

⑥ 피스톤 리턴 스프링의 자유길이를 측정하고 규정 값을 벗어난 경우에는 교환한다.

⑦ 튜브가 연결되는 마스터실린더의 나사부분의 손상을 점검한다.

⑧ 부트의 손상이나 노후 여부를 점검하고, 필요하면 교환한다.

⑨ 피스톤 스냅 링의 결함 유무를 점검하고, 필요하면 교환한다.

[3] 마스터실린더 조립

① 마스터실린더에 피스톤을 조립하기 전에 브레이크 오일에 부품을 담근다.

② 피스톤 컵을 피스톤에 맞춘 다음 리턴 스프링, 체크밸브 및 시트, 밸브 로드, 밸브 스프링을 설치하고, 피스톤 쪽으로 리테이너를 고정하여 그림 7과 같이 부품을 고정시켜 피스톤 어셈블리를 조립한 후 실린더 보디에 끼운다.

③ 푸시로드로 피스톤을 누르면서 피스톤 스냅 링을 실린더의 홈 속에 고정시키고 실린더 보디에 부트를 끼운다.

④ 오일탱크를 실린더 보디에 설치한다.

⑤ 마스터실린더를 조립한 후 피스톤 운동이 원활한지 점검한다.

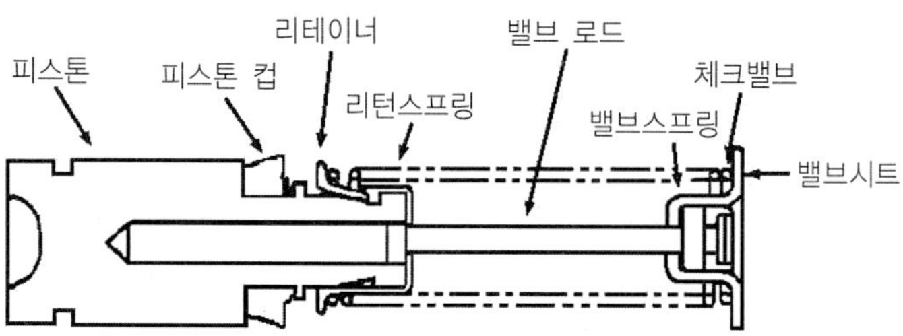

그림 7. 피스톤 어셈블리 조립

1.5.3. 클러치 릴리스 실린더(clutch release cylinder)의 점검 · 정비

[1] 릴리스 실린더 떼어내기

① 릴리스 실린더에서 클러치 튜브를 떼어낸다.

② 릴리스 실린더 설치 볼트를 풀고 릴리스 실린더를 떼어낸다.

[2] 릴리스 실린더 분해

① 밸브 판, 스프링, 푸시로드, 부트 등을 분리한다.

② 공기빼기 나사를 통하여 압축공기를 클러치 튜브 설치구멍으로 불어넣어 피스톤을 빼낸다. 이때 피스톤이 빠져 분실되는 것을 방지하기 위하여 헝겊으로 막는다. 그리고 브레이크 오일이 뿌려지는 것을 방지하기 위하여 압축공기를 서서히 가하도록 한다.

그림 8. 릴리스 실린더 피스톤 빼내기

[3] 릴리스 실린더 점검

① 릴리스 실린더 어셈블리를 분해하기 전에 오일 누출 여부를 점검한다.

② 분해한 부품을 알코올이나 브레이크 오일로 깨끗이 세척한다.

③ 릴리스 실린더의 안쪽 면의 마멸, 긁힘과 부식을 점검하고, 피스톤 바깥지름과 실린더 안지름을 측정하여 실린더 안지름과 피스톤 바깥지름이 한계 값 이상인 경우에는 릴리스 실린더 어셈블리를 교환한다. 한계 값은 0.15mm이다.

④ 피스톤 컵의 마멸과 노후상태를 점검하고, 필요하면 교환한다.

⑤ 부트의 손상을 점검하고, 필요하면 교환한다.

[4] 릴리스 실린더 조립

① 릴리스 실린더 안쪽 면과 피스톤 및 피스톤 컵에 브레이크 오일을 바르고 피스톤 컵을 피스톤 주위의 홈 속으로 끼워서 컵의 모서리가 안쪽으로 향하도록 한다(규정액 : DOT3).

② 부트와 푸시로드를 설치한다.

③ 피스톤이 원활하게 작동하는지를 점검한다.

1.5.4. 클러치 유압회로의 공기빼기 작업

클러치 튜브 및 호스, 마스터실린더와 릴리스 실린더를 탈・부착할 때마다 또는 클러치 페달이 스펀지현상을 나타낼 경우에는 유압계통의 공기빼기 작업을 실시한다. 공기빼기 순서는 다음과 같다.

① 브레이크 오일을 탱크의 중간 정도로 채운다.

② 그림 9와 같이 비닐호스를 릴리스 실린더의 공기빼기나사에 연결하고, 다른 끝을 브레이크 오일이 반 정도 채워진 용기에 넣는다.

③ 공기빼기 나사를 반쯤 풀고, 클러치 페달을 여러 번 밟아서 릴리스 실린더와 파이프로 오일을 압송한다.

④ 릴리스 실린더와 클러치 파이프에 오일이 완전히 차면 나사를 꽉 죈다.

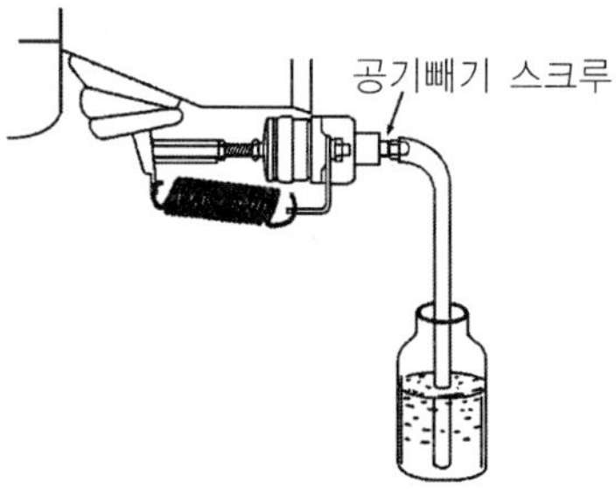

그림 9. 클러치 유압회로의 공기빼기작업

알아두기

① 공기빼기작업을 할 때 페달은 항상 그림 10의 A지점까지 완전히 복원시킨 후 다시 조작하여야 하며 급하게 반복 조작해서는 안 된다.

② 페달을 그림 10의 B와 C구간사이에서 급하게 반복조작하면 유압식 클러치의 특성상 릴리스실린더 푸시로드가 밀려나올 수 있으므로 주의한다.

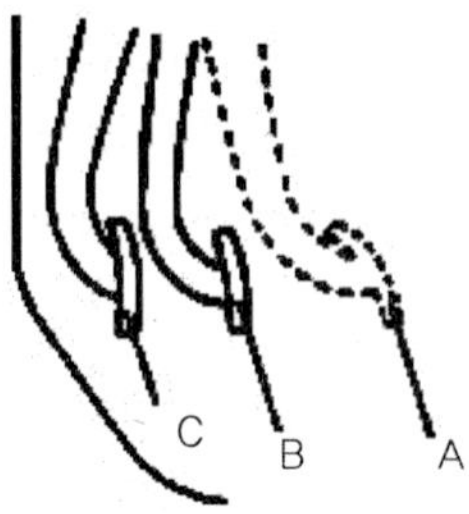

그림 10. 공기빼기를 할 때의 페달 조작

③ 공기빼기 작업을 하는 동안 오일 탱크의 오일은 3/4 이상의 수준을 유지하여야 한다.
④ 브레이크 오일은 도장부분을 손상시키므로 오일이 도장부분에 묻으면 즉시 닦아낸다.

⑤ 클러치 페달을 여러 번 밟은 후, 페달을 밟은 상태에서 공기빼기나사를 풀고 공기를 빼낸다.
⑥ 클러치 페달을 놓기 전에 공기빼기 나사를 다시 죈다.
⑦ 용기 속으로 강제로 뽑아 낸 오일에서 기포가 발생하지 않을 때까지 앞의 작업을 반복하여 공기가 완전히 빠졌을 때 공기빼기나사를 완전히 죈다.
⑧ 규정된 양의 브레이크 오일을 탱크에 채운다.
⑨ 클러치 페달을 여러 번 밟고 유압계통이 원활한지를 점검한다. 엔진을 시동하고 클러치 페달을 밟았다 놓았다 하여 작동을 부드럽게 한다.
⑩ 유압계통에서 오일누출 유무를 점검한다.

1.6. 트랜스액슬과 클러치 어셈블리 떼어내기

① 축전지 (-)단자에서 케이블을 분리한다.
② 운전실 내에서 콘솔 어셈블리를 분리한다.
③ 분할 핀과 클립을 떼어낸 후 변속 및 선택케이블을 분리한다.

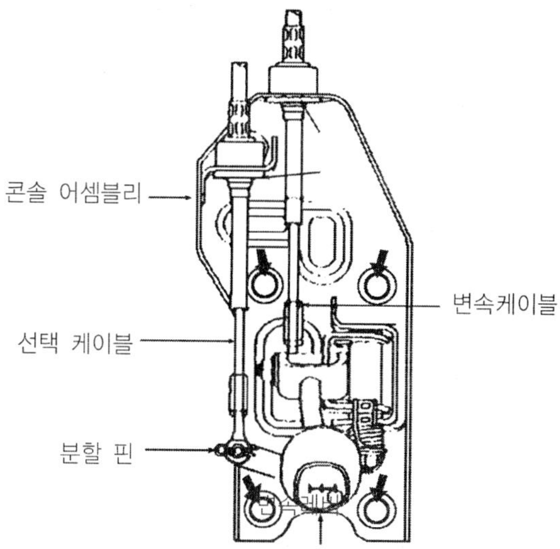

그림 11. 변속 및 선택케이블 분리

④ 변속레버와 리테이너를 분리한다.
⑤ 트랜스액슬에서 후진등 스위치와 주차·중립 스위치에서 커넥터를 분리한다.
⑥ 클러치 케이블의 조정 너트를 풀고 릴리스 레버에서 케이블을 분리 후 케이블 브래킷을 떼어낸다.

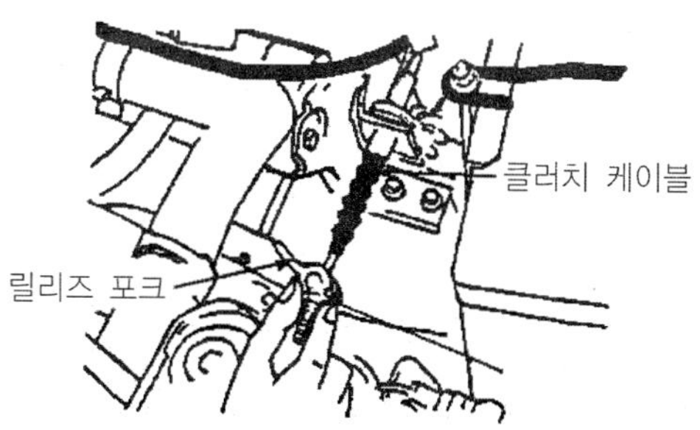

그림 12. 클러치 케이블 분리

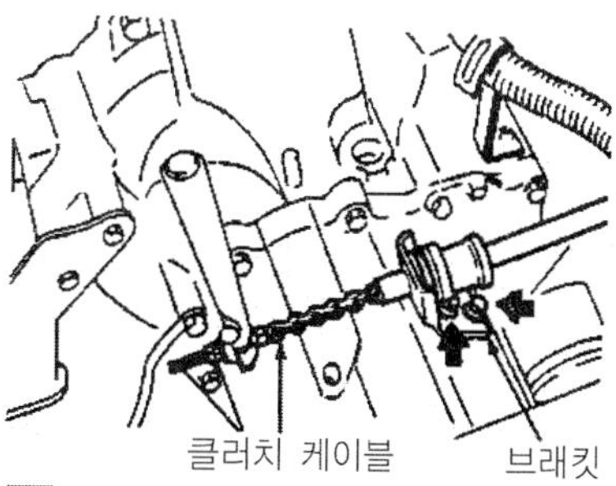

그림 13. 케이블 브래킷 떼어내기

⑦ 기동전동기를 떼어낸 후 속도계 케이블을 분리한다.
⑧ 트랜스액슬 하우징의 맨 위쪽에 있는 볼트 2개를 푼다.

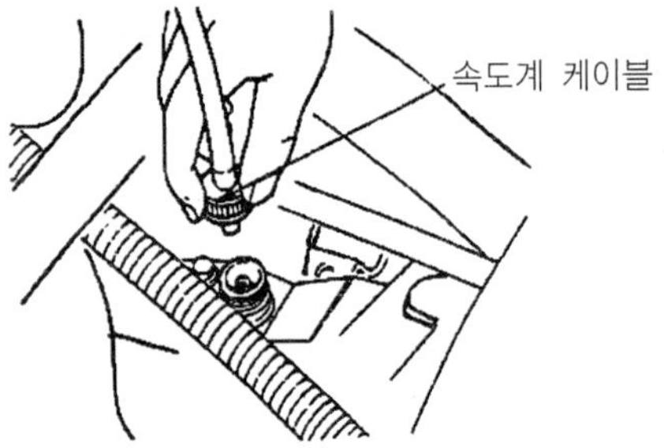

그림 14. 속도계 케이블 분리

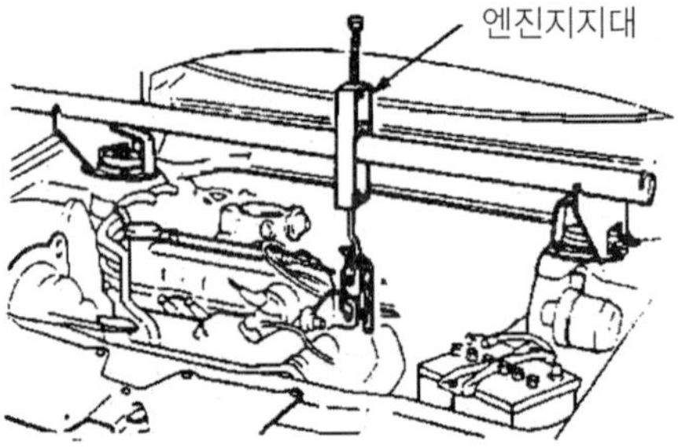

그림 15. 엔진을 지지대에 설치하기

⑨ 엔진의 지지대를 설치하고 지지대의 훅(hook)을 엔진 행어(engine hanger)에 당겨서 지지한다.

⑩ 트랜스액슬과 엔진을 고정하는 볼트를 푼다.

⑪ 자동차를 잭(jack)으로 들어 올리고 안전 스탠드로 지지한 후 트랜스액슬의 오일을 배출시킨다.

⑫ 좌・우측 바퀴와 스플래시 실드를 분리한다.

⑬ 조향 너클에서 스태빌라이저 고정볼트와 너트를 푼다.

⑭ 로워 암 볼 이음(lower arm ball joint)과 조향 너클의 고정볼트를 풀고 로워 암을 아래쪽으로 당겨 로워 암과 너클을 분리한다.

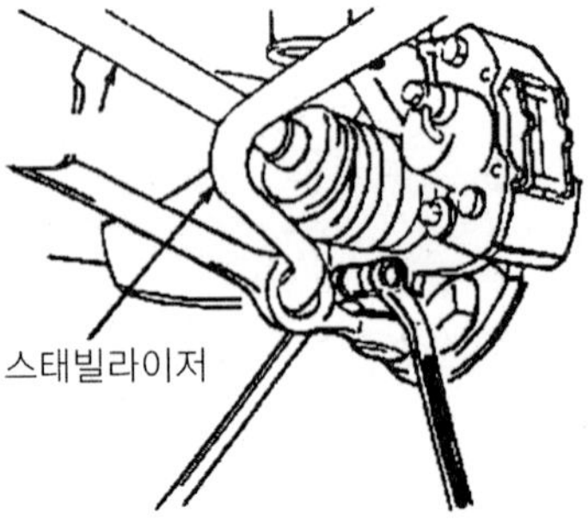

그림 16. 스태빌라이저 분리

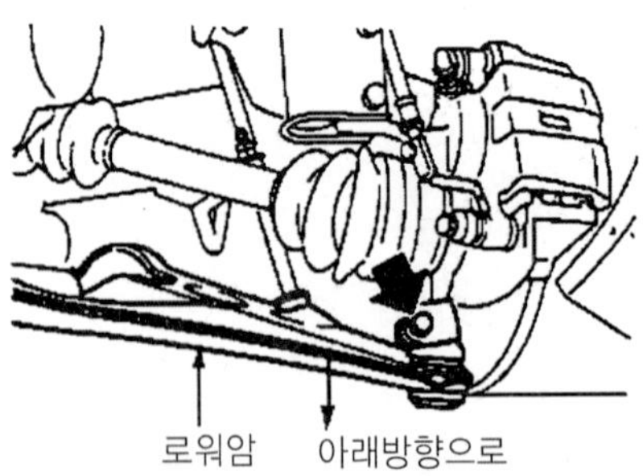

그림 17. 로워 암 분리

⑮ 왼쪽 구동축(drive shaft)을 다음의 순서로 트랜스액슬에서 분리한다.

㉮ 구동축과 트랜스액슬 사이에 특수공구를 끼운 후 특수공구를 가볍게 밀어 구동축과 차동기어의 사이드기어와의 물림을 분리한다.

㉯ 앞 허브를 당겨 트랜스액슬에서 구동축(drive shaft)을 떼어내어 적절한 곳에 지지한다.

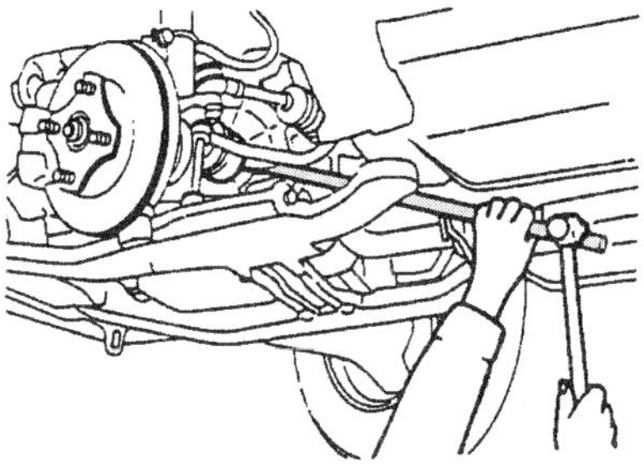

그림 18. 구동축 분리하기

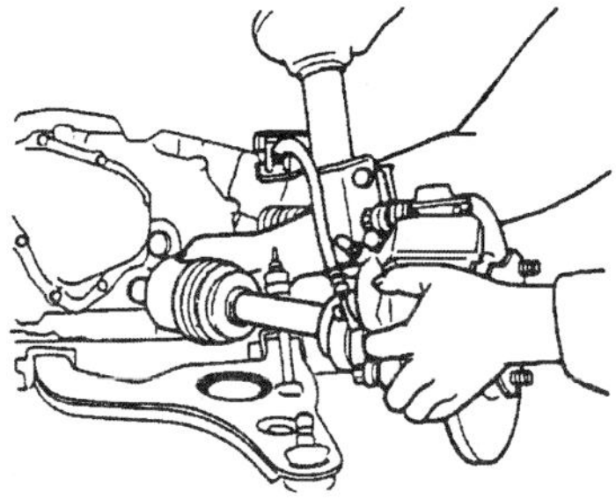

그림 19. 구동축 떼어내기

⑯ 오른쪽 구동축과 중간축(intermediate shaft)을 다음 순서로 떼어낸다.

㉮ 구동축과 중간축사이에 특수공구를 끼운 후 특수공구를 밀어 구동축과 중간축의 결합을 푼다.

㉯ 앞 허브를 당겨 중간축에서 떼어내어 적절한 곳에 지지한다.

㉰ 중간축 브래킷설치 볼트를 풀고 브래킷 어셈블리상태로 트랜스액슬에서 떼어낸다.

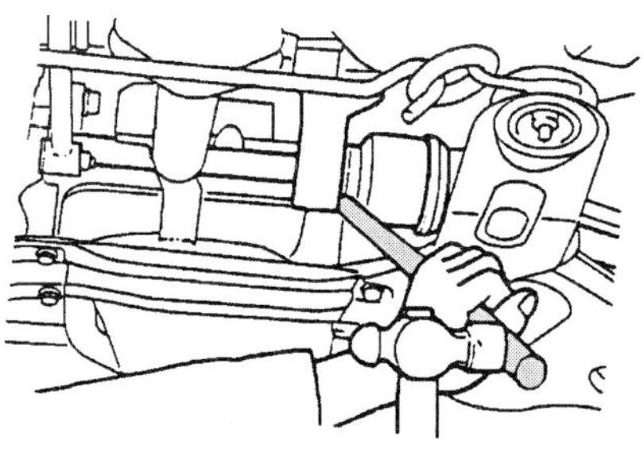

그림 20. 구동축 분리하기

⑰ 트랜스액슬 아래 커버와 마운팅 브래킷을 분리한다.

(a)

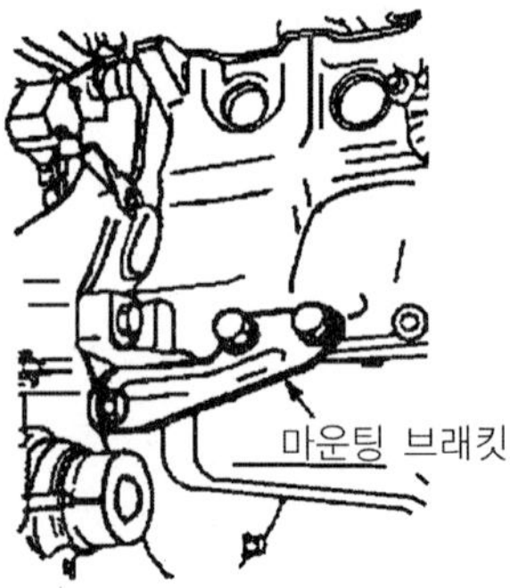

(b)

그림 21. 마운팅 브래킷 분리

⑱ 크로스 멤버와 왼쪽의 로워암 어셈블리를 떼어낸다.

⑲ 변속제어 로드와 변속 로드를 떼어낸다.

⑳ 트랜스액슬에서 익스텐션 바를 떼어낸다.

㉑ 개러지 잭 위에 판(plate)를 설치한 후 트랜스액슬을 지지한다.

㉒ 트랜스액슬을 엔진에서 분리시킨다.

㉓ 그림 23과 같이 특수공구인 클러치판 가이드를 중앙 스플라인 구멍에 끼워 클러치가 떨어지는 것을 방지한 다음 플라이 휠 링 기어 브레이크를 설치한다.

㉔ 클러치 커버 어셈블리 고정볼트를 대각선방향으로 풀어 클러치 커버 어셈블리를 플라이휠에서 떼어낸다.

㉕ 클러치판을 떼어낸다.

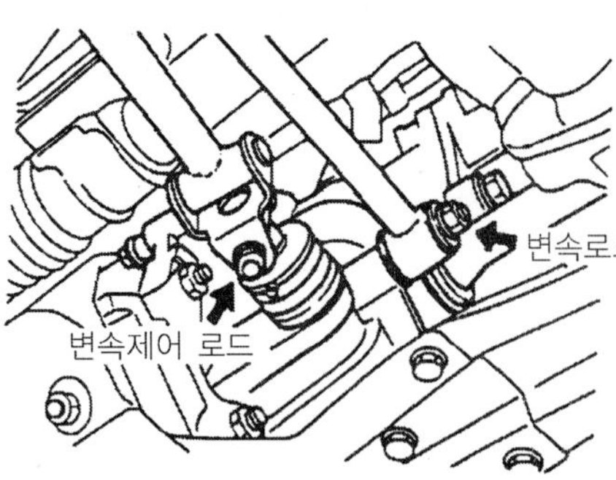

그림 22. 변속제어 로드 분리

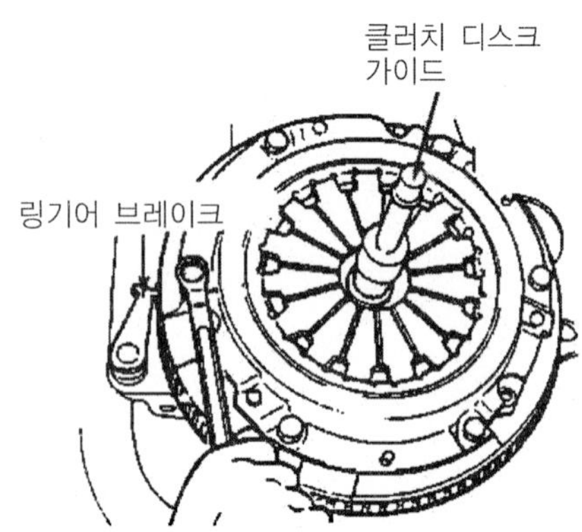

그림 23. 클러치 떼어내기

1.7. 클러치 커버 및 클러치판 점검

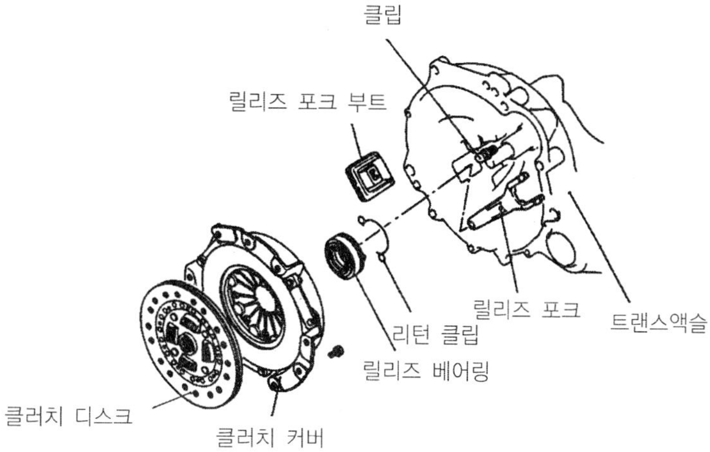

그림 24. 클러치 커버 및 클러치판 구성부품

1.7.1. 클러치 커버 및 클러치판 점검

① 진공청소기나 깨끗한 헝겊을 이용하여 클러치 커버의 먼지를 닦아낸다.

② 크랭크축 뒤쪽 오일 실(oil seal)과 트랜스액슬 앞쪽 오일 실에서 오일이 새지 않는지를 점검하고 누출이 있으면 정비를 한다.

③ 클러치판 라이닝의 리벳 풀림, 불균일한 접촉, 고착에 의한 변질, 오일이나 그리스 등이 묻어 있는지를 점검하여 상태가 불량하면 클러치판을 교환한다.

④ 그림 25와 같이 클러치판의 리벳깊이를 측정하여 규정 값(일반적으로 0.3mm) 이하이면 클러치판을 교환한다.

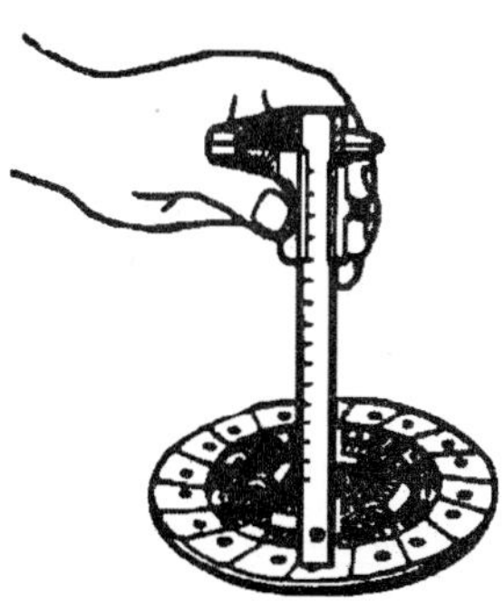

그림 25. 클러치판 리벳깊이 점검

⑤ 클러치판의 비틀림 코일 스프링의 유격 및 손상을 점검하여 결함이 있으면 클러치 판을 교환한다.

⑥ 클러치판과 트랜스액슬 입력축(클러치 축)을 연결하여 미끄럼운동 상태와 회전방향에서의 유격을 점검한다. 만약 미끄럼운동이 원활하지 못하면 세척하여 조립한 후 다시 점검하여 유격이 너무 크면 클러치판과 입력축을 교환한다.

⑦ 클러치 커버 어셈블리에서 다이어프램 스프링 끝의 마멸, 높이의 불균일에 대해 점검하여 마멸이 크거나 높이 차이가 한계를 초과한 경우에는 교환한다.

⑧ 압력판 표면의 비틀림, 마멸, 균열, 변색을 점검하고 곧은자와 시크니스 게이지를 사용하여 압력판의 면이 규정 값(일반적으로 0.5mm) 이내로 평평한가를 점검한다.

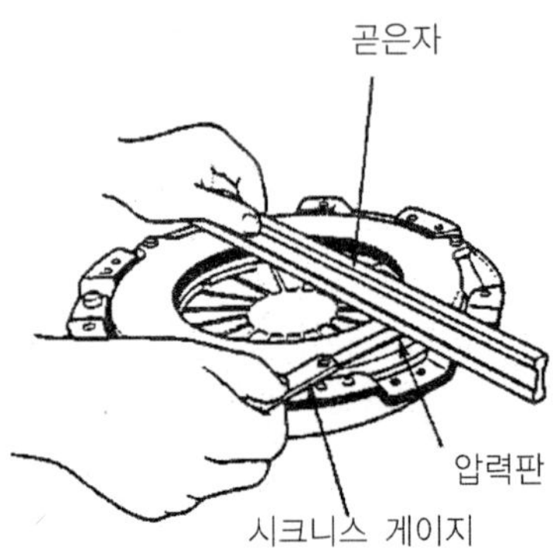

그림 26. 압력판 점검

⑨ 스트랩 판 리벳의 풀림을 검사하여, 풀렸으면 클러치 커버 어셈블리를 교환한다.

⑩ 클러치 커버 어셈블리 바깥쪽 설치 플랜지가 편평한지를 점검한다.

1.7.2. 릴리스 베어링(release bearing) 점검

① 릴리스 베어링은 영구 주유방식이므로 세척할 때 세척 오일을 사용하지 말고 깨끗한 헝겊으로 닦는다.

② 베어링의 열 손상, 충격, 비정상적인 소음, 회전불량을 점검하고 다이어프램 스프링과의 접촉 부위의 마멸도 점검한다.

③ 릴리스 베어링 칼라를 손으로 스러스트 방향으로 눌러서 회전시켜 회전이 원활하지 못하거나 소음발생 등의 이상이 있으면 교환한다.

④ 릴리스 포크와 접촉하는 부분이 비정상적인 마멸이 있으면 베어링을 교환한다.

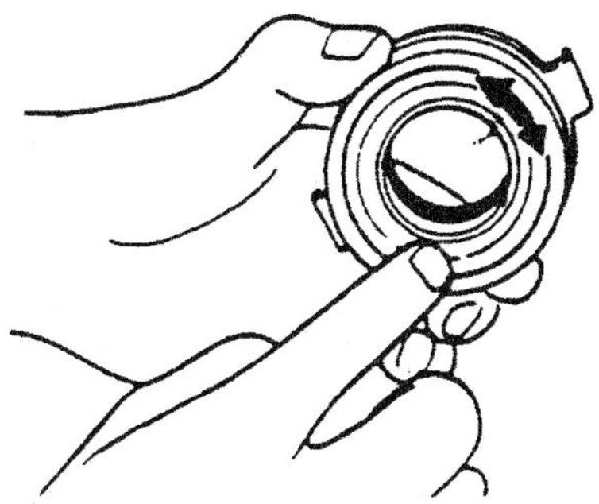

그림 27. 릴리스 베어링 점검

⑤ 베어링과 접촉부위가 비정상적으로 마멸되었으면 릴리스 포크를 교환한다.

1.8. 클러치 어셈블리 설치하기

1.8.1. 릴리스 포크

① 릴리스 포크 부트를 클러치 하우징에 장착한다.

② 릴리스 포크 접촉부위와 릴리스 베어링 접촉부위에 그리스를 바른다. 이때 그리스 도포가 너무 많이 되면 클러치판의 라이닝 면이나 압력판에 묻게 되어 클러치가 미끄러지거나 떨리게 된다.

③ 릴리스 실린더의 끝부분과 릴리스 포크의 푸시로드에 그리스를 바른다.

1.8.2. 릴리스 베어링

① 그리스를 릴리스 베어링의 홈 부분과 릴리스 베어링 접촉부위에 바른다.

② 클러치 하우징에 조립 후 리턴 클립으로 릴리스 포크와 조립한다.

1.8.3. 클러치 커버 어셈블리

① 클러치판 스플라인에 그리스를 바른다.

② 특수공구를 사용하여 클러치판을 플라이휠에 놓는다.

③ 클러치판을 장착할 때 제작회사의 각인이 찍힌 쪽이 압력판 쪽으로 향해야한다.

④ 클러치 커버를 장착하고 볼트를 가 조립한 후 그림 28(a)의 순서대로 대각선방향으로 조이되 한번에 1~2회전씩 순차적으로 조립한다.

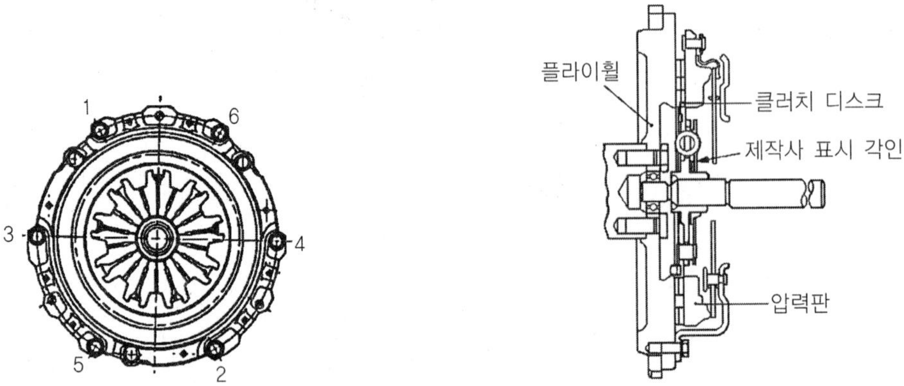

(a) 커버설치 (b) 조립상태

그림 28. 클러치 커버 설치

⑤ 트랜스액슬을 설치하기에 앞서 입력축 스플라인에 그리스를 바르고 브러시로 내부를 문지른다.

실습보고서

실습명	동력전달장치(클러치)	실습일시:	
학번 및 조		이름	

01. 클러치란 ?

02. 클러치의 종류와 작동원리

03. 클러치의 자유유격의 필요성과 각 행정에 대하여 측정하고 설명하시오.

04. 유압식 클러치의 구성요소 중 다음 부품의 탈거하여 내부 부품을 이해하고 작동원리에 대하여 긴략하게 기술하시오.

(1) 마스터실린더

(2) 릴리즈실린더

(3) 릴리스 베어링 점검

(4) 릴리스 포크 점검

(5) 클러치 페달 교환하기

05. 클러치를 교환하는 순서를 기술하시오.

06. 클러치 육안 점검해야 할 항목에 대하여 나열하고 점검결과를 기록하시오.

07. 클러치판에서 페이싱 마모를 점검하고 기록하시오.

한계값	측정값	판정	비고

08. 유압식클러치에서 공기빼기 작업을 하시오.

점검결과 설명	
실습기자재, 재료, 공구	
작업결과 설명	
다음정비 소견	
학습평가	① 암기하고 충분히 활용할 수 있다. ② 암기는 하지만 활용할 수 없다. ③ 단지 이해만 할 수 있다. ④ 암기도 이해도 할 수 없다.

2. 수동변속기(manual transmission)

자동차에서 사용하고 있는 엔진의 회전력은 회전속도의 변화에 관계없이 거의 일정하고 그 출력은 회전속도에 비례하여 증가한다. 자동차는 출발할 때, 언덕길을 올라갈 때, 부하가 큰 경우 등에는 큰 구동력을 필요로 하며, 이때 주행속도는 비교적 저속이라도 관계없다.

알아두기

자동차의 구동력(tractive force)은 그림 29에서와 같이 구동바퀴가 자동차를 미는 힘이며, 다음 공식으로 나타낸다.

$$F=\frac{T}{R}$$

F : 자동차의 구동력(kgf)
T : 축의 회전력(kgf · m)
R : 구동바퀴의 빈지름(m)

그림 29. 구동력과 축 회전력과의 관계

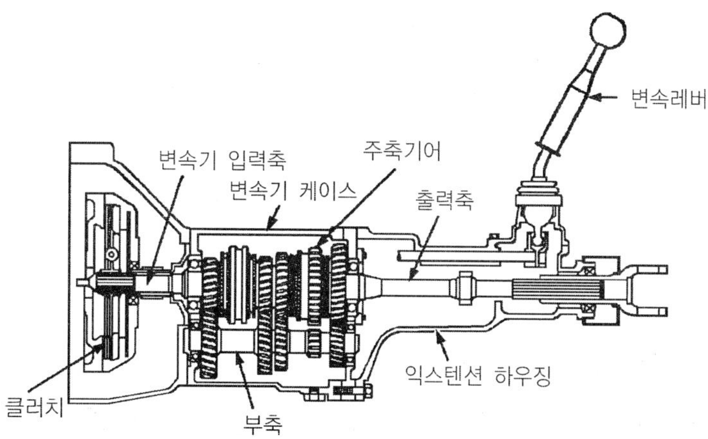

그림 30. 수동(FR용)변속기의 구조

그러나 평탄한 도로를 주행할 때에는 큰 구동력보다는 구동바퀴를 고속 회전시켜 고속으로 주행할 수 있어야 한다. 자동차에서 사용되는 엔진의 본래의 성능을 주행상태에 알맞게 구동력을 변화시키고, 클러치를 조작하지 않아도 엔진의 동력을 무부하 상태로 공전운전 할 수 있도록 하며 또 자동차를 후진할 때에는 회전방향을 역으로 하기 위하여 변속기가 필요하다. 또 수동변속기는 선택 기어방식 변속기라고도 부르며, 그 종류에는 FR 구동방식의 자동차에 사용되는 변속기(transmission)와 FF구동방식의 자동차에서 사용하는 트랜스액슬(trance axle)이 있다.

2.1. 변속기의 필요성과 구비조건

2.1.1. 변속기의 필요성

① 자동차용 엔진은 소형·경량이면서 큰 출력을 발생하여야 하므로 고속회전은 하지만 회전력이 비교적 작고 또 변화하는 범위도 좁다. 따라서 광범위하게 변화하는 자동차의 주행저항에 알맞게 하려면 엔진과 구동차축 사이에 회전력을 증대시키는 장치를 두어야 한다.

② 엔진은 자기기동이 불가능하기 때문에 엔진을 시동할 때에는 일단 무부하 상태로 두어야 한다. 변속레버를 중립위치에 두면 클러치의 작용 없이도 시동을 할 수 있고 공전운전도 할 수 있다.

③ 자동차용 엔진은 고속으로 회전하기 때문에 역회전이 어렵다. 따라서 역회전용 기어장치를 두어 자동차가 후진할 수 있도록 하여야 한다.

2.1.2. 변속기의 구비조건

① 동력 전달효율이 좋을 것

② 단계가 없이 연속적으로 변속될 것

③ 조작이 쉽고, 신속, 확실, 정숙하게 행해 질 것

④ 소형·경량이고, 고장이 없으며 다루기 쉬울 것

2.2. 트랜스액슬(trans axle)

트랜스액슬은 변속기와 종감속 기어 및 차동 기어장치를 일체로 제작한 것이며 FF 구동방식 자동차에서 사용한다.

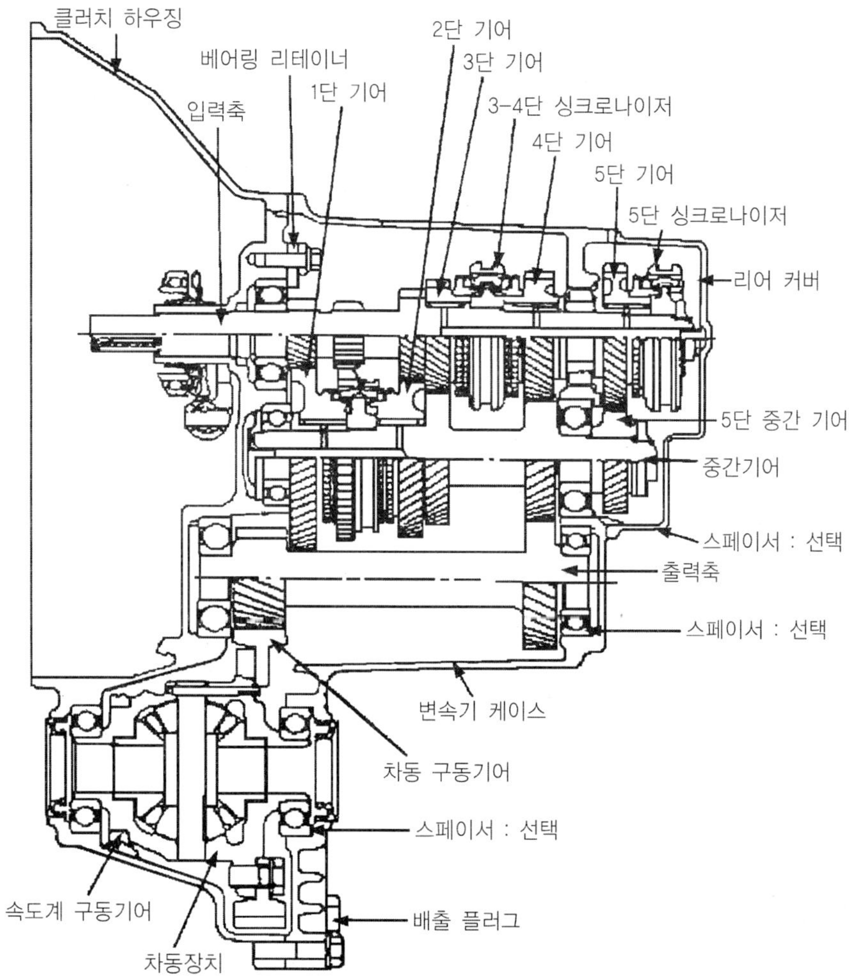

그림 31. 트랜스 액슬의 단면도

조작방법, 구조 및 작동은 FR구동방식 변속기와 비슷하며 특징은 다음과 같다.

① 앞바퀴로 엔진의 동력이 전달되므로 실내 유효공간이 넓다.

② 별도의 케이스를 사용하여 종감속 기어와 차동 기어장치를 설치하지 않아도 되기 때문에 경량화로 인해 연료 소비율이 감소한다.

③ 방향 안전성과 험한 도로를 주행할 때 안전성이 좋다.

④ 제동할 때 안전성이 우수하다.

2.3. 더블 클러치 변속기(DCT)

DCT(Double Clutch Transmission)는 자동변속기의 장점과 수동변속기의 장점을 모두 가진 변속기로서 적절한 변속시점을 알려주어 연비향상 및 운전 편의성에 도움을 주는 시스템이다.

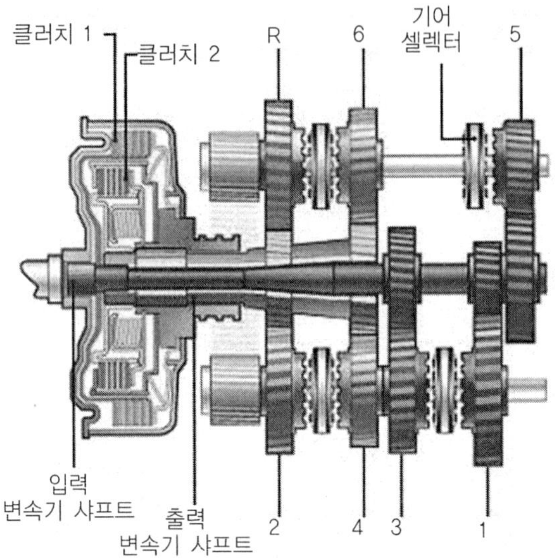

그림 32. DCT의 구조

2.3.1. DCT의 종류

DCT는 건식타입과 습식타입으로 나누며 건식타입은 연비가 우수하고 구조가 간단하며 가격이 저렴하다는 장점이 있는 반면 디스크 면적의 제한으로 중소형차량에 주로 사용된다.

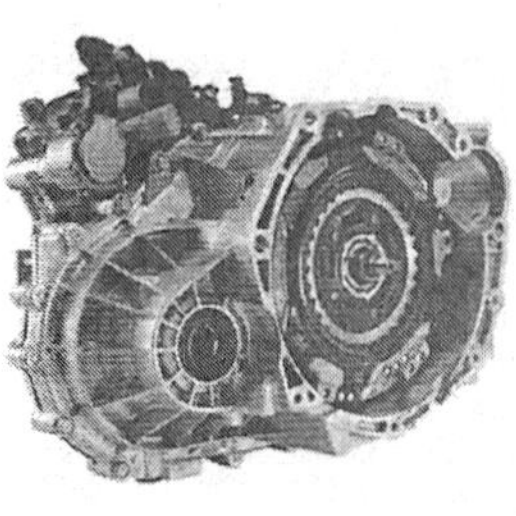

(a) 건식

(b) 습식

그림 33. DCT의 종류

반면 습식타입은 클러치의 제어를 자동변속기의 클러치나 브레이크 작동처럼 유압을 사용하여 작동하므로 밸브바디 및 솔레노이드가 필요하기 때문에 구조가 복잡하고 가격이 비싼 특징이 있는 반면 다판클러치를 사용하여 높은 토크의 엔진에도 사용가능한 장점이 있다.

2.3.2. DCT의 장 · 단점

[1] 장점

① 수동변속기 수준의 고효율로 우수한 연비

② 변속 직결감으로 스포티한 주행성능(토크컨버터 대비 건식 클러치의 직결감)

③ 변속 예치합에 따른 가속성능 우수

④ 자동변속기 수준의 운전 편의성

[2] 단점

① 초기 발진가속감 및 등판성능 열세(토크컨버터의 토크 증배감 없음)

② 저속구간 Tip in/out시 울컥거림(엔진의 토크변동이 차량 가속도 변화로 직접 느껴짐)

③ 발진시 거침(유체 전달을 하는 자동변속기 대비 미세한 진동발생)

④ 가속 등판 시 클러치 과열에 따른 고온 경고 발생

2.3.3. 작동원리

DCT의 변속레버는 일반 자동변속기와 동일하게 P-R-N-D 및 매뉴얼 모드로 구성되어 있다. 운전자가 시동을 걸고 변속레버를 D로 옮기면 홀수단의 클러치 1의 결합 및 1단 기어를 채결한다. 이렇게 1단 운행중 2단 기어를 미리 채결해 두고 운전자의 가속에 의해 2단 변속 시점이 되면 짝수단의 클러치 2의 결합과 동시에 홀수단의 클러치 1을 해제한다. 이렇게 되면 미리 채결된 2단 기어에 의해 2단 주행이 가능하고 TCU는 이러한 제어를 통하여 수동변속기를 기반으로 자동변속기처럼 제어할 수 있다.

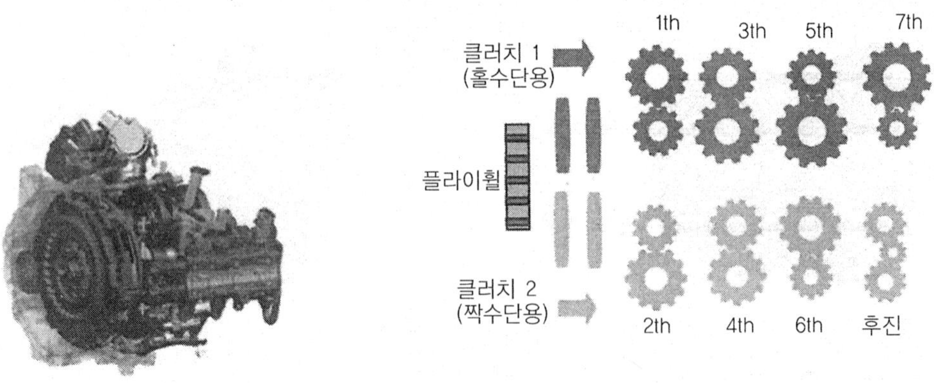

그림 34. 작동원리

[1] 주요구성

DCT의 작동을 위한 주요 구성품은 기어 액추에이터, 클러치 액추에이터(CA : clutch actuator) 등이 있다. 먼저 운전자 손의 역할을 하는 기어 액추에이터는 각 단의 기어 체결 및 해제하는 역할을 한다. 그리고 클러치 액추에이터는 운전자 발의 역할을 하며 더블 클러치(double clutch)를 각각 제어 할 수 있도록 구성되어 있다. 더블 클러치는 2개의 클러치(짝수단 & 홀수단)로 구성되어 있으며 수동변속기와 동일하게 릴리스 베어링과 포크시스템(CES : clutch engagement system)으로 구성되어 있다.

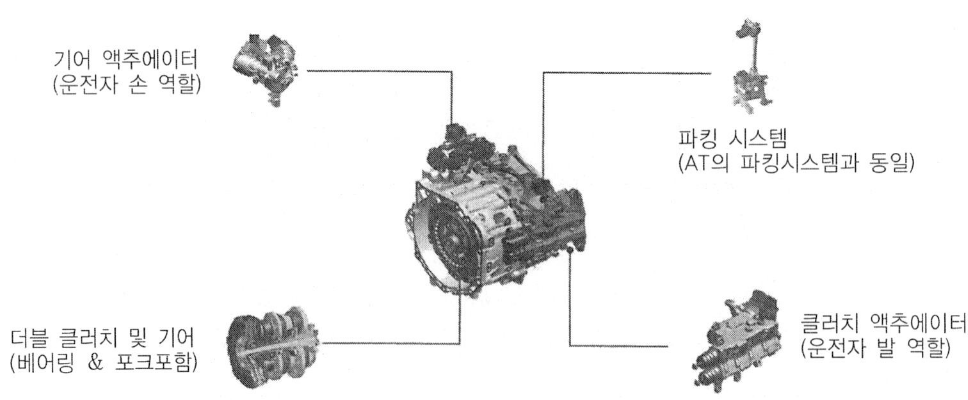

그림 35. 주요구성

[2] 전자제어시스템

주요제어기로부터 입·출력 받는 신호는 자동변속기와 대동소이하며 종 G-센서는 ESP ECU로부터 데이터를 입력 받아 도로구배를 판단하여 구배에 따른 수동변속기 클러치 조작이 평지와 다르게 된다. 또 마스터실린더 입력값(MCP : master cylinder pressure) 및 브레이크 스위치 역시 브레이크 작동 정도에 따라 클러치 연결 및 해제 시기 제어에 사용된다. 자동변속기는 입·출력 속도 센서로 구분되나 DCT는 입력축 속도센서 만 홀수단에 하나 짝수단에 하나 2개가 장착된다.

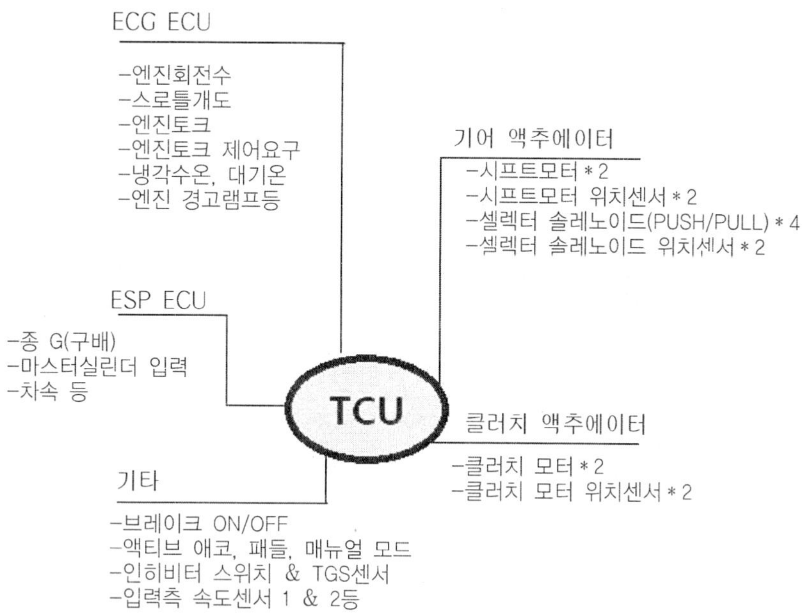

그림 36. 전자제어시스템

(1) 입력축 속도센서

입력축 속도센서는 홀수단 및 짝수단용으로 각각 1개씩 총2개가 장착되며 전·후진(뒤로 밀림)을 인식할 수 있는 스마트 타입으로 되어 있다. 입력축 속도센서가 차량이 뒤로 밀림을 감지하면 클러치를 더 작동하여 뒤로 밀림이 발생하지 않도록 한다.

센서를 탈거하기 위해서는 클러치 액추에이터를 탈거하여야 하며 센서의 작동원리는 홀센서 타입이며 점검 방법은 멀티메타로 저항측정 시 한쪽 방향으로 수 MΩ 이상이면 정상이다.

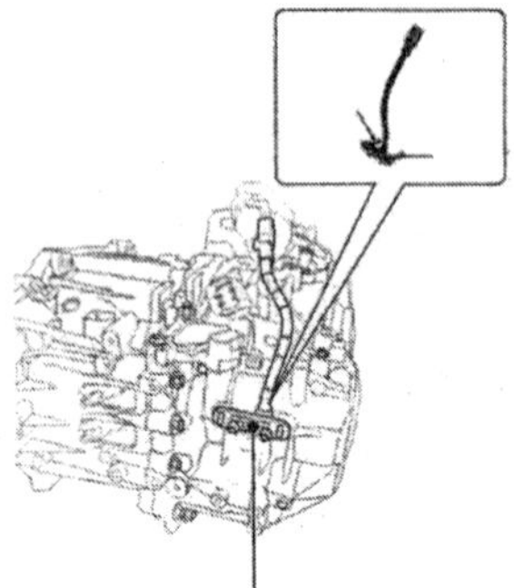

-입력축 속도센서 1, 2적용
-2핀 타입의 홀센서로 전륜 6속 AT와 동일 방식
-센서 1개 고장시 정상 축으로 주행
예) 센서 2(짝수단)고장시 → 홀수단(1-3-5-7로 주행가능)
-좌측의 이미지는 클러치 액추에이터 탈거 상태

그림 37. 입력축 속도센서

변속기가 고장이나 페일 세이프시의 예를 들면 입력축 속도센서 고장이라고 하더라도 1번 센서(홀수단) 고장 시는 짝수단(2-4-6-R)주행이 가능하기에 후진 주행이 문제없지만 2번 센서(짝수단) 고장시에는 홀수단(1-3-5-7)만 주행이 가능하기에 후진주행은 불가능하다.

(2) 인히비터 스위치 및 TGS(transmission gear shift)센서

인히비터 스위치는 4개의 스위치 조합으로 변속레버의 위치를 인식한다. 추가로 변속레버 하단에 TGS센서를 추가하여 인히비터 스위치와 함께 변속레버의 위치를 판단한다. 인히비터 스위치 또는 TGS센서 1개라도 정상이면 정상주행가능하며 두 신호 모두 고장시 주행이 불가능하다.

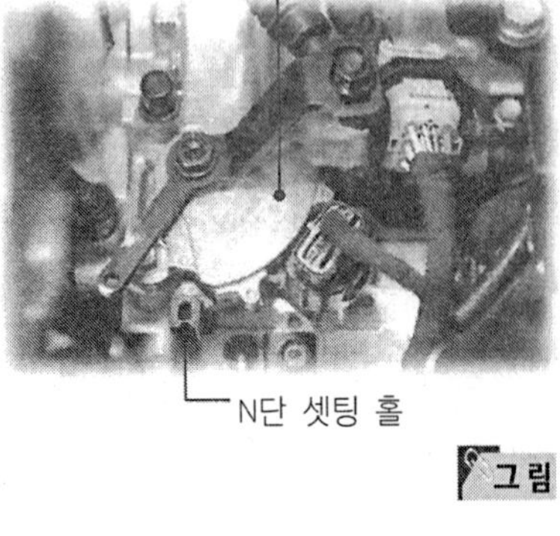

-일반 AT와 동일한 타입(4단자 신호 조합형)
-N단 셋팅 동일
-변속 레버의 하단에 레버 위치 판단할 수 있는 TGS센서 포함(CAN으로 TCU전송)
※ TGS : Transmission Gear Shift

그림 38. 인히비터 스위치

표 TGC 센서

<table>
<tr><th>구 분</th><th>TGS센서</th><th colspan="2">작동 및 검출원리</th></tr>
<tr><td rowspan="2">이미지</td><td rowspan="2">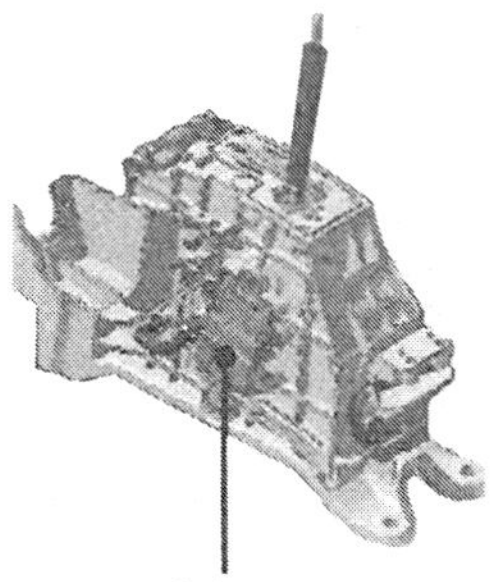
</td><td colspan="2">12V모듈 인가 → 레버포지션 인식 → CAN통신으로 TCU송신</td></tr>
<tr><td>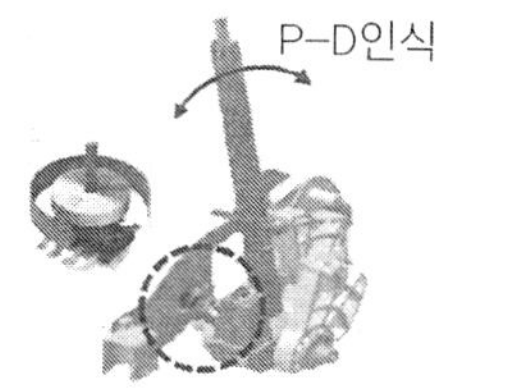

변속레버의 P단↔D단 이동을 감지함</td><td>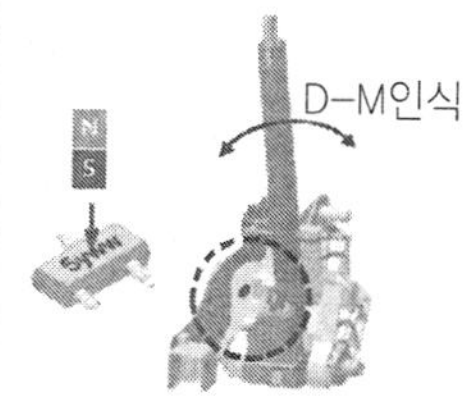

변속레버의 D단↔M단 이동을 감지함</td></tr>
<tr><td>원리</td><td colspan="3">① P-D인식 : 2D센서 사용(자석의 회전 각도를 이용한 위치 인식)
② D-M인식 : 홀 센서 사용(자석의 가깝고 멀어짐에 따른 위치 인식)</td></tr>
</table>

※ 매뉴얼(Manual)모드 : 기존의 스포츠 모드(+/-)

(3) 더블 클러치(DC)

엔진으로부터 전달받은 동력은 TCU제어에 의해 홀수 또는 짝수단 클러치로 전달되도록 되어 있다. 홀수 및 짝수단 클러치의 별도 작동을 위해 베어링 및 포크시스템이 각각 1개씩 2개 가 장착되며 이를 클러치 인게이지먼트 시스템(CES)이라고 한다.

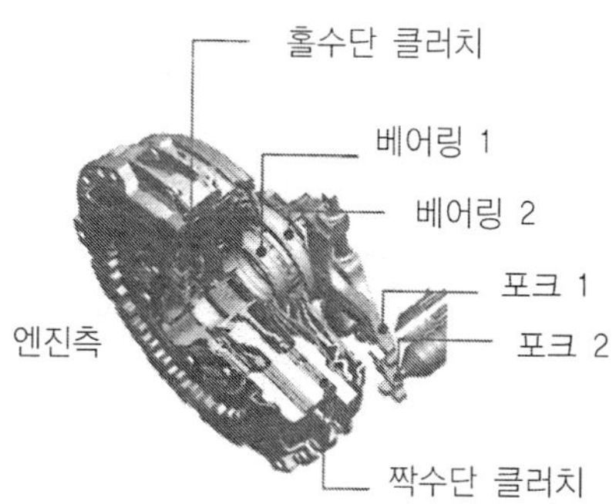

-홀수단 & 짝수단 클러치 장착
-2개의 베어링 및 포크 시스템 장착
 클러치 인게이지먼트 시스템(CES)
 클러치 액추에이터와 연결
-수명 : 30만km 이상
-디스크의 상태(%) 센서 출력 표출검토 중

그림 39. 더블클러치(DC)

(4) 클러치 액추에이터

수동변속기에서 운전자의 발 역할을 하는 클러치 액추에이터는 더블 클러치를 각각 제어하기 위한 모터가 2개 장착(3상 제어 : U/V/W)되어 있고 모터의 작동에 의해 풀 로드가 작동하여 클러치 해제 및 연결을 한다. 그리고 모터 위치를 판단하기 위한 위치센서(3개의 홀 소자를 이용하여 각단의 위치판다)도 역시 2개가 장착된다. 만약 짝수단의 모터 등의 고장 시 정상인 홀수단의 모터제어에 의해 홀수 단으로만 주행이 가능하다.

클러치 액추에이터 내에는 마모 보상장치가 포함되어 있으며 디스크 마모에 의한 마모 보상이 필요한 경우 시동 OFF시 TCU는 클러치 액추에이터 내부의 마모 보상장치를 작동시켜 디스크 마모에 따른 보상기능을 수행한다.

그림 40. 클러치 액추에이터

표 마모 보상장치

구 분	클러치 액추에이터 내부의 마모보상장치	관련 사용자 설명서 내용
이미지		더블 클러치 변속기 차량은 시동 ON또는 OFF시 시스템 점검을 위하여 작동음이 발생할 수 있습니다. 이는 정상적인 현상이며 고장이 아닙니다.

(5) 기어 액추에이터

운전자의 손 역할을 하는 기어 액추에이터 내부에는 홀수단 및 짝수단 제어용 모터(시프트 방향 : 3상 제어)가 각각 1개씩 장착되며 이 모터의 위치를 감지하기 위한 모터위치 센서(3개의 홀소자를 이용하여 각상의 위치판단)가 2개 장착된다. 그리고 셀렉터 솔레노이드(셀렉터 방향 : PUSH & PULL타입) 는 홀수단에 2개, 짝수단에 2개가 장착되며, 솔레노이드의 위치를 판단하기 위한 위치센서는 각각 1개씩 장착된다. 만약 짝수단의 모터 및 솔레노이드 등의 고장시 정상인 홀수단의 모터 및 솔레노이드 제어에 의해 홀수단으로만 주행이 가능하다.

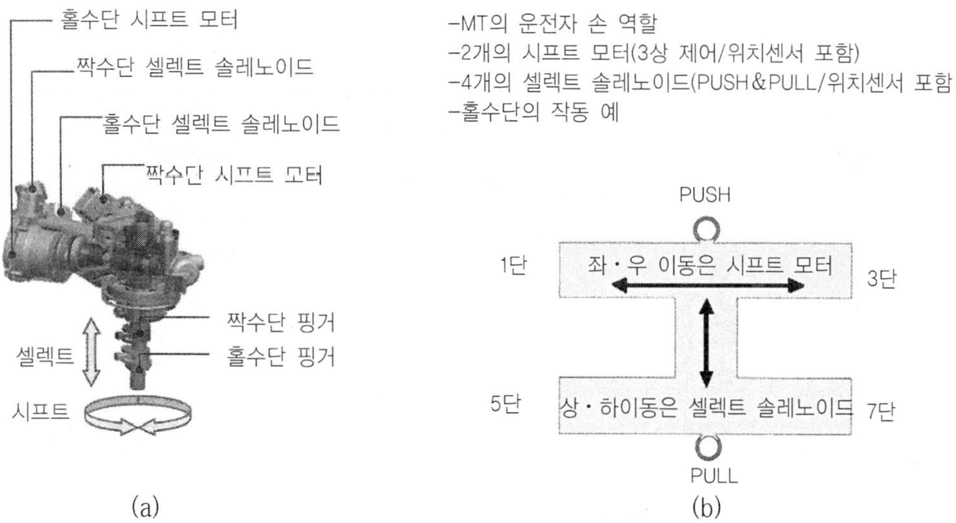

그림 41. 기어 액추에이터(GA)

(6) 경고 메세지

운전자가 경사로에서 정상적인 운전을 하지 않거나 급출발, 급가속 등의 가혹조건으로 반복적으로 운전 시 클러치 및 변속기가 과열될 수 있기에 운전자에게 경고 메세지와 경고음 등을 발생하여 클러치 및 변속기를 보호할 수 있도록 했다.

표 경고 메세지

구 분	경사로 악셀 유지경고	클러치 고온 경고	클러치 광려 경고(상세 표시)
이미지	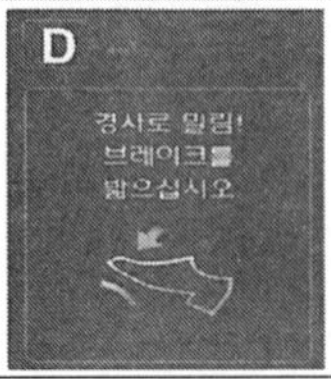		
점등 조건	경사로에서 악셀 페달로 정차유지시	TCU가 로직적으로 판단한 디스크 온도에 따른 단계별 점등	
차량 현상	경고 1~2초 후 차량 진동 발생	-1단계 : 경고음 3회 및 변속단 표시등 3회 점멸(발진 슬립 축소 제어) -2단계 : 경고음 연속 및 변속단 표시등 연속 점멸(싱글클러치 사용)	경고음 연속 및 변속단 표시등 연속 점멸(클러치 차단하여 차량 정차 유도)

1) 경사로 악셀 유지 경고

이 메시지는 페달을 적절히 사용하여 정차를 유지할 경우 점등된다. 점등시간은 도로의 구배 및 차량의 상태에 따라 차이가 있을 수 있다. 이때는 클러치 액추에이터를 강제로 ON/OFF하여 차량의 충격(진동)을 발생하게 하여 운전자가 경사로에서 브레이크로 정차를 유지하도록 한다(D-레인지에서 브레이크 페달로 정차시는 클러치 해제상태).

2) 클러치 고온경고

이 메시지는 가속페달을 이용한 언덕길 저이 및 반복적인 급출발, 급가속 등의 가혹 조건으로 주행할 경우 점등되며, 로직적으로 판단된 온도에 따라 2단계 경고로 구분된다. 이때는 고온이 발생한 클러치의 슬립을 줄여 온도를 낮추기 위해 반 클러치 제어를 줄임으로 출발 및 변속시 충격(진동)이 발생할 수 있다. 이 상황에서는 경고메시지가 사라질 때 까지 시동 ON상태에서 정차하는 것이 좋다.

3) 클러치 과열 경고

상단의 경고를 무시하고 계속주행할 경우 변속기에 심각한 손상을 입힐 수 있다. 이를 위해 클러치의 온도가 정상으로 내려 갈 때까지 클러치를 차단하기 때문에 주행이 불가능한 상태가 된다. 계기판에 점등되는 정차시간은 TCU가 판단한 클러치의 온도에 따라 다르게 점등되며 Key ON상태로 정차시 시간이 점차 감소하는 것도 확인할 수 있다.[출처 : PD신차코스]

2.4. 수동 트랜스액슬의 점검 · 정비

2.4.1. 수동 트랜스액슬 고장진단

[1] 주행 중 변속기어가 빠지는 원인

① 싱크로나이저 허브 및 슬리브의 마멸이 과다하다.
② 로킹 볼 스프링이 파손되었거나 약해졌다.
③ 변속기어의 마멸이 과다하다.
④ 기어 물림이 덜 물렸다.

[2] 주행 중 트랜스액슬에서 소음이 발생하는 원인

① 기어오일이 부족하거나 오일 질이 불량하다
② 기어 또는 베어링의 마멸이 과다하다.
③ 트랜스액슬 또는 엔진의 마운트가 불량하다.
④ 엔진 공전속도가 규정과 일치하지 않는다.
⑤ 입 · 출력축의 엔드플레이가 부적당하다.

[3] 기어변속이 잘 안 되는 원인

① 클러치 페달의 자유간극이 크다.
② 제어로드가 불량하다.
③ 싱크로나이저 링의 마멸이 과다하다.
④ 마스터실린더 또는 릴리스 실린더의 작동이 불량하다.
⑤ 클러치판의 런 아웃이 과다하다.
⑥ 등급이 다른 오일을 사용하였다.

[4] 기어변속을 할 때 소음이 나는 원인

① 클러치 페달의 자유간극이 크다.

② 클러치판의 런 아웃이 과다하다.

③ 싱크로나이저 링의 마멸이 과다하다.

[5] 오일이 누설되는 원인

① 오일 실 또는 O-링이 파손, 손상되었다.

② 부적당한 실런트를 사용하였다.

준비기계 및 기구

수동 트랜스액슬, 일반 공구세트, 특수 공구세트, 바이스, 변속기 잭 등을 준비한다.

2.4.2. 수동 트랜스액슬 오일량 점검 및 교환방법

[1] 오일량 점검

① 자동차를 평탄한 곳에 주차시키고 배출플러그를 열고 오일이 플러그 입구에서 아래로 5~9mm 내려오도록 배출시킨다.

② 오일의 변질 및 점도를 점검한다.

[2] 오일 교환

① 배출플러그를 열고 오일을 배출시킨 후 잠근다.

② 기어오일을 플러그 구멍 수준까지 채운 후 필러 플러그를 잠근다.

그림 42. 필러 플러그 위치 및 오일 보충량

③ 트랜스액슬 오일이 작동온도가 될 때까지 충분히 엔진을 가동시키고 누출되는지 점검한다.

2.4.3. 차량에서 수동 트랜스액슬 탈·부착

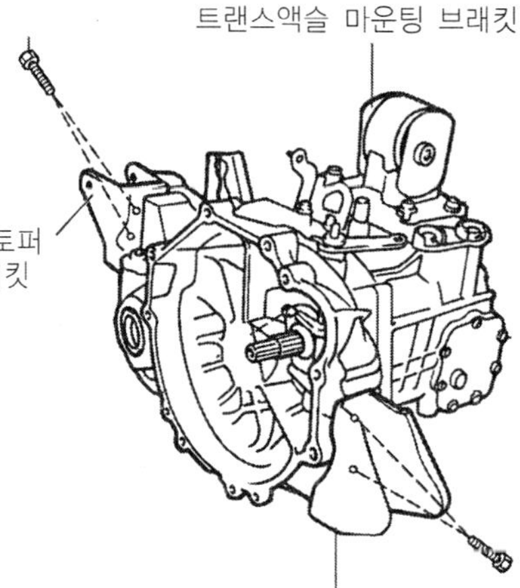

그림 43. 수동 트랜스액슬의 외관도

[1] 트랜스액슬 떼어내기

① 축전지 (-)단자, 에어클리너 및 호스, 후진등 스위치 커넥터, 클러치 튜브 및 클립을 떼어낸다.

② 클러치 릴리스 실린더, 속도계 케이블, 선택 케이블 및 변속케이블을 떼어낸다.

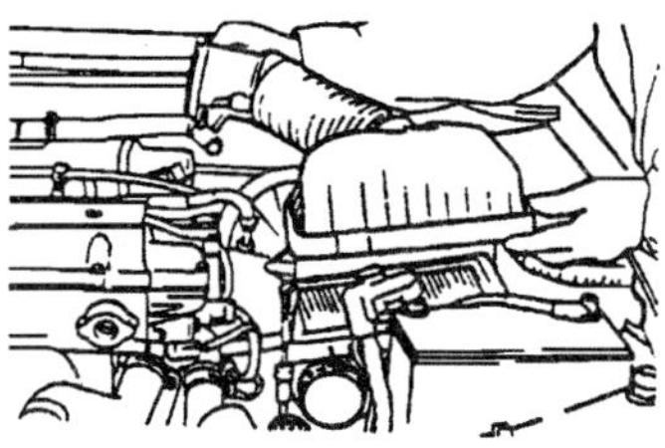

그림 44. 에어클리너 탈거

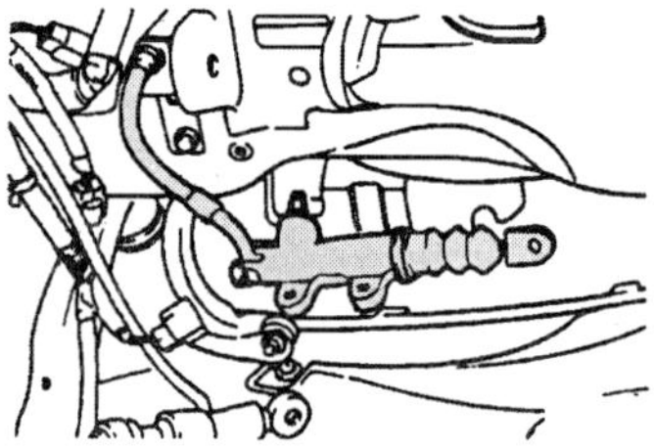

그림 45. 클러치 릴리스 실린더 탈거

③ 기동전동기 마운팅 볼트를 푼 다음 특수공구를 사용하여 엔진을 지지한다.

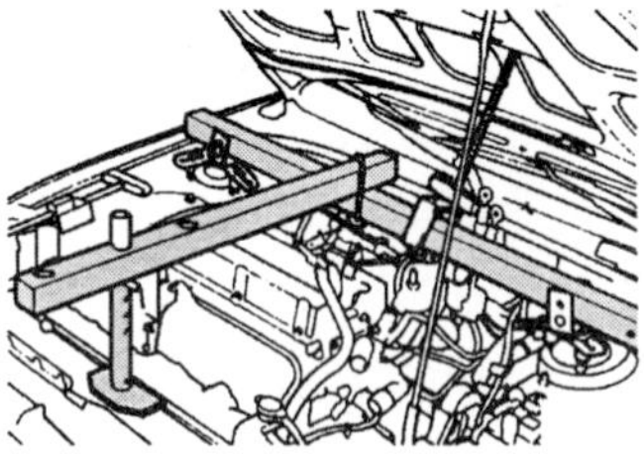

그림 46. 특수공구로 엔진 지지하기

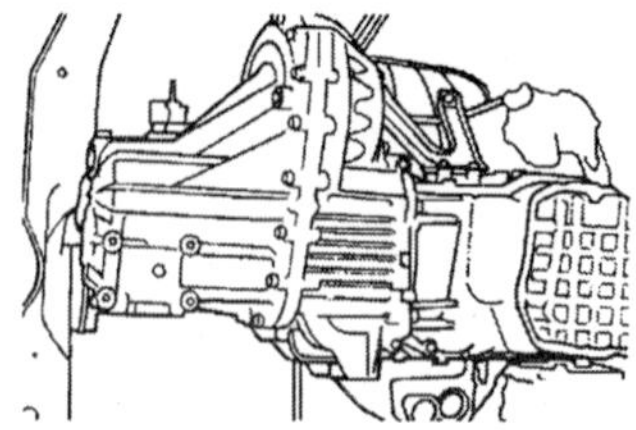

그림 47. 마운팅 브래킷 떼어내기

④ 트랜스액슬 마운팅 브래킷 및 인슐레이터를 떼어낸 후 자동차 들어 올리고 타이어를 떼어낸다.

⑤ 드레인 플러그를 풀고 오일을 배출시킨 후 타이로드, 로워 암 볼 조인트 및 구동축을 떼어낸다.

⑥ 기어박스 조인트 및 리턴 튜브 마운팅 볼트를 떼어낸 다음 앞 소음기, 보조 프레임 마운팅 볼트를 푼다.

⑦ 트랜스액슬 앞·뒤 마운팅 브래킷, 트랜스액슬 사이드 마운팅 브래킷을 떼어낸다.

⑧ 트랜스액슬을 잭으로 지지하여 떼어낸다. 이때 트랜스액슬을 지지하면서 들어 올리는 힘이 넓은 부분에 적용되도록 한다.

[2] 트랜스액슬 설치하기

설치는 떼어내기 순서의 반대로 하며, 이때 마운팅 브래킷 설치는 엔진 마운팅 브래킷 → 트랜스액슬 마운팅 브래킷 → 뒤 롤 스토퍼 마운팅 브래킷 → 앞 롤 스토퍼 마운팅 브래킷 → 순서로 한다. 그리고 앞 스토퍼 롤 마운팅 브래킷을 설치할 때 인슐레이터가 손상되면 엔진 공전상태에서 심한 진동을 일으킨다.

2.4.4. 수동 트랜스액슬 분해순서 및 점검

안전 및 주의사항

① 규정된 공구를 사용하도록 하고, 볼트와 너트를 조일 때 무리한 힘을 가하지 않도록 하며, 규정 토크로 죄어 고정시킨다.

② 모든 부품은 분해·조립순서에 준하여 작업을 실시하고, 분해된 부품순서에 따라 작업대에 정리·정돈하여 분실되거나 조립할 때 방향이 틀리지 않도록 유의해야 한다.

③ 세척이 필요한 부품은 세척유(솔벤트, 석유, 경유 등)로 깨끗이 세척한 후 압축공기로 건조시킨다.

[1] 수동 트랜스액슬 분해 작업

제조사별로 차이가 있으며 실습용 변속기에 따라서 정비지침ㅅ를 참고한다.

① 선택 및 변속 케이블 마운팅 브래킷을 떼어낸다.

② 후진등 스위치와 속도계 구동기어를 떼어낸다.

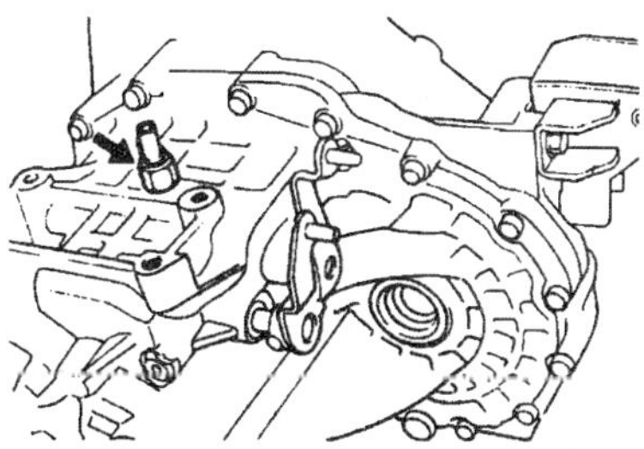

그림 48. 후진등 스위치 설치위치

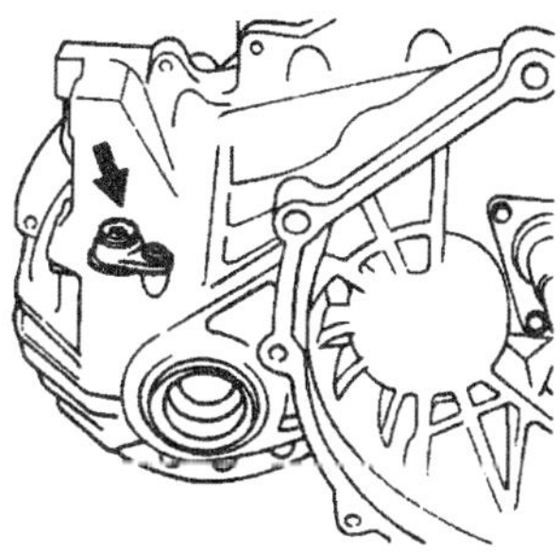

그림 49. 속도계 구동기어 설치위치

③ 컨트롤 축 포핏 볼 볼트를 떼어낸 후 선택 암 고정 볼트를 푼다.

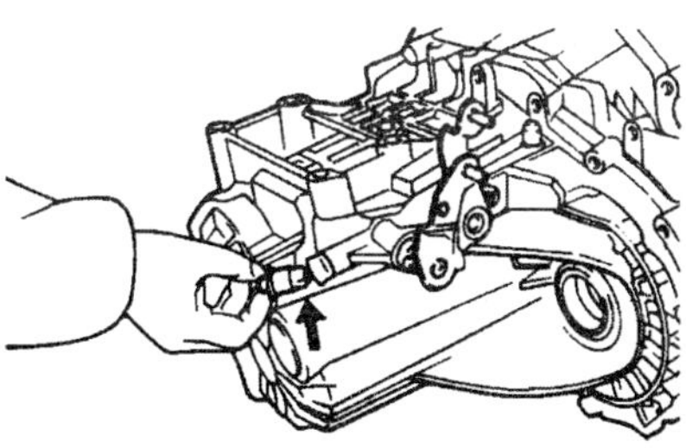

그림 50. 컨트롤 축 포핏 볼 설치위치

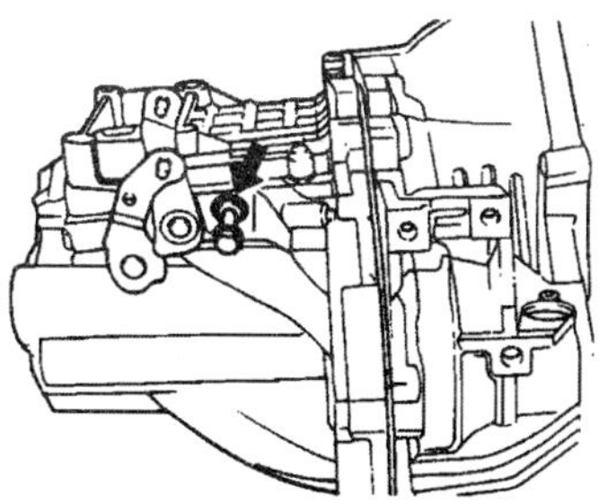

그림 51. 선택 암 고정 볼트 설치위치

④ 후진 공전기어 사이드 커버 고정 볼트를 풀고 커버를 떼어낸 후 후진 공전기어 축 고정 볼트를 푼다.

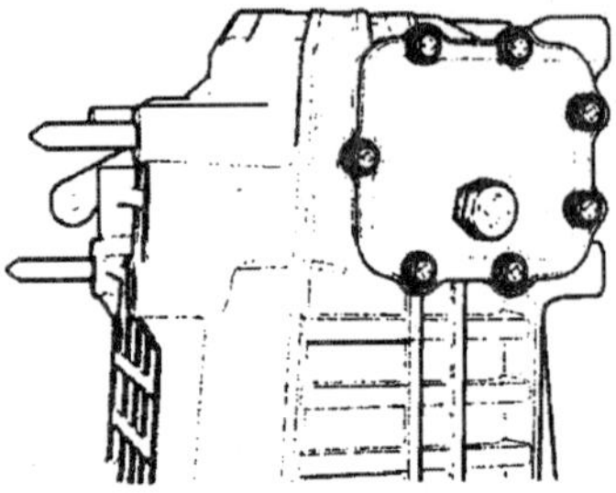

그림 52. 후진공전기어 사이드 커버 설치위치

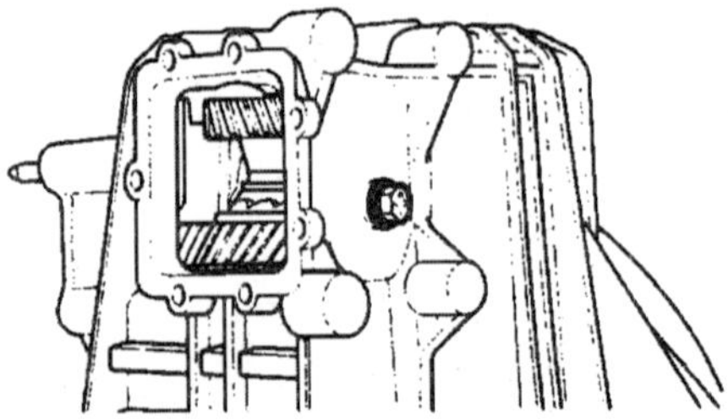

그림 53. 후진공전기어 축고정볼트

⑤ 후진 공전기어 축을 돌려서 후진 공전기어 및 축을 떼어낸다.

⑥ 출력축 실링 캡(sealing cap)을 떼어낸다.

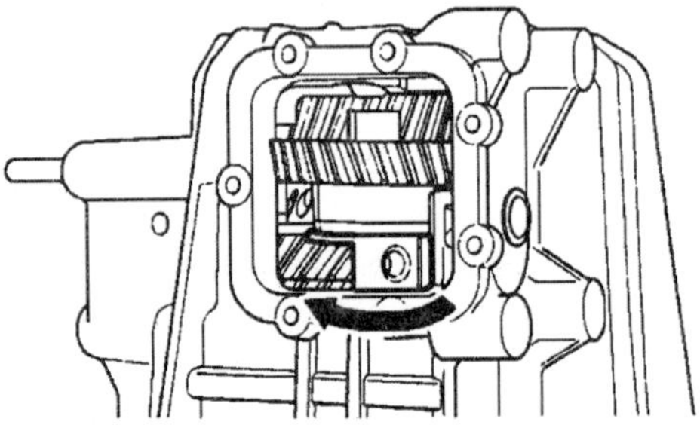

그림 54. 후진 공전기어 설치위치

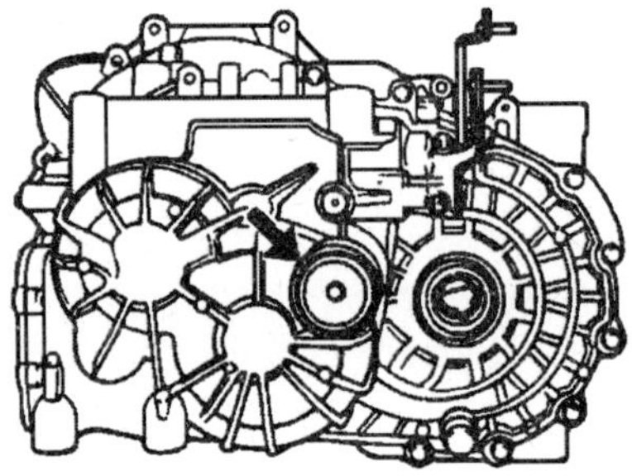

그림 55. 출력축 실링 캡 설치위치

⑦ 트랜스액슬 고정 볼트를 푼다.

⑧ 스냅 링 플라이어를 사용하여 스냅 링을 벌린 상태에서 트랜스액슬 케이스를 떼어낸다.

그림 56. 트랜스액슬 고정 볼트

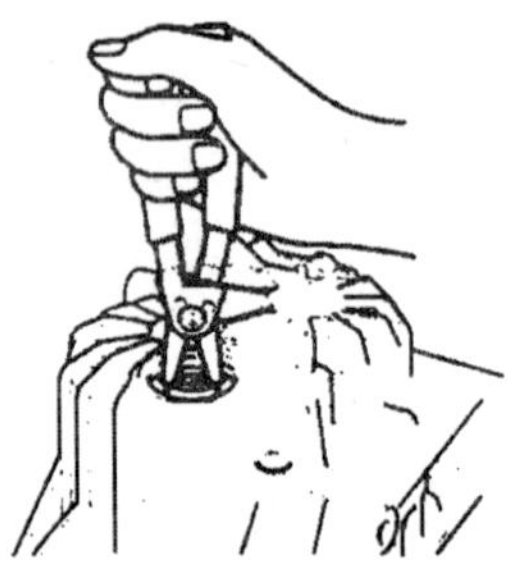

그림 57. 스냅 링 벌리기

⑨ 디텐드 보디 커버 고정 볼트를 풀고 디텐드 보디를 떼어낸다.

⑩ 시프트 포크 어셈블리에서 시프트 레일을 떼어낸 다음 5단 및 후진 시프트 포크를 떼어낸다.

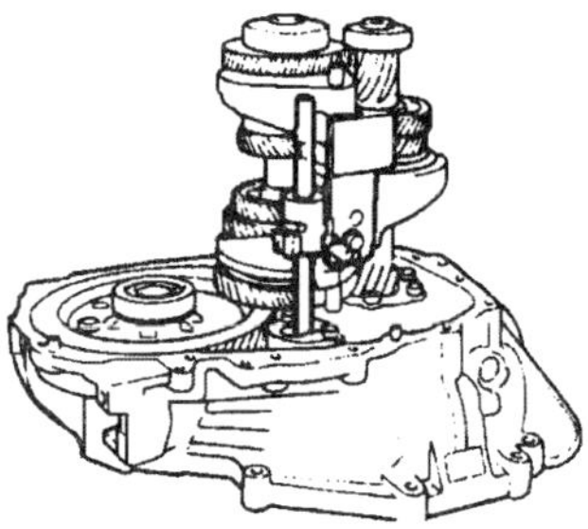

그림 58. 디텐드 보디 떼어내기

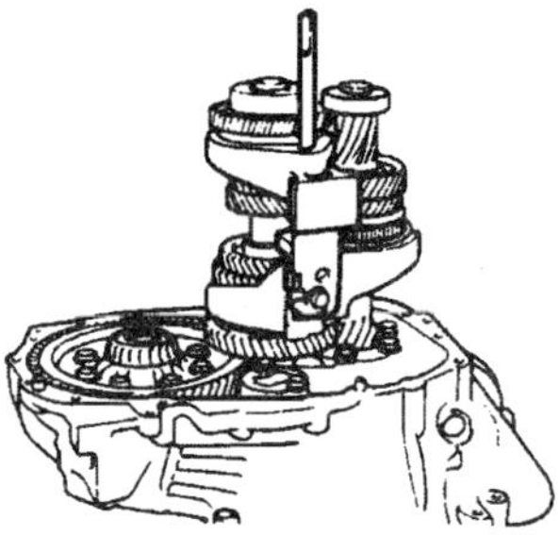

그림 59. 시프트 레일 설치위치

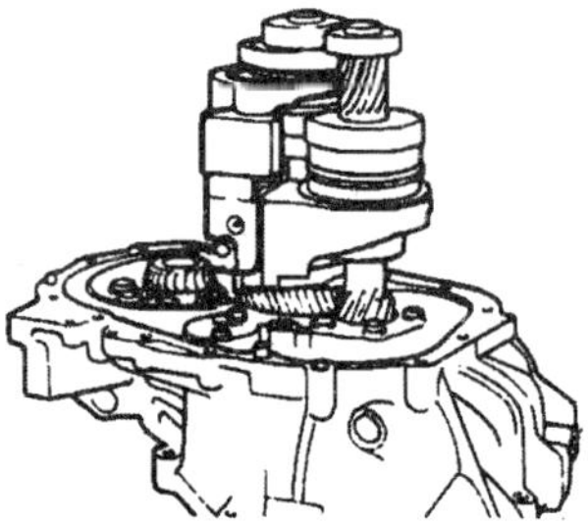

그림 60. 5단 및 후진 시프트 포크 설치위치

⑪ 3단 및 4단 시프트 포크를 떼어낸다.

⑫ 1단 및 2단 시프트 포크를 떼어낸 후 리테이너 베어링을 떼어낸다.

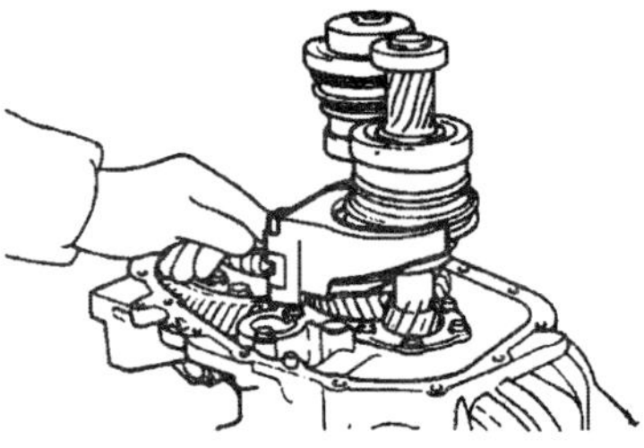

그림 61. 3단 및 4단 시프트 포크 설치위치

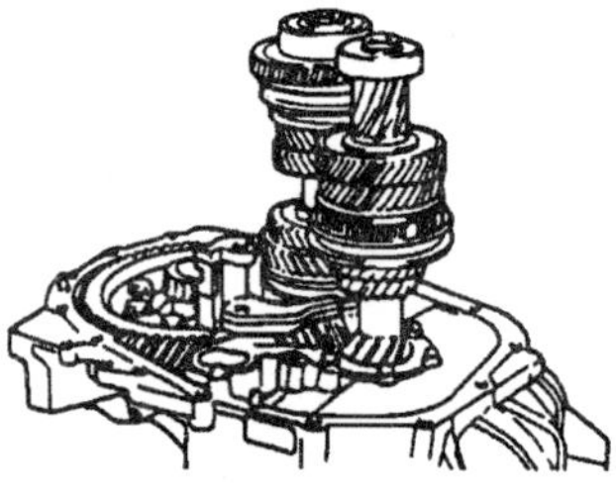

그림 62. 1, 2단 시프트 포크 및 리테이너 베어링 떼어내기

⑬ 입력축 베어링 리테이너 고정 볼트를 풀고 베어링 리테이너를 떼어낸다.

⑭ 입력축과 출력축 어셈블리를 떼어낸다.

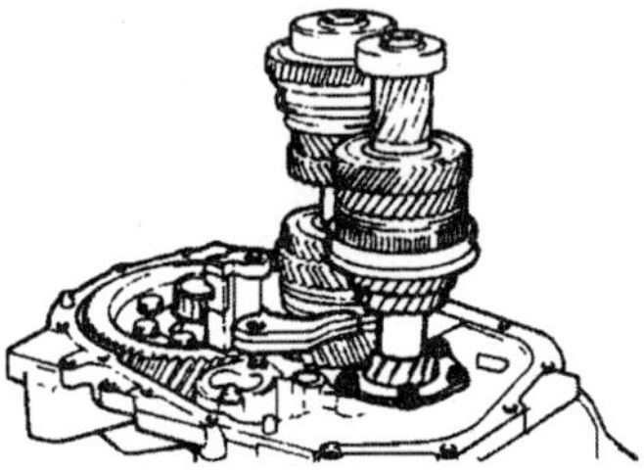

그림 63. 리테이너 베어링 떼어내기

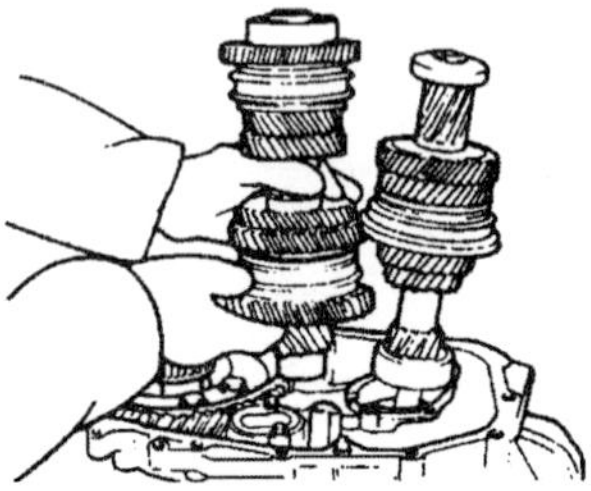

그림 64. 입·출력축 떼어내기

⑮ 차동기어 어셈블리를 떼어낸다.

⑯ 트랜스액슬 케이스에서 출력축 보디 커버, 롤러 베어링 및 롤러 베어링 스페이서를 떼어낸다.

그림 65. 차동기어 어셈블리 떼어내기

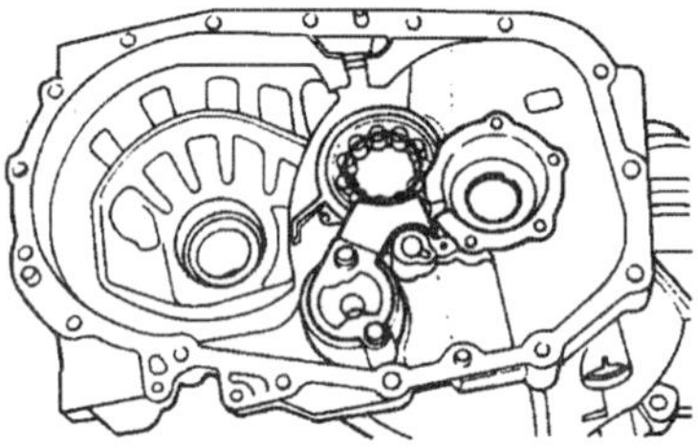

그림 66. 롤러베어링 및 스페이서 떼어내기

⑰ 트랜스액슬 케이스에서 차동기어 베어링 스페이서 및 오일 실을 떼어낸다.

⑱ 트랜스액슬 케이스에서 변속 암 및 선택 암을 떼어낸다.

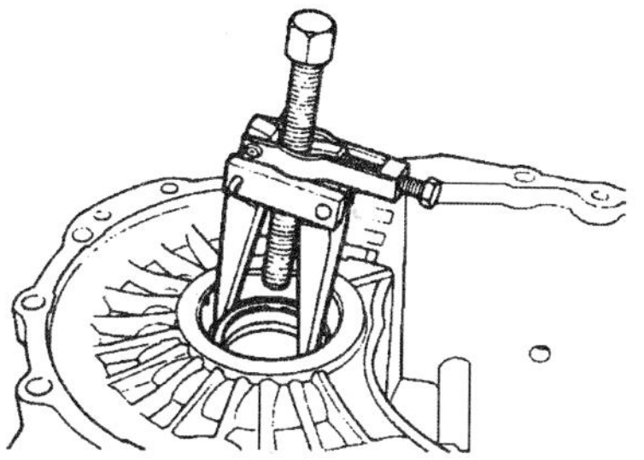

그림 67. 차동기어 베어링 스페이서 떼어내기

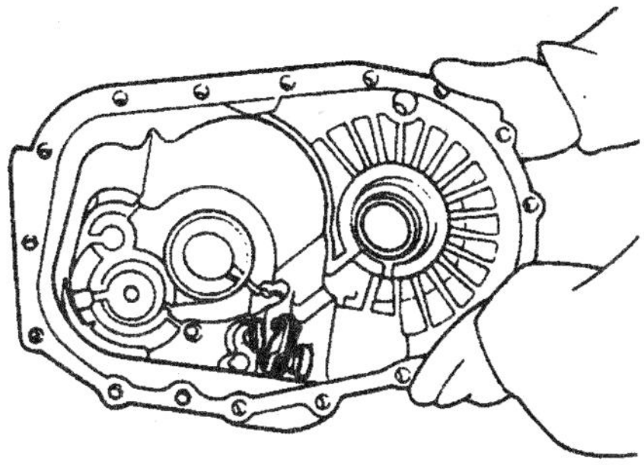

그림 68. 변속 암 및 선택 암 떼어내기

[2] 수동 트랜스액슬 조립작업

① 구동축 오일 실을 설치한다. 이때 오일 실은 재사용해서는 안 되며, 오일 실이 비틀어지지 않도록 주의한다.

② 변속 암 및 선택 암을 설치한다.

③ 출력축 롤러 베어링 스페이서와 디텐드 보디 커버 및 롤러 베어링을 설치한다.

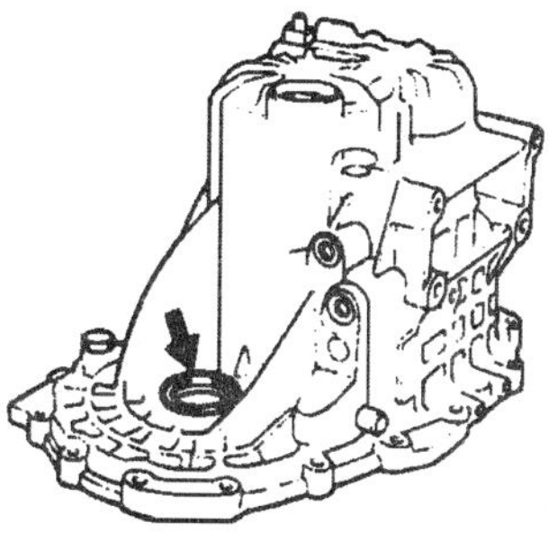

그림 69. 구동축 오일 실 설치

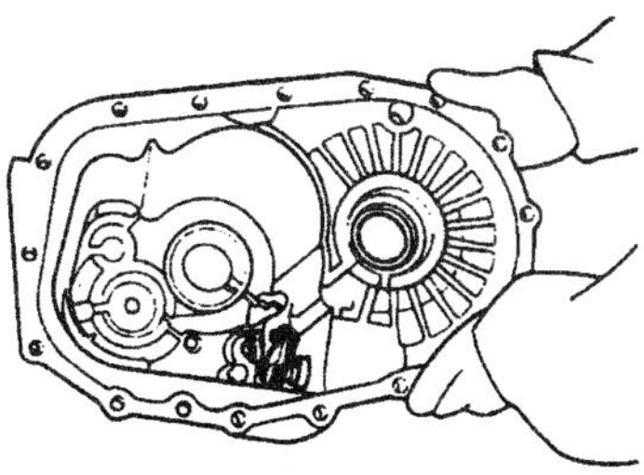

그림 70. 변속 암 및 선택 암 설치

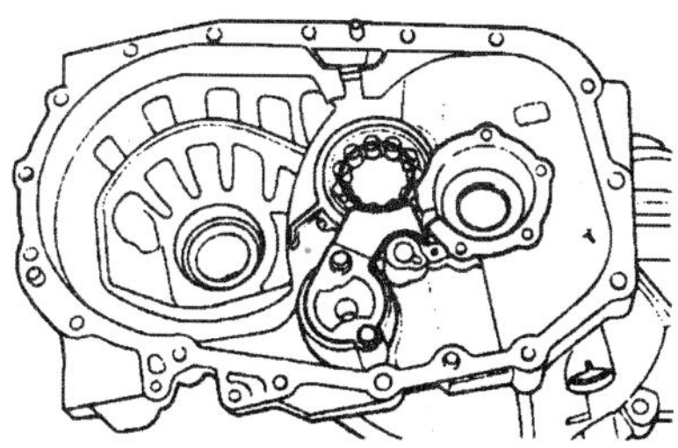

그림 71. 베어링 스페이서 및 롤러 베어링 설치

④ 차동기어 어셈블리를 설치한 다음 입·출력축 어셈블리를 설치한다.

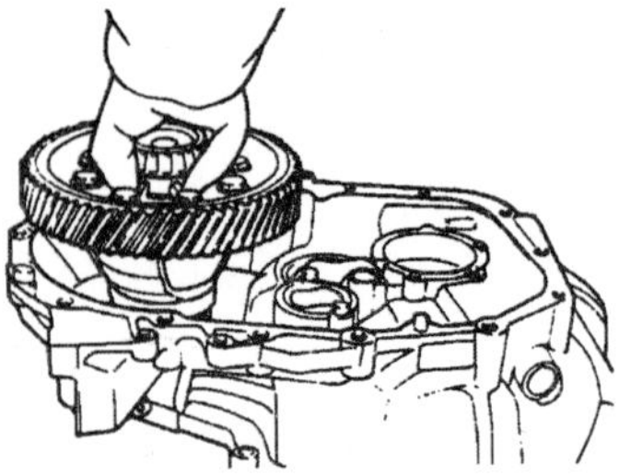

그림 72. 차동기어 어셈블리 설치

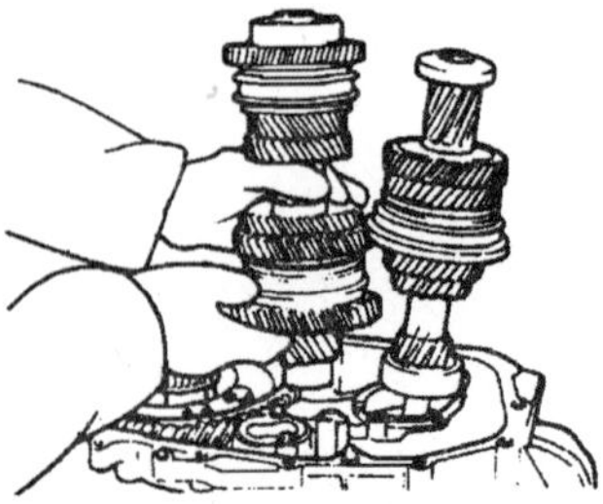

그림 73. 입·출력축 설치

⑤ 리테이너 베어링을 설치한 다음 1단 및 2단 시프트 포크를 설치한다.

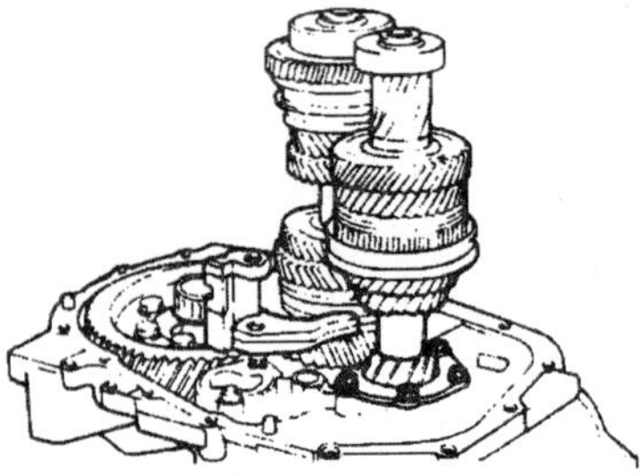

그림 74. 리테이너 베어링 설치

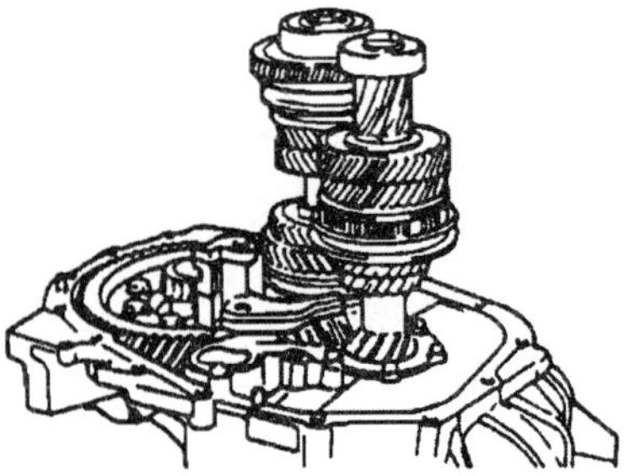

그림 75. 1단, 2단 시프트 포크 설치

⑥ 3단 및 4단 시프트 포크를 설치한 다음 5단 및 후진 시프트 포크를 설치한다.

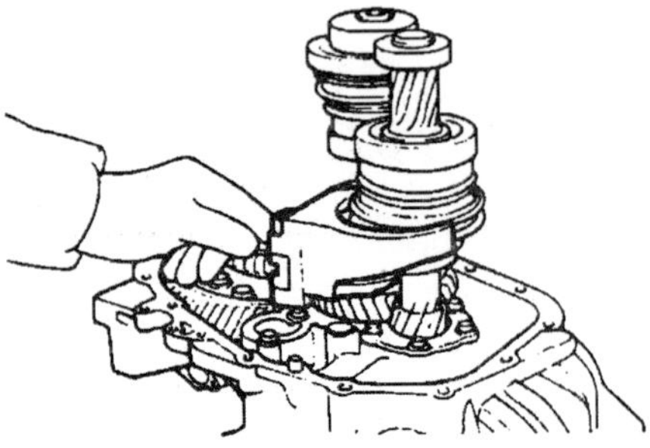

(a) 3단 및 4단

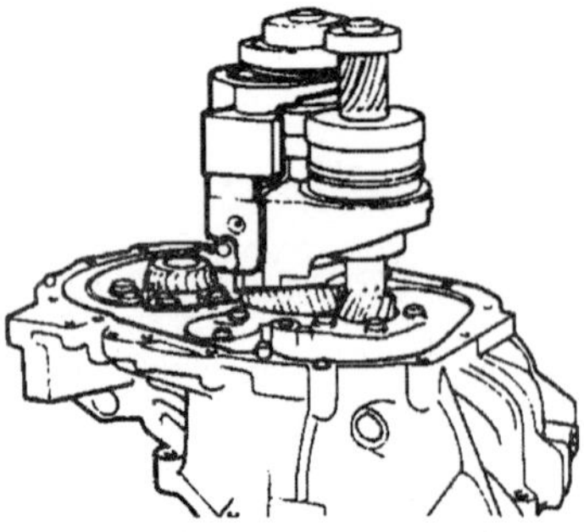

(b) 5단 및 후진

그림 76. 시프트 포크 설치

⑦ 시프트 레일을 설치한다.

⑧ 인터록 보디 및 컨트롤 축을 설치한다.

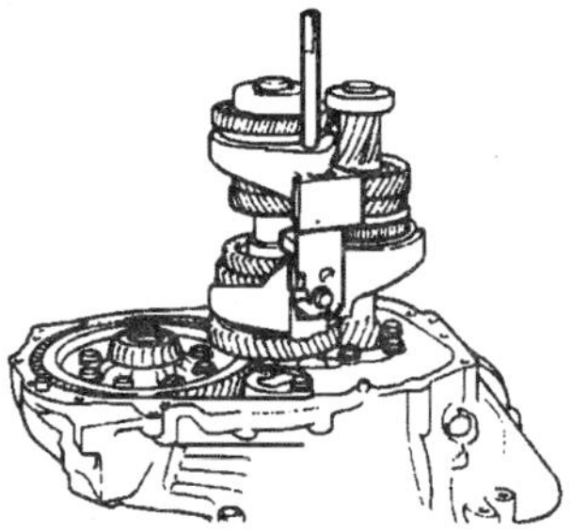

그림 77. 시프트 레일 설치

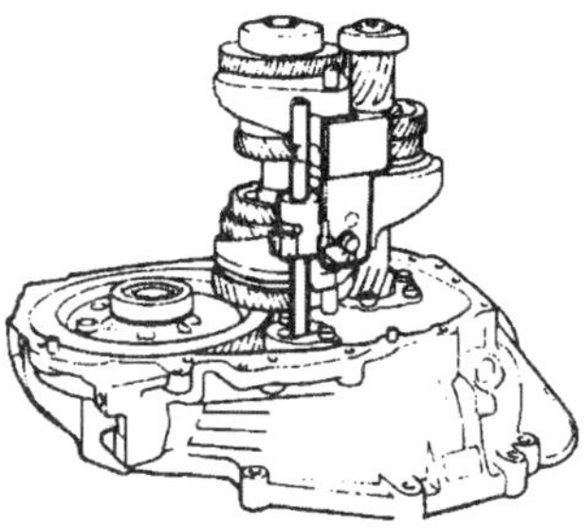

그림 78. 인터록 보디 및 컨트롤 축 설치

⑨ 스냅 링을 벌린 상태로 트랜스액슬 케이스에 설치한다.

⑩ 선택 레버, 변속 레버 및 오일 실을 설치한다.

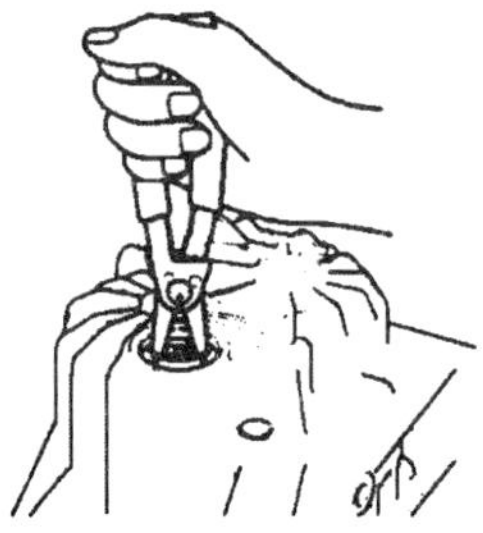

그림 79. 스냅 링 설치

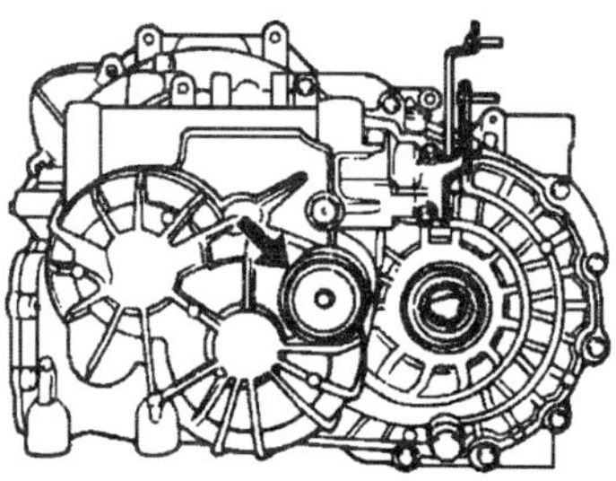

그림 80. 변속레버 및 선택 레버 오일 실 설치

⑪ 후진 공전 기어 어셈블리와 사이드 커버를 설치한다.

⑫ 포핏 볼을 설치한다.

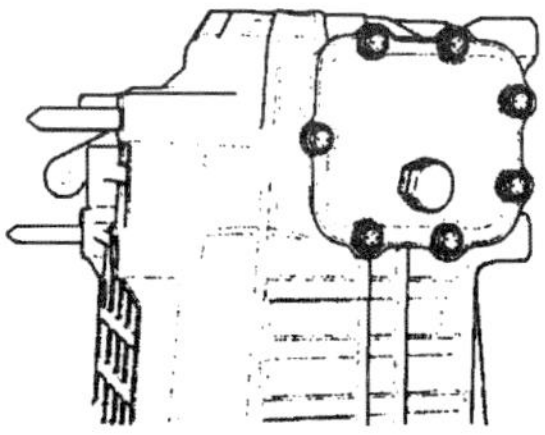

그림 81. 사이드 커버 설치

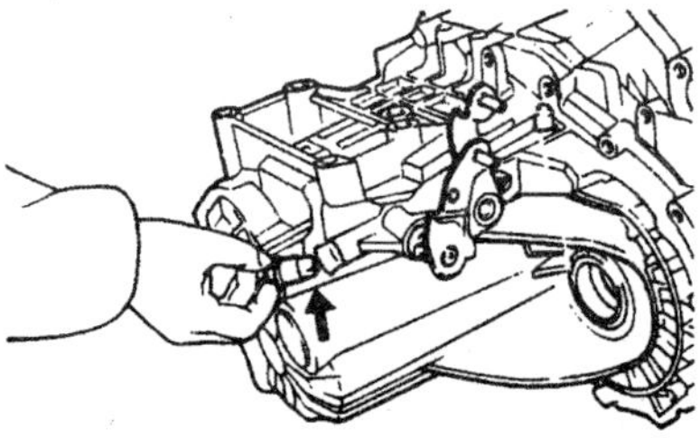

그림 82. 포핏 볼 설치

⑬ 선택 암 고정 볼트를 조인다.

⑭ 클러치 릴리즈 포크 및 릴리즈 베어링 슬리브를 설치한다.

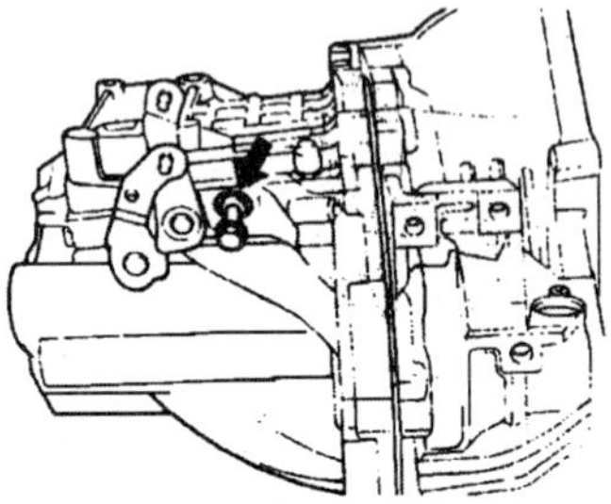

그림 83. 선택 암 고정볼트 조임

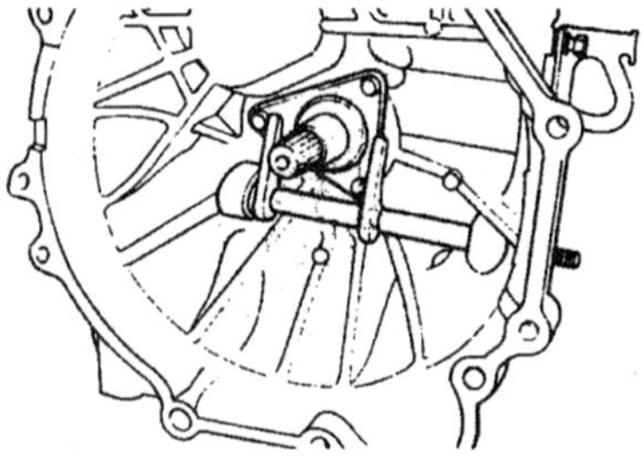

그림 84. 릴리즈포크 및 릴리즈베어링 슬리브 설치

⑮ 속도계 피동 기어를 설치한 다음, 후진등 스위치를 설치한다.

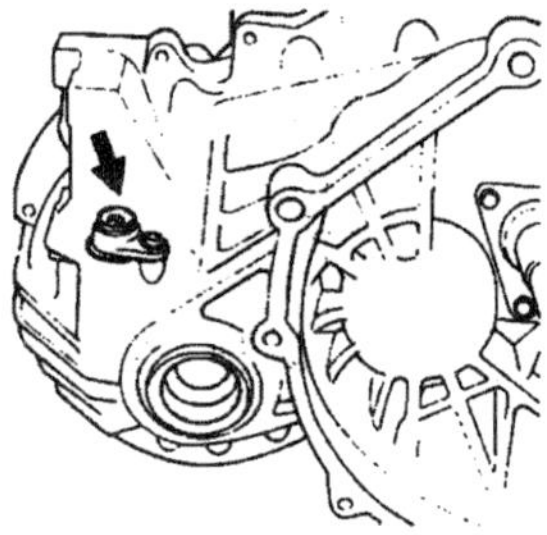

그림 85. 속도계 피동 기어 설치

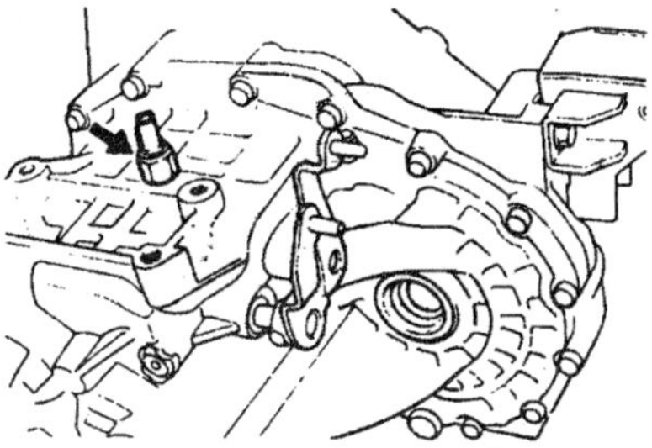

그림 86. 후진등 스위치 설치

⑯ 클러치 릴리즈 실린더 마운팅 브래킷을 설치한다.

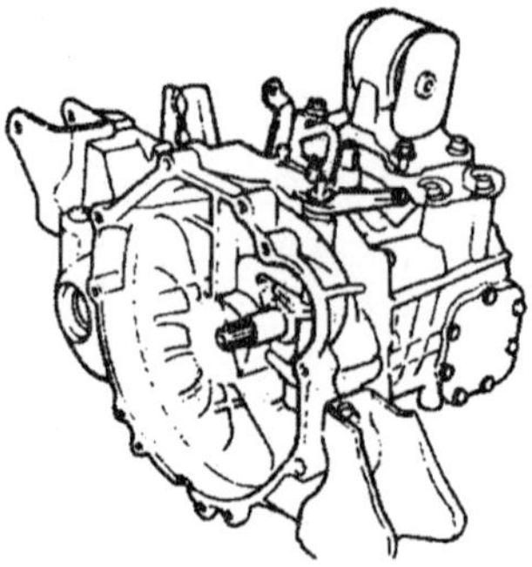

그림 87. 릴리즈 실린더 마운팅 브래킷 설치

[3] 입력축 어셈블리

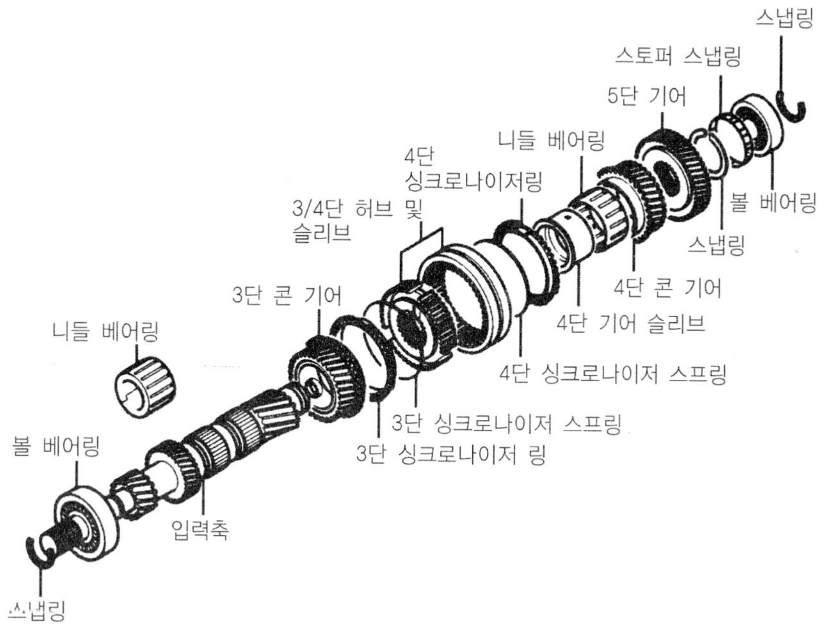

그림 88. 입력축 어셈블리의 구성부품

(1) 입력축 어셈블리 분해순서

① 특수공구를 이용하여 스냅 링과 볼 베어링을 떼어낸다.

② 스토퍼 스냅 링, 스냅 링, 5단 및 4단 기어, 니들 베어링, 4단 기어 슬리브, 3단 및 4단 기어 싱크로나이저 링, 싱크로나이저 스프링(1, 2, 3, 4단), 3단 및 4단 싱크로나이저 슬리브, 3단 기어 및 니들 베어링을 떼어낸다.

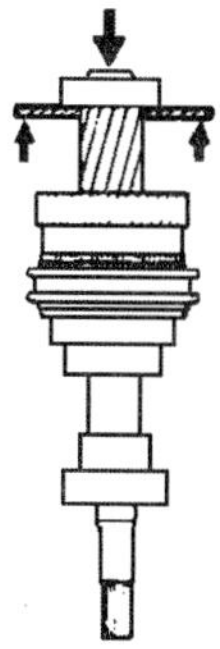

그림 89. 스냅 링 및 볼 베어링 떼어내기

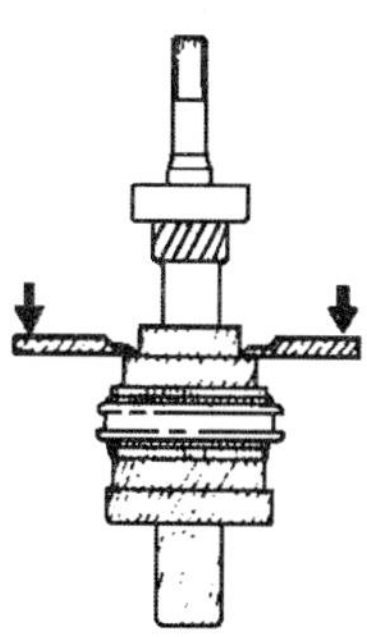

그림 90. 입력축 어셈블리 분해

(2) 입력축 어셈블리 점검

1) 입력축 점검

① 니들 베어링이 설치되는 입력축 외부 면의 손상 및 비정상적인 마모를 점검한다.

② 스플라인의 마모 및 손상을 점검한다.

2) 싱크로나이저 슬리브 및 허브

① 싱크로나이저 슬리브와 허브를 조립한 후 원활하게 이동되는지를 점검한다.

② 슬리브 안쪽의 앞・뒤 끝부분의 손상여부를 점검한다.

③ 허브 끝 면(각 속도 기어와 접촉하는 면)의 마모를 점검한다.

④ 교환할 경우에는 허브와 슬리브를 일체로 교환한다.

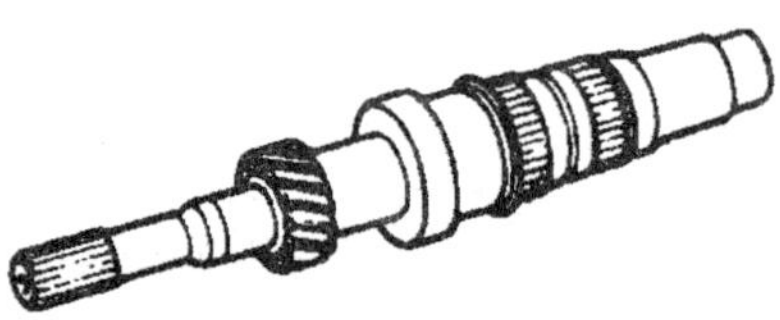

그림 91. 입력축의 구조

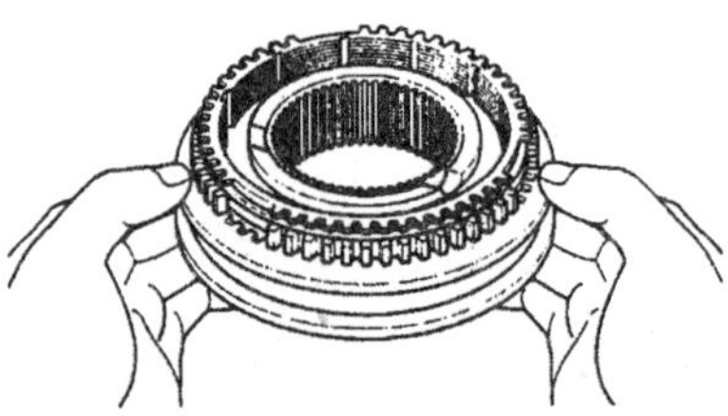

그림 92. 싱크로나이저 슬리브 및 허브

(3) 입력축 어셈블리 조립

① 니들베어링, 3단 기어, 싱크로나이저 슬리브(3단 및 4단), 싱크로나이저 스프링(1, 2, 3, 4단), 싱크로나이저 링(3단 및 4단), 4단 기어 슬리브, 니들베어링, 4단 및 5단 기어, 스냅 링 및 특수공구를 사용하여 스토퍼 스냅 링을 설치한다.

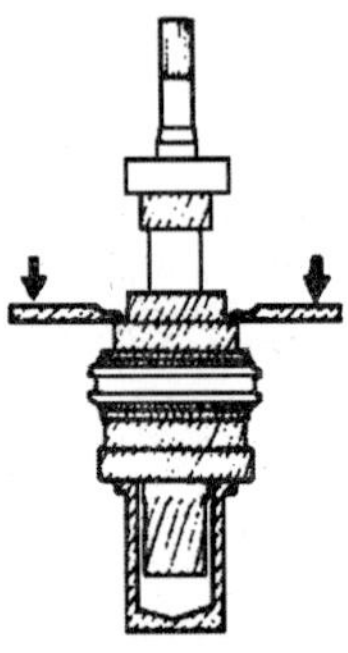

그림 93. 입력축 어셈블리 조립

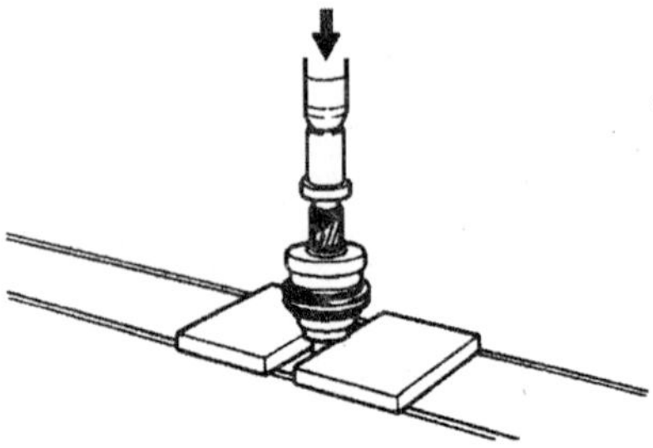

그림 94. 스냅 링과 볼 베어링 설치

② 특수공구를 사용하여 스냅 링 및 볼 베어링을 설치한다.

[4] 출력축 어셈블리

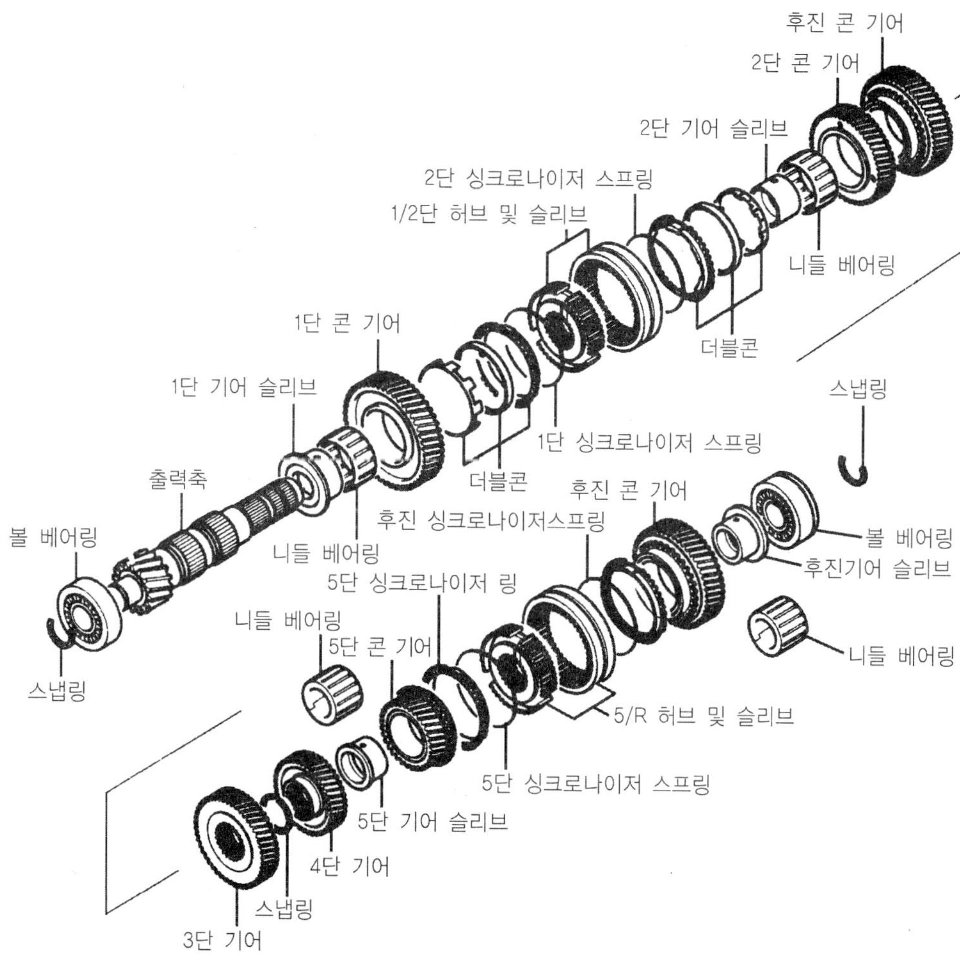

그림 95. 출력축 어셈블리의 구성부품

(1) 출력축 어셈블리 분해

① 스냅 링을 떼어낸다.

② 특수공구를 사용하여 볼 베어링을 빼낸다.

그림 96. 스냅 링 떼어내기

그림 97. 볼 베어링 빼내기

③ 5단 및 후진 싱크로나이저 링, 스프링 및 슬리브를 떼어낸다.

그림 98. 5단 및 후진 싱크로나이저 링, 스프링, 슬리브 떼어내기

④ 특수공구를 사용하여 싱크로나이저 허브 및 5단 기어를 떼어낸다.

⑤ 특수공구를 사용하여 1, 2, 3, 4단 기어를 떼어낸다.

그림 99. 싱크로나이저 허브

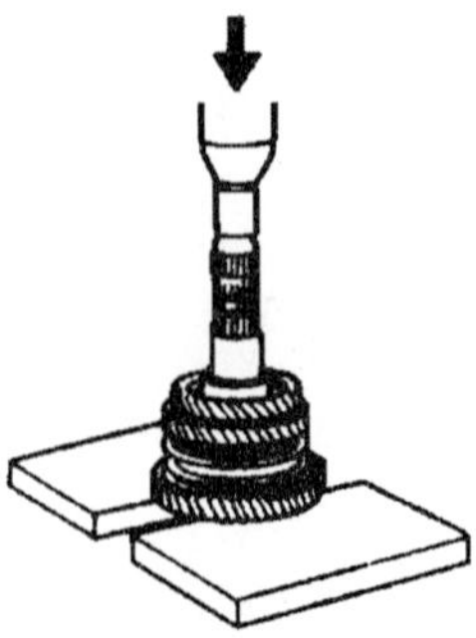

그림 100. 각 단 기어 떼어내기 및 5단 기어 떼어내기

(2) 출력축 어셈블리 검사

1) 출력축

① 출력축 기어의 니들베어링이 설치되는 부분의 손상 및 비정상적인 마모를 점검한다.

② 스플라인의 손상 및 마모를 점검한다.

2) 니들베어링

니들베어링 축 또는 베어링 슬리브와 기어를 조립하고 비정상적인 소음이나 유격 등을 점검한다.

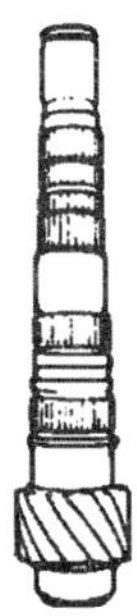

그림 101. 출력축의 구조

그림 102. 니들베어링의 구조

3) 싱크로나이저 링

① 싱크로나이저 링의 이의 손상 및 파손 등을 점검한다.

② 내부 면의 손상 마모 및 나사 부분의 파손 등을 점검한다.

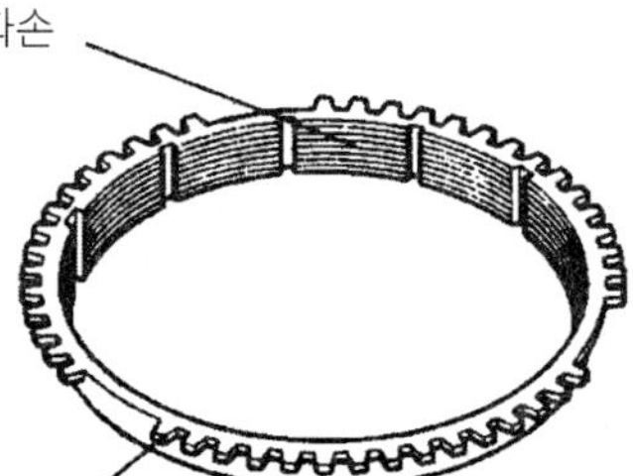

그림 103. 싱크로나이저 링의 점검

4) 싱크로나이저 슬리브 및 허브

① 싱크로나이저 슬리브와 허브를 조립한 후 원활하게 이동되는지를 점검한다.

② 슬리브 안쪽의 앞·뒤 끝 부분의 손상 여부를 점검한다.

③ 허브 끝 면(각 속도 기어와 접촉하는 면)의 마모를 점검한다.

④ 교환할 경우에는 허브와 슬리브를 일체로 교환한다.

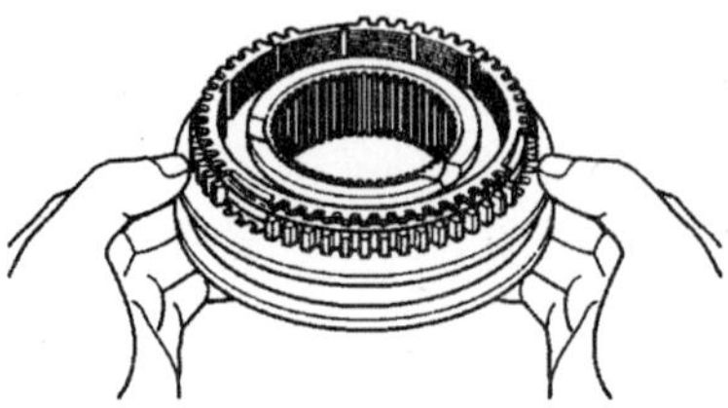

그림 104. 싱크로나이저 슬리브 및 허브

5) 기어

① 각 단 기어와 클러치 기어의 이의 손상 및 마모를 점검한다.

② 싱크로나이저 콘 기어 표면의 거칠음, 손상, 마모 등을 점검한다.

③ 기어 내부의 손상 및 마모를 점검한다.

(3) 출력축 어셈블리 조립

① 니들베어링을 끼운 후 1단 기어를 설치한다.

② 1, 2, 3, 4단 싱크로나이저 스프링 및 더블 콘 어셈블리를 설치한다.

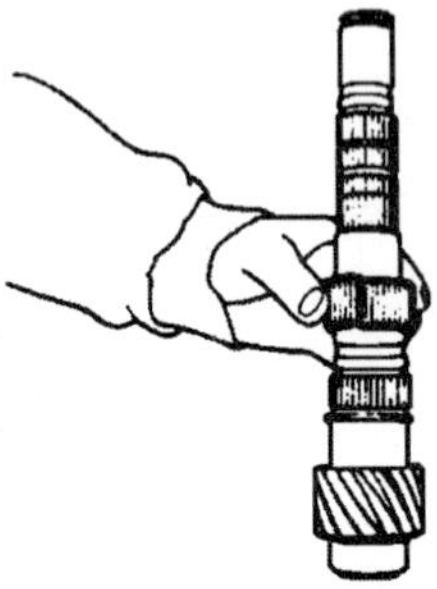

그림 105. 니들베어링 끼우기

그림 106. 1단기어 조립

그림 107. 싱크로나이저 스프링 및 더블 콘 설치

③ 싱크로나이저 슬리브를 끼운 다음 1단 및 2단 싱크로나이저 허브를 설치한다.

그림 108. 싱크로나이저 슬리브 설치

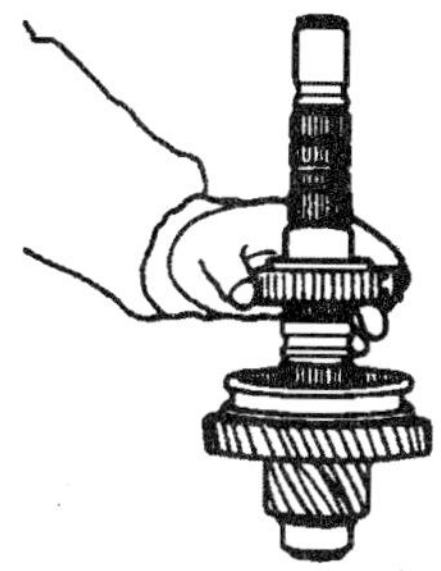

그림 109. 1단, 2단 싱크로나이저 허브 설치

④ 1, 2, 3, 4단 싱크로나이저 링 및 더블 콘 어셈블리를 설치한 후 2단 슬리브 및 니들 베어링을 설치한다.

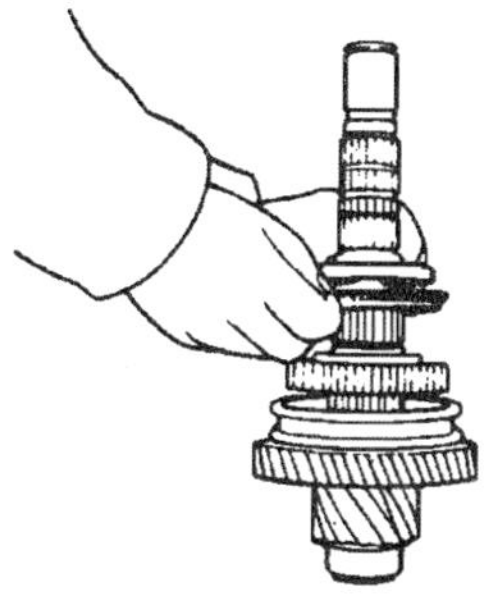

그림 110. 싱크로나이저링 및 더블콘 어셈블리 설치

그림 111. 2단 슬리브와 니들베어링 설치

⑤ 특수공구를 사용하여 2단 및 3단 기어를 설치하고 스냅 링을 끼운다.

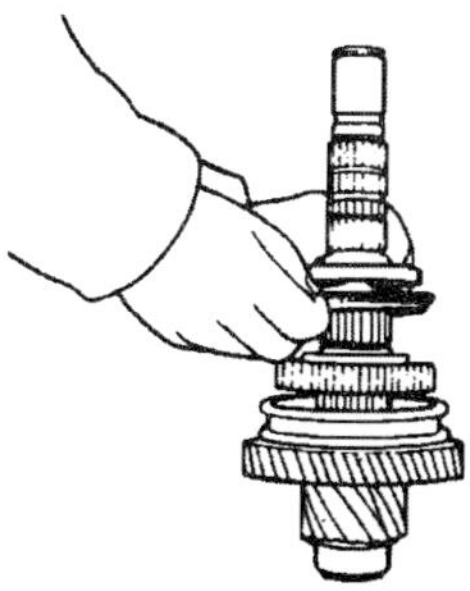

그림 112. 2단 및 3단 기어 조립

그림 113. 스냅 링 설치

⑥ 4단, 5단 기어 슬리브, 니들베어링, 5단 기어, 5단 싱크로나이저 링, 싱크로나이저 허브(5단 및 후진) 및 슬리브(5단 및 후진)를 설치한다.

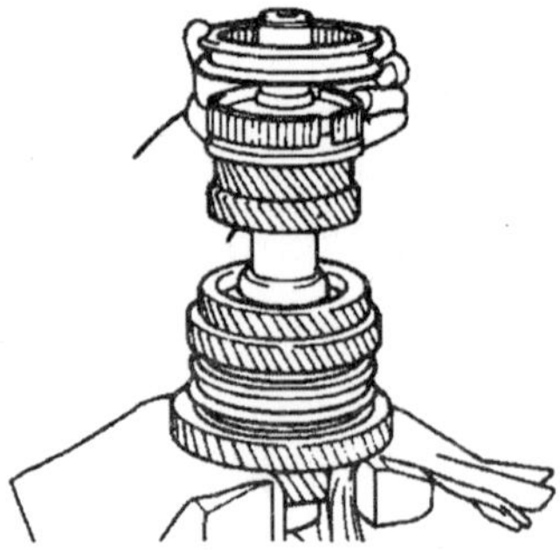

그림 114. 슬리브, 싱크로나이저 링 및 허브 설치

⑦ 니들 베어링, 후진기어 어셈블리 및 후진 피동기어 슬리브를 설치한다.

⑧ 특수공구를 사용하여 볼 베어링에 스냅 링을 설치한다.

그림 115. 후진기어 어셈블리 조립

그림 116. 볼 베어링에 스냅 링 설치

[5] 시프트 포크 및 제어 축

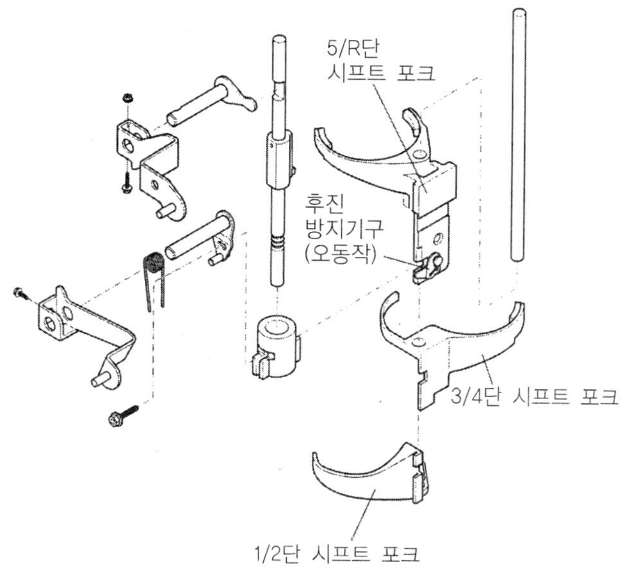

그림 117. 시프트 포크 및 제어 축의 구성부품

[6] 차동기어

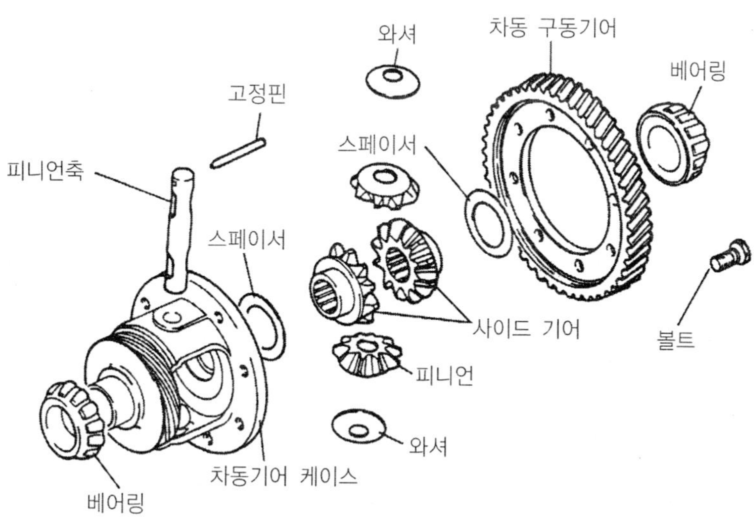

그림 118. 차동기어의 구성부품

(1) 차동기어 분해

① 바이스에 차동기어 어셈블리를 물린 다음 차동기어를 구동하는 기어 고정 볼트를 풀고 차동기어 케이스에서 차동기어를 구동하는 기어를 분리한다.

② 특수공구를 사용하여 베어링을 빼낸다.

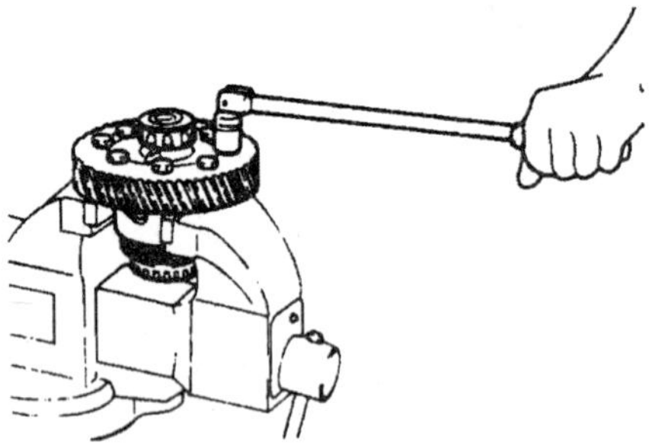

그림 119. 차동기어를 구동하는 기어 분해

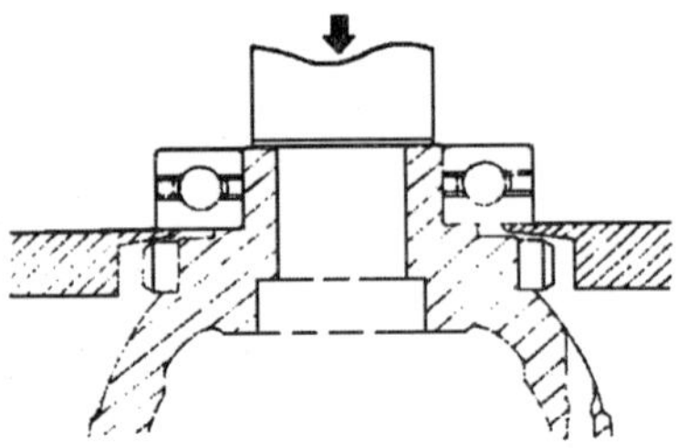

그림 120. 베어링 빼내기

③ 펀치를 사용하여 고정 핀을 빼낸 후 차동 피니언 축, 피니언, 와셔, 사이드 기어와 스페이서를 빼낸다.

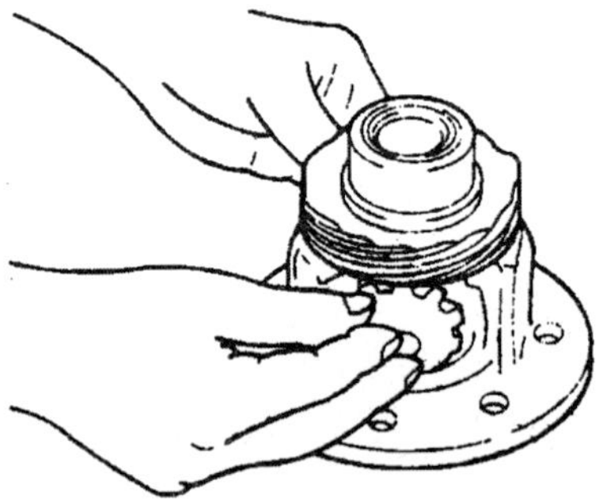

그림 121. 피니언 · 사이드 기어분해

(2) 차동기어 조립

① 사이드 기어 뒤에 스페이서를 넣고 차동기어 케이스에 기어를 조립한다.

② 각 피니언 뒤에 와셔를 넣고 2개의 피니언을 사이드 기어와 맞춰 돌려가면서 규정된 위치에 조립한 다음 피니언 축을 밀어 넣는다.

그림 121. 사이드 기어 조립

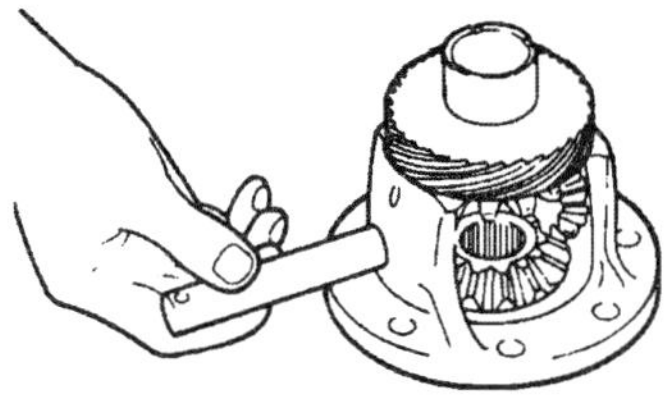

그림 122. 피니언 축 조립

③ 사이드 기어와 피니언의 백래시를 그림 123과 같이 측정한다. 이때 백래시의 규정 값은 0.025~0.015mm이다. 백래시가 규정 값을 벗어난 경우에는 다시 분해한 후 적절한 스페이서를 넣고 다시 조립하도록 한다.

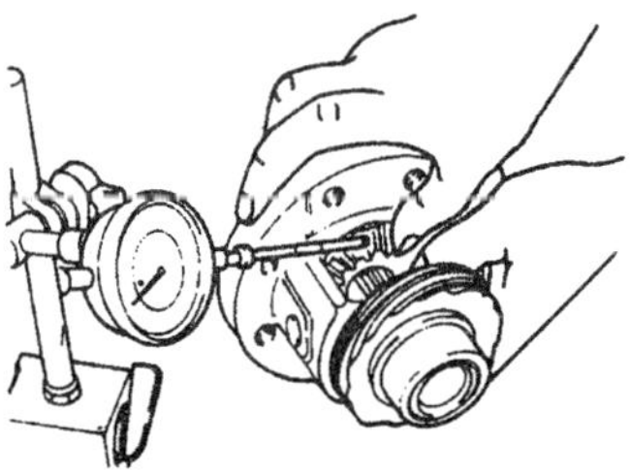

그림 123. 백래시 측정

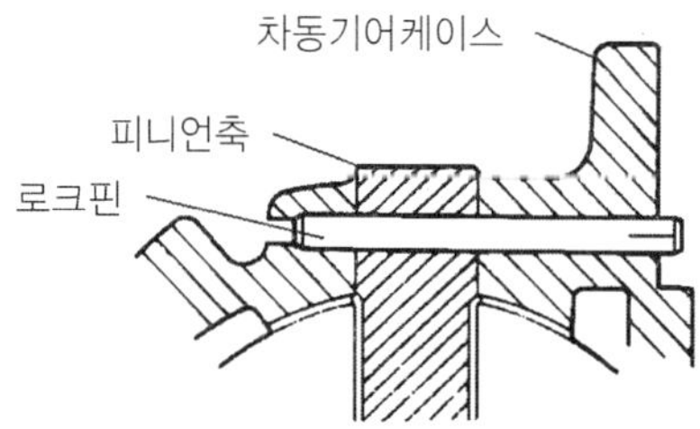

그림 124. 고정 핀 끼우기

④ 피니언 축 고정구멍을 차동기어 케이스 고정 핀 구멍과 일치시켜 고정 핀을 밀어 넣는다. 이때 고정 핀을 재사용해서는 안 되며, 고정 핀을 끼운 후 핀 머리 부분이 차동 기어 케이스를 플랜지 면보다 낮아야 한다.

⑤ 차동기어 케이스 양쪽에 베어링을 끼운다.

⑥ 차동기어를 구동하는 기어를 규정된 실 볼트(seal bolt)를 사용하여 대각선 방향으로 조인다.

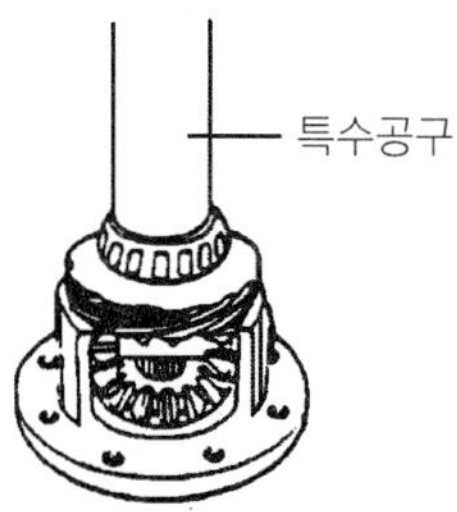

그림 125. 베어링 조립

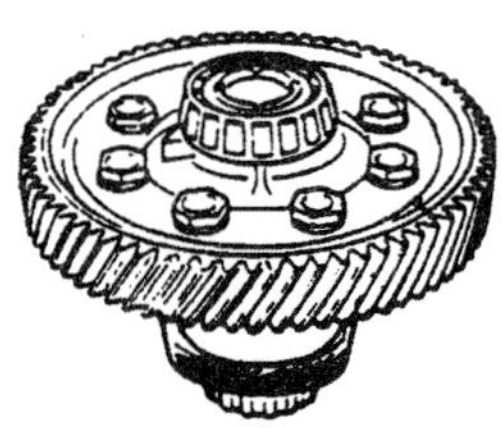

그림 126. 차동 구동기어 조립

2.4.5. 수동 트랜스액슬 제어부분 점검 및 교환방법

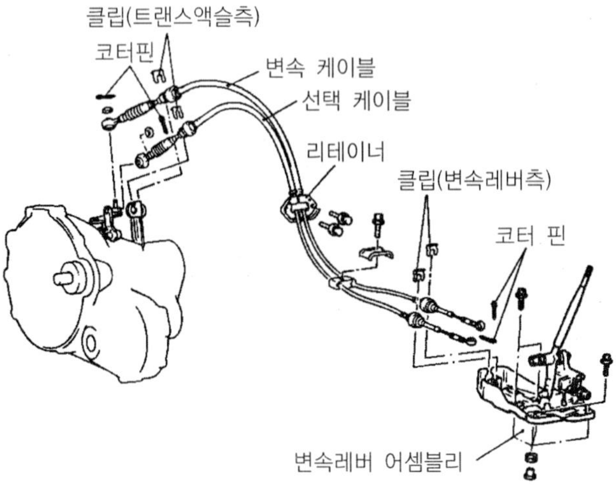

그림 127. 제어부분 구성부품

[1] 제어부분 떼어내기

① 콘솔 어셈블리를 떼어낸다.

② 코터핀과 클립을 떼어낸다(변속레버측).

③ 변속레버 어셈블리를 떼어낸다.

④ 리테이너와 볼트를 떼어낸다.

⑤ 에어 클리너를 떼어낸다.

⑥ 트랜스액슬 쪽에서 코터 핀과 클립을 떼어낸다.

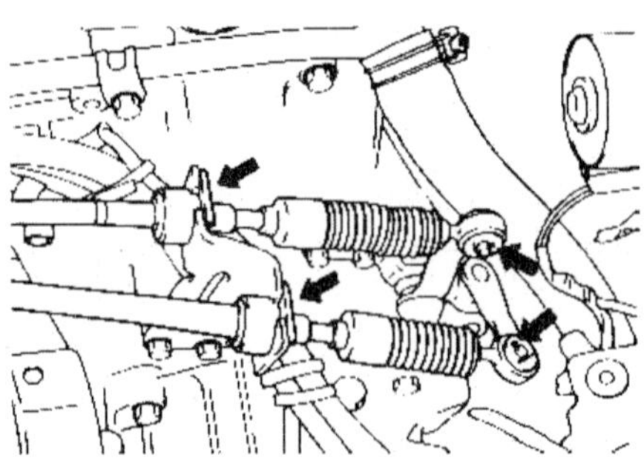

그림 128. 코터 핀과 클립 떼어내기

[2] 제어부분 점검

① 선택케이블의 기능 및 손상여부를 점검한다.

② 변속케이블의 기능 및 손상여부를 점검한다.

③ 변속케이블 끝에 있는 부싱의 손상여부를 점검한다(과다하게 마모되면 변속이 어렵거나 변속할 때 유격이 크다).

[3] 제어부분 설치하기

① 변속레버 어셈블리를 설치한다.

② 선택케이블 및 변속케이블과 함께 코터핀과 클립(선택레버 쪽 및 트랜스액슬)을 설치한다.

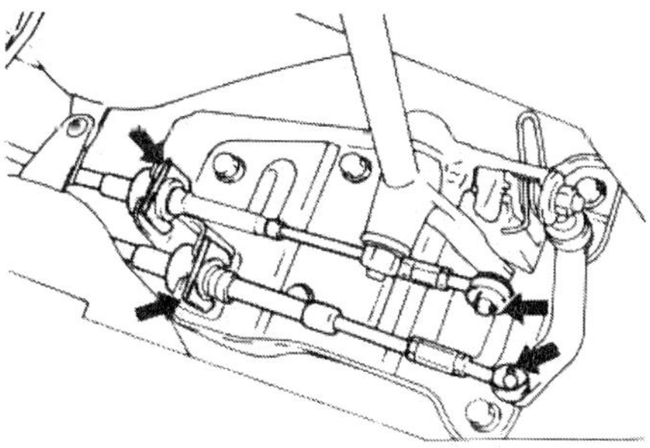

그림 129. 코터 핀과 클립(선택레버 쪽 및 트랜스액슬)을 설치

③ 변속케이블 끝에 있는 부싱의 플렌지 측은 코터핀 쪽에 있어야 한다.

④ 선택케이블 끝에 있는 플라스틱 부싱은 레버 끝 면에 위치하도록 한다.

⑤ 리테이너와 볼트를 설치한다.

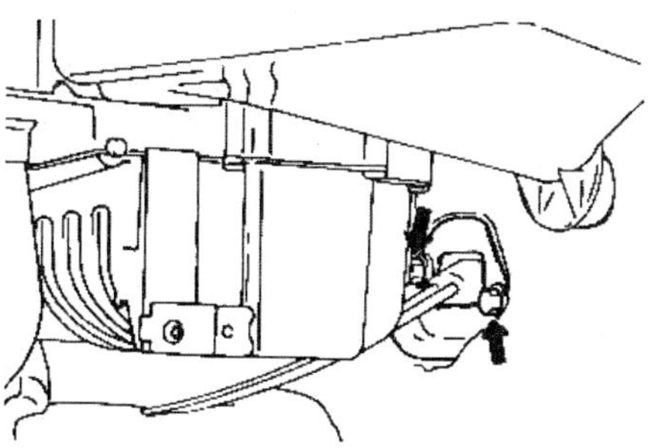

그림 130. 리테이너와 볼트 설치

⑥ 에어클리너를 설치한다.

2.4.6. 변속레버 어셈블리 점검 및 교환방법

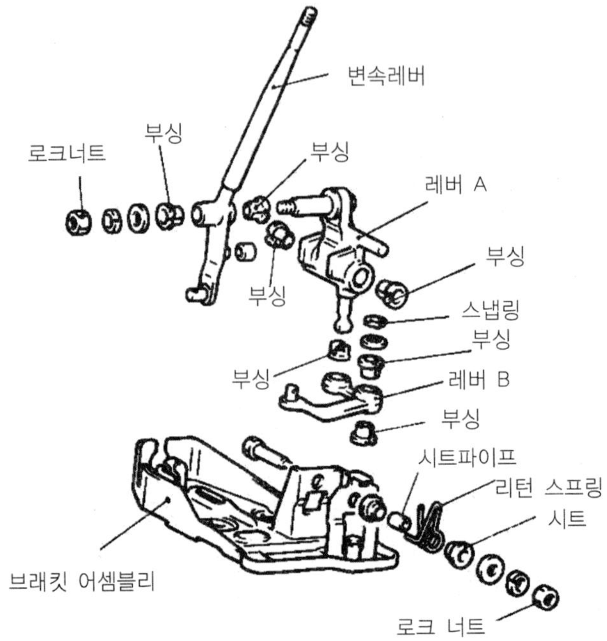

그림 131. 변속레버 어셈블리의 구성부품

[1] 변속레버 점검

① 부싱의 마모와 손상을 점검한다.

② 리턴 스프링의 손상과 파손을 점검한다.

[2] 변속레버 조립

① 다목적 그리스를 그림 132에 표시된 부위에 바른다.

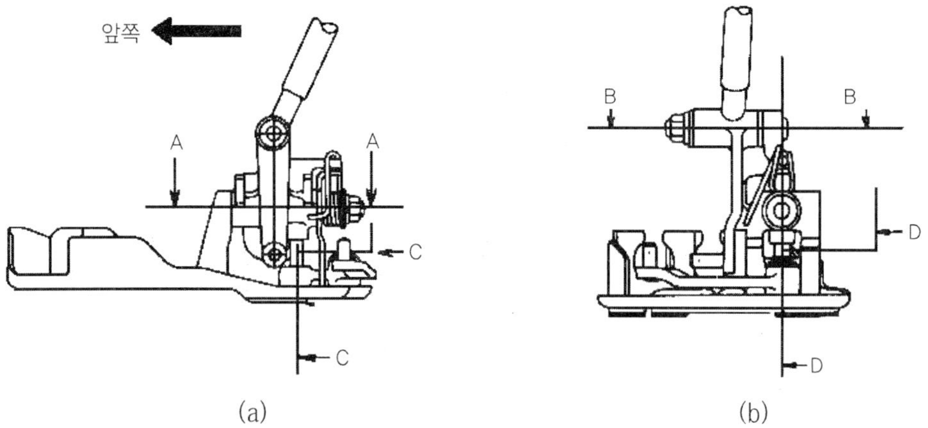

그림 132. 그리스 바르는 위치

② 리턴 스프링이 브래킷 끝 면과 확실히 접촉되도록 설치한다.

③ 리턴 스프링과 브래킷 미끄럼운동 부분에 그리스를 바른다.

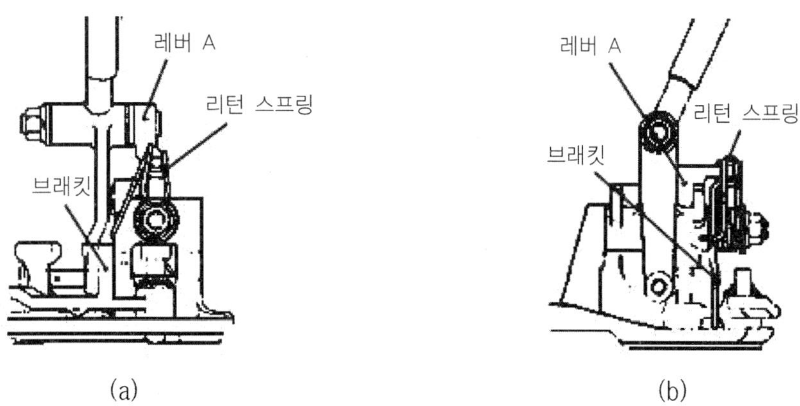

그림 133. 리턴스프링과 브래킷 설치 위치

실습보고서

실습명	동력전달장치(수동변속기)	실습일시:	
학번 및 조		이름	

01. 변속기 분해 순서 기록

02. 각부 명칭 익히기

03. 변속기 엔진에서 분리하기 순서 기록

04. 오일 교환 순서 기록하기

05. 변속기의 필요성과 구비조건

06. 클러치 허브, 싱크로 나이저링, 슬리브, 싱크로 나이저 키

07. 트랜스 액슬

08. 변속기 구동력과 회전력의 관계

09. 동기물림 기구의 작동원리

10. 기어비 환산

점검결과 설명	
실습기자재, 재료, 공구	
작업결과 설명	
다음정비 소견	
학습평가	① 암기하고 충분히 활용할 수 있다. ② 암기는 하지만 활용할 수 없다. ③ 단지 이해만 할 수 있다. ④ 암기도 이해도 할 수 없다.

3. 자동변속기(automatic transmission)

3.1. 자동변속기의 개요

자동변속기는 변속기의 조작을 자동화하여 보다 편리한 운전을 할 수 있도록 한 장치이며, 변속 조작방법에 따라 여러 가지 형식이 있으나 주로 토크컨버터와 유성기어 변속기에 유압 조절장치를 두며, 최근에는 TCU(transmission control unit, 자동변속기 제어용 컴퓨터)로 조절하는 전자제어 자동변속기가 사용되고 있다.

[1] 자동변속기의 장점

① 주행 중 빈번하게 변속레버를 조작하지 않아도 되므로 운전이 편리하다.

② 클러치 페달을 조작하지 않아도 되므로 운전 피로를 줄일 수 있다.

③ 조작 실수로 인한 엔진의 가동정지가 없다.

④ 동력전달을 오일로 하기 때문에 진동과 충격을 흡수하여 부드러운 출발과 감속을 할 수 있어 엔진과 동력전달장치를 보호할 수 있다.

⑤ 출발할 때 토크컨버터의 회전력 증대작용으로 가속성능이 우수하다.

그림 134. 자동변속기의 구조

[2] 자동변속기의 단점

① 구조가 복잡하고, 값이 비싸며, 연료소비율이 크다.

② 밀거나 끌어서 엔진을 시동할 수 없다.

③ 다이내믹한 운전이 어렵다.

3.2. 자동변속기의 구조

자동변속기는 토크컨버터, 유성 기어장치, 유압 제어장치 등을 조합한 것으로 주행조건에 따라서 자동적으로 변속이 이루어진다.

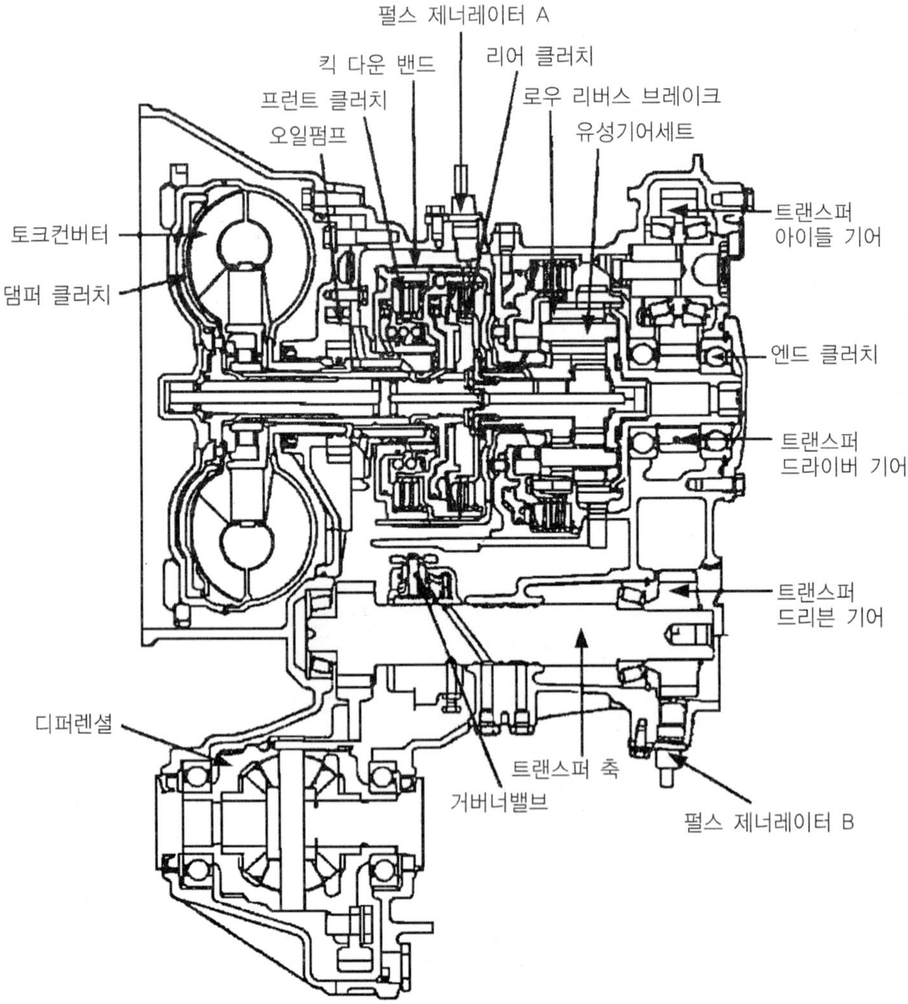

그림 135. 자동변속기의 구조

3.2.1. 토크컨버터(torque converter)

[1] 토크컨버터의 원리

토크컨버터는 오일의 운동에너지를 이용하여 엔진의 회전력을 자동적으로 변환하는 장치이며, 펌프(임펠러), 터빈(러너) 및 스테이터(stator)로 되어 있다. 또 그 내부에 오일이 가득 들어 있고 펌프와 터빈의 날개는 특정 곡선을 지니고 있어 내부의 오일은 펌프에서 나와 터빈으로 들어가 터빈을 회전시키고 스테이터로 간다. 스테이터의 오일은 그 방향을 바꾸어 다시 펌프로 간다.

토크컨버터는 자동차의 주행저항에 따라 자동적, 연속적으로 구동력을 변환시킬 수 있다. 그리고 자동차에서는 특별한 경우를 제외하고는 대부분 3요소 1단 2상형의 토크컨버터를 사용하고 있으며, 1단의 토크컨버터로 얻을 수 있는 최대 회전력 변환비율은 4 정도이고 효율은 80% 정도이다. 최대 효율을 90% 이상 유지하려면 최대 회전력 변환비율을 2.0~2.5로 하여야 하고 더 큰 회전력 변환비율을 얻으려면 1단 또는 3단으로 하여야 한다. 이때 최대 회전력 변환비율은 4~6 정도가 된다.

그러나 이것은 자동차보다도 건설기계에서 많이 사용된다. 토크컨버터는 펌프, 터빈 및 스테이터가 각각 1개인 것을 3요소라 하며, 터빈이 1개인 것을 1단, 터빈이 2개인 것을 2단이라 한다. 그리고 상과 수는 회전력을 전달하는 양식의 변화 수를 말하는데 토크컨버터 기능을 하여 클러치 점(clutch point) 현상이 나타나는 것을 2상이라 한다.

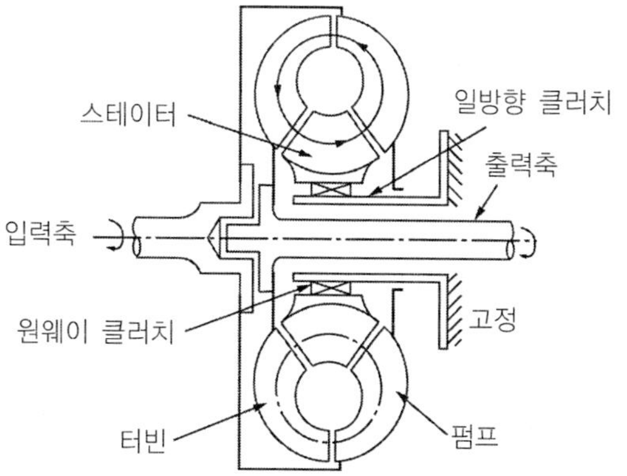

그림 136. 토크컨버터의 구조

(1) 토크컨버터의 작용

① 엔진의 회전력을 변속기로 원활하게 전달하는 작용을 한다.

② 엔진의 회전력을 변환시키는 작용을 한다.

③ 엔진의 회전력을 전달할 때 충격 및 크랭크축의 비틀림 완화작용이 있다.

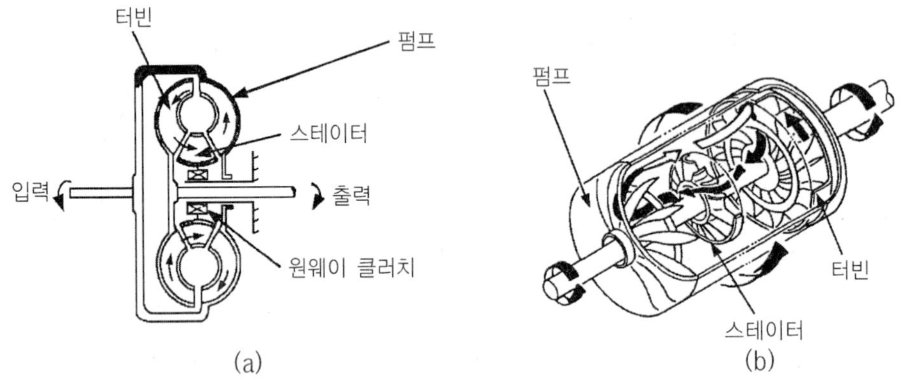

그림 137. 토크컨버터 내의 오일 흐름

[2] 스테이터의 작용

스테이터(stator)는 터빈에서 나온 오일의 흐름방향을 바꾸어 그림 138에 표시한 방향으로 펌프로 들어간다. 이때 오일은 스테이터 곡면의 방향으로 변환되어 펌프의 회전을 돕는 에너지로 작용하기 때문에 터빈을 회전시키는 회전력이 증대된다.

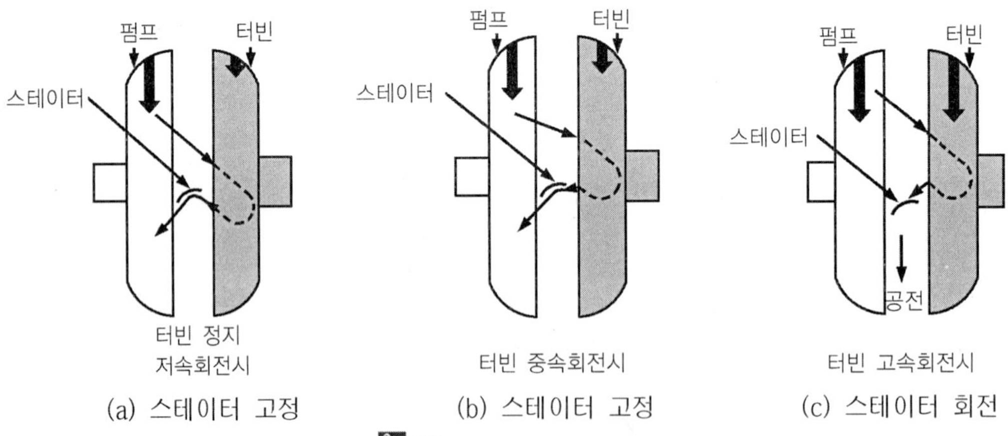

그림 138. 스테이터의 작용

(1) 터빈이 정지되어 있을 때(스톨(stall)일 때)

터빈의 회전속도가 0인 경우 오일의 잔류 에너지는 최대가 되며, 터빈에서 나온 오일의 흐름방향도 스테이터 날개의 곡면을 따라서 펌프가 회전하는 방향으로 들어가므로 펌프로 들어오는 오일은 날개 뒷면을 미는 에너지로 작용하기 때문에 펌프에서 나오는 오일은 스테이터에서 들어온 오일과 합류하여 터빈을 회전시키는 에너지로 작용하여 회전력 변환비율은 최대가 된다.

(2) 터빈이 펌프의 1/2회전을 할 때(회전속도가 증가될 때)

터빈이 회전을 시작하면 펌프에서 들어오는 오일이 터빈의 반발력에 의해 터빈에서 나가는 오일의 흐름방향은 터빈의 회전속도가 형성되는 방향으로 흐른다. 또 터빈의 회전속도가 상승함에 따라 스테이터로 들어가는 오일의 흐름방향도 변화한다.

이에 따라 오일은 스테이터에서 흐름방향을 바꿀 수 없게 되므로 스테이터가 받는 반발력은 감소된 상태로 펌프로 들어가기 때문에 터빈을 회전시키기 위한 회전력 변환비율이 감소된다.

(3) 터빈과 펌프의 회전속도가 같아 졌을 때

터빈의 회전속도가 더욱더 상승하면 스테이터의 뒷면에 오일이 닿게 되기 때문에 원웨이 클러치(one way clutch)가 작동하여 스테이터를 터빈과 같은 방향으로 회전시킨다. 따라서 오일의 흐름방향은 펌프가 회전하는 방향으로 변환되어 들어가기 때문에 동력전달효율이 낮아지는 것을 방지한다.

3.2.2. 댐퍼 클러치(록업 클러치 : damper clutch or lockup clutch)

댐퍼 클러치는 펌프와 터빈의 회전속도 차이가 없도록 직결시켜 전달효율 및 연료소비율을 향상시키기 위해 설치한 것이다. 토크컨버터는 펌프와 터빈사이의 회전속도 차이에 의해 엔진의 동력이 변속기로 전달되므로 회전력이 증가하면 토크컨버터 레인지에서 유체커플링 레인지로 변환되어 펌프와 터빈이 같은 속도로 회전을 하기 때문에 미끄럼에 의한 손실이 크고, 동력 전달효율이 떨어진다. 댐퍼 클러치가 작동하면 엔진의 동력을 기계적으로 직결시켜 변속기 입력축으로 직접 전달된다.

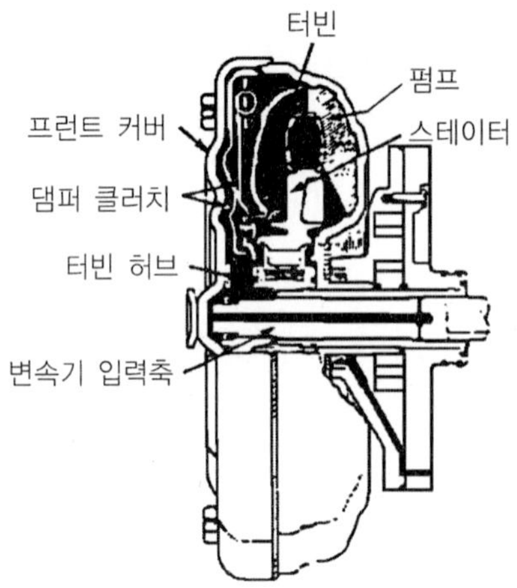

그림 139. 댐퍼 클러치의 설치위치

[1] 댐퍼 클러치의 작동

댐퍼 클러치 제어밸브가 ON되면 댐퍼 클러치 뒤쪽으로 오일이 공급되므로 유압이 높아져 댐퍼 클러치가 프런트 커버(front cover)에 밀착된다. 이에 따라 변속기 입력축은 프런트 커버와 일체로 회전한다. 이때 엔진의 동력은 프런트 커버 → 댐퍼 클러치 → 댐퍼 클러치 허브 → 변속기 입력축 순서로 전달된다.

[2] 댐퍼 클러치 해제

댐퍼 클러치 제어밸브가 OFF되면 토크컨버터에 공급되는 오일은 댐퍼 클러치가 작동할 때와는 반대방향으로 흐르기 때문에 댐퍼 클러치 앞쪽의 유압이 높아져 댐퍼 클러치가 프런트 커버에서 분리된다.

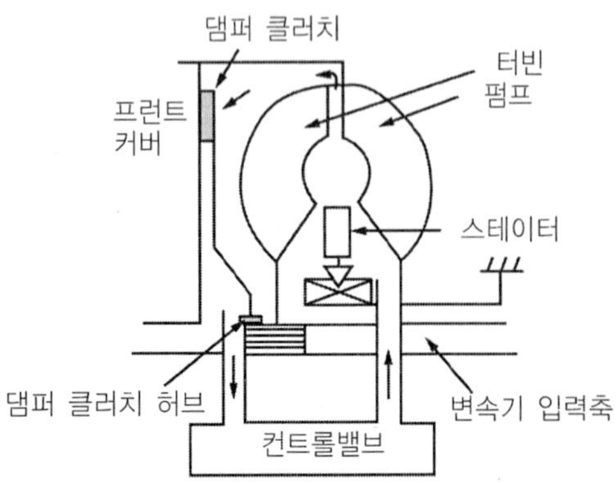

그림 140. 댐퍼 클러치가 작용할 때

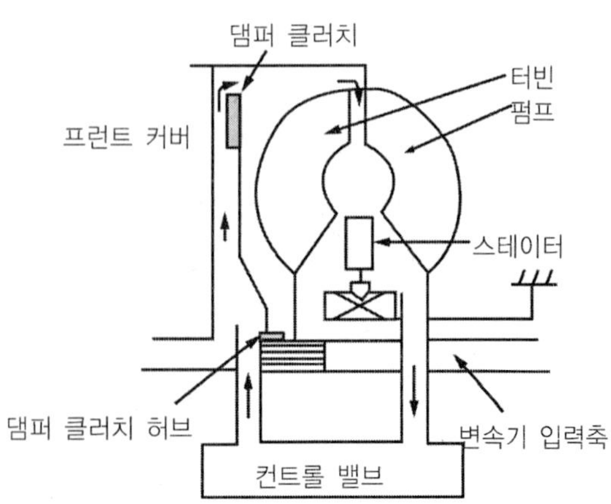

그림 141. 댐퍼 클러치가 해제되었을 때

따라서 댐퍼 클러치의 작동이 해제되므로 프런트 커버로부터 변속기 입력축으로 전달되는 동력은 차단된다. 이때 엔진의 동력은 펌프 → 오일 → 터빈 → 터빈 허브 → 변속기 입력축 순서로 전달된다.

[3] 댐퍼 클러치 제어밸브

이 밸브는 토크컨버터로 흐르는 유압회로를 ON/OFF시키는 것으로, 자동차 주행속도의 변화에 대응하는 거버너 압력(governor pressure)으로 유압이 제어된다. 주행속도가 규정 값 이상이 되면 댐퍼 클러치 제어밸브를 ON시켜 댐퍼 클러치를 작동시키고, 규정 값 이하에서는 OFF시킨다.

[4] 댐퍼 클러치가 작동하지 않는 범위

① 제1속 및 후진할 때 : 출발 또는 가속성능 확보하기 위해 작동하지 않는다(제2속에서부터 작동을 시작한다).
② 엔진 브레이크가 작동할 때 : 감속할 때 발생하는 충격을 방지하기 위해 작동하지 않는다.
③ 변속할 때 : 변속이 원활하게 되도록 하기 위하여 작동하지 않는다.
④ 엔진 냉각수온도 50℃, 자동변속기 오일온도 60℃ 이하일 때 : 작동의 안정화를 위해 작동하지 않는다.
⑤ 엔진이 공전(800rpm 이하)할 때
⑥ 브레이크 스위치가 ON상태일 때
⑦ 엔진 회전속도 2000rpm 이하에서 스로틀밸브의 열림이 클 때

3.2.3. 유성 기어장치(planetary gear system)

자동차가 언덕길 또는 도로 면의 상태가 좋지 못한 곳을 주행할 때에는 토크컨버터만으로는 불충분하며, 또 후진을 할 수 없으므로 토크컨버터의 보조 변속기로 유성 기어장치를 사용한다. 유성 기어장치는 토크컨버터 뒤쪽에 설치되어 있으며, 유압 제어장치에 의해 자동차의 주행상태에 따라 자동적으로 변속이 된다.

[1] 유성 기어장치의 형식

유성 기어장치의 구성요소는 선 기어, 링 기어(ring gear), 유성기어(또는 유성 피니언), 유성기어 캐리어로 되어 있으며 입력 및 출력요소로 선 기어, 링 기어, 유성기어 캐리어를 이용한다. 유성 기어장치는 3요소 중 2요소가 작동하면 일체로 작동된다.

자동변속기에서 사용하고 있는 기어 트레인 형식에는 심프슨방식(simpson type), 라비뉴방식(ravigneaux type)이 있다. 심프슨방식은 2세트의 단일 유성기어의 각각에 선 기어를 결합시키고 다시 한쪽의 링 기어와 다른 한쪽의 유성기어 캐리어를 결합시킨 기어 트레인이다. 이 방식의 특징은 링 기어의 입력으로 인하여 강도 상 유리하고, 구성요소의 회전속도 낮고 동력 전달효율이 높다.

라비뉴방식은 1세트의 단일 유성기어와 다른 1세트의 더블 유성 기어장치를 조합시킨 기어 트레인이다. 이 방식의 특징은 구성요소가 적으며, 축방향의 치수가 짧고 구성요소의 회전속도가 낮다.

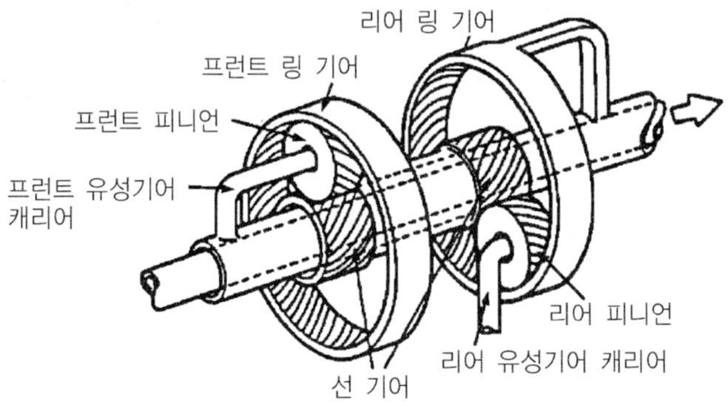

그림 142. 심프슨 방식

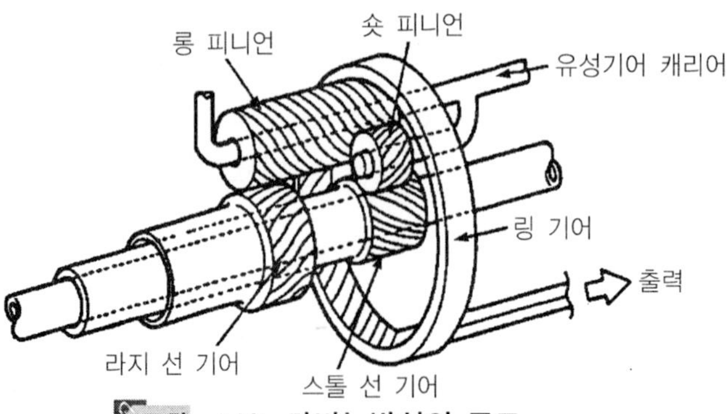

그림 143. 라비뉴방식의 구조

[2] 유성 기어장치의 작용

유성 기어장치는 유압 제어장치에 의한 변속 제어장치에 의해 자동차의 주행속도에 따라 자동변속이 이루어진다. 이것에 의하여 토크컨버터의 회전력 변환능력 부족 분량을 보충하여 자동차의 구동력을 증대시키고 또 후진할 때 회전방향을 변환하여 자동변속기의 기능이 충분히 발휘되도록 한다. 유성 기어장치의 작동은 다음과 같다.

(1) 증속시킬 때

유성기어 캐리어를 입력, 링 기어를 출력으로 하였을 때 선 기어를 고정시키고, 유성기어를 구동하면 링 기어가 증속되며, 선 기어를 증속시킬 때에는 링 기어를 고정시키고, 유성기어 캐리어를 구동하면 증속된다. 링 기어의 증속은 다음 공식으로 산출된다.

$$N = \frac{A + D}{D} \times n$$

N : 링 기어의 회전수, A : 선 기어 잇수
D : 링 기어 잇수, n : 유성기어 캐리어의 회전수

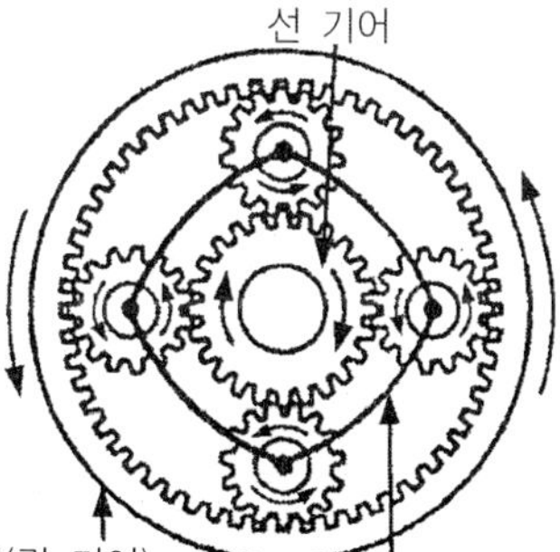

그림 144. 증속시킬 때

(2) 감속시킬 때

링 기어를 입력, 유성기어 캐리어를 출력으로 하였을 때 선 기어를 고정시키고 링 기어를 구동하면 유성기어 캐리어가 감속한다. 또 링 기어를 고정시키고 선 기어를 구동하여도 유성기어 캐리어가 감속된다.

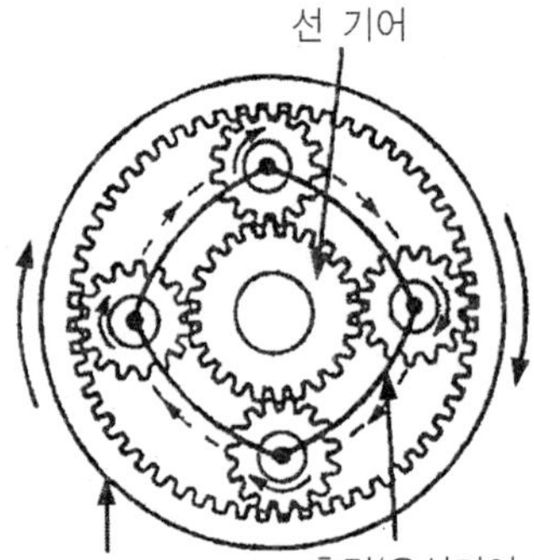

그림 145. 감속시킬 때

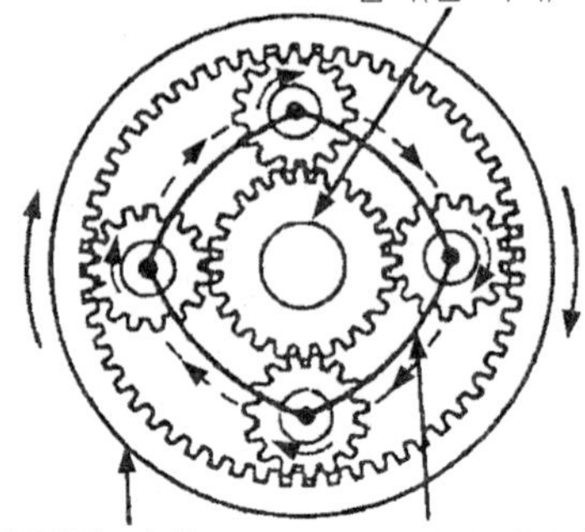

그림 146. 후진시킬 경우

(3) 후진시키고자 할 때

선 기어를 입력, 링 기어를 출력으로 하였을 때 유성기어 캐리어를 고정하고 선 기어를 회전시키면 링 기어가 역전 증속한다. 또 유성기어 캐리어를 고정하고 링 기어를 회전시키면 선 기어가 역전 감속한다.

(4) 직결시킬 경우

선 기어, 유성기어 캐리어, 링 기어의 3요소 중에서 2요소를 고정하면 엔진의 동력은 직결(top gear)된다.

3.2.4. 유성 기어장치의 변속장치

[1] 클러치(clutch)

클러치가 작동하면 변속기 입력축의 동력을 유성 기어장치의 각 유성기어의 구동을 시켜주는 역할을 한다.

[2] 브레이크(brake)

브레이크는 유성 기어장치의 유성기어 중 일부를 회전하지 못하도록 고정시켜주는 역할을 한다.

[3] 원 웨이 클러치(OWC ; one way clutch)

원 웨이 클러치는 스프래그방식(sprag type)으로 2개가 설치되어 있다. 1개는 유성 기어장치의 유성기어 캐리어와 중앙지지대사이에 조립되어 있으며, 또 다른 1개는 토크 컨버터의 스테이터에 설치되어 있다.

유성 기어장치에 설치된 원 웨이 클러치는 D레인지 또는 2 레인지의 제1속의 경우 긴 피니언이 시계방향으로 회전하기 때문에 유성기어 캐리어가 그림 2-44의 화살표 방향에서 볼 때 시계 반대방향으로 회전하려고 하는 것을 방지하여 동력을 긴 피니언으로부터 유성 기어장치의 링 기어로 전달한다. 따라서 원 웬이 클러치의 아웃 레이스와 결합된 유성기어 캐리어는 시계방향으로만 회전이 가능하며 D레인지 또는 2레인지 제1속일 때 링 기어 쪽으로부터 회전 또는 엔진 브레이크가 작동할 때 유성기어 캐리어가 시계방향으로 공전하여 엔진 브레이크가 작동되지 않도록 하고 제1속과 제2속 사이의 변속이 원활하게 되도록 한다.

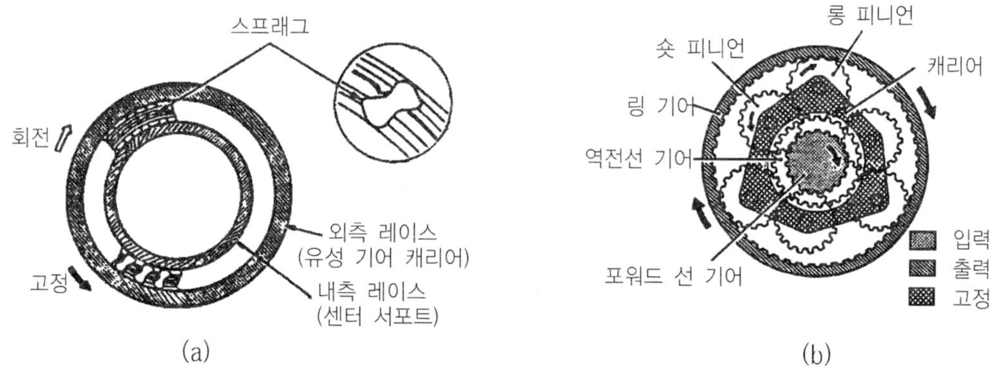

그림 147. 원 웨이 클러치의 구성부품

3.2.5. 유압 제어장치

자동변속기는 유압 제어장치에 의해 자동차의 주행속도에 따라 자동적으로 유성 기어장치의 브레이크 밴드와 클러치를 결합시키기도 하고 해제하기도 한다.

[1] 유압 제어장치의 구조와 작동

유압 제어장치는 오일펌프, 거버너밸브, 밸브보디 등으로 구성되어 있다.

(1) 오일펌프(oil pump)

오일펌프는 내접 기어펌프를 주로 사용한다. 구조는 구동기어와 피동기어로 되어있으며, 크레센트(crescent)를 사이에 두고 서로 맞물려 있으며 엔진 가동과 동시에 유압을 발생한다. 오일펌프에서 나온 오일은 압력 조정밸브로 들어가 적당한 유압으로 조정된다. 이 때 조정된 유압을 메인 라인압력(main line pressure)이라 하며, 이 압력이 클러치, 브레이크 밴드 등의 각 요소를 작동시키는 데 사용된다.

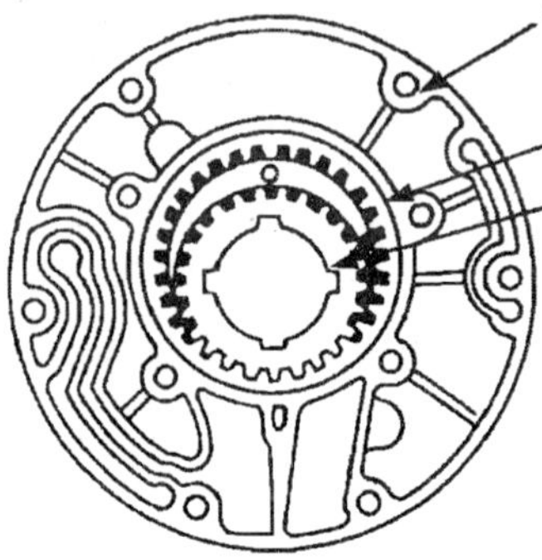

그림 148. 오일펌프의 구조

(2) 밸브 보디(valve body)

밸브 보디는 오일펌프의 유압을 각 부분으로 공급하는 유압회로를 형성하며, 그 종류에는 매뉴얼밸브, 스로틀밸브, 압력 조정밸브, 시프트밸브 등으로 구성되어 있다.

1) 매뉴얼밸브(manual valve)

운전석에 있는 변속레버(shift lever)의 조작에 의해 작동되는 수동밸브이며, 변속레버와 링크로 연결되어 레버의 움직임에 따라 라인압력을 앞뒤의 서보기구나 클러치 등으로 이끌어 P, R, N, D, 2, L의 각 레인지로 바꾸어준다. 그리고 라인압력이란 오일펌프에서 배출된 유압을 말하며, 앞뒤 브레이크를 작동시키는 유압이다.

2) 스로틀밸브(throttle valve)

메인 라인압력을 스로틀밸브의 열림 정도에 비례하는 유압 또는 흡기다기관 내의 진공도와 반비례하는 유압으로 변환시키는 작용을 한다. 스로틀밸브에 의해 발생한 스로틀 압력은 시프트밸브 끝부분에 작용하여 거너버 압력과 대항하여 작동한다.

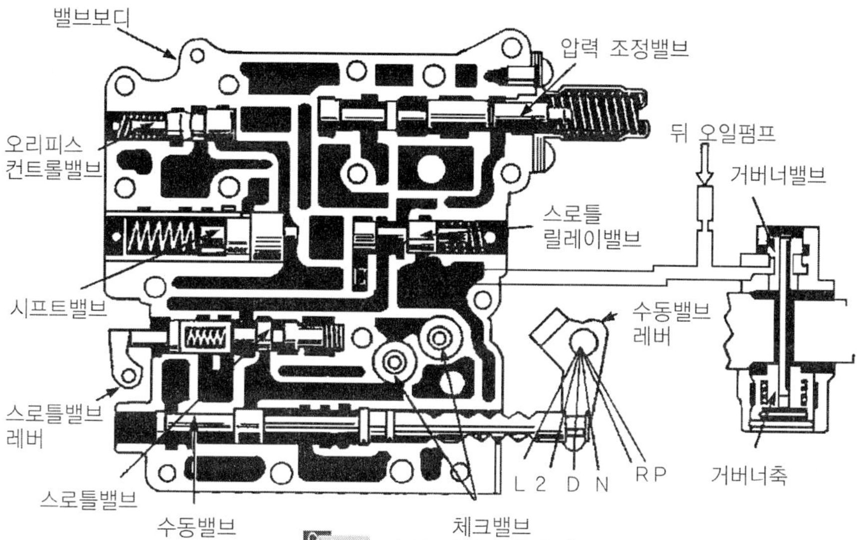

그림 149. 밸브보디의 구조

따라서 업 시프트(up shift)가 될 때 주행속도를 엔진의 부하에 따라 자동적으로 변화시키기도 하고 또 킥다운(kick down)이 가능하도록 한다.

3) 압력 조정밸브

오일펌프에서 발생한 유압의 최곳값을 제어하고, 각 부분으로 보내지는 유압을 그때의 주행속도와 엔진에 알맞은 압력으로 조정하며, 엔진의 가동이 정지되었을 때 토크컨버터에서의 오일이 역류하는 것을 방지한다.

4) 시프트밸브(shift valve)

유성 기어장치를 주행속도나 엔진의 부하에 따라 자동적으로 변환하기 위한 것이다. 시프트밸브는 클러치 및 브레이크 밴드 서보로 통하는 유압회로를 개폐하는 일종의 부동(float)밸브이며 제1 ↔ 2속, 제2 ↔ 3속 시프트밸브, 제4속 자동변속기의 경우에는 제3 ↔ 4속 시프트 밸브로 되어 있다.

5) 어큐뮬레이터(accumulates)

브레이크나 클러치가 작동할 때 변속충격을 흡수하는 일을 한다.

3.3. 전자제어 자동변속기

자동변속기에 전자제어장치가 도입됨에 따라 자동변속기의 변속 신속성과 주행성능 그리고 연료소비율이 크게 향상되었으며, 차량 내의 다른 전자제어장치와도 상호교류가 가능해졌다. 전자제어장치가 도입됨에 따라 유압 제어방식의 자동변속기에 비해 다음과 같은 장점이 있다.

① 다른 차종과의 적용성능이 향상된다.
② 주행성능이 향상된다.
③ 정교한 변속이 가능하다.
④ 회전력(토크)용량이 증대된다.
⑤ 운전자의 잘못된 조작으로부터 변속기와 엔진을 보호할 수 있다.
⑥ 차량 내의 다른 전자제어 장치와 성능이 향상된다.

자동변속기의 전자제어는 변속패턴 제어, 변속될 때 유압제어, 댐퍼 클러치 제어의 3대 기본 제어로 이것을 유기적으로 하여 장치가 구성되어 있다. 변속패턴 제어에는 ON/OFF기능을 지닌 2개의 솔레노이드밸브(제1속 ↔ 제4속 변속)를 사용하고, 변속할 때 유압제어와 댐퍼 클러치 제어는 35Hz로 구동되는 듀티 제어용 솔레노이드밸브를 각 1개씩 사용하여 각각의 전기량을 유압으로 변환한다. 즉, 엔진, 차체 및 자동변속기 각 부분에 부착된 각종 센서로 부터 검출된 신호 및 정보를 자동변속기용 ECU(TCU : transmission control unit)에서 종합 연산하여 차량 상태에 가장 적합한 명령을 4개의 솔레노이드밸브로 보내어 제1속 ↔ 제4속의 변속이 이루어지며, 솔레노이드밸브를 적절히 이용하여 변속감각을 향상시킨다.

3.3.1. 자동변속기의 각 센서의 역할

[1] 입 출력속도센서

입력속도 센서는 입력 회전속도(Na)를, 출력속도 센서는 피동 기어의 회전속도(Nb)를 검출하여 Na/Nb를 TCU에서 연산하여 자동적으로 변속단수를 결정한다.

[2] 인히비터 스위치(inhibitor S/W)

인히비터 스위치는 변속기 바디 상단에 장착되어 운전자 변속 의지에 따른 변속단 위치(P-R-N-D)를 검출하여 작동정보를 TCM으로 전송한다.

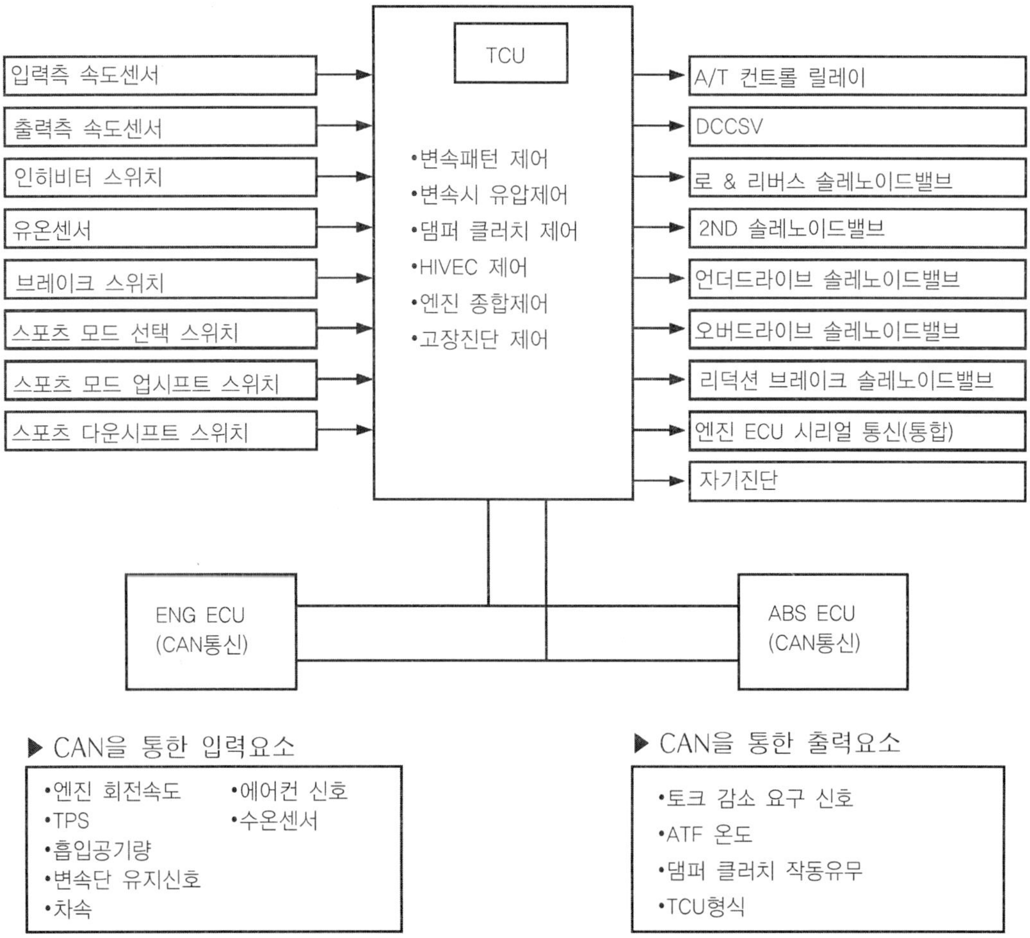

그림 150. 전자제어장치의 구성도

알아두기 — CAN(controller area network)통신

좁은 범위의 지역 내에서 서로 네트워크를 형성한 각각의 개체가 통일된 통신 언어를 구사하는 것이다. CAN통신은 우선(지배)적인 컨트롤러(ECU)가 입출력과 관련된 신호 값을 먼저 측정하고 인식하여 다른 컨트롤러로 하여금 인식하기 편리한 통신 언어를 사용하여 매우 빠른 속도로 전송한다.
현재 차량에서 사용하는 CAN통신 라인은 HIGH라인과 LOW라인으로 구성되어 있으며 LOW라인이 지배적인 방식을 사용하며 두 라인의 전압을 상호 비교, 인식하여 데이터 프레임으로 인식한다. CAN통신 데이터 프레임으로 측정하여 판독 및 해석하는 것은 불가능하다.

■ 시리얼통신
연속적인 데이터 처리방법 중의 하나이며, 차량에서 대표적인 방법이 자기진단 시험기와 진단 케이블을 연결한 데이터 처리 방법이라 생각하면 된다. 즉 자기진단 시험기와 TCU가 1개의 케이블을 이용하여 고장코드, 서비스 데이터를 서로 교환하는 것처럼 일반적인 통신방식에는 1개의 배선을 사용한다. 통신을 하고자 하는 개체가 통신 의사를 밝히는 행위인 통신 언어를 먼저 전송하고 그 전송 데이터를 수신한 개체는 해당하는 시스템과 맞는지를 인식한 후 맞으면 통신을 시작한다.

운전자가 변속레버를 움직이면 연결된 와이어가 변속기의 돌출된 샤프트와 연동되어 로터 내에 커넥터가 회전하면서 변속단의 접점과 접촉한다. 변속레버를 P(주차) 또는 N(중립)레인지 위치에서만 엔진 시동이 가능하도록 하고, 그 밖의 위치에서는 시동이 불가능하게 하며, R(후진)레인지에서는 후퇴등(back up lamp)이 점등되도록 한다. 제어는 코드 조합에 의한 4단자 신호 조합형 방식으로 중간위치 또한 검출이 가능하다.

[3] 오일온도(유온)센서

유온 센서는 자동변속기 오일의 작동온도를 감지하여 변속기 컨트롤 모듈(TCM)에 전달하는 센서이다. 유온센서는 오일온도 변화에 따라 저항이 변화되는 부특성 서미스터(NTC Thermistor)를 사용한다. TCM이 센서에 전원을 공급하면 ATF의 온도 변화에 따라 센서출력 값이 변화된다.

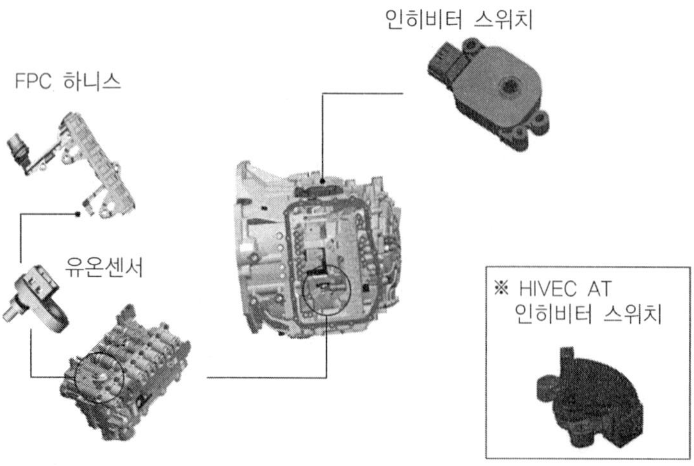

그림 151. 인히비터 스위치 및 유온센서

오일온도는 자동변속기 제어에 있어 매우 중요한 요소로 TCM에 입력되는데 유온 센서의 정보는 댐퍼 클러치 작동 및 비 작동 영역검출, 유온 가변제어, 변속 시 유압제어 등 중요한 여러 가지 목적으로 사용되고 있다.

[4] 스로틀 위치센서(TPS)

TPS는 엔진 전자제어장치와 함께 사용하며 스로틀밸브 열림 정도에 따른 저항 값의 변화 즉, 출력전압의 변화를 이용한다. 센서의 출력전압은 스로틀밸브가 완전히 닫히면 0.5V, 완전히 열리면 5V 정도이다. 또 TPS는 단선 또는 단락 되면 페일 세이프(fail saft)가 되지 않는다. 이에 따라 출력이 불량할 경우에는 변속점이 변화하며, 출력이 80% 정도밖에 나오지 않으면 변속선도 상의 킥다운 구간이 없어지기 쉽다.

[5] 수온센서(WTS)

수온센서는 엔진 냉각수 온도가 50℃ 미민에서는 OFF되고, 그 이상에서는 ON으로 되어 엔진 ECU(electronic control unit)로 입력시킨다.

[6] 오버 드라이브(O/D over drive) 스위치

오버 드라이브 스위치는 변속레버 손잡이에 부착되며 ON, OFF에 따라 그 신호를 TCU로 보내어 ON에서는 제4속까지, OFF일 경우에는 제3속까지 변속된다.

[7] 차속센서

차속센서는 속도계에 내장되어 있으며 변속기 속도계 구동기어의 회전속도(주행속도)를 펄스신호로 검출하여 펄스 제너레이터 B에 이상이 있을 때 페일 세이프 기능을 갖도록 한다.

[8] TCU(transmission control unit)

TCU는 각종 센서에서 보내 온 신호를 받아서 댐퍼 클러치제어 솔레노이드밸브(DCCSV), 변속제어 솔레노이드밸브(SCSV), 압력제어 솔레노이드밸브(PCSV) 등을 구동하여 댐퍼 클러치의 작동과 변속 조절을 한다.

[9] 솔레노이드밸브

솔레노이드밸브는 자동변속기 밸브바디(valve body)에 설치되어 자동변속기 제어기의 전기적인 신호에 따라 작동하는 액추에이터로 자동변속기 제어기 신호에 의해 각 변속단에 맞도록 PCV(pressure control valve)를 제어하여 자동변속기 내의 클러치 또는 브레이크 유압을 간접 제어한다.

기존 HIVEC 자동변속기는 각 클러치나 브레이크에 해당하는 솔레노이드 밸브가 독립적으로 있었으나 전륜 6속 자동변속기는 35R 클러치나 26 브레이크처럼 2개 이상의 변속단을 같이 사용하는 솔레노이드 밸브가 적용되었다.

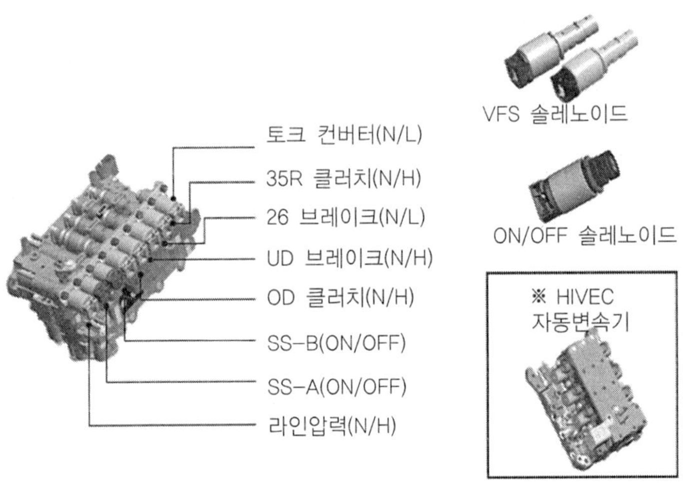

그림 152. 밸브 바디의 솔레노이드밸브

(1) 구조 및 작동원리

솔레노이드밸브는 자동변속기 제어기의 제어신호에 따라 형성된 자기력이 제품 내부의 스프링 및 유압에 의해 유지되고 있는 플런저(plunger)를 이동시켜 각 포트를 개폐하여 제어압을 형성한다. 솔레노이드밸브 비 제어 시에는 전류가 해지됨에 따라 스프링력에 의해 스풀이 위의 그림과 같이 좌측으로 이동되어 공급에서 제어로 유압이 전달된다.

솔레노이드밸브 제어 시에는 전류가 인가됨에 따라 자기력에 의해 플런저가 우측으로 이동되고 이와 함께 스풀도 이동되어 공급 측을 닫고 제어측 압을 배기로 배출시켜 라인압을 다운시킨다.

(2) 회로구성

솔레노이드밸브는 VFS(variable force solenoid) 타입 6개와 ON/OFF 타입 2개로 총 8개의 조합으로 구성되어있다. 각각의 솔레노이드밸브를 제어하기 위해서는 엔진 룸 퓨즈 & 릴레이박스 내의 오토티엠 1 20A의 퓨즈를 거쳐 상시 전원이 PCM으로 인가된다. PCM은 솔레노이드 전원 1과 솔레노이드 전원 2로 분류되어 솔레노이드밸브를 각각 제어하는데 솔레노이드 전원 1을 사용하는 것으로는 T/CON, OD/C, 35R/C, SS-A가 있으며, 솔레노이드 전원 2를 사용하는 것으로는 라인압력, UD/B, 26/B, SS-B가 있다.

예를 들어 동일한 전원을 사용하는 솔레노이드밸브 4개가 동시에 제어되지 않는다면 해당 전원선 단선이나 접촉불량을 의심할 수 있다. 참고로 솔레노이드 전원1과 솔레노이드 전원2를 사용하는 솔레노이드 밸브는 차종별로 다르므로 해당 회로도를 참조하도록 한다.

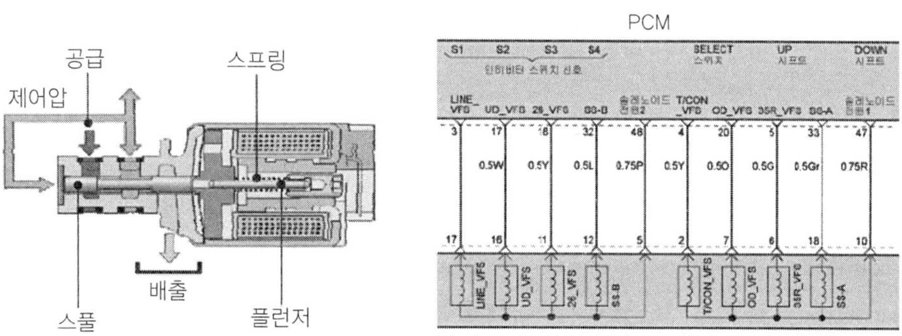

※ 쏘나타(YF)/K5(TF) 자동변속기 컨트롤 회로

(a) (b)

그림 153. 솔레노이드밸브와 컨트롤 회로

알아두기 — VFS(Variable Force Solenoid : 라인압 가변 솔레노이드)

① N/H(Normally High) : 솔레노이드밸브 비 제어시(0~50mA) 유압을 공급한다.
② N/L(Normally Low) : 솔레노이드밸브 제어시(850mA) 유압을 공급한다.
③ SS-A(Shift Control Solenoid Valve-A) : LR/B 작동 시 OD/C & LR/B의 작동압을 LR/B로 바꾸어 주는 역할을 한다.
④ SS-B(Shift Control Solenoid Valve-B) : 35R/C 작동 시 유로의 방향을 해당 변속단으로 바꾸어 주는 역할을 한다.

1) VFS Normally High

비통전시 최대 제어압을 형성하며, 전류증가에 따라 내부의 아마추어(Armature) 및 스풀(Spool)이 이송되어 공급포트를(Supply)를 닫고, 배출포트(Exhaust)를 열어 유압을 감소시킨다. 솔레노이드밸브 비 제어 시(0~50mA)의 유압공급압력과 전류의 관계를 그림 154에 나타내었다.

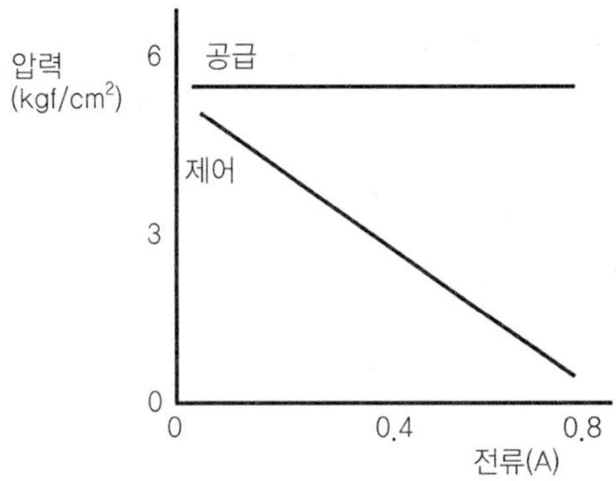

그림 154. VFS Normally High

2) VFS Normally Low

비통전시 최저 제어압을 형성하며, 전류증가에 따라 내부의 아마추어(Armature) 및 스풀(Spool)이 이송되어 공급포트를(Supply)를 열고, 배출포트(Exhaust)를 닫아 유압을 증대시킨다. 솔레노이드밸브 제어 시(850mA)의 유압공급압력과 전류의 관계를 그림 155에 나타내었다.

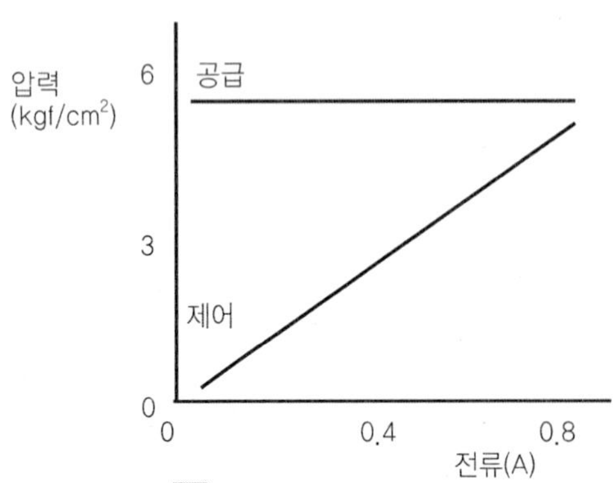

그림 155. VFS Normally Low

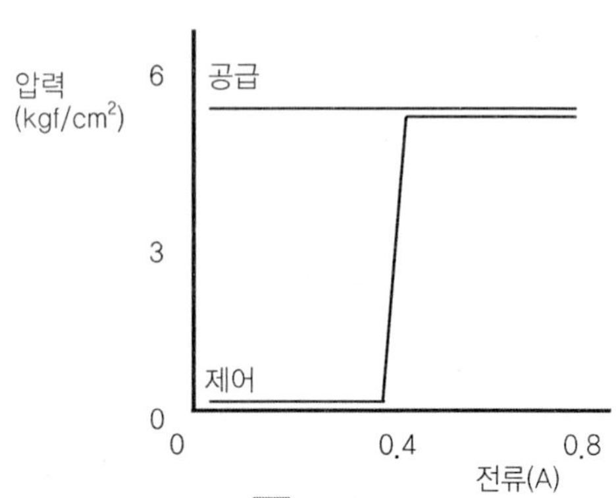

그림 156. ON/OFF

3) ON/OFF Solenoid Valve

비통전시 최저 제어압을 형성하며, 전류증가에 따라 내부의 아마추어(Armature) 및 볼(Ball)이 이송되어 공급포트를 (Supply)를 열고, 배출포트(Exhaust)를 닫아 유압을 증대시킨다. VFS와는 달리 중간 유압 제어를 하지 않으며 최소/최대 유압만 존재한다. 솔레노이드밸브 ON 유압공급/OFF 유압 비 공급의 유압공급압력과 전류의 관계를 그림 156에 나타내었다.

3.3.2. 자동변속기의 제어

[1] 댐퍼 클러치(damper clutch) 제어

(1) 댐퍼 클러치 제어

토크컨버터의 펌프 회전속도, 터빈의 회전속도, 스로틀밸브의 열림 정도 보정이 이루어지면, 이 결과를 댐퍼 클러치의 제어영역에 입력하여 댐퍼 클러치의 작동, 비작동 및 목표 미끄러짐 비율을 결정하고 댐퍼 클러치제어 솔레노이드밸브(DCCSV : damper clutch control solenoid valve)에 구동신호를 보낸다.

댐퍼 클러치제어 솔레노이드밸브는 듀티(duty)제어로 작동하며, 솔레노이드밸브의 응답성능을 높이기 위하여 각각의 펄스 발생초기에 수 msec의 여자(勵磁)가 발생한다. 댐퍼 클러치는 댐퍼 클러치제어 솔레노이드밸브의 듀티 비율이 크면 댐퍼 클러치제어 솔레노이드밸브에 가해진 유압이 낮아지기 때문에 댐퍼 클러치 유압회로를 크게 열어 댐퍼 클러치는 큰 힘으로 작동하여 미끄러짐 비율을 낮게 한다.

반대로 댐퍼 클러치제어 솔레노이드밸브의 듀티 비율이 작을 때에는 댐퍼 클러치제어 솔레노이드밸브에 가해진 유압은 별로 낮아지지 않기 때문에 댐퍼 클러치 작동유압이 낮아지므로 댐퍼 클러치의 미끄러짐 비율은 커진다. 이와 같이 댐퍼 클러치제어 솔레노이드밸브의 듀티 비율을 제어하여 댐퍼 클러치의 미끄러짐 비율이 목표 값에 근사하게 제어된다.

(2) 댐퍼 클러치 제어 관련 센서들의 기능

① 오일온도(유온)센서는 댐퍼 클러치 비 작동영역 판정을 위해 자동변속기 오일(ATF) 온도를 검출한다.

② 스로틀 위치센서는 댐퍼 클러치 비 작동영역 판정을 위해 스로틀밸브의 열림 정도를 검출한다.

③ 에어컨(A/C) 릴레이 스위치는 댐퍼 클러치 작동영역 판정을 위해 에어컨 릴레이의 ON, OFF를 검출한다.

④ 점화펄스는 스로틀밸브 열림정도 보정과 댐퍼 클러치 작동영역 판정을 위해 엔진 회전속도를 검출한다.

⑤ 펄스 제너레이터-B는 댐퍼 클러치 작동영역 판정을 위해 변속 단수 정보와 함께 트랜스퍼 피동기어 회전속도를 검출한다.

[2] 변속 패턴(shift pattern) 제어

(1) 변속 패턴 제어

TCU는 변속레버 위치, 스로틀밸브의 열림 정도, 파워/이코노미(P/E ; power/economic) 스위치, 펄스 제너레이터 B(PG-B), 가속스위치, 오일온도센서의 정보를 수집하여 운전상황에 따른 최적의 변속을 하도록 변속패턴을 선택하고, 변속제어 솔레노이드밸브-A(SCSV ; shift control solenoid valve) 및 변속제어 솔레노이드밸브-B에 변속신호를 보낸다.

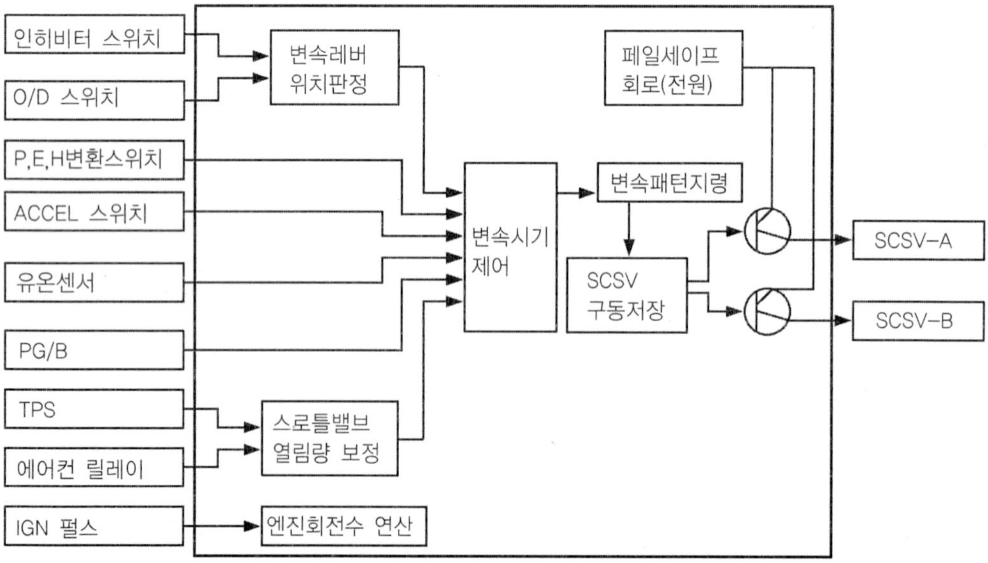

그림 157. 변속패턴 제어 다이어그램

변속제어 솔레노이드밸브는 ON/OFF 구동으로 변속제어밸브(SCV)에 작용하는 유압을 변화시켜 각각의 변속단수가 되도록 한다.

(2) 변속패턴 제어 관련 센서들의 기능

① 인히비터 스위치는 변속패턴을 선택하기 위해 변속레버 위치를 검출한다.

② 펄스 제너레이터-B는 변속패턴에 의한 변속명령을 위해 트랜스퍼 피동기어의 회전속도를 검출한다.

③ 파워/이코노미 스위치는 운전자의 요구에 가까운 변속특성을 얻기 위해 파워/이코노미 스위치의 ON/OFF를 검출한다.

④ 가속 스위치는 클립영역 판정을 위해 가속페달의 ON/OFF를 검출한다.

⑤ 오일온도 센서는 냉각되었을 때의 변속패턴을 보정하기 위해 자동변속기 오일의 온도를 검출한다.

⑥ 스로틀 위치센서는 변속패턴에 의한 변속 명령을 위해 스로틀밸브의 열림 정도를 검출한다.

⑦ 에어컨 릴레이 스위치는 스로틀밸브의 열림정도 보정을 위해 에어컨 릴레이 스위치의 ON/OFF를 검출한다.

⑧ 점화펄스는 스로틀밸브의 열림 정도 보정을 위해 공전할 때의 엔진 회전속도를 검출한다.

[3] 변속할 때의 유압 제어

(1) 변속할 때의 유압 제어

TCU는 변속시기 제어로부터 변속명령, 킥다운 서보의 작동, 킥다운 서보 드럼의 회전속도, 스로틀밸브의 열림 정도, 파워/이코노미(P/E) 스위치의 정보로부터 각각의 변속에 알맞은 변속 유압특성을 판단하여 압력제어 솔레노이드밸브(PCSV : pressure control solenoid valve)를 듀티(duty)제어하여 압력제어밸브(PCV)의 작동을 제어한다.

(2) 변속할 때의 유압제어 관련 센서들의 기능

① 펄스 제너레이터-A는 자동변속기 유압제어를 위해 킥다운(K/DOWN) 드럼의 회전속도를 검출한다.

② 파워/이코노미 스위치는 운전자의 요구에 가까운 변속특성을 얻기 위해 파워/이코노미(P/E) 스위치의 ON/OFF를 검출한다.
③ 킥다운 서보 스위치는 변속할 때 유압 제어시기를 제어하기 위해 킥다운 밴드(band)의 작동을 검출한다.
④ 스로틀 위치센서는 변속패턴에 의한 변속명령으로 인해 스로틀밸브의 열림 정도를 검출한다.
⑤ 에어컨(A/C) 릴레이 스위치는 스로틀밸브의 열림 정도 보정을 위해 에어컨 릴레이의 ON/OFF를 검출한다.
⑥ 점화(ignition)펄스는 스로틀밸브의 열림 정도 보정을 위해 공전할 때 엔진 회전속도를 검출한다.

3.4. 자동변속기용 오일

3.4.1. 자동변속기 오일의 기능

① 동력을 전달한다.
② 윤활 및 냉각작용을 한다.
③ 클러치, 브레이크, 각종 밸브를 작동시킨다.
④ 충격을 흡수한다.

3.4.2. 자동변속기용 오일의 구비조건

① 기어오일로서의 고착 방지성능 및 내마모성 특성
② 작동유로서의 점도 특성과 저온 유동성
③ 클러치판 재질에 적합한 마찰특성
④ 청정 분산성과 산화 안정성
⑤ 실(seal)재료 및 냉각계통 재료에 대한 안정성
⑥ 기포가 발생하기 어려울 것
⑦ 내부식성이 있어야 한다.

3.5. 자동변속기의 고장진단

① 변속기의 오일량, 상태, 매뉴얼 컨트롤 케이블의 상태를 점검하고 필요하면 교환 및 조정한다.

② 고장 예상부분이 전자제어 계통이면 고장진단 출력패턴을 자기진단 시험기로 한다.

③ 주행시험 중에 비정상적인 계통이 발견되면 구성부품(센서류 등)을 하나씩 차례로 점검하며 문제 부분을 정비한다.

④ 유압제어 계통에 비정상적인 현상이 있으면 오일 압력 시험을 통하여 점검한다.

⑤ 오일 압력시험에서 결과가 규정 압력을 만족하지 못하면 밸브보디와 관련된 부분을 점검하고 오일 통로 막힘 여부를 점검한다.

⑥ 오일이 비정상적으로 더럽고, 비정상적인 소음을 내거나, 오일 누출, 클러치 또는 브레이크 미끄러짐 등 변속기의 비정상적인 상태로 판단되면 분해·점검한다.

3.5.1 자동변속기 고장현상과 가능한 원인(하이백 변속기용)

아래의 현상들에서는 고장코드가 뜨지 않는다. 차량에서 아래와 같은 현상이 발생하면, "가능한 원인" 란에 나와 있는 사항들을 순서대로 점검해 본다.

① 브레이크 페달을 밟은 상태에서 쉬프트레버가 'P'에서 움직이지 않는다.

•쉬프트 록 시스템 안에서의 고장

② 하이스캔과의 데이터 교환이 안 된다.

하이스캔과의 데이터 교환이 되지 않으면 그 원인은 라인이 잘못되었거나, TCM이 고장난 것이다.

•진단 라인의 고장 •커넥터의 고장

•TCM의 고장

③ 시동 불능 : 레버가 P 혹은 N위치에 있는데 시동이 안 된다. 이러한 경우 그 원인은 엔진시스템, 토크컨버터 혹은 오일펌프의 결함이다.

•엔진계통의 고장 •커넥터의 고장

•TCM의 고장

④ 전진 불능 : 엔진이 공회전시 레버를 N에서 D로 바꾸어도 차량이 움직이지 않으면 그 원인은 비정상적인 라인의 압력, 언더 드라이브 클러치 혹은 밸브 보디의 고장이다.

- 비정상적인 라인 압력
- UD 솔레노이드밸브의 고장
- UD 클러치 고장
- 밸브 보디의 고장

⑤ 후진불능 : 엔진이 공회전시 레버를 N에서 R로 바꾸어도 차량이 뒤로 움직이지 않으면 그 원인은 리버스 클러치 혹은 LR 브레이크 내의 비정상적인 압력 또는 리버스 클러치, LR브레이크 혹은 밸브 보디의 고장이다.

- 비정상적인 리버스 클러치 압력
- 비정상적인 LR 브레이크 압력
- LR 브레이크 솔레노이드 밸브의 고장
- 리버스 클러치 고장
- LR 브레이크 고장
- 밸브 보디의 고장

⑥ 전 후진 불능 : 엔진이 공회전시 레버를 어느 위치에 선택해도 앞으로든 뒤로든 전혀 움직이지 않으면 그 원인은 비정상적인 라인 압력 혹은 파워 트레인, 오일펌프 혹은 밸브 보디의 고장이다.

- 비정상적인 라인 압력
- 파워 트레인의 고장
- 오일펌프의 고장
- 밸브 보디의 고장

⑦ 레버 전환 시 엔진 꺼짐 : 엔진이 공회전시 레버를 N→D, N→R로 바꾸었을 때 엔진이 꺼지면 그 원인은 엔진계통 댐퍼 클러치 솔레노이드밸브, 밸브 보디 혹은 토크컨버터(댐퍼 클러치)의 고장이다.

- 엔진시스템의 고장
- 댐퍼클러치 컨트롤 솔레노이드밸브 고장
- 밸브보디의 고장
- 토크컨버터의 고장(댐퍼클러치의 고장)

⑧ N→D로 변환 시 충격이 있고, 시간이 걸린다. 엔진이 공회전시 레버를 N→D로 바꾸었을 때 비정상적인 충격이 있거나 2초 이상 시간이 소요되는 경우 그 원인은 비정상적인 언더 드라이브 클러치 압력 혹은 언더 드라이브 클러치, 밸브 보디 혹은 스로틀 포지션 센서 고장이다.

- 비정상적인 UD클러치 압력
- 비정상적인 LR 브레이크 압력
- UD 솔레노이드밸브의 고장
- 클러치 및 브레이크의 고장

⑨ N→R 변환 시 충격이 있고 변환에 시간이 걸린다. 엔진이 공회전시에 레버를 N에서 R로 바꾸었을 때 비정상적인 충격이 있거나 2초 이상 시간이 소요되는 경우 그 원인은 비정상적인 리버스 클러치 압력 혹은 비정상적인 LR 브레이크 압력, 또는 리버스 클러치, LR브레이크, 밸브 보디, 스로틀 포지션 센서 고장이다.

- 비정상적인 리버스 클러치 압력
- 리버스 클러치의 고장

- 비정상적인 저압 및 리버스 브레이크 압력
- 밸브 보디의 고장
- 저압 및 리버스 브레이크 고장
- 스로틀 포지션 스위치의 고장
- 저압 및 리버스 솔레노이드밸브의 고장

⑩ N→D, N→R 변환 시 충격과 시간 지연은 엔진이 공회전시에 레버를 N→D로, N→R로 바꾸었을 때 비정상적인 충격이 있거나 2초 이상 시간이 소요되는 경우 그 원인은 비정상적인 라인 압력 혹은 오일펌프나 밸브 보디의 고장이다.

- 비정상적인 라인압력
- 오일펌프의 고장
- 밸브 보디의 고장

⑪ 쇼크, 터빈 RPM 상승. 주행 중 업 시프팅 혹은 다운 시프팅으로 인한 충격이 발생하고 트랜스액슬의 속도가 엔진속도보다 빨라지면, 그 원인은 비정상적인 라인 압력 혹은 솔레노이드 밸브, 오일펌프, 밸브 보디 혹은 클러지 브레이크의 고장이다.

- 비정상적인 라인 압력
- 각 솔레노이드 밸브의 고장
- 오일펌프의 고장
- 밸브 보디의 고장
- 각 클러치 브레이크의 고장

⑫ 전 포인트(변속 시점의 오차). 주행 시에 모든 시프트 포인트에서 오차가 발생될 경우는 속도 센서, TPS 혹은 솔레노이드 밸브의 고장이다.

- 출력축 속도 센서의 고장
- 스로틀 포지션 센서의 고장
- 각 솔레노이드 밸브의 고장
- 비정상적인 라인 압력
- 밸브 보디의 고장
- TCM의 고장

⑬ 일부 포인트(변속 시점의 오차)는 주행 시에 일부의 시프트 포인트에서 오차가 발생할 경우는 밸브 보디 불량 또는 제어 관계상 발생하는 현상으로 이상은 아니다.

- 밸브 보디의 고장

⑭ 고장 코드가 출력되지 않음. 주행 중 시프팅이 되지 않고 고장 코드가 출력되지 않으면 그 원인은 인히비터 스위치 혹은 TCM의 고장이다.

- 인히비터 스위치 고장
- TCM의 고장

⑮ 가속 불량. 주행 중 다운 시프팅이 되는데도 가속이 되지 않으면 그 원인은 엔진 시스템 혹은 클러치, 브레이크의 고장이다.

•엔진 시스템의 고장　　•클러치 및 브레이크의 고장

⑯ 진동. 정속 주행 시 혹은 최고 단계에서 가감속시 진동이 발생하면 그 원인은 비정상적인 댐퍼 클러치 압력, 혹은 엔진 시스템, 댐퍼 클러치 컨트롤 솔레노이드 밸브, 토크 컨버터 또는 밸브 보디의 고장이다.

•비정상적인 댐퍼 클러치 압력　　•엔진시스템의 고장
•토크컨버터의 고장　　•밸브보디의 고장
•댐퍼 클러치 컨트롤 솔레노이드 밸브의 고장

⑰ 트랜스액슬 인히비터 스위치 계통 고장원인은 인히비터 스위치 회로, 시동 스위치 회로의 고장이나 TCM의 고장이다.

•인히비터 스위치의 고장　　•시동 스위치의 고장
•커넥터의 고장　　•TCM의 고장

⑱ 스로틀 포지션 센서 계통. 원인은 스로틀 포지션 센서 회로의 결함이나 TCM의 고장이다.

•스로틀 포지션 센서　　•커넥터의 고장
•TCM의 고장

⑲ 트리플 스위치 계통. 원인은 트리플 스위치 회로의 결함이나 TCM의 고장이다.

•트리플 스위치의 고장　　•커넥터의 고장
•A/C시스템의 고장　　•TCM의 고장

⑳ 차속 센서 계통. 원인은 차속센서 회로의 결함이나 TCM의 고장이다.

•차속 센서의 고장　　•커넥터의 고장
•TCM의 고장

3.5.2. 자동 트랜스액슬의 오일량 점검 및 교환

[1] 오일량 점검

① 자동차를 평탄한 장소에 주차시킨다.
② 오일레벨 게이지를 빼기 전에 오일레벨 게이지 주위를 깨끗이 닦아낸다.
③ 변속레버를 P레인지에 선정 후 주차 브레이크 레버를 당기고, 엔진을 시동한다.

④ 엔진 아이들 상태에서 고장 진단 장비를 이용하여 오일온도가 정상온도(70~80℃)에 이를 때까지 엔진을 공전시킨다.

⑤ 변속레버를 차례로 각 레인지로 이동시켜 토크컨버터와 유압회로에 오일을 보충시킨 후 레버를 P레인지로 놓는다. 이 작업은 오일량을 정확히 판단하기 위하여 반드시 하여야 한다.(각 단에서 2초 이상 유지한다).

⑥ 오일량이 오일 레벨게이지의"MAX(HOT)"범위에 있는가를 확인하여 오일이 부족하면"MAX(HOT)"범위까지 보충한다.

⑦ 6속 자동변속기 오일은 무점검을 원칙으로 하나, 오일 누유 발생 시에는 오일 레벨 점검을 실시한다. 리프트로 차량을 들어 올리고, 밸브보디 커버 하단의 오일 레벨 플러그를 탈거한다. 오일 배출이 시작된 후에 오일이 미세하게 흘러나오면 정상 오일 레벨이므로 점검 절차를 마치고 오일 레벨 플러그를 체결한다.

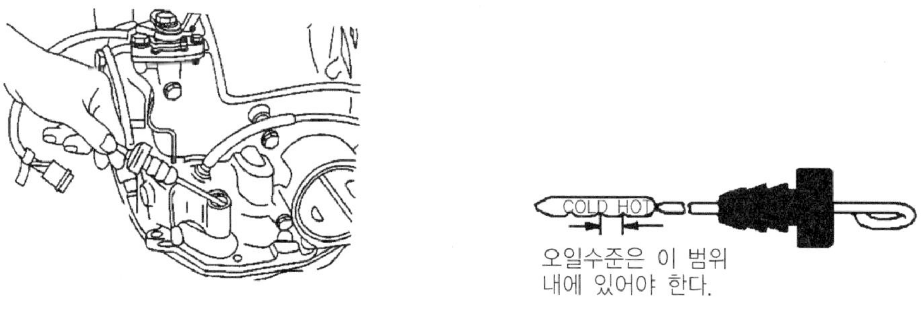

그림 158. 자동 트랜스액슬 오일량 점검

그림 159. 오일레벨 플러그

알아두기 — 자동 트랜스액슬 오일색깔과 상태

① 정상 : 투명도가 높은 붉은 색이다.
② 갈색이거나 니스 모양인 경우 : 자동 트랜스액슬이 장시간 고온에 노출되어 오일이 열화를 일으킨 상태이다.
③ 투명도가 없는 검은색 : 자동 트랜스액슬 내부의 클러치 판 마멸 분말에 의한 오일의 오손 및 부싱이나 기어가 마멸된 경우이다.
④ 백색(우유색) : 많은 양의 수분이 들어간 경우이다.

[2] 오일 교환

(1) 자동교환기 사용

① ATF 체인저가 있는 경우는 ATF 체인저를 사용하여 교환한다.
② ATF 체인저가 없는 경우는 하기의 요령으로 한다.
③ 변속기와 오일 쿨러(라디에이터내장) 사이를 연결하고 있는 호스를 빼낸다.
④ 엔진을 시동하여 ATF를 방출한다(운전조건 : N레인지, 아이들링).

알아두기 —

엔진의 시동 후 1분 이내로 정지할 것. 그 이전에 ATF의 배출이 끝날 경우는 그 시점에서 엔진을 정지할 것.

⑤ 변속기 케이스 하부의 방출 플러그를 빼내어 ATF를 방출한다.
⑥ 방출 플러그에 개스킷을 끼워 설치하고 기준 토크로 조인다.
⑦ 신품 ATF를 오일 주유 튜브로 주입한다.

알아두기 —

다 들어가지 않을 경우 주입을 중단하고 ①, ②항의 작업을 다시 한 번 실시한다. 이때 유의사항으로 사용된 이전 오일의 상태를 점검한다. 만약 오염되어 있는 경우는 ⑤, ⑥항을 다시 한 번 실시한다.

⑧ 신품 ATF를 오일 주유 튜브로 주입한다.

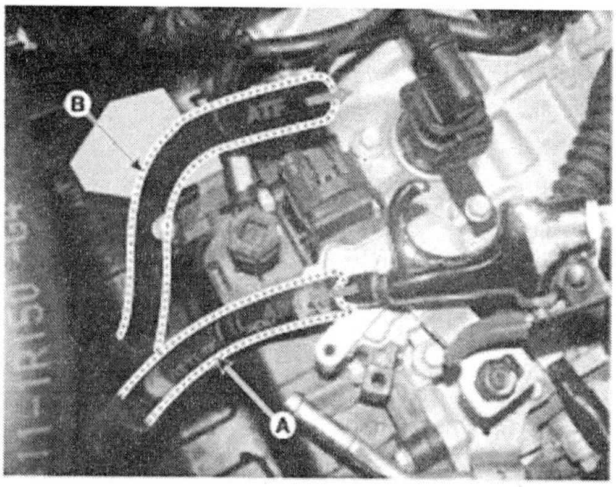

그림 160. 자동변속기 오일주유 튜브(점선부분)

⑨ ①항에서 빼어낸 호스를 조립하고 오일 레벨 게이지를 확실히 끼워 넣는다.

⑩ 엔진을 시동하여 1~2분간 아이들 운전한다.

⑪ 선택레버를 각 위치에서 순환시킨 후 "P" 또는 "N" 위치에 넣는다.

⑫ 오일 레벨 세이지의 ATF량이 "COLD" 마크 위치에 있는 것을 확인한다. 부족할 경우는 보충한다.

⑬ ATF온도가 통상온도 (70~80°C)가 될 때까지 주행하고 ATF량을 재점검한다. ATF 레벨은 "HOT" 범위가 되어야 한다.

알아두기

"COLD" 레벨은 어디까지나 참고로 하고 "HOT" 레벨을 기준으로 한다.

⑭ 오일 레벨 게이지를 오일 주유 튜브에 확실히 끼워 넣는다.

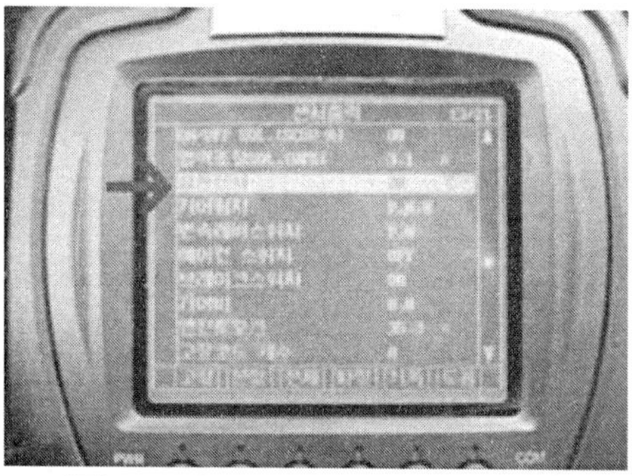

그림 161. 진단기 서비스데이터

알아두기

① 오일 레벨 점검시 주입구에 먼지, 불순물 등이 들어가지 않도록 주의한다.
② 오일 레벨 점검시 차량의 전후 좌우 수평을 반드시 유지해야 한다.
③ 오일 플러그 개스킷은 반드시 신품으로 교체한다.

[2] 자동교환기 미사용

① 엔진 아이들 상태에서 GDS 장비를 이용하여 오일 온도센서(OTS) 온도가 55℃ (50~60℃) 임을 확인한다.

② 시동 유지 상태에서 변속 레버를 P→R→N→D→N→R→P단 순으로 2회를 이동한 후 P단에 위치시킨다.

③ 리프트로 차량을 들어올리고, 밸브바디 커버 하단의 오일 레벨 플러그를 탈거한다.

④ 오일 배출이 미세하게 흘러나오면 정상 오일 레벨이므로 점검 절차를 마치고 오일 레벨 플러그를 체결한다.

- 오일 과다 : 2분간 배출량이 900cc 초과(50~60℃)
- 오일 부족 : 오일 배출 없음

⑤ 만약 오일이 흘러나오지 않을 경우 아이볼트를 풀어서 신규 오일을 주입한다(체결 토크 : 3.5~4.5kgf·m).

그림 162. 오일 주입구

⑥ 오일은 무교환을 원칙으로 하나, 가혹조건 또는 사업용으로 운행하는 경우는 매 100,000km마다 교환한다.

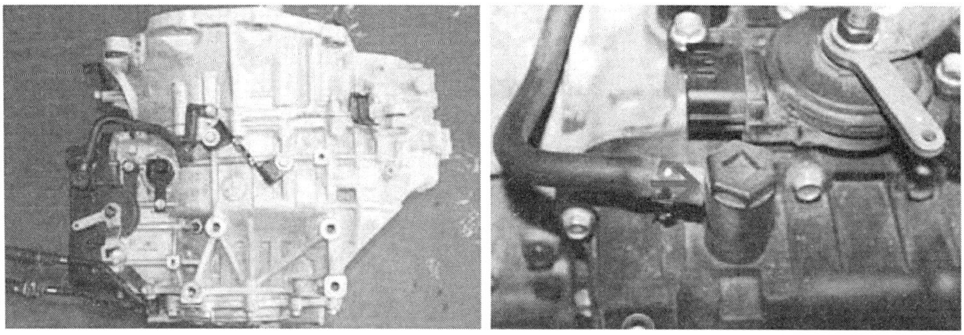

그림 163. 변속기 상부 오일 주입구

알아두기

자동변속기 오일 무교환 차량이라도 가혹조건 또는 사업용으로 운행하는 차량은 주기적으로 교환해야 한다.

- 요철 길, 모래 자갈길, 눈길, 비포장길 주행이 많은 차량
- 단거리 주행 반복 및 산길, 오르막길, 내리막길 주행이 많은 차량
- 급출발 급정거를 많이 하는 차량(경찰차, 택시, 상용차, 견인차)
- 기온 30℃ 이상의 혼잡한 시가지 주행 50% 이상

⑦ 드레인 플러그를 탈거하고 오일을 전량 배출한 후, 플러그를 재장착 한다(체결토크 : 3.5~4.5kgf.m).

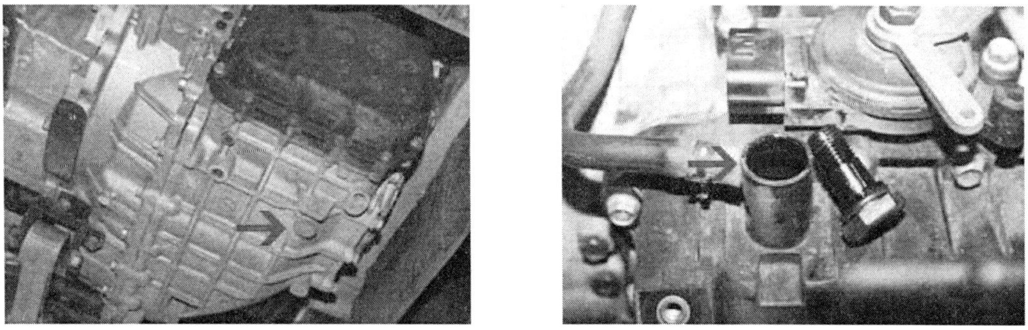

(a) (b)

그림 164. 드레인 플러그 및 아이볼트

⑧ 아이볼트를 통해 신규 오일을 약 5.0L를 주입한다.

⑨ 밸브바디 커버 하단의 오일 레벨 플러그를 탈거하여 오일 레벨을 확인한다.

⑩ 부족 시 신규 오일을 추가한다.

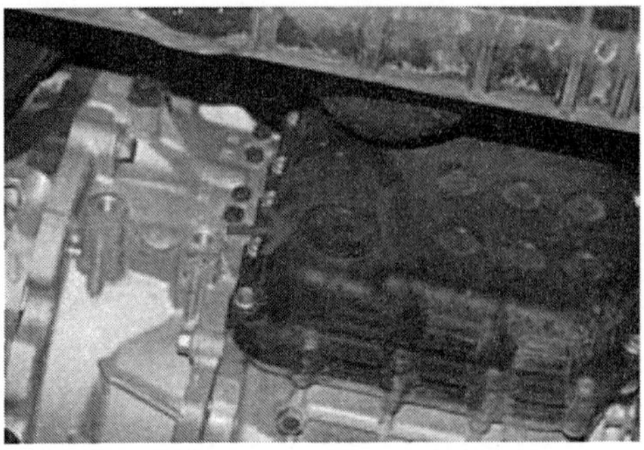

그림 165. 오일확인 플러그

3.5.3 TCM 점검

[1] TCM 접지 회로점검

① TCM과 차체 접지사이의 저항을 측정한다(차체 접지와 연결되는 단자를 점검할 때 하니스 커넥터의 뒤편을 TCM측 점검 포인터로 한다).

② 기준값(저항) : 1Ω 이하이다.

[2] TCM 커넥터 점검

TCM 커넥터를 분리하고, TCM측과 하니스측 커넥터의 접지단자에 대하여 구부러짐, 체결압에 대하여 육안으로 점검한다.

(1) TCM 자체 결함인 경우

단계 1과 2에서 문제가 발생하지 않으면 TCM 자체에 결함이 있는 경우이다. 이때는 TCM 정상품을 장착하여 차량상태를 점검한 후, 차량이 정상적으로 작동하면 TCM을 교환한다.

(2) TCM 재점검

3단계에서 고장으로 판정된 TCM을 정상 작동하는 다른 차량에 장착하여 고장 코드를 소거한 후, 그 차량의 작동상태를 체크한다. 만약 그 차량이 정상적으로 작동한다면, 문제가 발생한 차량을 재점검한다.

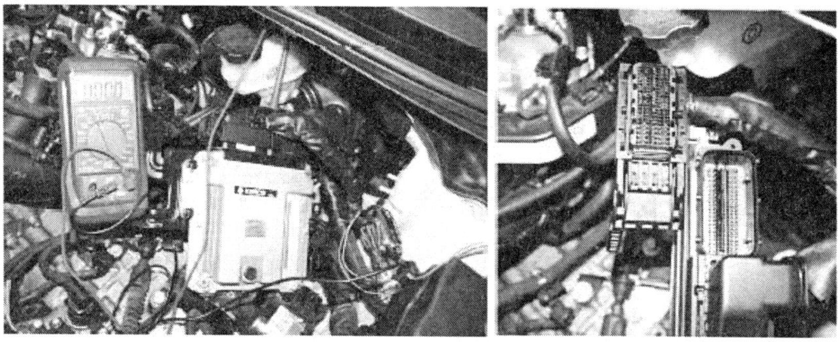

그림 166. TCM 접지회로 점검 및 TCM 커넥터

3.5.4. 매뉴얼 컨트롤 케이블(manual control cable) 점검

매뉴얼 컨트롤 케이블을 점검할 때에는 먼저 인히비터 스위치가 적절히 작동하는지를 점검하고, 매뉴얼 컨트롤 링키지가 잘 조정되었는가를 확인한 후 점검한다.

① 주차 브레이크 레버를 당기고 브레이크 페달을 완전히 밟는다.

② 변속레버를 P레인지로 선택한다.

③ 점화스위치를 시동(ST)위치로 한다.

④ 변속레버를 P레인지의 클릭과 맞물렸을 때 기동전동기가 작동하면 P레인지는 정확하다.

⑤ ④번과 같은 방법으로 변속레버를 N레인지로 선택하였을 때 기동전동기가 작동하면 N레인지는 정확하다.

⑥ 변속레버를 P-R-N-D 레인지 사이에서 중지하지 않고 계속 이동시켰을 때 자동차가 움직이지 않는지를 확인한다.

⑦ 위에서 설명한 바와 같이 기동전동기가 P 및 N레인지에서만 작동하고 나머지 레인지에서 작동하지 않으면 매뉴얼 컨트롤 케이블은 정확히 조정된 것이다.

3.5.5. 변속 고정(shift lock)장치의 점검

(1) 다음의 상태에서 변속레버가 P레인지에서 작동하지 않아야 한다.

① 점화스위치는 ACC위치로 한다.

② 브레이크 페달은 밟지 않는다.

③ 푸시버튼을 누른다.

(2) 다음의 상태에서 변속레버가 P레인지에서 부드럽게 선택되어야 한다.

① 점화스위치는 ACC위치로 한다.

② 브레이크 페달을 밟는다.

③ 푸시버튼을 누른다.

(a) (b)

그림 167. 변속고정 장치 점검

(3) 다음의 상태에서 R레인지에서 P레인지로 부드럽게 변속이 되어야 한다.

① 점화스위치는 ACC위치로 한다.

② 브레이크 페달을 밟지 않는다.

③ 푸시버튼을 누른다.

3.5.6. 인히비터 스위치의 점검

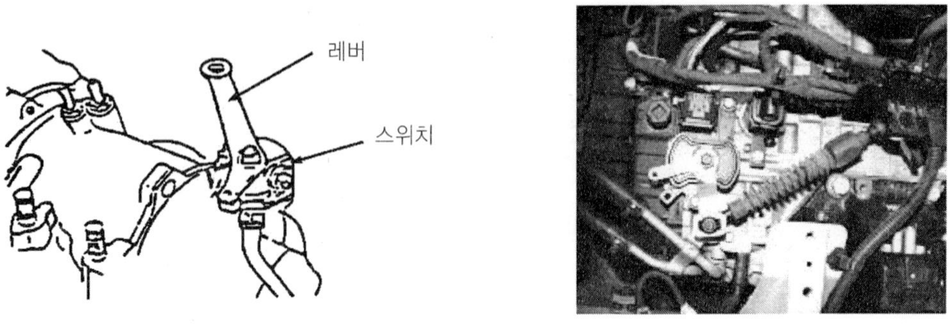

(a) (b)

그림 168. 인히비터 스위치의 위치

[1] 인히비터 스위치 쪽 커넥터에서 점검

① 변속레버 P레인지 위치에서 단자 3과 4, 단자 8과 9사이가 통전이 되어야 한다.
② 변속레버 R레인지 위치에서 단자 4와 7, 단자 10과 11사이가 통전이 되어야 한다.
③ 변속레버 N레인지 위치에서 단자 2와 4, 단자 8과 9사이가 통전이 되어야 한다.
④ 변속레버 D레인지 위치에서 단자 4와 6사이가 통전이 되어야 한다.
⑤ 변속레버 2레인지 위치에서 단자 1과 4사이가 통전이 되어야 한다.
⑥ 변속레버 L레인지 위치에서 단자 4와 5사이가 통전이 되어야 한다.
⑦ 통전이 되지 않는 원인은 접촉 불량, 손상, 배선이 단선이다. 이 경우에는 인히비터 스위치를 교환한다.

단자 번호	단자 명칭	단자 번호	단자 명칭
1	2레인지	7	R레인지
2	N레인지	8	점화스위치 IG
3	P레인지	9	기동 전동기
4	점화스위치 IG	10	점화 스위치 IG
5	L레인지	11	후진등
6	D레인지		

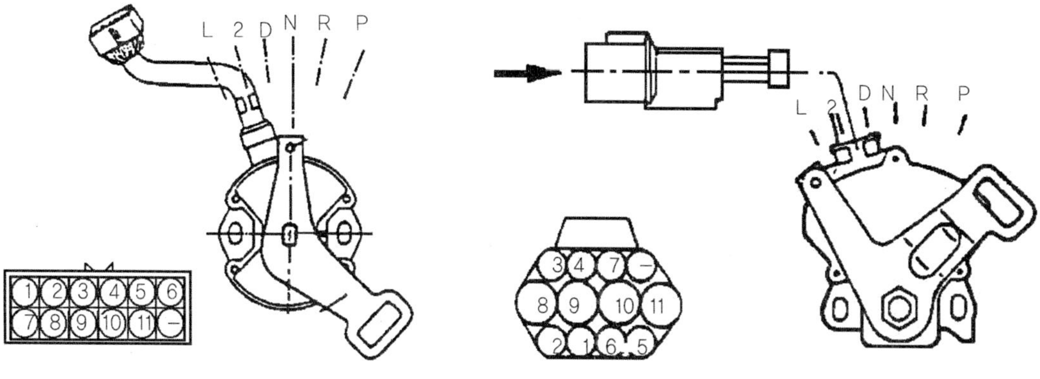

(a) 3AT, F4A2계열 (b) F4A3계열

그림 169. 인히비터 스위치 쪽 커넥터

[2] 인히비터 스위치 조정

① 변속레버를 N레인지로 선정한다.

② 매뉴얼 컨트롤 레버 플랜지 너트를 풀고 케이블과 레버를 분리한다.

③ 매뉴얼 컨트롤 레버를 N레인지로 선정한다.

④ 매뉴얼 컨트롤 레버의 사각 면과 인히비터 스위치 보디 플랜지가 일치할 때까지 인히비터 스위치 보디를 돌린다. 스위치 보디를 조정할 때 스위치 보디에서 O-링이 떨어지지 않도록 주의한다.

⑤ 설치 볼트를 1.0~2.0kgf·m의 토크로 조인다. 이때 설치 볼트는 스위치 보디가 제 위치에서 이탈하지 않도록 조심해서 조인다.

⑥ 변속레버가 N레인지에 있는가를 점검한다.

⑦ 조정너트를 조정하여 컨트롤 케이블이 끌리지 않도록 하고 변속레버가 부드럽게 작동하는가를 점검한다.

⑧ 변속레버를 작동시킬 때 변속레버의 각 레인지와 상응하는 레인지로 매뉴얼 컨트롤 레버가 움직이는가를 점검한다.

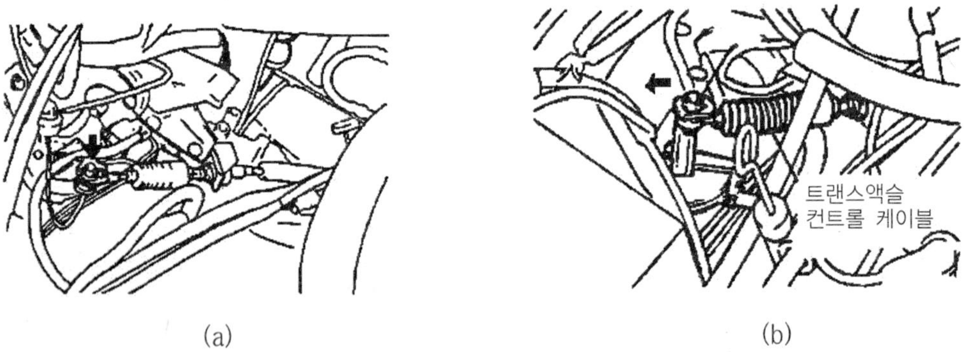

그림 170. 인히비터 스위치 조정(1)

[3] 인히비터 스위치 및 컨트롤 케이블 조정

① 변속레버를 N레인지로 선정한다.

② 매뉴얼 컨트롤 레버를 중립 위치로 한다.

③ 매뉴얼 컨트롤 레버의 선단(그림 171의 단면 A-A)과 인히비터 스위치 보디 플랜지부의 구멍이 일치하도록 인히비터 스위치 보디를 회전시켜 조정한다.

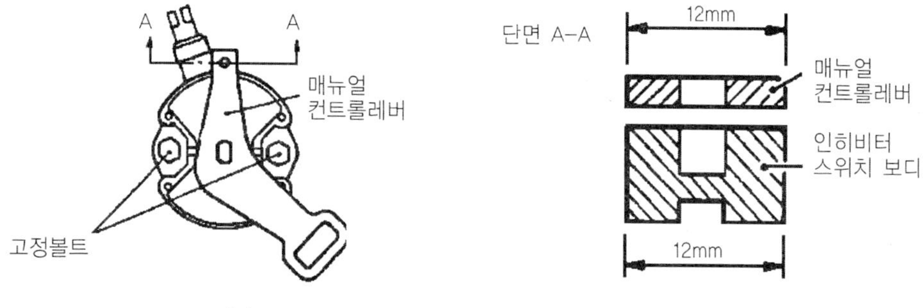

(a) (b)

그림 171. 인히비터 스위치 조정(2)

④ 인히비터 스위치 보디의 체결 볼트를 조임 토크(1.0~1.2kgf · m)로 조인다. 이때 스위치 보디가 비뚤어지지 않도록 주의한다.

⑤ 그림 171에서 너트를 풀고 트랜스액슬 컨트롤 케이블 선단을 화살표 방향으로 가볍게 당긴다.

⑥ 너트를 조임 토크(1.2kgf · m)로 조인다.

⑦ 변속레버가 N레인지로 되어있는가를 확인한다.

⑧ 변속레버의 각 레인지에 상응하면 트랜스액슬 측의 각 레인지가 확실히 작동하는가를 확인한다.

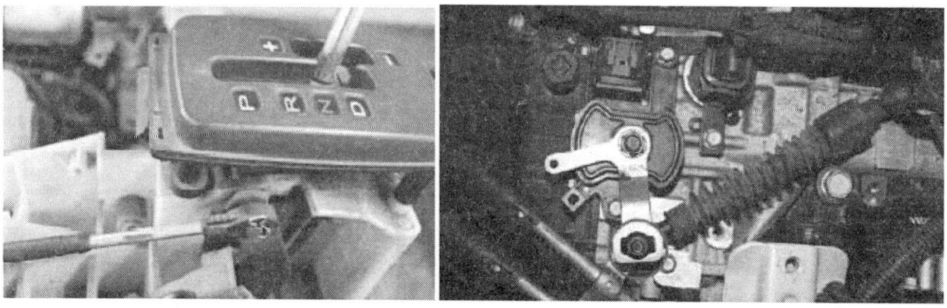

그림 172. 자동변속기 변속레버와 컨트롤 케이블

3.5.7. 자동변속기 유압시험

유압 측정은 변속 레버의 각 위치에서 라인압력을 측정해서 오일펌프와 밸브, 그리고 작동 요소가 제기능을 발휘하고 있는지를 간접적으로 점검하는데 그 목적이다. 단, 측정 전에 기본점검과 전자제어 계통 이상유무를 우선적으로 확인해 보는 것이 좋다.

① 자동변속기 오일의 온도가 적정온도가 되도록 충분히 워밍업시킨다.
② 잭, 리프트기를 이용하여 차량의 앞바퀴가 회전할 수 있도록 들어올린다.
③ 엔진 회전속도계(타코미터)를 연결하고 보기 좋은 곳에 위치시킨다.
④ 오일 압력 게이지와 어댑터를 각 오일압력 배출구에 연결한다.
⑤ 다양한 조건에서 오일압력을 점검하여 측정값이 "기준유압 사양표" 에 있는 규정범위 내에 있는가를 확인한다. 규정범위를 벗어나면, '측정압력에 대한 분석표'를 참조하여 수리한다.

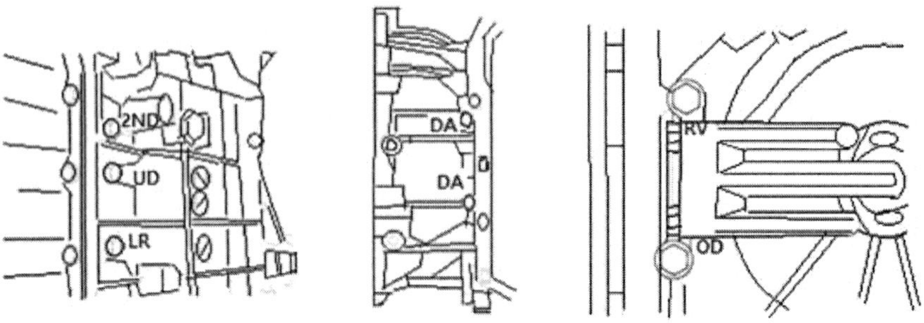

그림 173. 유압 측정위치(하이백)

[1] 유압에 이상이 있을 때 조치방법
(1) 라인압력이 너무 낮다(또는 너무 높다).
① 오일필터가 막혔다.
② 레귤레이터밸브 유압(라인압력)의 조정이 불량하다. - 이때는 라인압력(킥다운 브레이크 유압)을 측정하여 유압이 규정 값과 일치하지 않으면 라인압력을 다시 조정하거나 필요하면 밸브보디를 교환한다.
③ 레귤레이터밸브가 고착되었다. - 이때는 레귤레이터밸브의 작동을 점검하여 수리하고 필요하면 밸브 어셈블리를 교환한다.
④ 밸브보디 조임부분이 풀렸다.
⑤ 오일펌프 배출압력이 부적당하다. - 이때는 오일펌프 측면 간극을 점검하고, 필요하면 오일펌프 어셈블리를 교환한다.

※ 라인압력은 유압규정 값의 2, 3, 4, 5번의 압력을 의미한다.

(2) 감압이 부적당하다.

① 라인압력이 부적당하다. - 이때는 2번 킥다운 브레이크 유압(라인압력)을 점검하여 규정 값을 벗어난 경우에는 (1)에서 설명한 항목을 점검한다.

② 감압회로의 필터(L-형상)가 막혔다. - 이때는 밸브보디를 분해하여 필터를 점검하고 필터가 막혔으면 교환한다.

③ 감압의 조정이 불량하다. - 이때는 1번 감압을 점검하여 규정 값을 벗어난 경우에는 교환하거나 필요하면 밸브보디 어셈블리를 교환한다.

④ 감압밸브가 고착되었다.

⑤ 밸브보디의 조임 부분이 풀렸다.

(3) 토크컨버터 유압이 부적당하다.

① 댐퍼 클러치 제어 솔레노이드밸브(DCCSV) 또는 댐퍼클러치 제어밸브가 고착되었다. - 이때는 댐퍼클러치 및 댐퍼클러치 제어 솔레노이드밸브의 작동을 점검한다.

② 오일 냉각기 및 파이프가 막혔거나 누설된다.

③ 입력축 실링(seal ring)이 손상되었다.

④ 토크컨버터의 기능이 불량하다.

3.5.8. 토크컨버터 스톨시험(stall test)

스톨시험의 목적은 변속레버가 "D" 또는 "R" 레인지에 있고 스로틀밸브를 완전히 열었을 때 최대 엔진 회전속도를 측정하여 토크컨버터, 일방향 클러치의 작용과 트랜스액슬 클러치 및 브레이크 등의 체결 성능을 점검하는데 있다.

[1] 스톨시험 방법(6단 변속기는 할 수 없음)

① 트랜스액슬 오일의 온도가 정상 작동온도(70~80℃)가 되고, 엔진 냉각수 온도가 정상 작동온도(80~90℃)가 되었을 때 트랜스액슬 오일량을 점검한다.

② 앞·뒷바퀴 양쪽에 고임목을 받힌다.

③ 엔진 회전속도계(타코미터)를 연결한다.

④ 주차 브레이크 레버를 당기고 브레이크 페달을 완전히 밟는다.

⑤ 엔진을 시동한다.

⑥ 변속레버를 "D" 레인지로 선정하고 가속페달을 완전히 밟은 상태로 엔진의 최고 회전속도를 측정한다. 이때 필요 이상으로 스로틀밸브를 완전히 열고 있거나 5초 이상 지속시키지 않는다. 만약 스톨시험을 다시 시행하여야 할 경우에는 변속레버를 "N" 레인지로 선정하고 엔진을 1,000rpm으로 2분 정도 운전하며, 트랜스액슬 오일을 냉각시킨 후 다시 시험하도록 한다. 이때 스톨 회전속도는 2,200~2,600 rpm이다.

⑦ 변속레버를 "R" 레인지로 선정한 후 위에서 실시한 방법으로 스톨시험을 한다.

[2] 스톨시험 후 판정

(1) D레인지에서 스톨속도가 규정값 이상일 때

① 낮은 라인 압력

② 리어 클러치의 미끄러짐

③ 오버러닝 클러치 이상

(2) R레인지에서 스톨속도가 규정값 이상일 때

① 출력 엔진의 불충분

② 스타터 원-웨이 클러치 이상

(3) D와 R레인지에서 스톨속도가 규정값 이하일 때

① 낮은 라인 압력

② 프런트 클러치의 미끄러짐

③ 로-리버스 브레이크의 미끄러짐

3.5.9. 자동변속기 오일 온도센서 점검

[1] 유온센서 단품 점검(멀티미터)

① 점화 스위치를 OFF시킨다.

② 오일온도센서 커넥터를 분리한다.

③ 센서 신호단자와 접지단자 사이의 저항을 측정한다.

④ 제원값을 참조하여 저항이 제원값과 상이한지 확인한다.

그림 174. 자동변속기 오일 온도센서 점검(멀티미터)

[2] 유온센서 점검(자기진단장비)

① 브레이크 페달을 밟고 엔진을 시동한다.

② 자기진단 커넥터에 진단장비를 연결한다.

③ 진단 장비의 제조사, 차량, 자동변속기, 센서 데이터를 선택한다.

④ 유온센서의 측정값을 확인한다.

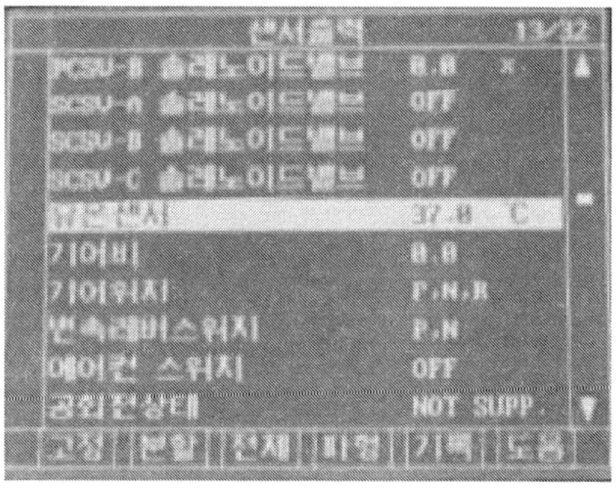

그림 175. 유온센서의 점검

3.5.10. 입·출력속도센서

[1] 점검

(1) 입력축 속도센서

① 고장진단 장비(엔진 종합시험기)를 파형측정 기능을 선택하고 입력축 속도센서의 커넥터 단자에 측정 프로브를 연결한다.

② 브레이크 페달을 밟고 엔진을 시동한다.

③ 고장진단 장비(엔진 종합시험기)로 파형을 확인한다.

알아두기

입력축 또는 출력축 속도센서에 대한 고장을 TCM이 판정하였을 경우, TCM은 A/T 릴레이를 OFF하지 않음으로써 간헐적 고장을 대비하고 있다. 즉, 재입력시는 계속적인 제어가 가능하다(하이스캔센서 출력 통해 확인가능).

(2) 출력축 속도센서

① 바퀴가 바닥에서 떨어지도록 차량을 리프트로 들어 올린다.

② 고장진단 장비(엔진 종합 시험기)의 파형 측정기능을 선택하고 출력축 속도센서의 커넥터 단자에 측정 프로브를 연결한다.

③ 브레이크 페달을 밟고 엔진을 시동한다.

④ 변속레버를 "D"에 위치시키고 종합 시험기의 파형을 확인한다.

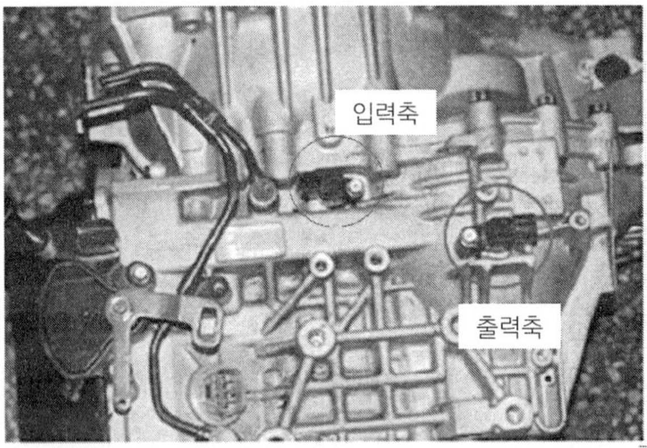

그림 176. 입·출력속도센서

[2] 입·출력축 속도센서

(1) 센서형식

① 형식 : 홀센서(HALL SENSOR)

② 정격전압 : DC 12V

(2) 구성

센서 본체와 커넥터를 일체화하였고 이에 따라 출력축과 입력축의 센서가 별도로 구분된다.

(3) 기능

① **입력축 속도센서** : 변속시 유압제어를 위해 입력축 회전수(TURBIN RPM)를 UD 리테이너 부에서 검출한다.

그림 177. 입 · 출력축 속도센서

② **출력축 속도센서** : 출력축 회전수(T/F DRIVE GEAR RPM)를 T/F 드리븐 기어 부에서 검출한다.

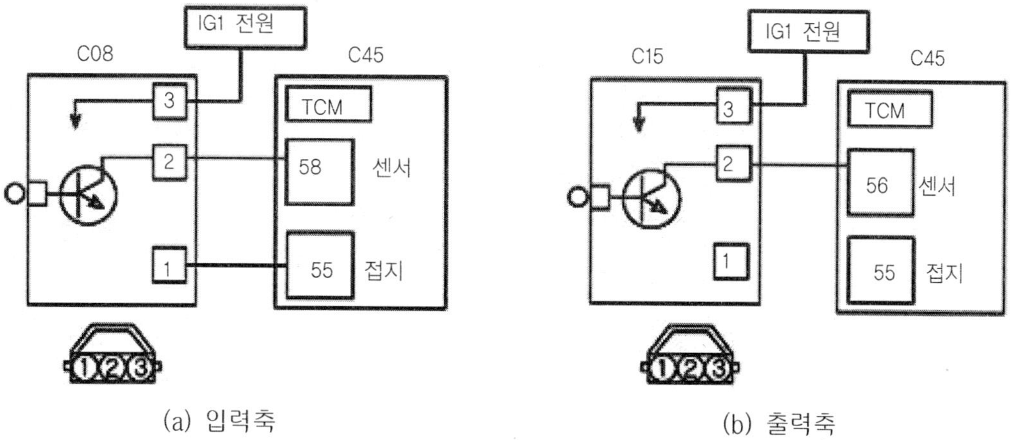

그림 178. 입 · 출력 속도센서 회로

③ 피드백 제어, 클러치 제어, 댐퍼클러치 제어 변속단 제어, 동기 어긋남 연산, 기타 센서 고장 판정기준 신호로써 이용된다.

표 속도센서 파형

	점검항목	규정값	파 형
에어갭	입력축 속도센서	1.3mm	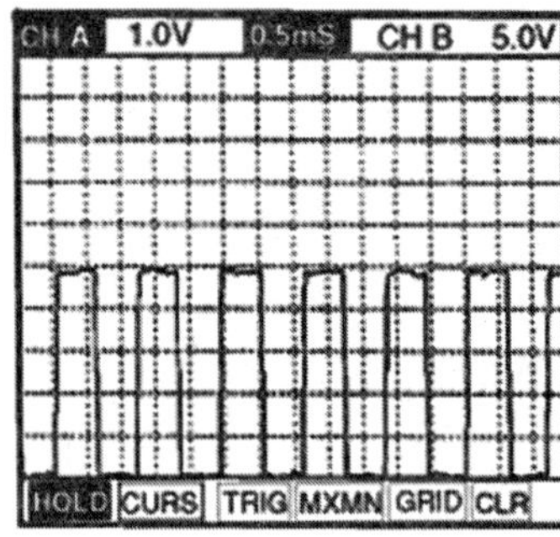
	출력축 속도센서	0.85mm	
코일 절연저항	입력축 속도센서	1MΩ 이상	
	출력축 속도센서	1MΩ 이상	
PICK 전압	HIGH 축	4.8~5.2V	
	LOW 축	0.8V 이하	

3.5.11. 제어 솔레노이드밸브의 점검

① 점화 스위치를 OFF시킨다.

② 솔레노이드밸브 커넥터를 분리한다.

③ 솔레노이드밸브 단자사이의 저항을 측정한다.

④ 제원을 참조하여 측정된 저항이 제원과 상이한지 확인한다.

그림 179. 솔레노이드밸브

3.6. 자동변속기 검사하기

3.6.1. 입·출력축 속도센서

입·출력센서의 회로구성은 Hall IC 리드상에 캐패시터를 프레임화한 리드프레임 일체형 구조로 되어 있으며 전압측정으로 회로 간이검사(IG ON상태 : 전원선 : 7.5~9V, 신호선 : 0.7V)를 실시한다.

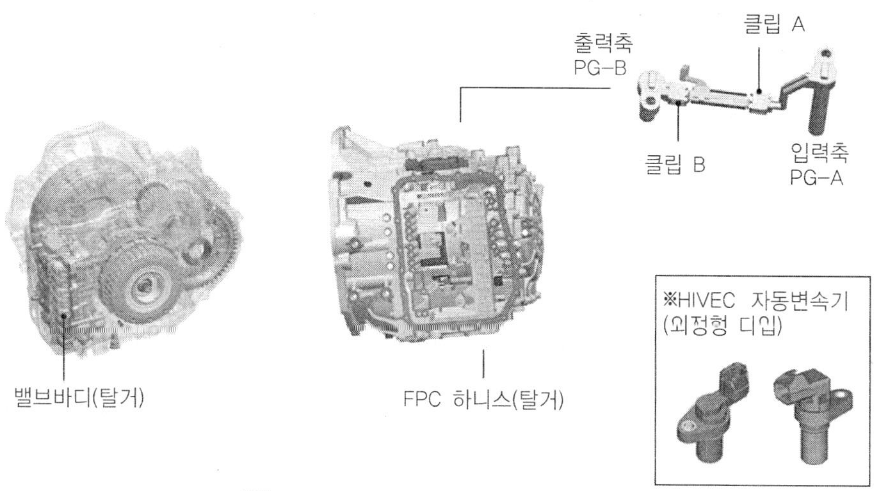

그림 180. 입·출력축 속도센서

[1] 입·출력축 속도센서의 점검방법

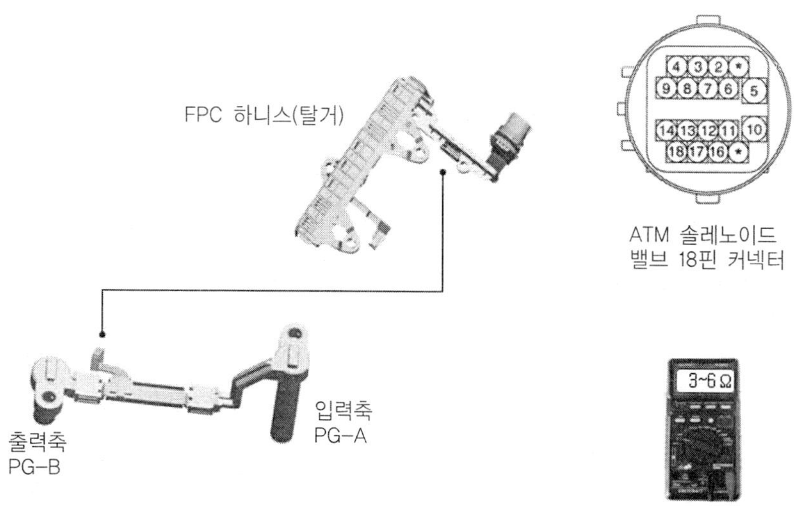

그림 181. 입·출력축 속도센서 점검방법

점검방법은 멀티 테스터기로 저항을 측정 한 후 측정값 비교(8-14단자, 3-4단자)하여 상온에서 3~6MΩ/25℃이며 실차 또는 단품에서 측정하여 이상여부 판단한다.

[2] 인히비터 스위치 및 유온센서

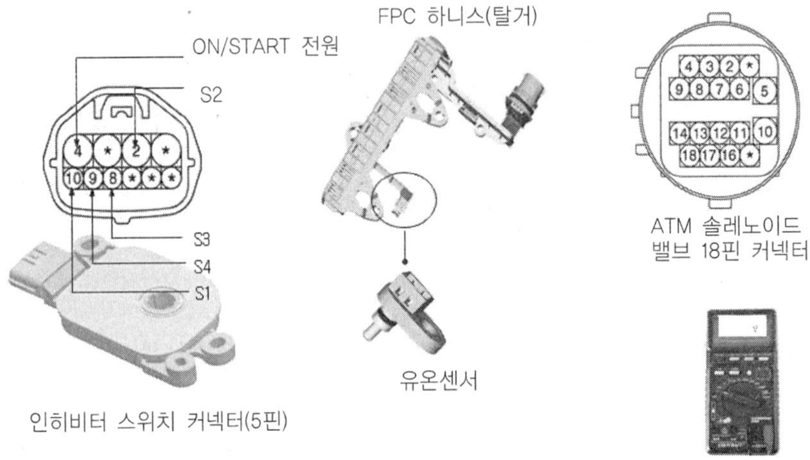

그림 182. 인히비터 스위치 및 유온센서

(1) 인히비터 스위치 점검

인히비터 스위치 점검방법은 크게 2가지가 있다. 첫째는 커넥터가 연결된 상태에서 4번 단자의 ON/STSRT 전원을 먼저 점검하고 이상이 없다면 S1, S2, S3, S4의 4단자 전원을 각각 측정하여 변속레버 조작에 따른 신호조합으로 해당 위치를 파악하는 방법이다. 가령 P단의 신호코드가 1011이라면 S1은 12V, S2는 0V, S3는 12V, S4는 12V가 측정될 것이다. 만약 신호코드에 따라 전원이 검출되지 않는다면 인히비터 스위치 고장을 의심할 수 있다. 둘째는 인히비터 스위치의 커넥터가 탈거된 단품상태에서 신호코드에 따라 4번단자를 중심으로 각 단자의 통전상태를 점검하는 방법이다. 단품의 상태가 현재 P단이라면 S1, S3, S4는 통전 상태가 되고 S2는 통전이 되지 않을 것이다.

(2) 유온 센서 점검

유온 센서는 솔레노이드 밸브 18핀 커넥터의 9번 단자 풀업 전원을 먼저 점검한다. 이때 커넥터는 탈거상태가 되어야 한다. 만약 커넥터를 탈거하지 않은 채 풀업 전원을 점검한다면 측정전압은 기준 값보다 낮게 검출될 것이다.

다음으로 9번, 13번 단자의 저항을 검사할 수 있는데 시동이 걸린 상태에서 오일 온도 상승에 따라 저항값이 낮아짐으로 알 수 있다. 진단장비의 서비스 데이터 항목 중 오일 온도로 확인한다면 보다 쉽게 점검할 수 있다.

표 인히비터 스위치 신호점검 및 통전시험

[인히비터 스위치 신호점검]

구 분	P	R	N	D	비고
S1	12V	0V	0V	0V	IG ON 전압(V)
S2	0V	12V	0V	0V	
S3	0V	0V	12V	0V	
S4	0V	0V	0V	12V	

[인히비터 스위치 신호점검]

구 분	P	R	N	D	비고
S1	통전	비통전	비통전	비통전	통전/비통전
S2	비통전	통전	비통전	비통전	
S3	비통전	비통전	통전	비통전	
S4	비통전	비통전	비통전	통전	

3.6.2. 자동변속기 구조(전륜 6속)

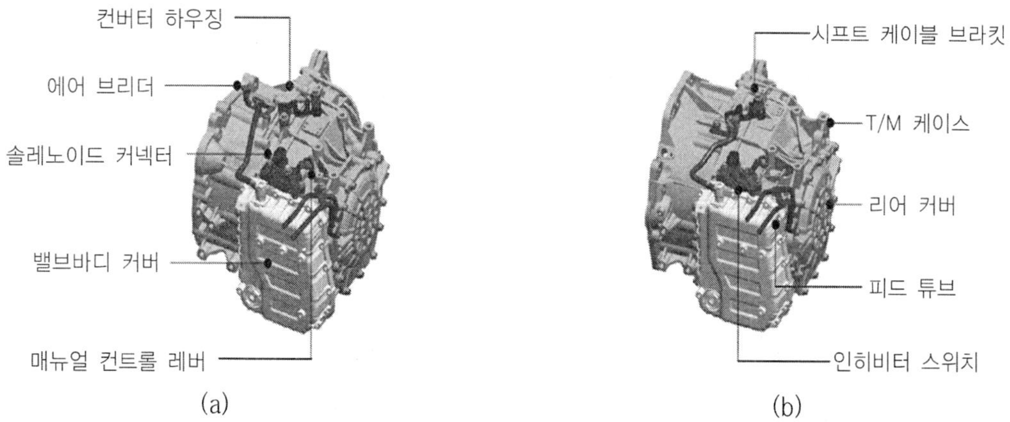

그림 183. 전륜 6속 자동변속기

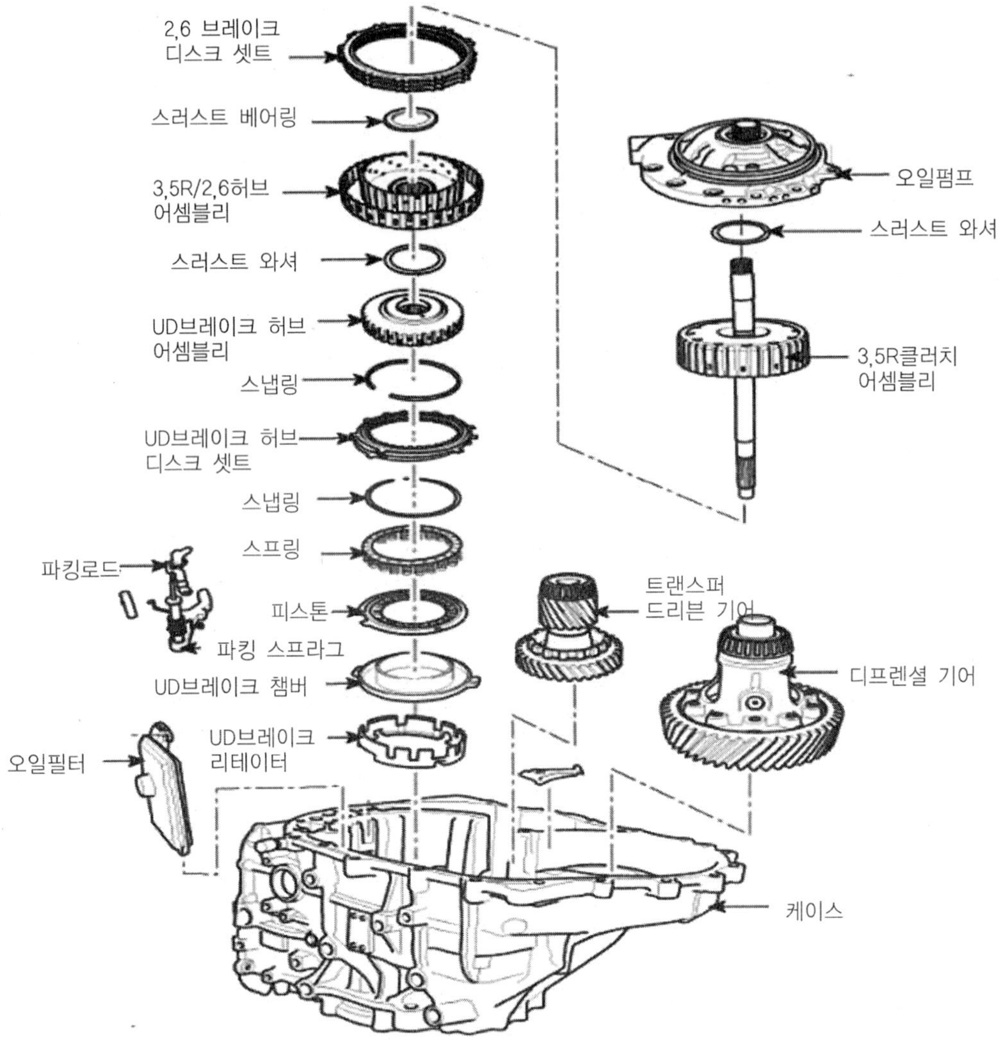

그림 184. 전륜 6속 변속기 분해도(전)

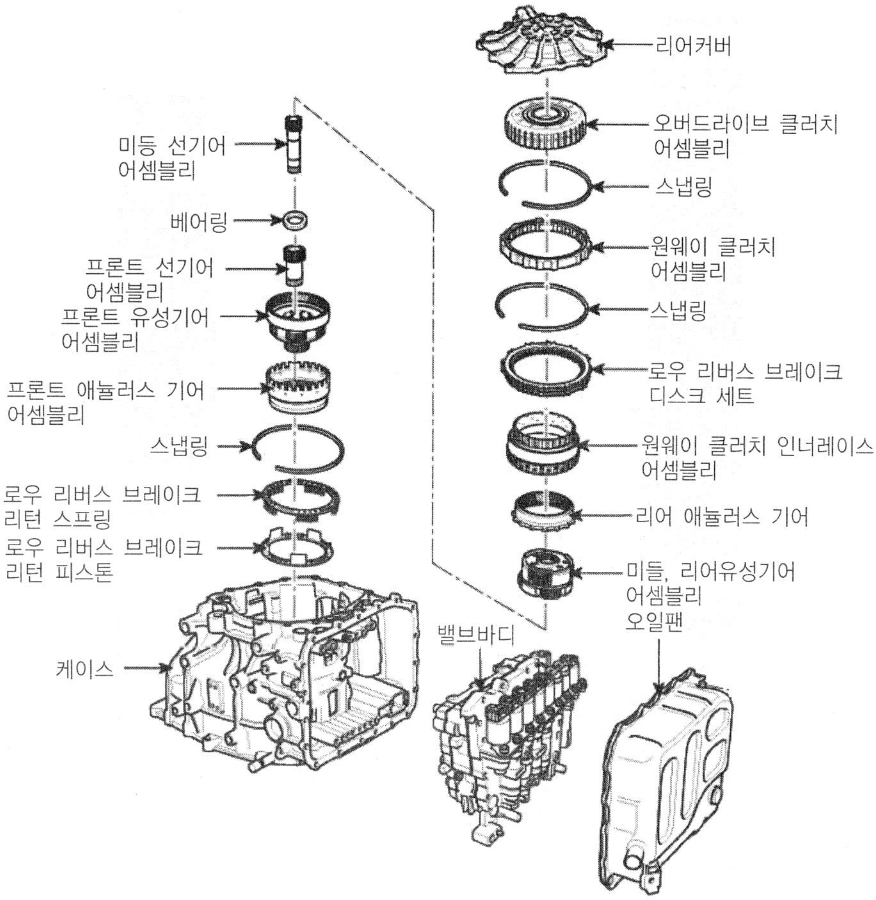

그림 185. 전륜 6속 변속기 분해도(후)

[1] 자동변속기 분해 조립

① 자동변속기 외부 악세사리를 탈거한다.

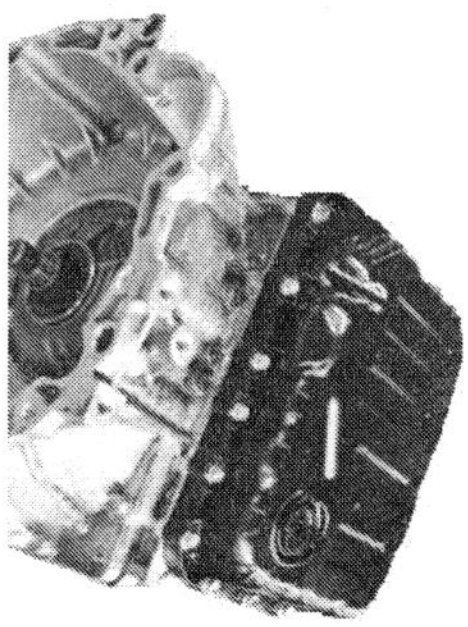

그림 186. 외부 부속품 탈거

② 오일팬을 탈거한다.

③ 오일팬을 탈거하고 밸브바디의 배선을 탈거한다.

그림 187. 배선탈거와 밸브바디 탈거

④ 밸브바디를 탈거한다.

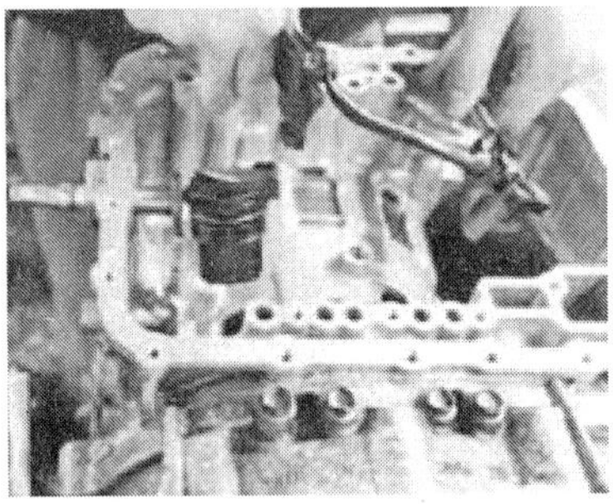

그림 188. 입·출력축 속도센서 탈거

⑤ 토크컨버터 하우징의 볼트를 풀어 상부 케이스를 탈거한다.

그림 189. 토크컨버터 하우징 탈거

⑥ 오일펌프와 차동기어 어셈블리를 탈거한다.

그림 190. 오일펌프와 차동기어 어셈블리

⑦ 3,5,R 클러치를 탈거한다.

그림 191. 3,5.R 클러치 탈거

⑧ 3, 5. R 및 2, 6 허브 어셈블리를 제거한다.

 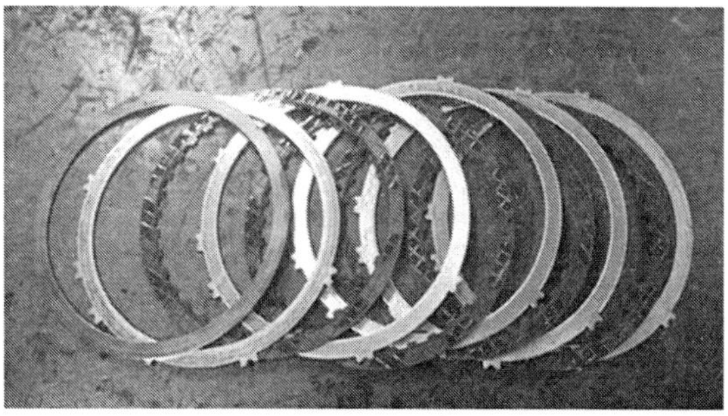

그림 192. 허브 어셈블리 및 브레이크 디스크

⑨ UD브레이크 챔버, 브레이크 리테이너를 탈거한다.

그림 193. UD 브레이크 챔버, 리테이너

⑩ 리어커버를 탈거한다

그림 194. 리어커버 탈거

⑪ 오버드라이브 클러치 어셈블리와 원웨이 클러치를 탈거한다.

그림 195. 오버드라이브 클러치 및 원웨이 클러치

⑫ 유성기어 어셈블리를 탈거한다.

그림 196. 유성기어 어셈블리

⑬ 원웨이 클러치 인너레이스, 링기어를 탈거한다.

그림 197. 원웨이 클러치 인너 레이스 및 링기어

⑭ 프런트 및 미들, 리어 유성기어 어셈블리를 탈거한다.

그림 198. 프런트, 미들, 리어 유성기어 어셈블리

⑮ 프런트 미들 선기어 어셈블리를 탈거한다.

(a)

(b)

그림 199. 프런트 미들 선기어 어셈블리

⑯ 조립은 분해의 역순이다.

[2] 6단 변속기 동력 흐름도

(1) 요소 회전방향(P, N단)

① 로어&리버스 브레이크(LR/B) 작동 → 오버드라이브(O/D) 허브 고정 → 미들 & 리어(MID & REAR) P/C 고정

② 인풋샤프트 회전 → 리어 선 기어 회전 → 리어 인너 피니언 역회전 → 리어 아웃터 피니언 회전 → 리어 에뉼러스 기어 회전 → 프런트 에뉼러스 기어 회전→프런트 피니언 회전 → 프런트 선 기어 역회전 → 언더드라이브(U/D) 허브 역회전

③ 인풋샤프트 회전 → 오버드라이브 클러치(OD/C) 리테이너 회전

④ 인풋샤프트 회전 → 35R 클러치 회전

P,N단	UD/B	LR/B	26/B	35R/C	OD/C	OWC
		⊙				

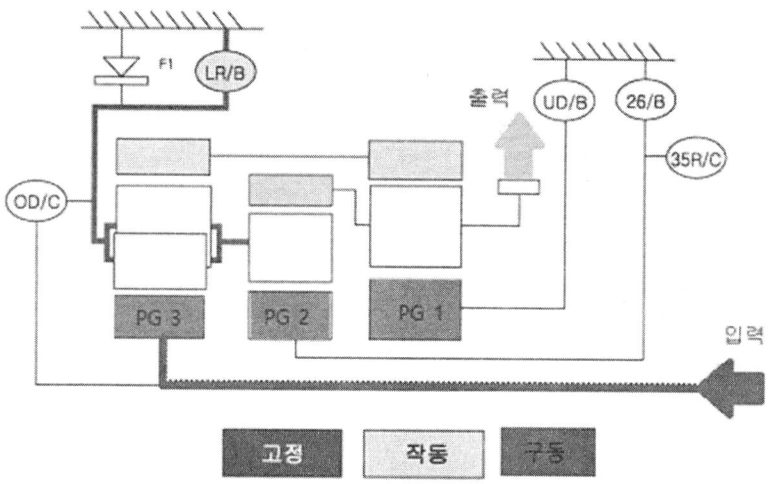

그림 200. P, N단 동력흐름도

(2) 동력전달 경로(R단)

R단	UD/B	LR/B	26/B	35R/C	OD/C	OWC
		⊙		⊙		

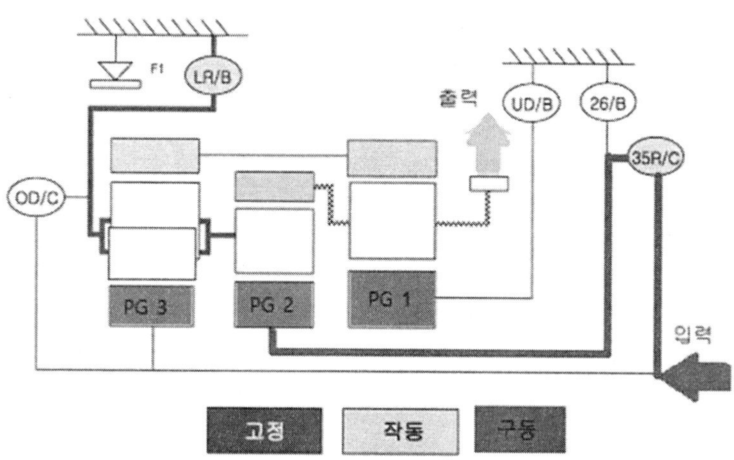

그림 201. R단 동력흐름도

① 미들 케리어 고정, 미들 선 기어 구동

② 미들 유성기어치차에서 케리어가 고정되어 있고 선 기어가 구동하면 에뉼러스 기어(프런트 케리어)가 감속 역회전하여 프런트 케리어로 출력된다.

③ 리어 유성기어치차에서는 리어 & 프런트 에뉼러스 기어를 감속 회전시키게 되며 결국 프런트 유성기어치차에서 프런트 선 기어를 무부하 역회전 시킨다.

(3) 동력전달 경로(D1단)

① 프런트 선 기어 와 미들&리어 케리어 고정, 리어 선 기어 상시구동

② 리어 선 기어가 구동하면 리어 유성기어치차에서 1차 감속되고 감속된 동력은 리어 &프런트 에뉼러스 기어로 전달되어 선 기어가 고정된 프런트 유성기어치차에서 2차 감속되어 프런트 케리어로 출력된다. 이 때 프런트 케리어와 일체로 된 미들 에뉼러스 기어의 회전에 의해 미들 선 기어는 무부하 역회전한다.

D1단	UD/B	LR/B	26/B	35R/C	OD/C	OWC
	⊙	⊙				

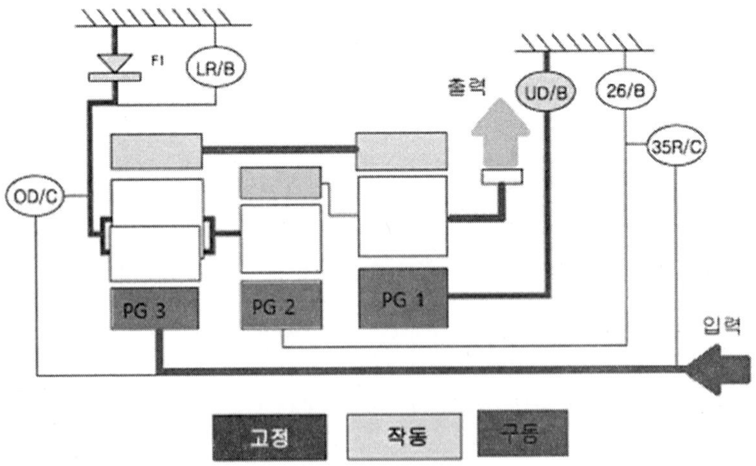

그림 202. D1단 동력흐름도

(4) 동력전달 경로(D2단)

① 프런트 선 기어 와 미들 선 기어 고정, 리어 선 기어 상시구동

② 리어 선 기어가 구동하면 리어&프런트 에뉼러스 기어로 동력이 전달되고, 선 기어가 고정된 프런트 케리어와 미들 에뉼러스 기어의 반력이 미들&리어 케리어에 작용하여 동력이 순환되면서 힘의 평형을 이루어 프런트 케리어로 출력된다.

D2단	UD/B	LR/B	26/B	35R/C	OD/C	OWC
	⊙		⊙			

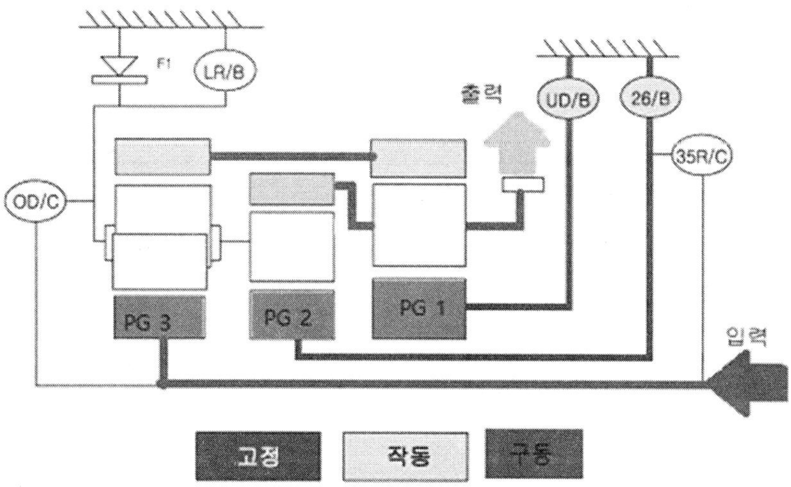

그림 203. D2단 동력흐름도

(5) 동력전달 경로(D3단)

① 프런트 선 기어 고정, 미들&리어 선 기어 구동

② 미들 선 기어 와 리어 선 기어가 구동하면 리어&프런트 에뉼러스 기어로 동력이 전달되고, 선 기어가 고정된 프런트 케리어와 미들 에뉼러스 기어의 반력이 미들&리어 케리어에 작용하여 동력이 순환되면서 힘의 평형을 이루어 프런트 케리어로 출력된다.

D3단	UD/B	LR/B	26/B	35R/C	OD/C	OWC
	⊙			⊙		

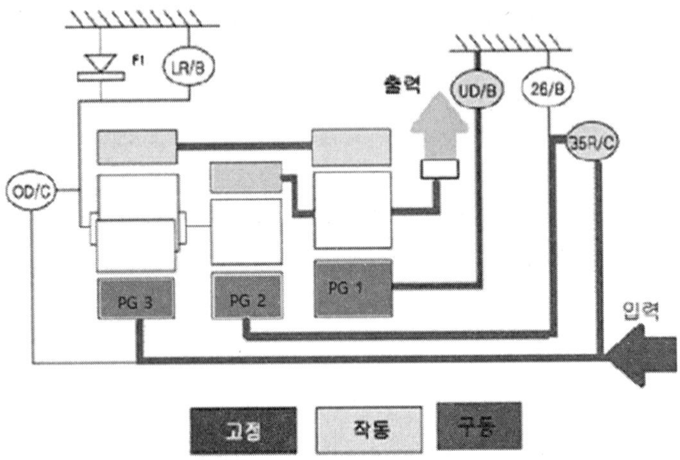

그림 204. D3단 동력흐름도

(6) 동력전달 경로(D4단)

D4단	UD/B	LR/B	26/B	35R/C	OD/C	OWC
	⊙				⊙	

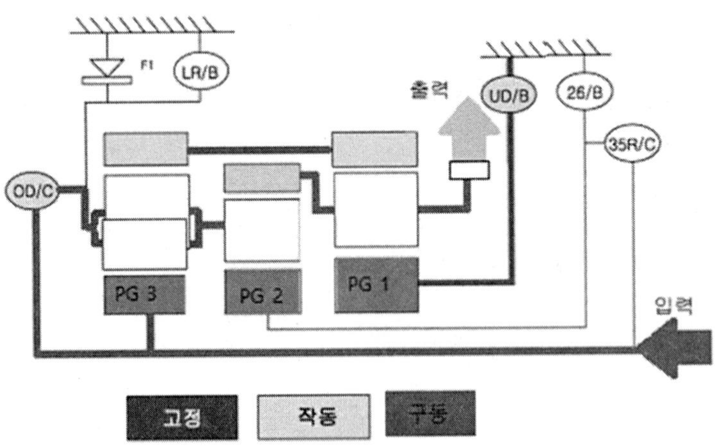

그림 205. D4단 동력흐름도

① 프런트 선 기어고정, 리어 케리어 및 리어 선 기어구동

② 오버드라이브 클러치(OD/C)의 작동으로 리어 유성기어치차에서 케리어 및 선 기어가 일체화되어 1 : 1회전비가 리어&프런트 에뉼러스 기어를 거쳐 선 기어가 고정된 프런트유성기어치차의 프런트 케리어로 출력된다. 이 때 미들유성기어치차에서는 감속된 에뉼러스 기어와 1 : 1회전비를 가진 케리어의 작용으로 미들 선 기어 증속 무부하 정회전한다.

(7) 동력전달 경로(D5단)

① 미들&리어 케리어, 미들 선 기어 및 리어 선 기어구동

② 미들 유성기어치차에서 미들 케리어와 선 기어가 동시에 구동하므로 1 : 1회전비가 미들 에뉼러스 기어(프런트 케리어)로 출력된다. 이때 리어 유성기어치차는 4속상태와 같이 1 : 1로 구동되지만 프런트 유성기어치차에 대한 구속력은 없으며 프런트 선기어를 1 : 1 무부하 정회전 시킨다.

D5단	UD/B	LR/B	26/B	35R/C	OD/C	OWC
				⊙	⊙	

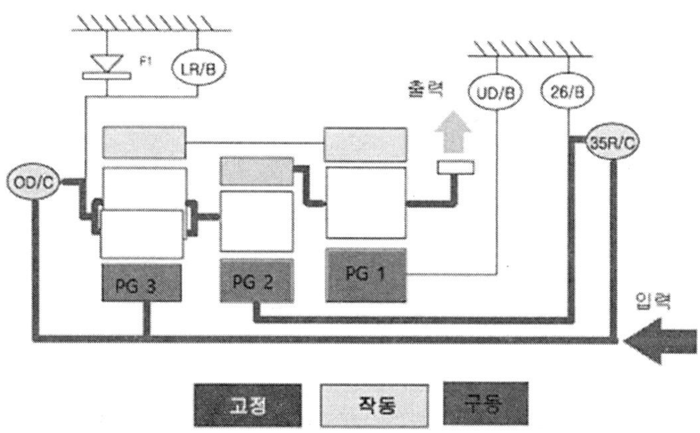

그림 205. D5단 동력흐름도

(8) 동력전달 경로(D6단)

① 미들 케리어 구동, 미들 선 기어고정

② 미들 유성기어치차에서 선 기어가 고정되어 있고 케리어가 구동하면 미들 에뉼러스 기어가 증속하게 되어 프런트 케리어로 출력됨

③ 이 때 리어유성기어치차는 4,5속상태와 같이 1 : 1로 구동되지만 프런트 유성기어치차에 대한 구속력은 없으며 프런트 선 기어를 무부하 정회전 증속시킨다.

D6단	UD/B	LR/B	26/B	35R/C	OD/C	OWC
			⊙		⊙	

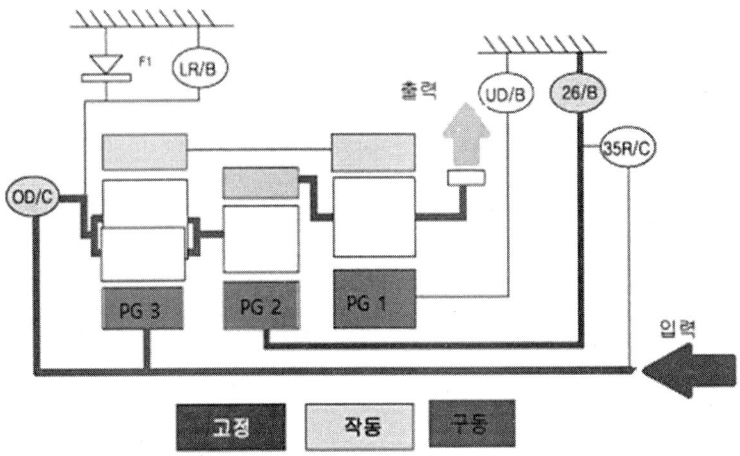

그림 206. D6단 동력흐름도

실습보고서

실습명	동력전달장치(자동변속기)	실습일시:	
학번 및 조		이름	

01. 자동 변속기 분해 순서

(1) 각부 명칭 익히기

(2) 토크 컨버터 원리 및 성능

(3) 스테이터의 작용

(4) 댐퍼 클러치의 역할

(5) 유성기어 장치 형식 및 변속비

(6) 원웨이 클러치의 작용

(7) 오일펌프의 작용

02. 자동변속기 점검 및 교환

(1) 솔레노이드, 온도센서 저항 측정하기

(2) 인히비터 스위치 점검 및 교환

(3) 인히비터 케이블 점검하기

(4) 오일온도 센서의 역할 및 점검

03. 오일 점검 및 교환

04. 변속레버 탈부착하기

05. 자동변속기 오일쇼크 교환

06. 자동변속기의 각종제어의 이해(클러치대 클러치, 스킵변속제어, 피드백 변속제어, 스포츠 모드, 댐퍼 클러치 제어)

점검결과 설명	
실습기자재, 재료, 공구	
작업결과 설명	
다음정비 소견	
학습평가	① 암기하고 충분히 활용할 수 있다. ② 암기는 하지만 활용할 수 없다. ③ 단지 이해만 할 수 있다. ④ 암기도 이해도 할 수 없다.

4. 드라이브라인(drive line)

4.1. 드라이브라인의 개요

드라이브라인은 FR(front engine rear drive) 차량에서 변속기의 출력을 종감속 기어로 전달하는 부분이며, 추진축과 미끄러짐 이음(슬립이음), 자재이음 등으로 되어 있다. 추진축은 변속기와 구동축사이에 설치되어 변속기의 출력을 구동축으로 전달하는 일을 한다. 또 스프링을 사이에 두고 프레임에 설치된 구동축은 노면으로부터의 충격이나 화물의 크기에 따른 스프링의 변형으로 상하운동을 한다. 이에 따라 드라이브 라인은 일정한 길이와 각도로 설치할 수 있다. 따라서 각도변화에 대해서는 자재이음을, 길이의 변화에 대해서는 슬립이음을 사용한다.

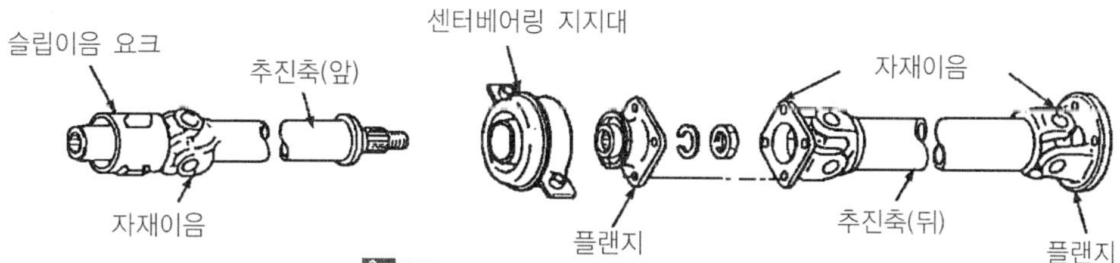

그림 207. 드라이브라인의 구성

4.1.1. 추진축(propeller shaft)

추진축은 강력한 비틀림을 받으면서 고속으로 회전하기 때문에 이에 견딜 수 있도록 속이 빈 강관(steel pipe)로 되어 있고 전체적으로 그 질량이 평형되어 있다. 또 그 양 끝에는 자재이음의 요크(yoke)가 설치되어 있으며, 미끄러짐 이음용의 스플라인축이 용접되어 있다.

그림 208. 추진축 및 센터 베어링

또 회전평형을 유지하기 위해 평형추가 부착되어 있으며, 축간거리(wheel base)가 긴 대형 자동차에서는 추진축을 2~3개로 분할하고, 각 축의 뒷부분을 센터 베어링으로 프레임에 지지하는 구조로 되어있다. 또 대형 자동차의 추진축에는 비틀림 진동을 방지하기 위한 토션 댐퍼(torsional damper)를 두고 있다.

[1] 슬립이음(slip joint)

슬립이음은 차량의 하중의 증가 또는 험한 도로를 주행할 때 추진축의 각도가 변함에 따라 축의 길이도 변화되어야 하므로 이에 알맞게 회전방향의 동력을 전달하면서 축의 길이를 조절해 줄 수 있는 스플라인으로 되어 있다. 슬립이음은 10~16조의 스플라인으로 구성되어 있으며 축의 길이 변화는 12~20mm 정도이다.

[2] 자재이음(universal joint)

자재 이음은 2개의 축이 각도를 이루어 교차할 때 각도변화를 자유롭게 하여 동력을 전달하기 위한 장치이며, 종류로는 십자축 이음, 플렉시블 이음, 트러니언 이음, 등속 이음(CV자재이음) 등이 있다.

(1) 십자형 자재이음(훅 조인트)

십자형 자재이음은 중심부분의 십자축과 2개의 요크(yoke)로 되어 있으며 십자축과 요크는 롤러 베어링을 사이에 두고 연결되어 있다. 구조가 비교적 간단한데 비해 큰 동력을 전달할 수 있다.

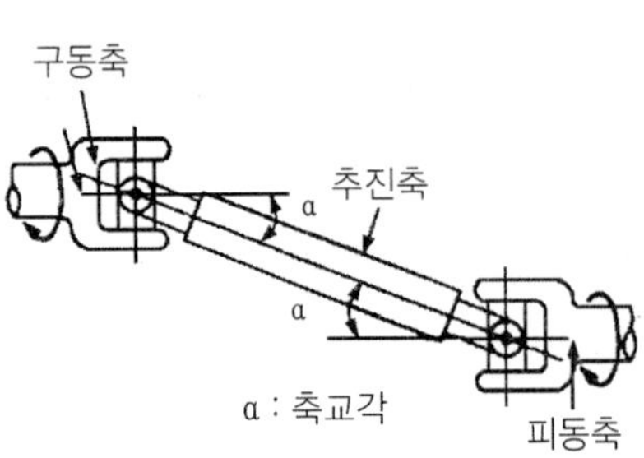

(a) 조립상태

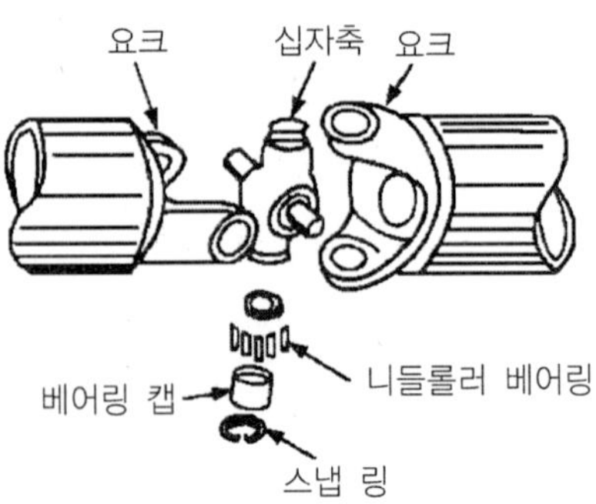

(b) 십자형 자재이음의 각부 구조

그림 209. 십자형 자재이음

이 자재이음에서는 구동축(변속기 출력축)이 1회전하면 피동축(추진축)도 1회전하나 그 요크의 각속도는 구동축이 등속 회전하여도 피동축은 90°마다 변동한다. 이 변동은 축 교차 각도가 클수록 커지며 자재이음이 1개만 사용하였을 때에는 엔진의 회전력이 추진축의 1회전마다 2회의 가속과 감속을 반복하며 구동바퀴에 전달되기 때문에 동력 전달장치 전체에 진동이 발생한다. 이 진동을 감소시키려면 축 교차 각도를 12~18°이하로 하여야 한다. 또 추진축의 앞뒤에 자재이음을 두어 회전속도 변화를 상쇄하도록 하여야 한다.

(2) 플렉시블이음(flexible joint)

플렉시블이음은 3갈래의 요크사이에 경질고무로 제작한 커플링(coupling)을 끼우고 볼트로 조인 것이다. 이 자재이음은 마찰부분이 없어 주유하지 않아도 되며 회전도 정숙하다. 그러나 양 축의 경사각이 3~5° 이상 되면 진동을 일으켜 동력 전달효율이 저하한다.

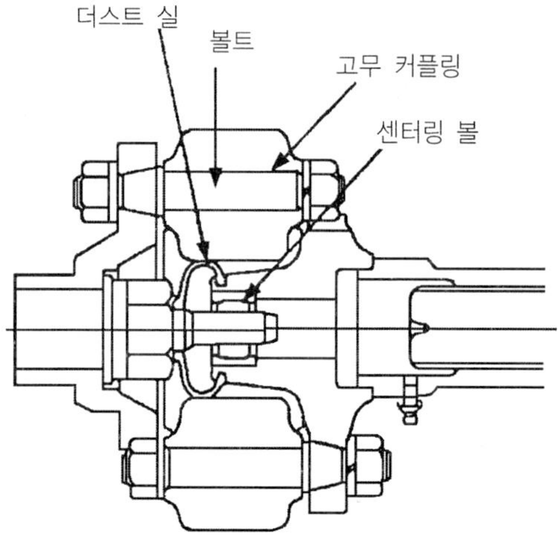

그림 210. 플렉시블이음

[3] 자재이음(universal joint) CV(등속도) 자재이음

일반적인 자재이음은 그 각도 때문에 추진축의 회전 각속도가 일정하지 않게 된다. 따라서 진동을 수반한다. 이것을 방지하기 위해 만들어 진 것이 CV 자재이음이며, 트랙터 자재이음, 벤딕스 와이스 자재이음, 제파 자재이음, 등이 있으며, 드라이브라인의 각도가 크게 변화할 때에도 동력전달 효율이 높다.

그러나 구조가 복잡하기 때문에 일반적인 드라이브 라인에는 사용되지 않고 주로 FF(front engine front drive) 차량의 구동축에 사용된다. 십자형 자재이음에서 부등속이 발생하는 원인은 십자축이 회전과 동시에 요동 운동을 하고 피동축에 대하는 유효 반지름이 변화하기 때문이다. 따라서 그림 211의 베벨 기어에서와 같이 구동축과 피동축의 접촉점이 축과 만나는 각 Φ의 2등분선상에 있도록 하면 등속도가 된다. CV자재이음에서는 볼(ball)과 안내(guide)를 사용하며, 볼이 항상 축의 만나는 각의 2등분선상에 있도록 되어 있다.

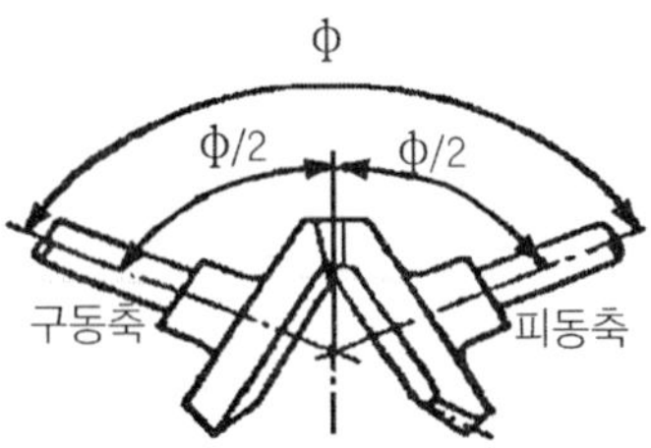

(a)

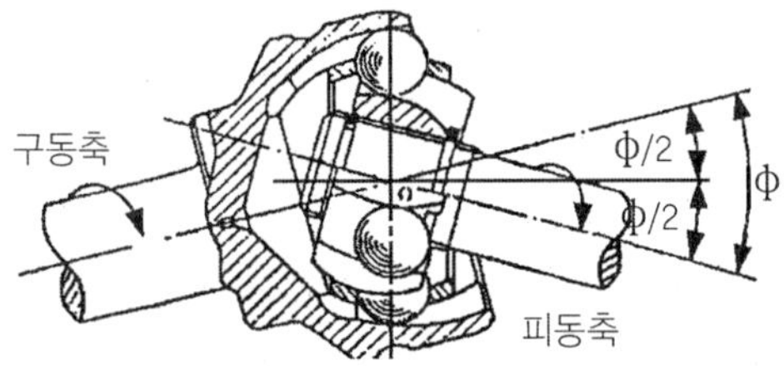

(b)

그림 211. 등속도 자재이음의 원리

1) 제파형(rezeppa type)

안내 홈과 볼을 이용하는 점은 벤딕스 와이스형과 비슷하나 축이 만나는 각도에 따라 볼 리테이너(ball retainer)가 움직여 볼의 위치를 바른 곳에 유지시키게 되어 있다.

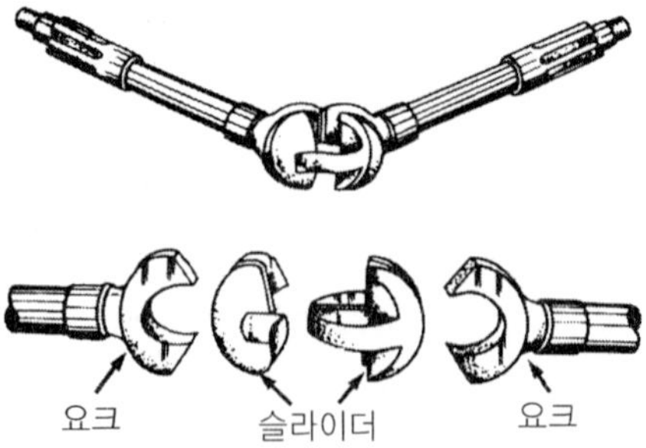

그림 212. 트렉타형

2) 파르빌레형(parville type)

제파형을 개량한 것으로 아우터 레이스(outer race)의 안쪽 면과 인너 레이스(inner race)의 바깥쪽 면이 같은 중심을 갖는 둥근 모양이며, 리테이너를 사이에 두고 조립되어 있다. 이에 따라 각도를 이룰 때에는 아우터 레이스와 인너 레이스가 리테이너(retainer)를 사이에 두고 미끄럼운동을 하여 소정의 각도를 이루도록 한다. 또 볼 홈은 각도를 이룰 때 홈의 모양과 리테이너에 의해 볼을 소정의 위치에 유지시킨다.

구조가 간단하고 용량이 커 FF구동방식 차량에서 사용한다. 또 변속기 쪽에 있는 것을 더블 오프셋 이음(double off-set joint), 바퀴 쪽에 있는 것을 버필드 이음(birfield joint)라 부른다.

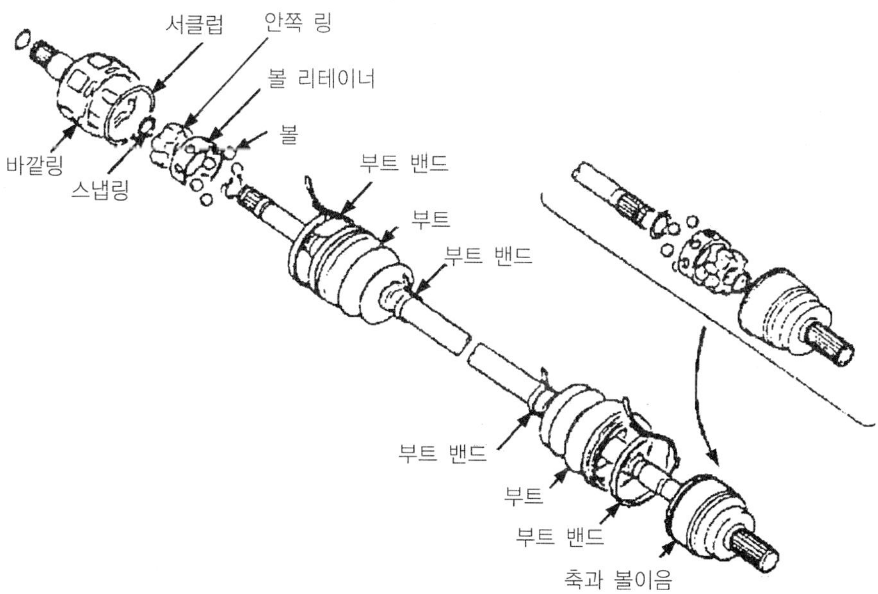

그림 213. 더블 오프셋 이음

[4] 토션 댐퍼(torsional damper)

추진축에서 진동이 발생하면 주행 중 소음이 발생하며 진동이 심한 경우에는 자재이음이 파손되므로 추진축의 진동을 방지하기 위해 비틀림 댐퍼가 추진축 끝부분에 설치되어 있으며, 댐퍼 휠, 댐퍼 고무 등으로 구성되어 있다.

4.2. 앞바퀴 구동차량의 구동축 정비

앞바퀴 구동자동차의 앞 차축은 앞바퀴 구동방식 승용차나 4WD 자동차의 구동축으로 사용되며, 등속도 자재이음을 설치한 구동축을 비롯하여 조향 너클, 차축 허브, 허브 베어링 등으로 구성되어 있다.

구동력의 전달은 앞바퀴 구동방식 승용차는 트랜스액슬에서 직접 구동축으로 보내지며, 4WD에서는 트랜스퍼 케이스 → 앞 추진축 → 앞 종감속 기어를 통하여 양쪽 끝에 등속도 자재이음이 설치된 구동축과 차축 허브를 거쳐 앞바퀴로 보내진다. 그리고 차량의 하중 지지는 바퀴에서 차축 허브를 거쳐 허브 베어링에 전달된 반발력이 조향 너클과 현가 스프링을 통하여 차체로 전달됨으로써 지지된다. 이 방식에서는 조향과 현가 스프링의 움직임에 따라서 바퀴와 종 감속기어와의 거리가 변화하므로 DOJ(double offset joint)을 사용한다.

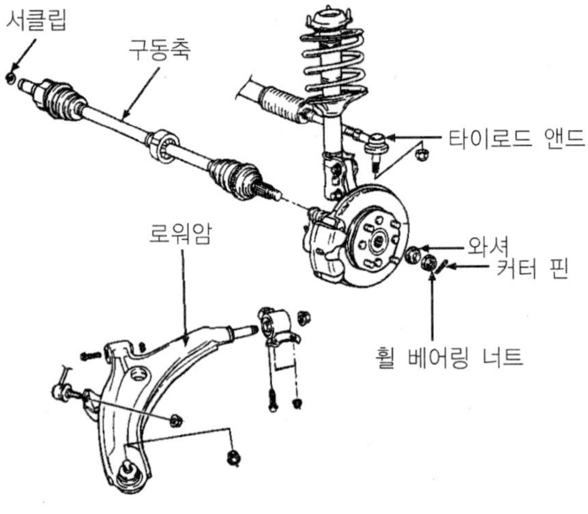

그림 214. 앞바퀴 구동방식 차량의 앞차축의 구성부품

4.2.1. 앞바퀴 구동축의 고장진단

[1] 자동차가 한쪽으로 쏠리는 경우

① 허브 베어링의 과다한 마멸로 인하여 유격이 크다.

② 구동축의 볼 이음 부분이 손상되었다.

③ 앞 현가장치에 결함이 있다.

④ 조향장치에 결함이 있다.

[2] 과다한 소음이 발생하는 경우

① 구동축의 휨 또는 구동축 스플라인 부분의 마멸이 과다하다.

② 볼 이음부분 및 구동축 스플라인 부분에 그리스가 부족하다.

③ 허브 베어링의 과다한 마멸로 인하여 유격이 크다.

[3] 조향핸들에서 시미가 발생하는 경우

① 허브 베어링의 과다한 마멸로 인하여 유격이 크다.

② 바퀴의 동적 평형이 불량하다.

③ 앞 현가장치에 결함이 있다.

④ 조향장치에 결함이 있다.

준비기계 및 기구

앞바퀴 구동 자동차, 잭과 안전스탠드, 일반 공구세트, 특수 공구세트, 토크렌치 등을 준비한다.

안전 및 주의사항

① 자동차를 평탄한 지면에 주차시키고 고임목을 사용하여 안전하게 고정시킨다.

② 자동차를 들어 올리고 작업을 할 경우에는 반드시 잭으로 들어 올린 후 안전 스탠드로 지지한다.

③ 자동차 밑에서 작업할 때에는 반드시 보안경을 착용하여 눈을 보호하도록 한다.

④ 구동축을 떼어 내거나 분해할 때 작은 부품들이 떨어져 나오지 않도록 주의한다.

⑤ 구동축 이음 부분에는 반드시 특수 그리스를 사용하도록 한다.

4.2.2. 구동축 분해 · 점검 및 조립

[1] 구동축 떼어내기

① 구동축 너트를 풀고 차체 앞쪽을 잭으로 들어 올리고 안전스탠드로 지지한다.

② 변속기 오일을 배출시킨다.

③ 좌우 앞바퀴를 떼어낸 후 조향 너클에서 앞 브레이크 어셈블리를 떼어내어 와이어로 매달아 놓는다.

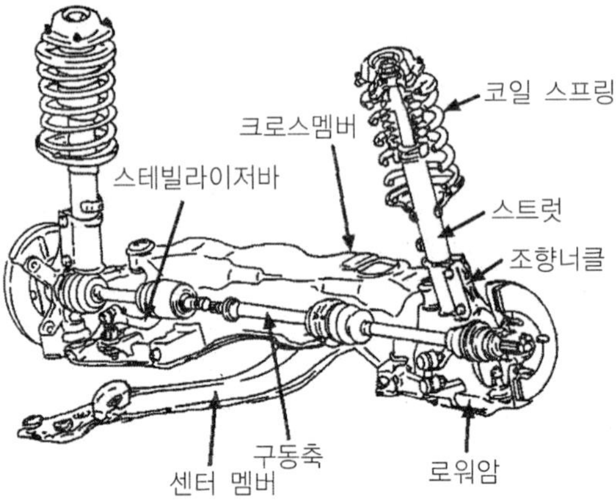

그림 215. 앞차축 구성부품

④ 허브 캡을 떼어내고, 구동축의 고정 너트를 푼다.

⑤ 스테빌라이저의 마운팅 너트와 브래킷 너트를 떼어낸다.

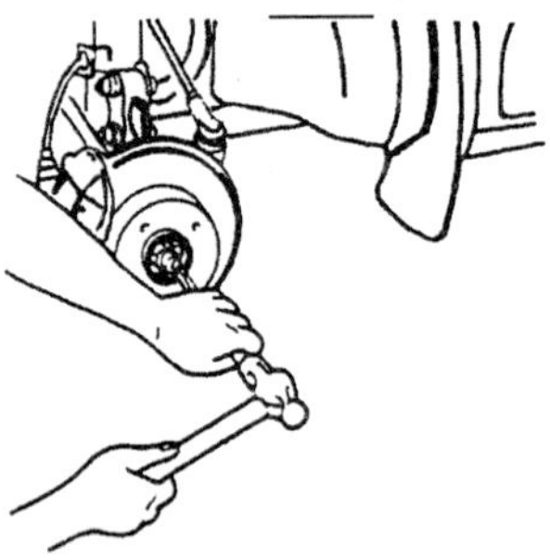

그림 216. 허브 캡 떼어내기

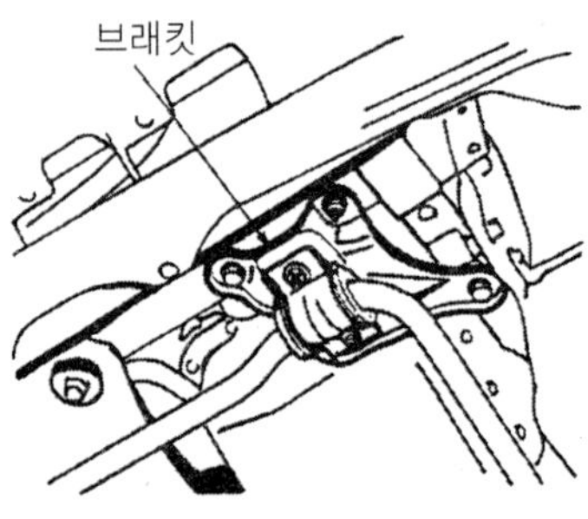

그림 217. 스테빌라이저 브래킷 떼어내기

⑥ 로워 암(lower arm)에서 볼 이음부분의 볼트와 너트를 풀고 볼 이음 탈착기구를 이용하여 로워 암 볼 이음을 조향 너클에서 분리한다.

⑦ 그림 219와 같이 타이로드 엔드 풀러를 사용하여 타이로드 엔드 볼 이음을 너클에서 분리한다.

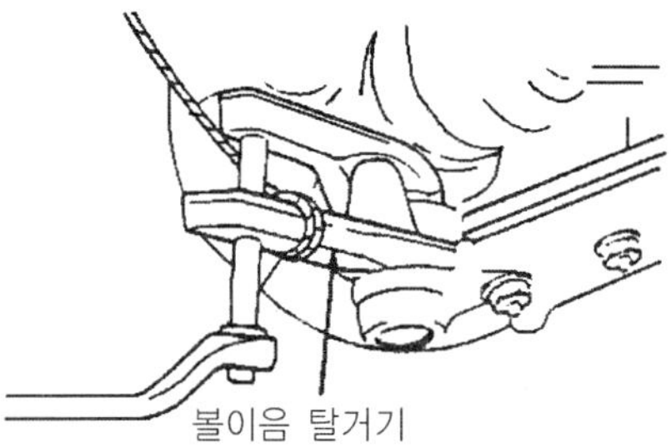

그림 218. 로워 암 볼 이음 분리하기

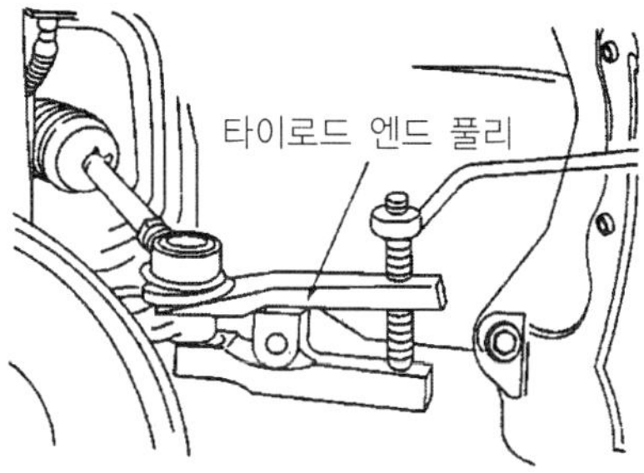

그림 219. 타이로드 앤드 볼 이음 분리

⑧ 트랜스액슬 케이스와 볼 이음 케이스 사이에 플라이 바를 끼워 트랜스액슬 케이스로부터 구동축을 그림 220과 같이 빼낸다.

⑨ 그림 221과 같이 구동축 풀러를 사용하여 허브에서 구동축을 빼낸다.

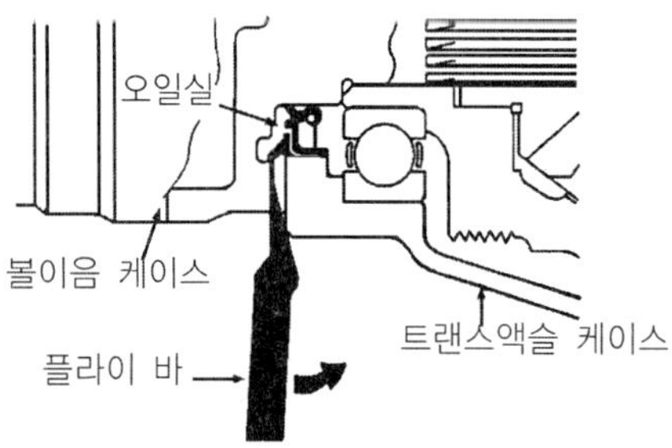

그림 220. 트랜스액슬 케이스로부터 구동축 빼내기

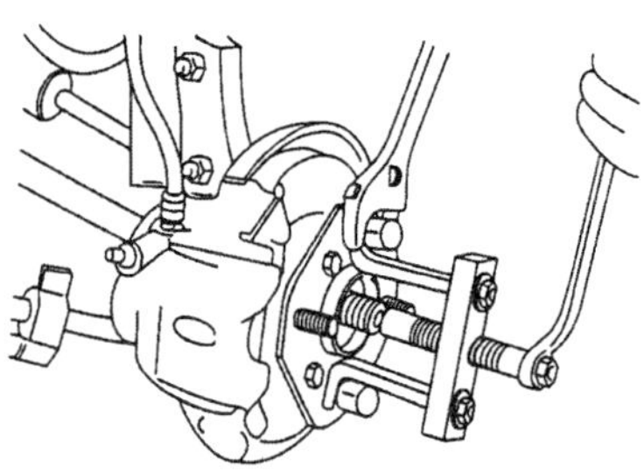

그림 221. 허브로부터 구동축 빼내기

⑩ 허브와 조향 너클을 어셈블리로 스트럿(strut)에서 떼어낸다.

[2] 구동축 점검하기

① 허브의 균열 및 스플라인의 마멸을 점검한다.

② 오일 실의 균열 및 손상 유무를 점검한다.

③ 브레이크 디스크의 흠집 또는 손상 유무를 점검한다.

④ 조향 너클의 균열 유무를 점검한다.

⑤ 베어링의 손상 유무를 점검한다.

⑥ 볼 이음부의 마멸 및 작동상태를 점검한다.

⑦ 구동축 부트의 손상 및 노화를 점검한다.

⑧ 구동축 스플라인부분의 마멸 및 손상을 점검한다.

[3] DOJ 및 BJ 분해 · 점검 및 조립

(1) DOJ 및 BJ 분해

① 그림 222의 구성부품을 참고하여 DOJ 바깥 레이스에서 부트 밴드와 부트를 떼어낸다.

② 그림 223과 같이 (-)스크루드라이버를 사용하여 서 클립(cir clip)을 빼낸다.

> **알아두기 — DOJ와 BJ**
>
> ① DOJ(double offset joint) : 트랜스액슬 쪽에 있는 등속조인트를 말한다.
>
> ② BJ(birfield joint) : 바퀴 쪽의 등속조인트를 말하며, 이것은 앞바퀴의 조향을 위한 것이다.

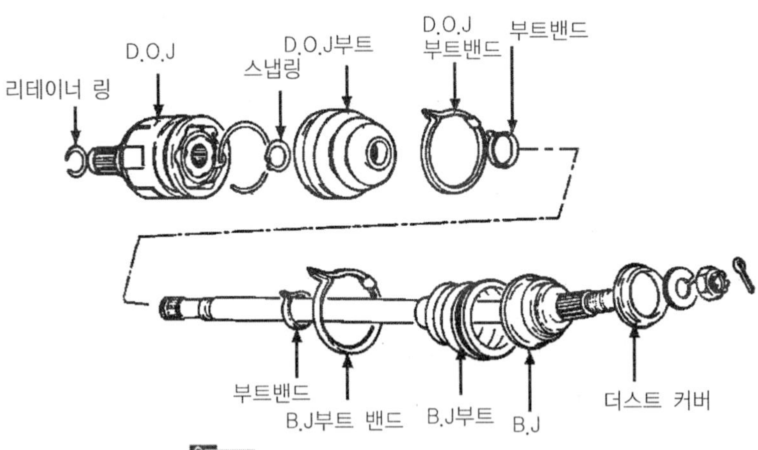

그림 222. DOJ 및 BJ의 구성부품

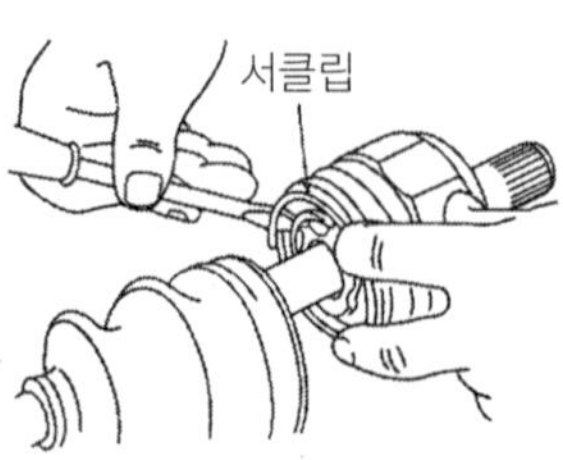

그림 223. 서 클립 빼내기

③ DOJ 바깥 레이스에서 구동축을 빼낸다.

④ 그림 224와 같이 스냅 링을 빼내고, 안쪽 레이스, 케이지와 볼을 어셈블리로 빼내어 분해하지 않고 깨끗이 닦는다.

⑤ BJ 부트 밴드를 떼어내고 DOJ 부트와 BJ 부트를 당겨서 뺀다

⑥ BJ 어셈블리는 분해하지 않는다.

※부트를 다시 사용하려면 테이프를 구동축의 스플라인 부분에 감아 부트를 보호해 준다.

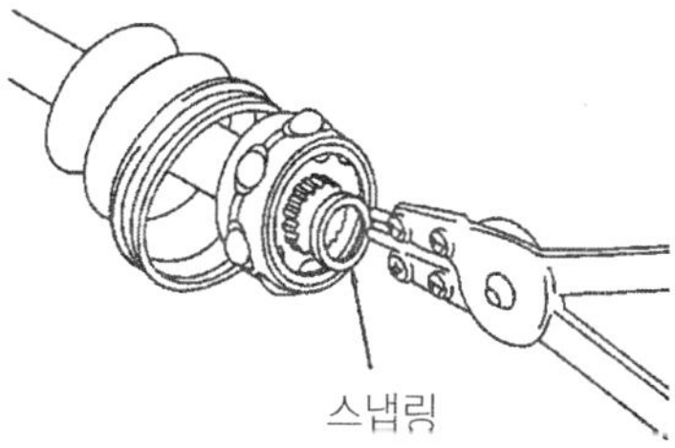

그림 224. 스냅 링 빼내기

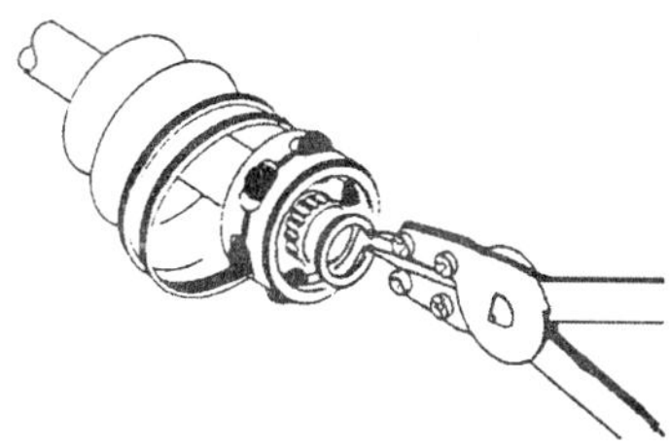

그림 225. 안 레이스 빼내기

(a) D.OJ부트 (b) B.J 부트

그림 226. DOJ 및 BJ 부트의 형상

(2) DOJ 및 BJ 점검

① DOJ 바깥 레이스, 안쪽 레이스, 케이지와 볼의 녹이나 손상 유무를 점검한다.

② 부트의 손상, 축의 휨 등을 점검한다.

③ BJ 부트의 수분, 이물질 및 녹 등을 점검한다.

(3) DOJ 및 BJ 조립

① DOJ쪽의 구동축 스플라인부분에 테이프를 감아서 부트에 손상이 가지 않도록 한다.

② 구동축에 그리스를 바르고 부트를 설치한다.

③ 다이내믹 댐퍼를 설치하기 위하여 BJ와 축이 일직선이 되도록 하고, 다이내믹 댐퍼 밴드로서 다이내믹 댐퍼를 고정한다.

④ 안 레이스와 케이지에 규정의 그리스를 주입하고 안 레이스에 케이지를 설치한 다음 볼을 케이지에 끼운다.

⑤ 안 레이스를 그림 227과 같이 구동축에 끼우고 스냅 링을 설치한다.

⑥ 바깥 레이스에 그리스를 주입하고 바깥 레이스를 구동축에 끼운다.

⑦ 바깥 레이스에 그리스를 주입하고 스냅 링을 끼운다.

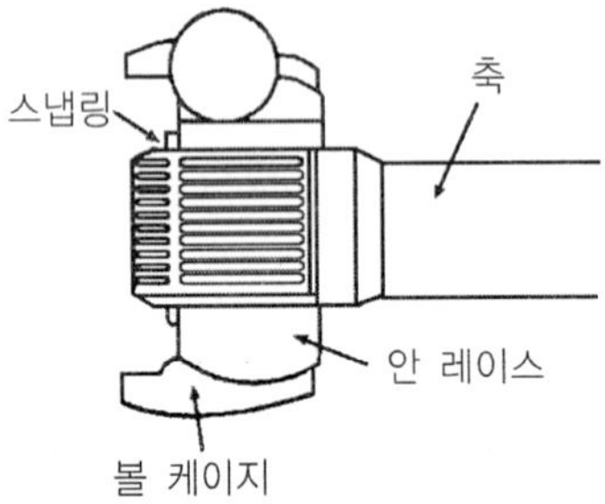

그림 227. 안 레이스와 스냅 링 조립

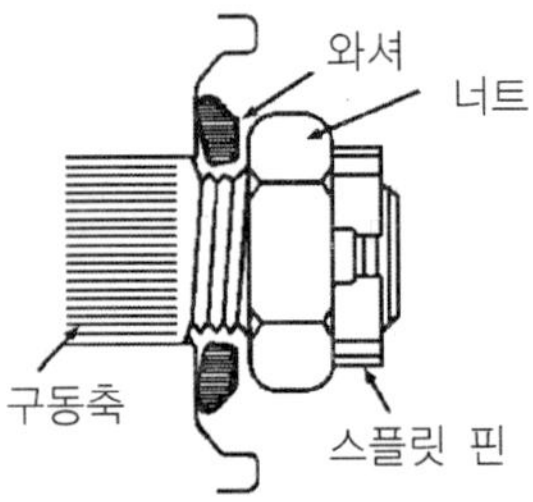

그림 228. 구동축 너트 설치

⑧ B.J에 그리스를 닦아낸 양만큼 주입한다.

⑨ B.J 부트를 설치하고 부트 밴드를 죈다.

⑩ DOJ 부트를 설치하고, 부트 내의 공기를 조절하기 위하여 그림 229와 같이 부트에서 밴드 사이의 거리가 규정 값이 되도록 부트 밴드를 죈다.

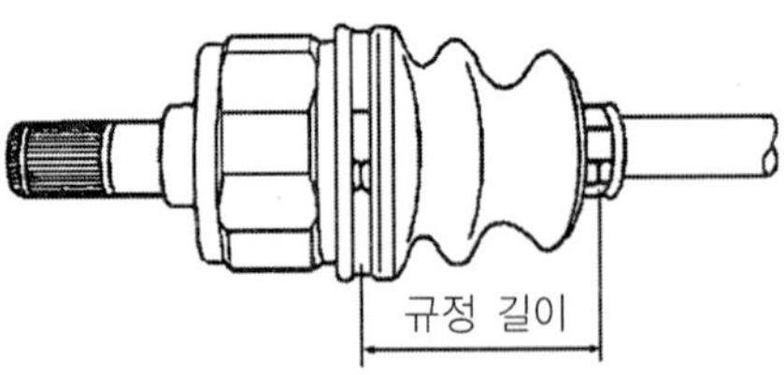

그림 229. 부트에서 밴드사이의 거리

[4] TJ(tripod joint)분해 및 점검

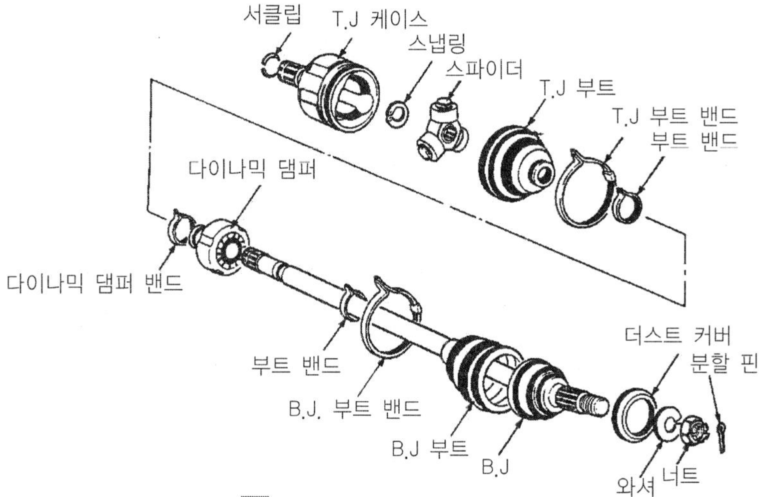

그림 230. TJ 및 BJ 구성부품

(1) T.J 분해

① T.J 부트 밴드를 떼어낸 후 T.J 케이스에서 부트를 당긴다. 이때 부트가 손상되지 않도록 주의한다.

② (-) 스크루드라이버를 사용하여 서 클립(cir clip)을 빼낸다.

③ 구동축으로부터 스냅 링과 스파이더 어셈블리를 떼어낸다.

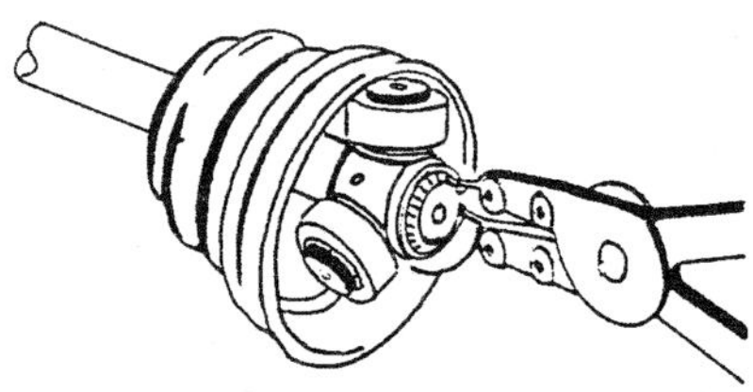

그림 231. 스파이더 어셈블리 떼어내기

④ 다이내믹 댐퍼로부터 부트 밴드를 떼어낸 후 구동축으로부터 다이내믹 댐퍼를 떼어 낸다.

⑤ B.J 부트를 떼어낸 후 구동축으로부터 다이내믹 부트와 B.J 부트를 떼어낸다.

(2) T.J 점검

① 스플라인 부분의 마멸을 점검한다.

② 다이나믹 댐퍼의 마멸을 점검한다.

③ T.J 케이스 안쪽의 부식과 마멸을 점검한다.

④ 스파이더의 회전 상태와 마멸을 점검한다.

⑤ B.J 부트에서 이물질이나 수분 등의 유입 여부를 점검한다.

(3) T.J 조립

① 구동축에 BJ 및 다이내믹 부트를 설치한다.

② 구동축에 다이내믹댐퍼를 설치하고 다이내믹밴드와 댐퍼사이의 거리를 383.5mm (차종별로 차이가 있음)로 유지한 후 다이내믹 댐퍼 밴드로 댐퍼를 고정시킨다.

③ 스파이더 어셈블리를 세척하여 구동축에 설치한 후 스냅 링을 설치한다.

④ T.J 부트와 케이스에 그리스를 100g 정도 주입하고 부트를 설치한다.

⑤ T.J 부트 내의 공기를 조절하기 위하여 클램프와 밴드 사이의 거리를 75mm(차종별 차이가 있음)로 유지시킨 후 밴드를 설치한다.

⑥ B.J 부트 밴드를 설치한다.

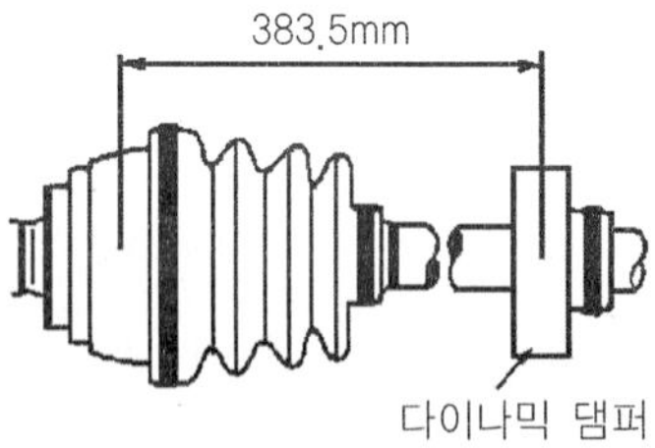

그림 232. 다이내믹 밴드와 댐퍼사이의 거리

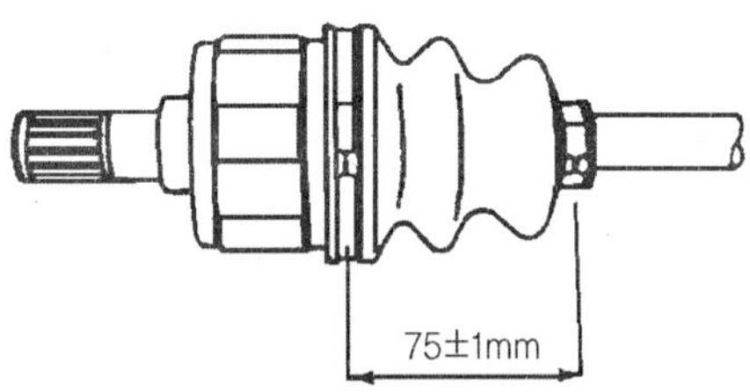

그림 233. 부트 밴드와 클램프 사이의 거리

4.3. 뒷바퀴 구동차량의 드라이브라인 정비

드라이브라인은 앞 엔진 뒷바퀴 구동방식 차량에서 변속기의 출력을 종감속 기어로 전달하는 부분이며, 추진축의 길이방향 변화가 가능하도록 하는 슬립이음, 추진축의 구동각도 변화가 가능하도록 하는 자재이음 및 추진축 등으로 구성되어 있다.

4.3.1 드라이브라인 고장진단

[1] 추진축이 회전할 때 소음이 발생하는 원인

① 중간 베어링이 마멸되었다.
② 추진축이 휘었다.
③ 십자축 베어링이 마멸되었다.

[2] 추진축이 진동하는 원인

① 요크의 방향이 다르다.
② 평형추가 떨어졌다.
③ 중간 베어링이 마멸되었다.
④ 플렌지 고정 너트가 풀렸다.
⑤ 외부충격에 의한 추진축의 휨이 발생하였다.

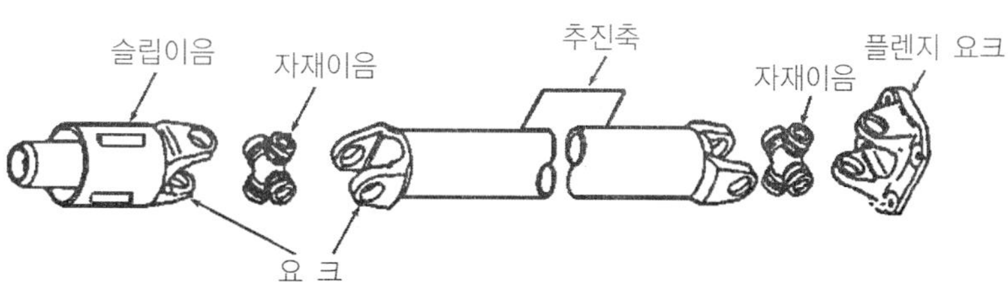

그림 234. 드라이브 라인의 구성부품

준비기계 및 기구

자재이음이 있는 추진축 어셈블리가 설치된 자동차, 그리스주입기, 일반 공구세트, 잭, 섀시 스탠드, 펀치, 바이스, 프레스, 다이얼 게이지, V-블록, 보안경 등을 준비한다.

안전 및 주의사항

① 자동차를 잭으로 들어 올리고 안전 스탠드로 지지하고 작업한다.
② 자동차 밑에서 작업을 할 때에는 반드시 보안경을 착용하여 눈을 보호해야 한다.
③ 추진축 어셈블리를 떼어낼 때에는 자동차가 바르게 세워져 있지 않으면 변속기 오일이 흘러나오게 된다. 추진축 어셈블리를 떼어 내거나 설치할 때에 오일실의 립이 손상되지 않고, 먼지 등이 들어가지 않도록 한다.
④ 추진축에 붙어 있는 평형추를 떼어 내서는 안 된다.
⑤ 십자축 베어링 캡을 추진축의 요크에 끼울 때 해머 등으로 두들겨 끼워서는 안 된다.

4.3.2. 분해·점검 및 조립

[1] 추진축 떼어내기

① 자동차의 앞·뒤를 차례로 잭으로 들어올리고, 프레임 또는 차축의 알맞은 곳을 안전 스탠드로 지지한 다음 자재 이음 플렌지 요크를 구동 피니언 축에서 그림 235와 같이 떼어낸다.
② 추진축 어셈블리를 변속기 출력축으로부터 빼내고 익스텐션 하우징 구멍에 마개를 끼운다. 중간 베어링을 두고 있는 자동차에서는 중간 베어링 설치 클램프도 떼어낸다.

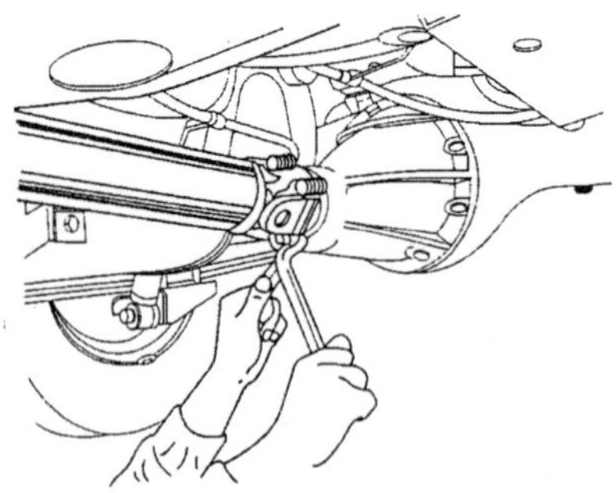

그림 235. 추진축 떼어내기

[2] 드라이브라인 분해하기

① 추진축의 요크부분을 바이스에 물리고 플렌지 요크와 추진축 요크에 결합 표시를 한다.

② 스냅 링 플라이어로 스냅 링을 빼내고, 어댑터를 대고 바이스나 프레스로 십자축 베어링을 빼낸다.

③ 위와 같은 방법으로 모든 십자축 베어링을 빼내고, 십자축 베어링 컵에서 니들 롤러 베어링을 빼낸다.

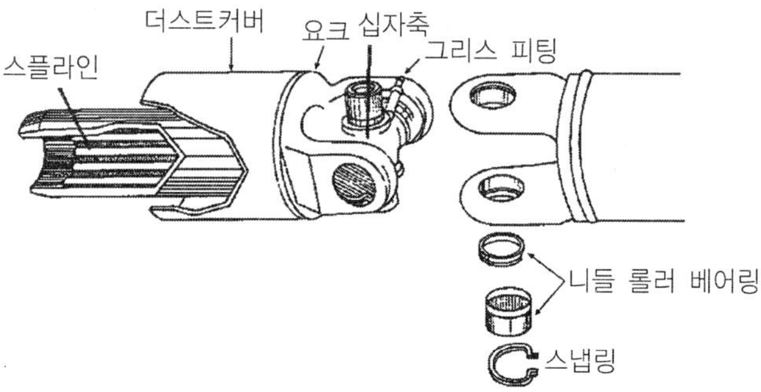

그림 236. 자재이음의 구성부품

[3] 드라이브 라인 점검 및 수정

① 모든 부품을 세척액으로 세척한 후 마른 헝겊으로 닦는다.

② 십자축, 요크, 스플라인 부분의 손상이나 마멸을 점검하고, 필요하면 교환한다.

③ V-블록과 다이얼 게이지를 이용하여 그림 237과 같이 추진축의 휨을 점검하고, 필요하면 수정 또는 교환한다.

④ 추진축의 십자축 베어링 부분의 손상을 점검하고, 필요하면 수정 또는 교환한다.

⑤ 십자축 저널면의 부식과 마멸을 점검하고, 필요하면 교환한다.

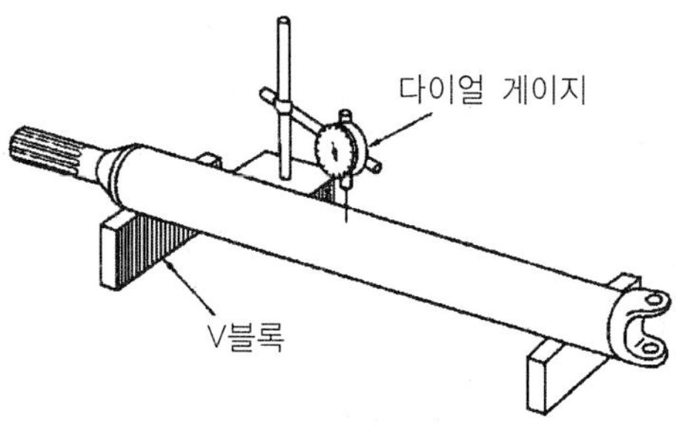

그림 237. 추진축의 휨 점검

⑥ 중간 베어링의 회전불량, 실의 손상 및 완충 고무의 노화 등을 점검하고, 필요하면 교환한다.

⑦ 휨을 측정할 때 다이얼게이지 움직임 양의 1/2를 읽으면 된다.

[4] 자재이음 조립

① 십자축 베어링 컵에 커버를 끼우고 컵 안에 그리스를 바른 다음, 니들 롤러 베어링을 차례로 넣는다. O-링과 십자축 베어링 실을 끼운다.

② 십자축과 요크의 결합용 맞춤 표지에 맞춰 십자축을 요크에 끼우고, 한쪽의 십자축 베어링을 자재이음 어댑터에 대고 바이스나 프레스를 사용하여 압입한다. 다른 한쪽도 같은 방법으로 끼운다.

③ 십자축의 엔드 플레이를 조정한다. 십자축의 엔드 플레이가 규정 값 이하로 되고 양쪽의 스냅 링의 두께가 같게 되도록 스냅 링을 선택하여 끼운다. 다른 한쪽의 십자축도 같은 순서에 따라 조립한다.

④ 슬리브 요크 또는 플렌지 요크가 좌우, 앞뒤로 원활하게 움직이는지를 점검한다.

4.4. 차축(axle shaft)

차축은 바퀴를 통하여 차량의 중량을 지지하는 축이며, 구동축과 유동축이 있다. 구동축은 종감속 기어에서 전달된 동력을 바퀴로 전달하고 노면에서 받는 힘을 지지하는 작용을 하지만 유동축은 차량의 중량만 지지하므로 구조가 간단하다. 여기에서는 구동축에 대해서만 설명하기로 한다.

4.5. 뒷바퀴 구동방식의 뒤차축 어셈블리 정비

뒤차축 어셈블리는 종감속 기어와 차동기어, 차축 및 차축 하우징 등으로 구성되어 있으며, 종감속 기어는 추진축의 회전력을 직각 또는 직각에 가까운 각도로 바꾸어 뒤차축으로 전달하며, 동시에 감속하는 작용을 한다. 차축의 지지방식에는 반부동식, 3/4부동식, 전부동식 등이 있다.

3/4부동식과 허브 베어링을 차축 하우징의 바깥쪽에 설치하도록 되어 있으며, 전부동식은 바퀴를 떼어내지 않고도 차축을 빼낼 수 있도록 되어 있다.

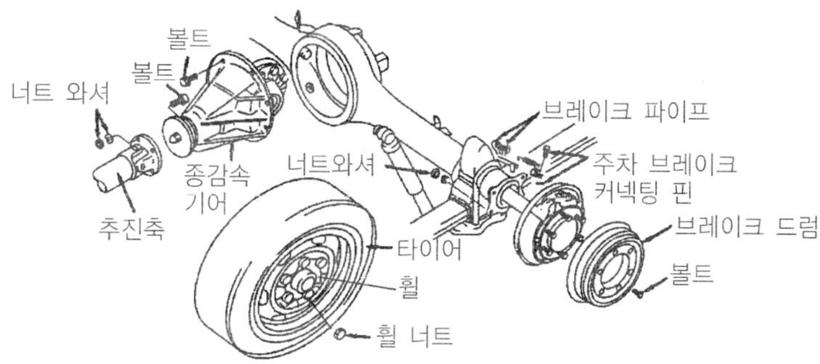

그림 238. 뒤차축 어셈블리의 구성부품

준비기계 및 기구

뒤차축 어셈블리가 설치되어 있는 자동차, 일반 공구세트, 특수 공구세트, 바이스, 프레스, 다이얼 게이지, 잭, 안전 스탠드, 보안경, 스프링 저울, V-블록, 바퀴 고임목 등을 준비한다.

안전 및 주의사항

① 자동차는 평탄한 지면에 세우고, 잭으로 들어 올린 다음 안전 스탠드로 지지한다.
② 자동차 밑에서 작업을 할 때에는 보안경을 착용하여 눈을 보호하도록 한다.
③ 베어링 리테이너는 반복 사용하면 베어링의 죔 정도가 헐거워지고, 또 패킹 등의 밀착이 불량하게 되므로 정밀하게 점검해야 한다.
④ 차동기어를 조립할 때에는 여러 가지의 규정 값을 정확히 맞추지 않으면 소음이나 고장의 원인이 되므로 특히 주의해야 한다.

4.5.1. 분해 점검 및 조립

[1] 뒤차축 떼어내기

① 좌우 뒷바퀴를 떼어내고, 좌우바퀴의 브레이크 파이프와 주차 브레이크용 케이블 또는 커넥팅 핀을 떼어낸다. 이때, 브레이크 파이프의 누출을 방지하기 위하여 캡을 붙인다.
② 백 플레이트(back plate) 마운팅 너트를 대각선 방향으로 풀어 분리하고, 차축 하우징에서 배킹판을 떼어낸다.

③ 그림 239와 같이 뒤차축 베어링 너트 렌치와 뒤차축 홀더를 결합하여 뒤차축에서 베어링 고정너트를 떼어낸다. 이때 왼쪽바퀴의 베어링 고정너트는 왼 나사이므로 분해 · 조립을 할 때 주의하도록 한다.

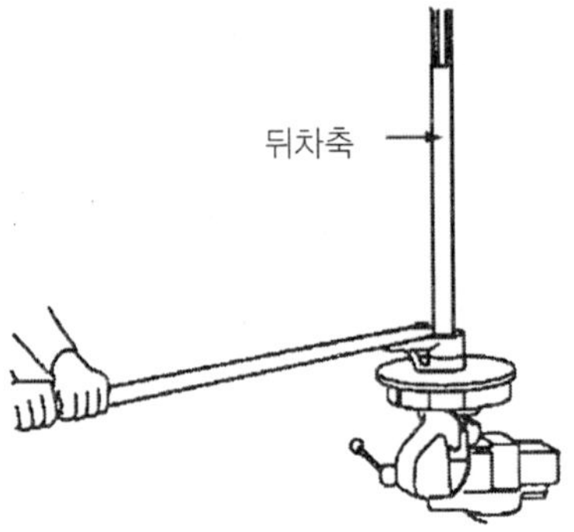

그림 239. 베어링 고정너트 분리하기

④ 바이스 조에 금속 조각을 끼우고 뒤차축을 고정시키고 그림 240과 같이 뒤차축 베어링 풀러를 사용하여 베어링과 베어링 하우징 어셈블리를 떼어낸다.

⑤ 뒷바퀴 허브에서 오일실과 베어링을 분리한 다음 황동 봉을 대고 해머로 가볍게 두드려 베어링 바깥 레이스를 떼어낸다.

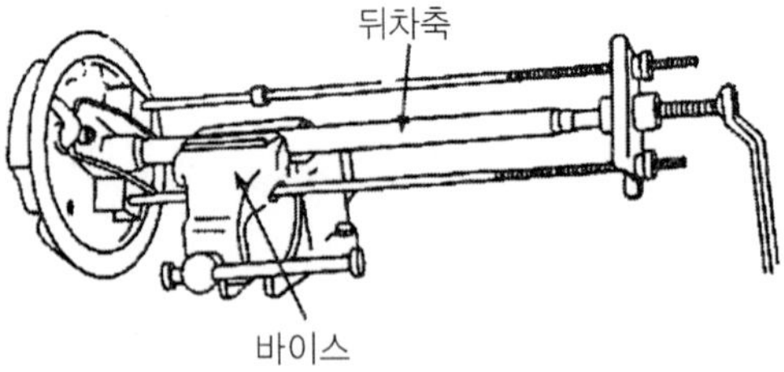

그림 240. 베어링 하우징 분리하기

[2] 차동기어 어셈블리 떼어내기

① 차축 하우징 밑면에 있는 드레인 플러그를 풀고, 오일 빼낸 후 다시 잠근다.

② 차축 떼어내기 작업을 참고하여 좌우 바퀴의 차축을 20cm 정도씩 차축 하우징으로부터 빼낸다.

③ 추진축과 연결된 플렌지 부분의 고정 볼트를 풀고 추진축으로 부터 분리한다.

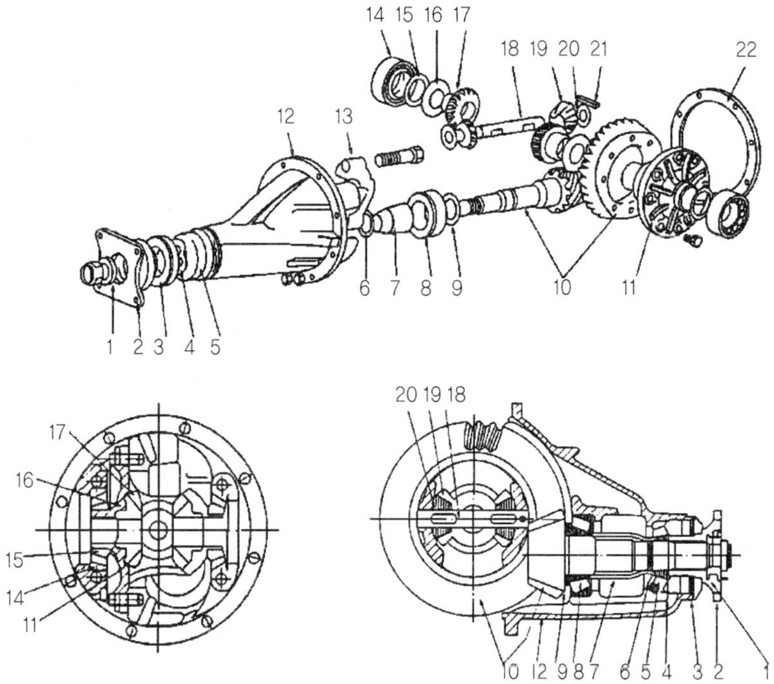

1. 플렌지 2. 더스트 커버 3. 오일 실 4. 와셔 5. 구동피니언 베어링(앞) 6. 구동 피니언 스페이스 심 7. 구동 피니언 스페이스 8. 구동 피니언(뒤) 9. 구동 피니언 높이 조정 심 10. 종감속기어 세트 11. 차동 기어 케이스 12. 기어 캐리어 13. 캐리어 캠 14. 사이드 베어링 15. 사이드 베어링 조정 심 16. 사이드 스러스트 스페이셔 17. 사이드기어 18. 피니언축 19. 차동피니언 20. 피니언 와셔 21. 고정핀 22. 패킹

그림 241. 차동기어 어셈블리의 구성부품

④ 차축 하우징과 접촉된 고정 볼트를 대각선 방향으로 움직이면서 풀어 차동기어 어셈블리를 차축 하우징으로부터 떼어낸다.

⑤ 좌우에 있는 조정 스크루로 고정판 볼트를 풀어 떼어낸다.

⑥ 좌우에 있는 베어링 캡 볼트를 풀고 그림 242와 같이 베어링 캡에 결합마크를 표시한 후 떼어낸다.

⑦ 좌우 조정 스크루를 떼어내고, 베어링 바깥 레이스와 함께 링 기어 어셈블리를 차동기어 캐리어에서 떼어낸다.

⑧ 링 기어 어셈블리에서 좌우 베어링 바깥 레이스를 떼어낸 후 기어 케이스를 링 기어 결합부분이 위를 향하게 하여 바이스에 고정시킨다.

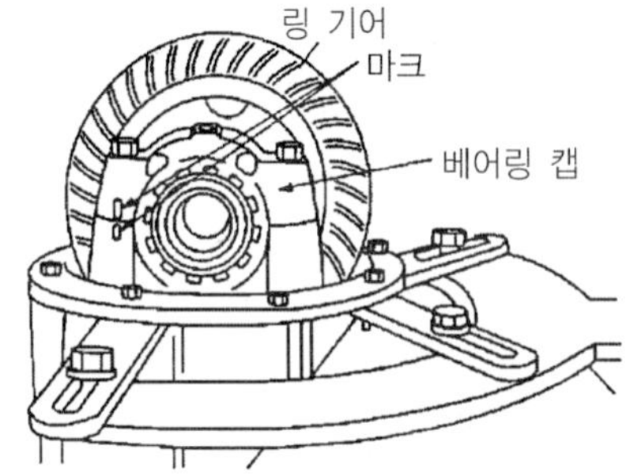

그림 242. 결합마크 표시하기

⑨ 링 기어와 기어 케이스의 결합마크 표시를 한 후에 고정 볼트를 대각선 방향으로 이동하면서 풀어 기어 케이스에서 링 기어를 떼어낸다.

⑩ 그림 243과 같이 핀(pin) 펀치를 사용하여 차동 피니언 축 고정 핀을 빼내고, 기어 케이스에서 차동 피니언, 사이드 기어를 떼어낸다.

⑪ 그림 244와 같이 베어링 풀러를 사용하여 기어 케이스로부터 사이드 베어링을 떼어 낸다.

⑫ 차동기어 캐리어를 플렌지 부분이 위로 향하게 하여 작업대에 고정시키고, 구동 피니언 축 고정 너트를 풀어낸다.

⑬ 베어링 풀러를 사용하여 플렌지를 떼어내고, 구동 피니언을 플렌지 방향에서 안쪽으로 가볍게 두드려 빼낸다.

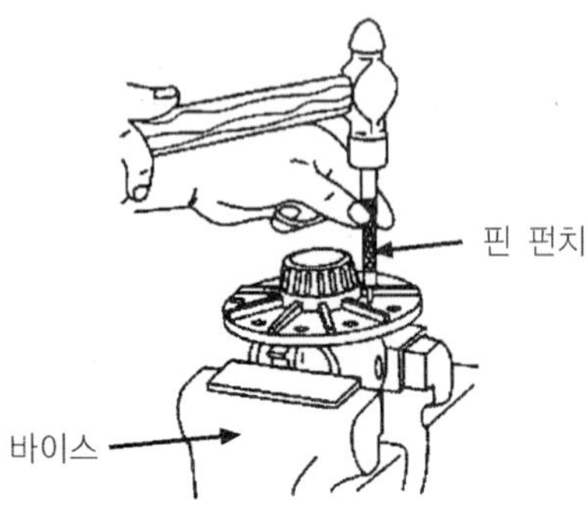

그림 243. 피니언 축 고정 핀 빼내기

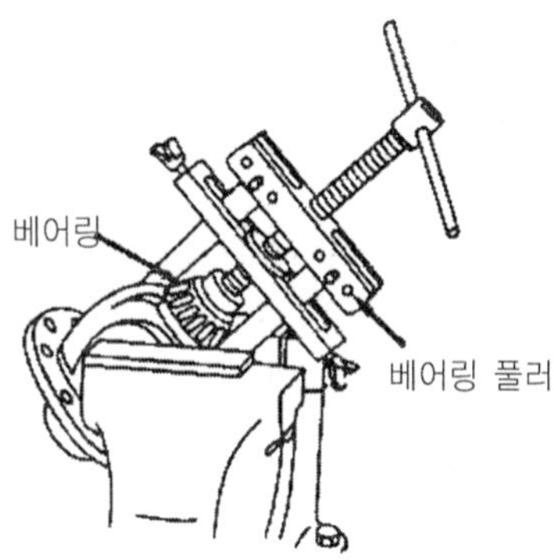

그림 244. 사이드 베어링 빼내기

⑭ 구동 피니언 뒤 베어링을 떼어 내고, 둥근 봉과 해머를 사용하여 캐리어에서 구동 피니언 베어링 바깥 레이스를 떼어낸다.

[3] 뒤차축 점검

① 허브 베어링의 축방향 움직임과 마멸, 손상, 소음 등에 대하여 점검한 다음 이상이 있으면 베어링의 안쪽과 바깥쪽 레이스를 세트로 하여 교환한다.

② 차축을 그림 245와 같이 양 센터로 지지하고, 다이얼 게이지로 차축 중앙부의 휨을 점검한다. 균열, 손상에 대해서도 점검한다.

③ 차축 오일실의 균열 및 손상에 대해 점검한다.

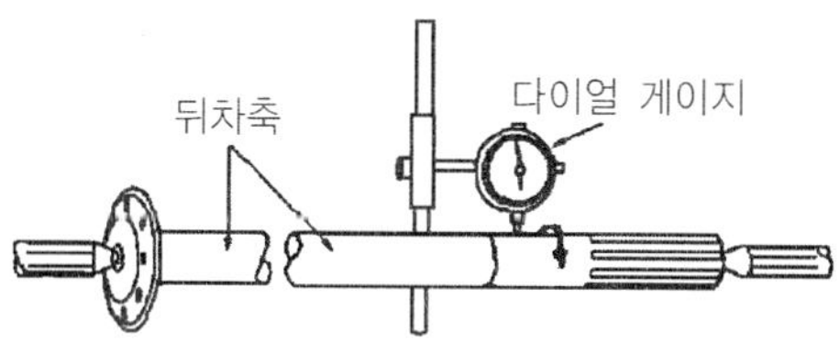

그림 245. 차축의 휨 점검

[4] 차동기어 어셈블리 점검

① 링 기어와 구동 피니언의 마멸 및 손상에 대하여 점검한다. 이때, 마멸이 커서 교환이 필요한 경우에는 링 기어와 구동 피니언을 함께 교환한다.

② 베어링 부분의 마멸, 회전불량, 소음 등에 대하여 점검한다.

③ 차동기어 캐리어의 균열, 베어링 접촉면의 마멸에 대하여 점검한다.

④ 기어 케이스의 균열, 미끄럼운동 면의 마멸에 대하여 점검한다.

⑤ 구동 피니언 플렌지 오일실의 접촉면 마멸 또는 손상에 대해서 점검한다.

[5] 차동기어의 조립 및 조정

① 차동 피니언과 사이드 기어를 차동 기어 케이스에 넣고, 스러스트 와셔 등을 분해 전의 위치로 넣는다.

② 차동 피니언 와셔를 양쪽 피니언에 대고 함께 넣으면서, 사이드 기어를 돌려 물리게 하고 차동 피니언 축을 끼워 임시로 조립한다.

③ 그림 246과 같이 차동 피니언과 사이드 기어의 백래시를 점검하여 백래시가 규정 값에 맞지 않으면 스러스트 와셔를 끼워 조정한다.

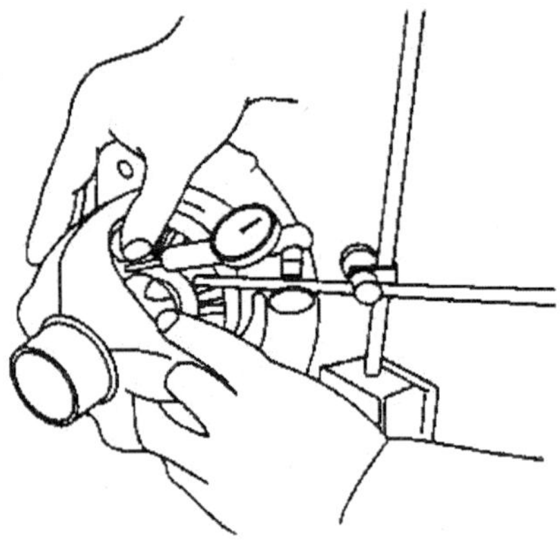

그림 246. 사이드 기어와 백래시 점검

④ 차동 피니언축의 고정핀 구멍과 차동기어 케이스의 구멍을 맞추고 고정 핀을 끼운다.

⑤ 차동기어 케이스의 링 기어 설치 면을 깨끗이 닦고 링 기어를 설치한 후 고정 볼트에 고정 와셔를 끼우고 가볍게 죈 다음 규정 토크로 대각선방향의 순서로 다시 죈다. 이때 고정 와셔는 조립할 때마다 새것을 사용하고 또 볼트헤드와 평평하게 되면 구부려 고정해야 한다.

⑥ 베어링 탈·부착 기구를 사용하여 베어링을 끼운다.

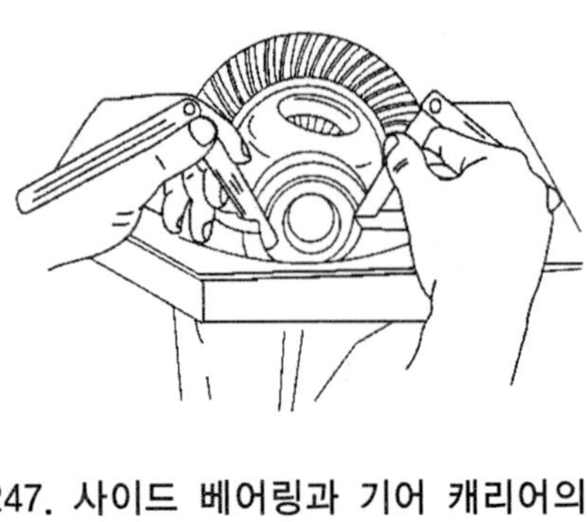

그림 247. 사이드 베어링과 기어 캐리어의 틈새 점검

⑦ 차동기어 케이스 어셈블리를 기어 캐리어에 설치하고, 어셈블리를 링 기어 쪽으로 밀고 사이드 베어링 바깥 레이스와 캐리어 사이의 틈새를 그림 247과 같이 측정하여 알맞은 크기의 심을 양쪽의 사이드 베어링에 끼운다. 이 때, 심의 두께는 측정값의 1/2로 하고, 프리로드(pre-load)를 위한 심(shim)을 더한다.

⑧ 기어 캐리어 베어링 캡의 표지를 맞추고 캡 볼트를 규정 토크로 죈다.

⑨ 평 와셔와 높이 조정용 심을 구동 피니언과 뒤 베어링 사이에 끼우고 그림 3-255와 같이 베어링 설치용 특수공구로써 베어링 콘(bearing cone)을 구동 피니언 축에 끼운다.

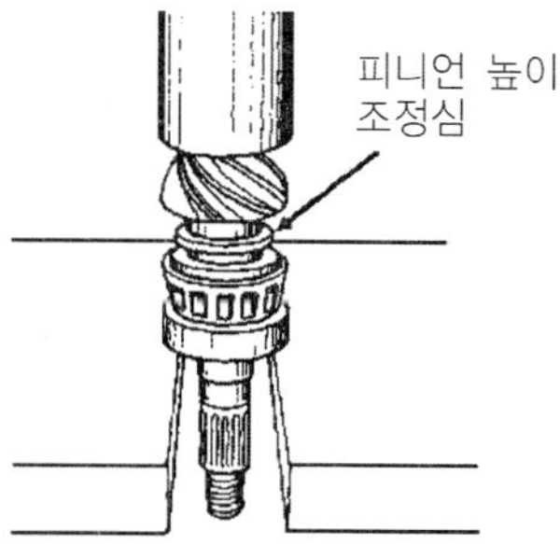

그림 248. 구동 피니언과 베어링 설치하기

⑩ 구동 피니언 스페이서, 프리로드 조정용 심을 끼운 다음, 이들을 캐리어의 뒤쪽에서 끼운다. 반대편에서의 베어링 콘, 오일 디플렉터, 이음 플렌지, 와셔, 너트 등의 순서로 조립하고 너트를 규정 토크로 조인다.

⑪ 링 기어를 차동기어 케이스와 함께 캐리어에 조립한다. 이때, 구동 피니언과 링 기어 맞춤 표지가 있는 경우에는 이 표지를 맞추어 조립한다.

⑫ 플렌지에 프리로드 측정용 플렌지를 설치한 후 그림 249와 같이 프리로드를 측정하여 규정 값에 맞는지를 점검한다. 이 때 조정너트를 풀거나 죄어서 조정한다.

⑬ 링 기어의 흔들림(run out)을 그림 250과 같이 점검하고 필요하면 수정 또는 교환한다. 링 기어의 흔들림은 차동기어 케이스의 설치 위치를 바꾸어서 수정할 수도 있다(규정 값 : 0.05mm 이내).

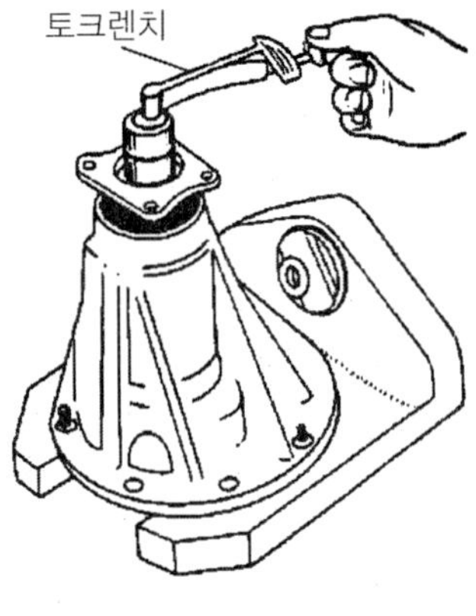

그림 249. 프리로드 점검

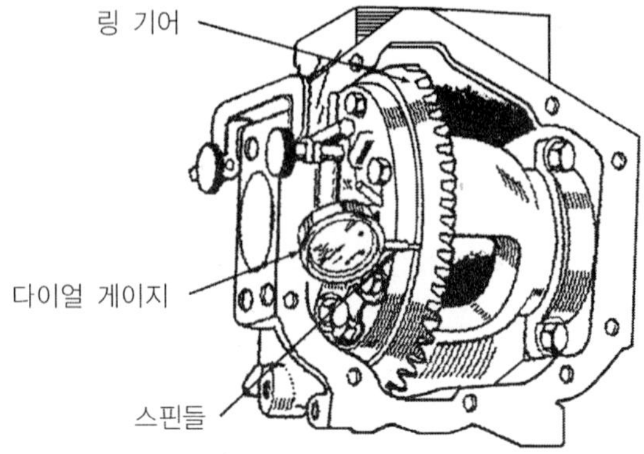

그림 250. 링 기어 흔들림 점검

⑭ 구동 피니언과 링 기어의 백래시를 조정한다. 이 때 다이얼 게이지의 측정자가 잇면의 앞 끝에 직각으로 접촉되도록 한다(규정값 : 0.11~0.16mm).

⑮ 베어링 캡을 규정 토크로 죈다.

⑯ 링 기어와 구동 피니언의 접촉상태를 점검한다.

㉮ 정상접촉 : 구동 피니언과 링 기어의 접촉이 링 기어의 중심부 쪽으로 50~ 70% 정도 물리는 상태의 접촉이다(그림 251(a)).

㉯ 페이스(face)접촉(상단부 접촉) : 기어의 물림이 잇면의 끝 부분에 접촉하는 것이며, 백래시가 크고 소음을 낸다. 특히, 기어 이의 끝이 마모 손상되기 쉽다. 수정방법은 구동 피니언을 안으로 이동시켜야 한다(그림 251(b)).

㉰ 플랭크(flank)접촉(하단부 접촉) : 기어의 물림이 이뿌리 부분에 접촉하는 것이며, 백래시가 작기 때문에 소음을 내기 쉽고 기어의 아래쪽에 턱이 생긴다. 수정방법은 구동 피니언을 밖으로 이동시켜야 한다(그림 251(c)).

㉱ 토(toe)접촉(소단부 접촉) : 기어 잇면의 접촉이 토우 쪽(기어 이 폭이 좁은 안쪽)으로 치우친 접촉이며, 백래시가 커져서 소음을 내기 쉽고 큰 하중이 걸릴 때 이가 손상되기 쉽다. 수정방법은 구동 피니언을 밖으로 이동시켜야 한다(그림 251(d)).

㉲ 힐(heel)접촉(대단부 접촉) : 기어 잇면의 접촉이 힐 쪽(기어 이 폭이 넓은 바깥쪽)으로 치우친 접촉이며, 백래시도 비교적 크고 웅웅하는 소음도 나기 쉽다. 수정방법은 구동 피니언을 안으로 이동시켜야 한다(그림 251(e)).

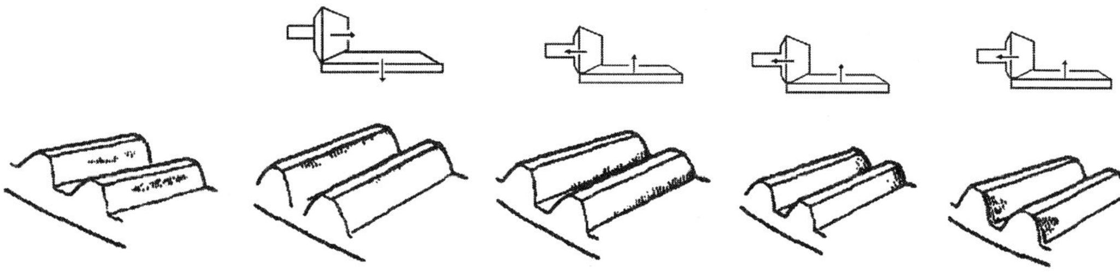

(a) 바른접촉 (b) 페이스접촉 (c) 플랭크접촉 (d) 토접촉 (e) 힐접촉

그림 251. 링 기어와 구동 피니언의 접촉 및 조정방법

⑰ 이음 플렌지 너트를 빼낸 다음 와셔, 이음 플렌지를 떼어 내고, 오일 실을 특수공구를 사용하여 끼운다.

⑱ 더스트 디플렉터, 이음 플렌지, 와셔를 끼우고, 플렌지 너트를 규정 토크로 죈다. 이때 플렌지 너트가 자기 고정식인 경우에는 반드시 새것을 사용해야 한다.

⑲ 기어가 원활히 회전하는지를 확인하고, 기어 어셈블리를 차축 하우징에 설치한다.

⑳ 좌우 바퀴의 차축을 설치한다.

㉑ 종 감속기어 오일을 규정의 유면이 될 때까지 0넣는다.

실습보고서

실습명	동력전달장치(드라이브라인)	실습일시:	
학번 및 조		이름	

01. 드라이브 샤프트의 조립방향

02. 드라이브 샤프트에 적용된 형식과 구별

03. 드라이브 샤프트 부트 교환요령

점검결과 설명	
실습기자재, 재료, 공구	
작업결과 설명	
다음정비 소견	
학습평가	① 암기하고 충분히 활용할 수 있다. ② 암기는 하지만 활용할 수 없다. ③ 단지 이해만 할 수 있다. ④ 암기도 이해도 할 수 없다.

04. 추진축의 역할

05. 추진축의 조립상태확인

06. 추진축의 유니버설 조인트의 교환요령

점검결과 설명	
실습기자재, 재료, 공구	
작업결과 설명	
다음정비 소견	
학습평가	① 암기하고 충분히 활용할 수 있다. ② 암기는 하지만 활용할 수 없다. ③ 단지 이해만 할 수 있다. ④ 암기도 이해도 할 수 없다.

09. 차동기어 분해 점검하기

(1) 차동기어 탈착하기

(2) 차동기어 원리 이해하기

(3) 차동기어 백래시 및 런아웃 점검하기

(4) 토우, 힐, 플랭크, 노우스 링기어 접촉 익히기

(5) 하이포이드 기어의 장단점

(6) 종감속비

(7) 차동기어 오일 교환하기

(8) 차동기어 장치의 작용

(9) 자동제한 차동기어(LD, LSD)

08. 액슬 샤프트 탈거하기

09. 뒤차축 지지방식

10. 뒤차축 하우징의 종류

5. 4WD(4wheel drive)

5.1. 4WD의 개요

4WD는 앞뒤 4바퀴에 모두 엔진의 동력을 전달하는 방식이다. 2WD(2바퀴 구동방식)에 비해 추진력이 매우 크기 때문에 험한 도로, 경사가 매우 가파른 도로 및 도로면이 미끄러운 곳을 주행할 때 효과적이다. 현재 우리나라에서 사용하고 있는 4WD는 파트타임(part time)방식, 풀타임(full time or TOD[torque on demand])방식, AWD(all wheel drive)방식 등이 있다.

파트타임 4WD는 2H(2바퀴 구동), 4H(4바퀴 고속구동), 4L(4바퀴 저속구동)로 구성되어 있으며, 평상시에는 2WD로 운행을 하다가 눈길이나 오프로드(off road) 같이 필요할 때 수동으로 4WD로 전환한다. 파트타임 4WD는 평상시에는 2WD로 구동하기 때문에 연료소비율 면에서는 유리하지만, 운전자 판단에 의해 직접 조작해야 하므로 편의성이 떨어진다.

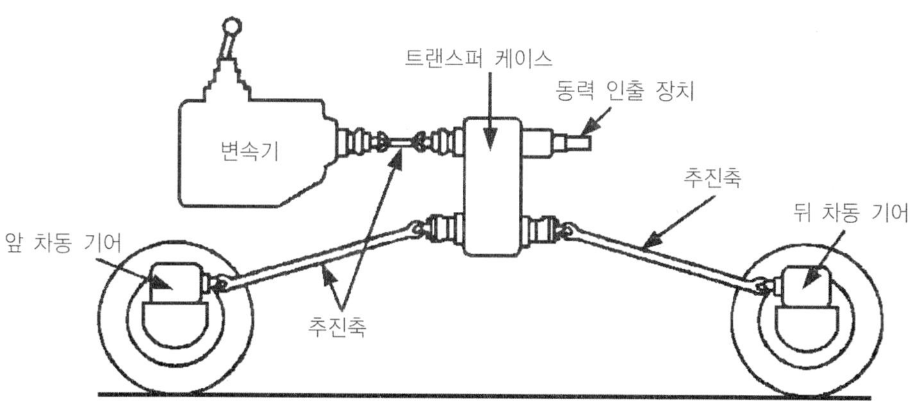

그림 252. 4WD의 구성

풀타임(full time) 4WD는 4H(4바퀴 고속구동)와 4L(4바퀴 저속구동) 구성의 상시(常時) 4WD이며, 평상시에는 4H 모드(4high mode)로 2WD와 같이 운행하다가 도로조건에 따라 앞·뒷바퀴로 구동력이 자동적으로 분배된다. 상시 4WD이므로 우수한 접지력을 확보할 수 있지만 2WD에 비해 연료소비율이 다소 크다.

AWD는 풀타임 4WD와는 달리 항상 앞·뒷바퀴로 4 : 6의 엔진 동력이 분배된다. 예전의 상시 4WD는 항상 4바퀴를 구동하므로 연료소비율이 컸다. 그러나 AWD는 최적의 기어비율과 구동계통의 저항 최소화, 그리고 밀집된(compact) 디자인과 무게 감소 등을 통해 연료소비율 문제를 상당부분 해결하였다. 또 VDC(vehicle dynamic control system, 차량자세 제어장치)와 연계하여 최적의 주행안정성을 확보할 수 있는 장점이 있다.

[1] 4WD의 장점

① 험한 도로를 주행할 때 한쪽 바퀴가 구동력을 상실하더라도 동력전달이 가능하다.
② 눈길이나 모래 길에서도 부드러운 주행이 가능하다.
③ 경사가 심한 언덕길이나 내리막길을 주행할 때 차량무게 중심변동에 따른 대응능력을 향상시킨다.
④ 4바퀴 구동력 배분으로 미끄러운 도로면에서의 타이어 점착력을 향상시켜 직진성능이 향상된다.
⑤ 4바퀴 구동력 배분으로 큰 사이드 포스(side force)를 발생시켜 선회할 때에 유리하다.

5.2. 4WD의 종류

5.2.1. 파트타임 방식(part time type)

4WD를 운전자 조작에 의해 작동되는 방식이다.

① 수동방식(1세대) : 휠 허브(wheel hub)에서 2WD/4WD를 수동으로 변환시키는 방식이다.
② 자동-기계방식(2세대) : 저속에서 4WD 변환이 가능하며, 2WD로 변환할 때에는 1~2m 정도 후진하여야 한다.
③ 자동-진공방식(3세대) : 고속에서 4WD/2WD 변환이 가능하며, 구조가 간단하다.
④ CADS(center axle disconnect system : 비중앙축 장치)방식 : 4WD를 구동할 때 슬리브(sleeve)에 의해 앞차축과 뒤차축이 연결되어 동력을 전달하는 방식이다.

5.2.2. 풀타임 방식(full time type, 상시 4WD)

운전자의 의지와 관계없이 비스코스 커플링(viscose coupling) 등에 의해 자동적으로 작동되는 방식과 앞·뒷바퀴 사이의 회전속도 차이를 다판 클러치(multi plate clutch)를 전자제어 하여 동력전달 및 차단을 도로면의 조건에 따라 자동적으로 제어하는 방식이 있다. 종류에는 동력분배 고정방식과 동력분배 변환방식이 있다. 동력분배 변환방식은 주로 포장도로 형이며, 주행성능 향상에 적합하므로 승용차에서 많이 사용된다.

5.3. 파트타임(part time) 전자제어 4WD

5.3.1. 파트타임 전자제어 4WD의 개요

파트타임 4WD는 평상시에는 2WD(뒷바퀴)로만 주행하다가 운전자의 필요에 따라 4WD로 전환하는 방식이다. 이 파트타임 4WD는 풀타임 4WD와 거의 비슷하나, 앞차축과 뒤차축 사이에 중앙 차동기어(center differential gear)가 없는 점이 다르다. 따라서 4WD모드에서 구동력을 항상 앞바퀴와 뒷바퀴에 50 : 50으로 분배해주고, 중앙 차동기어가 없어 선회할 때 앞바퀴와 뒷바퀴의 회전반경 차이를 보정하지 못하기 때문에"타이트 코너 브레이킹(tight corner braking)"현상이 발생한다.

타이트 코너 브레이킹은 차축 와인드업(axle windup) 또는 변속기 와인드업(transmission windup)이라고도 부르며. 이 현상은 차량이 선회할 때 좌우의 바퀴의 회전반경 차이를 차축 하우징(axle housing)에 설치된 차동기어로 해결하지만, 파트타임 4WD에는 앞바퀴와 뒷바퀴의 회전반경 차이를 보정해줄 수 있는 중앙 차동기어가 없어 앞바퀴와 뒷바퀴가 똑같은 회전량으로 회전하려고 하기 때문에 나타나는 현상이다.

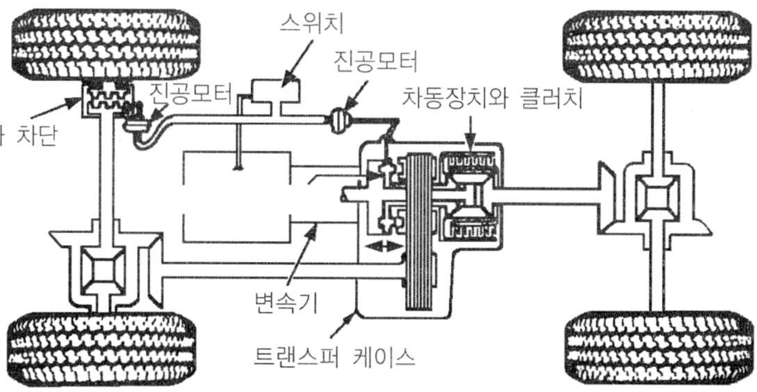

그림 253. 파트타임 4WD의 구성부품

이로 인해 발생하는 심한 부하가 구동축이나 변속기에 작용하게 되고, 이를 극복하기 위해선 4바퀴 중 어느 하나는 반드시 슬립(slip) 또는 스핀(spin)을 일으켜야 한다. 그렇지 못할 경우에는 구동축이나 변속기가 파손될 염려가 있다.

5.3.2. 4WD CADS(center axle disconnect system)

[1] CADS의 개요

CADS는 2WD로 주행을 하다가 4WD로 변환할 때 마지막으로 구동력을 단속하는 장치이다. 2WD로 주행을 하다가 4WD로 전환이 가능하도록 하는 장치이다. 이때 2WD로 주행할 때 차량의 주행속도에 의해 앞차축은 무부하 상태로 회전한다.

이로 인해 피니언 축(pinion shaft)과 링 기어(ring gear)에서 발생하는 소음과 진동을 억제하여 차량을 최적으로 주행 하도록 한다. 즉 파트타임 4WD의 불완전한 구동을 방지하기 위해 차축에 CADS을 사용하여 완전한 2WD 주행이 가능하도록 하는 장치이다.

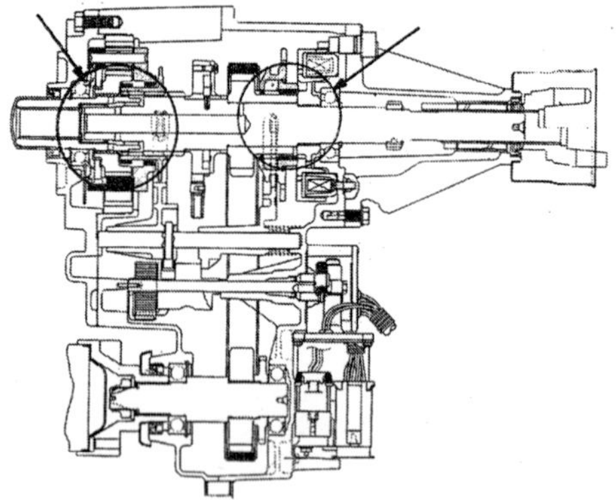

(a) 4ED 동작시

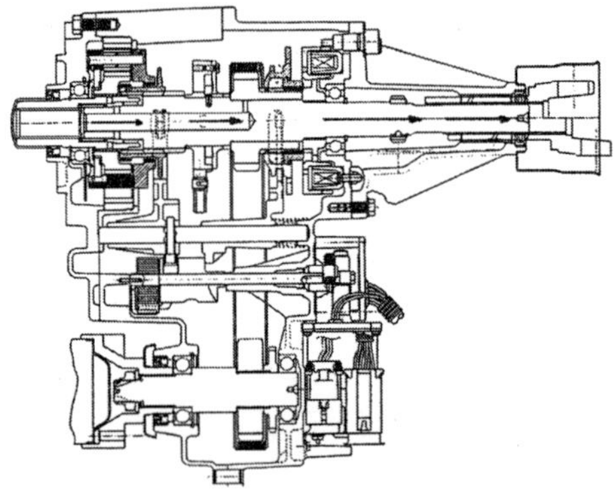

(b) 2WD 동작시

그림 254. 2WD 및 4WD의 작동

[2] CADS의 작동원리

4WD로 구동할 때에는 슬리브에 의해 앞차축과 뒤차축이 연결되어 구동축으로 동력을 전달한다. 그러나 2WD모드로 전환이 되면 액추에이터의 스프링 장력과 솔레노이드 밸브의 압력차이로 인하여 연결되어 있던 앞차축과 뒤차축의 연결이 차단된다.

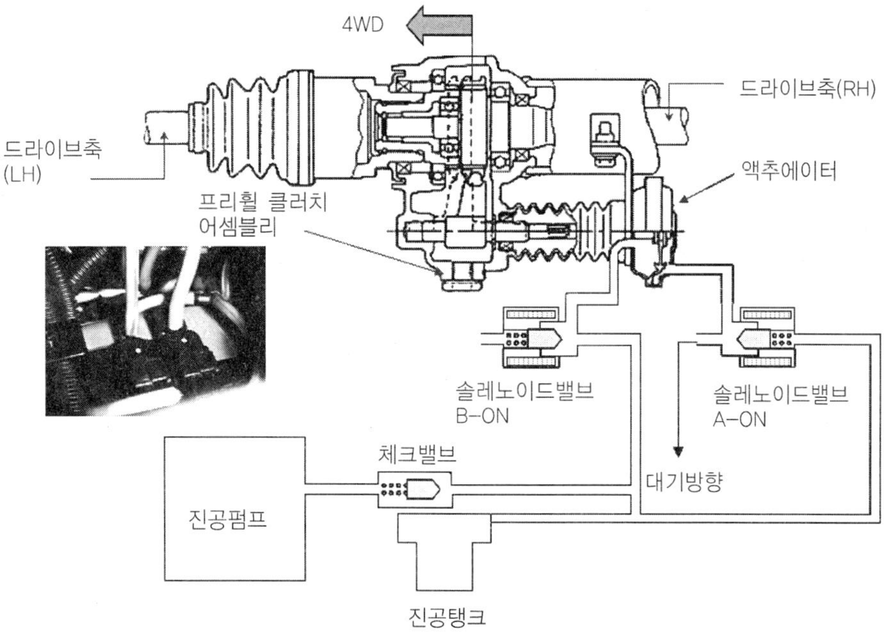

그림 255. CADS의 구성

이와 같이 2WD로 주행할 때 구동하지 않는 바퀴의 구동축을 차단하여 차량의 연료소비율을 향상시킨 방식이다. 그리고 솔레노이드밸브는 TCCU(transfer case control unit)에서 제어한다.

5.3.3. 파트타임 4WD 전자제어 입·출력도

전자제어 파트타임 4WD는 입력부분, 제어부분, 출력부분으로 분류되며, 각종센서로부터 입력된 정보를 바탕으로 TCCU(transfer case control unit)가 제어 연산하여 출력부분인 시프트 모터(shift motor)를 작동시킨다. 이때 중요한 입력신호는 차량의 변속상태, 주행속도 그리고 스위치의 위치 등이다.

TCCU는 시프트 모터를 구동하고 시프트 모터의 작동여부를 알려주는 MPS(motor position sensor)에 의해 피드백(feed back) 받아 작동여부를 확인 한다.

[1] TCCU(transfer case control unit)

TCCU는 운전석 시트 아래쪽에 설치되어 있으며, 운전자의 스위치 조작에 따라 주행 중에도 2WD → 4WD HIGH로 변환이 가능하도록 하고, 4WD → 4WD LOW은 차량을 일단정지 시킨 후 변환시켜주는 기능뿐 아니라 고장이 발생하였을 때 진단기능도 한다.

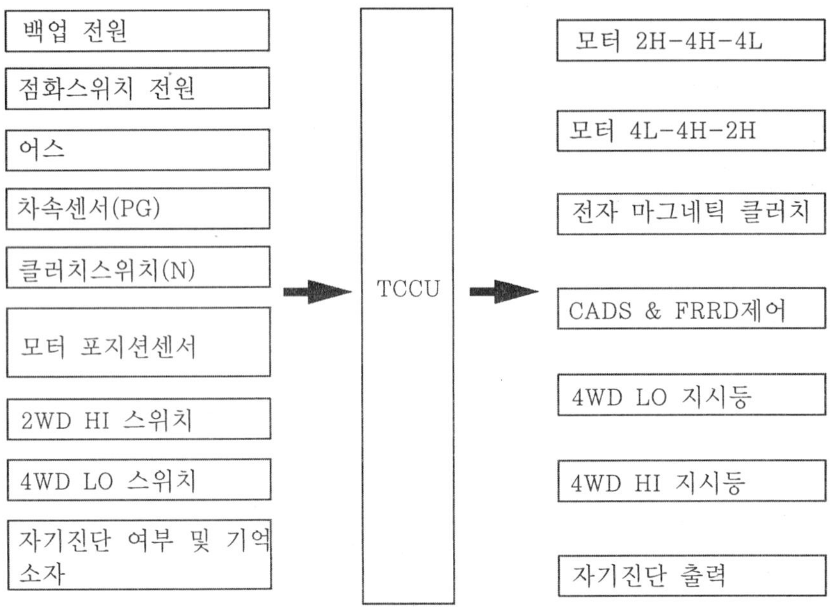

그림 256. 파트타임 4WD 전자제어 입·출력도

(1) 2WD에서 4WD로 선택할 때

크래시 패드에 설치된 선택스위치를 2WD(2H)에서 4WD HIGH(4H)선택할 경우에는 차량의 주행속도가 60~80km/h 이하일 때만 가능하며, 변환이 완료되면 계기판에 있는 4WD HIGH램프가 점등된다.

(2) 4WD에서 2WD로 선택할 때

크래시 패드에 설치된 선택스위치를 4H-2H 선택하면 차량의 주행상태에서도 변환가능하며, 변환이 완료되면 계기판에 4WD HIGH램프가 소등된다.

(3) 4WD HIGH에서 4WD LOW로 선택할 때

① 차량의 주행속도가 0~3km/h 이하에서만 작동되므로 차량을 일단 정지시킨다.

② 클러치 페달을 밟는다(클러치 인터 록 스위치 ON상태).
③ 크래시 패드에 설치된 선택스위치 4H/4L로 선택한다.
④ 변환이 끝나면 해당 램프가 점등된다(4WD LOW시 4WD LOW램프 점등).

[2] 시프트 모터(shift motor)

(1) 시프트 모터의 기능

이 모터는 직류(DC)모터이며, TCCU에 의해 제어된다. 2H-4H-4L모드로 변환할 때 시프트 모터를 회전시키면 모터와 연결된 전자 축(electronic shaft)과 축의 캠(shaft cam)이 회전하여 감속 시프트 포크(reduction shift fork)와 록업 포크(lock up fork)를 제어하여 4WD로 변환시키는 역할을 한다.

(2) 시프트 모터의 구성회로도

2H-4H-4L모드로 제어할 때는 TCCU 1, 2단자에 "B+"가 출력되어 16, 17번 쪽으로 접지 된다. 4L-4H-2L 방향으로 제어할 때는 극성이 바뀌어 16, 17단자에 "B+"가, 1, 2 단자에는 (-)로 제어하도록 되어있다.

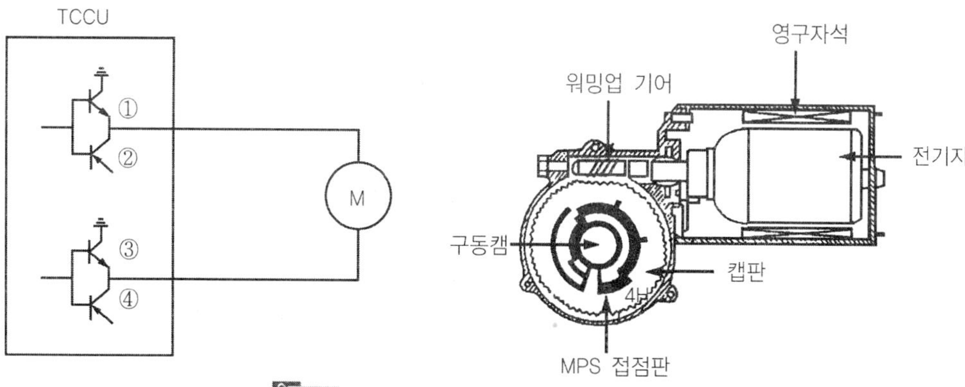

그림 257. 시프트 모터 회로구성

[3] MPS(motor position sensor or position encoder)

MPS는 시프트 모터의 회전방향과 위치를 인코더(encoder)를 이용한 4개의 스위치 신호를 시프트 모터의 작동을 TCCU로 전달하는 센서이다.

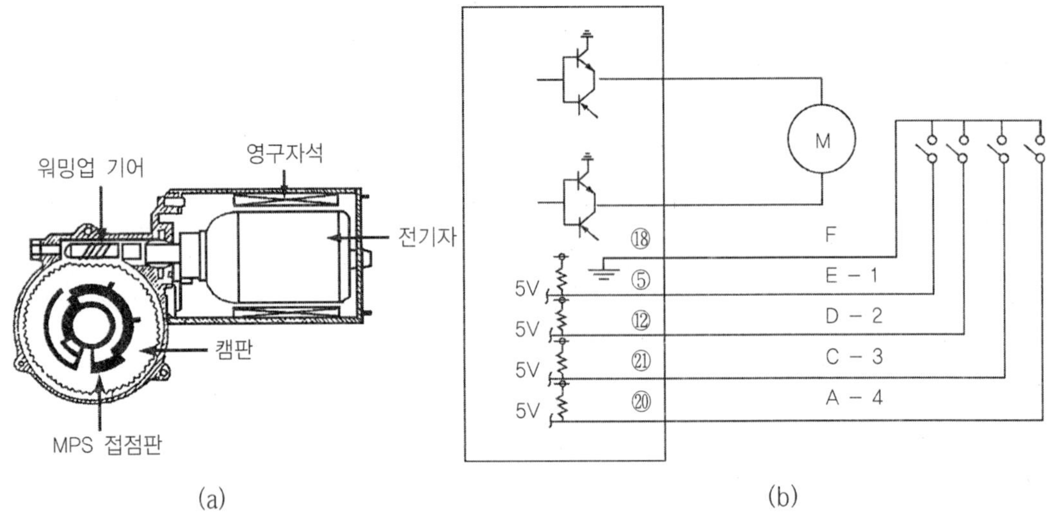

그림 258. MPS회로의 구성

[4] 전자 다판 클러치(magnetic clutch)

전자 다판 클러치는 4WD HIGH모드에서 시프트 모터에 의해 작동된 록업 포크(lock up fork)가 록업장치를 일정한 위치까지 이동시키면 이때부터 출력축의 구동기어와 록업 장치의 피동기어를 연결시킬 때 작동되어 기어를 물림시킨다. 전자 다판 클러치는 TCCU에 의해 작동된다(4WD HIGH, LOW모드에서 작동).

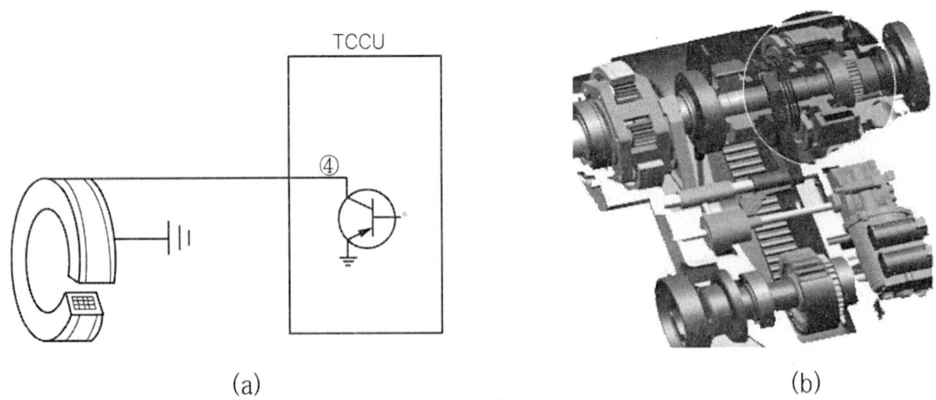

그림 259. 전자 다판 클러치

[5] 차속센서(vehicle speed sensor)

차속센서는 ABS(anti lock brake system)의 휠 스피드 센서(wheel speed sensor)나 자동변속기의 펄스제너레이터(pulse generator) A & B와 같은 원리를 이용하며, 트랜스퍼 케이스 하우징에 설치되어 있다. TCCU는 이 센서를 이용하여 주행속도를 검출하여 4WD LOW모드로 변환할 때 0~3km/h 이하에서만 작동여부를 결정한다.

(1) 차속센서의 작동원리

코일이 감긴 영구자석 양극사이에서 전자 다판 클러치가 회전하면 철심에 인가되었던 영구자석의 자속에 변화가 생기고 이 자속의 변화에 의해 교류전압이 발생된다. 이 교류전압은 전자 다판 클러치의 회전속도에 비례하여 주파수가 변화하기 때문에 TCCU가 센서로부터 시간당 주파수를 검출하여 차량의 주행속도를 검출한다.

(2) 차속센서 점검방법

차속센서는 일종의 발전기이므로 교류전압이 발생된다. 이 센서를 점검하기 위해서는 P-P 전압으로 점검하여야 한다. 멀티테스터를 이용하면 평균값의 전압이 측정되므로 단품의 불량여부 판정이 어렵기 때문에 오실로스코프를 이용하여 P-P전압으로 측정하여야 한다. 간헐적 불량이 발생되면 파형으로 고장진단이 어려워 응답속도가 빠른 장비를 이용해 듀티 값으로 점검하여야 한다.

[6] 지시등(4WD HIGH, 4WD LOW)

지시등은 4WD HIGH와 4WD LOW 지시등이 계기판에 설치되어 있으며, 운전자의 선택스위치 선택에 따라 점등 및 소등된다. 또 4WD에 고장이 발생하면 4WD HIGH와 4WD LOW지시등을 동시에 점등시켜 장치이상 여부를 알려준다.

(1) 지시등의 구성회로도 및 원리

① 점화스위치를 "ON" 으로 하면 키 박스(key box)에서 계기판에 있는 램프로 전원이 공급되어 TCCU 8과 15단자에 대기한다.

② 점화스위치 "ON" 과 동시에 TCCU에 전원이 공급되면 TCCU가 8, 15단자의 트랜지스터 베이스를 작동시켜 각각의 램프를 점등시킨다.

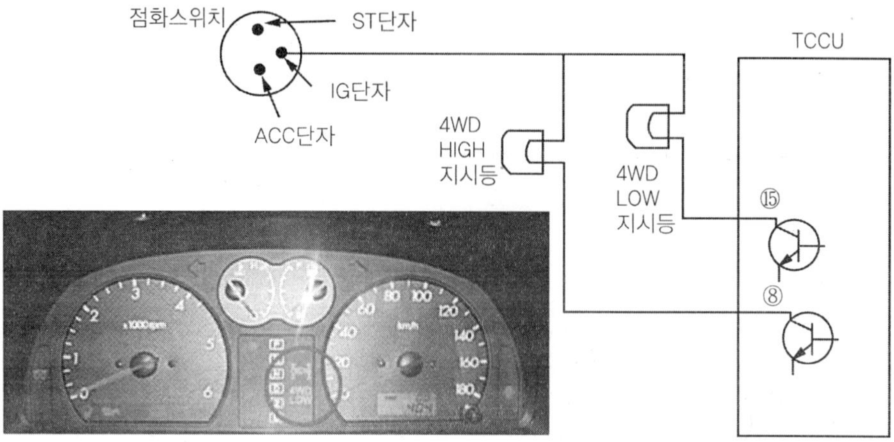

그림 260. 4WD 지시등

③ TCCU는 6초 동안에 장치자체를 점검하여 이상이 없으면 4WD HIGH, LOW지시등을 트랜지스터 베이스의 전원을 차단하여 소등시키고, 고장이 발생하면 트랜지스터 베이스를 계속 작동시켜 2개의 램프를 지속적으로 점등시킨다. 또 이 지시등은 운전자가 4WD HIGH, LOW 지시등이 점멸되면 선택스위치는 작동시켰으나 장치가 아직 작동되지 않는다는 표시이다

④ 4WD HIGH, LOW 지시등이 계속 점등되면 자기진단을 실시 후 이상이 없을 경우, TCCU커넥터를 분리하여도 계속적으로 점등된다면 TCCU 입력 커넥터 사이에 배선이 접지되었으므로 이 계통을 정밀하게 점검하여야 한다.

[7] 4WD 선택스위치

이 스위치는 운전자의 의지에 따라 4WD HIGH, 4WD LOW, 2WD HIGH 모드 선택여부를 TCCU로 입력시킨다. 이 스위치를 점검할 때는 멀티테스터를 이용한다. 이 신호는 디지털 논리(digital logic)신호이므로 1과 0으로 TCCU가 처리하기 때문에 전압 수준을 판단하여야 한다.

TCCU 7과 13번 단자에 멀티테스터를 연결하여 각각의 스위치를 "ON"시켰을 때는 0.8V 이하로 떨어져야 하고 "OFF" 시켰을 때에는 최소 2.5V 이상이 되어야 한다. 만약 스위치를 "ON"시켜도 0.8V 이하로 떨어지지 않는다면 스위치의 접점 또는 접지계통을 점검하여야 한다.

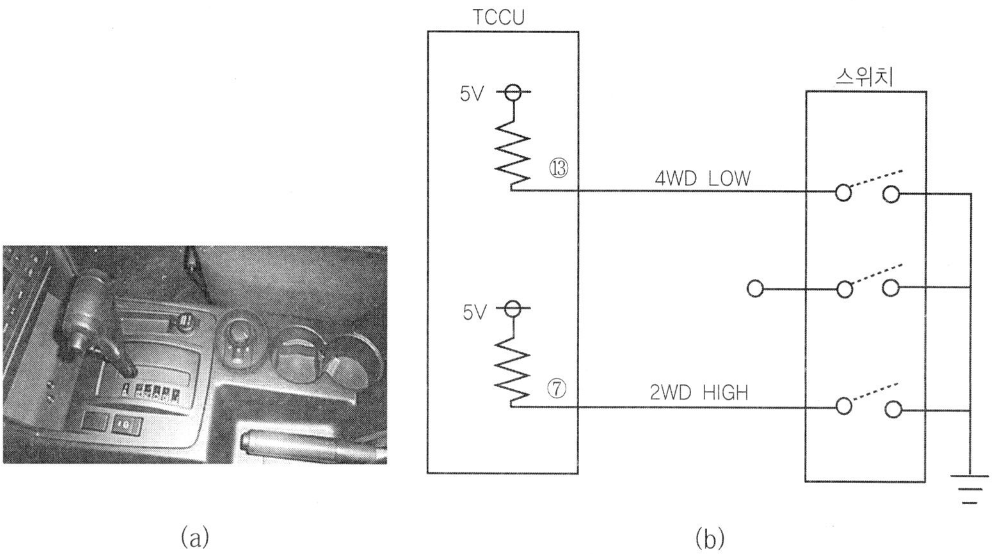

그림 261. 4WD 선택스위치

또 스위치를 "OFF"시켜도 계속적으로 0.8V 이하이면 TCCU 7, 13번 단자의 배선이 스위치 접점 이전에서 차체 접지 또는 단락되었으므로 TCCU 커넥터를 분리한 후 멀티테스터의 레인지를 선택하여 차체와 배선이상 여부를 확인한다.

반대로 스위치를 "ON"시켜도 2.5V 이상으로 계속 유지가 되면 TCCU 커넥터에서 스위치까지의 배선이 단선되었고, 스위치 접지선이 단선되어도 이러한 현상이 일어날 수 있다.

5.4. 풀타임 전자제어 4WD

풀타임방식은 상시 4WD를 의미하며, 뒷바퀴 구동(FR)차량의 TOD(torque on demand)방식과 앞바퀴 구동(FF)차량의 ITM(interactive torque management system) 방식으로 나누어진다.

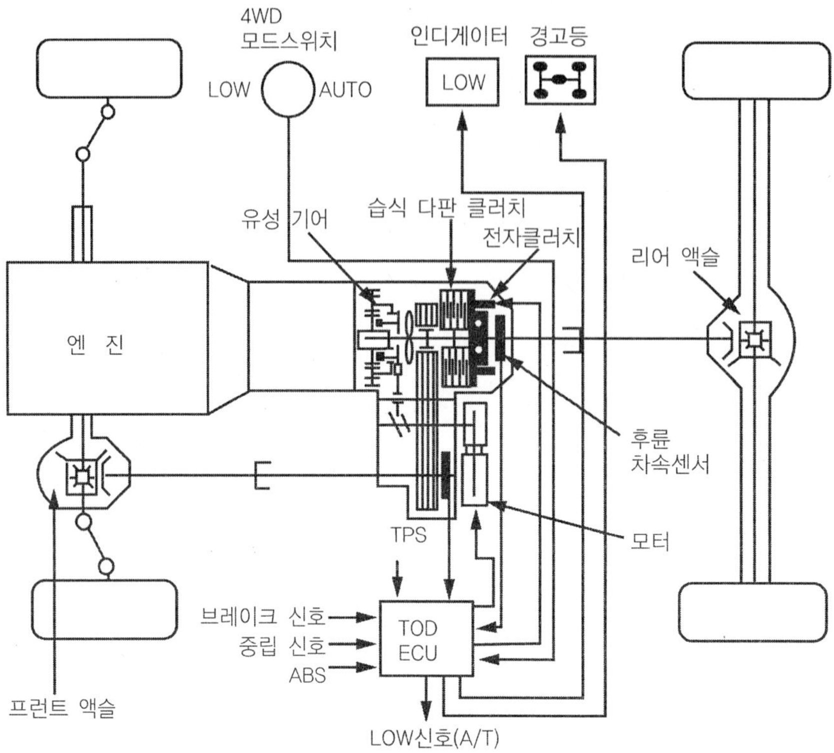

그림 262. 풀타임 4WD의 구성도

5.4.1. TOD(torque on demand)방식

TOD방식은 보그 워너(brog warner)사의 등록상표이다. 기존의 풀타임 4WD는 엔진과 변속기를 통해 트랜스퍼 케이스로 전달되는 동력을 오일과 기계장치를 이용하여 앞바퀴와 뒷바퀴로 분배하는 것이 주목적이었다. 반면 TOD 트랜스퍼 케이스는 전자제어에 의해 앞바퀴와 뒷바퀴로 동력을 분배한다. 즉, 일률적으로 앞바퀴와 뒷바퀴로 동력을 분배하는 것이 아니라, 도로조건이나 차량 주행상태에 따라서 앞바퀴와 뒷바퀴로의 동력분배가 0 : 100~50 : 50까지 자동으로 수시로 변경된다.

기본적으로 포장도로에서 저·중속으로 주행할 때는 “뒷바퀴 구동” 상태(이론상 뒷바퀴로는 100%의 동력이 전달되고, 앞바퀴로는 동력이 전달되지 않음)로 주행하다가 뒷바퀴의 미끄럼이 검출되면, 적당한 양의 동력이 앞바퀴로도 전달된다.

컨트롤 유닛은 트랜스퍼 케이스의 스피드 센서로부터 앞·뒷바퀴의 회전속도를 신호를 받고, 엔진 컨트롤 유닛으로부터 엔진의 출력상태에 대한 정보를 받아 분석하고, 그 값에 따라 전자 다판 클러치(electro magnetic clutch)의 압착력을 변화시킨다.

전자 다판 클러치의 압착력이 변화되면 앞 추진축이 제어되고, 컨트롤 유닛으로 보내지는 입력 값에 따라 앞바퀴로의 동력이 변화한다. 컨트롤 유닛으로 보내지고 분석된 차량 주행속도, 엔진 출력상태, 바퀴의 미끄러짐 비율 등의 정보에 따라 전자 다판 클러치의 압착력이 조절되며, 압착력이 변화될 때 압착력이 크면 동력이 많이 전달되고, 압착력이 작으면 클러치의 미끄러짐 비율이 커지기 때문에 작은 동력이 전달되므로 입력신호에 따라 적절한 동력이 앞바퀴로 분배된다.

[1] 도로조건에 따른 앞·뒷바퀴 동력분배

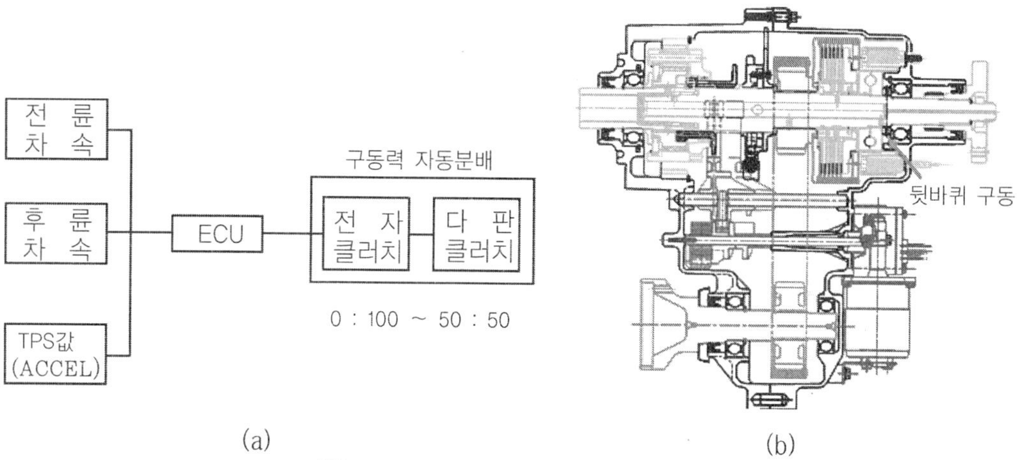

그림 263. TOD의 구동력 자동분배

(1) 포장도로에서 저·중속으로 주행할 때

기존의 파트타임 트랜스퍼 케이스를 사용하는 차량에서는 정지된 상태에서 조향핸들을 좌측 또는 우측으로 돌린 후 출발하면, 차량이 멈칫멈칫하며 걸리는 타이트 코너 브레이킹(tight corner braking)이 발생하는데, TOD장치에서는 이 현상이 일어나지 않고, 뒷바퀴 구동 주행이 가능하다.

(2) 포장도로에서 고속으로 주행을 할 때

포장도로에서 고속주행을 할 때는 뒷바퀴가 주 구동바퀴가 되며(약 85%), 측면에서 부는 바람 또는 우천(雨天)에서도 안전한 접지를 유지하도록 앞바퀴로도 동력(약 15%)이 분배된다.

(3) 마찰계수가 낮은 도로에서 선회할 때

비포장도로, 눈길, 빙판길, 진흙길 등에서 선회할 때 필요한 동력을 앞바퀴에도 분배한다. 앞바퀴에 동력(약 30%)이 분배되면 도로면 접지력이 상대적으로 높아지고, 자연스러운 조향이 가능하다.

(4) 마찰계수가 낮은 도로에서 등판주행 또는 출발할 때

비포장도로, 눈길, 빙판길, 진흙길 등에서 등판주행 또는 출발을 할 때에는 필요에 따라 50 : 50의 동력을 앞·뒷바퀴에 분배하여 4WD 최대 접지력과 구동력을 발휘할 수 있다.

[2] 기존 풀타임 4WD 대비 TOD장치의 장점

① 동력이 앞바퀴와 뒷바퀴로 분배되어 4WD구동상태에서 연료소비율이 향상된다.
② 동력이 앞바퀴와 뒷바퀴로 조건에 따라 적절히 분배되므로 각 바퀴가 최적의 접지력을 발휘한다. 이것은 최적의 주행성능 유지, 선회할 때 안정성유지, 브레이크를 작동할 때 효율향상 등의 효과가 있음을 의미한다.
③ 도로면 변화에 따른 반응이 신속하다.
④ 기존의 장치보다 경량화가 가능하다.
⑤ 내부 구조가 간단하다.
⑥ 컨트롤 유닛에 의해 자동 제어되므로 작동이 쉽고, 편리하다.
⑦ 비포장도로 및 포장도로에서의 직진안정성 및 주행성능이 우수하다.
⑧ 주행 중 차량 조향핸들의 조작이 편리다.
⑨ ABS와 연계 및 조화가 쉬워, ABS 작동이 효과적이다.

[3] TOD 전자제어장치의 기능 및 작동

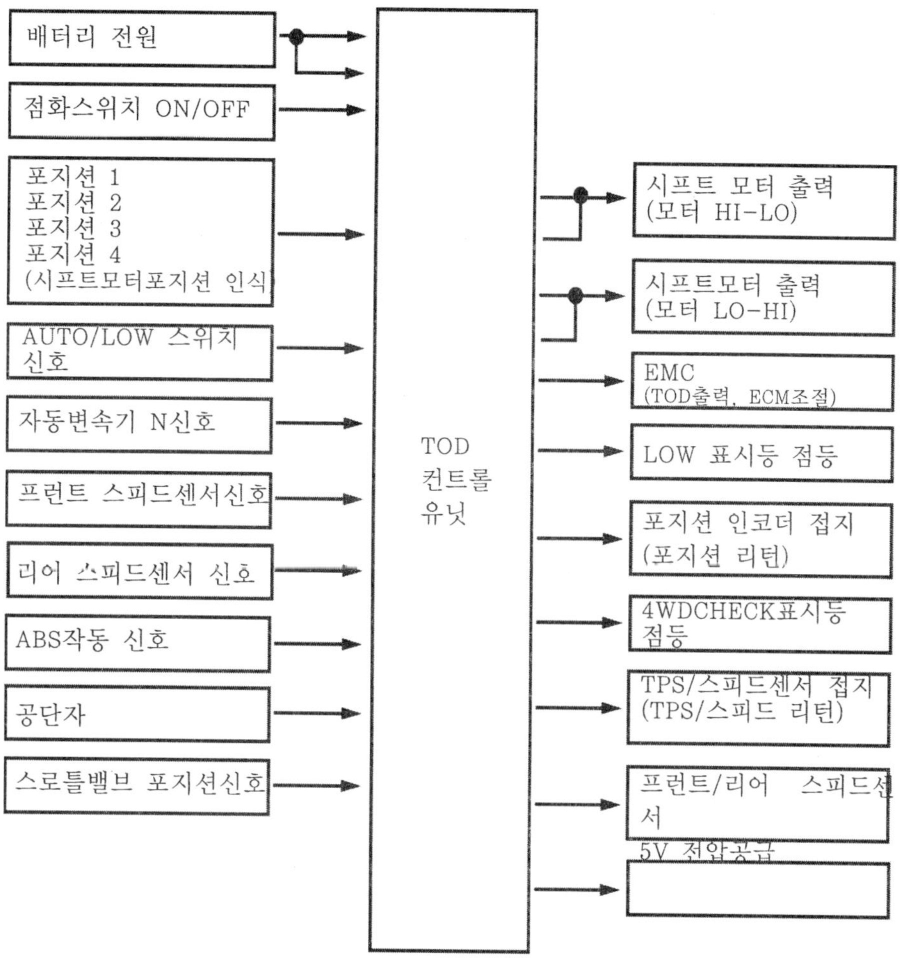

그림 264. TOD 전자제어 입·출력 회로도

(1) TOD 선택모드

TOD는 AUTO 및 LOW 2가지 모드가 있다. AUTO는 일반적으로 사용되는 모드이며, 기어비율은 1 : 1로 되어있으며, LOW는 기존의 풀타임 트랜스퍼 케이스와 동일하고, 앞·뒷바퀴 쪽에 50 : 50의 동력을 분배시켜 4WD상태에서 최대의 구동력을 발휘하도록 한다. 이때 기어비율은 2.48 : 1이다.

(2) AUTO모드를 선택할 때의 기능

TOD는 클러치의 메커니즘을 전자 제어하여 앞뒤 추진축의 출력 회전속도를 검출하고, 그 차이가 설정된 값 이상일 경우 초과된 속도를 미리 계산한 후 그에 상응하는 동력을 전자 다판 클러치(EMC)를 통해 앞바퀴로 전달한다. 이러한 앞뒤 추진축의 회전속도는 홀 센서(hall effect sensor)를 통해 검출하며, 검출된 신호는 TOD 컨트롤 유닛으로 보내진다. 앞뒤 추진축의 초과된 회전속도 차이에 따른 다양한 전류량에 의해 트랜스퍼 케이스 클러치 코일이 활성화된다.

(3) LOW모드를 선택하였을 때의 기능

모드 스위치(mode switch)를 "LOW" 로 선택하면, 4WD 저속상태로 선택된다. 추진축의 동력비율은 1 : 1에서 2.48 : 1로 변환된다.

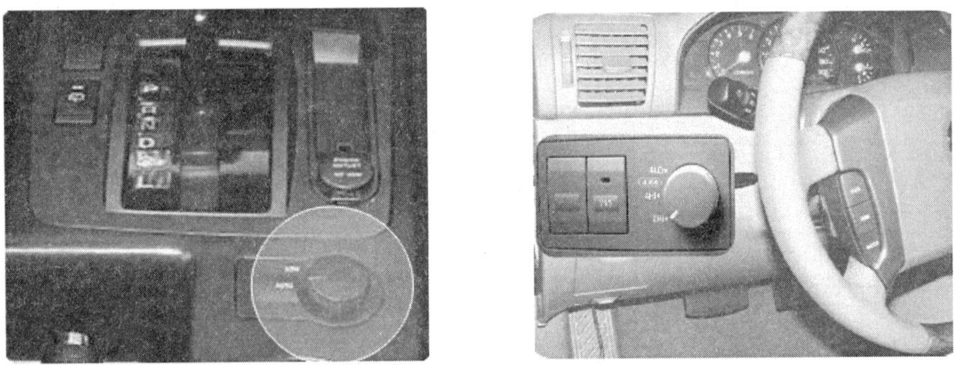

(a) (b)

그림 265. TOD 선택 스위치 설피위치

(4) 시프트 모터(shift motor)

트랜스퍼 케이스의 시프트 모터는 트랜스퍼 케이스 뒤쪽에 설치되어 있다. 시프트 모터는 로터리 헬리컬 캠을 구동한다. 모드 선택스위치에서 구동위치를 "LOW" 로 선택하면, 헬리컬 캠이 "AUTO" 에서 "LOW" 위치로 회전하면서 시프트 포크가 2.48 : 1의 감속위치로 된다.

(5) 트랜스퍼 케이스(trance case)

TOD 트랜스퍼 케이스는"AUTO"/"LOW" 스위치조작과 시프트 모터의 전기적 작동에 의해 변속기로부터의 동력을 뒤차축 및 앞차축으로 분배한다. 뒷바퀴 구동모드에서 변속기로부터의 동력은 트랜스퍼 케이스의 입력축(input shaft)을 통해 뒤쪽의 출력축(output shaft)으로 전달이 된다. 이렇게 전달된 동력은 추진축을 뒤차축으로 전달되고, "AUTO"/"LOW"로의 변속은 HI-LO칼라(collar)가 감소되는 방향으로 시프트 포크가 출력축(output Shaft)과 앞차축 유성기어를 물림시켜 실행된다. 이에 따라 입력축으로부터 전달된 동력은 선 기어를 통해 앞차축 유성기어를 회전시키고, 앞차축 유성기어는 출력축과 물려 LOW상태로 구동하게 된다.

그림 266. 트랜스퍼케이스의 구조

(6) 뒤 스피드센서(rear speed sensor)

뒤 스피드센서는 홀 효과를 이용한 센서(hall effect sensor)이며, 30개의 이(tooth)를 가진 휠의 회전에 따라 0~5Vdc의 사각파형(square wave)을 발생시킨다. 이의 수가 30개인 휠은 트랜스퍼 케이스 내부에 설치되어, 뒤 추진축과 결합되어 있으며, 뒤 추진축이 회전하면 1회전 당 휠의 잇수 만큼의 스피드 센서 펄스신호가 발생한다. 즉, 추진축이 1회전하면 30개의 스피드센서 펄스신호가 발생하게 된다.

(7) 앞 스피드센서(front speed sensor)

앞 스피드센서는 뒤 스피드센서와 동일하며, 앞 추진축과 결합되어 있다.

(8) 전자 다판 클러치(EMC : electromagnetic clutch)

전자 다판 클러치는 도로조건 및 차량의 주행상태에 따라 요구되는 양 만큼의 동력을 앞 추진축에 적용하기 위해 사용된다.

5.4.2. ITM(interactive torque management)방식

ITM방식의 4WD는 주로 앞바퀴 구동형 즉 온 로드(on road)용 자동차에서 사용하는 상시 4WD TOD와 함께 풀타임 방식이라 부른다. 앞에서 설명한 트랜스퍼 케이스 형식과 달리 매우 간단한 장치로 구성되어 있다. ITM는 견인력을 향상시키며, 선회 주행에서의 안정성, 그 밖의 주행안정성에 효과가 우수하다.

[1] ITM방식의 작동 개요

앞바퀴 구동형 자동변속기에서 뒷바퀴 쪽으로 동력을 인출하는 트랜스퍼 케이스를 거친 동력은 추진축으로 전달되고 추진축과 종감속기어 사이에 설치된 ITM에서 전기적으로 동력을 전달하면 4WD가 되고 동력을 차단하면 2WD로 작동한다.

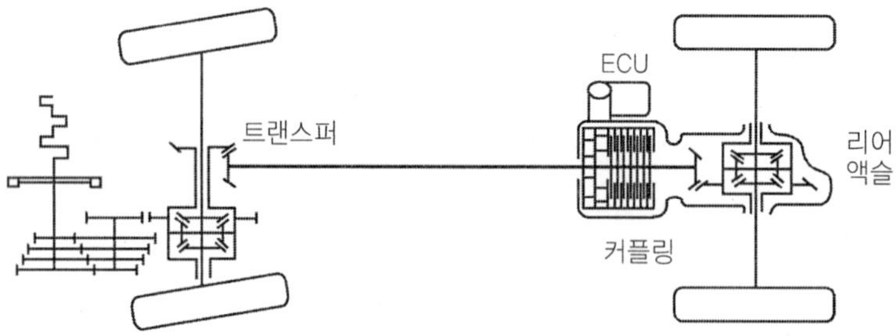

그림 267. ITM작동의 계통도

[2] ITM의 작동원리

ITM 컨트롤 유닛이 4WD 작동영역을 판단하면 ITM에 설치된 전자 다판 클러치(EMC) 코일을 작동시켜 ITM 내의 클러치판을 압착시킨다. 이에 따라 추진축으로부터 전달된 동력이 뒤 종감속기어를 거쳐 뒷바퀴로 전달된다.

[3] ITM 전자제어 입·출력 구성도

(1) 조향핸들 각속도 센서

조향핸들 각속도 센서는 조향핸들의 조향정도를 파악하여 선회주행을 할 때 4WD 구동력을 조절하여 안정된 선회가 가능하도록 유도한다. 또 선회할 때 발생하는 타이트 코너 브레이크 현상(선회주행을 할 때 바퀴가 끌리며 일어나는 제동현상)을 방지한다. 배선은 총 5선으로 전원, 접지, 중립점, 조향 1, 2로 각각 구성되어 있으며, ITM 컨트롤 유닛으로 신호가 입력된다.

조향각도와 조향속도를 판단하여 제어에 활용한다. 전압은 하이(high) 신호가 약 4.0V이고 로우(low) 신호가 약 1.5V를 나타낸다.

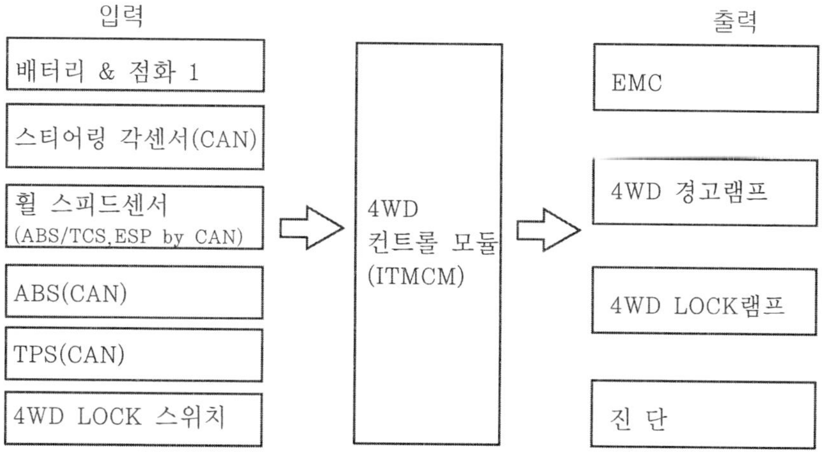

그림 268. ITM 전자제어 입·출력도

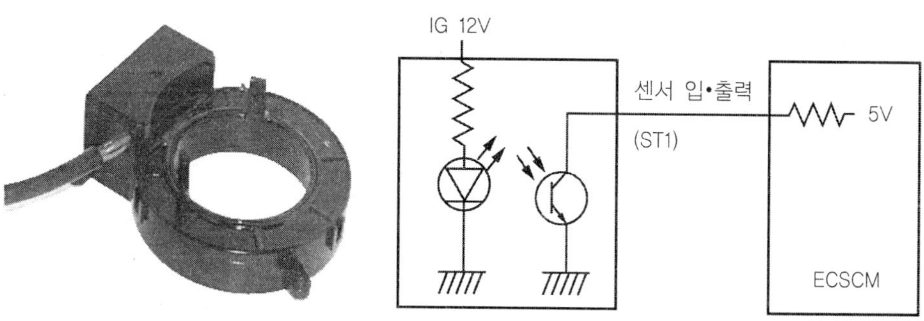

그림 269. 조향핸들 각속도 센서

(2) 휠 스피드 센서

휠 스피드 센서는 각 바퀴의 회전속도를 판단하여 ITM 컨트롤유닛으로 보내준다. 4WD제어에서 중요한 신호 중 한가지이다. 휠 스피드 센서에서 비정상적인 신호가 출력되면 4WD를 제어할 때 문제가 발생한다. ABS가 작동 때와 ITM작동이 겹칠 수 있으므로 CAN라인을 통해 ABS 작동여부 신호를 입력받는다. 만약 동시 작동조건이라면 ABS 제어가 우선한다.

(3) CAN 데이터

ITM 컨트롤 유닛은 CAN라인으로부터 스로틀 위치센서(TPS) 값과 ABS 작동여부 신호를 입력받는데, 먼저 스로틀 위치센서는 운전자의 가속의지를 확인하여 제어에 활용한다. 또 ABS 작동여부 신호는 4WD제어와 ABS제어가 동시에 이루어질 것에 대비하여 신호를 입력받는다(우선 신호는 ABS).

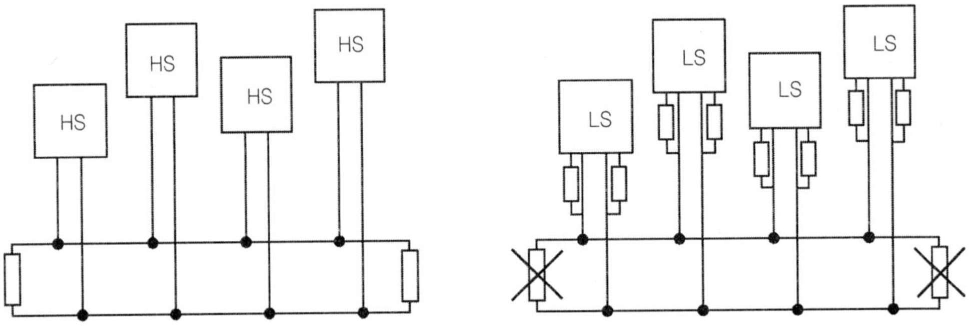

(a) 높은 속도 (b) 잘못 - 관대한

그림 270. CAN통신

(4) 4WD 록(LOCK) 스위치

차량이 습지대에 빠졌거나 그밖에 상시 4WD가 필요할 경우 이용하는 스위치이며, 이 스위치를 ON하면 상시 4WD로 동작한다. 4WD LOCK스위치를 ON한 상태로 고속으로 주행하면 자동으로 록이 해제된다.

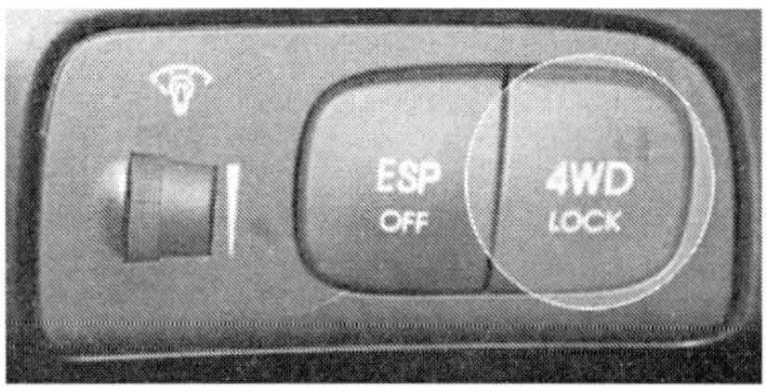

(a) 4WD LOCK 스위치

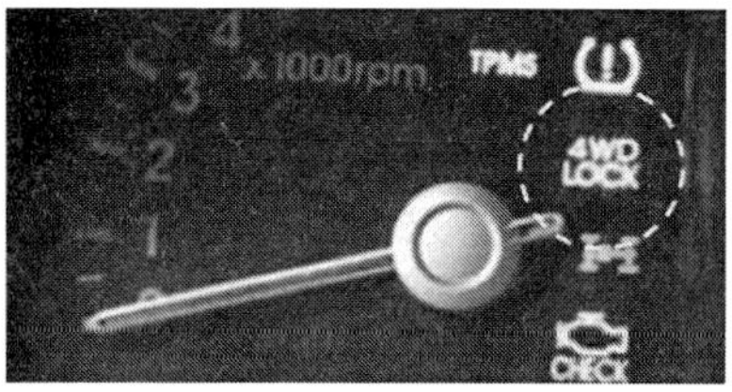

(b) 4WS LOCK 램프

그림 271. 4WD 록(lock) 스위치

(5) 전자 다판 클러치(EMC)코일 출력제어

ITM 컨트롤유닛은 ITM 작동조건이 각종 센서로부터 입력되면 EMC 코일을 듀티제어하여 4바퀴를 제어한다. 듀티비율이 증가하면 구동력 분배율도 커지고 듀티비율이 낮아지면 동력 분배비율도 같이 작아진다.

실습보고서

실습명	동력전달장치(자동변속기)	실습일시:	
학번 및 조		이름	

01. Full type과 Part type의 구별

02. 드라이브 샤프트에 적용된 형식과 구별

03. 드라이브 샤프트 부트 교환 요령

점검결과 설명	
실습기자재, 재료, 공구	
작업결과 설명	
다음정비 소견	
학습평가	① 암기하고 충분히 활용할 수 있다. ② 암기는 하지만 활용할 수 없다. ③ 단지 이해만 할 수 있다. ④ 암기도 이해도 할 수 없다.

6. 바퀴

바퀴는 휠(wheel)과 타이어(tire)로 구성되어 있다. 바퀴는 자동차의 전체 중량을 분담 지지하고, 브레이크 및 주행할 때의 회전력, 도로 면에서의 충격, 선회할 때의 원심력이나 자동차가 경사졌을 때 일어나는 옆 방향의 힘을 충분히 지지하며, 또 가벼워야 한다.

휠은 타이어를 지지하는 부분(림, rim)과 휠을 허브에 지지하는 부분(디스크, disc)으로 되어 있으며, 타이어는 림 베이스(rim base)에 끼워진다.

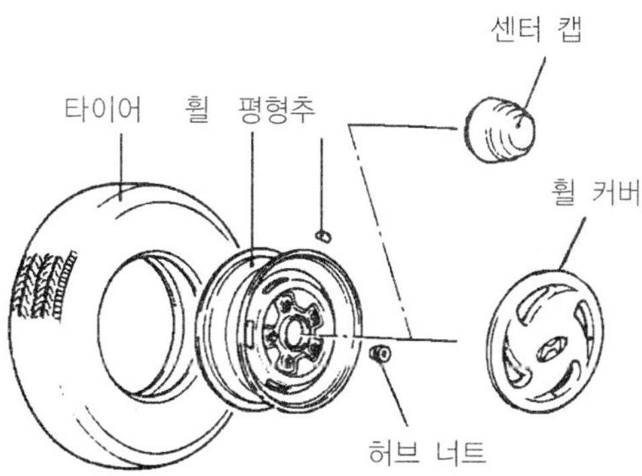

그림 272. 휠(wheel)과 타이어(tire)

6.1. 타이어의 점검 · 정비

타이어는 차량의 하중을 지지하고 달리며 노면의 요철에 의한 충격을 완화하며 구동력, 제동력을 노면에 전달하고 조향각도에 상응하는 코너링포스를 발생하여 노면에 전달한다. 타이어는 이러한 기능을 충분히 만족할 수 있는 성능과 내구성을 갖추어야 한다.

6.1.1. 타이어의 안전점검

타이어의 정비 불량으로 인한 사고를 예방하기 위해 운행 전에 반드시 타이어를 점검해야 한다.

(1) 마모한계 값이 1.6mm 이하까지 도달한 타이어는 즉시, 신품으로 교환한다. 남은 홈 깊이가 1.6mm 이하인 타이어를 사용하면

① 제동거리가 길어져 미끄러지기 쉽다.

② 이물질에 찔렸을 때 파열되기 쉽다.

③ 수막현상이 발생하여 브레이크 및 핸들 조작이 불량하게 된다.

(2) 공기압력 과부족은 타이어 손상을 초래한다.

① 공기압력이 부족한 상태에서 타이어를 사용하면 타이어에 열이 많이 발생한다.

㉮ 고무와 코드가 분리된다.

㉯ 코드의 절단 및 타이어가 파열된다.

㉰ 타이어 가장 자리가 빨리 마모되어 수명이 단축된다.

② 공기압력이 과다한 상태에서 사용하면 타이어가 긴장 상태가 된다.

㉮ 외부에서 충격을 받을 때 파열 및 절상되기 쉽다.

㉯ 브레이크 페달을 밟았을 때 미끄러지기 쉽다.

㉰ 타이어가 가운데 부분만 빨리 마모되어 수명이 짧아진다.

(3) 상처 난 타이어는 운행 중 파열될 수 있다.

타이어에 못이나 트레드 홈 안에 돌 등 이물질이 박힌 채로 운행하면 펑크가 나거나 파열될 수 있다. 상처가 카커스에 도달할 위험이 있는 경우에는 새 타이어로 교체하여야 한다.

(4) 이상 마모된 타이어는 즉시 조치 교환해야 한다.

공기압력 점검 및 바퀴 정렬을 하여야 하며 정기적인 타이어 위치 교환을 해야 한다.

(5) 예비 타이어도 점검해야 한다.

필요할 때 즉시 사용할 수 있도록 평소에 공기 압력, 상처의 유무, 남은 홈 깊이 등을 필히 점검해야 한다.

(6) 휠의 손상은 사고의 원인이 된다.

공기가 새는 원인이 되고 타이어 하중 분포가 불균일하게 되어 파열되게 된다. 또한 림 플렌지 부분과 타이어 비드 부분의 마찰로 많은 열이 발생하여 코드를 손상시킨다.

6.1.2. 타이어의 공기압력

타이어는 내부에 들어있는 공기에 의해 하중을 지탱한다. 타이어의 공기압력은 마모 및 주행 안전성, 연료소비율, 타이어 파손 등에 결정적인 영향을 미치므로 안전운행을 위해 적정 공기압력과 정기적인 점검이 필수적이다.

공기 누설은 에어밸브 및 림 주위의 이물질에 의한 공기 누설이 없는지를 확인한다(점검은 타이어에 공기를 규정값보다 약간 높게 넣고 물속에 담가 기포가 발생하는지를 확인한다).

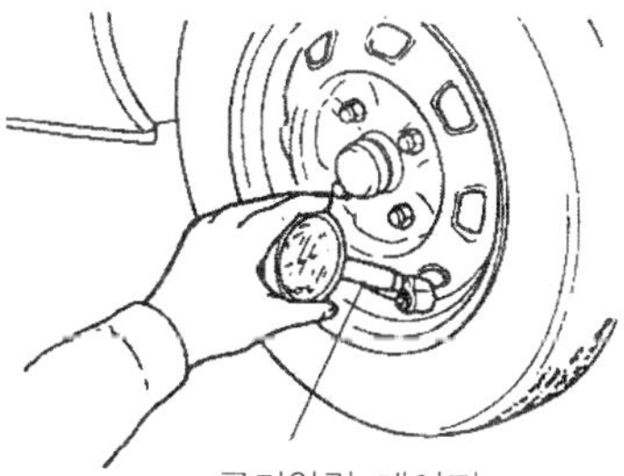

그림 273. 타이어 공기압력 점검

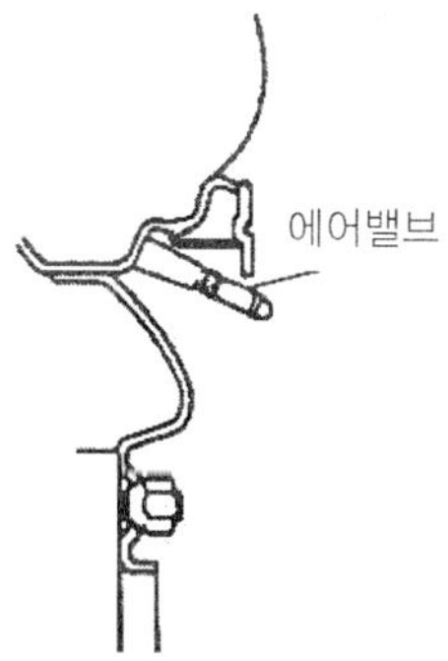

그림 274. 공기누설 여부 확인

6.1.3. 타이어의 이상 마모

타이어를 올바르게 사용하지 않거나 차량의 정비 불량 또는 운전 조작이 좋지 못한 상태에서 주행할 때 이상 마모가 발생하므로 주의하여야 한다.

[1] 타이어의 이상 마모의 발생원인

① 앞바퀴 얼라인먼트 불량
② 공기 압력과다 또는 부족
③ 급제동으로 인한 편 마모
④ 오일 또는 약품의 부착에 의하거나 열로 인한 고무 노화 등으로 인한 이상 마모
⑤ 위치 교환 부적정
⑥ 속도, 도로 조건, 기온, 운전 조작 등에 의한 이상 마모

[2] 타이어 정비 불량이 원인이 되는 이상 마모

① 편측 마모 : 토 불량, 캠버 불량

② 숄더 마모 : 주로 캠버 불량

③ 우상 마모 : 주로 토 불량

(a) 편측마모 (b) 숄더마모 (c) 우상마모

(d) 다각형 마모 (e) 편심마모 (f) 국부마모

그림 275. 타이어의 마모 원인

④ 다각형 마모

㉮ 타이어 및 휠의 편심 또는 구부러짐

㉯ 허브 및 스핀들의 편심 또는 구부러짐

㉰ 베어링과 킹핀의 헐거움

㉱ 회전 부분의 언밸런스

⑤ 편심 마모

㉮ 타이어 및 휠의 편심 또는 구부러짐

㉯ 허브 및 스핀들의 편심 또는 구부러짐

㉰ 베어링과 킹핀의 헐거움

㉱ 회전부분의 언밸런스

⑥ 국부 마모

㉮ 브레이크 드럼의 변형에 의하여 특정 부분의 브레이크 효능이 지나침

㉯ 베어링과 킹핀의 헐거움

㉰ 휠, 조인트의 헐거움

㉱ 타이어 휠의 편심

[3] 공기압력이 원인이 되는 이상 마모

① 숄더 마모 : 공기압력 부족, 과적재, 앞바퀴 또는 위치를 고정시키지 않고 사용

② 중앙 마모(센터 마모) : 공기압력 과다, 구동바퀴 사용

③ 단차 마모 : 공기압력 부족 과적재

④ 궤도 마모(레일 마모) : 공기압력 부족, 과적재

⑤ 리브 펀치 마모 : 공기압력 부족, 과적재

(a) 숄더마모 (b) 중앙마모 (c) 단차마모 (d) 궤도마모 (e) 리브 펀치마모

그림 276. 공기압력 원인으로 인한 마모

[4] 이싱 마모 방지방법

① 차량의 정비 점검, 특히 앞바퀴 얼라인먼트, 브레이크 조정

② 적정 공기압력, 적정 하중, 정기적인 위치 교환

③ 올바른 운전 조작, 특히 급출발, 급정지, 급선회 회피

6.1.4. 타이어 트레드 깊이

[1] 트레드 깊이 측정 개소

타이어 사이드 월 쪽에 타이어 마모 한도를 점검하는 삼각형 표시가 6개소 있다. 그 표시 윗부분 트레드 홈에 사선이 표시되어 있다. 이 사선이 닳기 시작하면 타이어 마모 한계에 도달한 것이다. 그렇지 않은 경우는 직접 트레드 깊이를 측정하여 판단한다.

그림 277. 타이어 마모

그림 278. 타이어 마모 측정

[2] 트레드 깊이 측정방법

트레드 홈 부분의 깊이를 측정하여 규정 값 이하가 되면 타이어를 교환한다.

[3] 타이어 트레드 깊이 한계 값

① 트럭 및 버스 타이어 : 3.2mm 이상

② 소형 트럭 타이어 : 2.4mm 이상

③ 승용차 타이어 : 1.6mm 이상

6.1.5. 타이어의 위치 교환

타이어는 장착위치, 도로 조건, 운전 습관 및 차종에 따라 마모상태가 다르므로 정기적으로 위치 교환을 실시하여 마모를 균일하게 하고 이상 마모를 방지하여 타이어의 수명을 연장시킬 수 있다.

타이어의 위치 교환은 마모의 균일화 및 피로의 평균화를 도모하고 안정성과 경제성을 확보하기 위한 것이다. 위치를 교환할 때 타이어를 점검하여 바퀴 주변의 이상 또는 타이어의 손상을 발견하여 주행 중의 돌발적인 사고를 미연에 방지하는 효과도 있다.

타이어 위치 교환 시기는 타이어의 종류에 따라 다르기 때문에 일괄적으로 규정하기는 어려우나 일반적으로 승용차용 타이어의 경우는 10,000~15,000km마다 실시하는 것이 좋다.

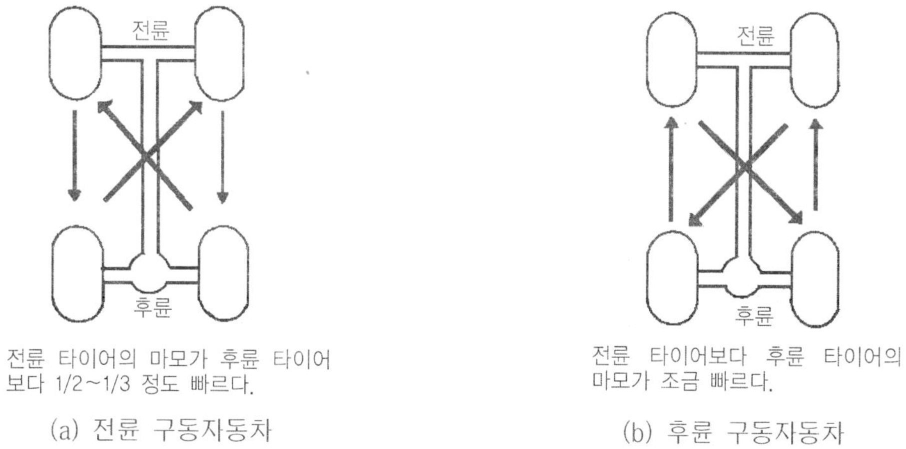

그림 279. 승용차용 타이어의 위치 교환

6.2. 타이어 교환

6.2.1. 휠과 타이어 분리하기

① 평형추 탈거 플라이어로 휠에 삽입된 평형추를 떼어낸다.

② 타이어 공기 주입구에서 에어 니플을 빼고 공기를 배출시킨다.

③ 타이어 탈착기구에 설치되어 있는 비드 브레이크로 그림 281과 같이 타이어와 휠을 분리시킨다.

④ 휠 고정척에 타이어를 안착시키고 휠 고정척을 작동시켜 휠을 고정시킨다.

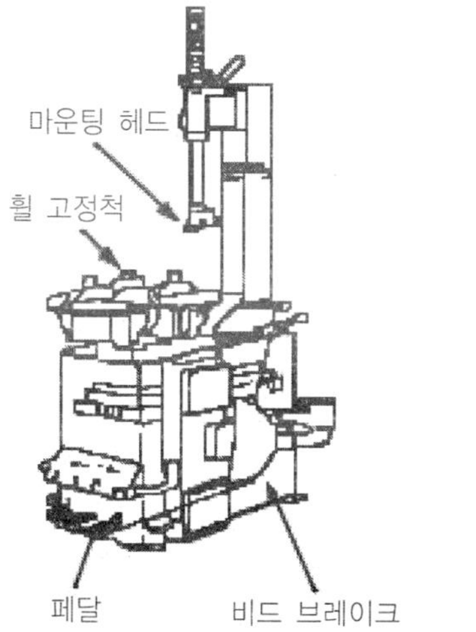

그림 280. 타이어 탈착기구의 구조

그림 281. 비드 브레이크로 타이어 수축하기

⑤ 마운팅 헤드를 휠의 림에 고정시킨다.

⑥ 지렛대를 이용하여 타이어 바깥쪽 비드를 마운팅 헤드 위에 걸치고 휠 고정척을 시계방향으로 회전시키면서 타이어를 휠로부터 이탈시킨다.

⑦ 다시 지렛대를 이용하여 타이어 안쪽(아래쪽) 비드를 들어 올려 마운팅 헤드에 걸치고 휠 고정척을 회전시키면서 타이어를 휠로부터 이탈시킨다.

⑧ 휠은 두고 타이어만 빼낸다.

그림 282. 타이어와 림의 분리

그림 283. 타이어 분리작업

6.2.2. 타이어 부착(결합)

① 휠은 휠 고정척 위에 안착시키고 휠 고정 척을 작동시켜 휠을 고정시킨다.

② 타이어를 휠 위에 비스듬히 올려 두고 마운팅 헤드를 림에 고정시킨다.

③ 타이어를 잡고 타이어 아래쪽 비드를 타이어 분리와 반대방향으로 마운팅 헤드에 걸치고 휠 고정척을 시계 방향으로 회전시키면서 림에 삽입시킨다.

④ 타이어 위 쪽 비드도 ③과 동일한 방법으로 림에 삽입시킨다.

⑤ 타이어 공기 주입구에 타이어 공기압 게이지를 설치하여 공기를 주입한다.

㉮ 타이어 공기 압력 : 타이어 측면에 기록되어 있음

⑥ 휠 고정 척을 이완시켜 타이어를 들어낸다.

그림 284. 크림 바르기, 타이어 장착

6.3. 휠 밸런스 테스터

6.3.1. 측정 전 준비사항

① 휠을 회전시키기 전에 타이어나 휠의 조립부에 이물질이 있는지 확인한다.

② 안전덮개를 내리면 휠이 회전하는데 옷자락 등이 휘말려 들어가지 않도록 주의한다.

그림 285. 휠 밸런스 테스터

③ 휠이 완전히 멈추기 전에는 안전덮개를 올려서는 안 된다.

④ 타이어에 끼어있는 먼지나 돌 등을 깨끗이 청소한다.

6.3.2. 사용 순서

① 전원스위치로 전원을 공급한다.

② 축에 타이어 휠을 장착한다.

③ 타이어휠 장착(타이어에 맞는 콘을 끼우고 고정너트를 조이면 간단하게 타이어 장착이 완료된다.)

④ 콘과 고정너트 조이기

- L값 입력-거리 바를 휠 내측에 위치시켜서 기계 면에서 타이어 휠까지의 거리를 측정한 다음 조작 판넬의 버튼을 이용하여 입력한다.
- W값 입력-폭 게이지를 휠 외측에 위치시켜서 타이어 휠의 폭을 측정한 다음 조작 판넬의 버튼을 이용하여 입력한다.
- D값 입력-타이어 휠에 표기되어있는 휠의 직경을 확인한 후에 마찬가지로 조작 판넬의 버튼을 이용하여 입력한다. 일반적으로 타이어 휠에는 직경과 폭의 값등 타이어휠의 정보가 표기되어 있다.

그림 286. 거리 바(L), 폭(W), 림 외경(D)입력

⑤ 바란스 상태 측정 - START

⑥ 타이어가 회전 후 멈추면 측정된 값을 확인한다. 이 값은 현재 타이어 휠의 불균형 값 즉, 언밸런스 된 값이다.

⑦ 언밸런스 값 확인

타이어 휠의 바란스를 맞추기 위해 타이어를 천천히 수동으로 회전시킨다.

INNER의 수정위치(적색불이 모두 켜질 때)에 타이어를 맞추고 측정된 값과 같은 양의 납을 휠 상단 안쪽에 부착한다.

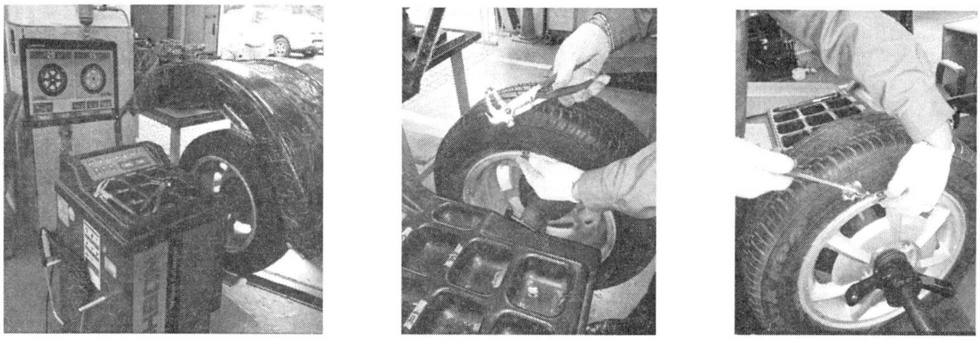

(a) (b) (c)

그림 287. 휠 밸런스 측정, 밸런스 웨이트 부착

알아두기

밸런스 추를 부착할 때 타이어의 움직임을 고정시키기 위해 기계 측 밑 부분에 고정 브레이크 기능을 사용하여 정확한 위치에 부착시킬 수 있다.

그림 288. 밸런스 측정값 확인

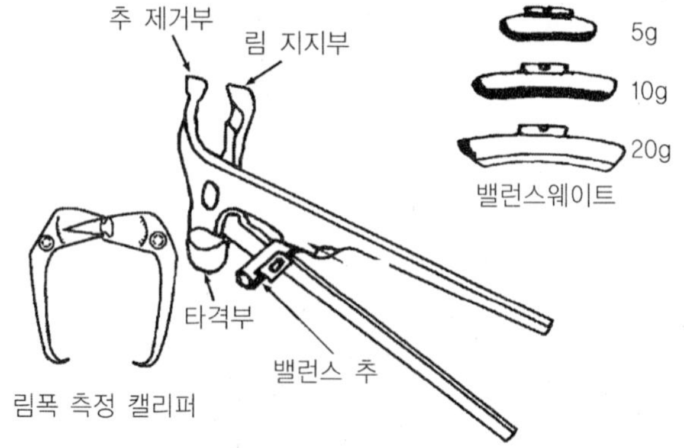

그림 289. 밸런스 추 탈 · 부착 플라이어

6.4. 타이어 공기압 경보장치(TPMS)

TPMS(Tire Pressure Monitoring System)는 타이어 공기압 경보장치로 북미 관련법규의 제정에 따라 수출 차량에 처음 적용되기 시작하였다. 이후 유럽지역 수출차량에도 확대 적용되었으며, 국내의 경우 2013년 생산되는 신차부터 의무 장착 되었다(기아 판매차는 2015년). 타이어 공기압 경보장치는 High-Line과 Low-Line 방식으로 분류된다.

High-Line은 기존과 같이 이니시에이터가 있는 타입과 이니시에이터가 없는 타입으로 분류할 수 있는데 두 사양의 공통점은 타이어 위치 경고등 점등유무이다. 지금의 TPMS는 이니시에이터 없이도 타이어 압력센서 변경으로 타이어 위치 경고등 점등을 가능하게 만들었다.

그림 290. 타이어 공기압 경보장치

High-Line은 타이어 압력이 낮아질 경우 어느 타이어의 압력이 낮은지 타이어 위치 경고등을 이용하여 운전자에게 알려줄 수 있으나 Low-Line은 단지 타이어의 압력이 낮다는 것만 알려줄 뿐 어느 타이어의 압력이 낮은지 운전자는 알 수 없다.

타이어 공기압 경보장치는 각각의 휠 안쪽에 장착되어 타이어 압력, 온도, 배터리정보, 센서 ID 등을 측정하여 TPMS ECU로 RF 전송하는 타이어 압력센서와 타이어 압력센서로 부터 측정데이터를 수신 받아 타이어 압력상태를 판단 후 경고등 제어에 필요한 신호를 출력하는 ECU가 있다. 또한 TPMS에 고장이 기억된 경우 또는 타이어 압력이 규정값 이하가 되면 TPMS 고장과 저압상태임을 알려주는 저압경고등 즉, 트레드 램프와 "공기압이 낮습니다" 라고 디스플레이로 표출하여 운전자에게 알려주는 클러스터로 구성되어 있다.

6.4.1. 타이어 압력센서의 구성

타이어 압력센서는 각 타이어에 1개씩 장착되어 총 4개로 구성된다. 압력센서는 타이어 압력, 온도, 가속도, 배터리 상태를 감지하여 무선 RF(Radio Frequency) 신호로 TPMS ECU(Receiver)에 정보를 전달한다.

무게는 약 31~36g 정도로 휠의 림(Rim)에 장착되며, 스페어 타이어에는 장착되지 않는다. 센서 내부에는 소형배터리가 내장되어 있으며, 배터리 수명은 약 10년이며, 센서 모드 변경을 위해 TPMS 모듈로부터 LF(Low Frequency)신호를 받는 수신부가 센서 내부에 있다.

그림 291. TPMS 구성

6.4.2. 타이어 압력센서의 구조 및 방식

타이어 압력센서는 센서(트랜스 미터), 밸브, 너트, 씰, 캡 등으로 구성된다. 센서 내부는 압력, 온도를 측정하여 신호를 송신하는 MCU(Micro Control Unit)와 3V 배터리가 내장되어 있다. 최근에는 이니시에이터가 삭제되면서 압력센서 내 가속도 센서와 코일 센서가 적용된 방식도 있다.

타이어 압력센서는 클램프-인 타입과 스냅-인 타입이 있는데 두 타입은 휠의 림에 밸브를 조립하는 방법과 밸브의 재질에서 차이가 난다. 클램프-인 타입은 밸브가 알루미늄으로 되어 센서에 스크류로 고정하거나 삽입하는 방식이 있고, 스냅-인 타입은 밸브가 고무로 되어 센서에 스크류로 고정한다. 스냅-인 방식은 밸브가 고무로 되어있는 특성 때문에 탈·부착 시 별도의 장착도구(Push Tool)를 사용한다.

6.4.3. 타이어 압력센서의 작동원리

타이어 압력센서는 TPMS ECU에 전원이 인가되어 타이어 회전이 감지되면 측정된 압력, 온도, 배터리 상태 등을 센서 ID와 함께 RF (Radio Frequency) 송신을 한다.

데이터를 수신 받은 ECU는 정보를 판단하여 타이어 압력 등이 규정값 이하가 되면 저압 경고등을 점등시킨다. 또한 이니시에이터가 적용된 차량에서는 센서 모드 변경을 위해 TPMS 모듈로부터 LF(Low Frequency) 신호를 수신 받는다. 압력센서는 데이터 측정이나 측정 결과를 ECU로 전송할 때 일정시간을 두고 하는데 이는 센서 내부에 있는 배터리를 보호하기 위함이며, 시간은 차종에 따라 다르다.

6.4.4. 타이어 압력센서의 점검

타이어 압력센서는 고유 ID를 가지고 있으며, 센서를 교환하거나 타이어 위치 변경을 하였을 경우 변경된 ID를 TPMS ECU에 등록하여야 한다. 압력센서는 외부와 유선으로 연결되어 있지 않아 센서 단품의 이상유무를 기존 멀티미터나 파형 등으로 점검할 수 없으며, TPMS 모듈과 무선통신을 하여 센서 ID값을 읽거나 센서가 측정한 데이터를 확인해 볼 수 있다.

TPMS 모듈로 측정한 무선 센서 정보를 보면 센서 ID, 압력, 온도, 배터리 상태, 센서 옵션, 무선 전송 상태, 타이어 유형, 센서 상태 등이 있다.

센서 ID는 영문, 숫자 8자리 조합으로 구성되며, 타이어 압력은 저압 경고등과 관련이 있어 기준 공기압 대비 약 25%(32psi 기준 25.75psi) 이하로 내려갈 시 경고등이 점등된다.

온도는 센서가 타이어 내부온도를 측정한 것으로 약 115℃가 되면 페일이 발생되어 고장코드를 검출한다. 배터리 상태는 정상일 경우 OK로 고장일 경우 NG로 표시되며 NG인 경우 센서를 교체한다. 센서옵션은 High-Line과 Low-Line의 구분을 나타낸다. 타이어 유형은 압력센서 한계공기압으로 350kPa(50psi)이다. 만약 주입된 타이어 압력이 50psi를 초과할 경우 센서 고장이 발생될 수 있다.

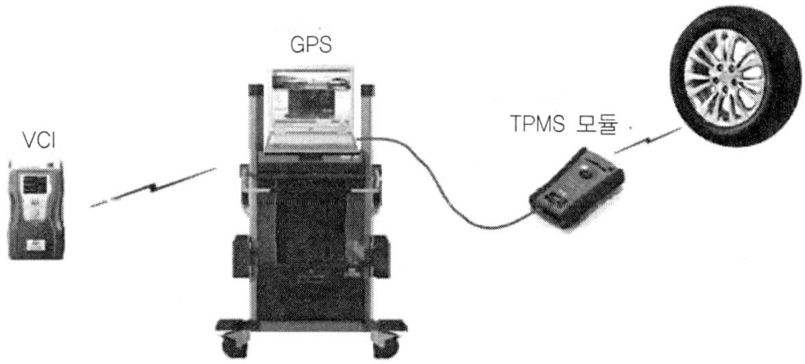

그림 292. 압력센서 데이터 설정

실습보고서

실습명	동력전달장치(타이어)	실습일시:	
학번 및 조		이름	

01. 타이어 점검

(1) 타이어 규격 및 제조일, 공기압력, 편평비 익히기

(2) 타이어 마모율 측정하기

(3) 타이어 공기압 넣기 및 측정하기

02. 타이어 수리

(1) 타이어 탈착하기

(2) 타이어 림에서 분리하기

(3) 타이어 교체하기(로테이션)

(4) 펑크 수리하기

(5) 타이어 휠 밸런스 측정

(6) TPMS 진단하기

(7) 압력센서 고유ID변경

(8) 타이어 압력, 온도 배터리상태 점검하기

03. 타이어 지식

(1) 휠 및 림의 종류

(2) 타이어의 종류

(3) 타이어의 구조

(4) 레디얼 타이어 및 편평타이어

(5) 런플랫 타이어의 장단점

(6) 타이어 트레드 패턴

(7) 타이어 호칭치수

(8) 스텐딩 웨이브 및 하이드로 플레닝

(9) 바퀴의 평형

CHAPTER 04 현가장치 [suspension system]

Automotive Chassis Exercise

1. 현가장치의 구조

현가장치는 차축과 차체(프레임)를 연결하고, 주행 중 도로 면에서 받는 진동이나 충격을 흡수하여 승차감각과 자동차의 안전성을 향상시키는 중요한 장치이다. 이 장치는 섀시 스프링과 섀시 스프링의 자유진동을 제어하여 승차감을 향상시키는 쇽업소버(shock absorber) 및 자동차의 롤링(rolling)을 방지하는 스태빌라이저(stabilizer) 등의 주요부품으로 구성되어 있다.

현가장치는 구동바퀴의 구동력, 제동할 때의 제동력 등을 차체(또는 프레임)에 전달하고 또 선회할 때의 원심력을 이겨내 바퀴가 차체에 대해 바른 위치를 갖게 하는 작용도 한다. 현가장치의 구비조건을 들면 다음과 같다.

① 도로 면에서 받는 충격을 완화하기 위해 상하방향의 연결이 유연하여야 한다.

② 바퀴에 발생하는 구동력, 제동력 및 선회할 때의 원심력 등을 이겨낼 수 있도록 수평 방향의 연결이 튼튼하여야 한다.

이상의 2가지 조건은 상반되기 때문에 가능한 2가지 조건이 만족되도록 여러 가지 기구나 형식이 고안 실용되고 있다.

1.1. 현가장치의 구성부품

현가장치는 스프링, 쇽업소버, 스태빌라이저 등의 주요부품으로 되어 있다.

1.1.1. 스프링(spring)

스프링은 차체(또는 프레임)와 차축사이에 설치되어 주행 중 도로 면에서의 충격이나 진동을 흡수하여 차체에 전달되지 않도록 하는 것이며, 판스프링(leaf spring), 코일 스프링(coil spring), 토션 바 스프링(torsion bar spring) 등의 금속스프링과 고무스프링, 공기스프링 등의 비금속 스프링이 있다.

1.1.2. 쇽업소버(shock absorber)

쇽업소버는 도로 면에 의해 일어난 스프링의 진동을 재빨리 흡수하여 승차감을 향상시키고, 동시에 스프링의 피로를 적게 하기 위해 설치되는 것이다. 또 이것에 의해 고속주행 조건의 하나인 로드홀딩(road holing)도 현저하게 향상된다.

쇽업소버는 스프링의 상하 운동에너지를 열에너지로 변환시키는 일을 하며, 작동 상 리바운드(rebound)할 때에만 감쇠력이 발생하는 단동형(single acting type)과 바운드(bound), 리바운드의 양쪽에서 감쇠력을 발생하는 복동형(double acting type)이 있다.

1.1.3. 스태빌라이저(stabilizer)

승차감을 향상시키기 위해 스프링 정수가 적은 스프링을 사용하면 커브 길을 회전할 때 원심력 때문에 차체의 기울기가 커진다. 특히 독립 현가방식에서는 그 경향이 크기 때문에 스태빌라이저를 설치하여 자동차의 평형을 유지시킨다.

스태빌라이저는 일종의 토션 바 스프링이며, 양끝이 좌우의 아래 컨트롤 암(low control arm)에 연결되어 있고, 중앙부분은 차체에 설치되어 있다. 좌우의 바퀴가 동시에 상하운동을 할 때에는 작용을 하지 않으나 좌우 바퀴가 서로 다르게 상하운동을 할 때 즉 롤링이 발생하면 작용하여 차체의 기울기를 최소로 한다.

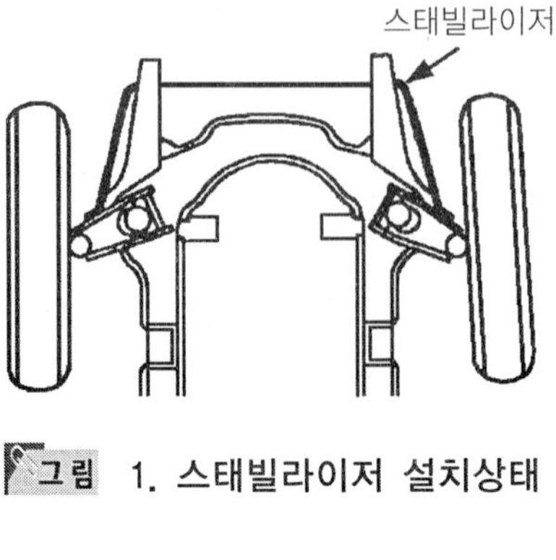

그림 1. 스태빌라이저 설치상태

2. 현가장치의 점검 · 정비

2.1. 현가장치의 고장진단

[1] 조향조작이 어렵다.

① 컨트롤 암 볼 조인트의 과도한 저항

② 타이어 공기압이 부족.

[2] 조향 핸들이 불안정하다.

① 얼라이먼트 불량

② 컨트롤 암 볼 조인트 마모

③ 컨트롤 암 부싱 마모

[3] 승차감이 불량하다.

① 얼라이먼트 부정확

② 코일 스프링의 마모 및 파손

③ 쇽업쇼버의 작동불량

④ 컨트롤 암 부싱의 마모

⑤ 스테빌라이저 마모 혹은 파손

[4] 차량이 한쪽으로 쏠린다.

① 얼라이먼트 불량

② 컨트롤 암 볼 조인트 과도한 저항

③ 코일 스프링의 피로 및 파손

④ 컨트롤 암의 굽음

[5] 조향 핸들이 흔들린다.

① 얼라이먼트 불량

② 컨트롤 암 부싱 마모

③ 컨트롤 암 볼 조인트 마모

④ 쇽업쇼버 작동 불량
⑤ 스테빌라이저 마모 및 파손
⑥ 코일 스프링 피로 및 파손

[6] 차량이 내려앉는다.
① 코일 스프링의 절손 및 피로
② 쇽업쇼버의 불량
③ 타이어에 편마모가 발생된다.
④ 얼라이먼트 불량
⑤ 타이어 공기압 부적당
⑥ 쇽업쇼버 기능 불량

2.2. 판스프링과 쇽업소버의 점검·정비

준비기계 및 기구

판스프링이 설치되어 있는 자동차, 일반 공구세트, 잭, 안전 스탠드, 프레스 등을 준비한다.

안전 및 주의사항

① 자동차는 평지에 고임목을 사용하여 세우고 반드시 안전 스탠드로 지지하고 작업을 하도록 한다.
② 스프링은 비교적 무겁고 탄성이 크므로 취급할 때 주의한다.
③ 자동차 밑에서 작업을 할 경우에는 보안경을 착용하여 눈을 보호해야 한다.

2.2.1. 판스프링 떼어내기

① 휠 너트(wheel nut)를 조금 풀어 헐겁게 한 후, 잭으로 자동차를 들어 올려 차체 양쪽의 지지부분을 안전스탠드로 지지한 후 바퀴를 떼어낸다.
② 주차 브레이크 케이블을 떼어낸다.
③ 쇽업소버의 위·아래 설치 너트를 풀고 쇽업소버를 그림 2와 같이 떼어낸다.
④ 판스프링과 U-볼트를 그림 3과 같이 빼낸다.

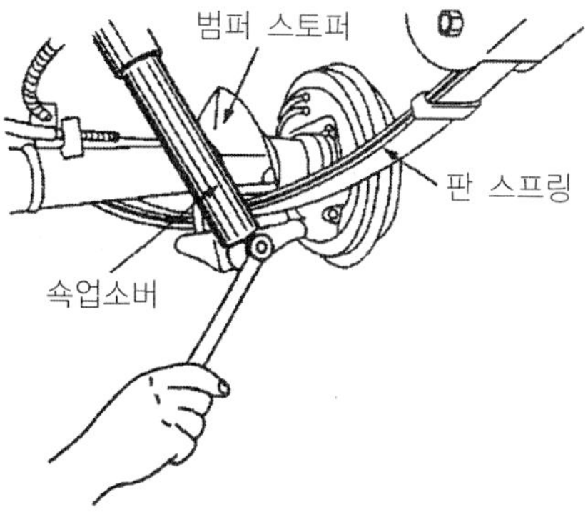

그림 2. 쇽업소버 떼어내기

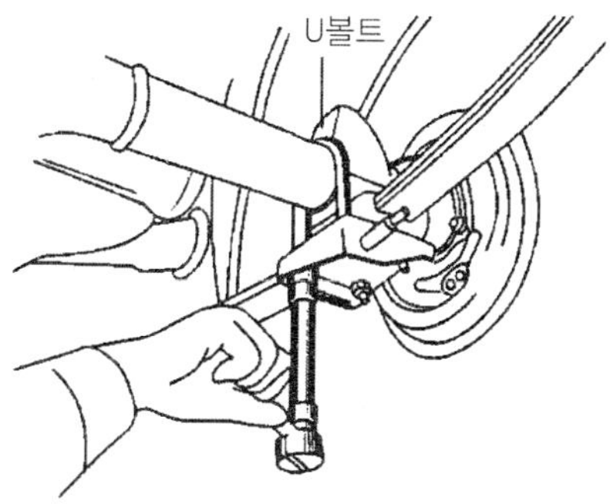

그림 3. 판스프링의 U-볼트 풀기

⑤ 차축 어셈블리를 조금 들고 범퍼 스토퍼, 스프링 시트와 패드를 빼낸다.

⑥ 차체와 연결된 판스프링 핀과 스프링 섀클 설치 너트를 빼내고, 판스프링을 차체에서 떼어낸다.

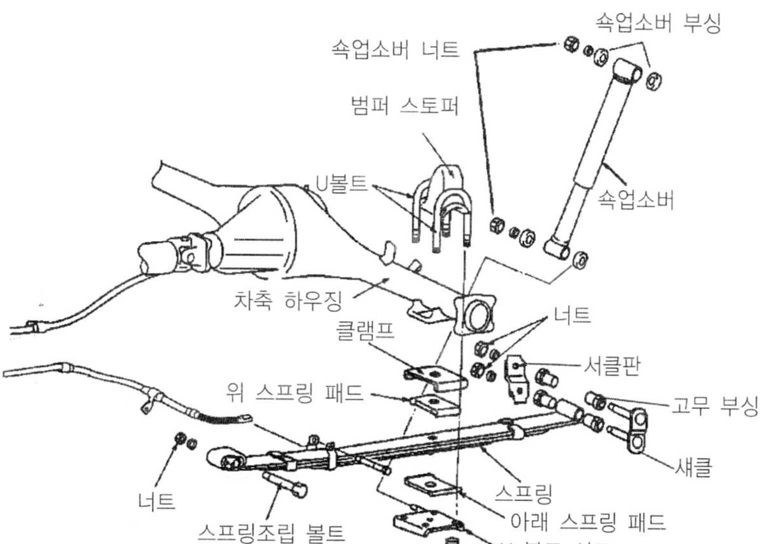

그림 4. 판스프링과 쇽업소버의 구성부품

2.2.2. 판스프링 분해

① 조립할 때 편리하도록 스프링 옆면에 위치 식별표시를 한다.

② 스프링 클립 밴드를 편다.

③ 프레스를 사용하여 그림 5와 같이 스프링에 압력을 가하고 스프링 중심 볼트를 푼다.

④ 프레스를 돌리며 조금씩 느슨하게 풀어 스프링 판을 떼어낸다.

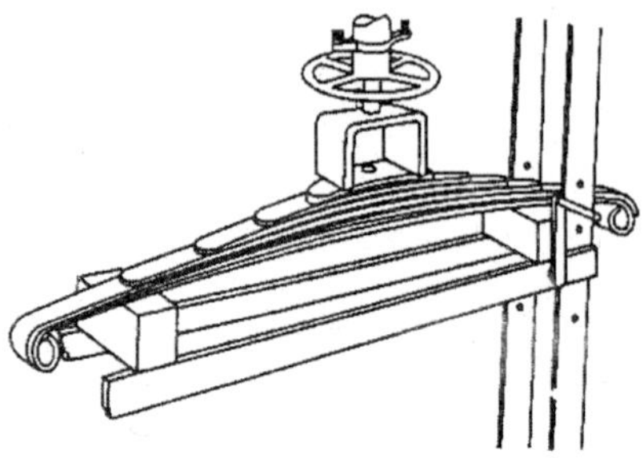

그림 5. 판스프링 분해하기

2.2.3. 판스프링 점검

[1] 쇽업소버

① 쇽업소버의 소음, 스트럿 휨, 오일 누출 및 그 밖의 결함 유무를 점검한다.

② 쇽업소버를 늘렸다가 줄였다가 하여 그 기능을 점검한다.

③ 부싱과 쿠션의 마멸, 균열, 변형 및 그 밖의 결함에 대하여 점검한다.

[2] 판스프링 어셈블리

① 스프링 판의 휨, 균열 및 피로에 대하여 점검한다.

② 섀클의 바깥판과 안쪽 판, 스프링 핀의 마멸, 균열, 휨 및 그 밖의 결함을 점검한다.

③ 부싱의 마멸 및 그 밖의 결함을 점검한다.

④ U-볼트 나사 부분의 마멸을 점검한다.

⑤ 스프링 행어와 U-볼트 시트의 균열, 휨 및 그 밖의 결함을 점검한다.

2.2.4. 판스프링 설치하기

① 스프링 사이에 부싱을 끼운 후 브래킷 구멍에 맞추고, 스프링 고정 볼트를 끼운 다음 너트를 임시로 조인다.

② 스프링 행어와 스프링사이에 부싱을 설치하고, 스프링 섀클을 끼운 다음 너트를 임시로 조인다.

③ 위 스프링 패드와 패드 리테이너를 스프링에 대고, 패드와 패드 리테이너의 구멍을 중심 볼트구멍에 맞춘다. 같은 방법으로 차축 스프링 시트 구멍과 중심 볼트를 그림 6과 같이 맞추고 차축을 내린다.

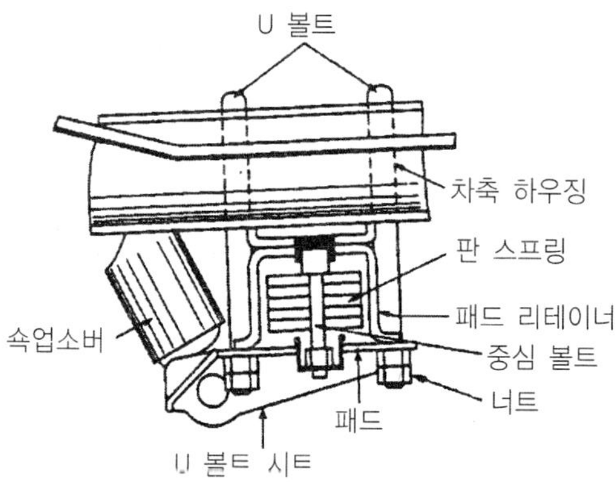

그림 6. 판스프링 설치하기

④ U-볼트 시트를 대고 U-볼트를 설치한다.

⑤ 쇽업소버를 끼우고 위·아래 너트를 임시로 조인다.

⑥ 차축을 들어 올려 쇽업소버의 위·아래 차량의 무게를 스프링이 받게 한 다음, 스프링 브래킷 핀 너트, 섀클 핀 너트를 규정 토크로 죈다.

⑦ 차축을 들어 올린 잭을 내리고 바퀴를 설치한다.

⑧ 잭으로 자동차를 들고 안전 스탠드를 빼낸다.

2.3. 허브(hub)의 점검·정비

준비기계 및 기구

자동차 또는 앞바퀴 구동 앞차축 어셈블리, 일반 공구세트, 특수 공구세트, 베어링 풀러, 잭, 안전스탠드, 토크렌치, 스프링 저울, 프레스, 보안경 등을 준비한다.

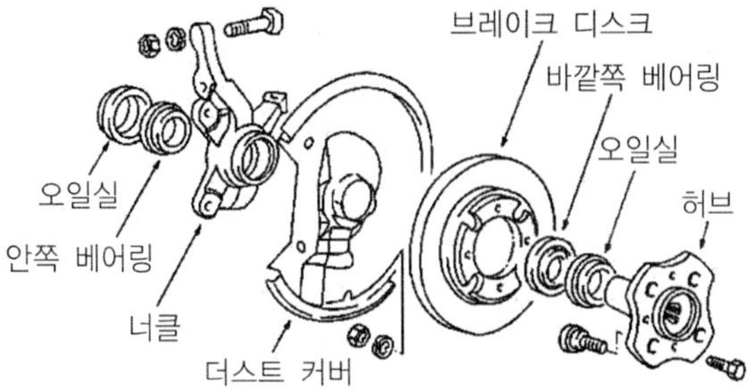

그림 7. 허브의 구성부품

2.3.1. 앞 차축 허브 정비

[1] 허브 베어링(hub bearing) 엔드 플레이 점검

① 잭을 사용하여 자동차 앞쪽을 들어 올린 후 안전 스탠드로 안전하게 지지한다.

② 좌우 앞바퀴를 떼어낸다.

③ 브레이크 캘리퍼 어셈블리를 떼어낸 다음 와이어를 사용하여 적당한 곳에 묶어둔다.

④ 다이얼 게이지를 허브에 직각이 되게 설치한다.

⑤ 브레이크 디스크를 축방향으로 밀고 당겨서 베어링 엔드 플레이를 측정하여 한계값 이상이면 허브 베어링을 교환한다.

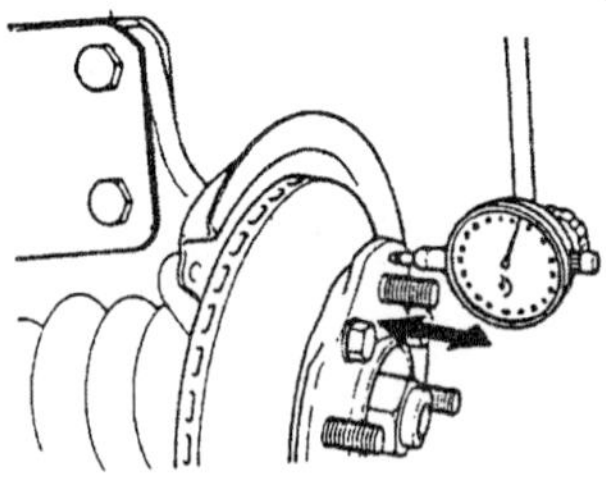

그림 8. 허브 베어링 엔드 플레이 점검

표 차종별 허브 베어링 엔드 플레이 한계 값

차 종	엔드 플레이 한계값
현대 모든 승용차	0.11mm
기아 모든 승용차	0.05mm
대우 모든 승용차	0.05mm

[2] 허브와 조향 너클 떼어내기

① 허브 캡(hub cap)을 떼어낸다.

② 구동축의 고정 너트를 푼다.

③ 잭을 이용하여 자동차 앞쪽을 들어 올리고 안전 스탠드로 지지한다.

④ 바퀴를 떼어낸다.

⑤ 조향 너클에서 앞 브레이크 어셈블리를 떼어낸 후 와이어를 이용하여 적당한 부분에 묶는다.

⑥ 타이로드 엔드 풀러를 사용하여 조향 너클에서 로워 암 볼 이음 부분을 떼어낸 후 타이로드 엔드 볼 이음을 분리한다.

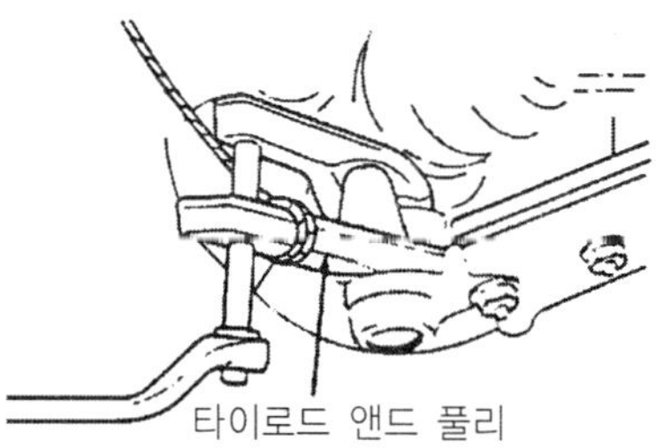

그림 9. 로워 암 분리하기

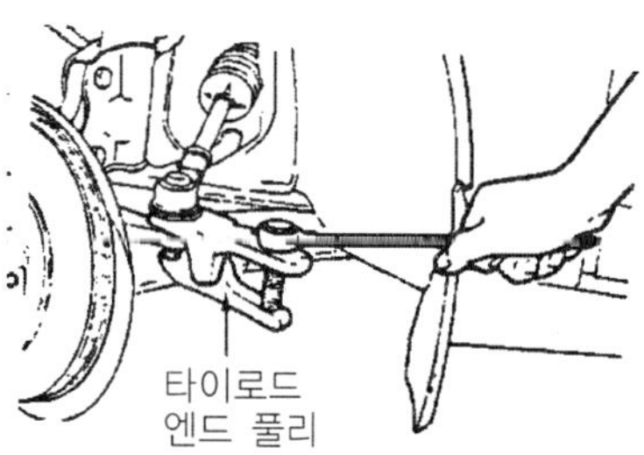

그림 10. 타이로드 볼 이음 부분 분리하기

⑦ 구동축 풀러를 사용하여 허브에서 구동축을 그림 11과 같이 떼어낸다.

⑧ 스트럿에서 허브와 조향 너클을 떼어낸다.

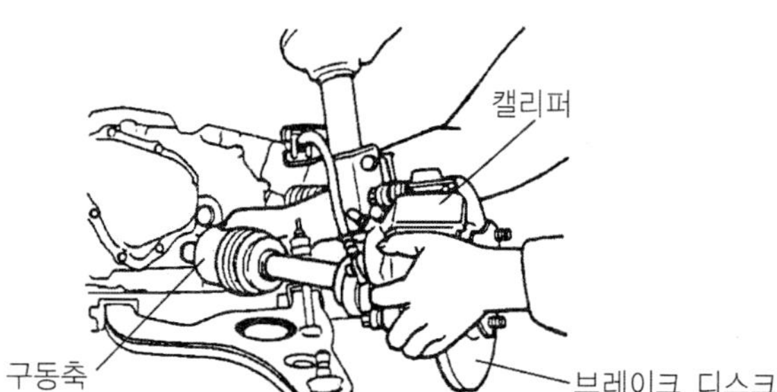

그림 11. 구동축 떼어내기

[3] 허브와 조향너클 점검

① 허브의 균열, 구동축 설치 스플라인 부분의 마멸을 점검한다.

② 오일 실(구동축 쪽과 허브 쪽)의 손상 및 균열을 점검한다.

③ 브레이크 디스크의 손상 및 긁힘 등을 점검한다.

④ 조향 너클의 균열을 점검한다.

⑤ 허브 베어링의 손상 및 마멸을 점검한다.

[4] 허브 베어링 떼어내기

① 떼어낸 조향 너클에 너클 암 브리지를 설치한다.

② 허브 리무버 인스톨러를 허브 쪽에 설치하여 조향 너클에서 허브를 떼어낸다.

③ 허브에서 브레이크 디스크를 떼어낸다.

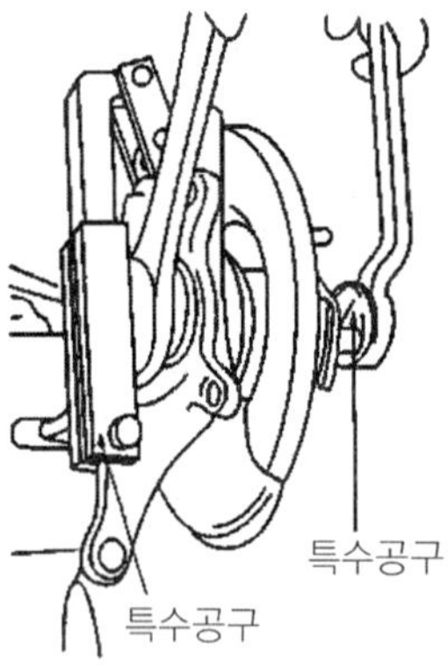

(a)

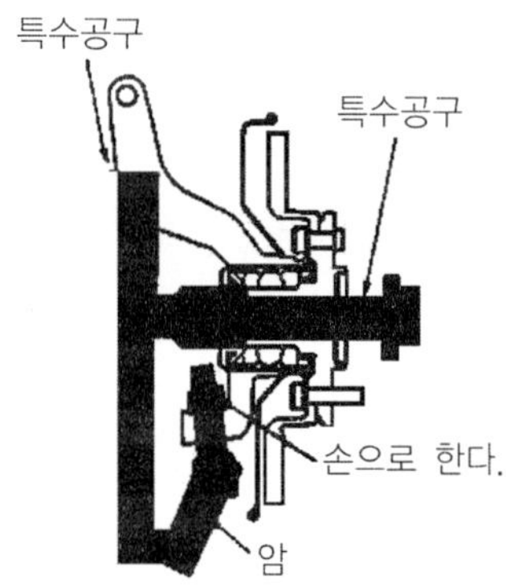

(b)

그림 12. 허브 떼어내기

④ 베어링 풀러, 풀러 컵, 허브 베어링 리무버를 사용하여 허브에서 바깥 베어링을 떼어낸다.

⑤ 조향 너클에서 오일실과 안쪽 베어링을 떼어낸다.

⑥ 드리프트를 사용하여 조향 너클에서 베어링 바깥 레이스를 떼어낸다.

[5] 허브 베어링 설치

① 베어링 바깥 레이스의 안쪽 면(베어링과의 접촉 면)에 그리스를 바르고 오일실 인스톨러, 바, 앞차축 베이스 등을 사용하여 조향 너클에 설치한다.

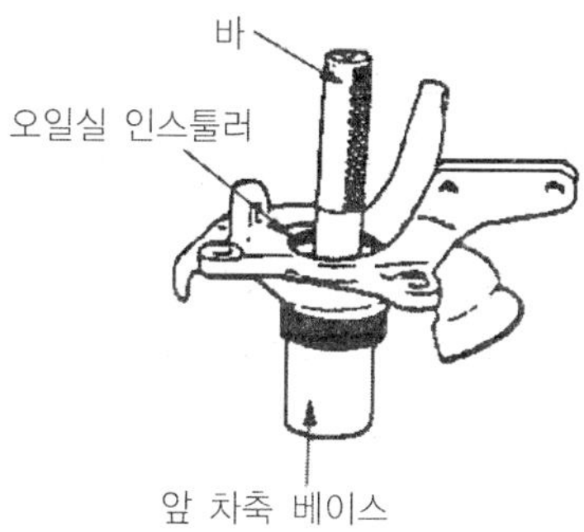

그림 13. 안쪽과 바깥쪽 베어링 레이스 설치하기

② 허브에 브레이크 디스크를 설치하고 규정 토크로 조인다.

③ 허브의 안쪽과 바깥 베어링 레이스에 그리스를 주입한다. 이때 베어링에 그리스 주입은 손바닥에 그리스를 놓은 후 베어링을 손으로 잡은 상태에서 베어링을 그리스에 긁으면서 주입하도록 한다.

④ 바깥 베어링을 조향 너클에 설치한다.

⑤ 바깥 베어링의 오일 실에 그리스를 바른 후 조향 너클에 오일실 인스톨러와 바를 이용하여 설치한다.

⑥ 안쪽 베어링을 조향 너클에 설치한다.

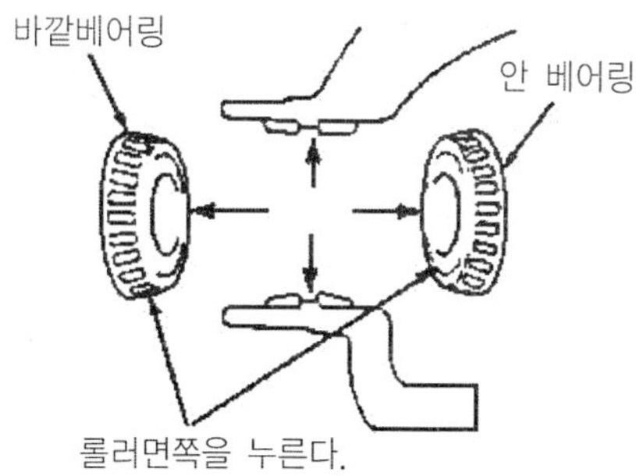

그림 14. 베어링의 설치 위치

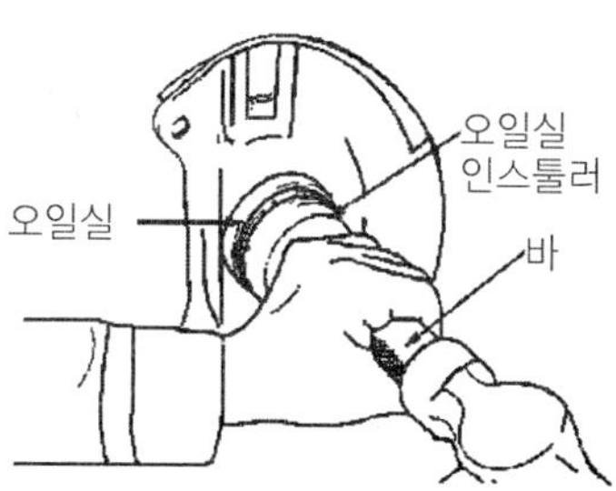

그림 15. 오일 실 설치하기

⑦ 조향 너클에 허브를 설치하고 앞바퀴 허브 리무버 인스톨러로 허브를 규정 토크로 조인 후 허브를 천천히 회전시켜 베어링이 밀착되도록 회전시킨다.

⑧ 조향 너클을 바이스에 고정시키고, 허브 베어링의 프리로드를 점검한다. 규정 값은 약 0.13kgf-m이다.

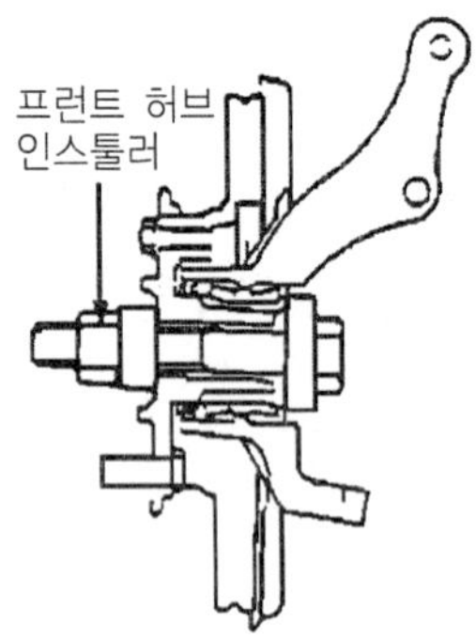

그림 16. 조향 너클에 허브 설치하기

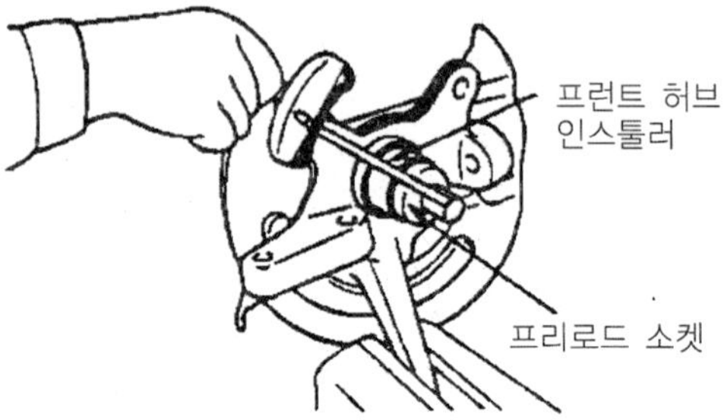

그림 17. 허브 베어링의 프리로드 점검하기

⑨ 허브에 다이얼 게이지를 직각으로 설치하여 허브 베어링의 엔드 플레이를 점검한다. 규정 값은 0.11mm 이하이다.

그림 18. 허브 베어링의 엔드 플레이 점검하기

⑩ 앞바퀴 허브 리무버 인스톨러를 떼어내고 조향 너클과 안쪽 베어링에 그리스를 다시 주입한다.

⑪ 오일 실 인스툴러와 바를 사용하여 안쪽 베어링 오일실을 베어링 바깥 레이스에 접촉할 때까지 밀어 설치한다.

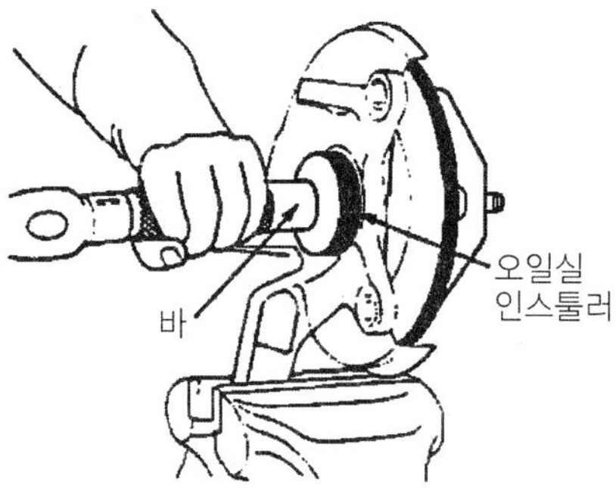

그림 19. 안쪽 베어링 오일실 설치하기

2.3.2. 뒤차축 허브 정비

[1] 디스크 브레이크형식의 뒤차축 허브정비

(1) 허브 어셈블리 떼어내기

① 휠 스피드센서용 폴 피스가 손상되지 않도록 주의하여 휠 스피드센서를 떼어낸다.

② 브레이크 캘리퍼를 떼어낸 후 와이어를 사용하여 적절한 곳에 묶어 둔다.

③ 브레이크 디스크를 허브에서 떼어낸다.

④ 허브 캡을 떼어낸 후 허브 베어링 고정 너트와 와셔를 떼어낸다.

⑤ 뒤차축의 허브 어셈블리를 떼어낸다. 이때 허브 베어링은 분해하지 않는다.

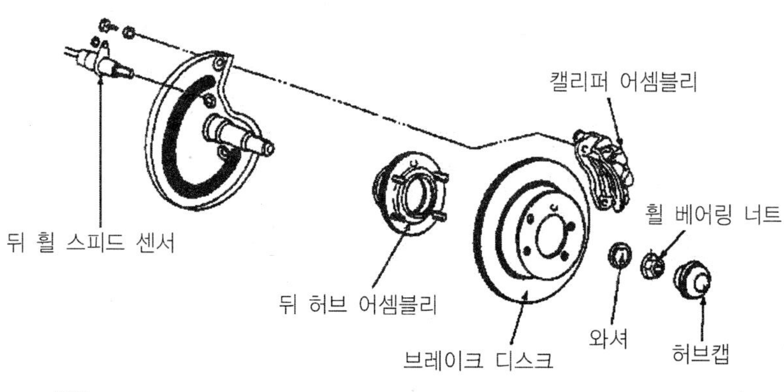

그림 20. 디스크 브레이크 형식의 뒤차축 허브의 구성부품

(2) 허브 어셈블리 점검

① 베어링 오일 실의 손상 및 균열 여부를 점검한다.

② 뒤차축 허브 어셈블리 베어링의 마멸 및 손상을 점검한다.

③ 휠 스피드 센서용 로터의 톤 휠에 이물질이 부착되지 않았는가를 점검한다.

[2] 드럼 브레이크형식의 뒤차축 허브정비

① 자동차의 뒤쪽을 잭으로 들어 올리고 안전 스탠드로 지지한다.

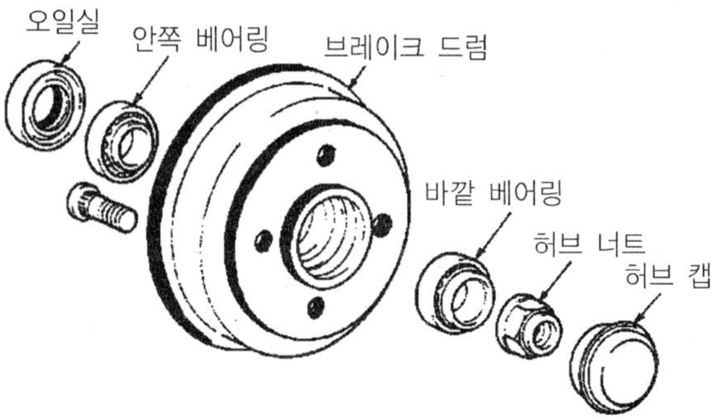

그림 21. 드럼 브레이크 형식의 뒤차축 허브의 구성부품

② 타이어를 떼어낸 후 허브 캡을 빼내고, 허브 고정 너트를 푼다.

③ 허브의 바깥 베어링을 떼어낸 후 브레이크 드럼을 떼어낸다.

④ (-)드라이버를 사용하여 허브에서 안쪽 베어링 오일 실을 떼어낸다.

⑤ 허브의 안쪽에서 그리스를 제거한 다음 드리프트와 해머를 사용하여 바깥 베어링의 레이스를 떼어낸다.

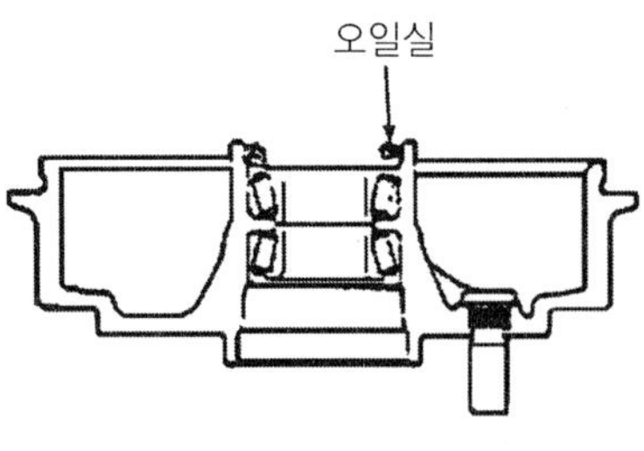

그림 22. 안쪽 베어링 오일 실 떼어내기

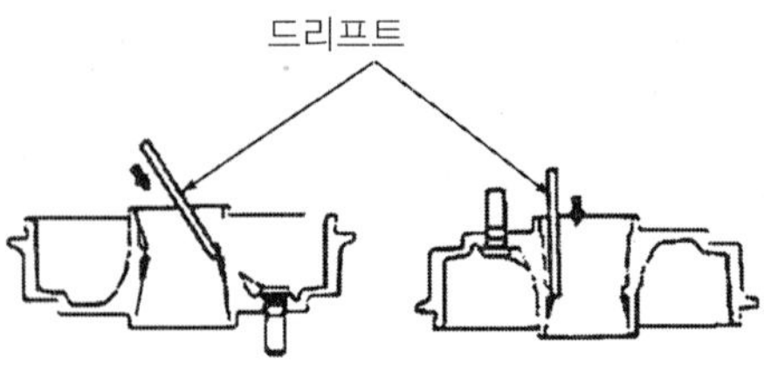

그림 23. 베어링 바깥 레이스 떼어내기

⑥ 베어링 바깥 레이스의 안쪽 면(베어링 접촉면)에 그리스를 바르고 베어링 바깥 레이스 인스톨러와 바를 사용하여 허브에 설치한다.

⑦ 안쪽 베어링에 그리스를 주입하고 허브에 설치한다.

⑧ 안쪽 베어링 오일 실에 그리스를 바른 다음 베어링 바깥 레이스 인스톨러와 바를 사용하여 허브에 설치한다.

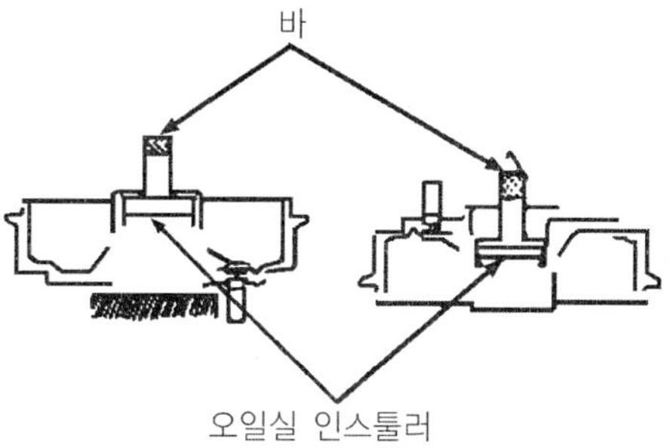

그림 24. 베어링 바깥 레이스 설치하기

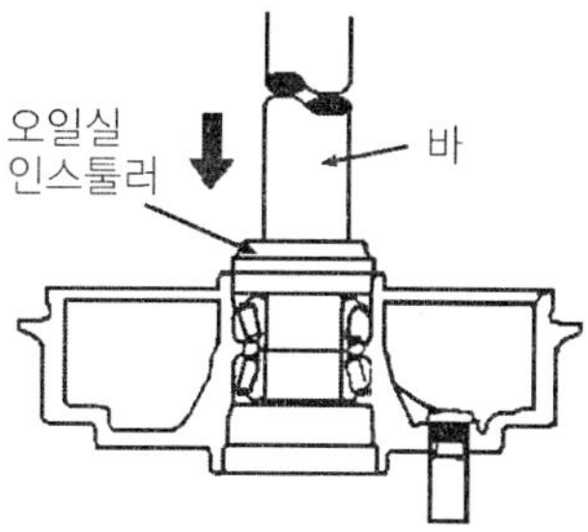

그림 25. 안쪽 베어링 오일 실 설치하기

⑨ 브레이크 드럼을 스핀들에 설치한 후 바깥 베어링을 설치한다.

⑩ 고정 너트를 설치하고, 허브 캡에 그리스를 주입하고 설치한다.

⑪ 바퀴를 설치한다.

[3] 허브형식 뒤차축 정비

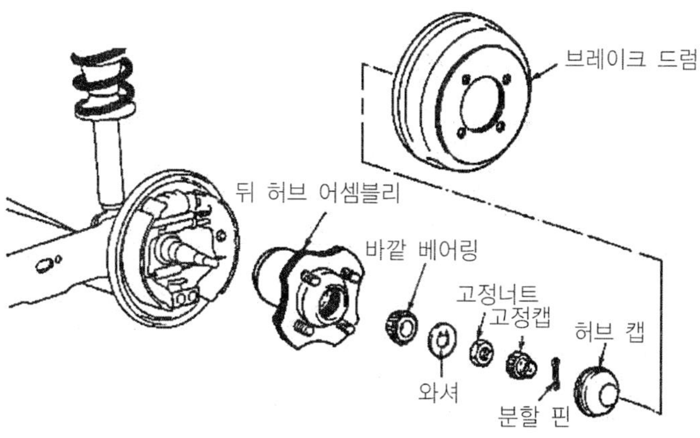

그림 26. 허브형식 뒤차축의 구성부품

① 자동차의 뒤쪽을 잭으로 들어 올리고 안전 스탠드로 지지한다.

② 바퀴와 브레이크 드럼을 떼어낸다.

③ 허브 캡을 떼어내고 분할 핀을 뺀 다음, 고정 캡을 열고 고정 너트를 푼다.

④ 와셔를 빼낸 다음 바깥 베어링을 빼내고, 뒤 차축 허브 어셈블리를 떼어낸다.

⑤ (-)드라이버를 사용하여 안쪽 베어링 쪽의 오일 실을 떼어낸 후 안쪽 베어링을 떼어낸다.

⑥ 허브 안쪽의 그리스를 제거한 후 드리프트와 해머를 사용하여 안쪽 베어링과 바깥 베어링의 레이스를 떼어낸다.

⑦ 베어링 바깥 레이스의 안쪽 면(베어링 접촉면)에 그리스를 바르고 베어링 바깥 레이스 인스톨러와 바를 사용하여 허브에 설치한다.

⑧ 허브와 안쪽 베어링에 그리스를 주입하고 허브에 안쪽 베어링을 설치한 다음 베어링 바깥 레이스 인스툴러와 바를 사용하여 허브에 안쪽 베어링 오일실을 설치한다.

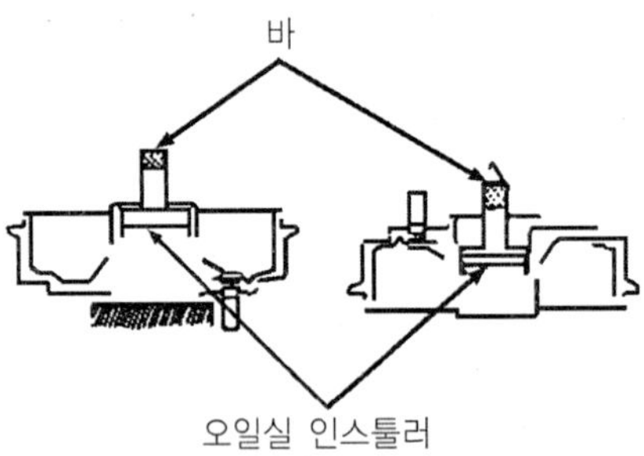

그림 27. 베어링 바깥 레이스 설치하기

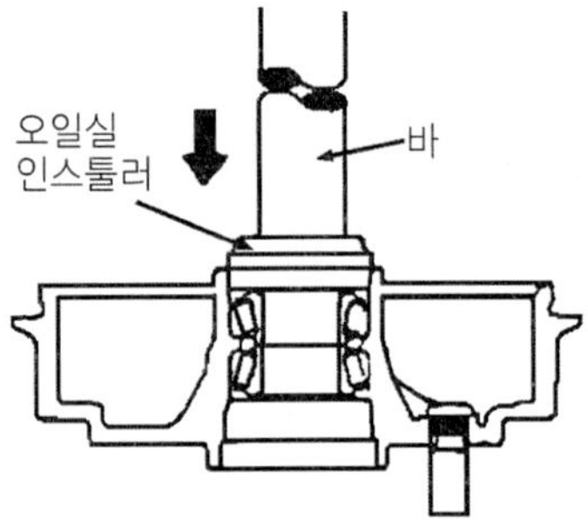

그림 28. 안쪽 베어링 오일실 설치하기

⑨ 바깥 베어링에 그리스를 주입한 후 허브 베어링에 바깥 베어링을 설치한다.

⑩ 허브 어셈블리를 스핀들에 설치한 후 고정 너트를 규정 토크로 조인 다음 고정 캡과 분할 핀을 설치하고 허브 캡을 끼운다.

⑪ 브레이크 드럼을 설치한 후 주차 브레이크 레버를 작동시켜 브레이크 드럼의 간극을 조정한다.

⑫ 바퀴를 설치한다.

2.4. 앞 현가장치의 정비

2.4.1. 스트럿 어셈블리(strut assembly) 정비

준비기계 및 기구

스트럿 어셈블리 현가장치를 사용하는 자동차, 일반 공구세트, 특수 공구세트, 잭, 안전 스탠드, 고임목, 바이스, 보안경 등을 준비한다.

안전 및 주의사항

① 자동차는 평탄한 지면에 고임목을 사용하여 세운다.
② 자동차를 들어 올리고 작업을 할 경우에는 잭으로 들어 올린 후 반드시 안전 스탠드로 지지하여야 한다.
③ 자동차 밑에서 작업을 할 때에는 반드시 보안경을 착용하여 눈을 보호하도록 한다.
④ 바이스를 사용할 때에는 조 부분에 헝겊이나 구리판을 대고 부품을 고정시켜, 부품이 손상되지 않도록 한다.

[1] 스트럿 어셈블리 떼어내기

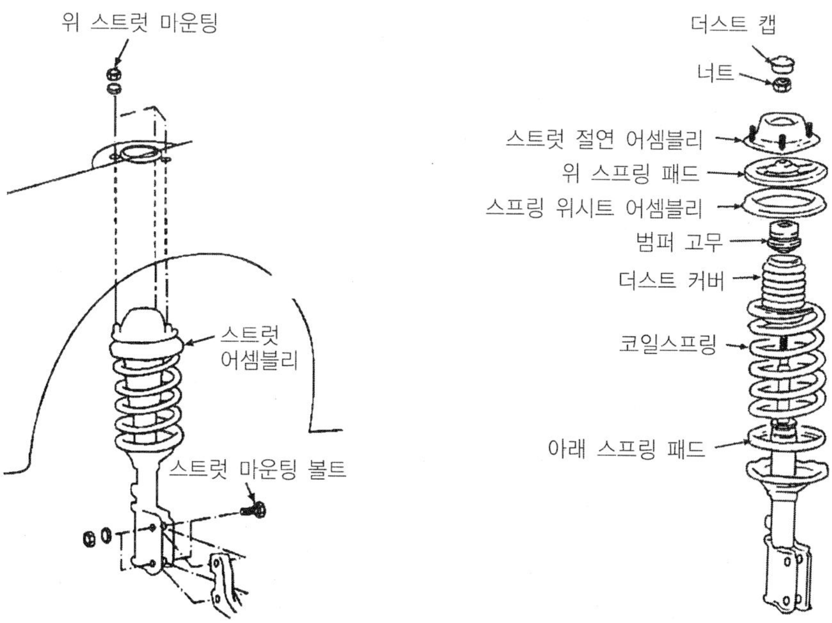

그림 29. 스트럿 어셈블리의 구성부품

① 자동차를 잭으로 들어올리고, 안전 스탠드로 지지한 후 바퀴를 떼어낸다.
② 스트럿 어셈블리에서 브레이크 호스와 휠 스피드 센서 배선을 떼어낸다.
③ 스트럿 어셈블리와 조향 너클 암을 연결하는 아래 마운팅 볼트를 풀어 스트럿 어셈블리로부터 조향 너클 암을 떼어낸다.
④ 바퀴 하우징 위쪽에 있는 스트럿 어셈블리 위(upper) 마운팅 너트를 풀고 스트럿 어셈블리를 차체에서 떼어낸다.

[2] 스트럿 어셈블리 분해 및 점검

① (-)드라이버로 더스트 캡을 떼어낸다.
② 스트럿 어셈블리를 바이스에 물린 후 그림 30과 같이 코일 스프링 압축기를 사용하여 스프링을 압축한다.

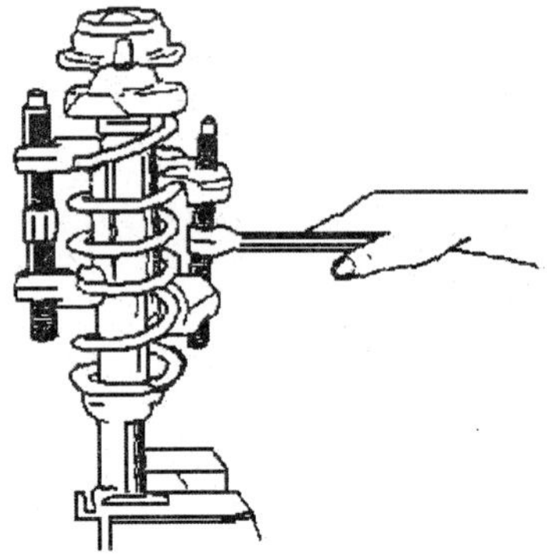

그림 30. 코일 스프링 압축하기

③ 스프링 위 시트를 특수공구로 잡고, 현가 지지와 스트럿 서브 어셈블리(쇽업소버) 주부클럽을 연결하는 너트를 풀어 현가 지지를 떼어낸다.
④ 스프링 시트, 범퍼 고무, 더스트 커버 및 코일 스프링을 떼어낸다.
⑤ 분해한 모든 부품을 장력 약화, 균열, 손상 등에 대하여 점검하고, 결함이 있으면 어셈블리 전체를 교환한다.
⑥ 스트럿 서브 어셈블리에서 오일이 누출되지 않는가를 점검한다. 오일이 누출되면 전체를 교환한다.

2.4.2. 로워 암(lower arm) 정비

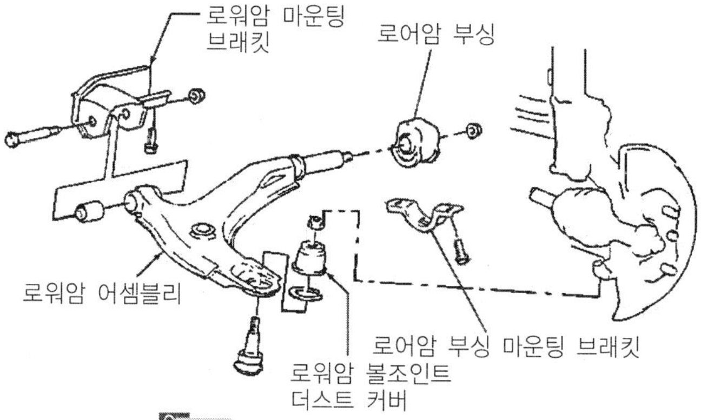

그림 31. 로워 암의 구성부품

[1] 로워 암 떼어내기

① 자동차를 잭을 이용하여 들어 올린 후 안전 스탠드로 지지한다.

② 좌우 타이어를 떼어낸다.

③ 특수공구(타이로드 앤드풀러)를 사용하여 조향너클로부터 로워 암 조인트를 떼어낸다.

④ 스태빌라이저 고정 볼트와 너트를 풀고 로워 암에서 스태빌라이저를 떼어낸다.

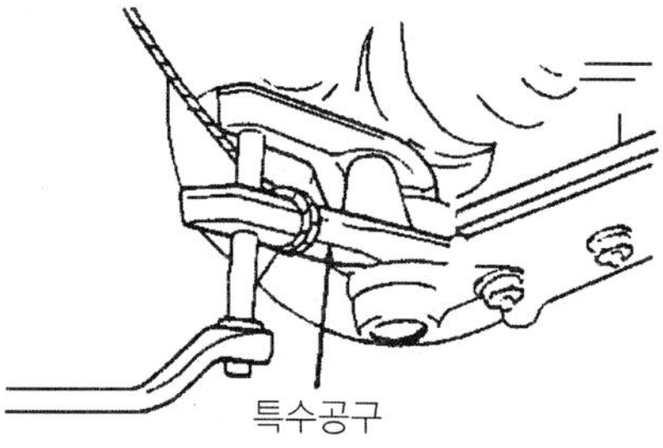

그림 32. 로워 암 조인트 분리하기

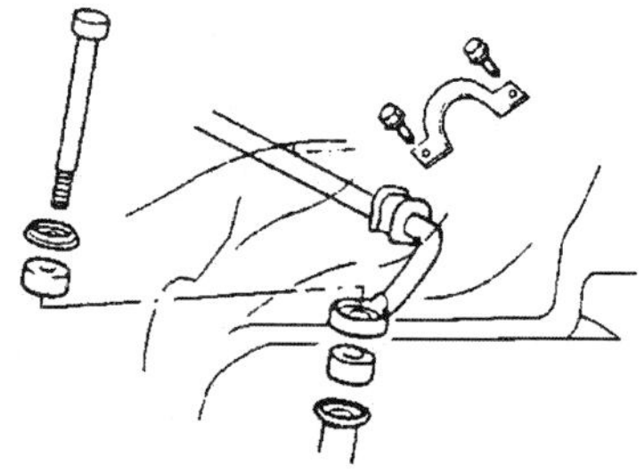

그림 33. 스태빌라이저 분리하기

⑤ 로워 암 앞 부싱쪽 볼트와 뒤 부싱쪽 볼트를 푼다.

⑥ 로워 암을 떼어낸다.

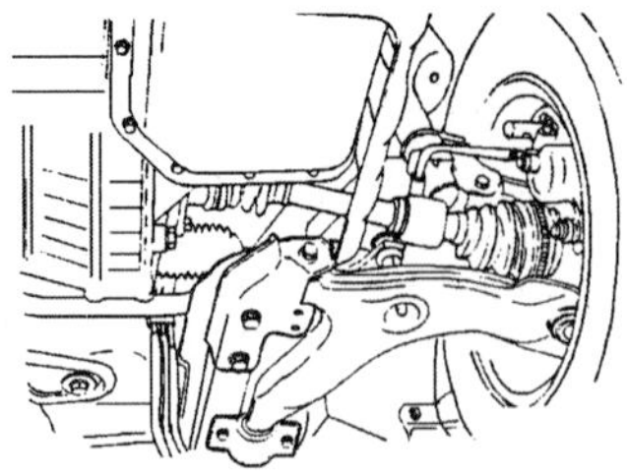

그림 34. 로워 암 떼어내기

[2] 로워 암 점검

① 부싱의 균열, 변형 및 마멸을 점검한다.

② 로워 암의 균열과 휨을 점검한다.

③ 부트의 손상을 점검한다.

④ 모든 볼트를 검사한다.

⑤ 클램프의 변형 및 마모여부를 점검한다.

2.4.3. 스태빌라이저 정비

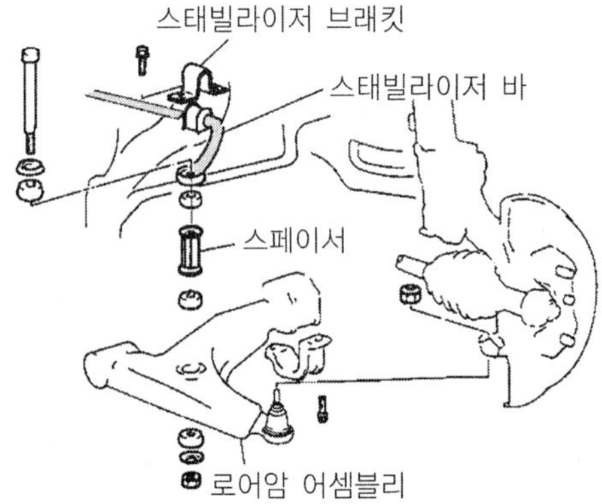

그림 35. 스태빌라이저 구성부품

[1] 스태빌라이저 떼어내기

① 자동차를 잭을 이용하여 들어 올린 후 안전 스탠드로 지지한다.

② 좌우 타이어를 떼어낸다.

③ 특수공구(타이로드 엔드 풀러)를 사용하여 조향 너클로부터 타이로드 엔드 조인트를 떼어낸다.

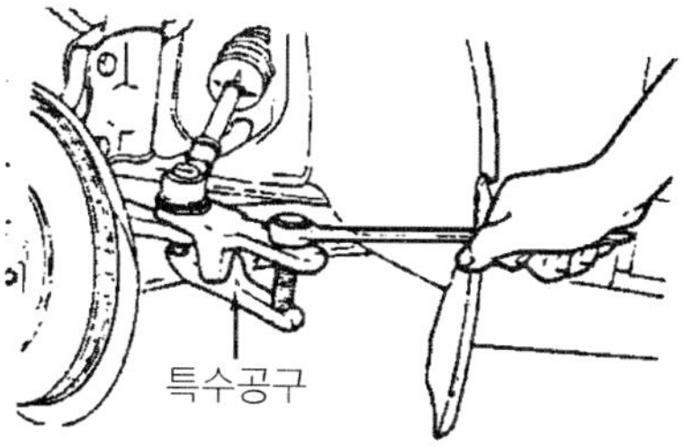

그림 36. 타이로드 엔드 조인트 분리하기

④ 스태빌라이저 링크 셀프 로킹 너트(self locking nut)를 푼다.

⑤ 개방 구멍을 통하여 스태빌라이저를 떼어낸다.

⑥ 위·아래 브래킷을 떼어낸 후 부싱을 떼어낸다.

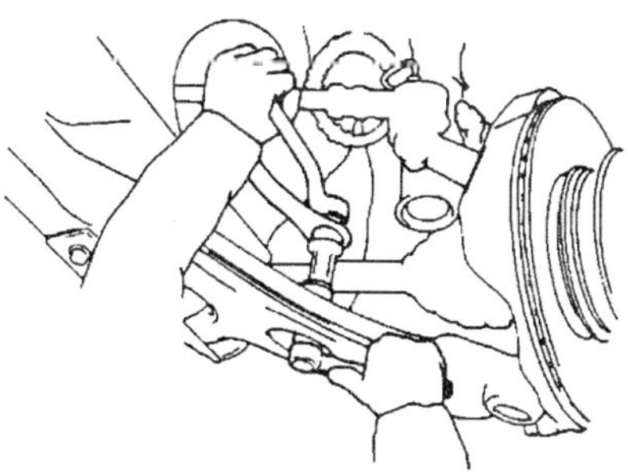

그림 37. 셀프 로킹 너트 풀기

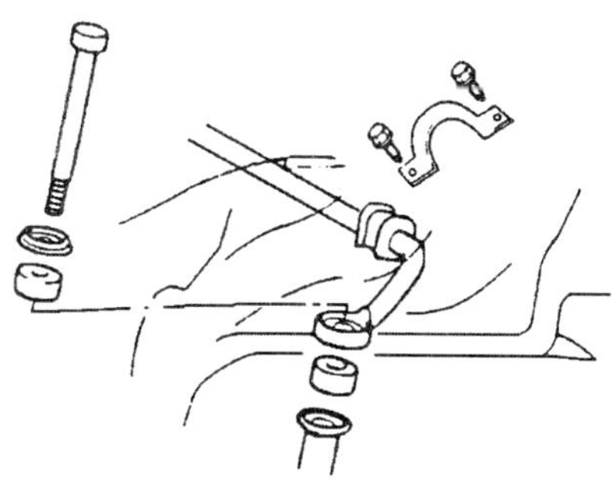

그림 38. 스태빌라이저 분리하기

[2] 스태빌라이저 설치하기

① 스태빌라이저에 부싱을 설치한다.

② 부싱을 위·아래 로워 브래킷에 일치시키고 돌출부는 브래킷사이의 공간에 안전하게 설치한다.

③ 개방 구멍을 통하여 부싱 브래킷을 일시적으로 조이고, 반대쪽 부싱을 설치한다.

④ 스태빌라이저 바 고정 볼트를 규정 토크로 죈다.

⑤ 스태빌라이저 스페이서 볼트를 죈다.

⑥ 타이로드 엔드 볼 조인트를 조향 너클에 설치한다.

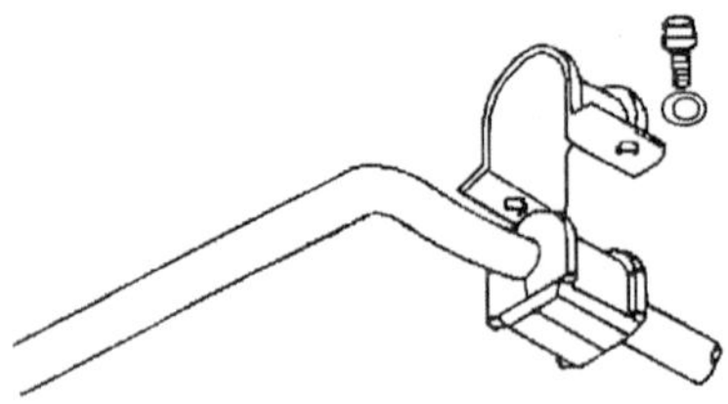

그림 39. 부싱과 브래킷 설치하기

2.4.4. 센터 멤버(center member) 정비

[1] 센터 멤버 떼어내기

① 자동차를 잭으로 들어 올린 후 안전 스탠드로 지지한다.

② 앞, 뒤 롤 스토퍼 브래킷을 떼어낸다.

③ 센터 멤버 어셈블리를 떼어낸다.

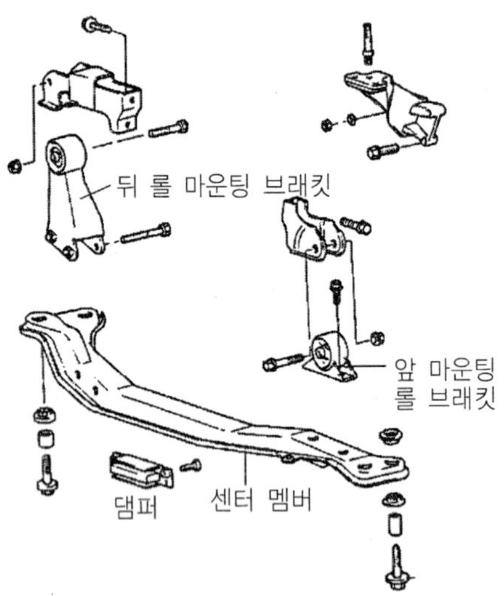

그림 40. 센터 멤버의 구성부품

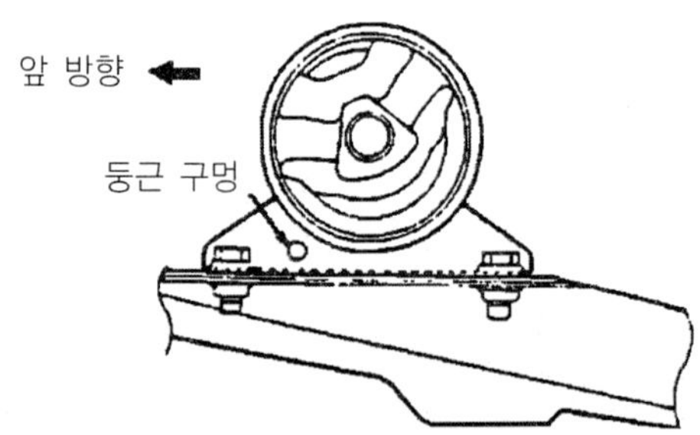

그림 41. 앞 롤 스토퍼 브래킷 설치하기

[2] 센터 멤버 설치하기

① 앞 롤 스토퍼 브래킷을 둥근 구멍이 앞쪽으로 향하게 설치한다.

② 센터 멤버에서 뒤 롤 스토퍼 브래킷을 맞추고 멤버 어셈블리를 설치한다.

③ 앞 롤 스토퍼 브래킷 볼트를 임시로 조인 후 엔진 중량을 자동차의 차체가 지지한 상태에서 너트를 규정 토크로 조인다.

실습보고서

실습명	동력전달장치 및 제원	실습일시:	
학번 및 조		이름	

01. 현가장치 정비
현가장치의 이상현상에 대하여 설명하시오

02. 현가장치 정비
(1) 앞 뒤 쇽업소버 분리

(2) 타이로드 엔드 교환

(3) 로워 암 탈부착

(4) 쇽업소버 점검

(5) 로워암 점검

(6) 앞차축 허브의 점검 교환

점검결과 설명	
실습기자재, 재료, 공구	
작업결과 설명	
다음정비 소견	
학습평가	① 암기하고 충분히 활용할 수 있다. ② 암기는 하지만 활용할 수 없다. ③ 단지 이해만 할 수 있다. ④ 암기도 이해도 할 수 없다.

3. 전자제어 현가장치(ECS : electronic control suspension system)

생활의 안전성이 향상될수록 운전자들은 자동차에 대한 쾌적하고 안락한 성능을 요구한다. 이에 따라 ECS(전자제어 현가장치)는 주행조건, 도로 면의 상태, 운전자의 선택 등에 의하여 자동차의 높이와 스프링 상수 및 감쇠력의 변화를 ECS-ECU에서 자동 제어하는 장치이다. 그리고 전자제어 현가장치의 기능은 다음과 같다.

① 선회할 때의 앤티롤(anti roll)제어 : 급커브에서 원심력에 의한 차량 기울어짐을 방지한다.

② 제동할 때 앤티 다이브(anti dive)제어 : 급제동할 때 노스다운(nose down)을 방지한다.

③ 가속할 때 앤티 스쿼트(anti squat)제어 : 급출발 또는 급가속시 노스업(nose up)을 방지한다.

④ 비포장도로의 앤티 바운싱(anti bouncing)제어 : 비포장도로를 운행할 때 차체의 높이를 제어한다.

⑤ 차량의 정지 및 승객의 승차 및 하차 또는 변속레버를 조작할 때 발생될 수 있는 진동 즉, 앤티 시프트 스쿼트(anti shift squat)를 제어한다.

⑥ 고속 안정성을 제어한다.

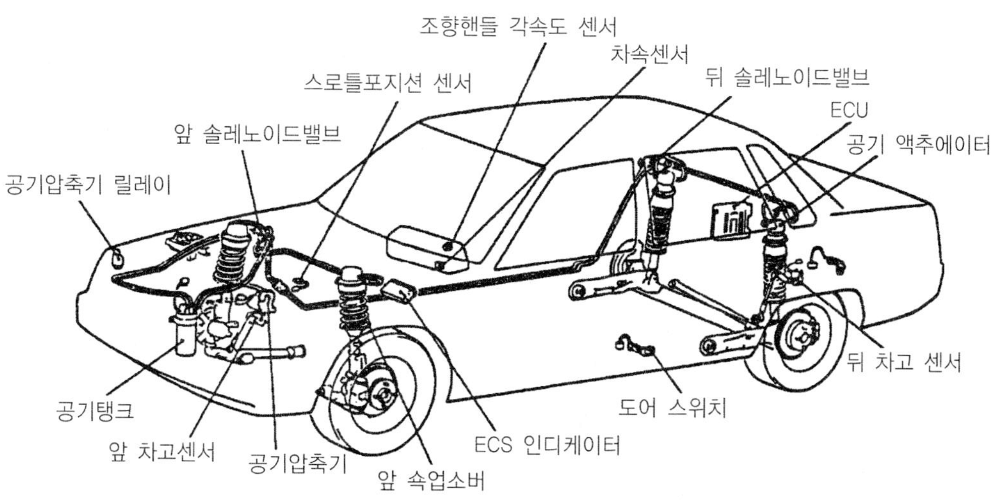

그림 42. ECS의 구성부품

3.1. ECS의 종류

ECS의 종류에는 감쇠력 가변 ECS, 복합 ECS, 세미 액티브 ECS, 액티브 ECS 등이 있다.

3.1.1. ECS 구성부품의 작용

액티브(active) ECS기준으로 점검한다.

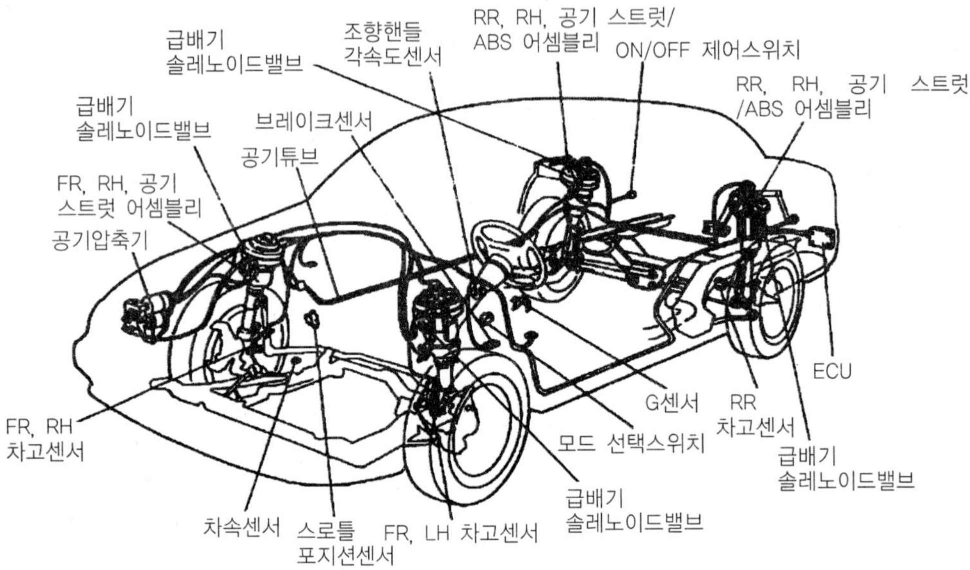

그림 43. 액티브 ECS의 구성부품

3.1.2. ESC 입력 구성부품의 점검

[1] 앞 차량높이 센서

앞 차량높이(차고) 센서는 차체와 앞차축의 상태 위치를 검출하여 차량 앞쪽의 상태(바운싱, 노스다운 등), 차량의 높이를 검출하는 센서이다. 차량높이 변화에 대응하여 회전하는 디스크가 4쌍의 발광 다이오드와 포토트랜지스터 사이를 회전하며 디스크에 마련된 슬릿(slit)이 빛을 ON, OFF시킨다. 이와 같은 방법으로 ECU는 앞쪽의 차량높이를 9가지 상태로 검출한다.

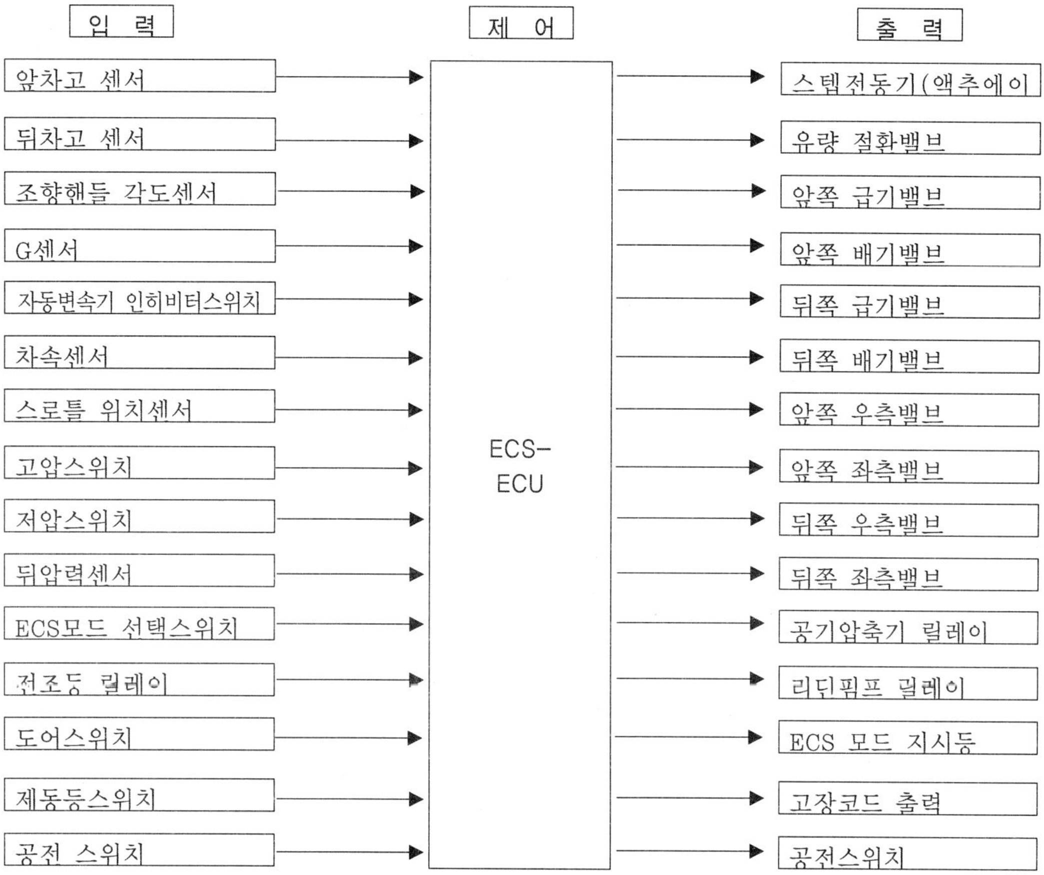

[입·출력 다이어그램]

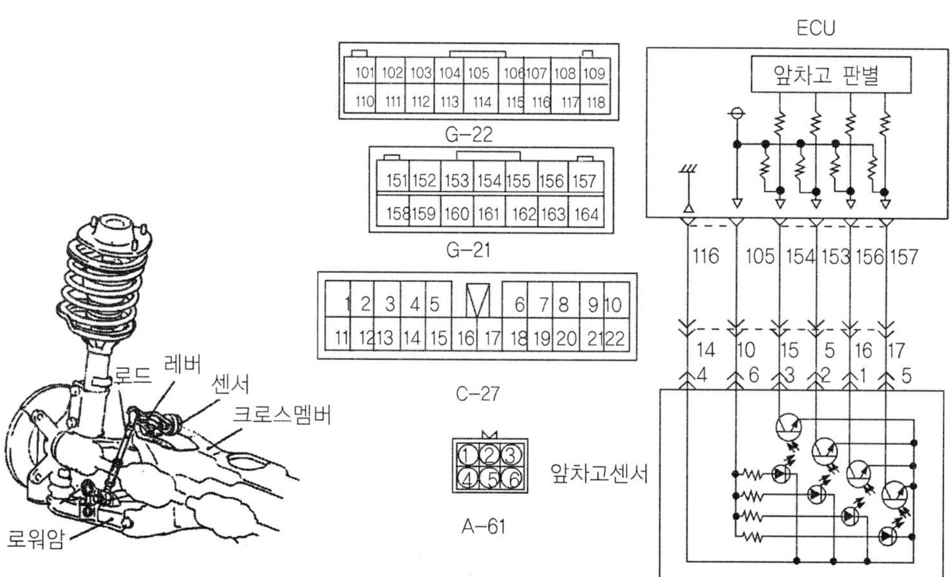

그림 44. 앞 차량높이 센서의 구조와 회로도

[2] 뒤 차량높이 센서

뒤 차량높이 센서는 차체와 뒷차축의 상태 위치를 검출하여 차량 뒤쪽의 상태(바운싱, 피칭 등), 차량의 높이를 검출하는 센서이다. 차량 높이의 변환에 따라 디스크에 설치된 슬릿이 빛을 ON, OFF시켜 ECU로 입력시키며, ECU는 뒤 차량 높이를 7가지 상태로 검출한다.

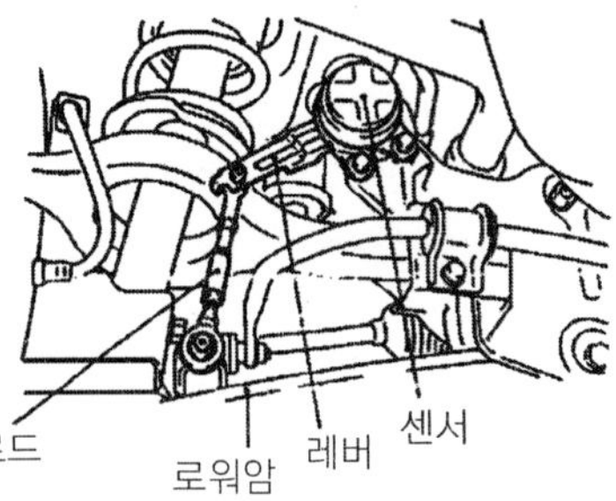

(a)

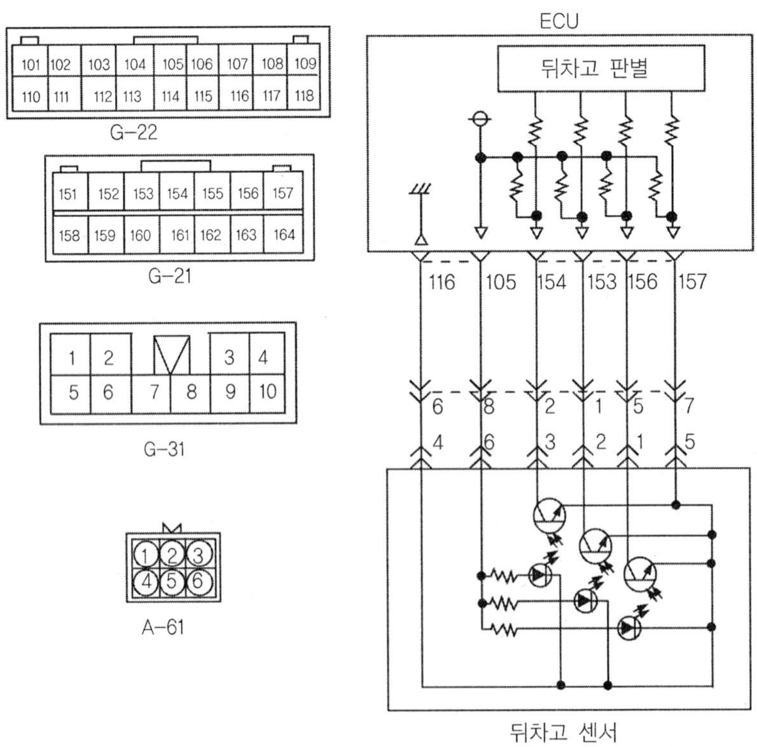

(b)

그림 45. 뒤 차량높이 센서의 구조와 회로도

[3] 조향핸들 각속도 센서

조향핸들 각속도 센서는 조향축에 고정된 디스크가 조향핸들의 움직임에 따라 포토 인터럽트의 발광다이오드에서 받은 빛이 슬릿의 통과 유무에 따라 빛이 차단 또는 통과하여 ON, OFF된 전기 신호를 ECU로 입력한다.

(a)

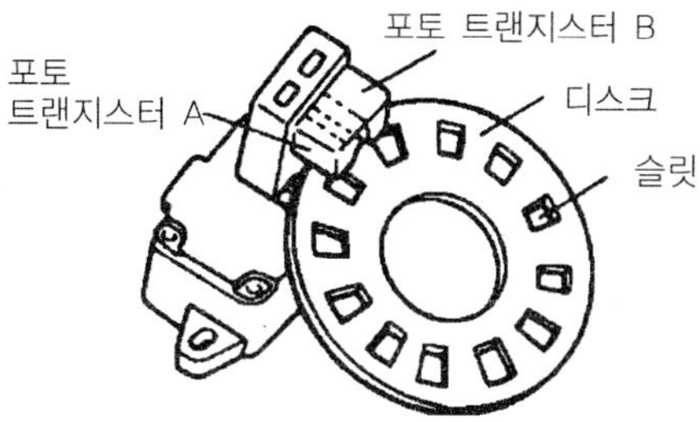

(b)

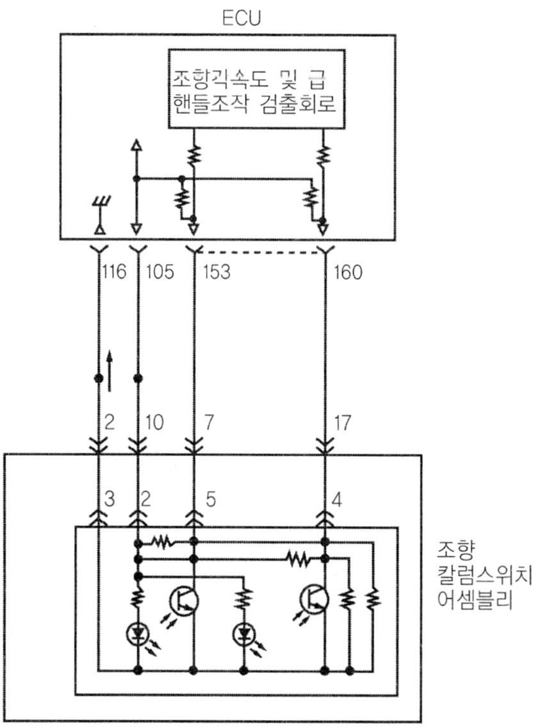

(c)

그림 46. 조향핸들 각속도 센서의 구조 및 회로도

[4] G센서

G센서는 차량이 선회할 때 좌우방향으로 발생하는 가속도 양을 검출한다. 차동 변압기(differential transformer)의 원리를 응용하여 코일 속에 있는 가동철심이 가속도에 반응하여 움직일 때 자기장(magnetic field)이 변화하고, 이 변화를 전압 변화로 나타낸다. 코일 내 실리콘 오일은 가동 철심의 진동을 방지하기 위한 것이며, G센서는 롤링 제어전용의 특수 센서이다.

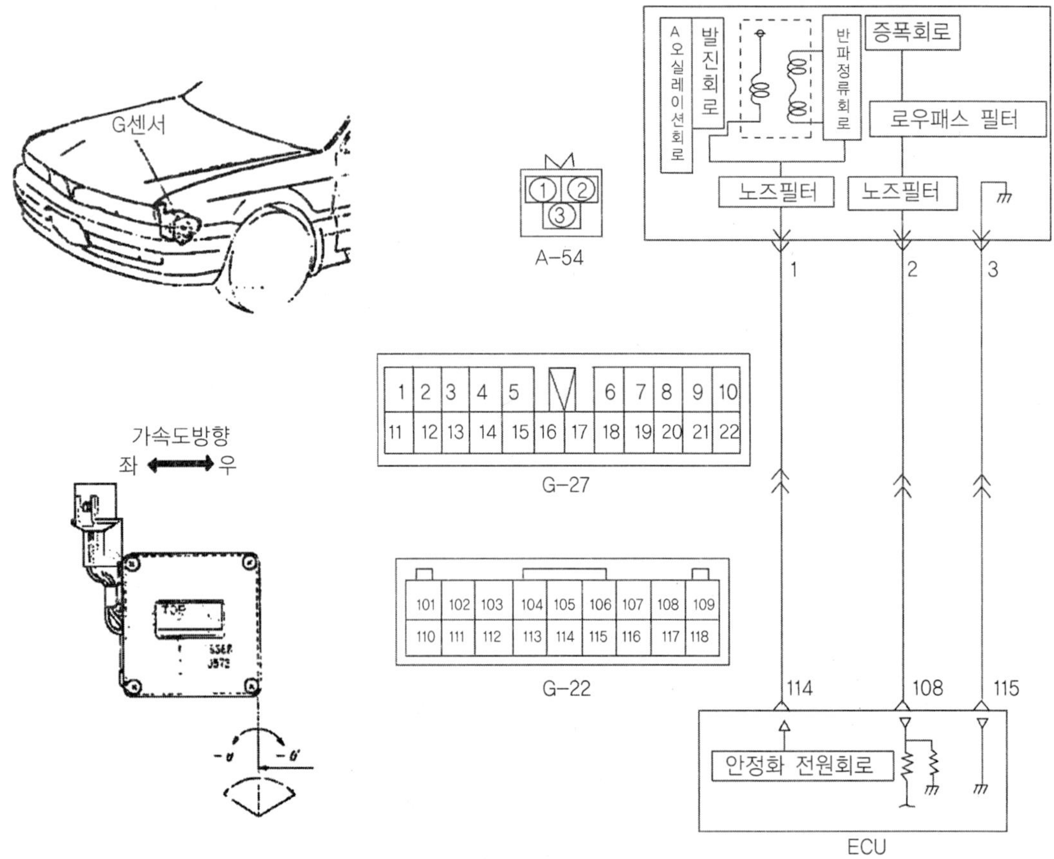

(a) (b)

그림 47. G-센서의 설치위치와 구조 및 회로도

[5] 인히비터 스위치

인히비터 스위치(inhibitor switch)는 변속레버 R위치를 검출하여 차체의 흔들림이 발생하면 감쇠력을 제어한다. R위치 검출은 ECS-ECU로 12V가 인가되면 R위치로 판단한다.

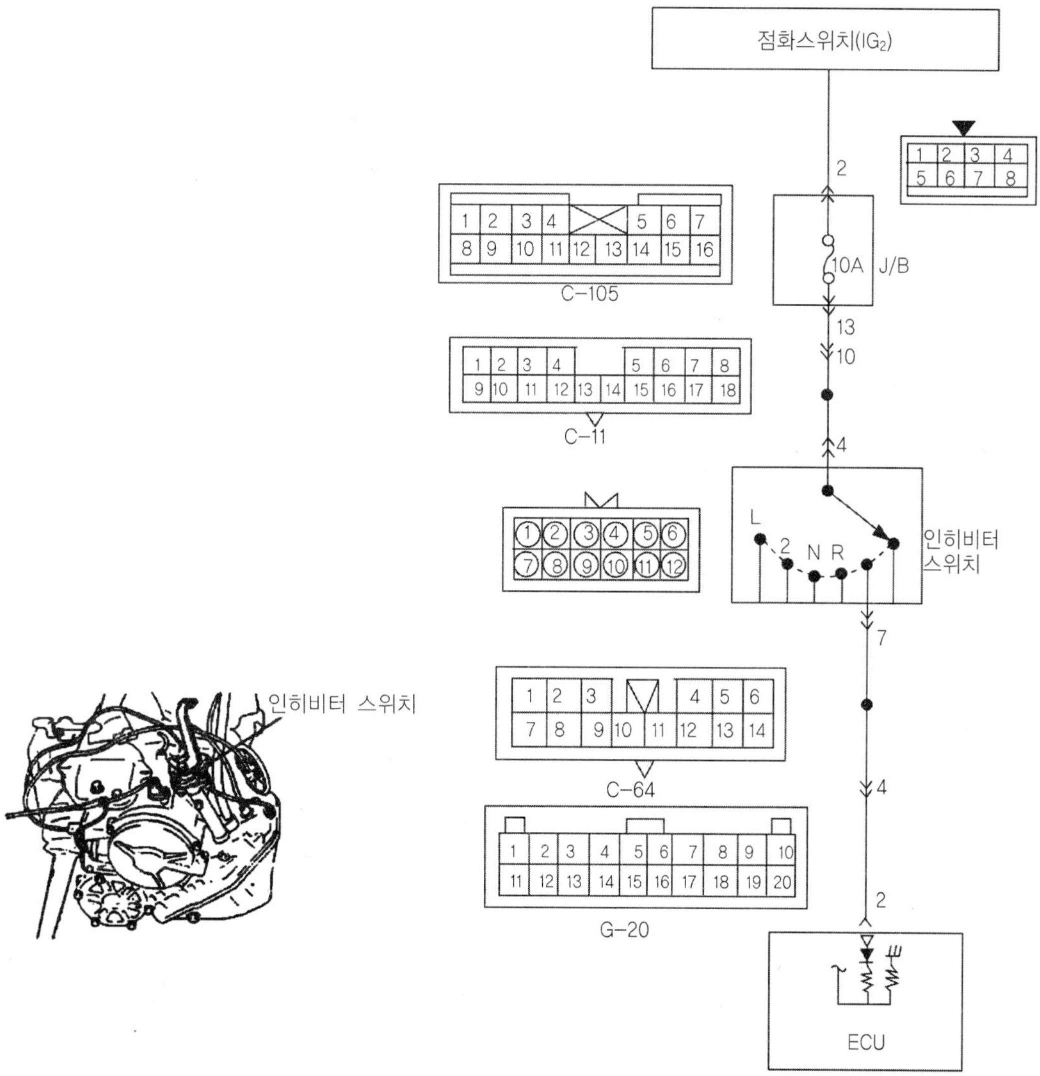

(a) (b)

그림 48. 인히비터 스위치의 설치위치와 회로도

[6] 차속 센서

차속센서는 리드 스위치이며, 트랜스액슬 출력축 기어가 1회전할 때마다 4회의 펄스 신호를 출력한다.

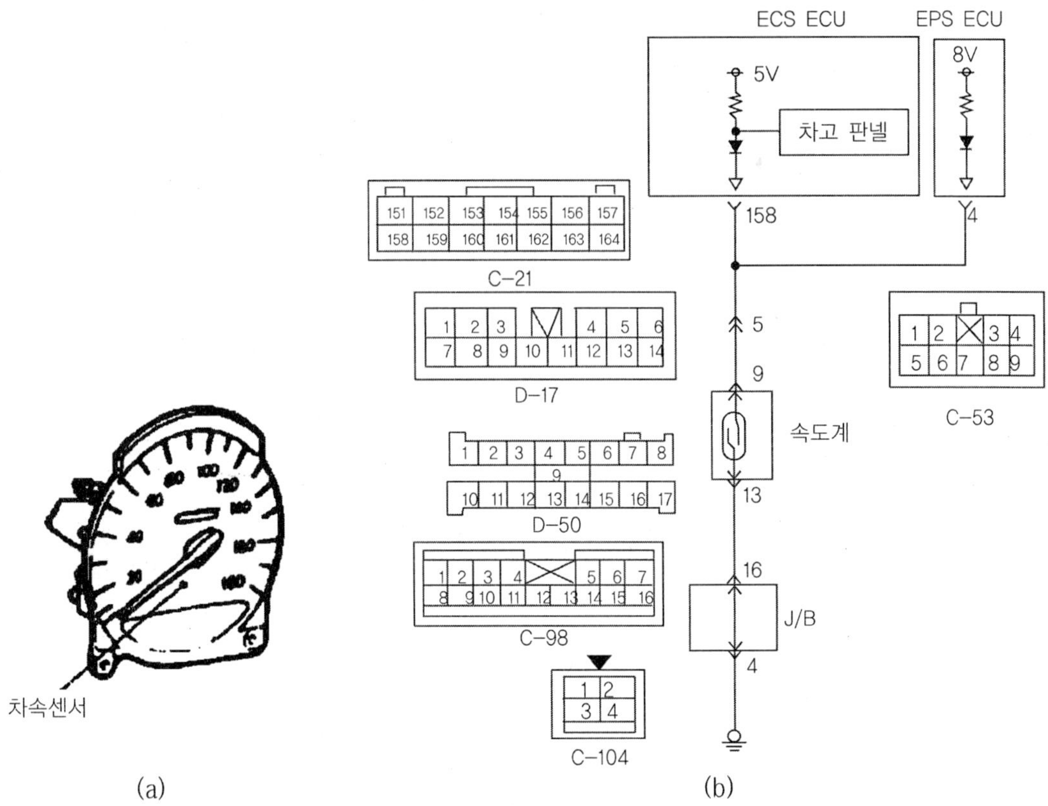

그림 49. 차속센서 설치 위치와 회로도

[7] 스로틀 위치센서

스로틀 위치센서의 스로틀밸브 열림 정도의 검출은 TCS(traction control system)을 설치하지 않은 차량에서는 스로틀 위치센서만을 사용하고 TCS를 설치한 경우에는 TCS-ECU와 공용의 가속페달 위치센서(APS)를 사용한다.

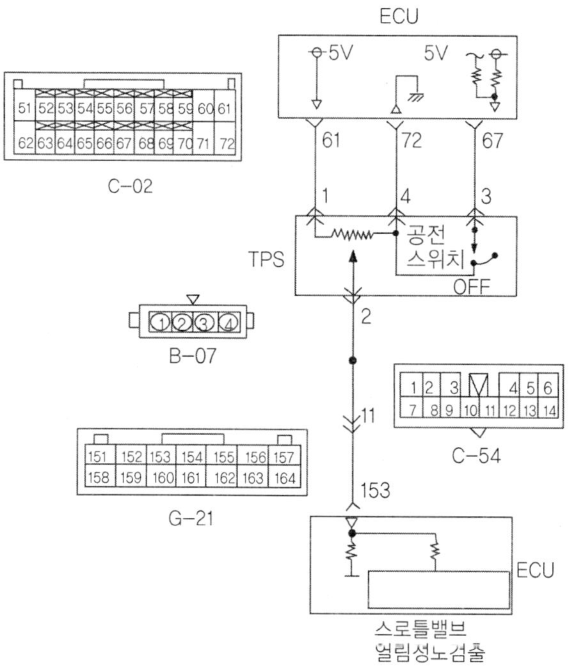

(a) TCL 미장착차

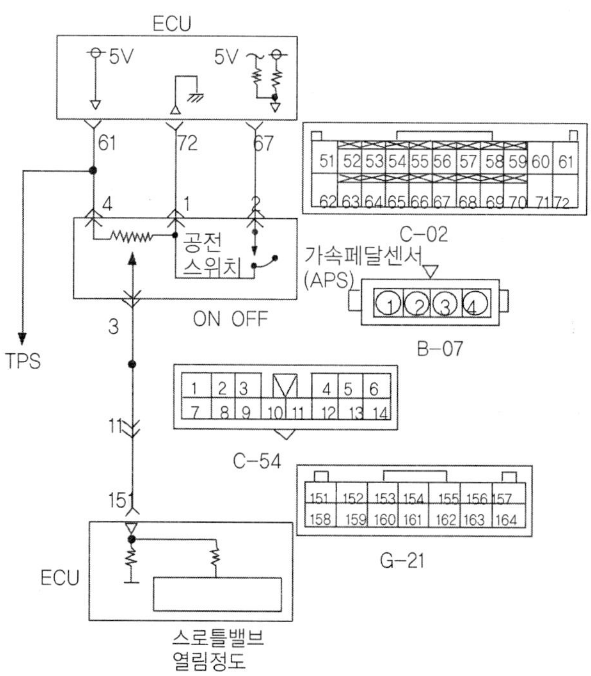

(b) TCL 장착차

그림 50. 스로틀 위치센서의 회로도

[8] AC발전기 L단자

AC발전기 L단자 신호는 엔진의 작동여부를 판단하는데 사용된다. 이것은 압축기의 작동 빈도를 감소시키기 위함이며, 엔진작동 중 또는 주행속도가 3km/h 이상인 경우에만 작동이 가능하기 때문이다.

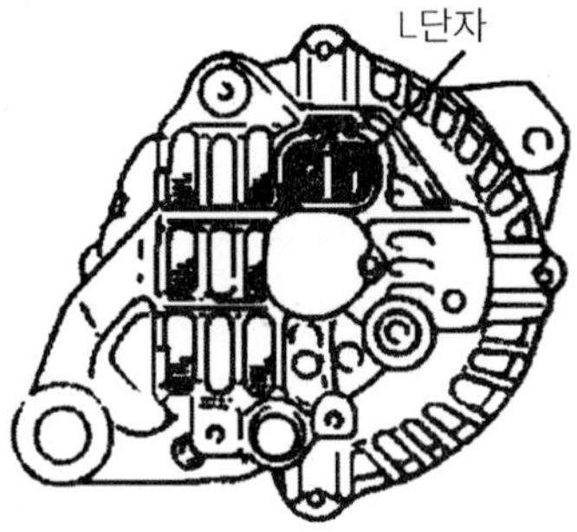

(a)

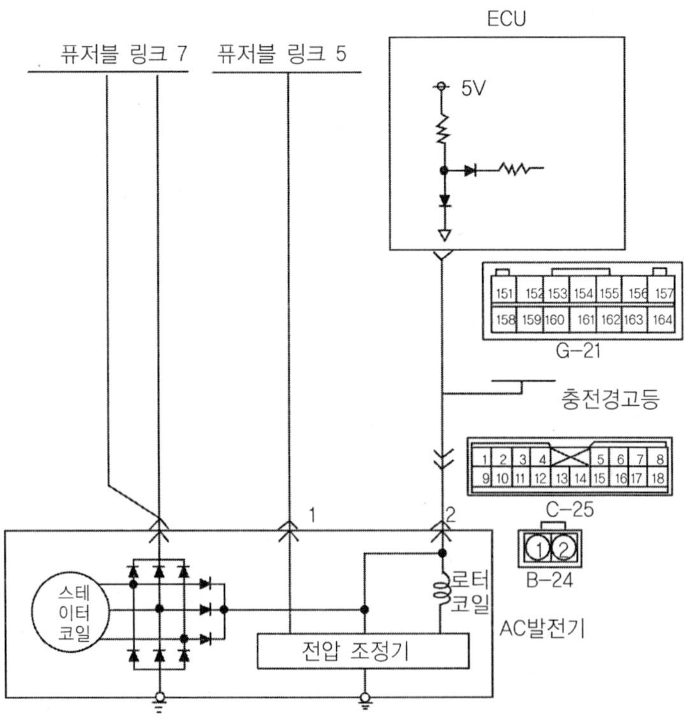

(b)

그림 51. AC 발전기 L단자 위치와 회로도

[9] 전조등(head lamp) 스위치

ECS는 주행속도가 90km/h 이상이 10초 이상 계속되면 “에어 드래그(air drag)” 특성 향상을 위하여 주간에는 앞부분을 Low로 조정한다. 그러나 야간에는 전조등 빔의 요구 방향에서 이탈 방지를 위해 전조등 릴레이에서 입력신호가 올 때 앞·뒤 모두 Low로 조정한다.

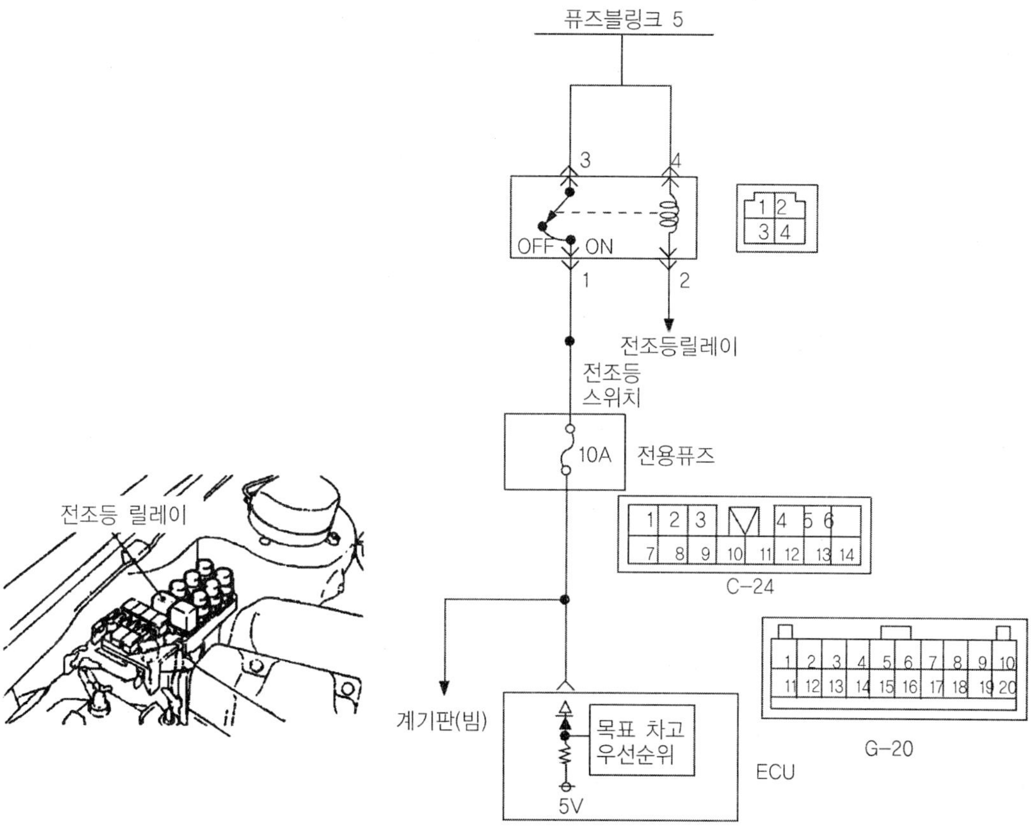

(a) (b)

그림 52. 전조등 릴레이 설치위치와 회로도

[10] 저압 스위치(low pressure switch)

저압 스위치는 저압탱크 내의 압력에 의해 ON/OFF 작동을 하며, 이것에 의해 ECU는 리턴펌프의 작동 또는 정지를 제어한다. 저압탱크의 압력이 1.4kgf/cm^2 이상이 되면 OFF로 변환되며 ECS-ECU는 리턴펌프에 구동신호를 보낸다. 압력이 0.7kgf/cm^2 미만이 되면 ON으로 변환되며 ECS-ECU는 2초 후에 리턴펌프를 정지시킨다.

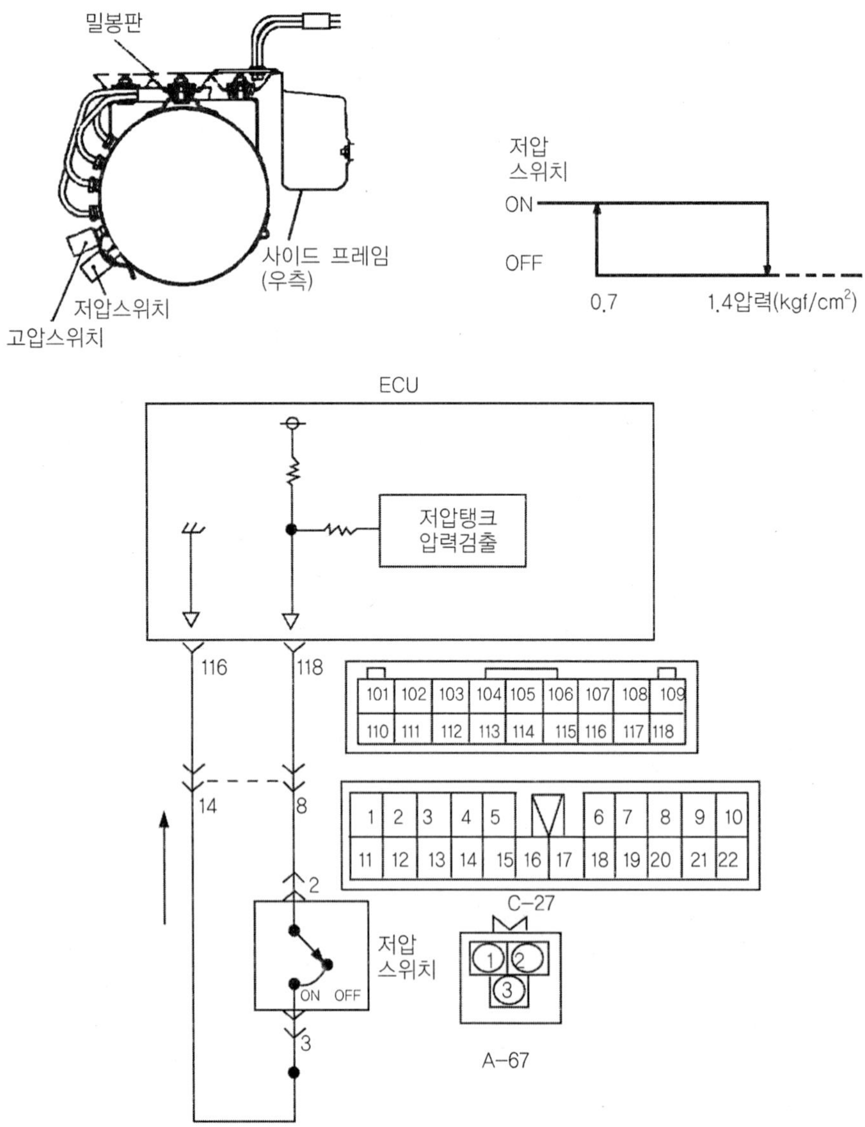

그림 53. 저압 스위치의 구조와 회로도

[11] 고압 스위치

고압 스위치(high pressure switch)는 고압탱크 내의 압력에 의해 ON/OFF되는 스위치이며, 이 신호에 의해 ECS-ECU는 공기압축기의 구동 및 정지를 제어한다. 고압탱크 내의 압력이 7.6kg/cm^2 이하가 되면 고압 스위치는 ON으로 변환되고, 이에 따라 ECS-ECU는 압축기에 구동신호를 보낸다.

반대로 고압탱크 내의 압력이 9.5kgf/cm^2 이상이 되면 고압 스위치는 OFF로 되고 ECS-ECU는 2초 후에 공기압축기 작동을 정지시킨다. 그러나 고압 스위치가 ON이라도 리턴펌프가 작동 중이면 공기압축기는 구동되지 않는다.

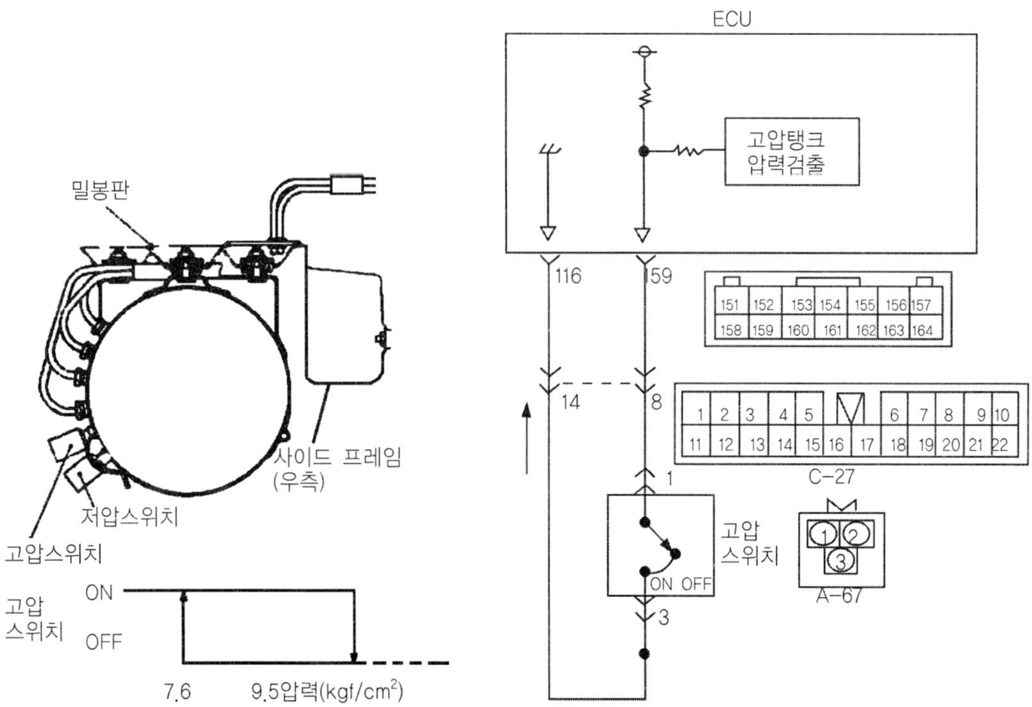

(a) (b)

그림 54. 고압 스위치의 구조와 회로도

[12] ECS 경고등

점화스위치를 ON으로 한 후부터 엔진 시동 후 약 0.5초까지 ECS 경고등이 점등된 후 소등된다. 이때 ECS에 고장이 발생한 경우에는 알람(alarm) 경고등이 점등된다.

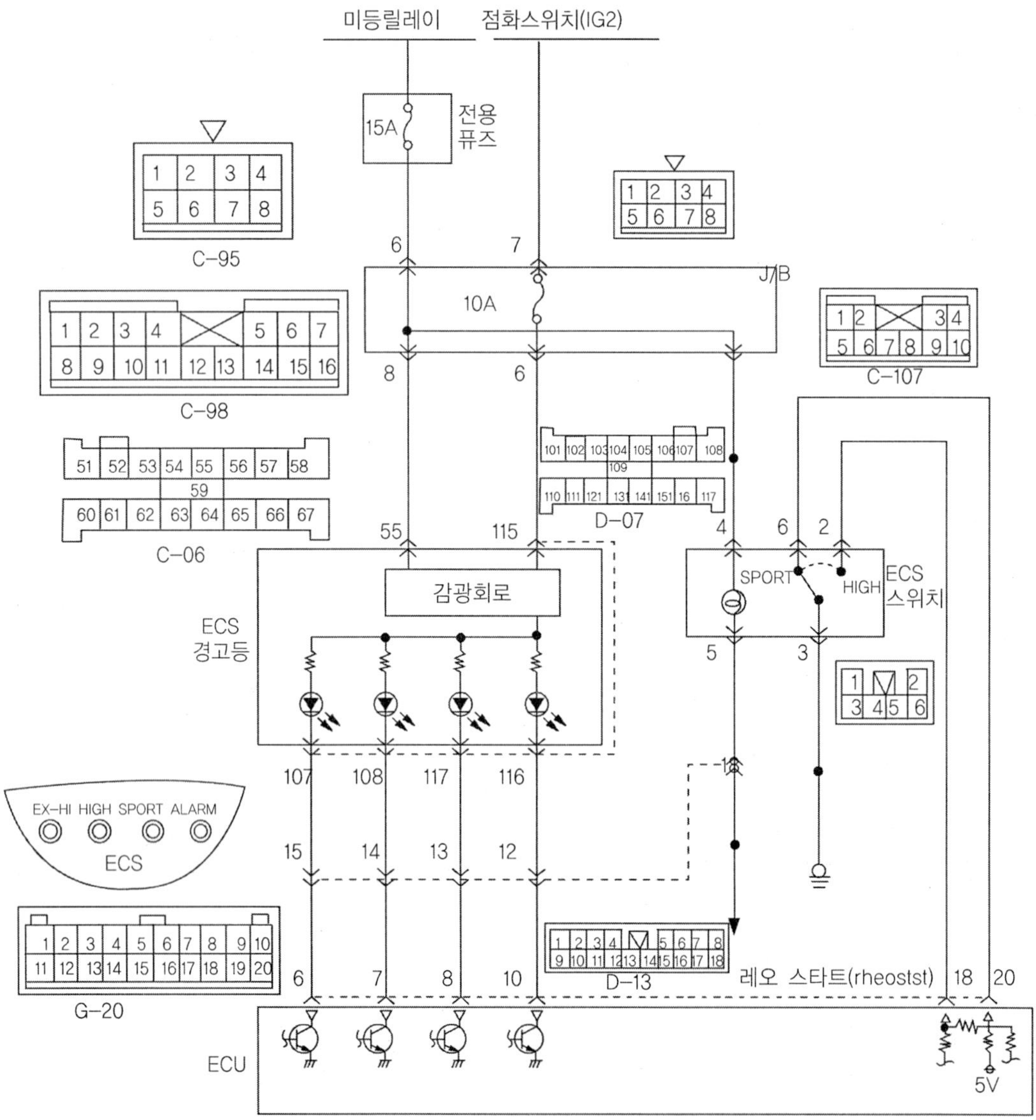

그림 55. ECS 경고등 회로도

[13] 뒤 압력센서

뒤 압력센서(rear pressure sensor)는 뒤쪽 공기스프링의 압력을 검출한다. 자세제어를 위한 흡·배기시간은 먼저 결정된 map에 의해 기본적으로 결정되나, 적재량의 변화 등에 따라 대응하기 위해 이 센서의 흡 · 배기시간을 보정한다.

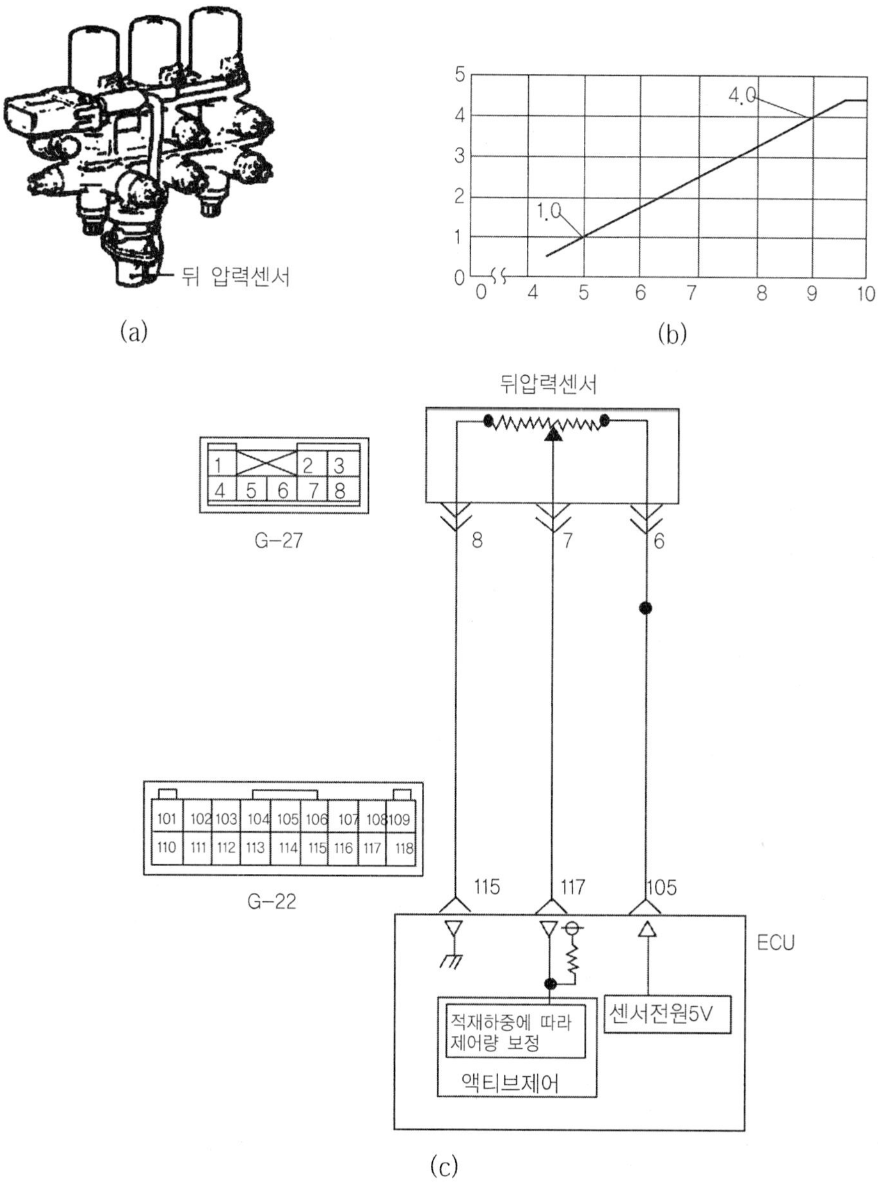

그림 56. 뒤 압력 센서의 형상과 회로도

[14] ECS 전원공급 릴레이

점화스위치를 ON으로 할 때 ECS 파워 릴레이가 ON으로 되고 전원은 ECS에 공급된다. 이와 동시에 ECS-ECU는 솔레노이드밸브 파워 릴레이를 ON시키고 전원은 솔레노이드밸브 구동회로에 공급된다. 이에 따라 ECS는 작동 가능상태로 된다. 주행 후 점화스위치를 OFF로 하면 딜레이 타이머는 3분 동안 차량높이 조정(하강 만)을 가능하게 하고 사람이 차량에서 내리는 동안 차량높이의 상승을 방지한다.

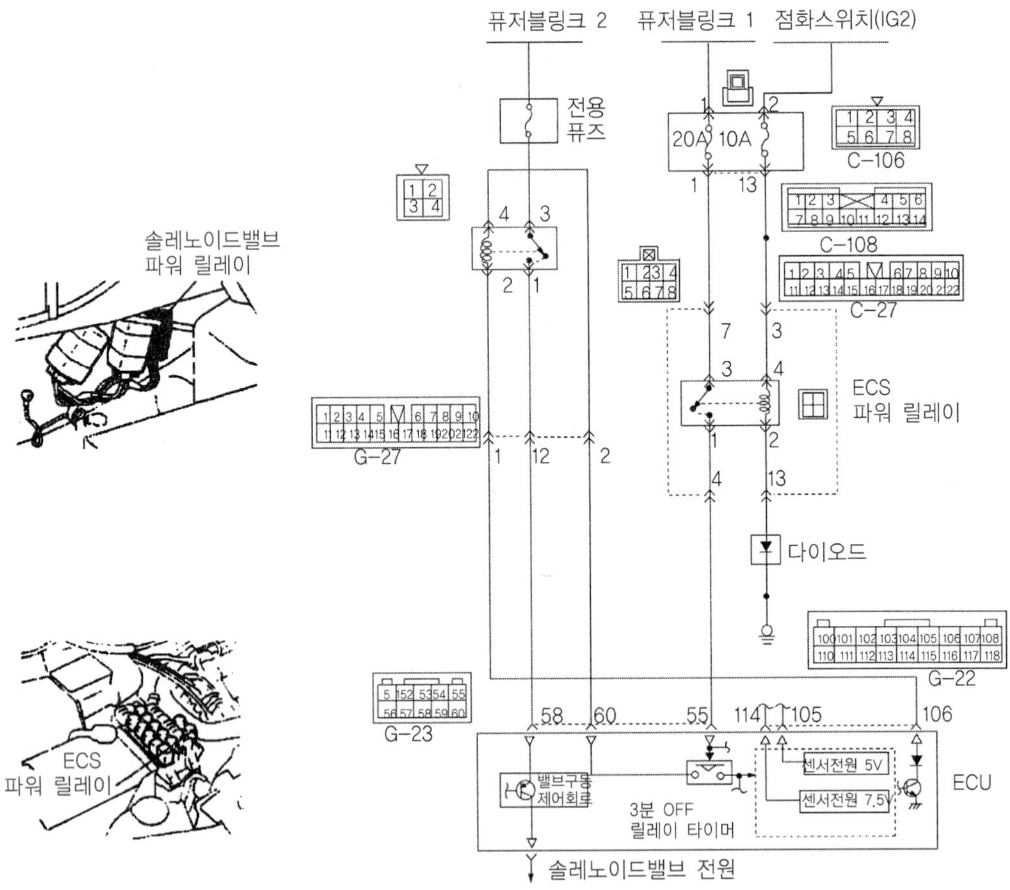

그림 57. ECS-ECU 전원공급 릴레이의 회로도

3.2. ECS 출력 구성부품의 점검·정비

3.2.1. 감쇠력 변환 액추에이터(스텝 전동기)

감쇠력 변환 액추에이터는 스텝전동기를 사용하며, 각 쇽업소버의 컨트롤 로드를 회전시켜 감쇠력을 4단계(hard, medium, auto-soft, soft)로 변환시킨다.

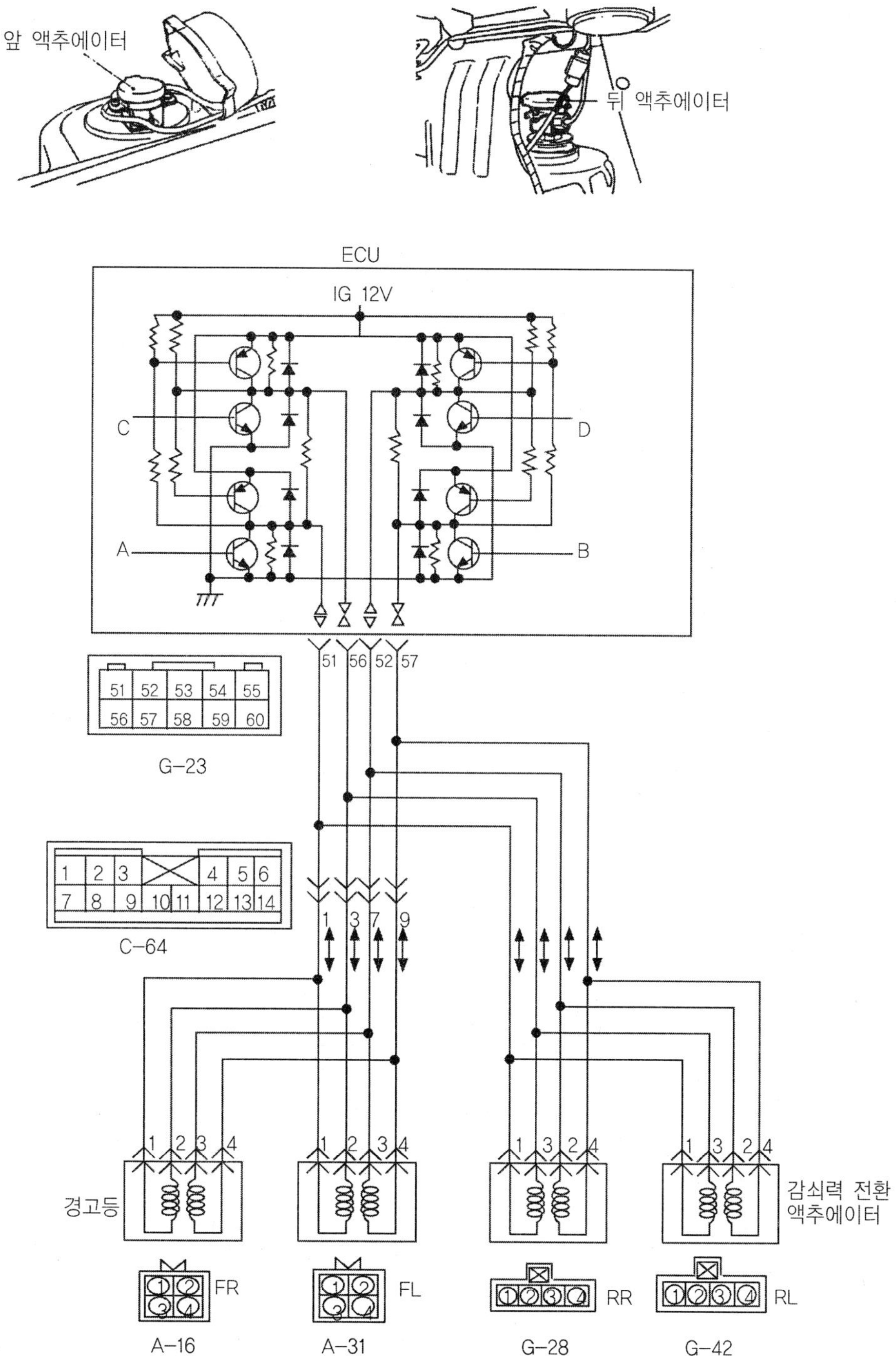

그림 58. 감쇠력 변환 액추에이터 설치위치와 회로도

3.2.2. 공기압축기 구동

공기압축기는 고압탱크의 압력이 7.7kgf/cm^2 이하일 때 작동하고, 9.5kgf/cm^2 이상되면 2초 후 정지한다. 그러나 리턴펌프가 작동 중일 때에는 공기압축기는 작동하지 않는다. 그리고 전동기 회로부분에 서모스위치(thermo switch)를 설치하여 공기압축기 내부가 고온이 되면 전동기의 전원을 차단하여 공기압축기를 보호한다.

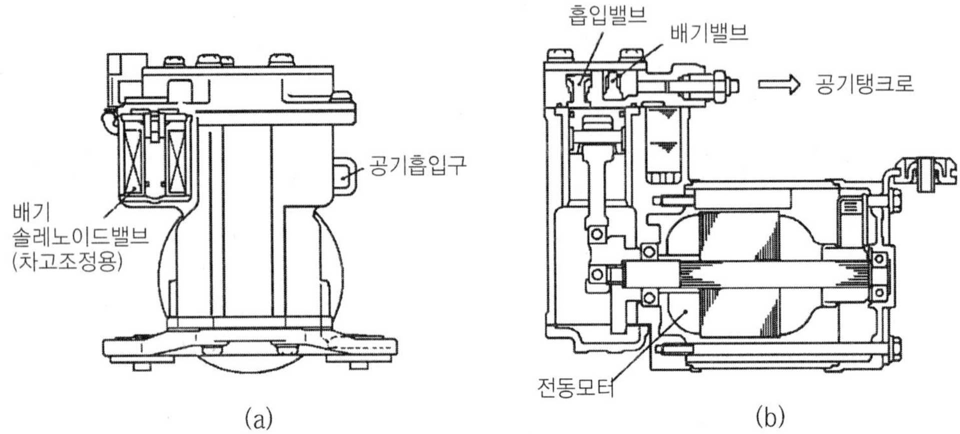

그림 59. 공기압축기의 구조

3.2.3. 리턴펌프 구동

리턴펌프는 저압탱크의 압력이 1.4kgf/cm^2 이상일 때 작동하고, 0.7kgf/cm^2 이하가 되면 2초 후에 정지한다. 그리고 전동기 회전부분에는 서모스위치가 설치되어 있어 리턴펌프 내부가 고온이 될 때 전원을 차단하여 리턴펌프를 보호한다.

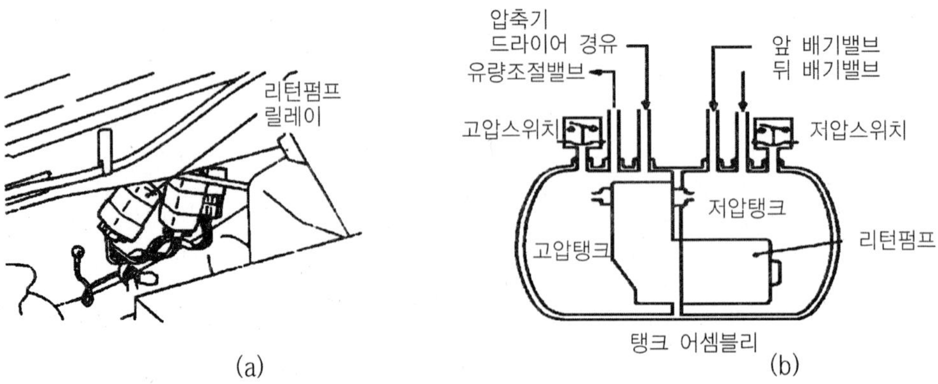

그림 60. 리턴펌프의 구조

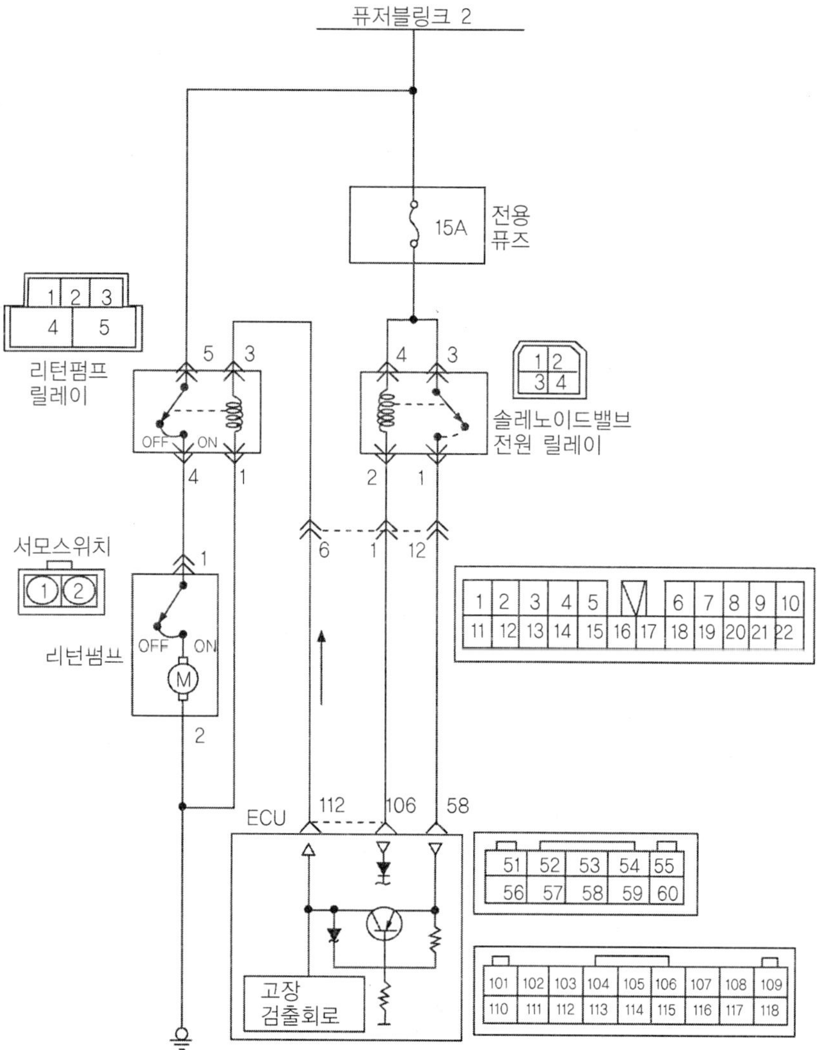

그림 61. 리턴펌프의 회로도

3.2.4. 차량 높이 조절용 배기밸브

차량 높이 조정용 배기밸브는 압축기에 설치되어 있으며, 차량높이를 하향으로 조정할 때 이 밸브는 ON이 되고, 각 공기스프링에서 공기를 대기 중으로 배출시키는 작용을 한다.

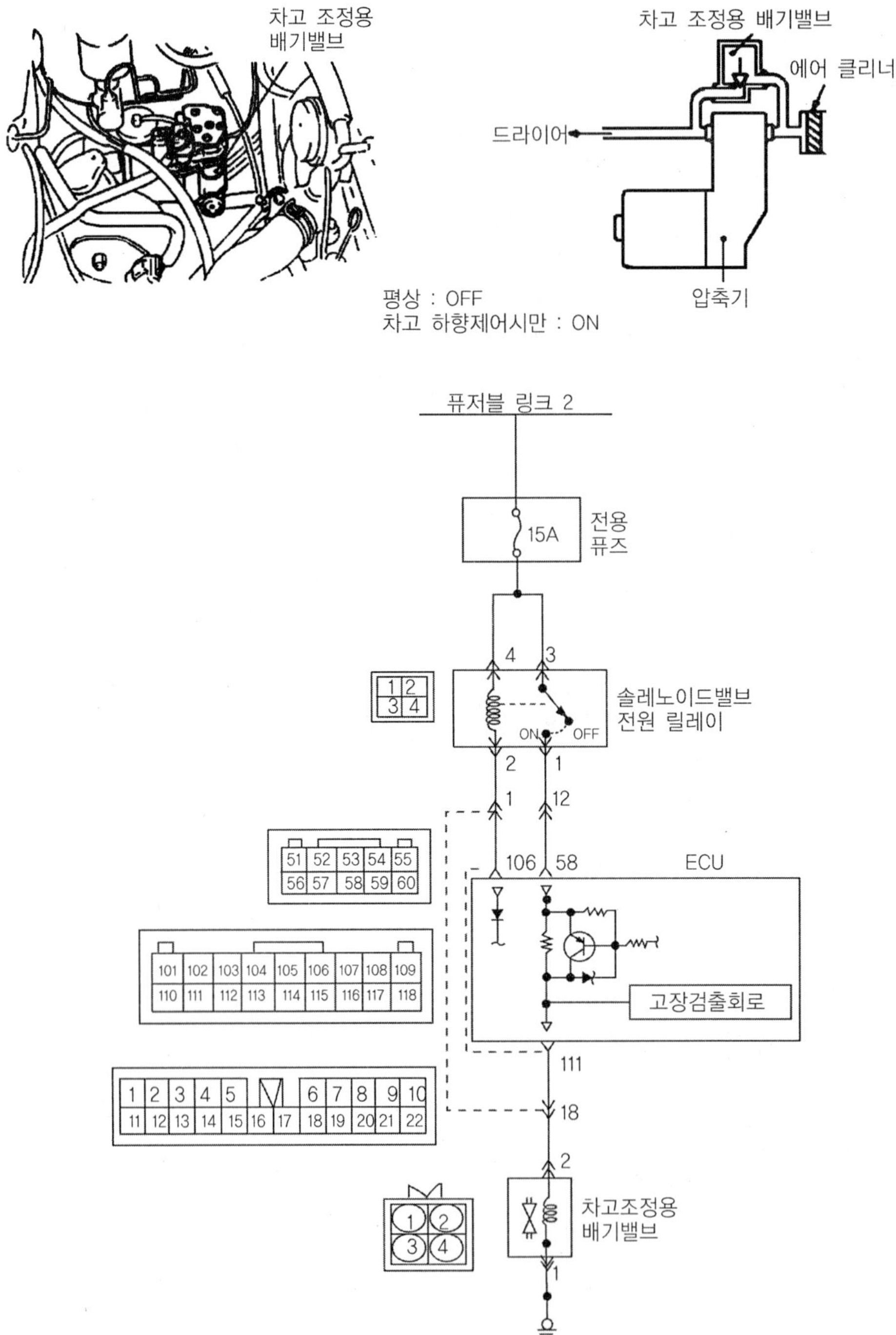

그림 62. 차량 높이 조정용 배기밸브의 구조 및 회로도

3.2.5. 유량 변환밸브

유량 변환밸브는 각 공기스프링으로 공급하는 공기의 유량을 2단계로 변환시키는 밸브이다. 일반적으로 차량 높이를 조정할 경우에는 차량높이 변화의 속도를 억제하여 적당한 속도로 되게 하기 위하여 유량 변환밸브를 OFF시키고 공기는 오리피스에 의해 제한된 양으로 공기 스프링에 공급된다. 험한 도로를 감지하였을 때 급속 차량높이 조정이나 롤링을 제어할 할 경우에는 이 밸브는 ON으로 되어 많은 양의 공기가 공기 스프링으로 공급된다.

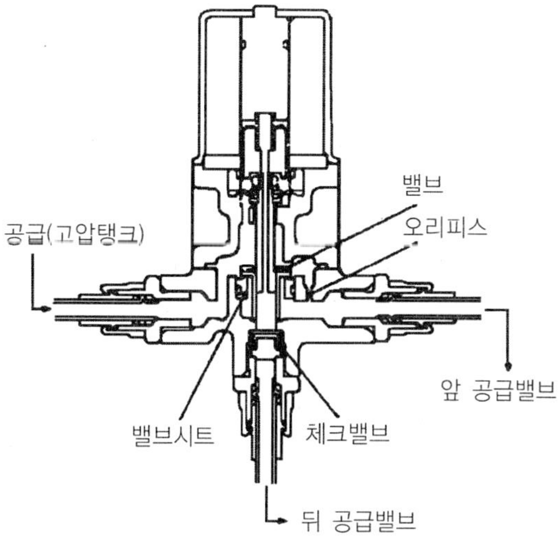

(a) OFF상태(보통차고 조정)

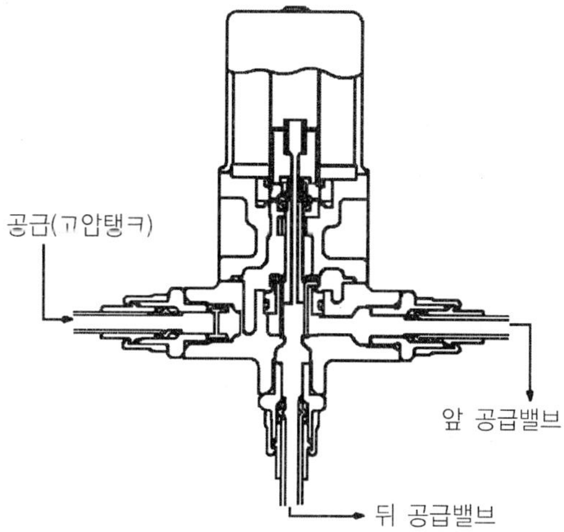

(b) ON상태(급속차고 조정)

그림 63. 유량 변환밸브의 구조

3.2.6. 앞 · 뒤 배기밸브

이 밸브들은 앞 또는 뒤 좌우 스트럿 공기 스프링에서 배기를 내부 순환과 외부 배출로 변환시켜주는 작용을 한다. 자세제어 배기 모드일 경우에는 OFF시키고, 배기는 저압탱크로 유도되어 다시 한번 시스템 내를 순환한다. 차량높이를 하향으로 제어할 경우에는 ON이 되어서 배기는 드라이어를 경유하여 차량높이 조정용 배기밸브에서 외부로 배출된다. 롤링제어를 유지할 경우에는 좌우 스트럿 공기 스프링의 압력 차이를 보정하기 위해 ON이 된다.

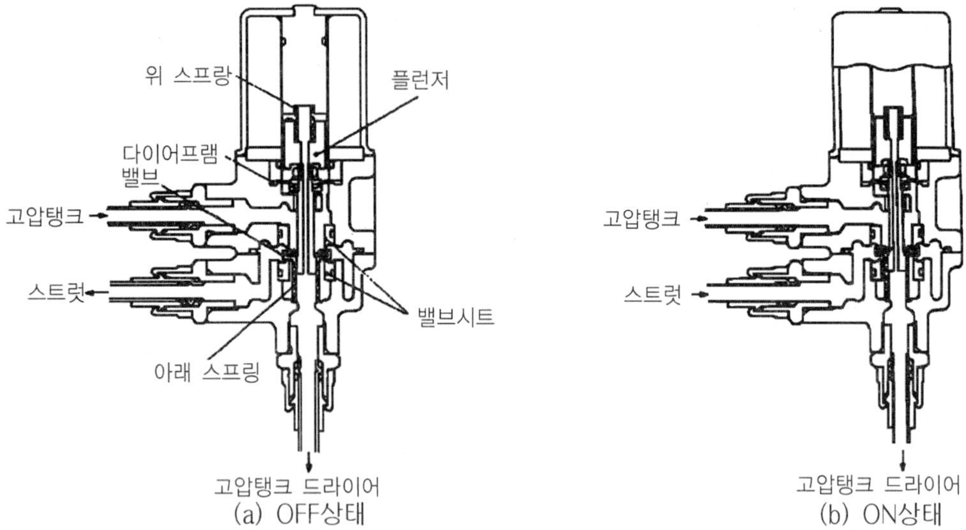

그림 64. 앞 뒤 배기밸브의 구조

3.2.7. 앞 급기밸브

앞 급기밸브는 자세제어가 차량 높이를 상향으로 제어를 할 때 앞쪽 좌우 스트럿 공기 스프링에 공기를 공급하는 경우 ON이 된다. 일반적인 배기일 경우에는 OFF로 되어 있다. 이 밸브는 공기의 역류를 방지하기 위한 체크밸브가 설치되어 있다.

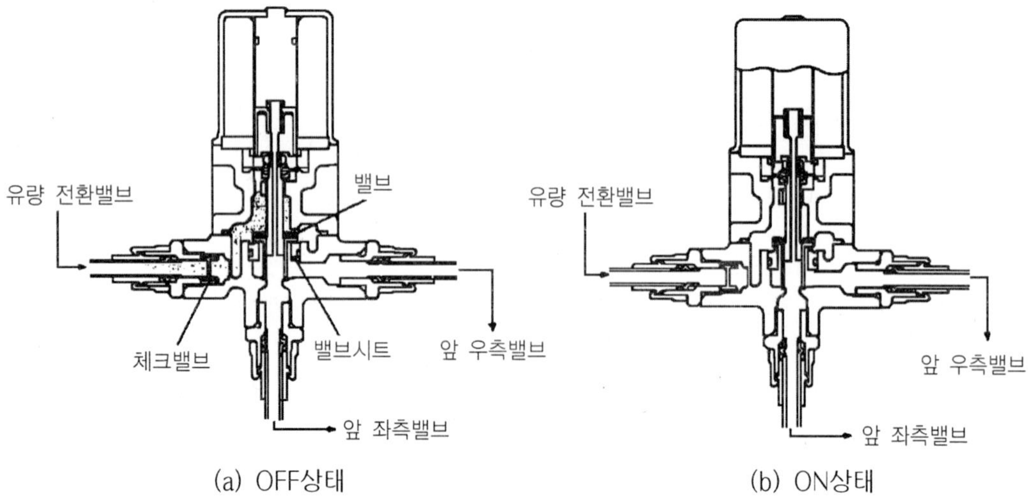

그림 65. 앞 급기밸브의 구조

3.2.8. 뒤 급기밸브

뒤 급기밸브는 자세제어나 차량높이 상승제어를 실시할 때 뒤쪽 좌우의 공기스프링에 공기를 공급하는 경우에는 ON이 된다. 일반적인 배기일 경우에는 OFF상태이다. 이 밸브에는 뒤 쇽업소버의 공기스프링 내의 압력을 검출하는 뒤 압력센서가 부착되어 있다.

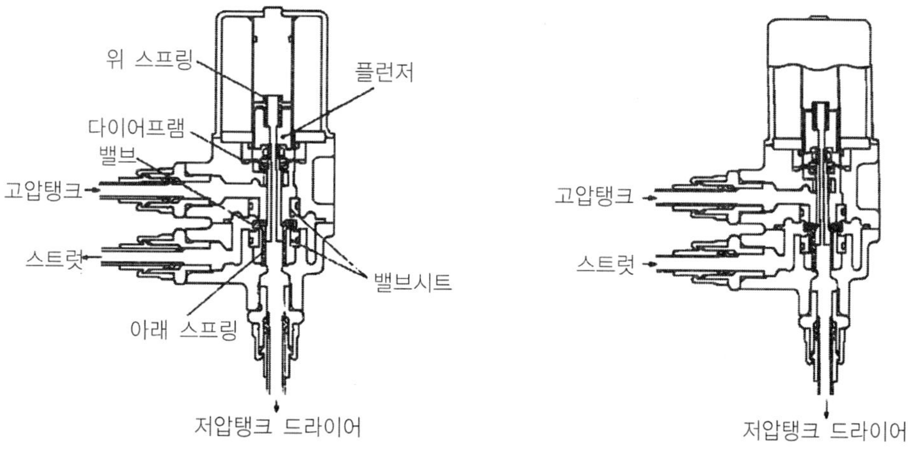

(a) OFF상태 (b) ON상태

그림 66. 뒤 급기밸브의 구조

3.2.9. 앞 좌우밸브

이 밸브들은 앞 좌우 스트럿의 각 공기스프링에 급기와 배기를 변환하는 밸브이다.

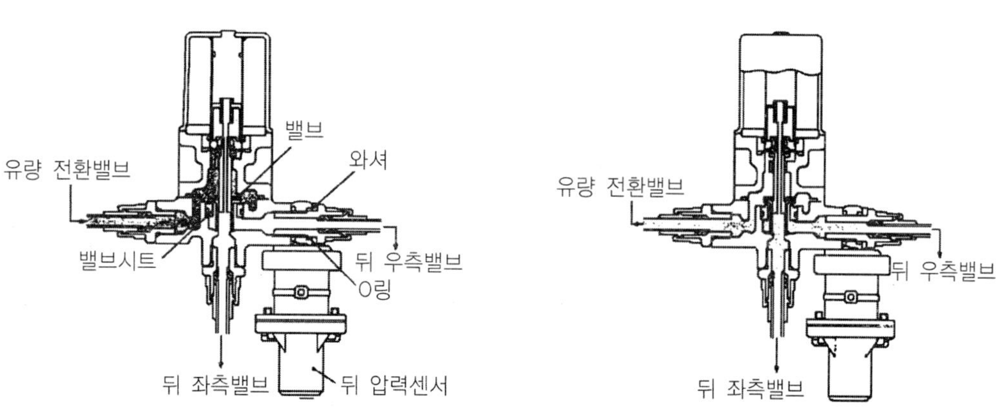

(a) OFF상태 (b) ON상태

그림 67. 앞 좌우밸브의 구조

3.2.10. 뒤 좌우밸브

이 밸브들은 뒤 좌우 쇽업소버의 공기스프링에 급기와 배기를 변환해주는 밸브이며, 평상시 급기를 할 경우에는 OFF, 배기를 할 때에는 ON이 된다.

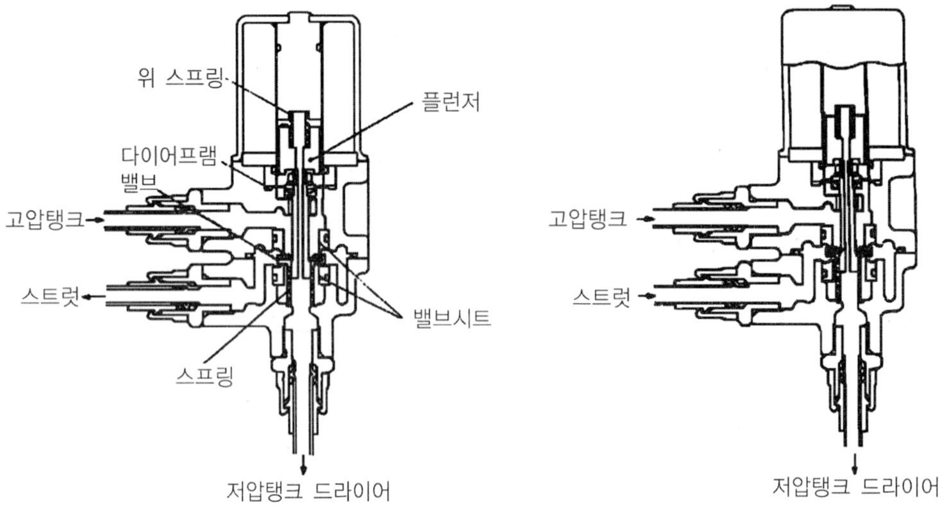

(a) OFF상태 (b) ON상태

그림 68. 뒤 좌우밸브의 구조

3.3. 공기 배관도

[1] 저장탱크(메인)

저장탱크(메인)는 공기를 공급하는 고압탱크와 자세를 제어할 때 배출공기를 저장하는 저압탱크 및 리턴펌프로 구성되어 있다.

[2] 저장탱크(보조)

저장탱크(보조)는 고압탱크와 저압탱크로 구성되어 있으며 메인 저장탱크와 병렬로 연결되어 있다. 따라서 탱크 내의 압력은 앞뒤가 동시에 변화한다.

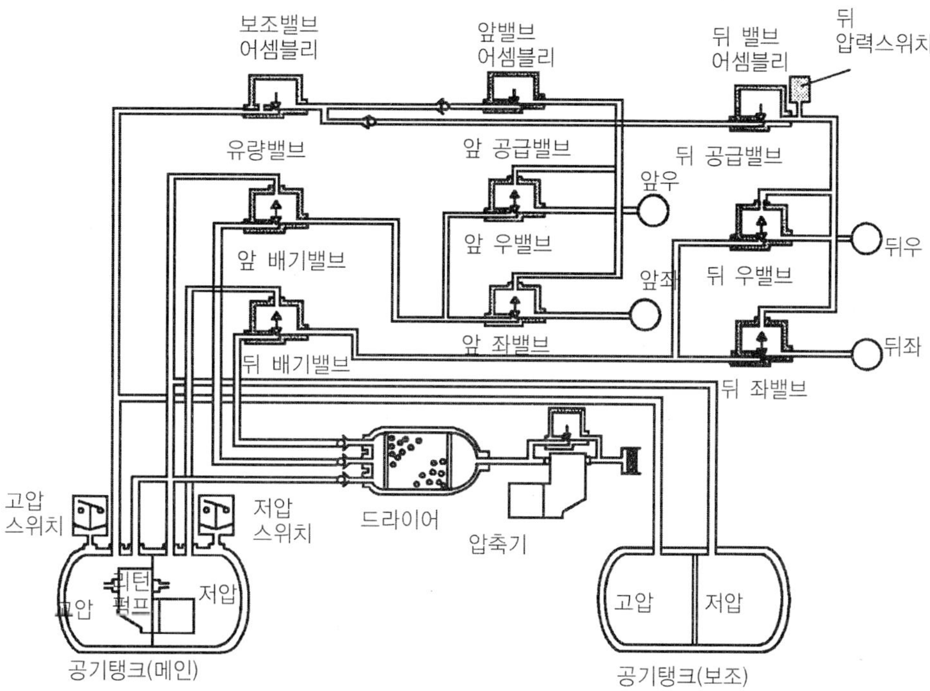

그림 69. 공기 배관도

[3] 고압 스위치

고압 스위치는 고압탱크 내의 압력이 설정 값 이하로 떨어지면 ON되어 압축기를 작동하고, 설정 값 이상이 되면 OFF되어 정지한다. 따라서 고압탱크 내에는 항상 일정압력의 공기가 축적되어 있다.

[4] 저압 스위치

저압 스위치는 저압탱크 내의 설정 값 이상으로 상승하면 OFF되어 리턴펌프를 작동하고, 설정 값 이하로 떨어지면 ON되어 리턴펌프의 작동을 정지시킨다.

[5] 공기압축기

공기압축기는 고압 스위치의 ON신호에 의해 작동되어 고압탱크 내에 공기를 저장한다. 그리고 차량높이 조정 배기밸브를 내장하여 차량높이를 낮출 때 작동시켜 공기를 대기 중으로 배출시킨다.

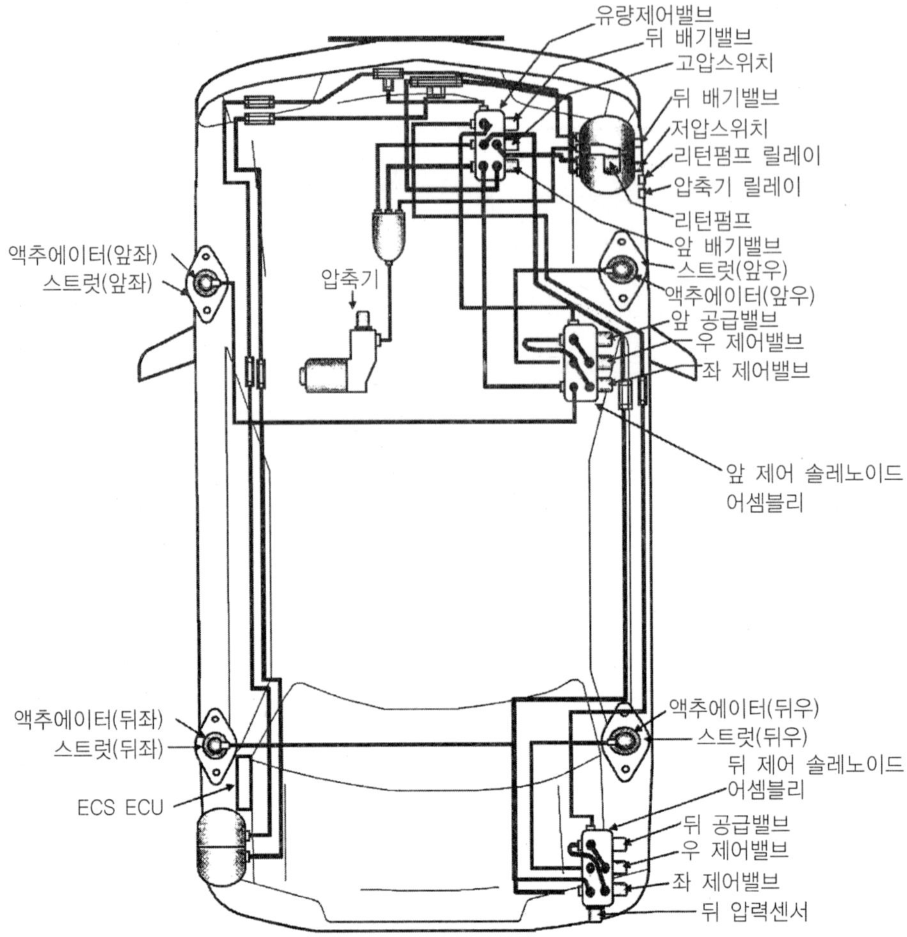

그림 70. 공기배관 연결도

[6] 드라이어

드라이어는 공기압축기와 저장탱크 사이에 위치하여 압축공기 중의 수분을 방습제에 의해 흡착하여 장치 내의 부식을 방지한다. 배기를 할 때 건조 공기에 의해 흡수한 수분을 배출하므로 수명이 반영구적이다.

[7] 각종 밸브

① 보조밸브 어셈블리 : 유량 제어밸브(자세제어, 급속 차량높이를 제어할 때는 ON), 뒤 배기밸브(뒤쪽에서 배기를 할 때 ON)로 구성되어 있다.

② 앞 밸브 어셈블리 : 앞 공급밸브(자세를 제어할 때 좌우 급기밸브), 앞 좌우 밸브로 구성되어 있다.

③ 뒤 밸브 어셈블리 : 뒤 공급밸브(자세를 제어할 때 좌우 급기밸브), 뒤 좌우 밸브로 구성되어 있다.

알아두기

ECS-ECU는 주행 안정성을 위해 다음과 같은 조건에서는 자동차의 실제높이와 목표높이가 다르더라도 자동차의 높이 조종이 이루어지지 않는다.

① 커브 길을 급선회할 때
② 급제동을 할 때
③ 급가속을 할 때

실습보고서

실습명	전자제어 현가장치	실습일시:	
학번 및 조		이름	

01. 전자제어 현가장치의 종류에 대하여 설명하시오.

02. 전자제어 현가장치의 입출력 요소에 대하여 설명하시오.

03. 전자제어 현가장치의 이상현상을 설명하시오.

04. 각 단품을 점검하고 점검결과에 대하여 설명하시오.

점검결과 설명	
실습기자재, 재료, 공구	
작업결과 설명	
다음정비 소견	
학습평가	① 암기하고 충분히 활용할 수 있다. ② 암기는 하지만 활용할 수 없다. ③ 단지 이해만 할 수 있다. ④ 암기도 이해도 할 수 없다.

CHAPTER 05 조향장치 [steering system]

Automotive Chassis Exercise

1. 조향장치의 개요

조향장치는 자동차의 진행방향을 운전자의 의지에 따라 바꾸는 장치이며 조향핸들을 돌려 앞바퀴의 방향을 바꾸도록 되어 있다. 뒤에서 설명될 앞바퀴 얼라인먼트와 밀접한 관계가 있으며 자동차 주행 안정상 브레이크장치와 함께 매우 중요한 장치이다. 또 조향장치는 자동차의 운동을 운전자의 의지에 따라 진행방향을 바꿀 수 있어야 한다.

2. 조향장치의 구조

2.1. 차축방식의 조향장치

2.1.1. 일체 차축방식의 조향장치

일체 차축방식의 조향장치는 그림 1과 같이 조향핸들(steering wheel), 조향축(steering shaft), 조향기어(steering gear), 피트먼 암(pitman arm), 드래그 링크(drag link), 타이로드(tie rod), 너클암(knuckle arm) 등으로 되어 있다. 조향핸들을 조작하면 회전력은 조향축을 거쳐 조향기어에 전달된다.

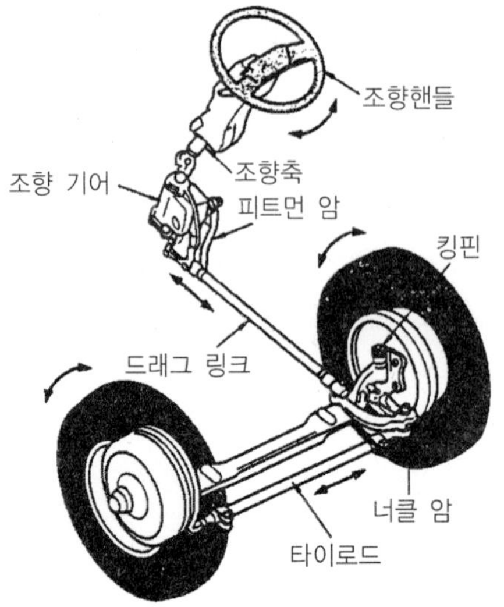

그림 1. 일체 차축방식의 조향장치

2.1.2. 독립 차축방식의 조향장치

독립 차축방식 조향장치는 좌우바퀴가 독립적으로 작용하기 때문에 타이로드를 2개로 나누어 설치하며, 드래그 링크가 없다. 또 기구들의 기능은 일체 차축방식의 조향장치와 크게 다르지 않다.

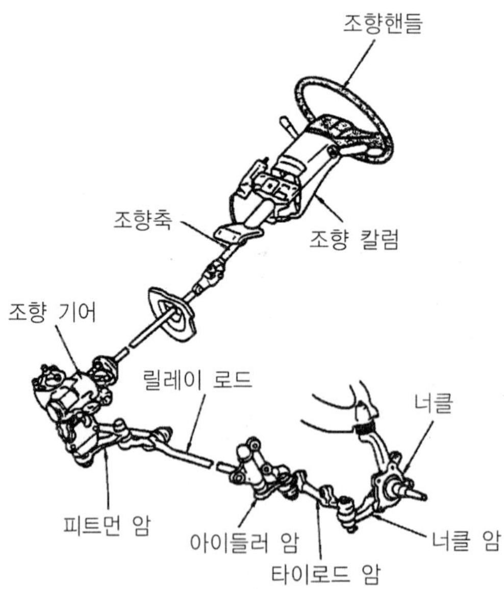

그림 2. 독립 차축방식의 조향장치

2.1.3. 앞바퀴의 설치관계

[1] 앞차축의 구조

일체 차축방식(ridge axle) 조향기구의 앞차축은 강철을 형타 단조한 I 단면의 빔(beam)이나 속이 빈(hollow)파이프를 사용하고 그 양 끝에 킹핀 설치부분과 스프링 시트가 용접되어 있다. 킹핀 설치부분에는 킹핀을 통하여 조향너클이 설치되며, 그 방식에는 엘리옷 형식, 역엘리옷 형식, 마몬 형식, 르모앙 형식 등이 있다.

(1) 엘리옷 형식(elliot type)

엘리옷 형식은 앞차축 양끝 부분이 요크(yoke)로 되었고 이 요크에 조향너클이 끼워지게 된 형식이다. 이 형식에서 킹핀은 조향너클에 고정되고 앞차축에는 부싱을 사이에 두고 설치된다. 엘리옷 형식은 차축의 구조가 역엘리옷 형식보다 복잡하고 브레이크 배킹판의 설치도 약간 어려운 점이 있다.

(2) 역 엘리옷 형식(revers elliot type)

역 엘리옷 형식은 엘리옷 형식과 반대로 조향너클에 요크가 설치된 것이다. 킹핀은 앞차축에 고정되고 조향너클과는 부싱을 사이에 두고 있으며, 가장 많이 사용하고 있다.

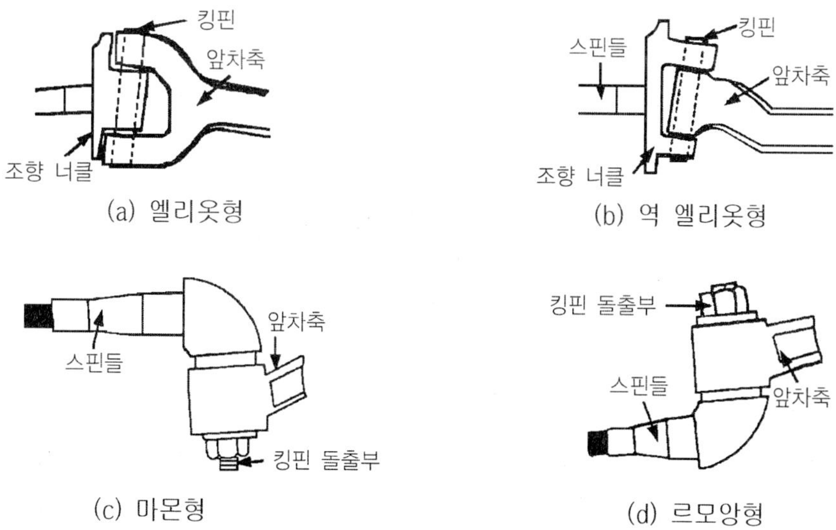

(a) 엘리옷형 (b) 역 엘리옷형 (c) 마몬형 (d) 르모앙형

그림 3. 조향 너클 설치방식

(3) 마몬 형식(marmon type)

마몬 형식은 앞차축 윗부분에 조향너클을 설치한 것이며, 킹핀이 아래쪽으로 돌출 되어 있어 앞차축의 형상이 간단하다.

(4) 르모앙 형식(lemoine type)

로모앙 형식은 앞차축 아랫부분에 조향너클을 설치한 것이며, 킹핀이 위쪽으로 돌출되어 있다. 구조상 차축의 높이가 높아지기 때문에 트랙터 등의 특수 차량에서 주로 사용된다.

2.2. 동력 조향장치(power steering system)

동력 조향장치는 타이어의 편평화 및 앞바퀴 구동방식으로의 변화 등으로 조향 조작력이 증가함에 따라 이를 경감하기 위해 엔진의 동력으로 오일펌프를 구동하여 유압을 발생시켜 조향핸들에 의해 제어되는 밸브를 통하여 동력실린더로 공급되는 유압통로를 변화시켜 조향핸들의 조향 조작력을 배력시켜 주는 장치이다. 이 장치는 조향핸들의 조작력이 작아도 되고, 조향 조작력에 관계없이 조향기어 비율을 선정할 수 있으며, 도로 면으로부터의 충격 및 진동을 흡수한다.

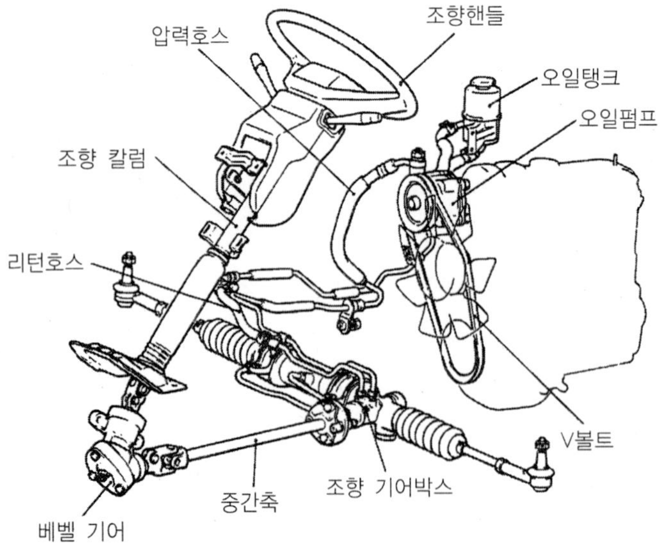

그림 4. 동력 조향장치의 구성부품

또 앞바퀴의 시미현상을 방지할 수 있고, 조향 조작이 경쾌하고 신속한 장점이 있으나 구조가 복잡하고 값이 비싸며, 고장이 발생한 경우에는 정비가 어렵고 오일펌프 구동에 엔진의 출력이 일부 소비되는 결점이 있다.

2.2.1. 동력 조향장치의 구조

동력 조향장치는 작동부분, 제어부분, 동력부분의 3주요부로 구성되어 있다.

[1] 오일펌프 - 동력부분

오일펌프는 엔진에 의해 구동되며 유압을 발생한다. 오일펌프는 주로 베인펌프(vane pump)를 사용하며, 작동은 로터(rotor)가 회전하면 베인이 방사선 상으로 미끄럼 운동을 하여 베인 사이의 공간을 증가시키거나 감소시킨다. 즉 공간이 커질 때에는 오일이 펌프로 들어오고 감소되면 출구를 거쳐 배출된다.

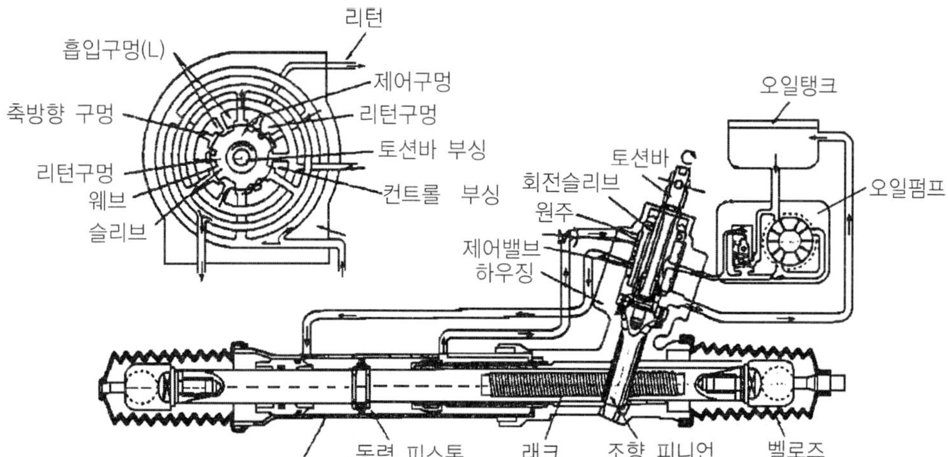

그림 5. 오일펌프의 구조

[2] 동력 실린더 - 작동부분

동력 실린더는 실린더 내에 피스톤과 피스톤 로드가 들어 있으며, 오일펌프에서 발생한 유압을 피스톤에 작용시켜서 조향방향 쪽으로 힘을 가해 주는 장치이다. 또 동력 실린더는 피스톤에 의해 2개의 방(chamber)으로 분리되어 있으며 한쪽 방에 오일이 들어오면 반대쪽 방에서는 오일이 오일탱크로 복귀하는 복동형이다.

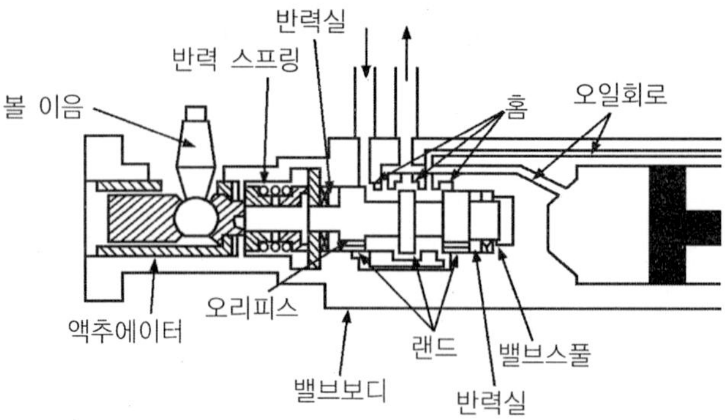

그림 6. 동력 실린더와 제어밸브

[3] 제어밸브 - 제어부분

제어밸브는 조향핸들의 조작력을 조절하는 기구이며, 조향핸들을 돌려 피트먼 암에 힘을 가하면 오일펌프에서 보내 준 유압을 조향방향으로 동력 실린더의 피스톤이 작동하도록 유압통로를 변환시킨다.

제어밸브는 밸브 보디 안쪽에 3개의 홈과 오일펌프에서 보내 준 유압을 동력 실린더 2개의 방으로 공급하기 위한 유압통로가 있다. 밸브 스풀(valve spool)에는 밸브 보디에 있는 3개의 홈에 대응하는 3개의 랜드(land)가 있어 밸브 스풀의 이동에 따라 밸브 보디의 오일 통로가 개폐된다.

[4] 안전 체크밸브(safety check valve)

안전 체크밸브는 제어밸브 속에 들어 있으며 엔진이 정지된 경우 또는 오일펌프의 고장, 회로에서의 오일 누출 등의 원인으로 유압이 발생하지 못할 때 조향핸들의 조작을 수동으로 할 수 있도록 해주는 밸브이다.

작동은 동력 조향장치가 고장이 났을 때 조향핸들을 조작하면 동력 실린더가 작용하여 실린더 한쪽 방의 오일에 압력을 가하면 반대쪽 방은 진공상태로 된다. 따라서 안전 체크밸브가 열려 압력이 가해진 쪽의 방의 오일이 진공 쪽의 방으로 유입되어 수동조작이 가능하도록 해준다.

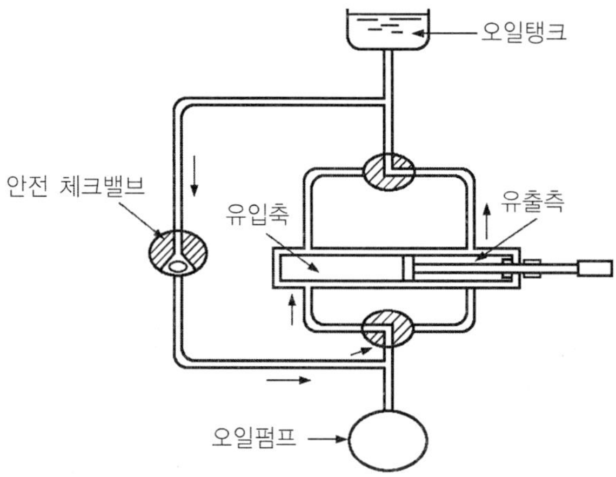

그림 7. 안전 체크밸브

2.3. 전자제어 조향장치

자동차에서 가장 이상적인 조향조작력은 주행조건에 따른 최적의 조향조작력을 확보하는 것으로 주차를 하거나 서속주행 중에서는 가볍고 부드러운 특성, 중·고속영역에서는 안정성을 얻을 수 있도록 적당히 무거워야 한다. 기존의 일반적인 유압방식 동력 조향장치(NPS : normal power steering)에서는 저속주행 및 주차할 때 운전자가 조향핸들에 가하는 조향조작력을 감소시키기 위해 유압에너지를 이용하였다.

따라서 기계방식 조향장치에서 발생되었던 저속주행 및 주차할 때의 조향조작력 증가에 대한 문제를 해결할 수 있었으나 고속으로 주행할 때 도로면과의 접지력 저하에 따른 조향핸들의 조작력이 가벼워지는 단점이 있다. 즉 배력이 일정한 동력 조향장치에서는 저속영역의 특성을 중요시하면 고속영역에서 조향조작력이 가벼워 불안정하고, 고속영역 특성을 중요시하면 저속영역에서 조향조작력이 무거워진다.

따라서 기존의 일반적인 유압방식 동력 조향장치(NPS)에서는 상반되는 저·고속 두 조건의 요구특성을 만족시키기 어려우므로 저속과 고속영역 특성 양쪽의 최적 점에서 설계한다. 이와 같은 상반되는 저·고속영역 두 조건의 요구특성을 만족시키기 위해 전자제어 동력 조향장치(ECPS : electronic control power steering)가 개발되었다.

전자제어 동력 조향장치는 그림 8과 같이 자동차의 주행속도에 따라 조향조작력을 적절히 변화시켜, 주차 또는 저속영역에는 조향조작력을 가볍게 하여 원활한 조향성능을, 고속영역에는 조향조작력을 무겁게 하여, 주행 안정성을 제공한다. 따라서 전자제어 동력 조향장치는 주행조건에 따른 조향특성을 최적화한 이상적인 장치라 할 수 있다.

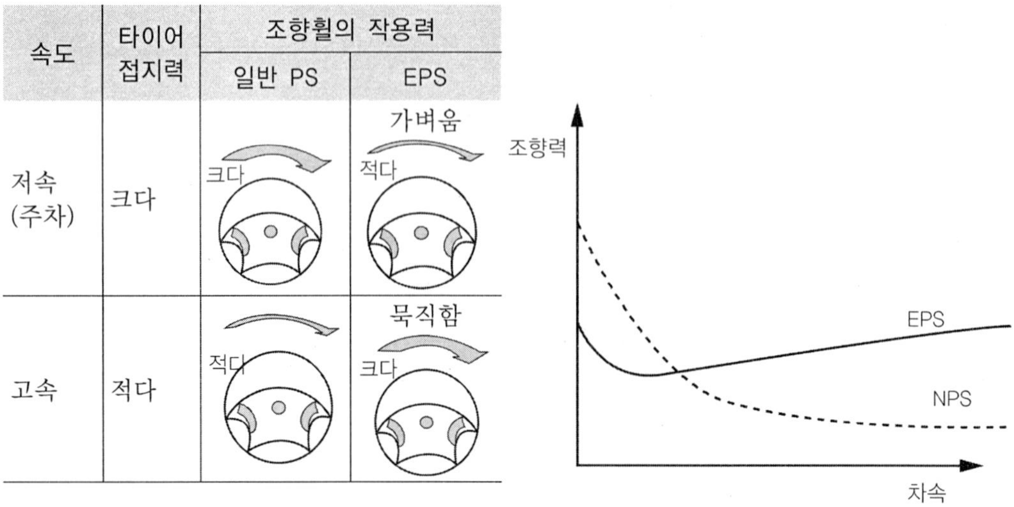

그림 8. 주행속도와 조향조작력의 관계

국내에서는 1990년 초반부터 전자제어 동력 조향장치가 적용되어 자동차의 고급화, 고부가 가치화에 대응하고 있다.

2.3.1. 유압방식 동력 조향장치[EPS]

[1] 유압방식 동력 조향장치의 개요

조향장치는 자동차의 주행속도가 증가함에 따라 구동력 증가에 대한 반발력이 발생하거나 양력 및 항력에 의한 조향축 하중감소 등으로 조향할 때 타이어와 도로면 사이의 접지저항이 감소한다. 따라서 고속으로 주행할 때에는 조향 안전성이 떨어져 불안하게 되므로 자동차의 주행속도가 증가할수록 조향조작력은 무겁고 주행속도가 낮을수록 가볍게 할 필요가 있다.

이와 같이 조향조작력을 변화시키는 장치가 전자제어 동력 조향장치이다. 이를 실현하기 위해 유압방식 동력 조향장치(EPS : electronic power steering system)는 엔진에 의해 구동되는 유압펌프의 유압을 동력원으로 사용하는 기존의 일반적인 유압방식 동력 조향장치(NPS : normal power steering)에 유량제어 기구인 유량제어 솔레노이드밸브를 추가하여, 주행속도의 변화에 대응하여 조향기어 박스로 공급되는 유량을 적절하게 제어한다. 이 유량제어 솔레노이드밸브는 주행속도 및 조향핸들 각속도 센서의 정보를 입력받은 ECU에 의해 제어된다.

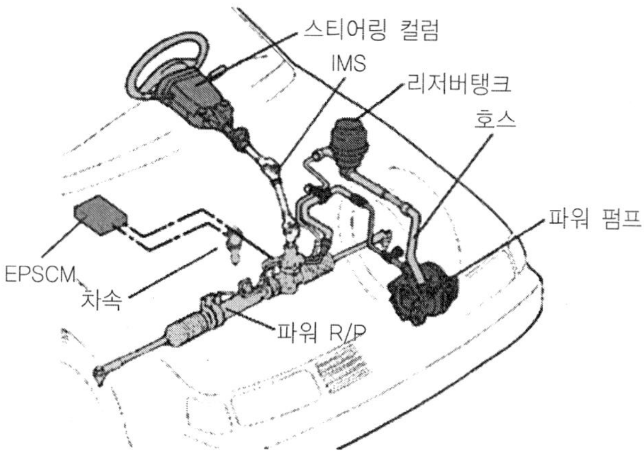

그림 9. 유압방식 동력 조향장치의 구조

[2] 유압방식 동력 조향장치의 기본원리

여기서는 유압방식 동력 조향장치 중 승용차에서 주로 사용되는 래크 & 피니언 방식(rack & pinion type)을 기준으로 설명하도록 한다. 조향기어박스는 래크 & 피니언에 의해 좌우방향으로 조향된다.

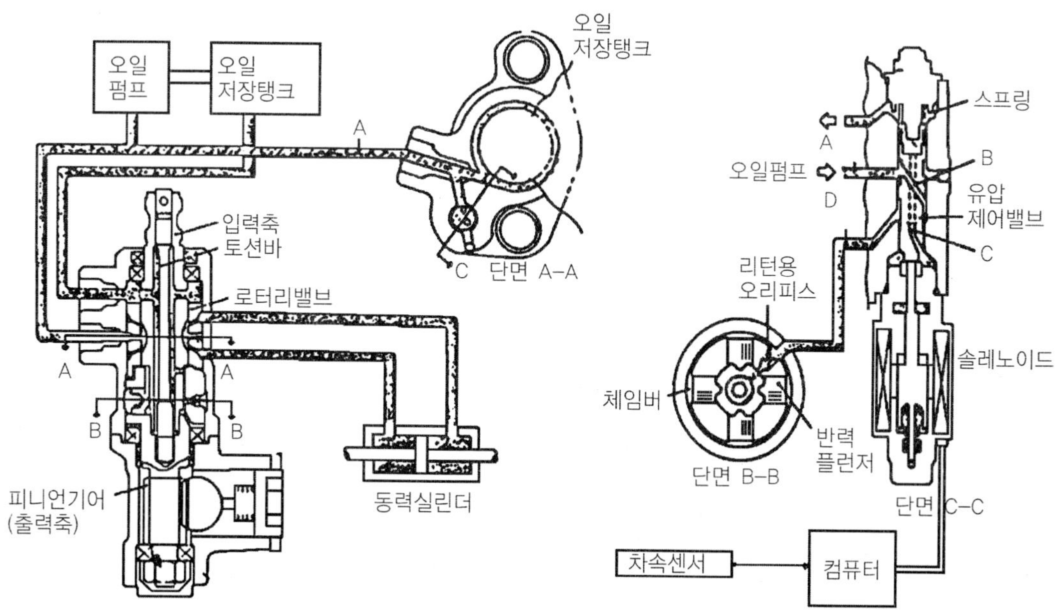

(a) (b)

그림 10. 유압방식 동력 조향장치의 기본 원리도

래크 & 피니언 어셈블리 좌우에는 실린더가 설치되어 있으며 운전자가 조향핸들을 조작하면 토션 스프링(torsion spring)이 오일회로의 방향을 바꿔주므로 유압펌프에서 형성된 유압이 해당 실린더로 작용하여 조향이 이루어진다.

(1) 정차 및 저속으로 주행할 때

정차 또는 저속으로 주행(0~60km/h)할 때에는 ECU에서 솔레노이드밸브로 약 1A의 전류가 공급되어 솔레노이드밸브에는 가장 큰 출력이 위쪽으로 작용한다. 이로 인해 압력제어 밸브는 위쪽에 위치한 스프링을 압축하면서 상승하여 오일펌프의 유압이 작용하는 오일회로 A와 반력 플런저로 공급되는 오일회로 D를 차단하는 위치에 있게 되므로 반력 플런저에 작용하는 유압을 제어하면(이때의 유압은 0이다) 반력 플런저가 입력 쪽을 누르는 힘이 없기 때문에 가장 경쾌한 조향조작력을 얻을 수 있다.

(2) 중·고속으로 주행할 때

솔레노이드밸브 및 압력제어 밸브의 위치는 오일회로 A에서 오일회로 D로의 통로를 연다. 이 상태에서 조향핸들을 통상적인 조향범위 내에서 조작하면 오일펌프의 토출 압력은 저속주행할 때와 같이 조향각도에 대해서 상승하기 때문에 조향조작력에 비례한 출력유압이 얻어져 중·고속 주행에서의 적절한 조향감각을 얻을 수 있다.

(3) 고속으로 주행할 때

솔레노이드밸브 위쪽에 가해지는 유압이 주행속도의 증가에 따라 감소하여 압력제어 밸브가 아래쪽으로 이동하여 오일회로 B가 열리면서 오일회로 D로 오일이 공급되어 반력 플런저 뒤쪽을 밀게 되므로 플런저가 유압의 입력을 막아 토션 바와 피니언이 일체가 되도록 하여 조향조작력이 무거워진다.

따라서 험한 도로를 주행하거나 타이어가 펑크 난 경우 등 도로면에서 큰 반력이 작용하면 펌프의 토출압력이 일반적인 조향의 경우보다 상승하여 반력 플런저에 작용하는 유압을 규정 값 이하로 제어한다. 이에 따라 주행할 때 도로면에서 큰 힘이 작용한 경우에도 조향조작력을 일정 값 이하로 제어하여 험한 도로를 주행하더라도 조향핸들을 놓치는 일이 없다.

[3] 유압방식 동력 조향장치의 종류

(1) 유량제어방식(속도감응 제어방식)

유량제어 방식 동력 조향장치에서는 차속센서 및 조향핸들 각속도 센서의 입력에 대응하여 ECU이 유량조절 솔레노이드밸브의 전류를 제어하여 조향기어박스에 유압(유량)을 조절함에 따라 주행속도에 따른 최적의 조향조작력을 실현한다. 즉, 메인밸브에서 공급된 유량을 바이패스(by-pass)하여 공급유량을 조절하여 특성의 변화를 얻는다.

특성의 가변 폭은 밸브가 지니는 유량특성의 범위 내에서 있어 작고, 또 유량을 제어할 때 조향응답성의 저하 때문에 현재는 일부차종에서 사용되고 있다.

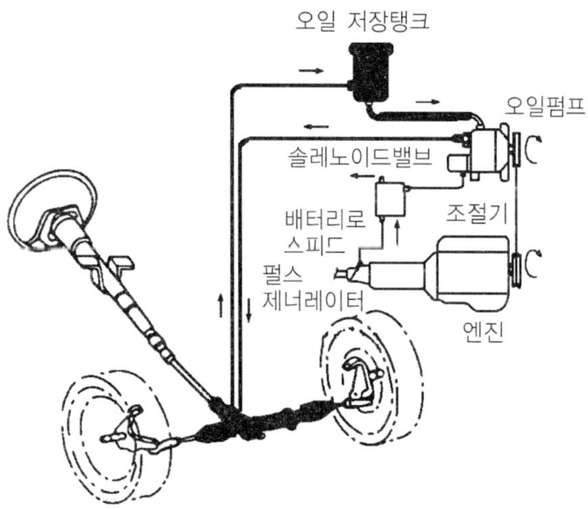

그림 11. 유량 제어방식의 구조

(2) 실린더 바이패스 제어방식

조향기어박스에 실린더 양쪽을 연결하는 바이패스밸브와 통로를 두고 주행속도의 상승에 따라 바이패스밸브의 면적을 확대하여 실린더 작용압력을 감소시켜 조향조작력을 제어하는 방식이다. 이 방식에서는 바이패스밸브 내의 흐름 방향이 조향방향에 따라 역회전하므로 좌우의 특성을 갖추기 위해 설계 면과 제조 면에서 배려가 이루어져 있다.

급조향할 때 응답성 지연의 제약 및 대응방법은 유량제어 방식과 마찬가지이나 조향조작력의 변화량은 유량제어 방식보다 약간 크다. 바이패스밸브와 바이패스 통로를 조향기어박스에 설치해야 하므로 가격이 비싸다.

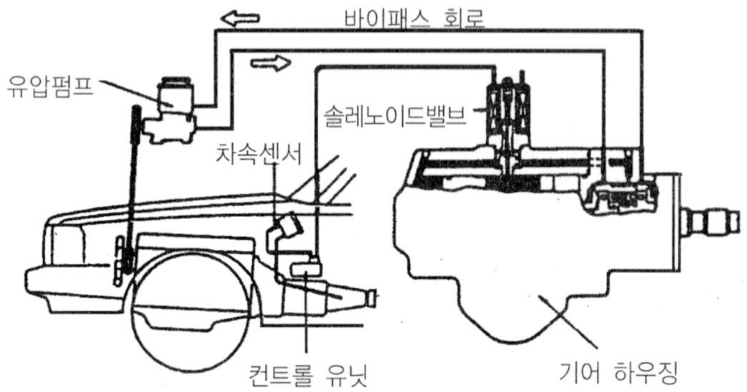

그림 12. 실린더 바이패스 제어방식

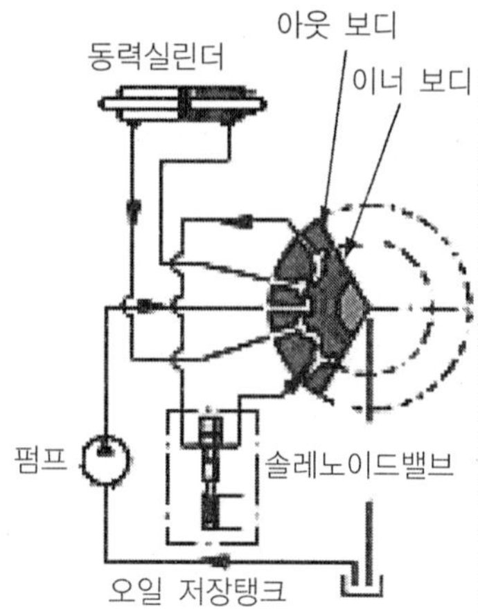

그림 13. 로터리밸브의 유압발생

(3) 유압반력 제어방식

동력 조향장치의 밸브부분에 유압반력 제어 기구를 두고 유압반력 제어밸브에 의해 주행속도의 상승에 따라 유압 반력실에 도입하는 반력압력을 증가시켜 반력기구의 강성을 가변 제어하여 직접 조향조작력을 제어하는 방식이다. 조향조작력의 변화량은 반력압력의 제어에 의해 유압 반력기구의 용량 범위에서 임의의 크기가 주어지며 급조향할 때 응답지연의 문제가 없어 승용차에 바람직한 조향장치이다.

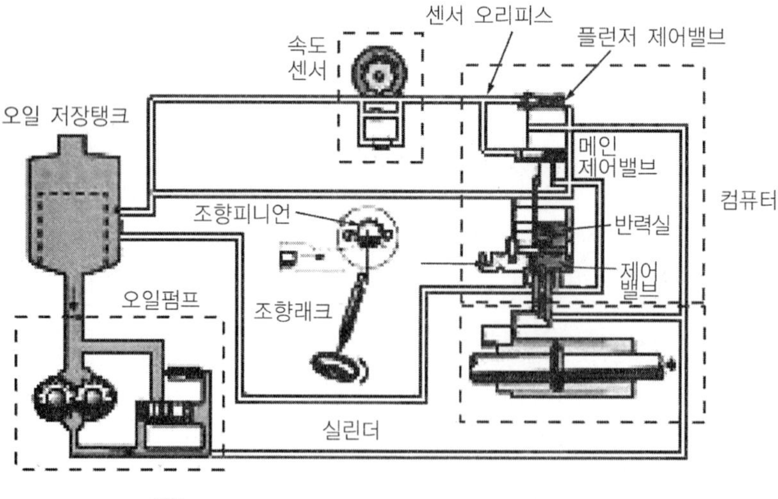

그림 14. 유압반력 제어방식의 구조

[4] 유압방식 동력 조향장치 구성요소

전자제어 동력 조향장치(ECPS)의 종류에는 여러 가지가 있지만 일반적인 구성은 ECU, 차속센서, 조향기어박스로 되어있다. 또 조향기어 박스에는 주행속도 등에 의해 유량특성을 제어하는 유량제어 솔레노이드밸브가 설치되어 있다. 또 필요에 따라서는 조향핸들 각속도 센서로부터 조향각속도를 검출하여, 중속 이상 조건에서 급조향할 때 발생되는 순간적 조향핸들 걸림 현상인 캐치 업(catch up)을 방지하여 조향 불안감을 해소한다.

그리고 스로틀위치 센서로부터 스로틀밸브 열림 정도를 검출하기도 하는데, 이것은 스로틀밸브 열림정도가 일정 값 이상 열린 상태에서 주행속도가 입력되지 않는 경우, 차속센서의 고장으로 판단하기 위함이다. 일반적으로 전자제어 동력 조향장치에서 차속센서가 고장났을 때에는 주행 안정성을 확보하기 위해 조향조작력을 중속(조금 무겁게)조건으로 일정하게 유지한다.

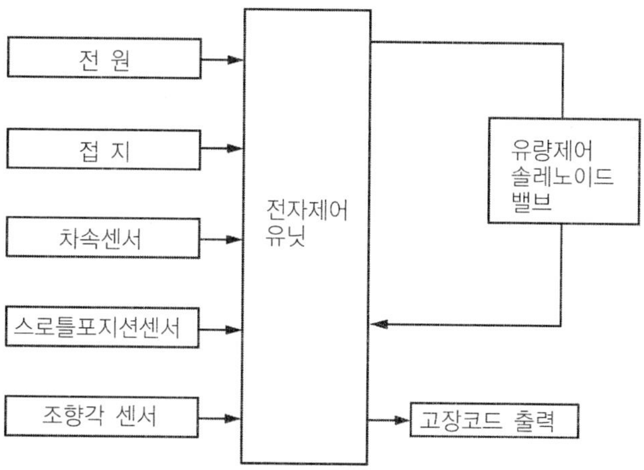

그림 15. 유압방식 동력 조향장치의 입·출력 구성도

2.4. 전동방식 동력 조향장치

2.4.1. 전동방식 동력 조향장치의 개요

동력 조향장치의 보급이 증가함에 따라 그 요구 성능도 단순히 조향조작력의 경감에 그치지 않고 주행속도이나, 주행조건에 따른 최적의 적절한 조향조작력의 설정도 중요한 요구 성능 중 하나가 되었다.

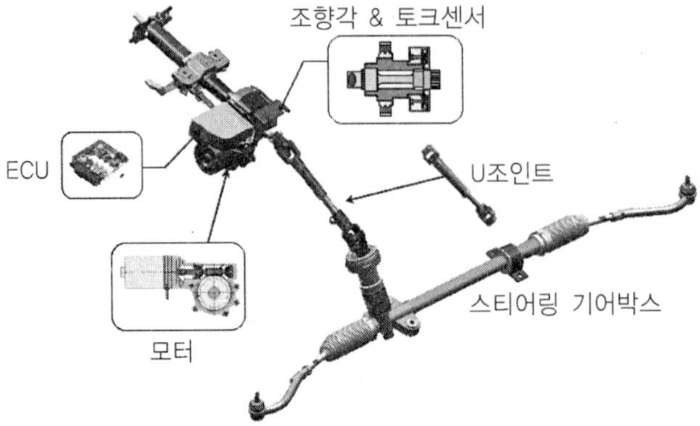

그림 16. 전동방식 동력 조향장치의 구성도

그 요구에 대응하기 위해 기존의 유압 동력장치에 유압제어 기구와 ECU을 추가한 전자제어 동력 조향장치가 이미 개발되었지만, 기존의 유압 NPS(normal power steering)에 비하면 매우 복잡하고 가격이 비싸다. 한편 유압 동력장치의 고성능화와는 별도로 위 사항의 요구에 대응하는 방법으로 전동기(motor)를 이용하여 조향조작력을 보조(assist)하는 전동방식 동력 조향장치가 개발되었다. 전동방식 동력 조향장치는 유압방식 동력조향장치에 비해 간단한 제어 기구로 조향조작력 제어의 자유도를 넓히면서 가격과 무게감소, 그리고 작업 성능 등이 향상되는 효과가 있으면서, 최근 출시되는 대부분의 차량에 적용되고 있다.

고객요구 및 배기가스 규제에 따른 개발환경으로 연료소비율 향상에 중점을 두고 있다. 또한 고급차량에만 적용되는 속도감응형 파워스티어링(EPS)의 구현이 가능하여 저속 및 고속 주행시의 운전 편의성 및 주행안정성이 향상되었다.

전동방식 동력 조향장치는 자동차의 주행속도에 따라 조향핸들의 조향조작력을 전자제어로 전동기를 구동시켜 주차 또는 저속으로 주행할 때에는 조향조작력을 가볍게 해주고, 고속으로 주행할 때에는 조향조작력을 무겁게 하여 고속주행 안정성을 운전자에게 제공한다. 전동방식 동력 조향장치는 전동기를 이용하여 운전자의 조향조작력을 보조하는 장치로 MDPS(motor driven power steering)라 한다.

2.4.2. 전동방식 동력 조향장치의 종류

전동기의 설치위치에 따라 컬럼타입(C-Type), 피니언타입(P-Type), 랙 타입(R-Type) 등으로 분류한다. 피니언 타입과 랙 타입은 모터가 엔진 룸에 장착되어 있어 모터의 장착위치에 따른 엔진 룸의 설계, 모터의 온도, 정비성 등 여러 가지 관점에서 설계 시 고려되어야 할 사항이 많으나 고급차량에 적용되고 있다. MDPS는 조향기어, 인터 미디어트 샤프트 그리고 가장 핵심적인 작동이 이루어지는 파워헤드 및 틸트·텔레스코핑 메커니즘으로 구성되어 있다.

2.4.3. 전동방식 동력 조향장치의 구성 및 기능

전동방식 동력 조향장치에는 여러 종류가 있지만 그 제어방식이 비슷하므로 여기서는 칼럼방식 조향장치를 위주로 설명하도록 한다.

[1] 전동방식 동력 조향장치의 구성

MDPS(Motor Driven Power Steering)는 기존 조향장치에 적용되었던 유압장치 대신에 전기모터를 이용하여 조향력을 보조해주는 장치로 엔진의 부하를 감소시켜 약 2~3%의 연비를 향상시킬 수 있다. 또한 고급차량에만 적용되는 속도 감응형 파워스티어링 구현으로 저속 및 고속 주행시의 운전편의성이 향상되었다. MDPS 모터는 BLAC 모터와 DC모터가 있다. BLAC 모터는 DC 모터에 비해 간단한 구조를 지니고 있지만 정격출력의 3배까지도 순간적으로 사용할 수 있어 효율이 높고 3상에 따른 정교한 제어가 가능하여 최근에는 준중형 이상의 차량에 BLAC 모터를 많이 사용하고 있다. DC모터는 AC 모터대비 사이즈는 작으면서 효율이 좋아 주로 소형차에 사용된다.

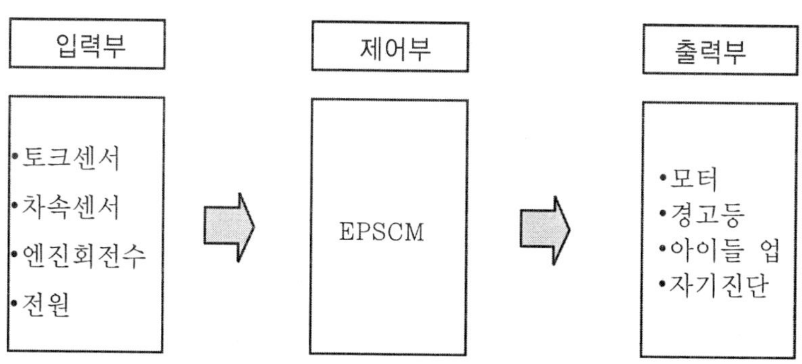

그림 17. 입·출력 다이어그램

전동방식 동력 조향장치는 입력부분, 제어부분, 출력부분으로 구성되어 있다. 입력부분은 입력센서 신호로부터 운전 상황을 판단하는 역할을 하며, 제어부분은 입력센서의 정보를 바탕으로 ECU에 설정된 제어로직에 따라 출력부분을 제어한다. 출력부분은 ECU의 신호를 받아 전동기를 구동하며 경고등, 아이들 업(idle up), 자기진단 기능을 수행한다.

2.5. 앞바퀴 얼라인먼트(front wheel alignment)

2.5.1. 앞바퀴 얼라인먼트의 개요

자동차의 바퀴의 설치위치가 제 위치에 있지 아니하는 경우에는 조향핸들이 흔들려 놓치거나 바퀴가 편마모 되는 등 주행성능에 좋지 않은 영향을 미친다. 따라서 자동차의 바퀴는 운전이 편리하도록 설치되어야 하며 안정성을 주어야 한다. 또 운전할 때 충격을 받더라도 즉시 복원되어야 한다.

이와 같은 조건을 만족시키기 위해서는 앞바퀴는 앞차축이나 조향축(또는 킹핀)등과 함께 일정한 위치를 유지하도록 설치하고 있다. 즉 앞바퀴 얼라인먼트란 자동차의 앞부분을 지지하는 앞바퀴를 어떤 기하학적인 관계를 두고 설치하는데 이와 같은 앞바퀴의 기하학적인 각도 관계를 말하며 캠버, 캐스터, 토인, 조향축(킹핀) 경사 등이 있다.

[1] 앞바퀴 얼라인먼트의 역할

① 조향핸들의 조작을 작은 힘으로 쉽게 할 수 있도록 한다.

② 조향핸들에 복원성을 준다.

③ 조향핸들의 조작을 확실하게 하고 안정성을 준다.

④ 타이어 마모를 최소로 한다.

2.5.2. 앞바퀴 얼라인먼트 요소의 정의와 필요성

[1] 캠버(camber)

자동차의 앞바퀴를 앞에서 보았을 때 지면의 수직선과 바퀴의 중심선이 이루는 각도를 캠버라 하며, 그 각도를 캠버 각도라 한다. 캠버 각도는 일반적으로 +0.5~1.5° 정도이다. 그리고 바퀴가 차체의 바깥쪽으로 기울어진 상태를 정의 캠버(positive camber), 바퀴의 중심선이 수직일 때를 0의 캠버(zero camber), 바퀴가 차체 안쪽으로 기울어진 상태를 부의 캠버(negative camber)라 한다.

일반적으로 캠버는 정의 캠버로 되어 있으나 일부 특수 자동차에서는 부의 캠버로 하는 경우도 있다.

(1) 캠버의 작용

① 조향축 경사각도와 함께 조향핸들의 조작을 가볍게 하기 위해서 이다. 이것은 조향축 경사각도와 함께 접지면의 중심과 조향축 연장선이 노면에서 교차하는 점과의 거리인 캠버 오프셋 량을 감소시켜 조향핸들의 조작력을 경감시킨다.

② 수직방향 하중에 의한 앞차축의 휨을 방지한다.

③ 하중을 받았을 때 앞바퀴의 아래쪽(부의 캠버)이 벌어지는 것을 방지한다.

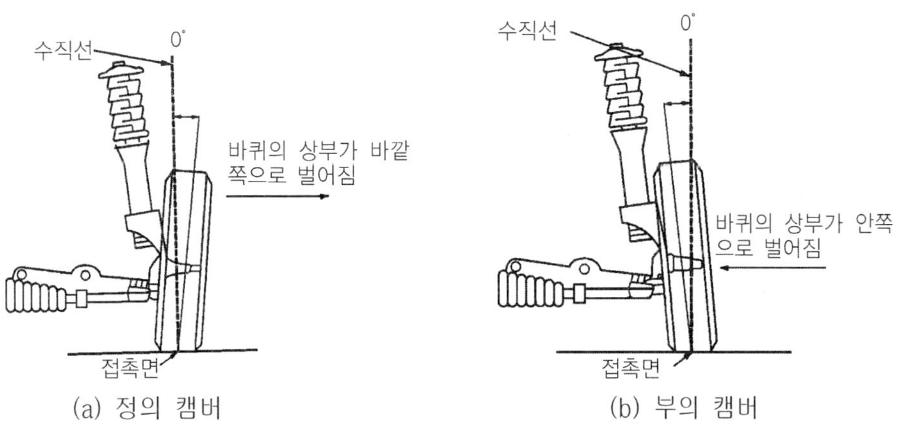

그림 18. 캠버

알아두기 — 캠버 오프셋(camber off-set)

바퀴 중심선이 지면과 접촉하는 점과 조향축 중심선의 연장선이 지면과 만나는 점과의 거리를 캠버 오프셋이라 하며, 약 30mm 정도가 가장 안정성이 좋은 것으로 알려져 있다. 캠버 오프셋이 크면 바퀴를 회전시키는 조향 조작력이 커지고 조향이 불안정하다.

반대로 캠버 오프셋이 너무 적으면 바퀴의 접지 면이 미끄럼마찰을 일으켜 조향핸들이 무거워진다. 캠버 오프셋은 킹핀 오프셋 또는 스크러브 레디어스(scrub radius)라고도 한다.

[2] 캐스터(caster)

자동차의 앞바퀴를 옆에서 보았을 때 조향축(일체 차축방식에서는 킹핀)이 지면의 수직선과 어떤 각도를 두고 설치되는데 이를 캐스터라 하며 그 각도를 캐스터 각도라 한다. 캐스터 각도는 일반적으로 +1~3° 정도이다.

조향축(킹핀) 중심선과 지면이 만나는 교차점이 바퀴 수직 중심선의 접지 점보다 앞으로 기울어져 있으면 정의(+) 캐스터, 조향축의 중심선이 수직선과 일치된 상태를 0의 캐스터, 조향축 중심선과 지면과 만나는 교차점이 바퀴 수직 중심선의 접지 점보다 뒤쪽으로 기울어진 상태를 부의(-) 캐스터라 한다. 캐스터의 역할은 다음과 같다.

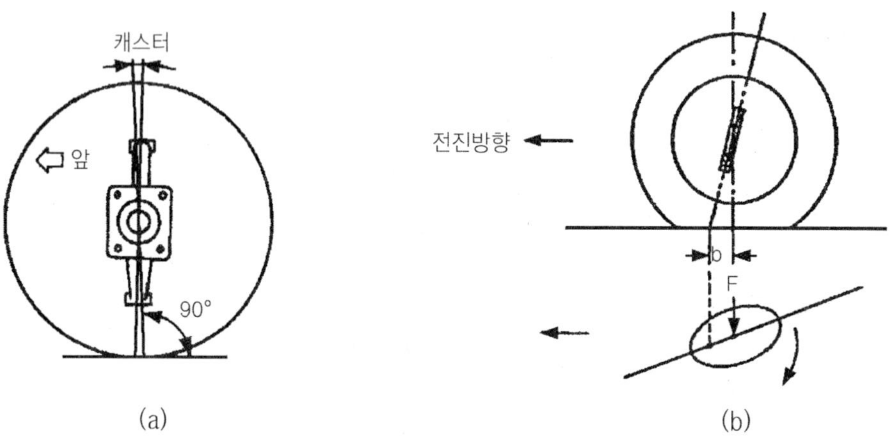

그림 19. 캐스터

(1) 주행 중 앞바퀴에 방향성을 준다.

앞바퀴에서 방향성이 얻어지는 것은 바퀴에 걸리는 하중은 스핀들의 중심선을 통하여 작용하지만 도로 면에서의 반발력은 바퀴의 수직 축이 노면에서 만나는 점에 작용하므로 이 점에서는 큰 마찰력이 발생한다. 또 구동바퀴에서 발생된 추진력은 차체를 통하여 조향축 방향으로 작용하므로 주행 중 조향축 중심이 만나는 점이 바퀴의 수직 축이 노면에서 만나는 점을 잡아당기는 것과 같이 작용하므로 바퀴는 항상 전진방향으로 안정된다.

(2) 조향하였을 때 직진방향으로의 복원력을 준다.

복원력은 조향너클과 스핀들의 관계에서 발생한다. 이 관계는 선회할 때 선회하는 쪽 바퀴의 스핀들은 낮아지고 반대쪽 바퀴의 스핀들은 높아진다.

따라서 스핀들의 높이가 낮아지면 현가장치를 통하여 차체가 위쪽으로 올라가게 된다. 또 스핀들의 끝 부분이 높이가 높아지면 이와 반대로 차체가 아래쪽으로 내려가게 되므로 이와 같은 차체의 운동은 조향핸들에 가해진 힘에 의해 형성된다. 이에 따라 조향핸들에 가한 힘을 제거하면 차체가 원위치로 복귀하므로 조향 바퀴도 직진상태가 된다.

조향축(또는 킹핀)의 중심선과 바퀴 중심을 지나는 수직선이 노면과 만나는 거리를 리드(또는 트레일, lead or trail)라고 하며, 이것이 캐스터 효과를 얻게 한다. 캐스터 효과는 정의 캐스터에서만 얻을 수 있으며 주행 중에 직진성능이 없는 자동차는 더욱 정의 캐스터로 수정하여야 한다.

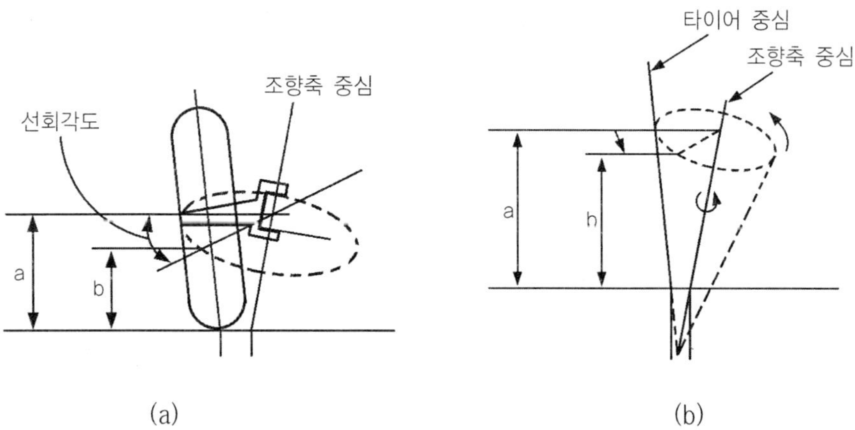

그림 20. 조향바퀴에 복원성 부여

[3] 토인(toe-in)

캠버에 의해 앞바퀴는 바깥쪽으로 벌어지면서 구르려고 한다. 이와 같이 바퀴가 바깥쪽으로 벌어지는 것을 방지하기 위하여 앞바퀴의 앞쪽을 뒤쪽보다 좁게 하면 바퀴는 안쪽으로 오므려지면서 구르려 한다. 따라서 캠버에 의해 바깥쪽을 향해 굴러가려는 것과 상쇄되어 바퀴는 옆방향 미끄러짐 없이 직진방향으로 굴러갈 수 있다.

이와 같이 자동차가 직진방향으로 똑바로 굴러갈 수 있도록 앞쪽이 좁게 된 상태를 토인이라 한다. 반대로 앞바퀴의 뒤쪽이 넓게 된 것을 토아웃이라 한다. 일반적으로 토인으로 설치된 경우가 많으며, 이것은 캠버 각도와의 관계에 의해 결정되는데 일반적으로 2~6mm 정도이다.

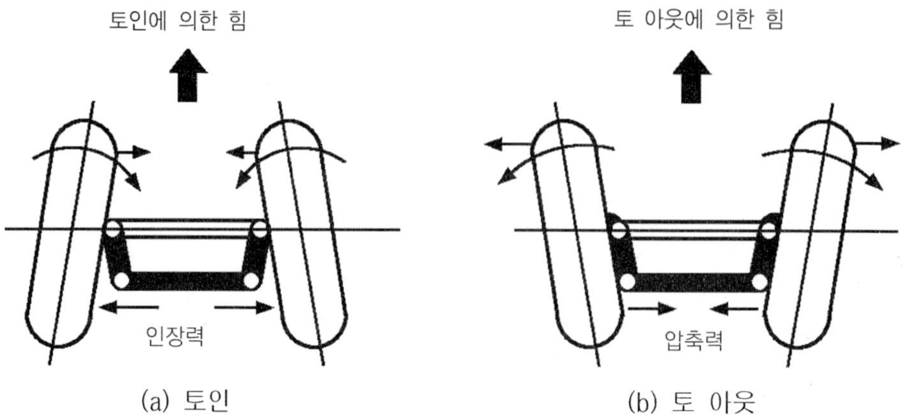

그림 21. 토인과 토 아웃

(1) 토인의 역할

① 앞바퀴를 평행하게 회전시킨다. 앞바퀴는 주행할 때 캠버로 인하여 양쪽 바퀴가 바깥쪽을 향하여 벌어지려는 경향이 발생하므로 토인을 두어 바퀴가 직진방향으로 회전하도록 한다.

② 앞바퀴의 사이드 미끄러짐(side slip)과 타이어 마멸을 방지한다.

③ 조향 링키지 마멸에 따라 토 아웃(toe-out)이 되는 것을 방지한다.

[4] 조향축 경사각도(킹핀 경사각도)

자동차의 앞바퀴는 조향핸들의 조작에 따라 조향축을 중심으로 회전하도록 되어 있다. 조향축 경사각도는 바퀴를 앞에서 보았을 때 조향축이 지면의 수직선과 이루는 각도를 말하며, 독립 현가방식의 위시본 형식에서는 위 컨트롤 암과 아래 컨트롤 암의 볼 이음 중심을 이은 선이 조향축이 되며, 맥퍼슨 형식에서는 스트럿 중심선이 조향축이 된다. 조향축 경사각도는 캠버 오프셋과 밀접한 관계가 있다.

만약 조향축 경사각도가 없으면 캠버 오프셋이 커지기 때문에 바퀴가 지면과의 저항으로 바퀴를 회전시키려는 힘이 작용하여 조향핸들이 불안정하게 된다.

(1) 조향축 경사각도의 작용

① 캠버와 함께 조향핸들의 조작력을 가볍게 한다.

② 캐스터와 함께 앞바퀴에 복원성을 부여한다.

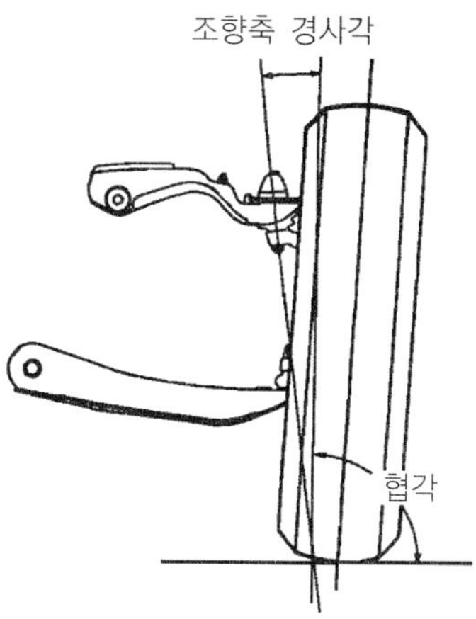

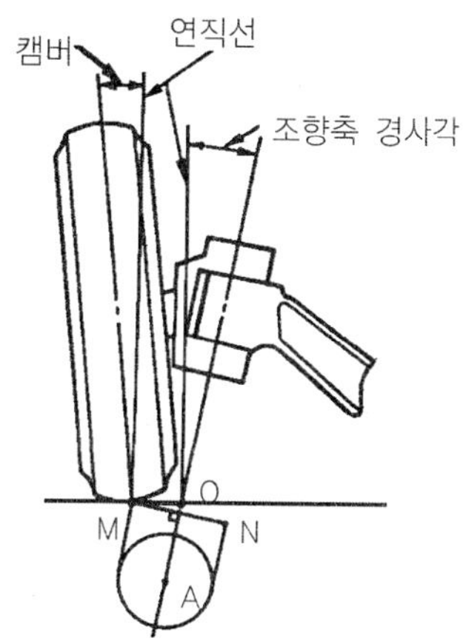

그림 22. 조향축 경사각도

③ 앞바퀴가 시미(shimmy)현상을 일으키지 않도록 한다.

또 캠버 각도와 조향축 경사 각도를 합한 각도를 협각(included angle)이라 하며 이 각도의 크기에 따라 타이어 중심선과 조향축 연장선이 만나는 점이 결정된다. 이들이 만나는 점이 노면 밑에 있으면 토 아웃의 경향이 발생하고, 노면 위에 있으면 토인의 경향이 발생한다.

3. 조향장치의 점검 · 정비

3.1. 조향축 어셈블리의 점검 · 정비

준비기계 및 기구

자동차 또는 조향축 어셈블리, 일반 공구세트, 특수 공구세트, 잭, 안전 스탠드, 펜더 덮개, 보안경, 토크 렌치 등을 준비한다.

안전 및 주의사항

① 자동차 밑에서 작업할 때에는 보안경을 착용하여 눈을 보호한다.
② 자동차의 도장 등이 손상되지 않도록 펜더 덮개를 씌우고 작업하여야 한다.
③ 전기장치 및 에어백 보호를 위해 축전지 (-)단자를 떼어낸 후 작업을 실시한다.

3.1.1. 조향축 어셈블리 떼어내기

① 자재이음과 피니언을 연결한 볼트를 푼다.

② 조향기둥 아래 브래킷 볼트와 너트를 푼 다음 조향칼럼과 조향축 어셈블리를 떼어낸다.

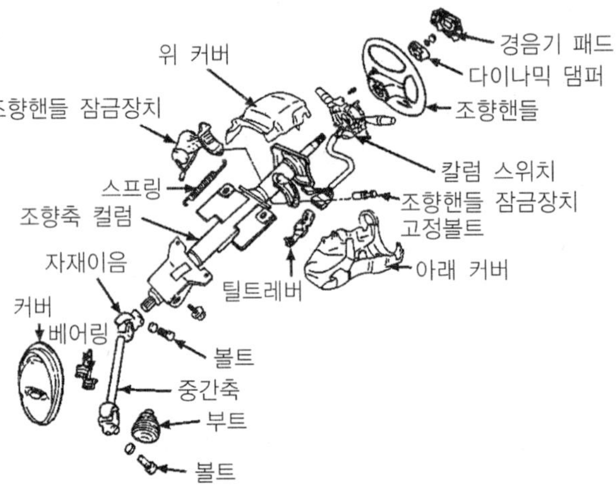

그림 23. 조향축 어셈블리의 구성부품

3.1.2. 조향축 어셈블리 분해

① 점화스위치 키 로크(key lock) 어셈블리를 떼어낼 때에는 그림 24와 같이 펀치로 특수 볼트의 헤드에 홈을 만들고 스크루드라이버로 키 어셈블리 마운팅 브래킷을 떼어낸다.

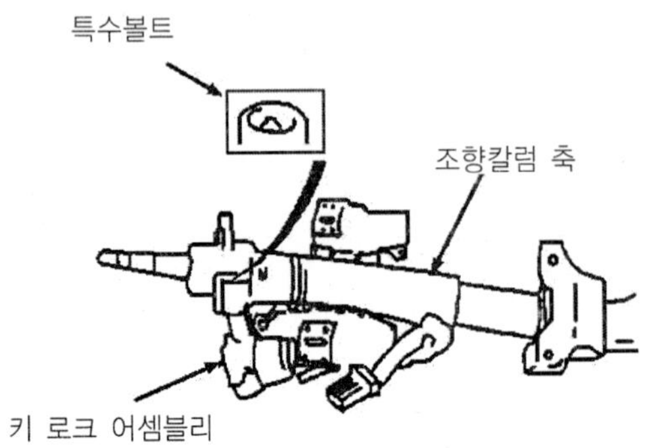

그림 24. 키 로크 어셈블리 떼어내기

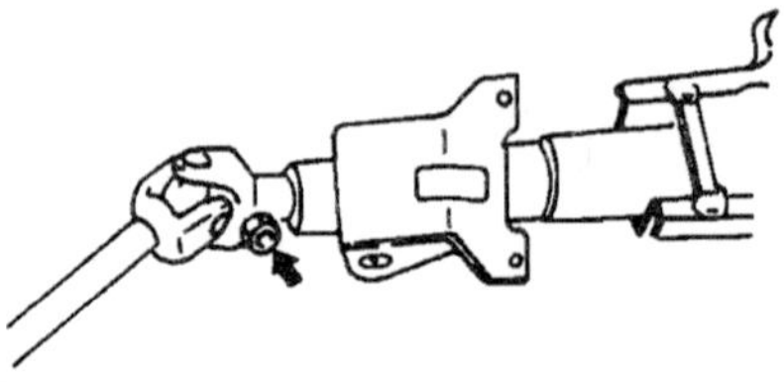

그림 25. 조향 칼럼축 어셈블리와 자재이음 떼어내기

② 자재이음 어셈블리와 조향 칼럼축 어셈블리의 볼트를 풀고 조향 칼럼축 어셈블리에서 자재이음 어셈블리를 분해한다.

3.1.3. 조향축 어셈블리 점검

① 조향축의 길이와 축방향에 대한 흔들림을 점검한다.
② 연결부분의 유격, 손상, 마멸, 회전상태 등을 점검한다.
③ 볼 조인트, 베어링의 마멸과 손상에 대해 점검한다. 이때 볼 조인트나 베어링에 결함이 있으면 교환한다.

3.1.4. 조향축 어셈블리 설치하기

① 조향칼럼과 조향축 어셈블리를 차체 안으로 끼우고, 규정 토크로 볼트, 너트를 조인다.
② 자재이음과 피니언을 볼트로 연결한 다음, 다기능스위치 어셈블리를 설치한다.
③ 다기능 스위치에 부착되어 있는 커넥터를 끼우고, 로워 크래시 패드 및 마운팅 브래킷을 조립한다.
④ 조향핸들을 결합표시에 맞추어 조향축에 조향핸들을 조립한 후 고정너트를 규정 토크로 죈다. 이때 앞바퀴의 전진위치와 조향핸들의 방향이 일치하도록 하고, 회전상태가 원활한지를 점검한다.
⑤ 경음기 버튼 커버(에어백 모듈)를 끼운다.
⑥ 축전지 (-)단자를 연결하고 경음기와 다기능스위치의 작동 여부를 확인한다.

3.2. 조향기어 및 기구의 점검 · 정비(래크와 피니언형식)

준비기계 및 기구

자동차 또는 조향기어 박스와 조향기구, 일반 공구세트, 특수 공구세트, 스프링 저울, 토크 렌치, 외측 마이크로미터, 잭과 안전 스탠드, 풀러, 보안경 등을 준비한다.

안전 및 주의사항

① 자동차를 들어 올리고 작업을 할 경우에는 반드시 잭으로 들고 안전 스탠드로 지지하도록 한다.

② 조향기어는 정밀가공 부품이므로 작업 중에 손상되지 않도록 한다.
③ 조향기어 박스에 그리스를 바르는 것을 잊어서는 안 된다.
④ 조향기어의 프리로드(pre-load)는 조향 기어를 중립 위치로 하고 조정한다.
⑤ 링크 이음의 너트에는 반드시 규정된 코터 핀을 끼워야 한다.

3.2.1. 조향기어 떼어내기

① 잭을 이용하여 자동차를 들어 올린 후 안전 스탠드로 지지한다.

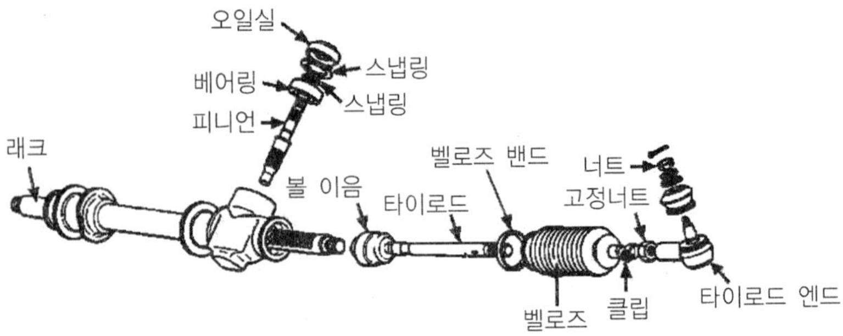

그림 26. 조향기어 박스의 구성부품

② 좌우 바퀴를 떼어낸 후 조향축과 연결된 자재이음을 분리한다.
③ 분할 핀을 빼낸 후 타이로드 앤드 풀러를 이용하여 조향 너클에서 타이로드 앤드를 분리한다.

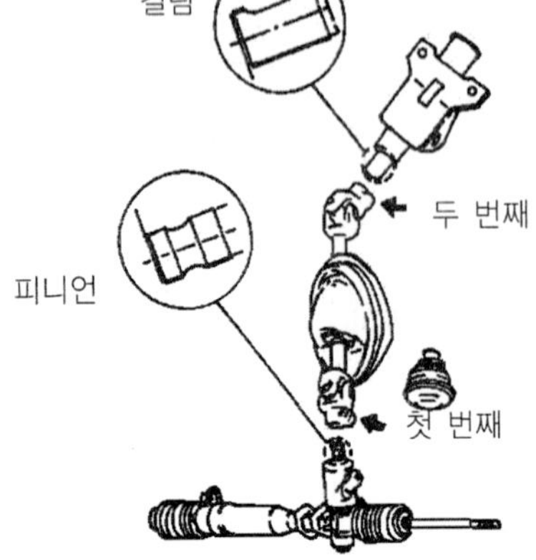

그림 27. 자재이음과 조향축 분리

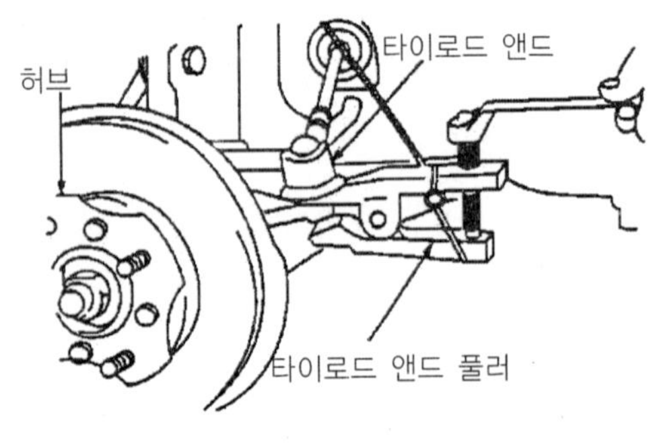

그림 28. 타이로드 앤드 떼어내기

④ 고정볼트를 풀고 조향기어 박스를 떼어낸다.

3.2.2. 조향기어 박스 분해하기

조향기어 박스를 분해하기 전에 중립 위치(전진위치)로 하고, 피니언과 래크의 프리로드를 점검하여 조립할 때 참고로 한다.

① 래크와 피니언 어셈블리(조향기어 박스)를 깨끗이 세척하고, 연한 판을 댄 바이스에 물린다. 이 때 래크와 피니언 어셈블리가 변형되지 않도록 주의한다.

② 타이로드 어셈블리를 떼어낸 후 요크플러그에서 그림 30과 같이 고정 너트를 푼다.

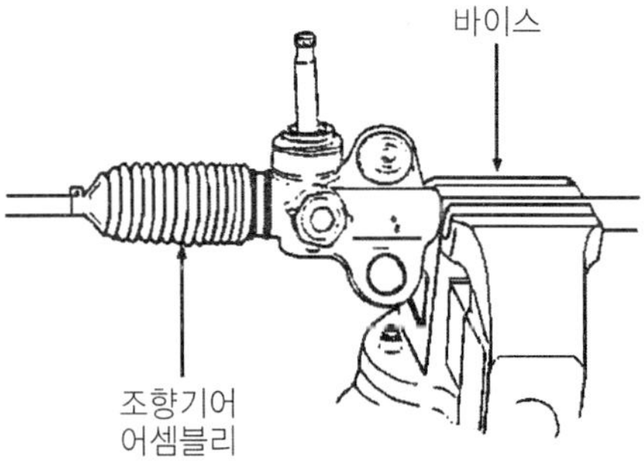

그림 29. 조향기어 어셈블리를 바이스에 고정

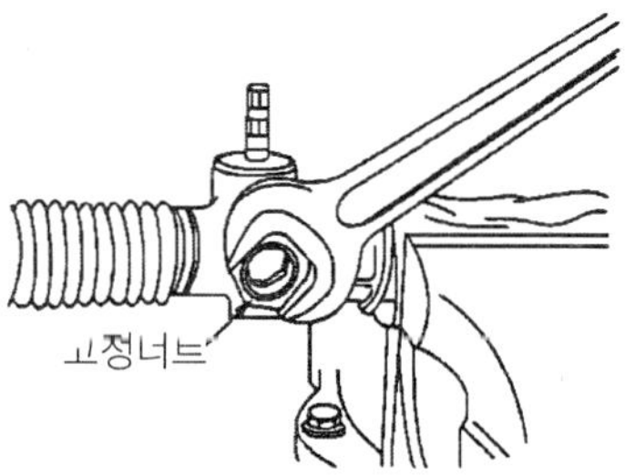

그림 30. 요크플러그 고정너트 풀기

③ 요크 플러그를 토크 소켓을 이용하여 빼낸 다음 요크 스프링, 쿠션 고무, 지지 요크를 조향기어 박스에서 그림 31과 같이 빼낸다.

④ 조향기어 박스에서 오일 실을 그림 32와 같이 떼어낸다.

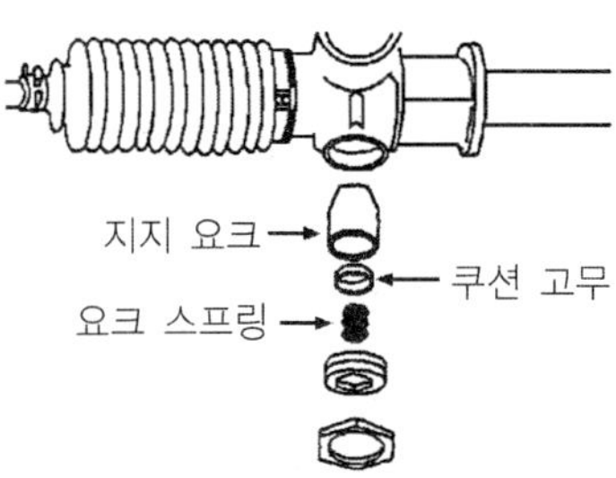

그림 31. 요크 어셈블리 분해

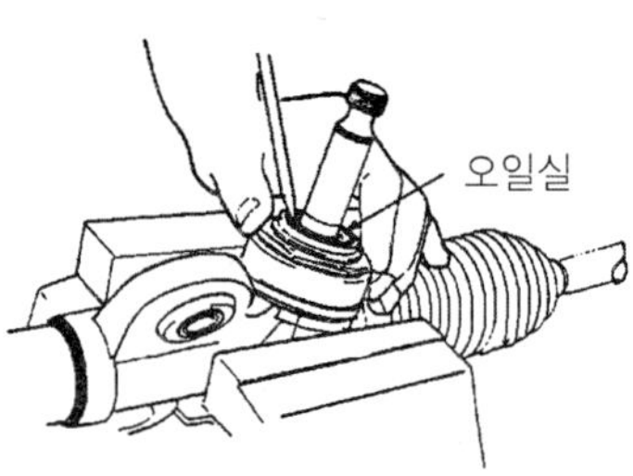

그림 32. 오일 실 떼어내기

⑤ 조향기어 박스에서 스냅 링을 빼낸 후 피니언과 베어링을 그림 33과 같이 빼낸다.

⑥ 피니언에서 베어링 고정 스냅 링을 빼내고, 특수공구를 사용하여 베어링을 피니언에서 빼낸다.

⑦ 벨로즈를 떼어낸다.

⑧ 오른쪽 래크 끝의 너트를 정을 사용하여 푼다.

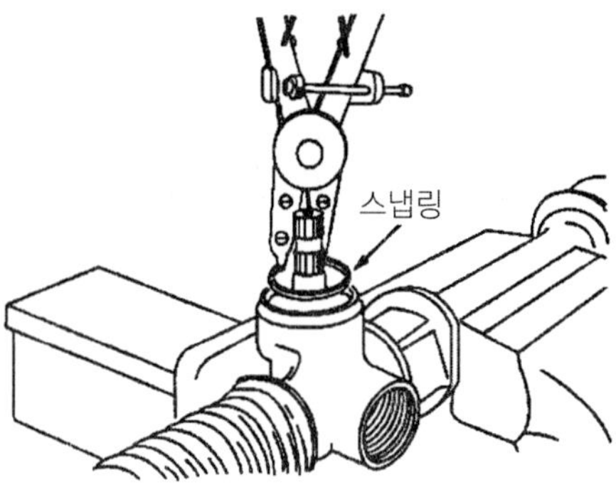

그림 33. 스냅 링 피니언과 베어링 빼내기

⑨ 래크를 래크 하우징 끝까지 밀어 넣고, 래크의 이가 있는 부분에 구리를 댄 바이스에 물린다. 타이로드 볼 조인트를 헐겁게 풀고 타이로드 어셈블리를 래크로부터 떼어낸다.

3.2.3. 조향기어 박스 점검

[1] 래크(rack) 점검

① 래크 표면의 손상과 래크 지지 요크 접촉부분 표면의 손상 유무를 점검하고 필요하면 교환한다.

② 래크를 래크 하우징사이의 움직임에 대해서 점검한다. 래크 하우징 부싱의 마멸과 손상 유무를 점검하고, 필요하면 교환한다.

③ 래크의 휨 상태를 점검한다.

[2] 피니언(pinion) 점검

① 피니언 축의 손상 유무, 휨 등 전체 상태에 대하여 점검하고, 필요하면 교환한다.

② 피니언 이의 마멸과 손상 유무를 점검하고, 필요하면 교환한다.

③ 피니언 축 끝부분의 베어링 접촉부분의 손상유무를 점검하고, 필요하면 교환한다.

④ 피니언 축 베어링의 상태를 점검하고, 필요하면 교환한다.

[3] 피니언 축 끝 부분의 니들롤러 베어링 점검

베어링의 소음 여부, 회전상태 등에 대해서 점검하고, 필요하면 교환한다.

[4] 오일 실(oil seal) 점검

오일 실의 립 부분의 손상 유무와 마멸을 점검하고, 필요하면 교환한다.

[5] 마운팅 고무(mounting rubber) 점검

마운팅 고무의 상태를 점검하고, 필요하면 교환한다.

[6] 타이로드 어셈블리 점검

타이로드 어셈블리의 마멸과 손상 유무에 대하여 점검하고, 필요하면 교환한다.

[7] 링크 조인트의 더스트 커버 점검

더스트 커버의 균열, 손상 유무 등에 대하여 점검하고, 필요하면 교환한다.

3.2.4. 조향기어 박스 조립과 조정

① 조립하기 전에 조향기어 박스의 부품을 세척유로 깨끗이 세척한다.

② 베어링을 특수공구를 사용하여 피니언 축에 끼우고, 스냅 링을 끼워 베어링을 고정한다.

③ 래크, 피니언, 부싱, 니들 롤러 베어링 등 운동부분의 표면에 그리스를 바른다.

④ 래크를 조향기어 박스에 그림과 같이 끼운 후, 피니언을 설치하고 래크와 물린다. 이때, 래크를 기어박스의 왼쪽부터 끼우고, 과다하게 바른 그리스를 닦아낸다.

⑤ 알맞은 두께의 스냅 링을 끼워 피니언 축의 축방향 움직임이 최소가 되도록 한다.

⑥ 오일 실의 립에 그리스를 바르고 조향기어 박스를 그림 35와 같이 설치한다.

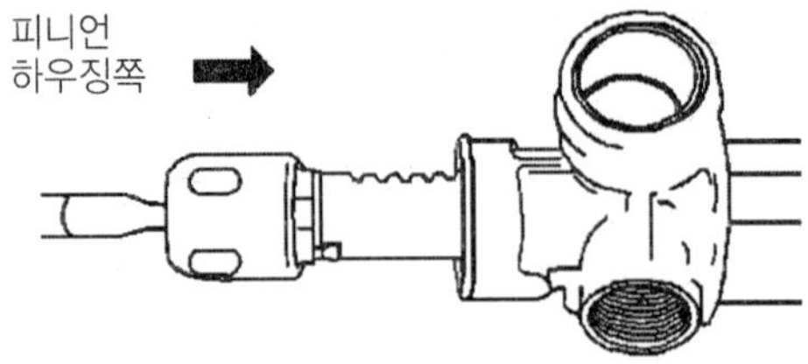

그림 34. 래크 끼우기

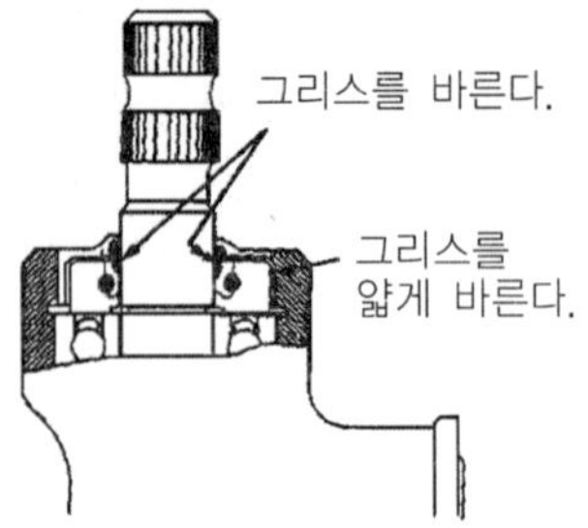

그림 35. 조향기어 박스 조립

⑦ 지지 요크, 쿠션 고무, 스프링 및 요크 플러그를 피니언에 조립한다.

⑧ 요크 플러그를 특수공구를 사용하여 그림 36과 같이 조정한다. 이 경우 요크 플러그를 1.2kgf·m의 토크로 죄었다가 다시 30~60° 풀고, 고정너트로 규정 토크만큼 죄어 요크 플러그를 고정한다.

⑨ 타이로드 어셈블리와 벨로즈를 설치한다. 이 때 새로운 고정판을 사용하여 타이로드의 양끝을 고정한다.

⑩ 피니언을 특수공구로 돌려 피니언의 총 프리로드를 점검한다. 이 때 피니언을 돌리는 속도는 1회전 당 4~6초로 한다.

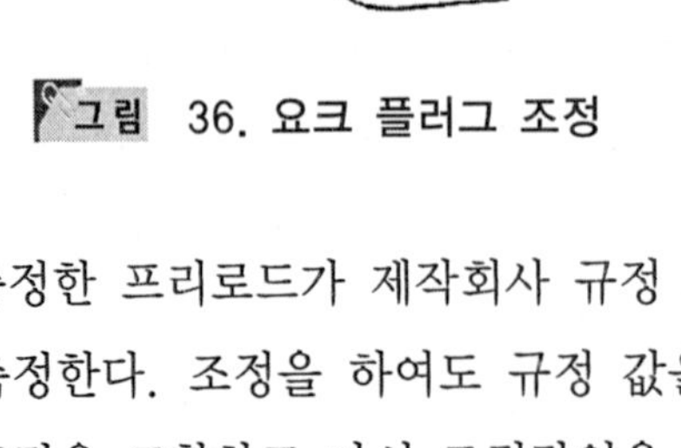

그림 36. 요크 플러그 조정

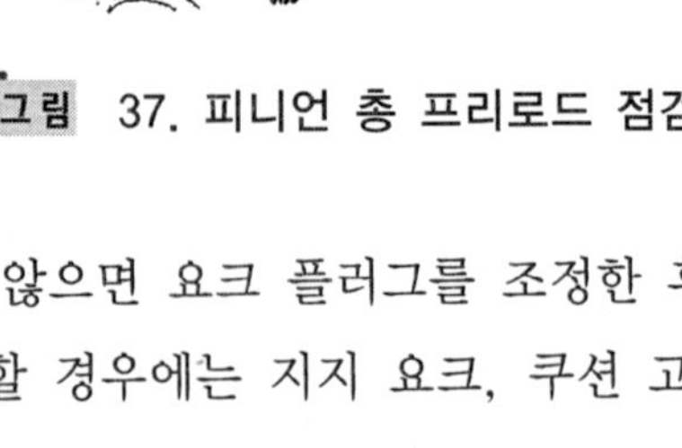

그림 37. 피니언 총 프리로드 점검

⑪ 측정한 프리로드가 제작회사 규정 값과 같지 않으면 요크 플러그를 조정한 후 다시 측정한다. 조정을 하여도 규정 값을 얻지 못할 경우에는 지지 요크, 쿠션 고무, 스프링을 교환하고 다시 조정작업을 실시한다.

⑫ 그림 38과 같이 스프링 저울로 타이로드 회전저항을 측정한다. 규정 값보다도 낮더라도 과다한 유격 없이 회전하는 타이로드는 사용할 수 있으며, 끄덕거리거나 측정 값이 0.44kgf·cm 이하이면 교환한다.

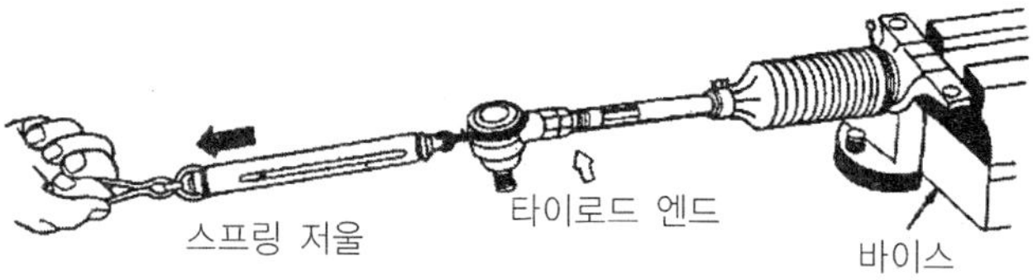

그림 38. 타이로드 회전 저항측정

⑬ 타이로드 기동토크 점검은 토크렌치를 사용하여 측정하고, 몇 번 되풀이하여 측정한 결과가 규정 값(약 5~25kgf·cm)에 미치지 못하면 교환한다.

3.2.5. 조향기어 박스 설치하기

① 조향기어 박스에 그림 39와 같이 고무 마운팅을 설치한다.

② 래크와 피니언 어셈블리를 크로스 멤버에 설치한다. 이 때 래크와 피니언 어셈블리가 기울어지거나 비틀리지 않도록 주의한다. 고정 볼트를 과다하게 죄지 않도록 한다. 과다하게 죄면 조향 소삭에 영향을 비치는 경우가 있다.

③ 자재이음을 피니언에 연결한다.

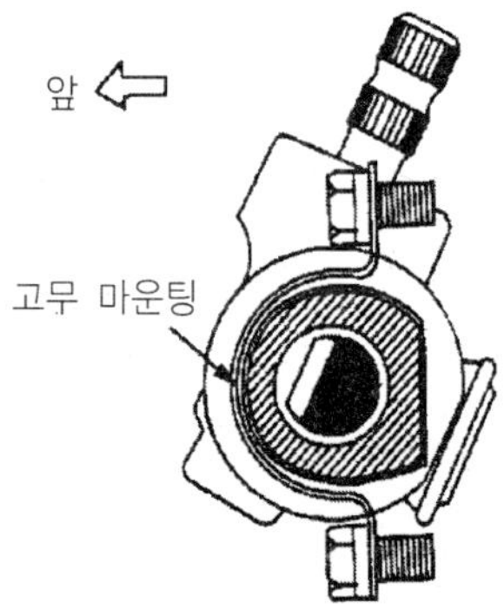

그림 39. 고무 마운팅 설치

④ 타이로드를 조향 너클 암에 부착한 후 너트를 규정토크로 조이고, 코터 핀으로 고정한다.

⑤ 앞바퀴 얼라인먼트를 점검하고, 바퀴의 조향각도와 조향핸들의 위치를 확인한다.

⑥ 벨로즈가 비틀리지 않은가를 확인하고, 벨로즈 끝 부분에 클립을 끼운다.

3.2.6. 조향핸들 유격 점검 및 조정방법

① 앞바퀴가 직진방향이 되도록 한다.

② 조향핸들에 표시를 한 후 곧은자를 그림 40과 같이 댄다.

③ 조향핸들을 좌우로 가볍게 회전시켜 원둘레 방향의 유격을 측정한다. 이때 바퀴가 움직여서는 안 된다. 차종에 따라서 다르나 약 0~30mm 정도이다.

④ 측정값이 규정 값 이상이면 요크 플러그를 이용하여 조정한다. 요크 플러그를 오른쪽으로 회전시키면 유격이 감소하고, 왼쪽으로 돌리면 커진다.

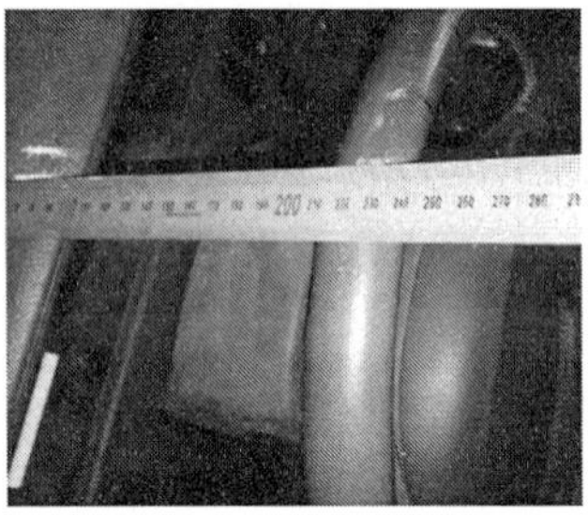

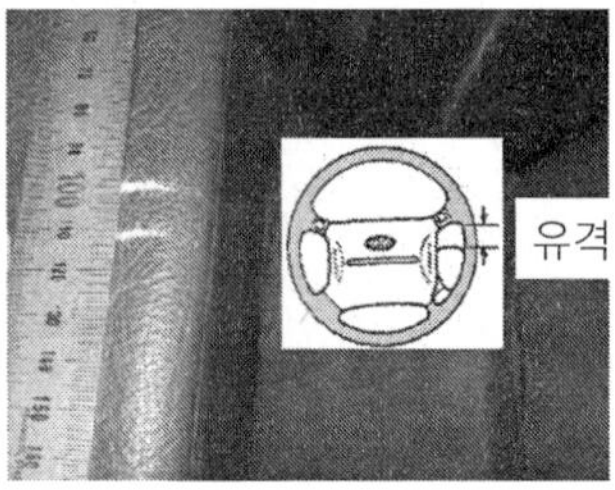

그림 40. 조향핸들 유격점검

3.2.7. 조향핸들 프리로드 점검

① 잭을 이용하여 자동차를 들어 올린 후 안전 스탠드로 지지한다.

② 조향핸들을 좌우로 완전히 돌렸다가 직진상태로 한다.

③ 조향핸들에 그림 41과 같이 스프링 저울을 조향핸들 중심과 직각이 되도록 설치한다.

그림 41. 조향핸들 프리로드 점검

④ 스프링 저울을 일직선으로 잡아당겨 바퀴가 회전하기 직전의 최대 측정값(0.5~2.0kgf·m)을 읽는다.

⑤ 규정 값 이상인 경우에는 앞 현가장치, 조향 링키지의 휨, 손상 유무를 점검하거나 피니언의 프리로드를 점검한다.

3.2.8. 조향각도 점검

① 자동차를 평평한 지면에 주차시킨다.

② 잭을 이용하여 자동차 앞쪽을 들어 올린 후 턴테이블(turn table) 중심에 올려놓는다.

③ 자동차가 수평을 유지하도록 잭을 이용하여 좌우 뒷바퀴를 턴테이블 높이와 같은 받침대 위에 올려놓는다.

④ 앞바퀴를 직진 상태로 유지시킨 후 턴테이블의 고정 핀을 뺀다.

⑤ 조향핸들을 좌우로 최대로 회전시킨 후 조향각도를 측정한다.

⑥ 측정값이 규정 이내에 있지 않으면 토(toe)에 이상이 있는 것으로 토를 조정하고 다시 점검한다.

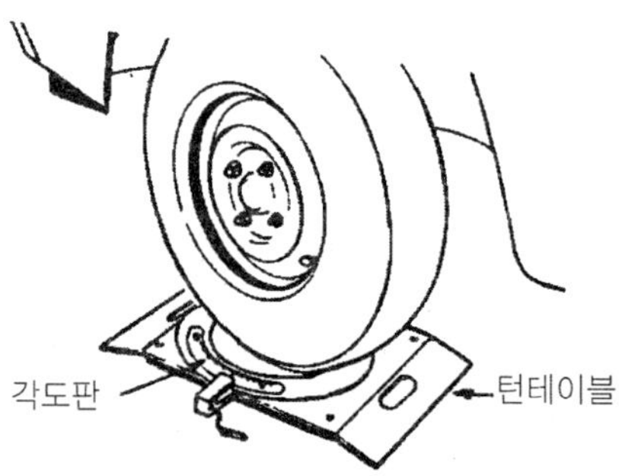

그림 42. 조향각도 점검

3.2.9. 최소 회전반지름 측정

① 차량의 앞바퀴를 턴테이블에 올려놓는다.

② 바퀴를 직진상태로 한다.

③ 차량의 앞부분을 눌러주어 차량이 제자리를 찾도록 한다.

④ 턴테이블의 고정 핀을 제거한다.

그림 43. 조향각도 측정

⑤ 좌측 또는 우측으로 조향핸들을 최대로 회전시킨 후 조향각도를 판독한다.

⑥ 앞바퀴를 좌측 또는 우측으로 최대한 회전시켜 회전 반지름 중심의 반대편(바깥쪽 바퀴) 바퀴의 최대 조향각도를 판독한다.

⑦ 줄자를 이용하여 축거(축간거리)를 측정한다.

⑧ 공식에 의거하여 최소 회전 반지름을 계산한다.

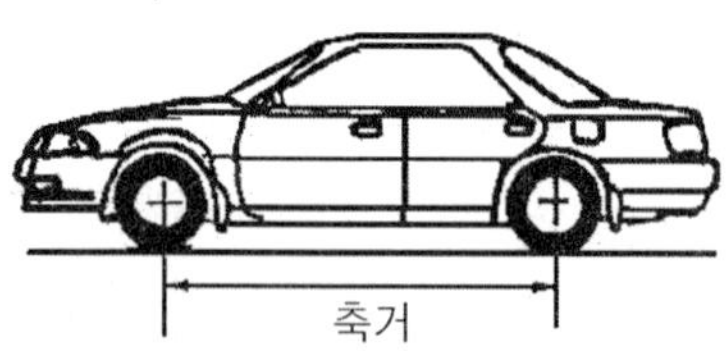

그림 44. 축거

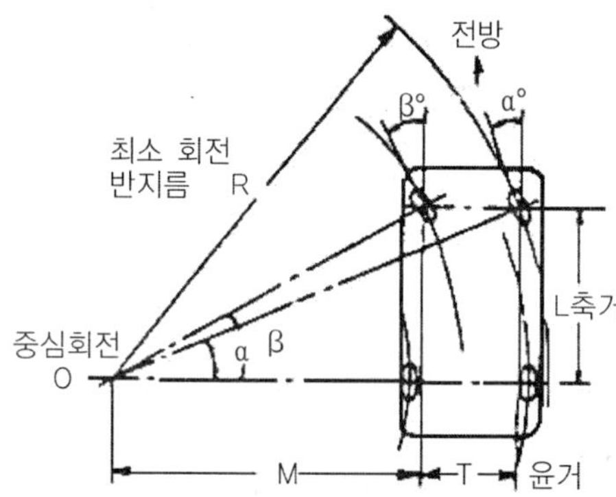

α°: 바깥쪽 앞바퀴 조향각도
β°: 안쪽 앞바퀴 조향각도

그림 45. 조향각도

3.3. 동력 조향장치의 점검 · 정비

3.3.1. 오일펌프(oil pump) 정비

준비기계 및 기구

동력 조향장치가 설치된 자동차, 일반 공구세트, 바이스, 특수 공구세트, 아버 프레스, 토크 렌치, 펜더 덮게 등을 준비한다.

안전 및 주의사항

① 동력 조향장치의 오일펌프 및 유압계통을 떼어 낼 때, 공간이 좁으므로 손을 다치지 않도록 주의한다.

② 오일펌프의 로터와 접촉되는 부품은 정상의 작동에서 연삭 면과 같이 되므로 긁힌 것으로 혼돈하지 않도록 한다.

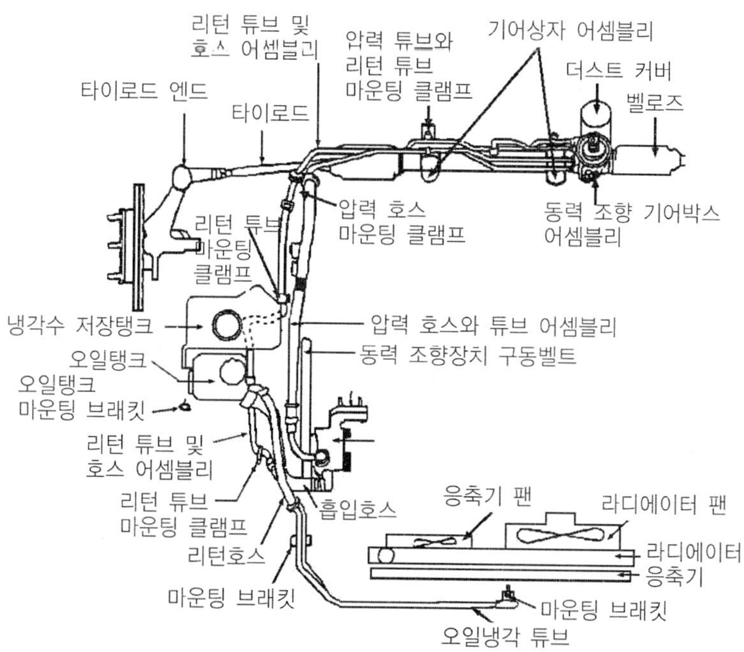

그림 46. 동력 조향장치의 유압계통

[1] 오일펌프 떼어내기

① 동력 조향장치의 유압계통 내의 오일을 배출한다.

② 유압계통의 마운팅 클램프를 떼어낸다.

③ 리턴 호스와 흡입호스를 오일탱크에서 떼어낸다.

④ 압력 호스의 플레어 너트를 푼다.

⑤ 리턴 튜브와 고무호스를 떼어낸다. 이 때, 고무호스 부분의 플레어 너트와 O-링을 함께 떼어낸다.

⑥ 오일 냉각 튜브를 떼어낸다.

⑦ 오일펌프 고정 볼트를 헐겁게 풀고 구동벨트를 떼어낸다.

⑧ 오일펌프 브래킷 고정볼트를 빼내고 오일압력 스위치 커넥터를 푼 후 오일펌프 어셈블리를 떼어낸다.

[2] 오일펌프 분해

① 오일펌프를 바이스에 물린 후 흡입 연결기구와 O-링을 떼어낸다.

② 뒤 커버를 개스킷 및 핀과 함께 떼어내고, 캠 링을 떼어낸다.

③ 로터와 베인을 떼어낸다.

④ 앞 사이드 판(front side plate)을 떼어낸다.

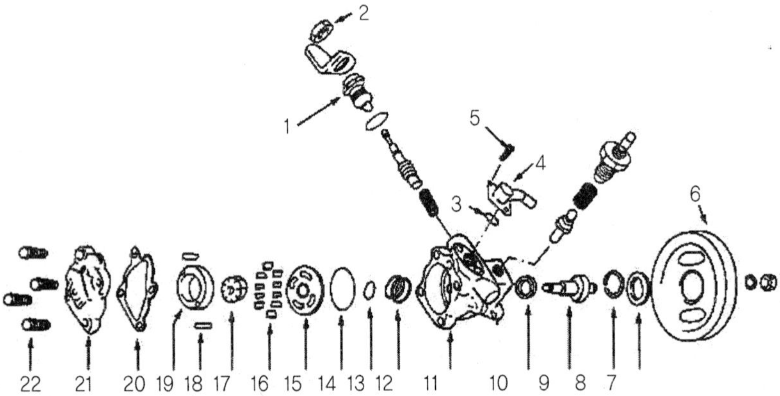

1. 유량 제어 밸브 2. 너트 3. O링 4. 흡입 연결기 5. 흡입 연결기 부착 볼트 6. 풀리 7. 더스트 스페이서 8. 스냅 링 9. 풀리축 베어링 10. 오일 실 11. 앞 하우징 12. 스프링 13. O링(바깥쪽) 14. O링(안쪽) 15. 앞 사이드 판 16. 베인 17. 로터 18. 핀 19. 캠 링 20. 개스킷 21. 뒤 커버 22. 뒤 커버 부착 볼트

그림 47. 오일펌프의 구성부품

⑤ 그림 48과 같이 안팎 O-링을 떼어낸 후 스프링을 빼낸다.

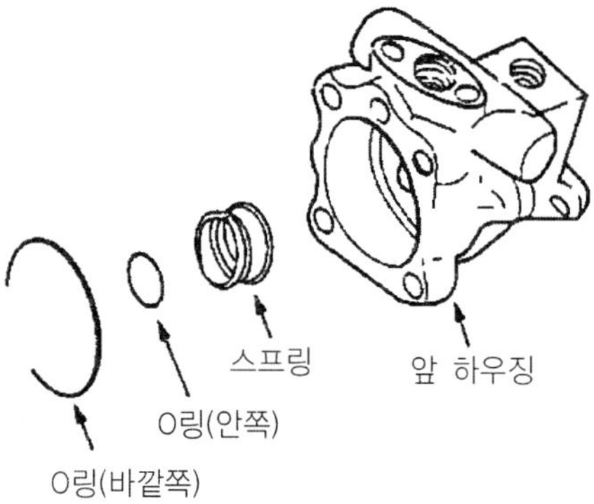

그림 48. 안팎 O-링 및 스프링 떼어내기

⑥ 풀리 너트를 스프링 와셔와 함께 그림 49와 같이 떼어낸다.

⑦ 풀리와 반달 키를 잡아당겨 빼낸다.

⑧ 스냅 링 플라이어를 사용하여 그림 50과 같이 스냅 링을 뺀다.

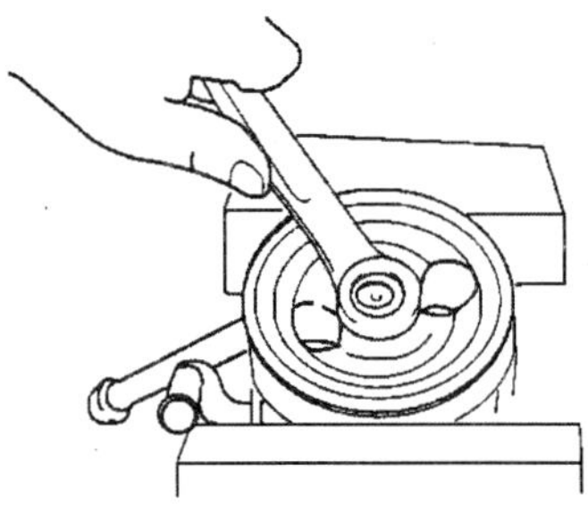

그림 49. 풀리 너트 떼어내기

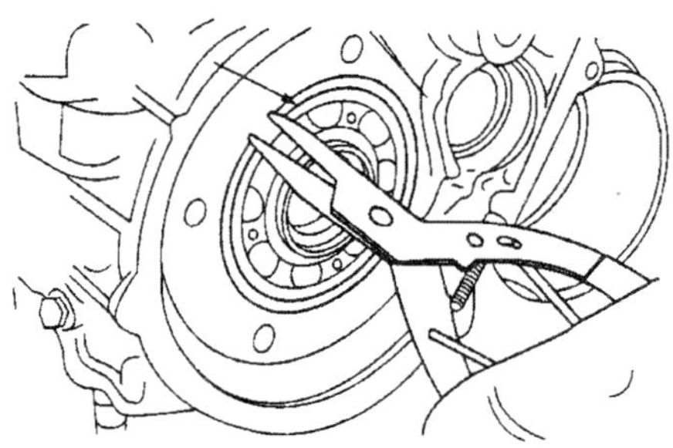

그림 50. 스냅 링 빼내기

⑨ 풀리축을 베어링과 함께 빼낸다. 이때 필요하면 플라스틱 해머를 사용한다.

⑩ 오일실을 오일펌프 보디에서 빼낸다.

⑪ 가이드 브래킷과 너트를 떼어낸다.

⑫ 그림 51과 같이 유량 제어밸브를 오일펌프 보디에서 떼어내고, O-링, 유량 제어밸브와 스프링을 빼낸다. 이때 유량 제어밸브는 분해하지 않는다.

⑬ 그림 52와 같이 오일압력 스위치를 떼어 내고 스프링과 스풀을 함께 빼낸다.

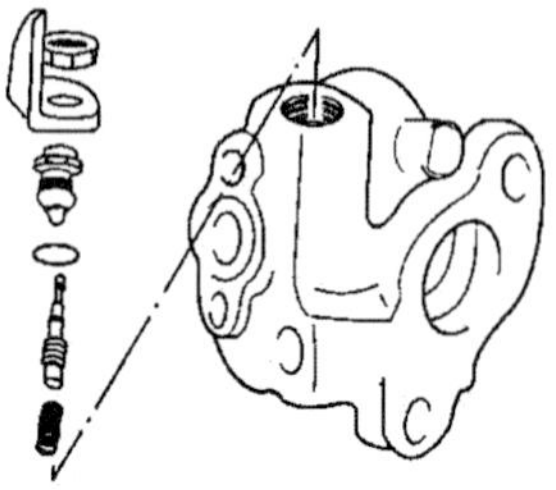

그림 51. 유량 제어밸브 빼내기

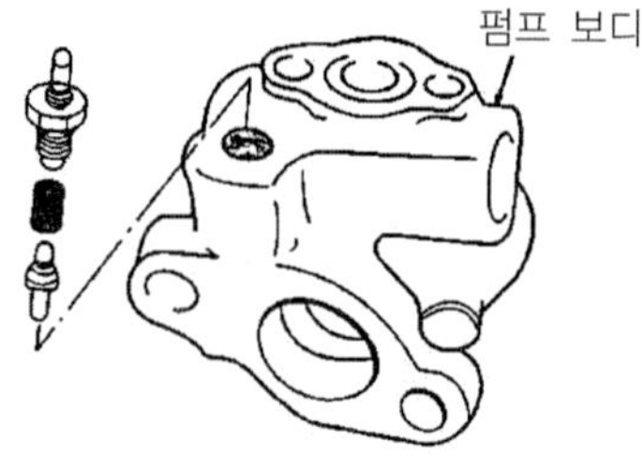

그림 52. 오일압력 스위치 빼내기

[3] 오일펌프 점검

모든 금속제품은 세척유로 깨끗이 세척한 후 점검한다.

① 캠링 및 앞 사이드 판에 긁힘 등이 있는지 점검한다.
② 로터 베인의 접촉부분의 모서리가 둥근 형상을 하고 있고, 또 로터 홈 안에서 자유롭게 움직이는지를 점검한다.
③ 유량 제어밸브가 하우징 내의 구멍에서 원활하게 움직이는지를 점검한다.
④ 유량 제어밸브의 상태 및 스프링의 자유길이를 점검하고, 결함이 있으면 교환한다.
⑤ 펌프 축의 상태를 점검하고, 결함이 있으면 교환한다.
⑥ 풀리에 대하여 점검하고, 균열이 있거나 변형되었으면 교환한다.
⑦ 구동벨트의 마멸과 변질을 점검한다.
⑧ 튜브 표면의 손상, 플레어의 상태 등을 점검한다.
⑨ 호스 표면의 균열 등에 대하여 점검하고, 필요하면 교환한다.

[4] 오일펌프 조립

① 오일펌프 보디에 오일펌프 스위치를 조립한다.
② 오일 실, O-링을 포함한 모든 부품에 오일을 바른 후 유량제어 밸브 스프링, 밸브, 연결기를 펌프 보디에 설치하고, 가이드 브래킷과 너트를 설치한다.
③ 오일 실 부착 기구를 설치하여 그림 53과 같이 오일 실을 펌프 보디에 끼운다.

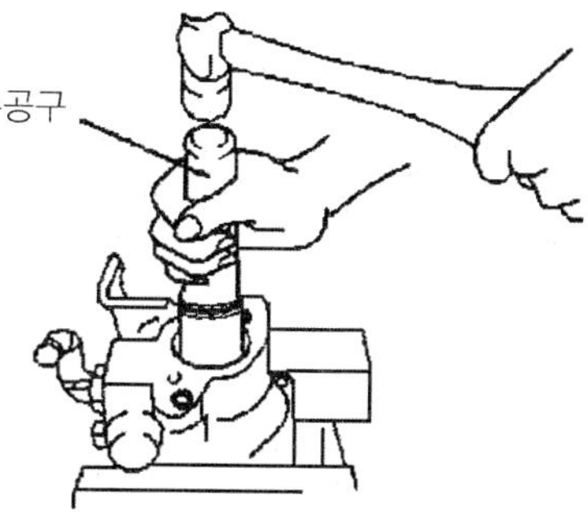

그림 53. 오일 실 설치하기

④ 오일펌프 축 어셈블리를 주의하여 가볍게 조립한 후 스냅 링을 끼운다.
⑤ 펌프 풀리를 펌프 축에 끼워 고정시킨다.
⑥ 스프링과 안팎 O-링을 끼우고, 앞 사이드 판을 설치한다.
⑦ 핀을 앞 하우징의 핀 홈에 끼운 후, 캠 링을 그 방향에 맞추어 조립한다.
⑧ 그림 54와 같이 베인 판(vane plate)을 둥근 부분이 바깥쪽으로 하여 로터의 홈에 끼운 후, 로터에 있는 펀치 표시가 앞 사이드 플레이트 쪽으로 향하도록 하고 로터를 끼운다.
⑨ 개스킷과 뒤 커버를 부착한 다음 O-링을 끼우고 흡입 연결기구를 설치한다.

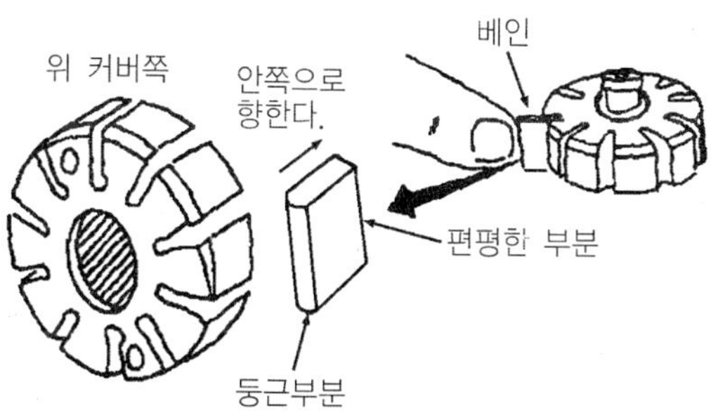

그림 54. 로터 조립하기

[5] 오일펌프 설치하기

① 오일펌프를 펌프 브래킷에 부착한다.
② 냉각 튜브 및 흡입호스를 부착한다.
③ 구동벨트를 끼우고 벨트의 장력을 조정한다.

④ 호스를 오일펌프에 설치하고, 리턴 호스를 오일탱크에 연결한다. 이 때 호스가 비틀어지거나 다른 부품과 접촉되지 않도록 한다.
⑤ 오일을 주입한다.
⑥ 유압계통 내의 공기를 뺀 후 오일펌프 압력을 점검한다.
⑦ 각각의 볼트·너트를 규정 토크로 죈다.

3.3.2. 동력 조향장치의 오일량 점검 및 교환방법

[1] 오일량 점검방법

① 자동차를 평탄한 지면에 주차시킨다.
② 엔진을 시동하고, 자동차를 정차상태로 유지하면서 조향핸들을 여러 차례 회전시켜 오일의 온도가 50~60℃가 되도록 한다.
③ 엔진 공전상태에서 조향핸들을 완전히 좌우 쪽으로 몇 번 돌린다.
④ 오일탱크에 거품이 있거나 혼탁하지 않은지를 확인한다.
⑤ 엔진의 가동을 정지시킨 후 정지상태일 경우와 엔진 가동상태일 때의 오일량 차이를 점검한다.
⑥ 오일량이 5mm 이상 차이가 나면 공기빼기작업을 실시하며, 엔진의 가동을 정지시킨 후 오일량이 갑자기 상승하면 공기빼기작업이 잘못된 것이다. 공기빼기작업을 완전히 시행하지 않으면 오일펌프와 제어밸브에서 소음이 발생하며, 펌프의 성능이 감소된다.

[2] 오일 교환방법

① 자동차 앞쪽을 잭으로 들어 올린 후 안전 스탠드로 지지한다.
② 오일탱크에서 리턴 호스를 떼어내고, 플러그로 오일탱크를 막는다.
③ 비닐 호스를 분리된 리턴호스에 연결하고, 오일을 용기에 배출시킨다.
④ 고압(하이텐션)케이블을 분리시키고 기동전동기를 사용하여 주기적으로 엔진을 몇 번 크랭킹 시키면서 조향핸들을 좌우 쪽으로 돌려 오일을 빼낸다.
⑤ 리턴호스를 연결하고, 클립을 설치한다.
⑥ 규정된 오일을 오일탱크에 주입한다.

⑦ 엔진을 가동한다. 이때 오일호스에서 오일의 누출 여부를 점검한 후 엔진의 가동을 정지시킨다.
⑧ 오일탱크의 오일필터 바닥에 오일을 붓는다.
⑨ 공기빼기작업을 실시한다.

[3] 공기빼기작업
① 고압케이블을 분리한 다음 기동전동기를 주기적으로(15~20초) 작동시키면서 조향핸들을 좌우 쪽으로 완전히 5~6회 정도 회전시킨다. 이 때 오일량이 필터의 아랫부분 밑바닥까지 떨어지지 않도록 오일을 주입한다. 또한 엔진이 공전하는 상태에서 공기빼기작업을 실시하면 공기가 분해되어 오일에 흡수되므로 크랭킹시키면서 공기빼기작업을 시행하여야 한다.
② 고압케이블을 연결하고 엔진을 가동한 후 공전시킨다.
③ 오일탱크에 공기 방울이 없어질 때까지 조향핸들을 좌우 쪽으로 돌린다.
④ 오일의 혼탁 여부와 오일량이 규정 값 이내에 있는지를 확인한다.
⑤ 조향핸들을 좌우 쪽으로 돌렸을 때 오일량이 약간 변화하는지를 확인한다. 이 때 오일량이 5mm 이상 차이가 나면 공기빼기작업이 불완전한 것이므로 공기빼기를 완전히 하도록 하여야 하며, 엔진의 가동을 정지시킨 후 오일량이 갑자기 상승하면 공기빼기작업이 잘못된 것이다. 공기빼기작업을 완전히 시행하지 않으면 오일펌프와 제어밸브에서 소음이 발생하며, 펌프의 수명이 단축된다.

3.3.3. 오일펌프 유압점검

[1] 릴리프밸브 압력 점검
① 오일펌프에서 압력 호스를 분리한 다음 압력 게이지를 연결한다.
② 공기빼기작업을 시행한 후 엔진을 가동시키고 조향핸들을 좌우 쪽으로 몇 번 돌려 오일의 온도가 50~60℃가 되도록 한다.
③ 엔진을 1,000±100rpm으로 공전시킨다.
④ 압력 게이지의 셧 오프 밸브(shut off valve)를 완전히 닫고 유압이 규정값 이내에 있는지를 확인한다. 이 때 압력 게이지의 셧 오프 밸브를 10초 이상 닫고 있으면 안 된다.

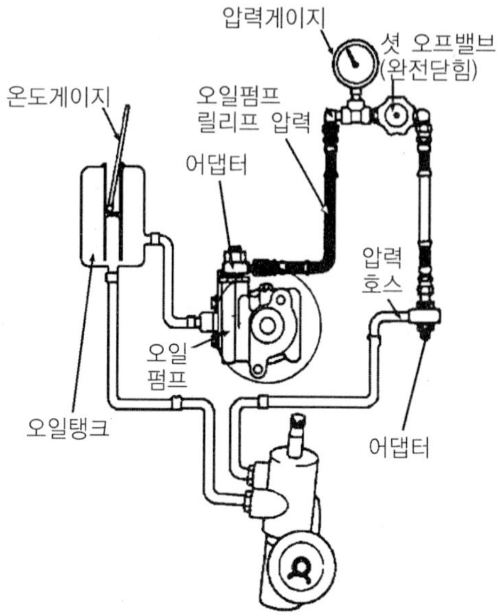

그림 55. 릴리프압력 점검

⑤ 표준 값을 벗어난 경우에는 오일펌프를 정밀 점검한다.

⑥ 압력 게이지를 떼어내고 규정 토크로 압력호스를 조인다.

⑦ 공기빼기작업을 시행한다.

[2] 무부하 상태에서의 유압점검

① 오일펌프에서 압력호스를 분리한 후 압력게이지를 연결한다.

② 공기빼기작업을 시행한 후 차량을 정지시킨 상태에서 조향핸들을 좌우 쪽으로 몇 번 돌려 오일의 온도가 50~60℃가 되도록 한다.

③ 엔진을 1,000±100rpm으로 공전시킨다.

④ 압력게이지의 셧 오프 밸브(shut off valve)를 완전히 열어서 무부하상태가 되었을 때 유압이 규정 값 이내에 있는지를 확인한다.

⑤ 표준 값을 벗어난 경우에는 유압계통이나 조향기어 박스의 고장이므로 이 부분을 점검하고 필요하면 수리한다.

⑥ 압력게이지를 떼어내고 규정 토크로 압력호스를 조인다.

⑦ 공기빼기작업을 시행한다.

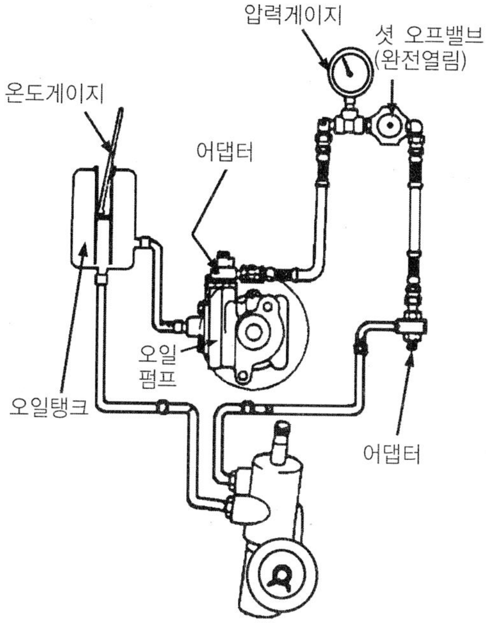

그림 56. 무부하상태에서의 유압점검

[3] 조향기어 유지 유압점검

① 오일펌프에서 압력호스를 분리 한 후 압력게이지를 연결한다.

② 공기빼기 작업을 시행한 후 차량을 정지시킨 상태에서 조향핸들을 좌우 쪽으로 몇 번 돌려 오일의 온도가 50~60℃가 되도록 한다.

③ 엔진을 1,000±100rpm으로 공전시킨다.

④ 압력게이지의 셧 오프 밸브(shut off valve)를 완전히 닫고 유압이 규정 값 이내에 있는지를 확인한다. 이때 압력게이지의 셧 오프 밸브를 10초 이상 닫고 있으면 안 된다.

⑤ 표준 값을 벗어난 경우에는 조향기어 박스를 정밀 점검한 후 유압을 다시 측정한다.

⑥ 압력게이지를 떼어내고 규정 토크로 압력 호스를 조인다.

⑦ 공기빼기 작업을 시행한다.

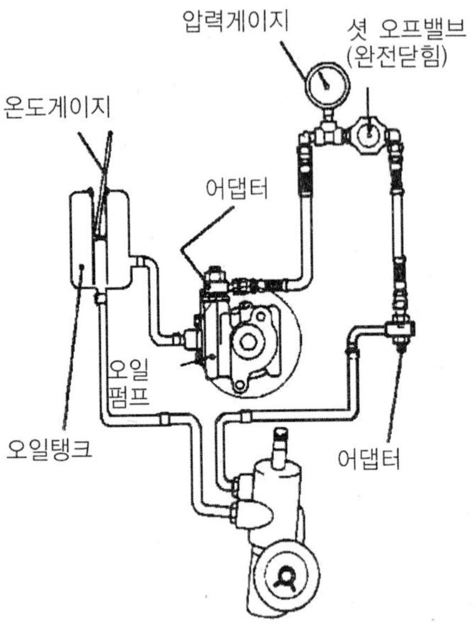

그림 57. 조향기어 유지유압 점검

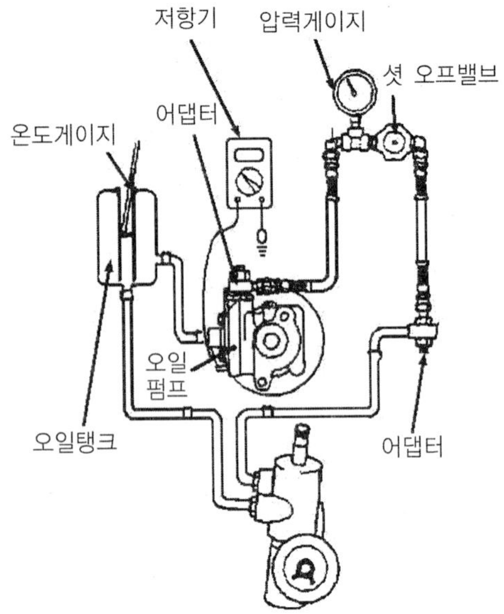

그림 58. 오일압력 스위치 점검

[4] 오일 압력스위치 점검

① 오일펌프에서 압력호스를 분리한 후 압력게이지를 연결한다.

② 공기빼기 작업을 시행한 후 차량을 정지시킨 상태에서 조향핸들을 좌우 쪽으로 몇 번 돌려 오일의 온도가 50~60℃가 되도록 한다.

③ 엔진을 1,000±100rpm으로 공전시킨다.

④ 오일압력 스위치 커넥터를 분리하고 저항기를 설치한다.

⑤ 압력게이지의 셧 오프 밸브(shut off valve)를 점차적으로 닫아 유압을 증가시켜 스위치를 작동하도록 하는 유압이 규정 값 이내에 있는지를 점검한다.

⑥ 셧 오프 밸브를 점차적으로 열어 유압을 감소시켜 스위치의 조작을 차단하도록 하는 유압이 규정 값 이내에 있는지를 점검한다.

⑦ 압력게이지를 떼어내고 규정 토크로 압력 호스를 조인다.

⑧ 공기빼기작업을 시행한다.

3.3.4. 동력 조향장치의 조향기어 정비

준비기계 및 기구

동력 조향기어장치가 설치된 자동차, 일반 공구세트, 특수 공구세트, 토크 렌치, 펀치, 안전 스탠드, 보안경 등을 준비한다.

안전 및 주의사항

① 자동차를 들어 올리고 작업을 할 경우에는 잭으로 들고, 안전 스탠드로 지지한다.

② 동력 조향기어의 각 부품은 정밀하게 가공된 것이므로 분해와 조립할 때에는 주의해야 한다.

③ 분해한 부품은 반드시 순서대로 정리하여 조립할 때 혼돈되지 않도록 한다.

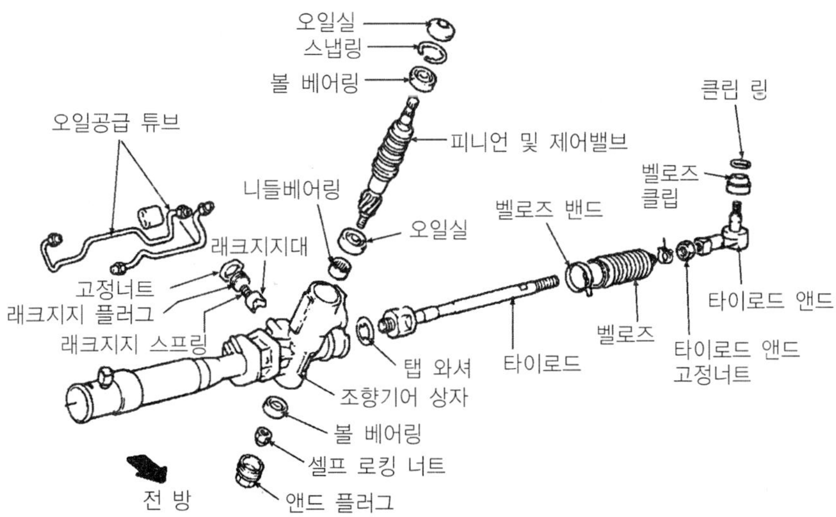

그림 59. 조향기어의 구성부품

[1] 조향기어 떼어내기

① 오일을 배출한다.

② 오일 압력호스와 리턴호스를 떼어 내고 피팅에 마개를 끼운다.

③ 조인트 어셈블리 연결볼트를 빼내어 조향기어 박스와 조향축 어셈블리를 분리한다.

④ 타이로드 앤드 풀러를 사용하여 타이로드 앤드를 조향 너클 암으로부터 떼어낸다.

⑤ 센터 멤버 어셈블리를 떼어낸다.

⑥ 스태빌라이저 바 마운팅 브래킷을 떼어낸다.

⑦ 조향기어 박스 마운팅 클램프와 압력 튜브 및 리턴 튜브 클램프를 떼어낸다.

⑧ 조향기어 박스 어셈블리를 설치 고무와 함께 떼어낸다. 이 때 래크를 오른쪽 끝까지 이동시킨 후, 조향기어 박스를 크로스멤버 왼쪽으로 들어낸다. 조향기어 박스를 떼어낼 때에 부트가 손상되지 않도록 주의하며, 천천히 잡아당겨 들어내도록 한다.

[2] 조향기어 분해

① 그림 60과 같이 타이로드에서 타이로드 앤드를 떼어낸다.

② 벨로즈 밴드 및 클립을 풀어내고, 벨로즈를 타이로드로부터 떼어낸다. 이 때 벨로즈가 끼워져 있는 부분에 녹이 생기지 않았는지를 점검한다.

③ 공급튜브를 기어 하우징에서 떼어내고, 래크를 천천히 움직이면서 기어 하우징 내의 오일을 배출시킨다.

④ 타이로드와 래크를 고정하는 탭 와셔를 그림 61과 같이 정으로 떼어내고, 타이로드를 래크에서 떼어낸다. 이 때 래크가 비틀리지 않도록 주의한다.

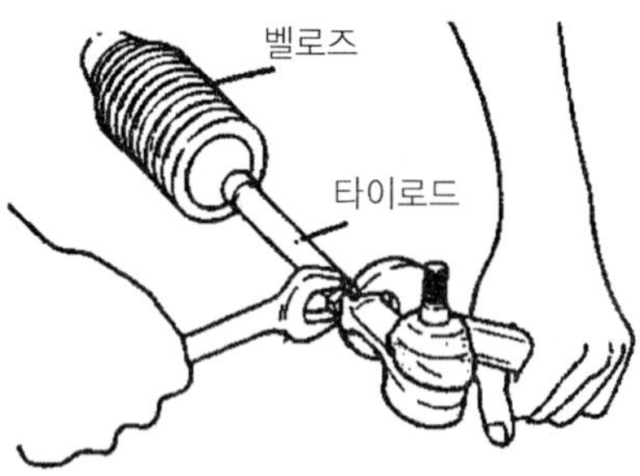

그림 60. 타이로드 앤드 떼어내기

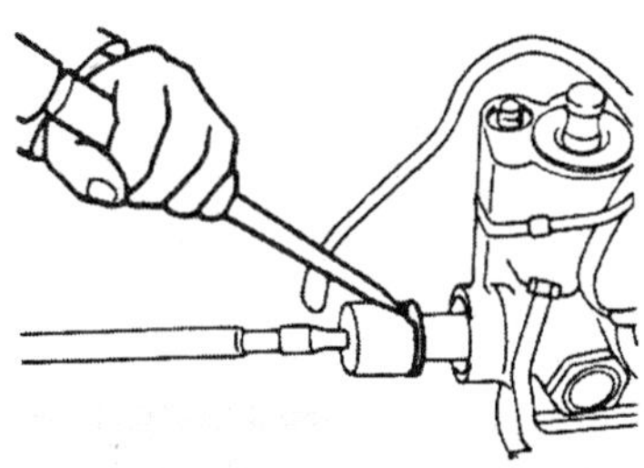

그림 61. 탭 와셔 떼어내기

⑤ 엔드 플러그를 떼어내고, 래크가 잠길 때까지 피니언을 돌려서 자동 고정 너트를 풀어낸다.

⑥ 요크 플러그, 고정 너트를 풀어내고 그림 62와 같이 특수공구로 요크 플러그를 빼낸다. 또 래크지지 스프링, 래크지지 요크 및 부싱을 떼어낸다.

⑦ 볼트 2개를 풀어 밸브보디 하우징을 떼어낸다.

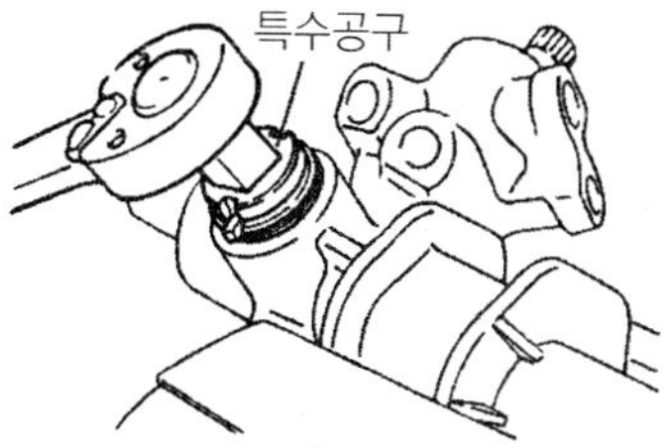

그림 62. 요크 플러그 빼내기

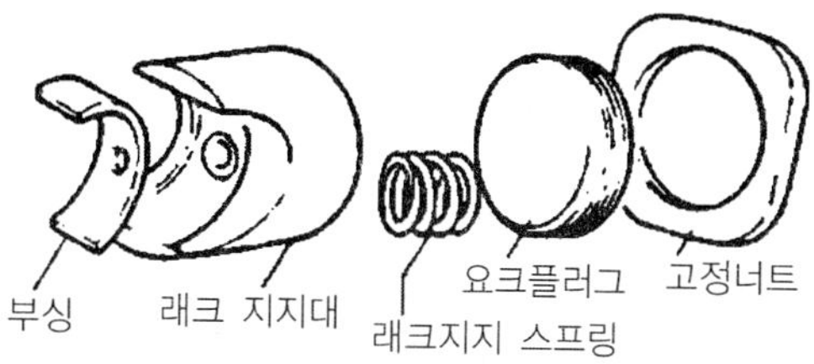

그림 63. 래크지지 요크 및 스프링

⑧ 그림 64와 같이 서 클립(cir clip)의 끝 부분이 기어 하우징에 있는 홈에 나올 때까지 래크 스토퍼를 시계방향으로 돌린 후 서 클립이 홈에서 빠져 나왔을 때 래크 스토퍼를 반 시계방향으로 돌려 서 클립을 빼낸다.

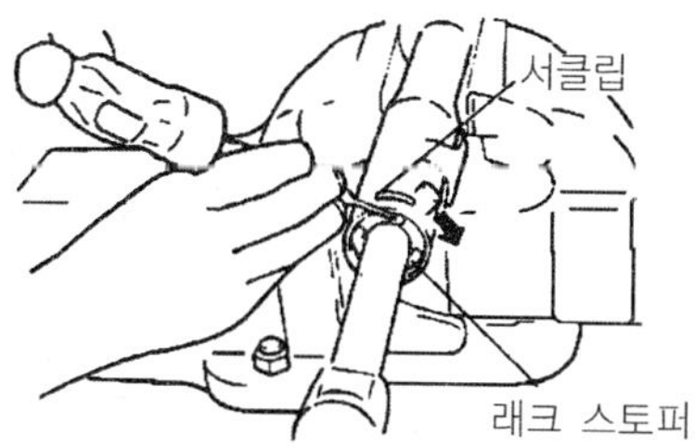

그림 64. 서 클립 빼내기

⑨ 기어 하우징을 피니언 쪽으로 이동시켜 기어 하우징에서 래크 스토퍼, 래크 부싱, 래크 등을 떼어 낸다.

⑩ 래크 부싱에서 O-링과 오일 실을 떼어낸다.

⑪ 특수공구를 사용하여 기어 하우징에서 볼 베어링, 니들 롤러 베어링, 백업 와셔, 오일실 등을 떼어낸다. 이 때, 기어 하우징 안쪽 면이 손상되지 않도록 주의한다.

⑫ 연질 해머로 밸브보디 하우징에서 밸브보디를 떼어내고, 특수공구를 사용하여 오일 실과 볼 베어링을 떼어낸다.

[3] 조향기어 점검

모든 부품을 세척액으로 닦아 압축공기로 건조시킨 후 다음 사항에 대하여 점검한다.

① 래크 잇면의 손상이나 마멸, 오일실 접촉면의 손상, 래크의 휨, 오일 실, O-링의 손상이나 마멸 등에 대하여 점검하고 필요하면 교환한다.
② 피니언 어셈블리에서 피니언 잇면의 손상이나 마멸, 오일 실 접촉면의 손상, 실링의 손상이나 마멸을 점검하고, 필요하면 교환한다.
③ 베어링을 회전시켰을 때 걸림이나 소음, 베어링의 과다한 헐거움, 니들 롤러 베어링의 롤러 부족 등에 대하여 점검하고, 필요하면 교환한다.
④ 기어 하우징 실린더 안쪽 면의 손상, 부트의 손상, 노화, 균열 등에 대해 점검한다.

[4] 조향기어 조립

① 오일 실의 모든 면과 기어 하우징에 규정의 오일을 바른다.
② 백업 와셔와 오일 실을 특수공구를 사용하여 기어 하우징의 제자리에 조립한다.
③ 니들롤러 베어링의 모든 면에 규정된 그리스를 바른 후 니들 롤러 베어링을 특수공구를 사용하여 기어 하우징에 조립한다.
④ 볼 베어링에 규정된 그리스를 바르고, 특수공구를 사용하여 설치한다.
⑤ 오일 실(안쪽)을 특수공구를 대고 기어 하우징에 조립한다. 이때 오일 실의 방향이 틀리지 않도록 하고, 새 오일 실을 사용한다.
⑥ 래크 부싱에 설치되는 오일 실 및 O-링의 모든 면에 규정된 오일을 바른다.
⑦ 특수공구를 사용하여 오일 실 및 O-링을 래크 부싱에 끼운다.
⑧ 래크 이에 규정의 그리스를 바른 후 래크를 기어하우징에 끼우고, 래크부싱과 래크 스토퍼를 끼운다. 이 때 래크에 있는 벤트구멍을 그리스로 막지 않도록 주의한다.

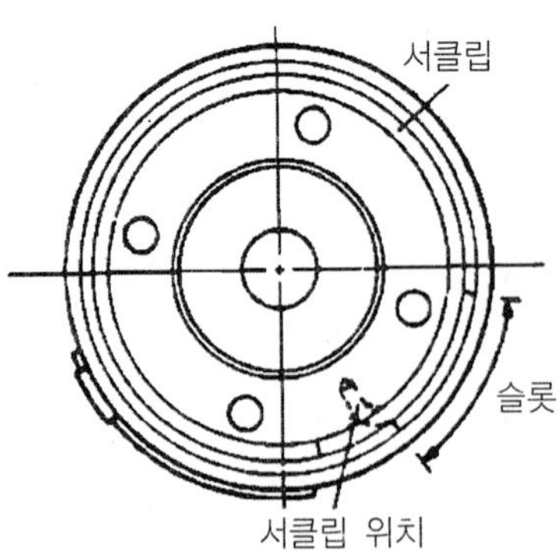

그림 65. 서 클립 끼우기

⑨ 그림 65와 같이 래크 스토퍼를 래크 스토퍼의 서클립 홈에 래크 하우징의 노치구멍과 일치될 때까지 밀어 넣은 후, 서 클립을 래크 스토퍼를 돌리면서 끼운다. 이때 서클립 끝부분이 래크 하우징의 노치구멍을 통하여 보이지 않도록 한다.

⑩ 특수공구를 사용하여 밸브 보디에 오일 실과 볼 베어링을 설치한다.

⑪ 피니언 밸브 어셈블리에 규정의 오일과 그리스를 바르고, 기어 하우징 어셈블리에 조립한다.

⑫ 규정된 오일을 엷게 바른 후 특수공구를 사용하여 실을 밸브 보디 하우징에 설치한다.

⑬ 실링과 함께 밸브 보디 어셈블리를 기어 하우징에 조립한다.

⑭ 탭 와셔를 설치하고, 타이로드를 설치한 후 타이로드의 두 점에서 탭 와셔의 끝을 막는다(그림 66).

⑮ 피니언을 시계방향으로 완전히 돌린 상태에서 새 것의 자동 고정너트를 설치한다.

⑯ 엔드 플러그 나사부분에 실런트(sealant ; 접착제)를 엷게 바른 후 규정 토크로 죄고(5.0~7.0kgf・m), 펀치를 사용하여 엔드 플러그 주위의 두 지점을 고정시킨다.

⑰ 부싱, 래크지지 요크, 래크지지 스프링 순서로 기어 하우징에 설치한 다음 래크를 중앙에 놓고 기어 하우징에 요크 플러그를 설치한다. 이때, 특수공구를 사용하여 그림 67과 같이 요크 플러그를 1.2kgf・m의 토크로 죄었다가 30~60° 정도 풀고 고정 너트를 규정 토크(5.0~7.0kgf・m)로 죈다. 설치하기 전에 요크 플러그의 나사 부분에 실런트를 엷게 바른다.

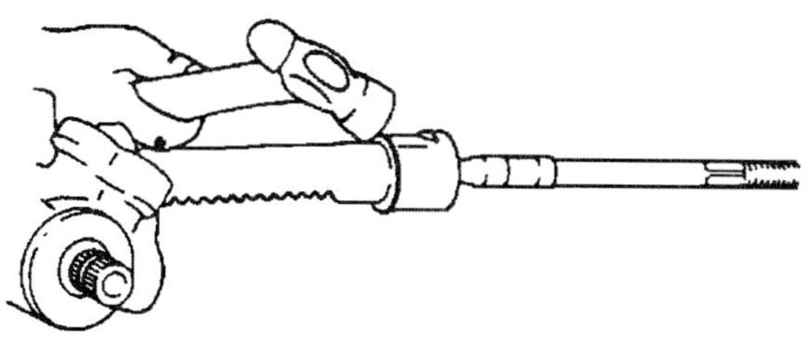

그림 66. 탭 와셔 설치하기

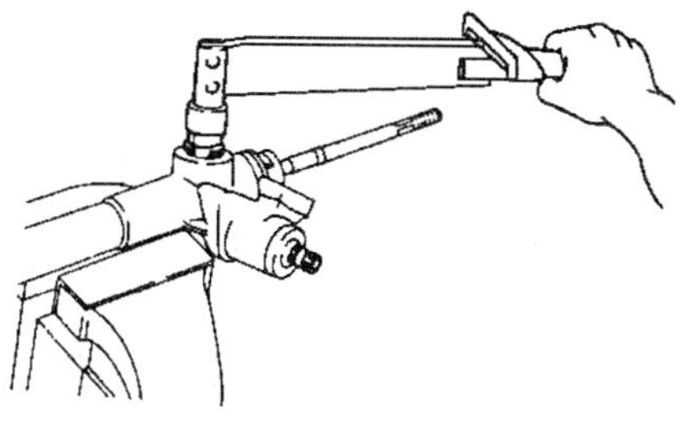

그림 67. 고정너트를 규정 토크로 죄기

⑱ 공급 튜브를 규정 토크로 죄고, 실런트로 마운트 고무를 설치한다.

⑲ 규정된 그리스를 타이로드의 벨로즈 설치부분에 바른 다음 벨로즈에 새 것의 밴드와 클립을 설치한다. 이 때 벨로즈가 비틀리지 않도록 주의하면서 벨로즈를 정 위치에 설치한다.

⑳ 더스트 커버 안쪽과 둘레에 규정의 그리스를 채우고, 타이로드 엔드의 홈 안에 부착된 클립 링으로 더스트 커버를 정 위치에 고정시킨다.

㉑ 타이로드를 좌우 타이로드 길이가 표준값과 같은 길이가 되도록 한 다음 설치한다.

㉒ 그림 68과 같이 전체 피니언의 프리로드를 점검한다.

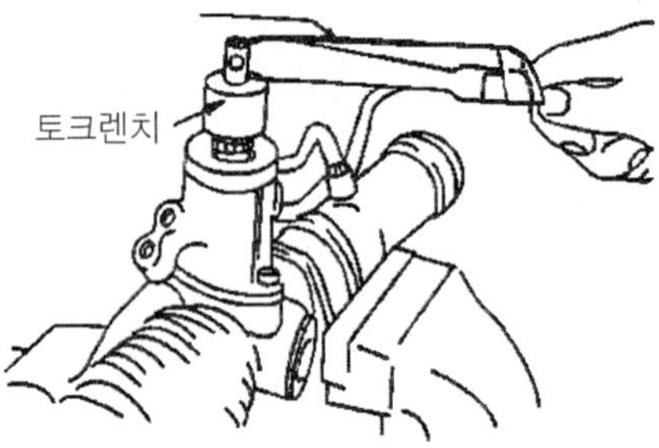

그림 68. 피니언의 프리로드 점검

[5] 조향기어 설치

① 설치 고무를 크로스 멤버의 제자리에 위치시키고 부착한 다음, 조향기어를 부착한다.

② 호스를 연결한 후 오일을 규정량만큼 넣는다.

③ 오일의 누출 유무를 점검한다.

④ 조향핸들이 원활하게 작동되는지를 점검한다.

⑤ 토인을 조정한다.

⑥ 각각의 볼트, 너트를 규정 토크로 조인다.

3.4. MDPS의 점검 · 정비

3.4.1. 조향각(앵글)센서 초기화

조향각 센서 초기화 작업은 MDPS ECU에 입력된 조향각과 실제 차량의 조향각을 일치시켜주는 기능으로 MDPS 및 VDC 성능만족을 위해서 0점 설정이 반드시 필요하다. 0점 설정 시기는 MDPS 교환 후, 진단장비의 0점 설정을 요구할 경우, 기어박스 및 유니버셜 조인트 교환, 휠 얼라인먼트 작업등이 있다.

초기화가 정상적으로 수행된 경우 초기화 완료 상태는 캘리브레이션 & 이니셜(CAL & INITIAL)로 표출된다. 0점 조정 미실시 시에는 계기판에 EPS 경고등이 점멸될 수 있으며, 초기화 작업 종료 후 반드시 고장코드를 삭제한다.

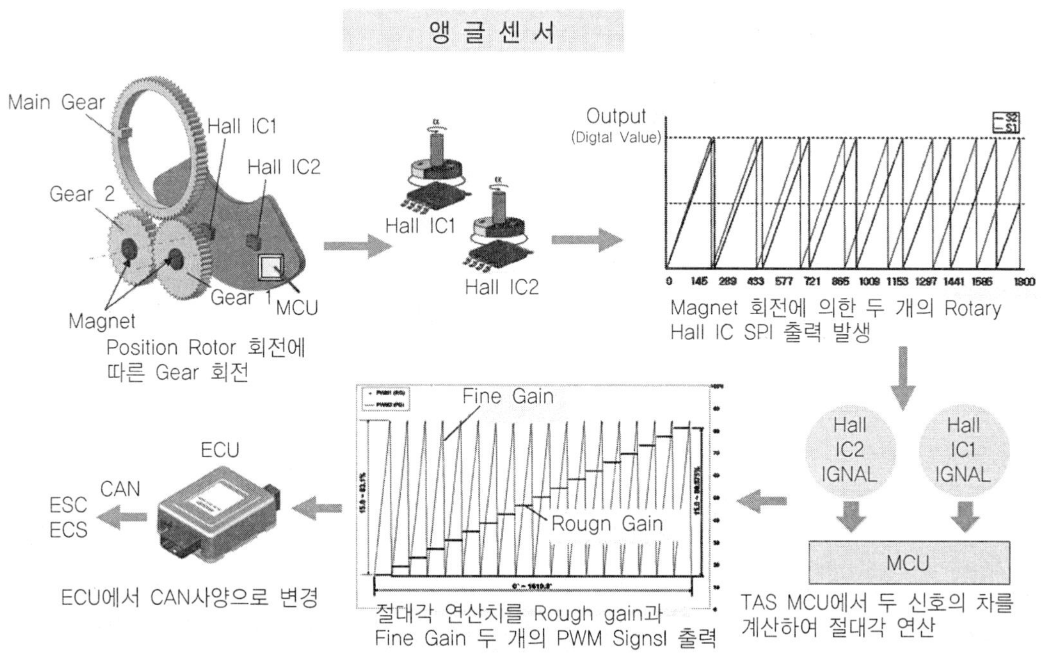

그림 69. 조향각(앵글)센서 흐름도

[1] 초기화의 목적

초기화는 차량을 수리 혹은 부품을 교환하거나 경고등이 점등될 경우 시행하며, 이는 실제 차량의 조향각과 ECU에 입력된 조향각을 일치시켜주는 기능이다. 이것을 실행하지 않으면 차량이 조향 시 이상현상을 가져오고 사고 유발 가능성이 있다.

① 조향각 센서 초기화 시기 : MDPS 교환, 진단장비 요구, 기어박스 교환, 휠 얼라인먼트 작업

② 조향각 센서 초기화 조건 : 시동 ON(엔진 구동), 스티어링 휠 직진방향

③ 초기화 완료 후 확인방법 : 센서데이터 항목 중 조향각 센서의 값이 ±5° 범위 내에 있는지 확인한다.

④ 초기화 미 설정 시 문제점 : EPS 경고등 점멸, C1261(조향각센서 - 영점설정안됨) 고장코드 검출

[2] 조향각 센서 초기화 방법

① 진단 장비를 이용하여 조향각 센서 초기화 선택한다.

② 조향각 센서 초기화 목적을 읽고 확인을 누른다.

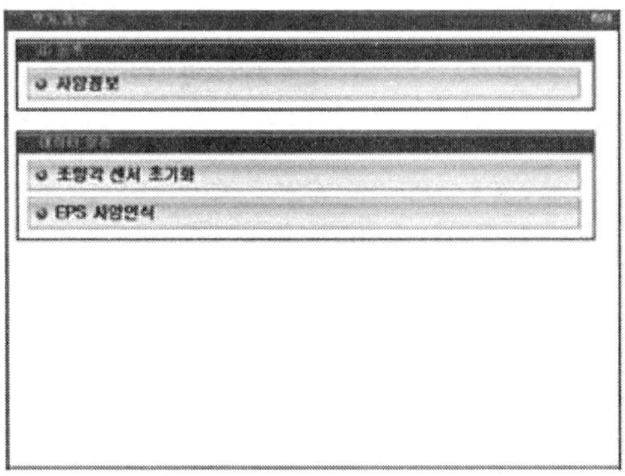

그림 70. 조향각 센서 초기화

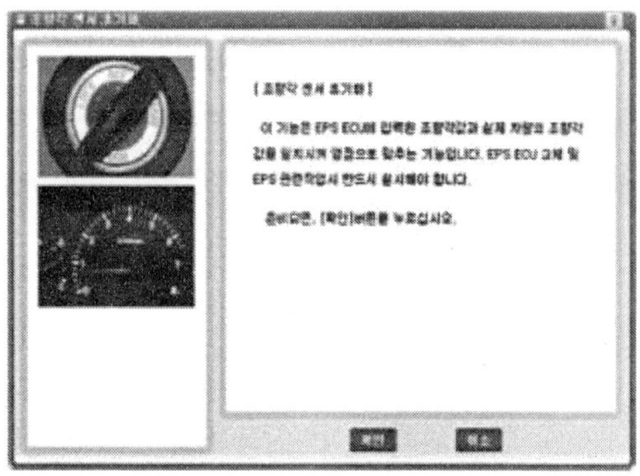

그림 71. 센서 초기화 목적

③ 조향각 센서 초기화 조건을 확인하고 지시를 따른다.

④ 조향각 센서 초기화 완료창이 뜨면 확인을 누르고 종료한다.

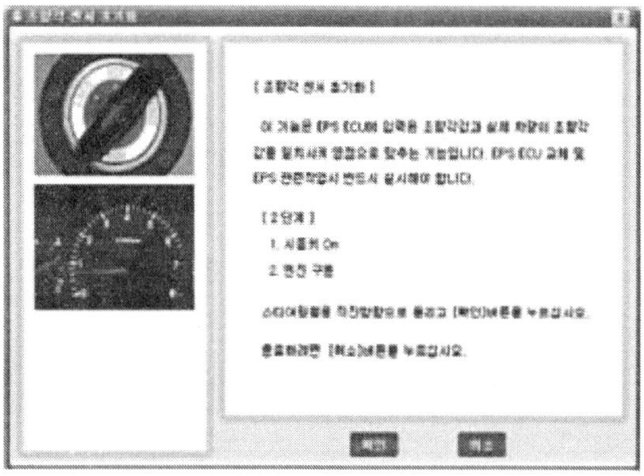

그림 72. 초기화 조건

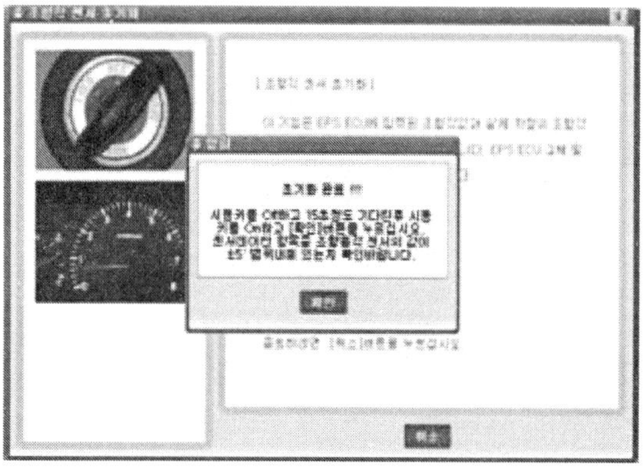

그림 73. 초기화 완료

3.5. 앞바퀴 얼라인먼트 측정 및 조정방법

준비기계 및 기구

자동차, 일반 공구세트, 턴테이블(turn table), 앞바퀴 얼라인먼트 조정 공구, 잭, 스크라이버, 노 게이지, 캠버, 캐스터 킹핀 게이지 능을 순비한다.

안전 및 주의사항

① 바퀴 허브 베어링 점검 및 조정을 하고자 바퀴를 들 때 잭을 확실하게 위치시켜 안전하게 해야 한다.

② 앞바퀴 얼라인먼트는 자동차의 주행 안전과 관계되는 것이므로 완전하게 작업을 하도록 한다.

3.5.1. 앞바퀴 얼라인먼트를 측정할 때 주의사항

① 자동차는 공차상태로 한다.

② 타이어 공기압력을 규정 값으로 한다.

③ 섀시 스프링은 안정 상태로 한다.

④ 바닥 면은 수평 한 장소를 선택한다.

⑤ 휠 베어링의 헐거움, 볼 이음 및 타이로드 엔드의 헐거움 등을 점검한다.

⑥ 조향 링키지의 체결상태 및 마멸 등을 점검한다.

⑦ 양쪽 앞바퀴에 턴테이블을 확실하게 끼어 넣고, 뒷바퀴에는 턴테이블의 높이와 같은 높이의 나무판을 확실하게 끼운다.

그림 74. 휠 베어링 점검

⑧ 쇽업소버의 기능을 점검한다.

3.5.2. 토(toe)측정 및 조정

[1] 토 측정

① 앞바퀴를 잭으로 들어 올린 후 타이어 중심부 둘레에 분필을 칠하고, 스크라이버를 중심부에 대고 바퀴를 돌려 중심선을 긋는다.

② 앞바퀴를 지면에 내려놓고 직진 상태를 정확하게 유지시킨다.

③ 토 게이지의 마이크로미터의 눈금을 0점에 맞춘다.

④ 토 게이지의 포인터 높이를 바퀴의 허브 높이와 비슷하게 조정한다. 이때 분필로 측정 점을 표시한다.

⑤ 토 게이지를 앞바퀴 뒤쪽에서 마이크로미터 쪽의 포인터를 타이어 중심선에 일치시킨다. 이때 측정점을 표시한다.

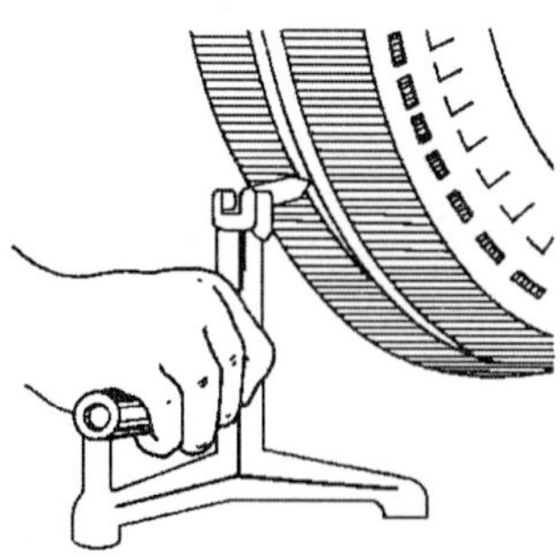

그림 75. 바퀴에 금긋기

⑥ 토 게이지 중앙의 바퀴사이 거리 조정나사를 풀고 타이어를 180°회전시켜 앞에서 측정한 부분에 표시한 측정점에 마이크로미터 반대쪽의 포인터를 바퀴 허브의 높이와 비슷하게 일치시킨 후 조정 나사를 조인다.

⑦ 포인터 고정나사를 풀고 포인터를 타이어 중심선에 일치시킨 후 고정나사를 조인다.

⑧ 토 게이지를 앞쪽으로 이동시켜 마이크로미터 반대쪽의 포인터를 타이어 중심선에 일치시킨다.

⑨ 마이크로미터를 회전시켜 마이크로미터 쪽의 포인터를 타이어 중심선에 일치시킨 후 마이크로미터 눈금을 읽는다.

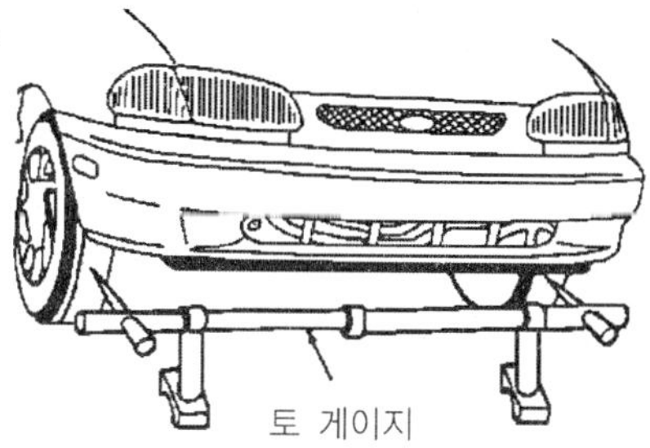

그림 76. 토 측정

[2] 토 게이지의 마이크로미터 눈금읽기

① 슬리브의 한 눈금은 1mm이고, 0점을 기준으로 하여 좌우 15mm까지 표시되어 있다.

② 딤블의 눈금은 20개이며, 딤블을 1회전시키면 슬리브의 눈금이 2mm 이동하므로 딤블의 한 눈금은 0.1mm이다.

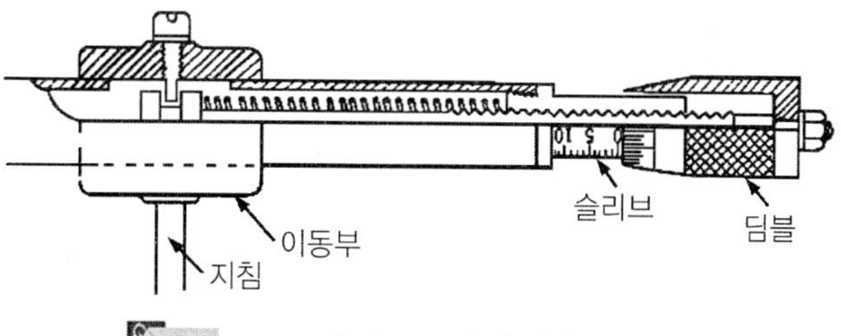

그림 77. 마이크로미터의 눈금 구조

③ 슬리브에서 보이는 부분의 눈금은 짝수만 읽고, 그 값에 딤블의 눈금을 더하여 읽는다.

(1) 마이크로미터 눈금 읽기

슬리브의 눈금이 2mm 미만인 경우에는 딤블의 눈금만을 읽는다.

1) 토 아웃(toe-out)인 경우

① 그림 78(a)에서 슬리브의 눈금이 12mm를 지났으므로 먼저 12mm를 읽고, 딤블의 눈금이 0.4mm이므로 12+0.4 = 12.4mm로 읽는다.

② 그림 79(b)에서 슬리브의 눈금이 7mm를 지났을 경우에는 짝수의 눈금 6mm를 읽고, 딤블의 눈금이 1.2mm를 가리키므로 6+1.2 = 7.2mm로 읽는다.

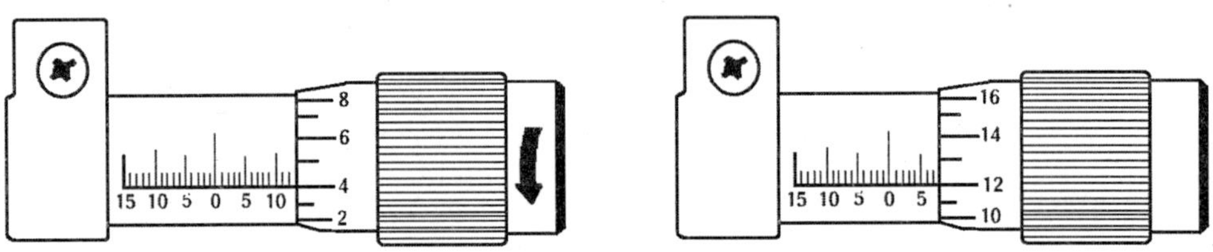

(a) (b)

그림 78. 마이크로미터 눈금읽기(1)

2) 토인(toe-in)인 경우

① 그림 79(a)에서 슬리브 눈금이 왼쪽으로 4mm를 지났을 경우에는 4mm를 먼저 읽고, 딤블의 눈금이 1.7mm를 가리키고 있지만 실제로는 0.3mm이다. 즉 4+(2.0-1.7)= 4.3mm이다.

② 그림 79(b)에서 슬리브 눈금이 왼쪽으로 9mm를 9mm를 지났을 경우에는 먼저 8mm를 읽고, 딤블의 눈금은 0.4mm를 가리키기만 실제로는 0.6 mm이다. 즉, 8+(2.0- 0.4)= 9.6mm이다.

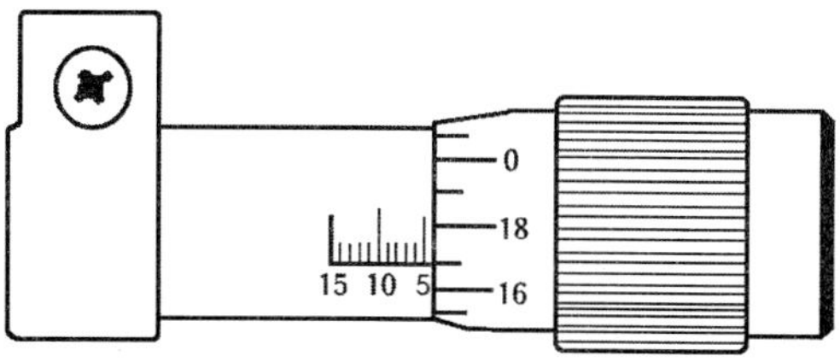

(a)

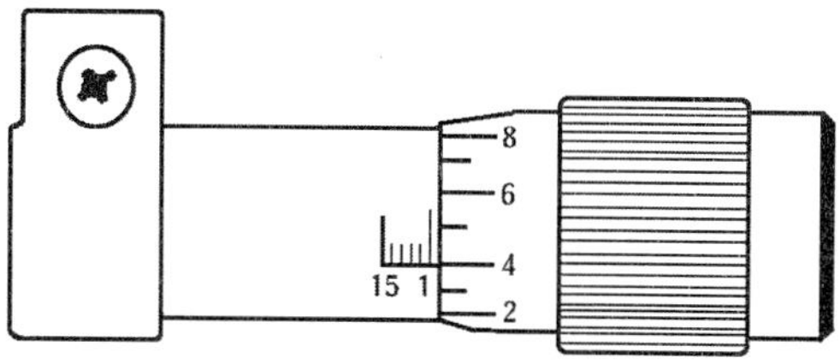

(b)

그림 79. 마이크로미터 눈금읽기(2)

[3] 토 조정

① 일체 차축 현가방식의 조향장치에서는 타이로드 엔드 고정너트를 풀고 타이로드를 돌려 조정한다.

② 독립 현가방식의 조향장치에서는 타이로드를 좌우 같은 양만큼 돌려서 조정한다.

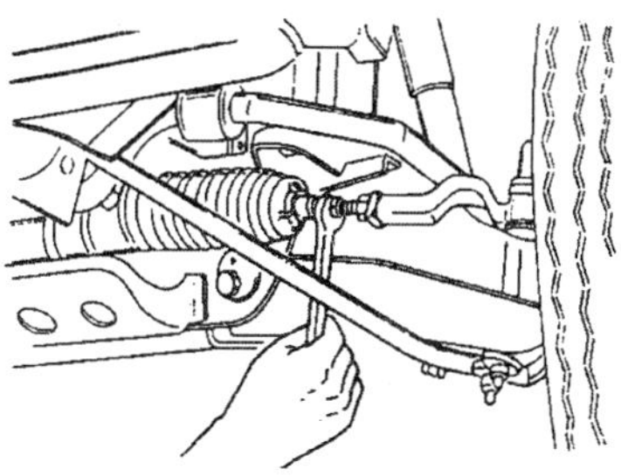

(a) 독립 현가식

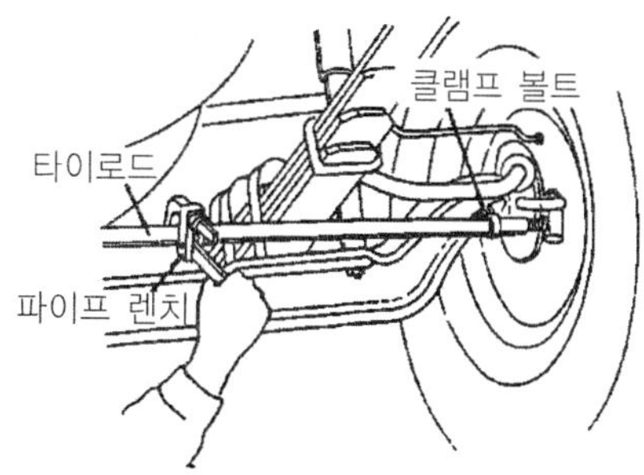

(b) 일체 차축식

그림 80. 토 조정방법

3.5.3. 캠버, 캐스터 및 조향축 경사각도 점검 및 조정

[1] 캠버, 캐스터, 조향축 경사각도 게이지를 다룰 때의 주의사항

① 보호 철판을 떼어낼 때에는 밑으로 밀어서 충격 없이 떼어낸다.

② 게이지에 충격 및 진동을 주어서는 안 된다.

③ 자석 편이 있는 부분은 깨끗한 헝겊으로 닦는다.

④ 보관할 때에는 보호 철판을 붙인 후 규정 상자에 넣어 둔다.

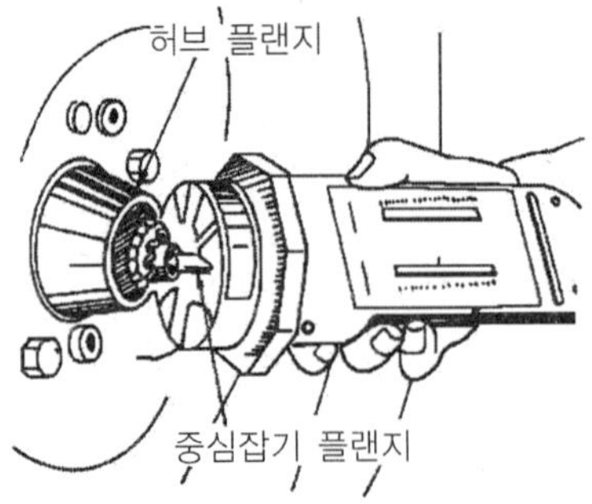

그림 81. 캠버 게이지를 바퀴에 부착하기

[2] 캠버 측정방법

① 바퀴를 직진상태에 있도록 하고 턴테이블의 고정 핀을 제거한 후 각도 판의 지침을 0점에 맞춘다.

② 바퀴의 그리스 캡을 떼어내고 휠 허브를 깨끗이 닦는다.

③ 휠 허브의 접촉면이 손상되지 않았는지를 점검한다.

④ 게이지 보호 판을 떼어내고 게이지의 센터 핀(셀프 센터링 플런저)을 스핀들의 중심과 일치시켜 휠 허브에 충격이 없도록 접촉시킨다.

⑤ 수평의 기포를 중앙의 라인 내에 위치하도록 좌우로 조정하여 게이지가 수평이 되도록 한다.

⑥ 캠버의 기포 중앙의 눈금을 읽는다.

[3] 캐스터 측정방법

① 앞바퀴를 직진상태로 하고 좌우 턴테이블의 고정 핀을 빼낸 다음 각도 판의 지침을 0점에 맞춘다.

② 바퀴의 그리스 캡을 떼어내고 깨끗이 닦는다.

③ 휠 허브의 접촉면이 손상되어 있지 않는지를 점검한다.

④ 게이지의 셀프 센터링 플런저를 스핀들의 중심과 일치시켜 게이지를 허브에 설치한다(캠버 측정 참조).

⑤ 턴테이블의 각도를 보면서 바퀴의 앞부분을 바깥쪽으로 20°회전시킨다.

⑥ 게이지를 좌우로 움직여 수평 기포가 중심에 오도록 조정한다.

⑦ 게이지 뒷면의 캐스터 눈금 조정나사를 회전시켜 캐스터 게이지를 0점에 맞춘다.

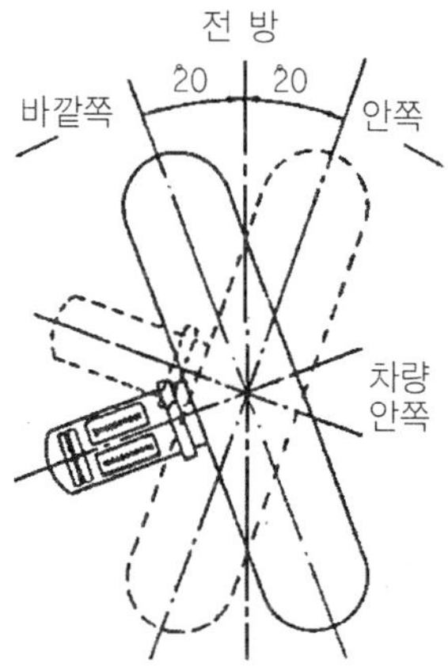

그림 82. 캐스터 및 조향축 경사각도 측정을 측정할 때 바퀴 각도

턴테이블의 각도를 보면서 바퀴의 앞부분을 안쪽으로 회전시켜 각도 판의 0점을 지나 안쪽으로 20°회전 시킨다(총회전각도= 바깥쪽에서 0°까지 20°+안쪽으로 20°).

⑧ 게이지를 좌우로 움직여 수평의 기포를 중심에 오도록 조정한다.

⑨ 캐스터의 눈금을 읽는다.

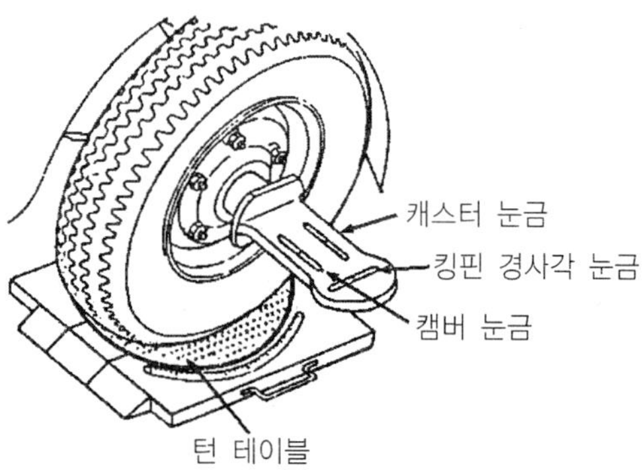

그림 83. 캐스터 측정

[4] 조향축(또는 킹핀) 경사각도 측정방법

① 앞바퀴를 직진상태로 하고 좌우 턴테이블의 고정 핀을 빼낸 다음 각도 판의 지침을 0점에 맞춘다.

② 바퀴의 그리스 캡을 떼어내고 깨끗이 닦는다.

③ 휠 허브의 접촉면이 손상되어 있지 않는가 점검한다.

④ 게이지의 셀프센터링 플런저를 스핀들의 중심과 일치시켜 게이지를 허브에 설치한다.

⑤ 턴테이블의 지침을 0점에 일치시킨 다음 턴테이블의 각도를 보면서 바퀴의 앞부분을 바깥쪽으로 20°회전시킨다.

⑥ 게이지를 좌우로 움직여 수평 기포가 중심에 오도록 조정한다.

⑦ 게이지 뒷면의 조향축(또는 킹핀)경사각 눈금 조정나사를 회전시켜 0점에 맞춘다(이때 좌(左), 우(右)측 바퀴를 확인하고 해당 눈금에 맞춘다).

⑧ 턴테이블의 각도를 보면서 바퀴의 앞부분을 안쪽으로 회전시켜 각도 판의 0점에 일치 시킨다(총 회전각도 = 바깥쪽에서 0°까지 20°, 즉 직진상태).

⑨ 조향축 경사각도의 눈금을 읽는다. 이때, 수평의 눈금을 조정하지 않고(즉, 게이지가 기울어진 상태) 눈금을 읽는다.

3.6. 휠 얼라인먼트 테스터(wheel alignment tester)

3.6.1. 휠 얼라인먼트 테스터 원리

최근 휠 얼라인먼트 테스트는 크게 두가지 방식을 채택하고 있다. 가장 많이 보급되어 있는 헤드 센서방식과 정밀도 향상과 사용상의 편의성을 향상시킨 카메라 방식이다. 본 교재에서는 CCD카메라 방식을 주로 설명하고자 한다. 기존의 헤드센서 방식 얼라인먼트는 다음과 같은 원리로 측정된다.

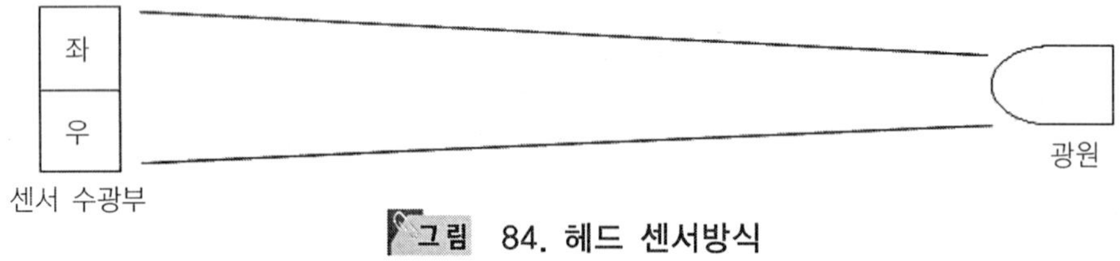

그림 84. 헤드 센서방식

기존의 헤드방식은 센서 수광부가 좌우로 나뉘어 있어서 좌, 우 각각으로 들어오는 빛의 양에 따라 전압(전류)이 변하게 된다. 이 양으로 좌우의 각도를 계산한다. 이와 달리 카메라 방식은 카메라가 직접 Target(반사판)의 각도를 LIVE로 읽을 수 있다.

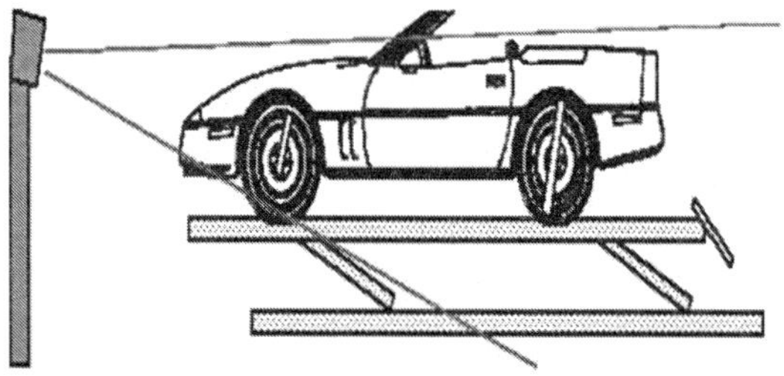

(a)

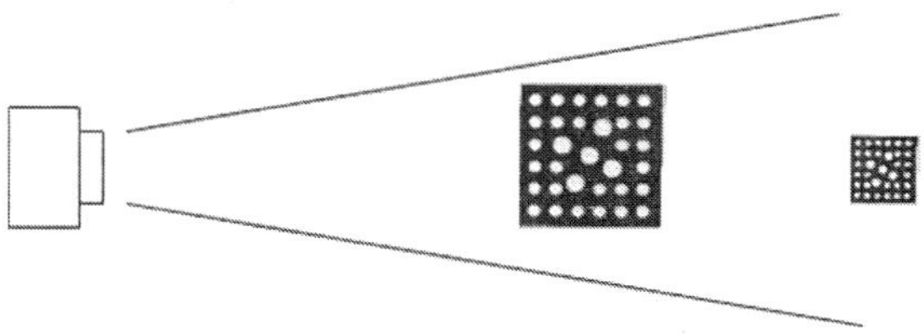

(b)

그림 85. CCD카메라 센서방식(1)

각각의 Target에는 33개의 원이 있으며, 이원의 크기는 거리에 비례하여 그 크기가 다르게 보인다.

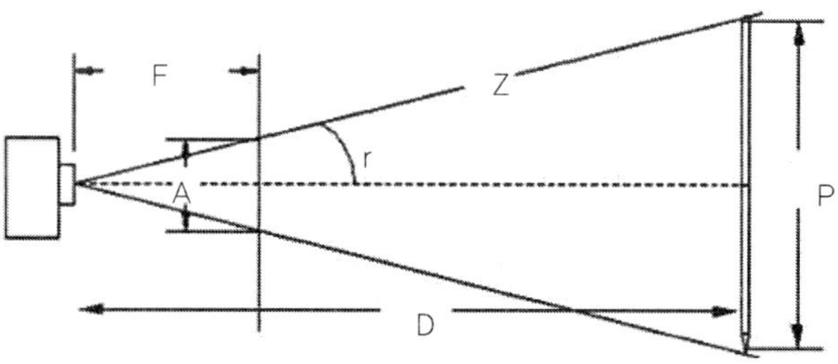

그림 86. CCD카메라 센서방식(2)

이것으로 차량 바퀴의 위치 및 거리를 정확히 계산할 수 있고, 다음과 같이 Target에 있는 원의 변화로 바퀴의 각도를 알 수 있다.

이와 같이 Target의 상하, 좌우, 거리, 회전 등의 변화를 실시간으로 측정하고 여기에 삼각비등의 공식을 적용하여 보다 많은 데이터를 얻을 수 있다. 이것이 CCD 카메라방식의 기본원리이다. 실시간 자동 동조시스템은 세대의 동조 카메라를 이용한다.

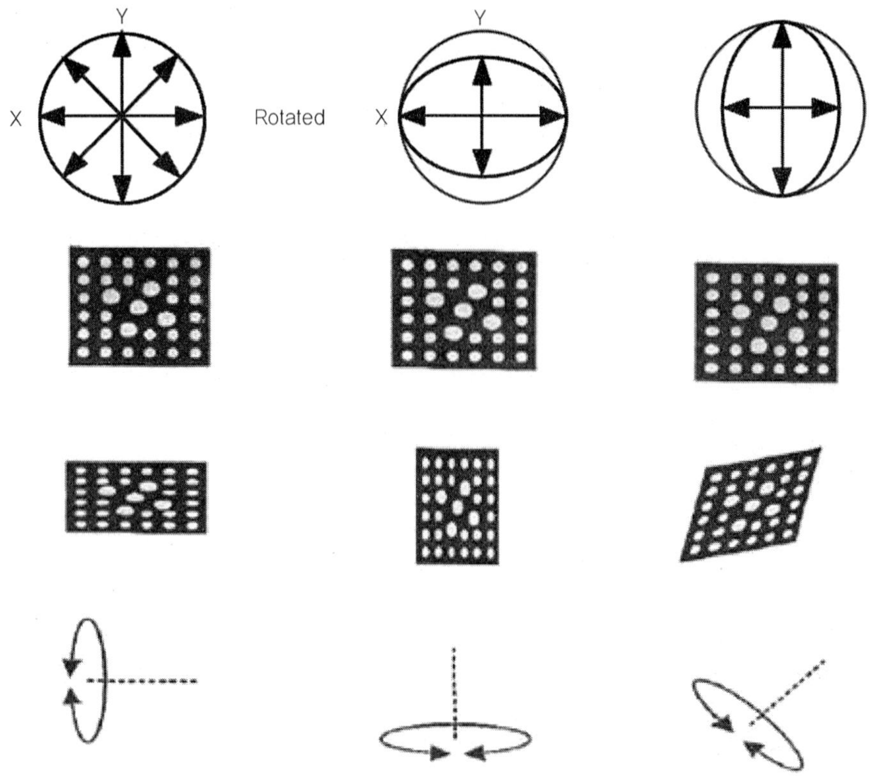

그림 87. CCD카메라 센서방식(3)

두개의 카메라가 차량에 부착된 타겟을 측정하는 동안 왼쪽 카메라부에 부착되어 있는 세 번째 카메라는 오른쪽 카메라부에 부착된 타겟을 측정, 이를 활용하여 좌우 카메라의 위치를 동조 시킬 수 있다. 이 카메라들은 생산 현장에서 고정밀의 기준에 맞추어 제작되어 리프트가 위아래로 움직이더라도 각각의 타겟을 정확하게 측정할 수 있도록 조정된다.

자동 높이 조절기능은 리프트의 높이에 맞추어 카메라의 위치를 자동적으로 조정해 준다. 카메라의 시야에 타겟이 들어오게 하기 위하여 리프트의 높이를 조정하거나 카메라 기둥을 올리고 내릴 필요가 없다. 이 기능은 작업시간의 단축은 물론 사용자의 실수로 인해 생길 수 있는 카메라 시야 밖의 측정 에러들을 줄여 더 정확한 얼라이먼트 측정을 할 수 있게 해준다. 대부분의 고정식 V3D는 측정 및 작업 높이에 맞추어 카메라의 높이가 고정 되어 있다. 리프트가 바닥에 있는 경우나 최대 높이에 있는 경우 중에 한 곳에서만 고정이 된다면 완벽한 얼라이먼트 조정 작업을 마칠 수는 없다.

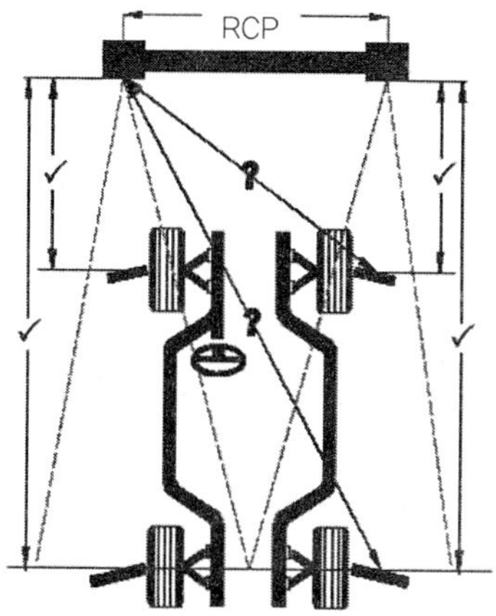

RCP= 일종의 캘리브레이션을 의미함.

그림 88. CCD카메라 센서방식(4)

하지만 다양한 작업 높이를 (차량을 바닥에 놓고 바로 옆 휀더쪽에서 하는 작업이나, 차량의 밑 바닥에서 하는 조정 작업) 조정하도록 한다. 또한 이러한 다양한 작업 높이의 변화가 있더라도 시스템의 측정값은 항상 정밀하게 측정하여 작업자에게 제공된다.

3.6.2. 휠 얼라인먼트 실행절차

얼라인먼트를 하는 이유는 타이어의 과다 마모나 불균형 마모 등의, 스티어링/핸들링 이상, 서스펜션 교체 또는 스티어링 부품 교체 이후, 충돌 수리 후, 일상적인 차량 관리 등입니다. 얼라인먼트를 하는 이유에 상관없이 문제를 찾고 해결하기 위해서는 다음 단계를 실행하는 것이 매우 중요하다.

① 차량 운전자에게 정보를 수집한다.
- 운전하는 동안 얼라인먼트가 맞지 않아서 생기는 증상이 있는지 차량이 충돌하거나 어떤 부품을 최근에 교체하지 않았는지 조사 한다.

② 문제 재연을 위하여 시 운전을 해 보시오.
- 재연이 불가능하다면, 운전자의 설명을 더 듣거나 동승하여 확인한다.

③ 얼라인먼트용 리프트에 차량을 올리시오.
- 차량이 리프트와 턴테이블 가운데 오게 하고, 리프트를 잠금 위치까지 상승 시키시오.

④ 타이어를 검사하여 비정상적인 징후가 있는지 살핀다.

⑤ 부품을 점검하여 이상이 있는 부품은 교체한다(타이어 압력과 승차 높이를 점검).

⑥ 차량 휠에 측정 센서를 달고, 안전 고리를 사용하여 떨어지지 않게 한다.

⑦ 차량에 맞는 적절한 마법사를 선택 한다.

⑧ 캐스터, 캠버, 토우를 측정 한다.

⑨ 필요로 하는 작업을 결정한다.

- 차량과 정비 지침서를 참조 하여 조정의 순서를 결정한다.

⑩ 필요한 각도 수정을 한다.

- 스티어링 휠을 중심에 맞춘 후 다음 순서에 따라 조정한다.

㉮ 후륜 캠버(rear camber)

㉯ 후륜 토우(rear toe)

㉰ 전륜 캐스터(front caster)

㉱ 전륜 캠버(front camber)

㉲전륜 토우(front toe)

⑪ 스티어링 휠의 중심을 다시 맞추고 전륜 토우를 재조정 한다.

- 스티어링 휠이 틀어지는 것은 운전자가 불만을 갖는 주요 원인된다.

⑫ 결과를 프린트 한다(추후에 참조하도록 출력물을 파일로 정리하여 보관).

⑬ 시 운전을 하여 얼라인먼트가 적절히 이루어졌는지 확인한다.

3.6.3. 준비

[1] 리프트 위의 차량 위치

차량을 얼라인먼트용 리프트에 적절히 위치시키는 것은 안전과 정확한 측정을 위한 중요한 단계이다.

① 전륜 턴테이블과 후륜 슬라이드판을 고정 핀으로 고정하여야 한다.

※ ②~⑤단계에서 차량의 타이어는 턴테이블의 중앙에 위치.

② 차량을 얼라인먼트용 리프트 위로 운전하여, 턴테이블 바로 전에 정지한다.

차량의 타이어가 승강장의 중앙에 오도록 주의하여야 한다.

③ 차량의 시동을 끄고 주차 브레이크를 잠그시오.(기어는 중립 또는 P위치)

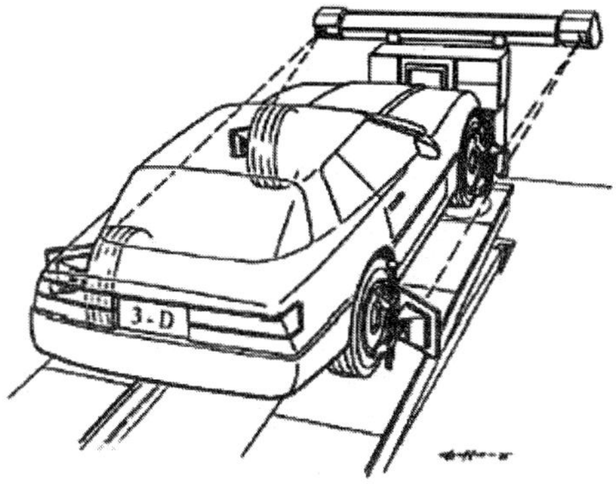

그림 89. 설치된 상태

차량이 구르는 것을 방지하기 위하여 타이어에 버팀목을 설치하여야 한다. 버팀목을 설치하지 않으면 차량이 리프트에서 떨어질 수 도 있다.

④ 턴테이블의 위치를 타이어의 중앙에 올 수 있게 조절한다.

⑤ 차량을 턴테이블의 중앙에 오도록 전진시킨다. 차량의 기어를 중립에 놓고 주차 브레이크를 풀은 후에 차량을 턴테이블로 밀거나 당긴다. 타이어 버팀목을 다시 설치하고 주차 브레이크도 다시 작동시킨다. 사용자의 상해나 차량의 손상이 발생하지 않기 위해서는 리프트 작동법과 안전 수칙을 지켜 작동한다.

⑥ 타이어에 타겟이 부착되었을 때 카메라의 시야에 들어올 수 있는 높이까지 리프트를 올리시오. 그리고 리프트를 락(Lock) 위치에 고정한다.

⑦ 차량을 굴리기 전에 기어를 중립에 놓고 주차 브레이크를 해제한다.

[2] 타겟부착

타겟은 클램프를 이용하여 바퀴에 부착시킨다. 큰 타겟은 뒷바퀴에 부착을 하고 작은 타겟은 앞바퀴에 부착시킨다. 휠의 림 형상에 따라 타겟을 부착시키는 방법은 여러 방법이 있다. 발톱 들을 조합하여 다양한 여러 휠에 클램프를 장착할 수 있다. 또한 휠의 형상에 맞춰서 발톱을 회전 시킬 수 있다. 발톱은 모서리가 매우 날카롭기 때문에 사용 시 주의를 하여야 한다. 뒷 펜더가 낮아 클램프의 손잡이와 닿는 것이 아니라면 클램프는 손잡이를 위로해서 바닥에 수직이 되도록 휠에 장착하여야 한다.

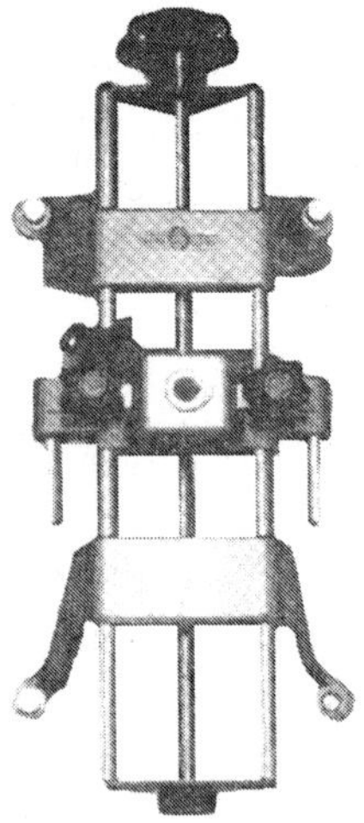

그림 90. 클램프

그리고 뒷펜더가 낮은 차들을 위해서 뒷타겟을 클램프에 90°회전시킨 후 휠에 장착 한다. 이렇게 장착하기 위해서 우선 타겟의 뒤에 있는 고정 구를 풀어 놓고 타겟을 가능한 방향으로 회전 시킨 후 다시 고정 구를 돌려서 확실히 고정을 시키고 휠에 클램프를 지면에 수평하게 장착한다. 그리고 타겟이 휠로부터 바닥에 떨어지지 않도록 보조 고정 장치를 이용하여 단단하게 고정시킨다. 대부분의 휠은 타이어 비드 부분과 림의 끝 부분 사이에 밖에서 안으로 조이는 방식으로 클램프를 고정 할 수 있다. 다음의 순서를 따라 한다.

① 클램프의 손잡이를 반시계 방향으로 돌려 차량의 림 크기보다 크게 클램프를 확장 한다.

② 먼저 윗발톱을 림의 윗부분에 대시오. 그리고 발톱을 림과 타이어 사이에 밀어 넣고 손바닥으로 꽉 밀면서"딱"소리가 날때까지 확실히 힘을 주어 장착하여 야 한다. 장착할 때 지면으로부터 꼭 수직일 필요는 없다.

③ 손잡이를 왼쪽으로 발톱 아래쪽이 림에 꽉 물릴 때까지 돌려 클램프를 고정 시키시오.

④ 윗발톱 고정 방법도 아래와 같다. 역시 "딱"소리가 날 때 까지 림에 밀착 시키고 손잡이를 돌려서 고정시킨다.

⑤ 장착 후 클램프를 바깥쪽으로 당겨보아 꽉 부착이 되었는지 확인해본다. 만약 쉽게 떨어진다면 다시 장착하여야 한다.

(a) 체결

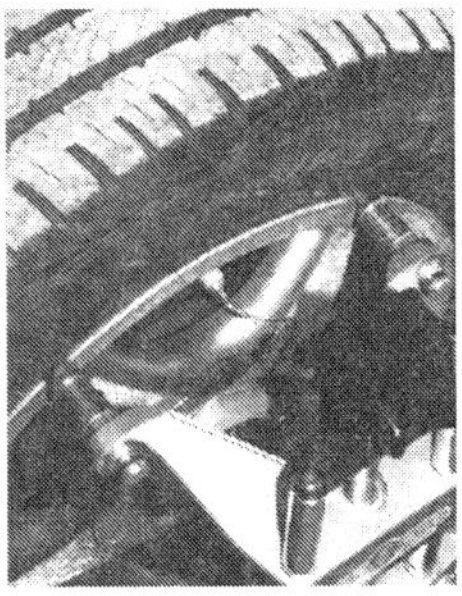

(b) 장착

그림 91. 클램프 체결 및 장착

림의 바깥쪽 모서리를 이용하여 클램프 발톱을 안쪽에서 바깥으로 확장하여 고정하는 방법은 다음과 같다.

① 손잡이를 돌려서 림 사이즈 보다 작게 클램프 발톱의 폭을 줄인다.

② 휠의 아래년 림에 아래쪽 발돕을 붙인나. 만약 무세추가 붙어 있다면 그 곳을 약간 피하여 붙이면 된다. 클램프가 정확히 지면으로부터 수직일 필요는 없다.

③ 위 발톱도 역시 같은 방법으로 림에 붙이고 손잡이를 돌려서 휠에 클램프를 장착시킨다. 이 방법도 역시 장착 후에 클램프를 바깥쪽으로 당겨보아 꽉 부착이 되었는지 확인해 본다. 만약 쉽게 떨어진다면 다시 장착하여야 한다.

[3] 홈 얼라인먼트 탭

휠 얼라인먼트의 모든 기능은 홈 얼라인먼트 탭에서 시작한다. 스크린에는 얼라인먼트를 실행하는 여러 기능 아이콘들을 포함한다. 홈키는 툴바에 있으므로 언제든지 이 화면으로 돌아갈 수 있다. 각 아이콘들의 기능은 다음과 같다.

① 마법사 실행 : 마법사 실행을 선택하면 미리 프로그램 되어있는 얼라인먼트 과정을 시작한다.

② 차량 선택 : 얼라인먼트 되는 차량의 제조사, 년식, 모델 등을 선택한다.

③ 차량 제원 : 선택된 차량의 얼라인먼트 제원과 조정 애니메이션을 보여준다.

④ 검사 메뉴 : 아이콘과 함께 여러 가지 검사 모드가 표시 된다. 검사 메뉴는 사 전 얼라인먼트 검사, 타이어 검사, 브레이크 검사, 차밑 검사, 후드 밑 검사 그리고 우대 검사이다.

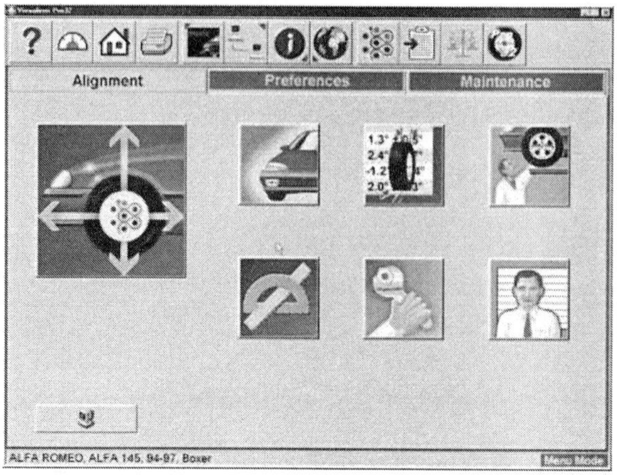

그림 92. 휠 얼라인먼트 탭

⑤ 측정 메뉴 : 캐스터, SAI, 스티어링 앵글 및 차량 치수와 같은 여러 가지 측정 화면으로 바로 진행 할 때 선택한다.

⑥ 조정 메뉴 : 이것은 조정 전문가를 지원하는 다양한 기능에 접근할 수 있게 한다. 이 기능들에는 라이브 캐스터, A-암 조정, 후륜 쉼 프로그램 및 크래들 조정을 포함한다.

⑦ 고객 자료 : 고객에 관한 정보와 차량에 대한 정보를 저장하기 위하여 데이터를 검색 수정한다. 정보들은 알파벳순으로 정리된다.

(1) 마법사 절차 이용하기

마법사 절차는 설정된 과정을 따라 얼라인먼트를 완료할 수 있게 한다. 각각의 마법사 절차는 어떤 기능을 실행하고, 어떤 기능이 생략되어질 수 있는지 결정하도록 한다.

(2) 마법사 및 개별 측정

홈 얼라인먼트 화면에서 마법사 실행 아이콘을 선택하면, 현재 선택된 마법사를 이용하여 얼라인먼트 과정을 실행한다. 전문가는 홈 얼라인먼트 화면의 측정 메뉴에 서 개별적으로 적절한 실행을 선택할 수도 있다. 일반적으로 권장되는 것은 마법사를 이용하여 초기 측정값을 얻는 것이다.

(3) 마법사 진행절차

여러 가지 마법사 진행 절차는 제조사들의 설정된 프로그램에 따라 얼라인먼트을 실행하도록 미리 프로그램 되어진다. 얼라이너를 처음에 기동하면 제작시 설정된 절차가 기본으로 실행되며, 마법사를 변경하려면, 툴바에서 마법사 아이콘을 클릭하거나 우선 선택 탭에 있는 설정을 이용한다.

3.6.4 차량측정 및 조정

[1] 테스터기 사용법

(1) 마법사 실행

홈 얼라인먼트 화면에서 마법사 실행 아이콘을 클릭한다. 이 화면은 새로운 얼라인먼트를 시작하거나 이전에 진행하던 얼라인먼트를 계속할지 선택한다. “새로운 얼라인먼트” 아이콘이 선택되면 이전 얼라인먼트의 데이터를 화면에서 지우고, 새로운 고객과 차량을 설정할 수 있게 한다. “기존의 얼라인먼트” 아이콘이 선택되면 이전 차량 및 고객, 얼라인먼트 측정값들이 그대로 유지되고 얼라인먼트 측정화면으로 진행된다.

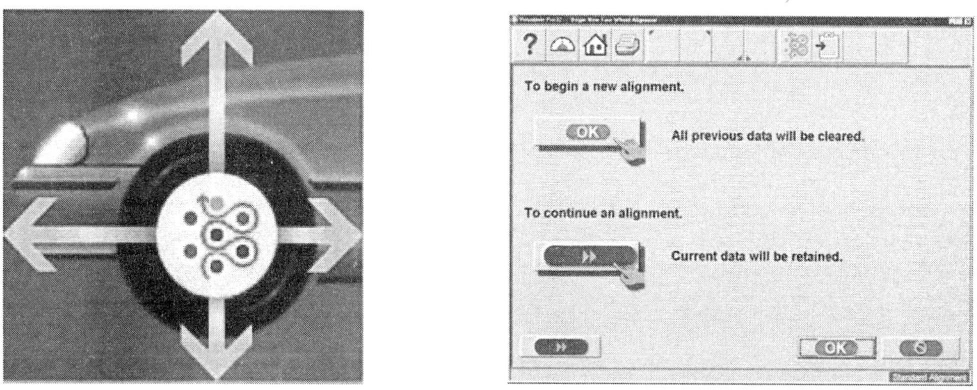

(a) (b)

그림 93. 얼라인먼트 시작

(2) 차량 제조사, 년식 및 모델 선택

1) 차량 제조사 또는 메이커

※ 제조사, 년식 및 모델의 순서는 제원을 설정한 방법에 따라 달라질 수 있다.

이 화면에서는 제원 데이터베이스의 차량 제조사를 보여 준다. 오른쪽 스크롤바는 또 다른 페이지가 있다는 것을 나타낸다. 스크롤바를 아래로 움직이려면 아래 화살표를 클릭하거나 키보드의 화살표 키를 이용하기도 한다. 원하는 제조사가 보이면, 이름을 더블 클릭하여 모델을 선택한다.

다시 더블클릭하면 범위가 축소된다. 또한 키보드의 오른쪽 화살표 키로 목록을 확장하고 왼쪽 화살표 키로 목록을 축소할 수도 있다.

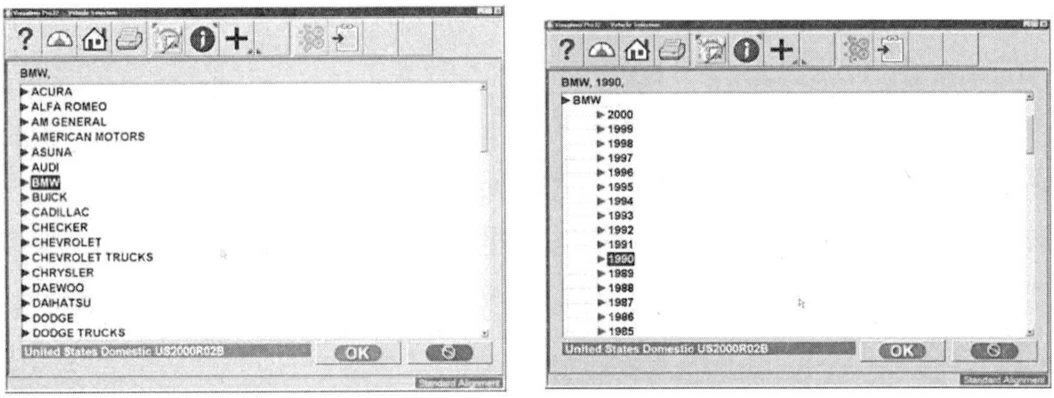

그림 94. 차량 제조사 및 연식

2) 차량 연식

제조 년도 선택은 위쪽/아래쪽 키를 이용하거나 이동 막대를 원하는 년도로 이동한 후 더블 클릭 또는 오른쪽 화살표 키를 눌러 이 모델이 제작된 년도로 확장한다.

3) 차량 모델

방향키나 마우스로 차량 모델을 선택한 후 엔터키를 누르거나, “OK”를 선택, 또는 선택한 것을 더블 클릭한다.

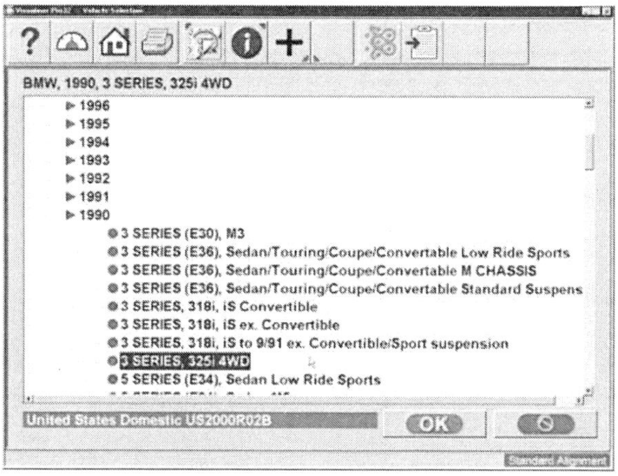

그림 95. 차량 모델

4) 사용자 입력 제원

얼라이너는 사용자가 데이터베이스에 제원을 추가 할 수 있도록 되어 있다. 추가한 제원을 보려면 차량 제조사 화면의 툴바에서 사용자 입력 제원(F5)을 선택한다. 이미 추가된 사용자 입력 제원은 OEM 제원과 비슷한 모양으로 목록을 보여준다. 다시 F5를 클릭하면 OEM 제원 선택 페이지로 돌아간다.

추가적인 사용자 입력 제원은 툴바의"더하기"버튼(F7)을 눌러 추가할 수 있다. 저장된 제원을 삭제하려면 먼저 제원을 선택하고 툴바의"X(삭제)"버튼(F8)을 클릭 한다.

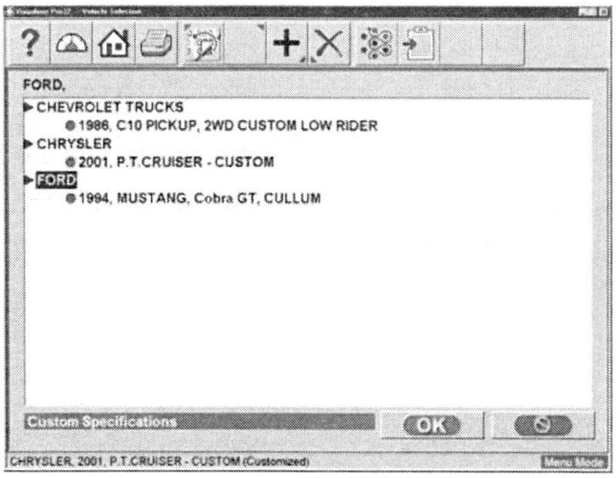

(a)

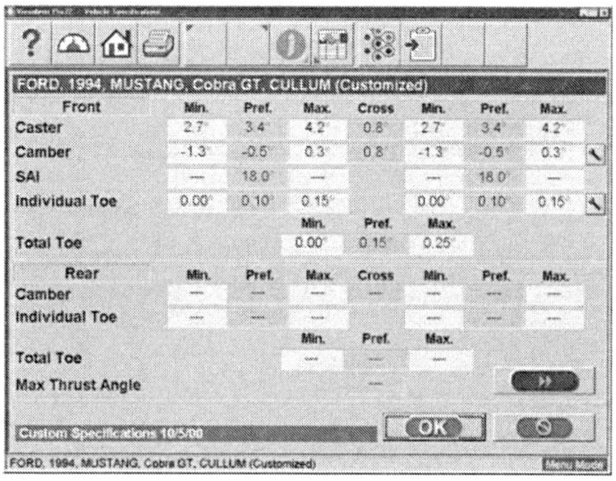

(b)

그림 96. 사용자 입력제원

5) 차량 제원 보기

이 화면은 선택된 차량의 년식, 제조사 및 모델에 대한 전륜 휠과 후륜 휠의 최소 제원, 최적 제원, 최대 제원을 표시 한다. 대시(-) 표시는 휠이나 각도에 대한 제조사의 제원이 없는 것이다. 이 화면에 표시되지 않는 각도에 대해서는 정비지침서를 참조하여 제원을 확인하여야 한다. 제원 오른쪽의 “(렌치)” 아이콘은 조정 도움말을 나타내며, “” 아이콘을 클릭하여 조정 도움말을 실행한다. 툴바의 제원 편집 버튼(F8)은 화면에 표시된 제원을 편집할 때 사용한다.

6) 제원 편집

표시된 제원을 편집하려면 툴바의 “제원편집(F8)” 버튼을 클릭하여 편집한다. 툴바의 구성은 “”(플러스) 및 “”(마이너스)표시 (F6 및 F7)로 변경된다. 제원을 마우스로 선택 후 플러스와 마이너스 버튼을 이용하여 편집한다(주의 : 왼쪽 값이 변할 때 오른쪽 값도 동시에 변함). 다른 값을 변화시키려면 마우스로 이동한다.

실수를 하였거나 제조사의 제원으로 돌아가고 싶다면 “복원(F8)”을 클릭한다. 모든 편집이 끝나면 “”를 클릭한다. 이제 편집된 제원의 설명을 추가하도록 입력창이 나타난다.

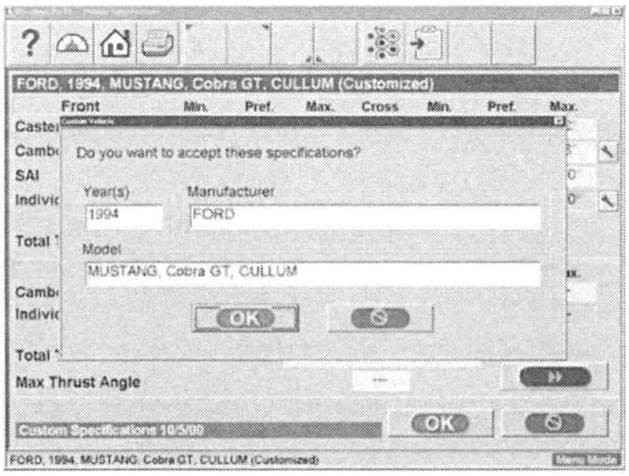

그림 97. 제원 편집

7) 조정 애니메이션

선택된 차량에 관한 조정 일러스트레이션은 제원 필드 오른쪽에 있는 “(렌치)”아이콘을 클릭하면 표시된다.

애니메이션은 화면 아래에 있는 컨트롤러를 이용하여 사용자의 의도에 따라 멈춤, 정지, 재시작할 수 있다. “OK”을 선택하여 이전 화면으로 돌아갈 수 있다.

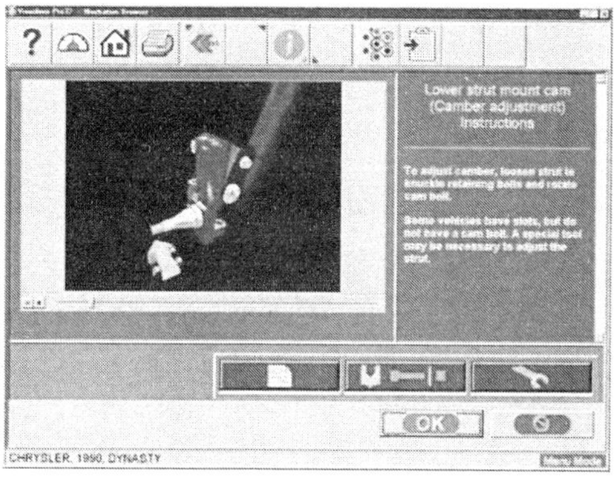

그림 98. 조정 애니메이션

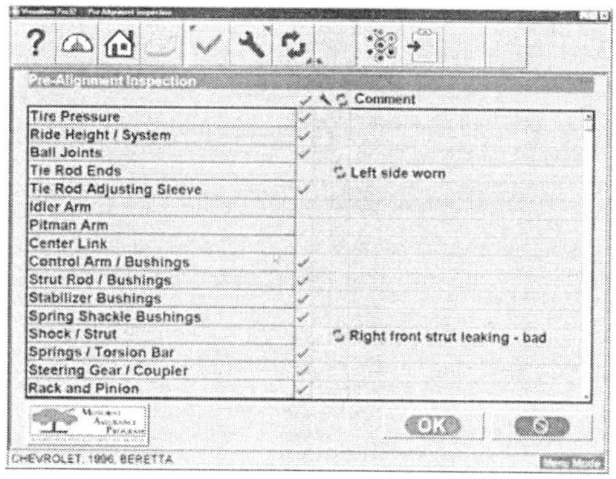

그림 99. 검사

8) 검사

마모되거나 손상된 부품은 휠 얼라인먼트의 품질에 영향을 미치게 된다. 검사 보고서는 차량의 문제 부분을 점검하는 유용한 도구가 될 수 있으므로, 보고서를 프린트하여 업소에 보관하거나 고객으로 하여금 얼라인먼트가 행해지기 이전과 이후의 작업에 대한 이해를 도울 수 있다.

마법사 절차는 여섯 가지 차량 검사 보고서 또는 리스트를 포함할 수 있다. 이 리스트는 마법사 과정에서 선택될 수 있고 또는 주 얼라인먼트 탭에서 수동으로 선택될 수도 있다. 각각의 검사 양식 목록은 주제별로 연관된다. 몇 가지 검사는 얼라인먼트 과정 중에서 이용될 수 있으며, 여섯 가지 검사 양식이 있다.

① 사전 얼라인먼트 검사

② 타이어 검사

③ 브레이크 검사

④ 차량 하부(차 밑) 검사

⑤ 후드 밑 검사

⑥ 우대 검사

9) 검사 보고서 이용

모든 검사 보고서는 타이어 검사를 제외하고 동일한 작동 절차가 필요하다. 원하는 검사보고서가 표시되면 마우스로 오른쪽 열의 "점검", "조정" 또는 "교환"을 선택한다. 부품에 관한 설명이나 수리는 툴바의 설명 편집(F8)를 선택하여 입력할 수 있다. 모든 점검과 설명 후에 "OK"를 선택하면 데이터베이스에 저장된다. "Cancel"버튼을 선택 하면 이전 화면으로 이동한다.

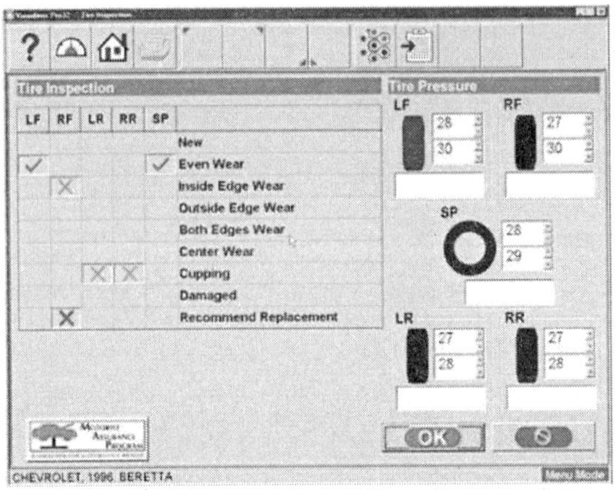

그림 100. 타이어 검사모드

10) 차량의 위치 조정 단계

처음은 타겟 확인 화면이 표시된다. 이 화면에서는 현재의 타겟들의 상태를 분석하여 모든 타겟들의 상태가 분석 완료 되었을 때 사용자가 다음 단계로 진행 할 수 있게 한다. 그리고 차를 약 20cm(8인치) 정도 뒤로 움직여 타겟의 회전을 장비가 읽게 한다. 이 과정을 거쳐 컴퓨터는 타겟의 초기 상태와 마지막 상태를 비교, 각 바퀴축의 회전에 대한 분석으로, 현재의 상태를 측정한다.

타겟 확인 화면이 처음에 나오면 카메라는 타겟을 찾기 시작하며. 바퀴에 부착되지 않은 타겟은 화면에 붉은색으로 표시된다. 각 바퀴의 타겟이 정 위치로 인식이 되면 타겟의 색이 푸른색으로 변하며, 각각의 바퀴에 부착된 것으로 표시된다.

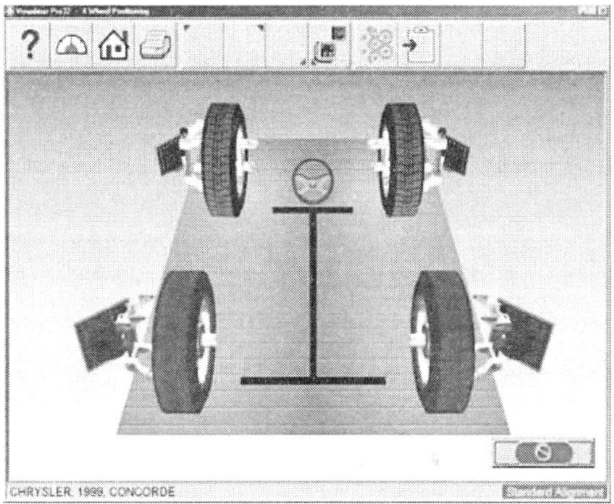

그림 101. 타겟 확인 화면

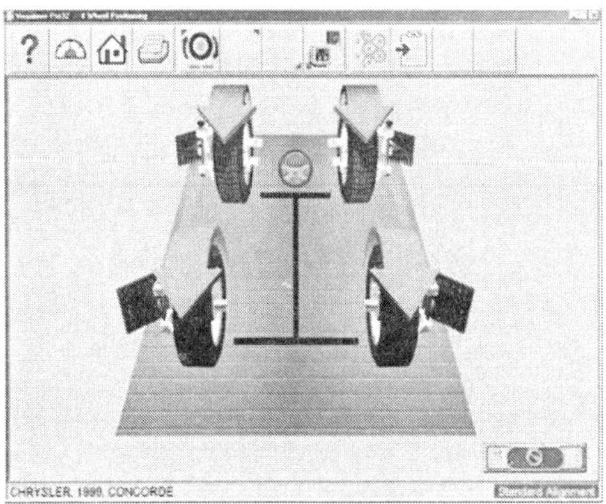

그림 102. 초기상태 화면

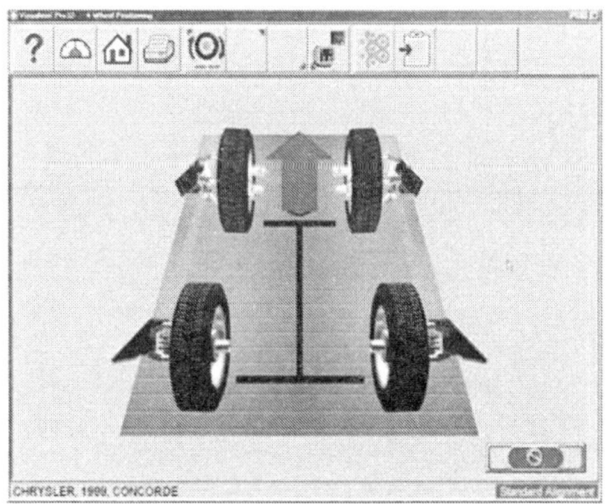

그림 103. 차량 굴림 화면

알아두기

하나 이상의 타겟이 인식이 되지 않는 다면 툴바의 카메라 시야 버튼(F8)을 눌러 원인(시야의 가림 등)을 찾아 수정한다.

이것은 타겟이 인식되었다는 의미이며, 네 바퀴의 타겟들이 모두 인식되면 차량 위치 단계의 첫 화면이 표시된다. 차량 위치 화면에서 초록색의 화살표가 표시 하는 쪽으로 차량을 약 20cm(8인치) 뒤쪽으로 이동한다. 차량을 뒤쪽으로 밀 때에는 차량 앞쪽의 한 지점을 밀도록 한다. 몇몇 사용자들은 좌측 후륜 바퀴를 이용하기도 한다. 화면의 표시는 사용자가 차량을 움직이는 양을 나타낸다.

알아두기

만약 차량을 원하는 거리만큼 이동시키는 것이 불가능 하다면, 싱글 휠 포지션 과정(F5 선택)을 선택하여, 차량을 들어 올린 후 한 번에 하나씩 바퀴의 위치를 확인한다.

11) 뒤로 많이 간 경우

만약 차량을 너무 많이 움직인 경우 화면에는 빨간 화살표가 나타나며 이 때 사용자는 화살표가 지시하는 방향으로 약간만 움직이도록 한다. 적색의 정지 표시가 나타나면 차를 그 상태로 멈추고 이 표시가 없어질 때 까지 차량의 위치를 유지한다. 얼라이너가 측정을 끝낸 후 화면에는 다시 녹색 전진 방향으로 화살표가 표시된다. 이때 차량을 전진시켜 처음 위치로 이동, 유지한다.

12) 앞으로 많이 간 경우

만약 차량이 앞으로 과하게 전진을 했다면 화살표의 방향이 바뀔 것이다. 이때는 다시 반대 방향으로 차량을 약간 이동한다. 차량이 원래 위치로 오면 적색의 정지 표시가 나타난다. 이때 이 표시가 없어질 때까지 차량의 위치를 유지한다.

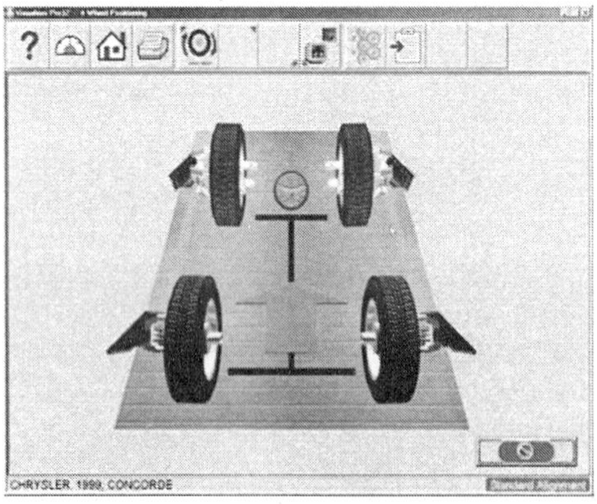

그림 104. 뒤로 많이 간 경우

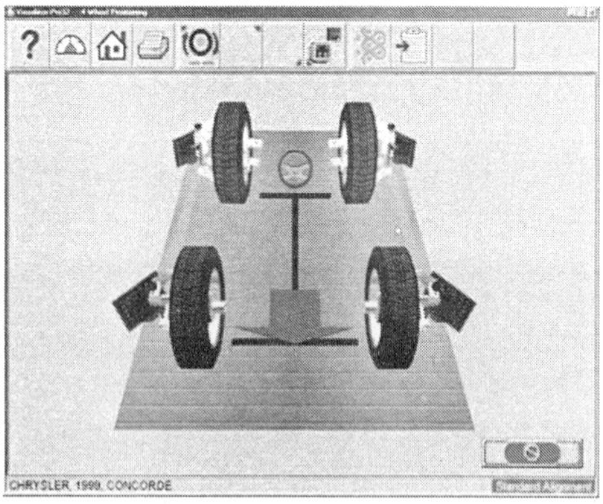

그림 105. 앞으로 많이 간 경우

13) 바퀴의 조향 불안정 - 메시지

얼라이너는 차량의 위치를 조정하는 동안 바퀴의 흔들림을 검사하고 바퀴의 흔들림이 발생하면 이를 화면에 표시해준다(차량이 지그재그로 움직이는 경우). 이런 경우 정확한 측정을 위해서는 다시 재측정을 권장하고 있다.

"OK"버튼을 눌러 타겟 확인 화면으로 돌아가시오. 만약 "CANCEL"버튼을 선택한다면 허용범위 밖의 값을 받아들이고 계속 과정을 진행한다.

알아두기

만약 이 조향 불안정 메시지를 그냥 통과한다면 얼라이먼트 측정값들이 정확 하지 않을 수 있다.

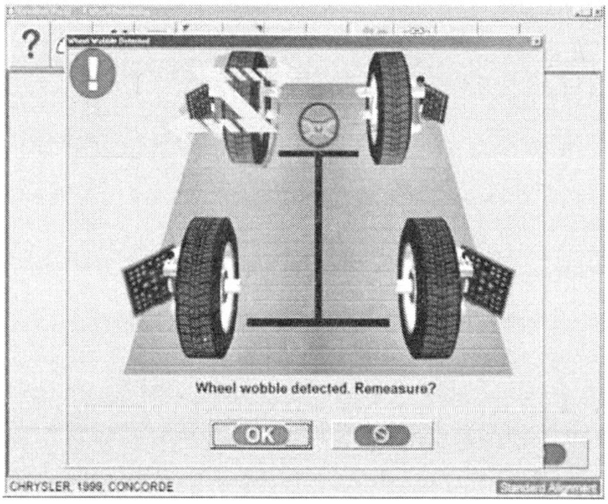

그림 106. 바퀴의 불안정 메시지

조향 불안정이 발생하는 원인과 대처법은 다음과 같다.

① 차량을 리프트에 올리고 턴테이블의 중앙에 바퀴를 올리기 위해 사용자는 핸들로 조향을 하게 될 것입니다. 이는 조향 장치에 무리를 주게 되는 것입니다. 하지만 정확한 위치를 잡기 위해 차량을 앞뒤로 움직이다 보면 이 조향 장치에 주는 피로는 없어지며 이 때 차량의 바퀴는 리프트 위에서 좌우로 움직일 것입니다.

만약 이러한 증상을 미리 발견한다면 사용자는 차량의 위치를 고정하기 전에 앞뒤로 움직이며 조절을 하여야 한다.

② 차량의 바퀴가 큰 충격을 외부로부터 당한 적이 없는지 확인하여야 하며, 승강장과 전륜 턴테이블 사이의 틈 같은 것들을 미리 확인하여야 한다. 이와 같은 것은 바퀴가 구르는 동안 발생하는"범프"의 원인이 된다.

③ 클램프가 바퀴의 휠에 정확히 장착 되어있는가 확인하여야 한다. 만약 느슨하게 장착된 부분이 있다면 이로 인해 바퀴의 흔들림이 감지 될 수 있다.

④ 차량의 위치를 잡기 전에 잭으로 차량을 올리는 것은 피해야 한다. 조향장치 부품들의 검사는 "Dry Park Check" 과정으로 검사해야 한다. 만약 차량을 들어야 한다면 차량을 앞뒤로 두세번 정도 굴려서 서스펜션이 안정된 후에 올리시오.

⑤ 앞바퀴의 방향이 정면을 향하고 있는 가를 확인 한다. 만약 그렇지 않다면 차량을 앞뒤로 움직일 때 바퀴들은 센터 위치로 가려는 경향을 보이며 이때 얼라이너는 조향 불안정 메시지를 나타낸다.

14) 브레이크 고정구 설치와 턴테이블 고정핀 제거

차량의 위치 고정이 끝난 후 브레이크 고정구를 설치하라는 메시지가 나온다. 이것은 캐스터 스윙하는 동안 차량이 구르는 것을 방지한다. 만약 바퀴가 캐스터 스윙하는 동안 구르게 된다면 정확한 SAI 값을 측정할 수 없다. 이러한 캐스터 스윙상의 문제가 발생하였을 경우에는 캐스터 측정을 다시 해야 한다.

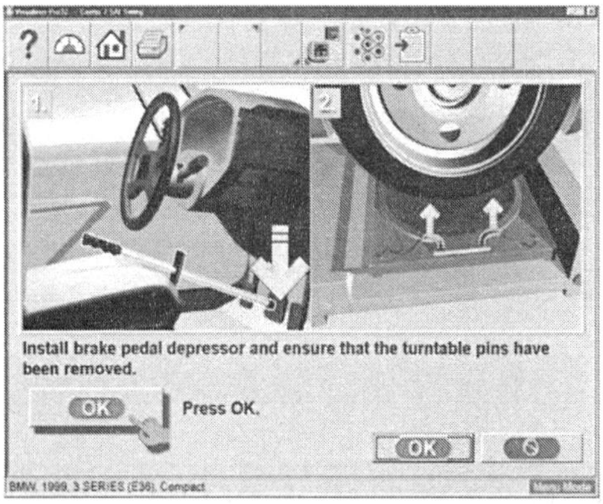

그림 107. 브레이크 고정구 설치와 턴테이블 고정핀 제거

15) 조향각 측정

마법사 과정은 측정값들을 표시하기 전에 조향각 측정과정을 수행한다. 조향각 측정을 위한 간단한 방법으로는 측정값 표시화면에서 핸들을 돌리거나 기본탭에서 버튼을 선택한다. 사용자가 핸들을 돌릴 때, 얼라이너는 타겟을 지속적으로 감지한다. 바퀴가 5° 이상 돌아갔을 때, 조향각 측정 화면이 자동으로 표시된다. 7개의 조향각 측정 상태 아이콘이 화면의 윗 부분에 표시되며, 3개의 오른쪽 방향 측정과 3개의 왼쪽 방향 측정 그리고 중앙 선택 아이콘들로 구성되어 있다.

아이콘들은 캐스터와 SAI 를 동시에 측정하는 것과, 20° 회전각 그리고 최대 회전각을 측정하는 것으로 구성되어 있다. 사용자가 핸들을 원하는 쪽으로 돌리는 만큼 아이콘들 위의 빨간색 볼 형상이 따라서 움직이고 선택된 아이콘이 빨간색으로 변한다. 좌우측 캐스터와 SAI를 측정하기 위한 핸들의 회전은 약 +10, -10° 정도이고, 20° 회전각을 측정하는 바퀴의 각도는 약 +20, -20°이다. 최대 회전각은 차량에 따라 다양하다. 화면의 아래쪽 핸들 근처에 나타난 화살표는 사용자가 적정한 방향으로 핸들을 돌리도록 표시해 준다. 핸들의 가운데 나타나는 수치는 조향각을 표시한다.

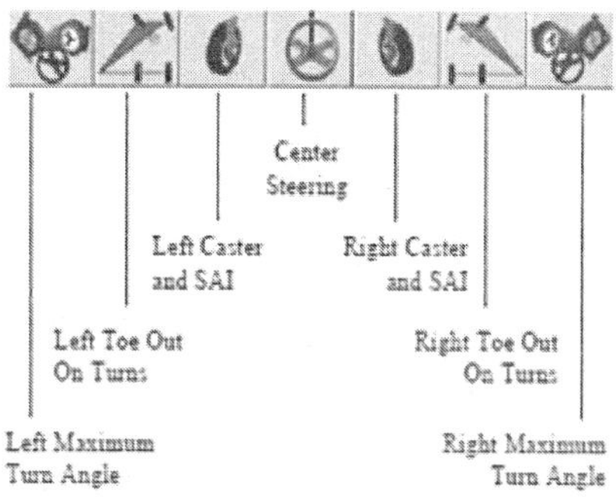

그림 108. 조향각 측정 메뉴

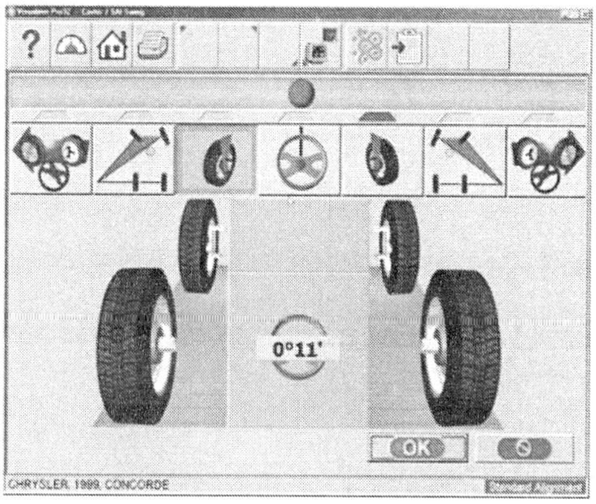

그림 109. 조향각 측정

바퀴가 측정 위치에 접근한다면 볼 모양의 커서는 노란색으로 변하며, 이때는 바퀴를 서서히 움직이다. 바퀴가 정확한 위치에 온다면 볼은 녹색으로 변하며 붉은 STOP 표시가 화면의 한 가운데 나타난다. 정해진 위치에서 측정이 끝나면 아이콘이 녹색으로 바뀌며 아이콘이 눌린 모습으로 변하고, 상태 바는 녹색으로 변하며 STOP 표시는 없어진다.

얼라이너 프로그램은 사용자가 측정하고자 하는 곳에 맞게 핸들의 회전을 멈출 수 있도록 도와준다. 만약 캐스터와 SAI를 측정하고자 한다면, 첫번째 아이콘 까지만 핸들을 돌린 후, 반대 방향으로도 첫번째 아이콘까지만 핸들을 돌립니다. 그리고 다시 중앙으로 핸들을 맞춘다. 캐스터, SAI 그리고 20도 회전각을 측정하기 위해서는 바퀴를 캐스터 측정 위치부터 20도 회전각 측정 위치까지 돌리시오. 반대 방향도 마찬가지로 회전한다. 그리고 다시 중앙 위치로 핸들을 정렬한다. 또한 네 가지 요소 모두를 측정할 수도 있다.

조향각 측정 동안 얼라인먼트 프로그램이 잠시 타겟을 놓치는 경우가 있을 수 있다. 이때엔 화면의 아래 쪽 바퀴들이 붉은 색으로 변하여 프로그램이 타겟을 놓쳤음을 표시해 준다. 후륜의 타겟을 놓치는 것은 문제를 일으키지 않다. 하지만 전륜의 타겟을 놓쳤을 경우에는 얼라인먼트 프로그램이 다시 타겟을 찾을 때 까지 돌리는 것을 멈추어야 한다. 핸들을 마지막에 다시 중앙에 놓았을 때 얼라인먼트 프로그램은 토우와 트러스트 값의 변경 여부를 확인하기 위하여 후륜의 타겟도 측정할 것이다.

알아두기 — 조향장치의 각도를 측정하기

① 먼저 브레이크 고정구를 설치하지 않았다면 브레이크를 확실히 고정한다. 차량이 구르는 것을 방지 할 수 있다. 만약 브레이크가 잘 작동하지 않는다면 잠시 차량의 시동을 걸어서 고정한다. 그리고 주차 브레이크도 고정이 되었는지 확인하여야 한다.
② 바퀴를 오른쪽이나 왼쪽으로 돌려서 조향각 측정을 시작한다. 타이어를 직접 돌리는 것보다 핸들로 바퀴를 돌리는 것이 더 쉽고 정확하다.
③ 화면이 자동으로 조향각 측정 화면으로 초기화 될 것이다.

16) 캐스터와 SAI

① 먼저 상태 바가 Caster/SAI 위에 위치하도록 한다. 둥근 볼의 색이 회전에 따라가면서 적색에서 노란색으로 바뀔 것이다. 그리고 10도 위치에 간다면 볼은 녹색으로 바뀐다.
② 바퀴가 10° 위치에 도달했을 때 적색 정지 표시가 화면에 나타난다. 그러면 돌리는 것을 멈추고 그 상태로 몇 초간 있어야 한다. 그렇게 측정이 끝난다면 정지 표시는 없어지며 아이콘은 녹색의 눌린 상태로 변하고 상태 바 역시 녹색으로 변한다.
③ 만약 Caster/SAI 만 측정하고 싶다면 반대 방향으로 핸들을 돌리시오. 그러면 소프트웨어가 자동적으로 이를 감지하여 반대 방향의 Caster/SAI의 상태바를 적색으로 바꾼다. 그리고 화살표가 가리키는 방향으로 10° 정도 핸들을 돌린다. 적절한 위치에서 STOP 표시가 나오고 이때 핸들을 얼마동안 고정하고 유지한다.
④ 아이콘이 녹색으로 변하며 눌린 상태로 표시되면 측정이 끝난 것이다. 그러면 다시 중앙의 핸들 아이콘 위에 적색의 상태바가 표시된다.

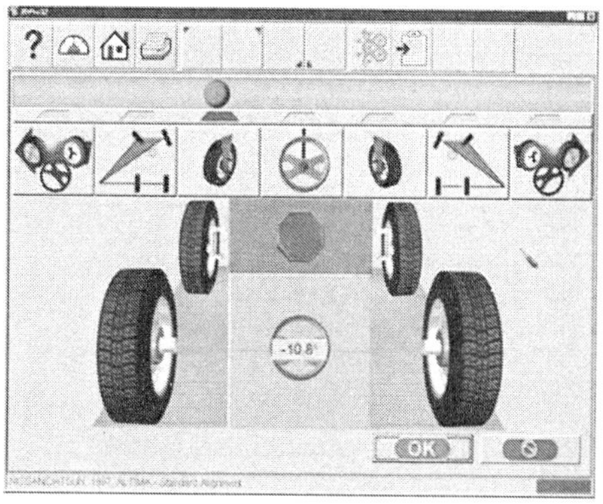

그림 110. 캐스터와 SAI

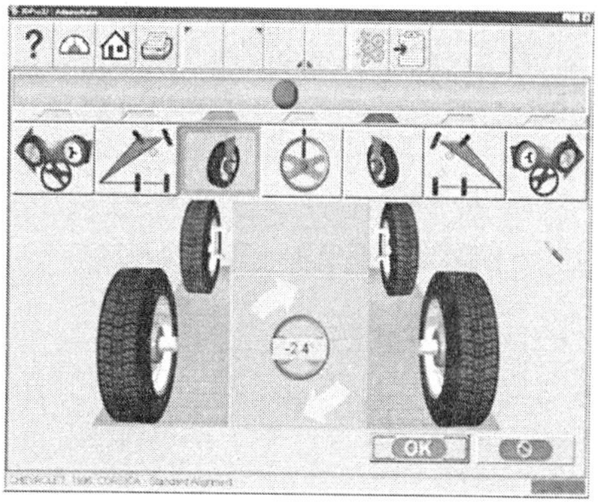

그림 111. 캐스터와 SAI측정상태

⑤ 화살표 방향으로 정지 표시가 나올 때 까지 핸들을 돌리시오. 이때 화면의 가운데 나오는 값이 -0.2°와 +0.2°사이가 되도록 맞춘다. 네 개의 타겟들이 모두 카메라 시야에 보이면 잠시 후에 측정값 표시 화면이 나타난다. 캐스터 값은 전체 측정값 화면과 전륜 조정 화면에 모두 나타나지만 SAI 값은 단지 전체 측정값 화면에서만 나타난다.

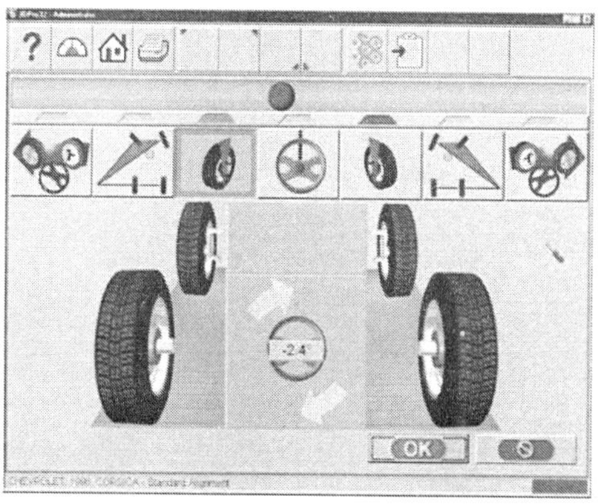

그림 112. 캐스터와 SAI측정완료

17) 20° 회전각(회전 시 토우 아웃) TOOT

20°회전각이 잘 못 되어 있을 때, 차량 주행에 문제를 일으킬 수 있는 항목 중 하나이다. 회전 시 토우아웃 혹은 회전반경이라 하며 이는 안쪽과 바깥쪽 바퀴의 회전각 차이를 말하는 것은 아니다.

Caster/SAI 항목의 측정이 완료된 다음에 계속해서 그 방향으로 핸들을 돌리시오. 그러면 프로그램은 자동으로 이를 감지하고 TOOT 아이콘 위의 상태바를 적색으로 바꾼다. 화살표 방향까지 20도 회전시키시오. 볼모양의 커서는 전과 같이 각도가 변함에 따라 적색에서 노랑, 녹색으로 변할 것이다. 정지 표시가 나타나면 동일한 방법으로 핸들 돌리는 것을 잠시 멈춘다(아이콘이 녹색으로 변하며 눌린 것으로 표현 될 때까지). 정지표시가 없어지면 측정이 끝난 것이다.

반대방향의 TOOT를 측정하기 위해서는 핸들을 반대방향으로 돌립니다. 먼저 Caster/SAI 아이콘 위의 상태바가 변하는 것에 주의하여야 한다. 항상 TOOT를 측정하기 전에 Caster/SAI가 먼저 측정 되어야 하는 것을 잊지마시오. Caster/SAI 위치로 돌린 후 측정이 끝나면 TOOT 아이콘 위의 상태바가 나타날 것이다. 계속 TOOT 위치로 핸들을 돌리시오.

측정이 모두 끝나면 프로그램은 다시 핸들 중앙 아이콘의 상태바를 표시한다. 정지 표시가 나타날 때까지 화살표가 가리키는 방향으로 핸들을 돌린다. 이때 화면의 가운데 나타나는 수치가 -0.2에서 +0.2사이의 값이 오도록 조정한다. 네개의 타겟들이 모두 카메라의 시야에 보이면 잠시 후, 측정값 표시 화면이 나타난다. 20° 회전각 값을 보기 위해서는 전체 측정값 화면을 선택하면 된다.

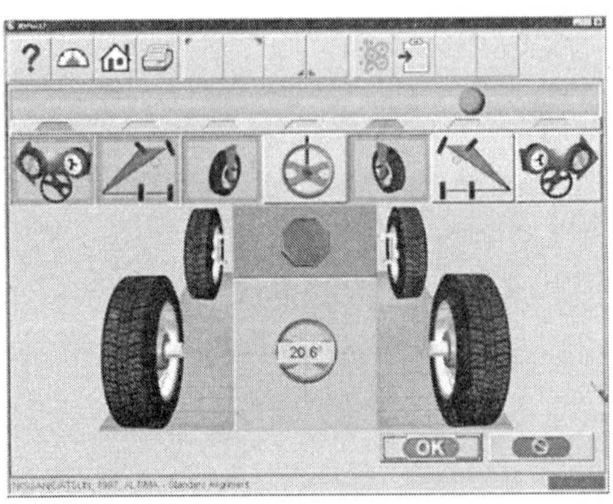

그림 113. 20° 회전각 측정상태(우측)

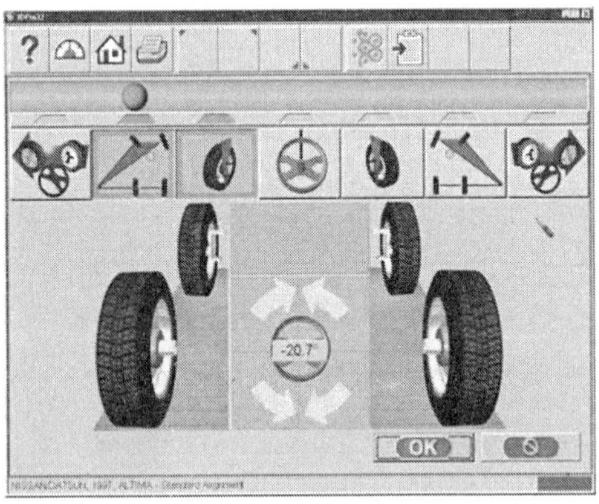

그림 114. 20° 회전각

18) 최대 회전각

이 과정은 20°회전각 과정과 매우 비슷하다. 이것은 각 방향의 FULL LOCK 이나 최대 회전각을 측정하는 방법이다.

정확한 조정값들은 차량 제조회사에서 제공하는 정비지침서를 참고한다. Caster/SAI 측정과 20°회전각 측정이 끝난 후 계속해서 같은 방향으로 핸들을 돌린다. 그러면 프로그램이 자동으로 감지하여 최대 회전각 아이콘 위의 상태 바에 측정이 시작됨을 표시한다. 핸들을 돌리던 방향으로 최대로 돌리고 그 상태로 얼마동안 핸들을 유지한다. 아이콘이 녹색으로 바뀐 후 그 상태를 유지 하고 있으면 정지 표시가 없어지며, 이는 측정이 끝났음을 의미한다.

반대방향의 최대 회전각을 측정하기 위해서는 핸들을 반대쪽으로 돌린다. 하지만 위에서 언급했듯이 먼저 Caster/SAI 아이콘 위의 상태 바가 먼저 체크된다. 작업을 수행하는 과정은 항상 Caster/SAI 그리고 20° 회전각을 측정한 후에 최대 회전각을 측정하는 순서로 측정이 된다. 아이콘이 녹색으로 변하고 눌려진 상태로 될 때까지 핸들을 고정시키면 이 측정은 끝이 난다.

작업이 모두 끝나면 프로그램은 자동으로 핸들 중앙의 아이콘을 가리킵니다. 화살표를 따라서 핸들을 정지표시가 나올 때까지 돌린다. 측정이 모두 끝나면 측정값 표시 화면으로 넘어간다. 최대회전각의 측정결과를 보기 위해서는 전체 측정값 화면을 선택한다.

알아두기

작업이 끝난 후에 4개의 타겟들이 모두 카메라에 잡히도록 하여야 한다. 프로그램이 전 후륜의 모든 요소들을 화면에 표시해 주기 위해서 모든 타겟들을 읽어야 하기 때문이다.

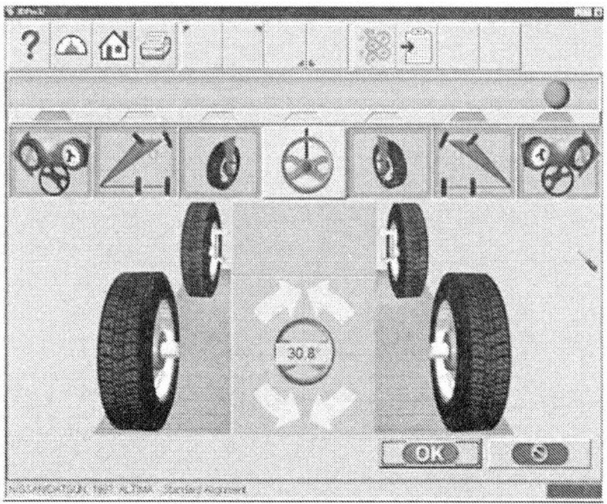

그림 115. 최대회전각

19) 바퀴 구름 메시지

조향각 측정동안 바퀴의 구름이 발생한다면 얼라인 프로그램은 이를 감지, 에러 메시지를 사용자에게 보여준다. 이럴 경우에는 조향각 측정을 처음부터 다시 수행하는 것을 권장한다. "OK"버튼을 누르면 프로그램은 조향각 측정 과정을 처음부터 다시 시작한다. 이러한 바퀴의 구름은 보통 브레이크가 확실히 고정되지 않았을 때 발생한다. 이와 같은 문제들을 발생하지 않기 위해서는 많은 종류의 차량들이 엔진을 가동시켜 브레이크의 동력을 발생시키는 것을 권장한다.

알아두기

만약 20도 회전각과 최대 회전각을 측정한 후에 바퀴의 구름이 발생한다면 Caster/SAI 만 측정하여도 된다.

다른 측정값들은 측정된 후 프로그램 안에 자체적으로 저장되어 있다. 측정이 모두 끝나고, 사용자가 조정 작업을 들어가기 전에 핸들을 중앙에 고정하여야 하고 프로그램에서 이를 알려준다. 만약 화면 시간 조정을 설정해 놓았으면 몇 초 후에 자동적으로 측정 결과 값 보기화면으로 넘어갑니다.

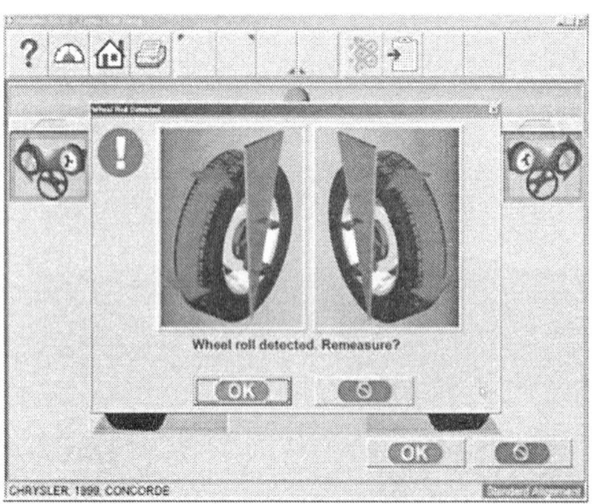

그림 116. 바퀴 구름 메시지

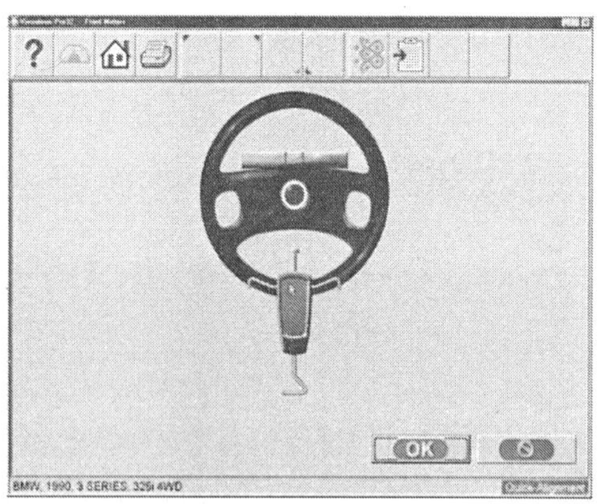

그림 117. 조향 휠 고정상태

[2] 테스터기 결과 화면

1) 측정 결과 화면

측정 결과 화면에서는 얼라이먼트의 기본 요소들을 직관적으로 알아보기 쉽게 3차원의 배열로 표시해 준다.

화면에는 차량의 몸체 없이 바퀴들만 표현되며 후륜이 맨 앞에 위치한다. 그림을 자세히 관찰해 보면 각 값들을 읽는 것이 쉽다는 것을 알 수 있게 될 것이다. 각 바퀴의 얼라이먼트 구성 값들은 그래픽적으로 표시되며 차량의 얼라이먼트 제원들과 연계되어 표시해 준다. 캠버 수치는 각 타이어의 위에 현 차량의 제원 범위와 현재의 상태값을 연계하여 표시하고 있다. 토우값들은 현재의 값이 가리키는 방향과 현 차량의 제원값 범위들을 바닥에 투영시켜 그래픽 적으로 표시하고 실제값은 타이어 옆 아래쪽에 표시한다.

캠버값은 각 바퀴의 앞쪽에 표시되어 있으며, 캐스터의 수치값은 표시 화면 위에 표시되어 있다. 그림 상으로 화살표가 녹색 범위 안의 중앙에 있다면 이는 적절한 상태이다. 만약 빨간색 범위에 화살표가 표시되어 있다면 이는 적정 범위를 벗어난 것이다. 붉은색의 범위 안에 녹색으로 표시된 범위가 제원의 기준값을 표시하는 것이다. 만약 회색으로 범위가 표시된다면 얼라이먼트 제원이 존재하지 않는 항목이다. 화면상에 표시되는 수치들은 캐스터까지 포함해서 현재 실제값들을 보여주는 것이다.

반약 조정하여야 하는 부위가 측정되었다면 브레이크가 정확히 고정되었는가 확인 후, 핸들을 중앙으로 정확히 맞추고 고정한 다음에 조정을 시작한다. 조정을 함에 따라 변하는 수치들이 화면에 실시간으로 보여질 것이다. 수치로 표현된 값들과 그림으로 표현된 현 상태들은 실시간으로 변하는 방향에 맞추어서 보여질 것이다. "OK"를 누르면 다음 결과 화면으로 넘어갑니다.

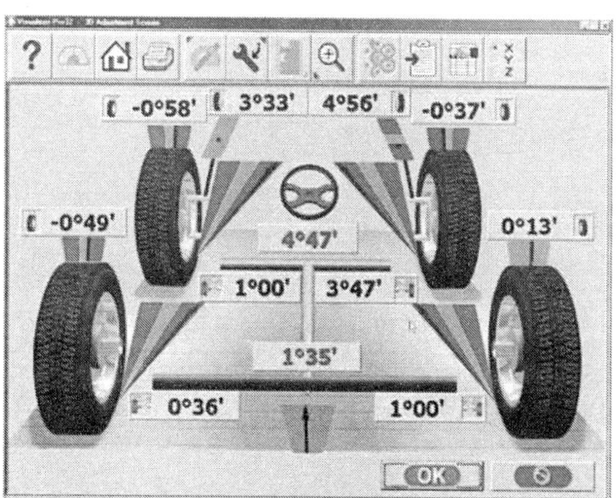

그림 118. 측정 결과 화면

2) 핸들 중앙 정렬

다음으로, 화면에 핸들이 중앙에 오도록 표시한다. 전륜의 중앙 정렬은 후륜의 상태에 맞추어 기하학적 정렬을 하기 위함이다. 더욱이 후륜의 값은 트러스트 값과 차량의 진행 방향을 결정하는 중요한 부분이다.

트러스트 각은 차량의 진행 방향을 결정하는 요소로 후륜의 총 토우값에 의해서 결정된다. 트러스트 각값을 사용하여 전륜의 토우를 조정하여야 차량의 진행 방향이 바르게 된다. 후륜 토우의 오차는 차량 주행에 있어서 개걸음 주행을 일으키거나 핸들을 틀어지게 한다. 바퀴가 정렬되면 프로그램은 다음 화면으로 자동 진행한다.

3) 후륜 측정값 화면

측정화면 다음에 후륜 조정화면이 나온다. 이 화면에서는 그래픽과 함께 수치상으로도 후륜의 얼라이먼트 값들이 표시된다. 화면에는 캠버, 토우, 트러스트각으로 나뉘어 표시되며, 열의 구분은 바퀴의 좌우를 분리하여 표시한 것이다. 각각의 그림 위에 제원의 최소값과 최대값을 표시하고 있으며, 그 아래의 수치는 현재 바퀴의 실제 값을 표시하고 있다.

만약 그림의 기본색이 회색으로 표시된다면 그 부분은 제원이 없는 항목이다. 그림이 붉은색으로 표시된다면 이는 현재 상태가 제원에서 벗어났음을 의미하고 녹색으로 표시된다면 제원 내의 상태임을 나타낸다. 차량 조정을 위해 잭으로 올릴 경우, 좌우값 그림 중간의 아이콘을 선택하면 잭업 기능을 사용할 수 있다.

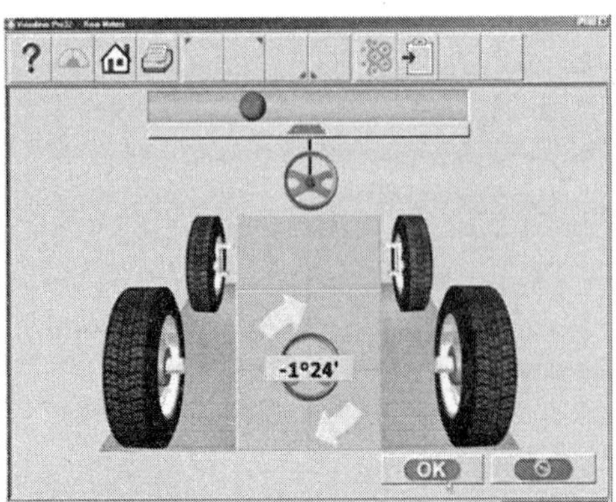

그림 119. 핸들 중앙 정렬

그림 120. 후륜 측정값 화면

4) 좌우차 / 총토우

캠버 그림들 사이의 수치는 현재 캠버값의 좌우 차이를 말한다. 이 좌우차이 값은 차량이 적절한 주행을 하는데 큰 영향을 미친다. 좌우 토우 사이에 표시되어 있는 값은 후륜의 총 토우를 표시해 주는 것이다. 이 화면에서 툴바 버튼의 기능은 다음과 같다.

- F1 Help : 현재 상태의 도움말 실행
- F3 Home : 초기 화면으로 돌아감
- F4 Print : 프린트화면으로 진행
- F5 측정 : 측정화면으로 진행
- F6 조정 : 조정화면으로 진행
- F7 에니메이션 : 조정방법을 애니메이션으로 보여주는 기능

조정하고자 하는 항목을 선택하면 그 항목 주위로 하얀 박스가 표시된다. 이때 F7이나 아이콘을 선택하면 그 부위를 조정하는 방법을 애니메이션으로 보여준다.

- F8 확대 : 선택된 항목만 확대
- F10 로그인 : 사용자 로그인, 로그아웃기능
- F11 편집 : 차량의 제원, 고객의 정보, 차량 검사항목 등을 편집
- F12 설정 : 유지관리 항목의 설정

알아두기

> 만약 툴바의 아이콘이 회색으로 선택할 수 없는 상태라면 이것은 현재 상태에서 그 기능이 작동하지 않는다는 의미이다.

전륜의 얼라이먼트 상태를 보기 전에 핸들을 중앙에 맞추고 핸들 고정구를 사용하여 고정하는 작업이 필요하다. 또한, 모든 측정 센서의 수평을 맞추어 잠그고, "OK"를 선택하여 진행한다.

5) 전륜 측정값 화면

전륜 측정값 화면은 후륜과 비슷하다. 이 화면에서는 세가지의 값이 표시되고 있는데 위에서부터 차례대로 캐스터, 캠버, 토우 순으로 표시하고 있다. 이 세가지 값 모두 현재의 상태를 실시간으로 측정하여 보여주는"Live"값을 화면에 표시한다.

측정값이 차량 제원의 한계치 내에 있으면 그 항목 중앙부분의 색이 녹색으로 표시된다. 하지만 측정값이 허용 범위를 벗어난 상태라면 붉은색으로 표시된다. 그리고 회색으로 표시가 되면 그 항목은 제원이 입력되지 않은 항목이라는 의미이다. 리프트 잭으로 올려진 상태의 각 값들을 보기 위해서는 좌우차 값 사이에 있는"잭"아이콘을 선택하면 된다.

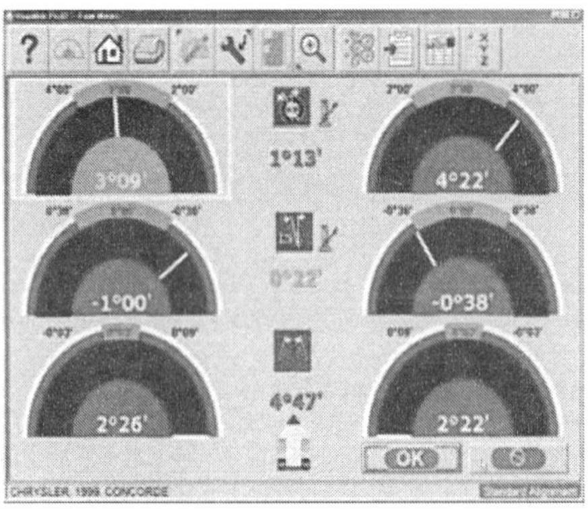

그림 121. 전륜 측정값 화면

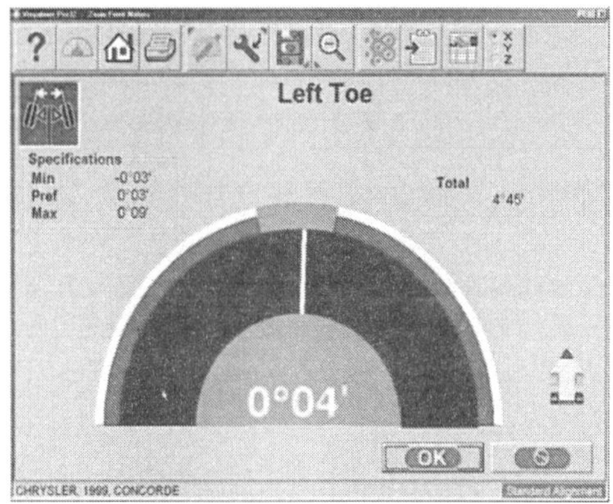

그림 122. Zoom

6) Zoom

원하는 한 항목을 선택하면 그 항목 주위로 하얀 박스가 표시된다. 이때 툴바의 줌키나 F8 키를 누르면 그 한 항목만 전체 화면에 크게 나타난다. 다시 한 번 F8 키를 누르면 전의 화면으로 돌아갑니다(unzoom 기능). 화면에서 한 항목을 더블 클릭하는 것도 같은 기능을 한다. 그리고 줌으로 선택된 상태에서 키보드의 화살표 키로 다른 항목들로 전환할 수 있다.

7) 전체 측정값

전륜 측정 화면이 끝나면 전체 측정값 화면이 나오게 된다. 이 화면에서는 테이블 형식으로 얼라이먼트 요소들의 측정값이 모두 표시된다. 숫자들의 색으로 현 상태가 제원의 허용치 범위 안에 있는지를 판단할 수 있다.

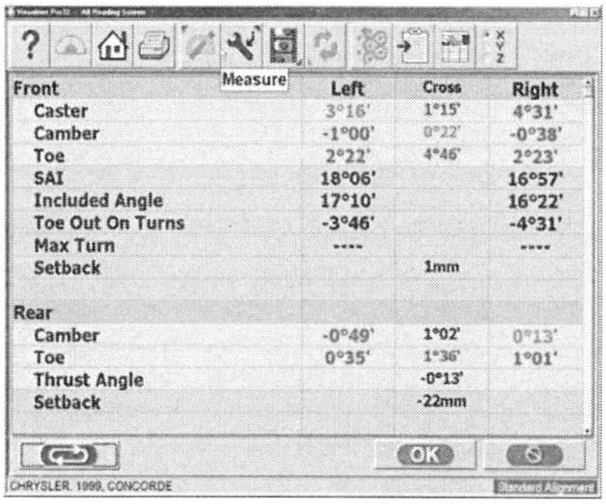

그림 123. 전체 측정값

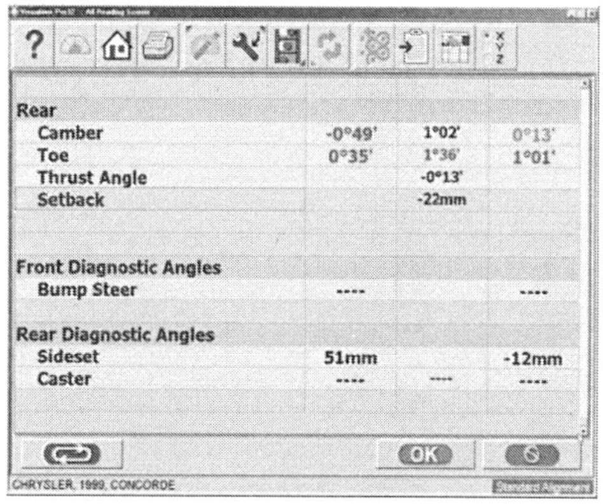

그림 124. 루프(Loop) 버튼

8) 루프(Loop) 버튼

네 개의 측정값 화면들 - 3-D 화면, 후륜, 전륜, 전체 측정값 화면이 있다. 이 4개의 화면들은 전체 측정값 화면을 시작으로 루프로 돌릴 수 있다. 전체 측정값 화면에서 화면 하단에 있는 루프버튼을 선택하면 3-D측정 화면, 후륜 측정값 화면, 전륜 측정값 화면을 불러올 수 있다.

알아두기

이 루프 버튼은 마법사 편집 기능에서 사용자 선택 마법사를 편집함으로 써 원하는 화면에 위치시킬 수 있다.

9) 결과 인쇄

전륜, 후륜 화면에서 툴바의 인쇄(F4)를 선택하면 프린트 메뉴 화면으로 이동한다.

① 얼라이먼트 보고서 프린트 : 측정된 얼라이먼트 각도들을 제원과 함께 프린트 한다.

② 검사보고서 프린트 : 얼라이먼트 각도 정보는 없이 작성되어진 검사 리스트만 프린트 한다.

③ 그래픽 얼라이먼트 보고서 프린트 : 얼라이먼트 각도들과 제원들을 그래픽 형식으로 프린트한다.

그림 125. 결과 인쇄

[3] 측정

Home 화면에서 측정 버튼을 누르거나 각 결과 값 보기 화면에서 툴바의 버튼을 누르면 현재 바퀴의 얼라이먼트 각도를 측정 합니다. 이 화면에서 각 아이콘들의 기능은 다음과 같다.

① 4휠 위치 : 차량을 앞뒤로 움직여 차축이 정확한 위치에 오게끔 도와준다.

② 조향각 측정 : 조향각 측정 화면을 호출하여 캐스터, SAI, 20도 회전각, 최대회전각 들을 측정한다. 이 과정은 턴테이블 위에서 이루어져야 한다.

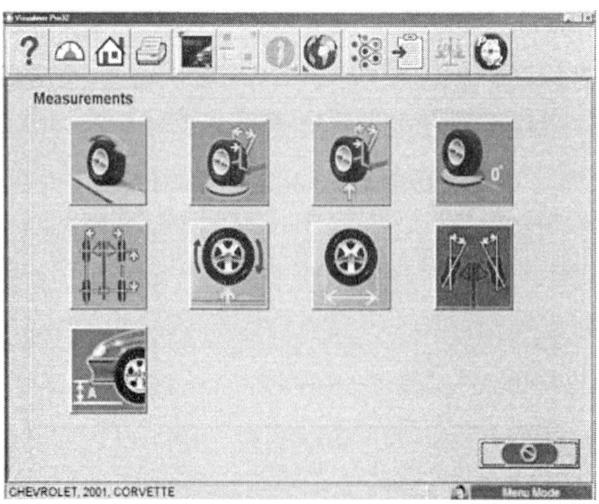

그림 126. 측정

③ 올려진 Caster/SAI 측정 : 캐스터와 SAI를 바퀴가 들어올려진 상태에서 측정한다.

④ 제로 토우에서의 캠버 : 이 과정은 벤츠 등 몇몇 차량 제조 회사에서 추천하는 과정이다. 이 과정에서는 각 전륜의 캠버를 전륜 정렬과 분리하여 캠버를 측정한다.

⑤ 차량 치수 : 차량의 차체구조에 관한 정보(셋백이나 축 틀림 등)를 알려준다.

⑥ 싱글 휠 위치 : 차량을 굴려서 위치를 확인하는 것을 대체 할 수 있는 과정으로 차량을 잭으로 들어올린 후 각 바퀴의 위치를 각각 정하는 과정이다. 이 과정은 차량을 조정하기 위해 바퀴를 차로부터 탈착하는 경우에(후륜에 심을 이용하는 것 같은 경우) 유용하게 사용할 수 있다. 또한 차량을 20cm(8인치) 정도 굴리기 어려운 짧은 승강장을 가진 경우에도 사용할 수 있다.

⑦ 타이어 사이즈 : 이것은 각 타이어의 직경을 측정하는 과정으로, 위치 고정 단계가 먼저 수행되어야 한다.

⑧ 토우 변화측정 : 서스펜션이 흔들리거나 위 아래로 움직일 때 토우 변화를 측정한다.

⑨ 승차 높이 : 이 화면에서는 측정된 승차높이를 입력하여 차량 제조회사에서 제시한 수치와 비교를 한다. 이 값을 분석하여 현재 서스펜션의 상태를 판단한다.

(1) 스티어링 앵글측정

1) SAI 와 IA

이 각도들은 휘어지거나 손상된 부품을 진단하는 중요한 부분이다. 휘어진 스핀들, 컨트롤 암, 스트러트, 프레임 마운트, 또는 크래들 시프트 문제 들이 확인 되어질 수 있다. SAI는 차량 무게가 턴테이블에 가해지거나, 또는 들어 올린 전륜 휠로 측정되어 집니다. 인크루디드 앵글은 차량에서 실제로 정해지는 각도가 아니라 기하학적으로 구한 것이다. 정의는 IA = SAI + 캠버이다. 최신 모델의 차량은 인크루디드 앵글에 대한 제원을 가지고 있고, 대부분은 SAI 제원을 가지고 있다. 측정된 값을 제원과 비교하지만 크로스 값을 비교하기도 한다.

인크루디드 앵글에 대한 크로스 값은 대부분의 차량에서 1에서 1.5 도를 넘지 않아야 한다. 만일 높은 크로스 값을 보인다면, 끌림 상태가 발생할 수도 있다. 일반적으로 손상된 부품은 한 쪽에 낮은 IA 측정값을 갖다.

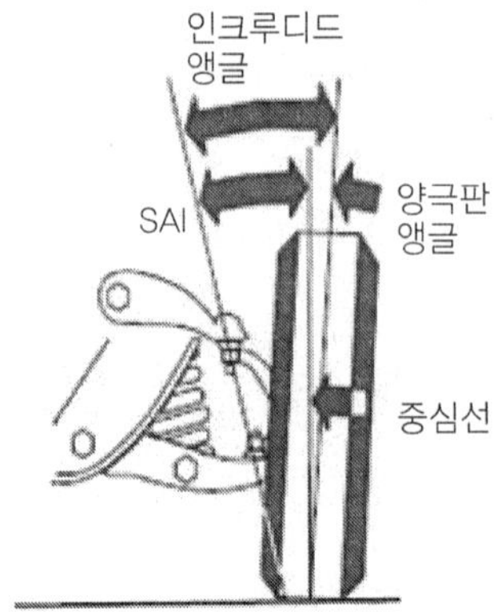

그림 127. SAI와 IA

2) 올려진 캐스터와 SAI

SAI와 인크루디드 앵글은 캐스터 측정시 20°회전하는 동안 직접 측정된다. SAI는 턴테이블 위에서도 측정 될 수 있지만 차량이 잭으로 들어 올려진 상태에서도 측정할 수 있다. 이 두 경우 차량의 다양한 서스펜션에 의해 약간의 차이가 날 수 있다. 정확한 측정을 위해서는 화면에 나타난 방법대로 정확히 작업을 수행 하여야 한다.

턴테이블 위에서 측정을 하는 경우, 잭으로 차량을 들어 올린 후에 측정을 하는 경우 모두 차량의 브레이크는 정확히 고정이 되어야 한다. 차량의 시동을 걸어 브레이크의 힘을 충분히 가동 시킨 후 브레이크 페달과 시트사이에 브레이크 고정구를 정확히 설치한다.

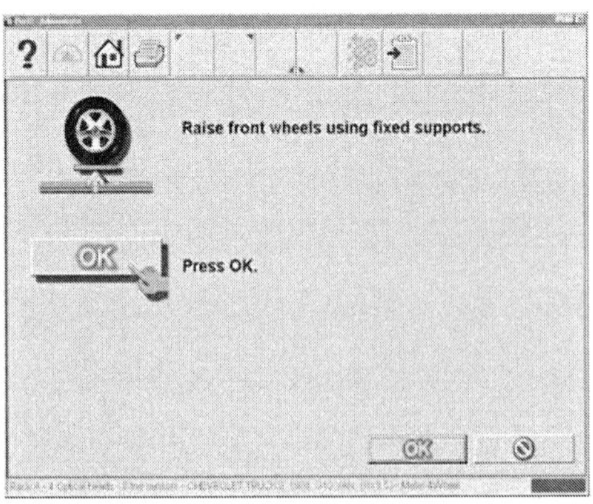

그림 128. 올려진 캐스터와 SAI

화면에 나타난 작업 지시 순서를 정확히 따르시오. 차량을 들어 올리고 작업을 하는 경우, 화면에서 단단한 지지대를 이용하여 전륜의 바퀴를 올리라고 표시하는데, 이는 보통 리프트의 잭으로 차량을 들어올리는 것을 말한다.

핸들을 돌리는 작업은 턴테이블 위에서의 차량 조향각 측정과 동일하다. 차량을 들어 올린 상태에서 SAI를 측정한 후, 마지막에 차량을 내리고, 위아래로 흔들어 줄 것을 표시한다. SAI와 인클루디드 앵글은 전체 측정값 화면에 표시되며, 캐스터는 전체 측정값 화면과 전륜 측정값 화면에서 볼 수 있다. SAI와 인클루디드 앵글값을 분석함으로서 현재 차량의 조향 문제점 파악과 캠버에 영향을 미칠 수 있는 부분의 휨 등을 파악할 수 있다.

3) 제로 토우의 캠버

이 과정은 좌,우 전륜 휠의 개별적 제로 토우에서 캠버를 측정한다. 이것은 메르세데스-벤츠와 같은 높은 캐스터 제원을 가진 차량에 대하여 권장 되는 절차이다. 작업 순서는 다음과 같다.

① 측정 화면에서"제로 토우에서의 캠버"를 선택한다.

② 화면의 그림에 나타난 대로 좌측 바퀴를 그림이 녹색으로 변할 때 까지 중앙으로 향하게 한다.

③ 버튼을 누르고 계속 진행 한다.

④ 이 과정을 오른쪽 바퀴에 대해서도 같은 방법으로 진행한다. 버튼을 선택하여 계속 진행한다.

⑤ 모두 끝나면 프로그램은 결과 값 화면으로 넘어갈 것입니다.

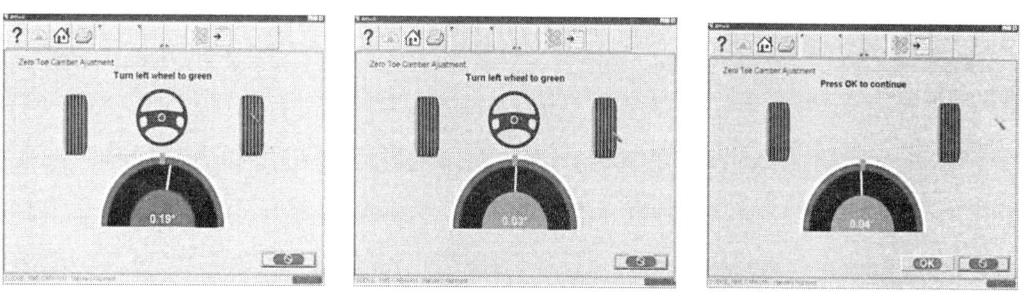

(a) (b) (c)

그림 129. 제로 토우의 캠버

4) 차량 치수

차량의 치수는 현재 차량의 사고 유무, 형태의 틀어짐 등을 판단 할 수 있는 중요한 수치입니다.

셋백은 축의 휠이 다른 쪽 휠과 수평이 맞지 않았을 때 발생한다. 프로그램은 이러한 차량의 치수를 프로그램 내에서 자동으로 측정하고 덧붙여 차량의 프레임 상태에 대한 판단도 한다. 이 과정은 측정 결과 화면들에서 툴바의 버튼을 선택하여 시작 할 수도 있고, 얼라인 홈 탭에서 측정 아이콘을 눌러서 시작 할 수도 있다. 측정 결과 화면에서는 휠베이스 간의 차이, 트랙 폭의 차이, 전, 후륜의 셋백을 시각적으로 나타낸다. 그리고 셋백과 옵셋값은 전체 측정 결과 화면에서 볼 수 있고 프린트 로 인쇄된다. 단위는 셋업에서 인치나 미리미터 단위로 설정할 수 있다.

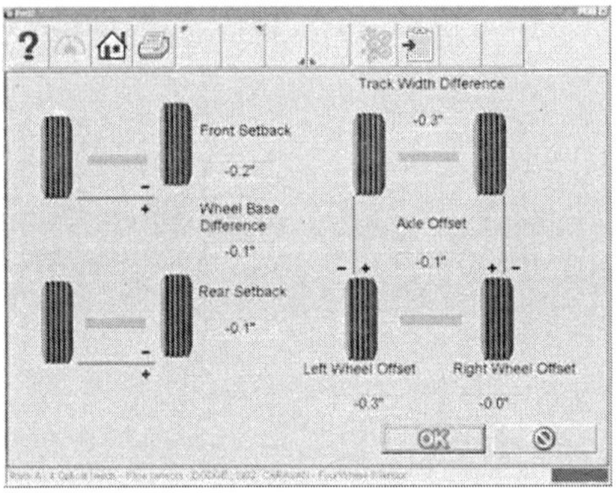

그림 130. 차량 치수

5) 싱글 휠 포지션

차량을 굴리는 대신에 리프트 위에서 잭으로 들어올려 각 바퀴의 위치를 확인할 수 있다. 예를 들면, 얼라인먼트 작업 시 바퀴를 탈거 하여야 할 경우 이것은 매우 유용한다. 또한 차량이 길거나 리프트가 짧을 경우에도 이용될 수 있다. 싱글 휠 포지션은 차량을 잭으로 들어 올리고 각 바퀴의 타겟을 회전시킴으로 각 바퀴축의 위치를 확인한다.

측정 메뉴에서 싱글 휠 포지션 버튼을 선택한다. 화면에 차량의 4바퀴가 나오며 이때 전륜의 좌측 바퀴에 붉은 색의 상자가 표시된다. 만약 상자 안에 체크 표시가 나온다면 이것은 이미 그 바퀴는 측정이 끝났다는 것을 의미한다.

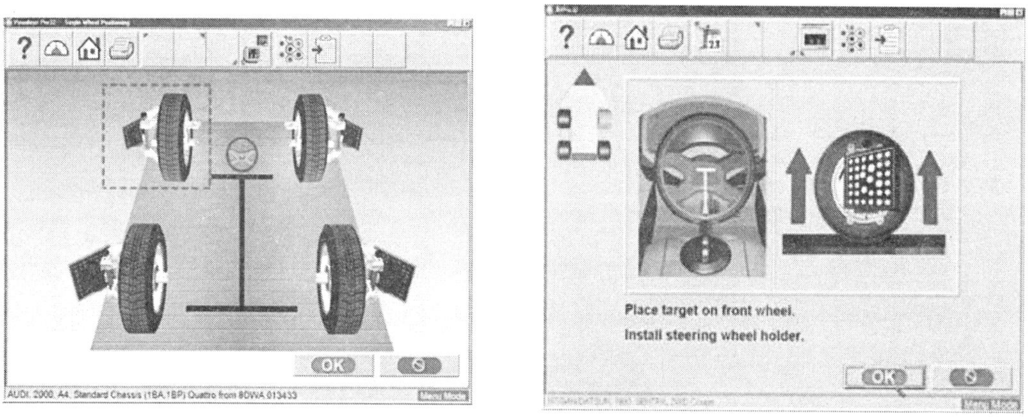

(a) (b)

그림 131. 싱글 휠 포지션(1)

키보드의 위/아래 방향 화살표키를 이용하여 원하는 바퀴를 선택한 다음"OK"버튼을 누르면 다음 단계로 넘어간다. 마우스를 이용하여 원하는 바퀴부분을 더블 클릭하는 것으로도 작업을 진행 할 수 있다. 이렇게 하면 프로그램은 "싱글 휠 포지션"단계를 시작하게 된다. 단계가 끝나고 계속 측정할 바퀴가 남아있다면 프로그램은 자동으로 이 단계의 첫 화면으로 돌아온다.

화면에 지시하는 방법대로 바퀴를 올린다. 사용자가 전륜 바퀴 중 하나를 선택하였다면 바퀴가 좌우로 회전하는 것을 방지하기 위해서 핸들 고정구를 설치하여야 한다. 만약 타겟이 많이 돌려져 있다면 클램프가 수직이 되도록 수정한다. 차량을 들어 올리면 뒷바퀴의 클램프 무게 때문에 바퀴가 돌아갈 수 있으므로 브레이크를 약간 눌러준다. "OK"버튼을 누르면 다음으로 진행한다. 화면의 왼쪽 위에 나타난 VODI 가 현재 진행 중인 바퀴가 어느 위치의 바퀴인지를 표시해준다. 화면에 나타난 대로 타겟/바퀴를 뒤쪽으로 약 30°까지 돌리면 화면에 정지 표시가 나타난다. 이때 잠시 타겟/바퀴를 고정한다.

프로그램은 다음으로 자동 진행되며 타겟을 다시 앞쪽으로 돌려 처음 위치로 클램프를 회전하도록 나타낸다. 정지 표시가 나오면 그 상태로 잠시 바퀴를 유지한다. 단계가 진행되면 화면에서 차량을 내리라는 표시를 한다. 이 화면은 각 바퀴가 모두 작업이 끝났을 때 나타난다. 만약 아직 진행 할 바퀴가 남아있다면 이 화면을 무시하고 계속 다른 바퀴의 작업을 수행해도 된다. 모두 끝난 후 차량을 내리고 반동을 주고 그리고 측정 결과 화면을 확인한다.

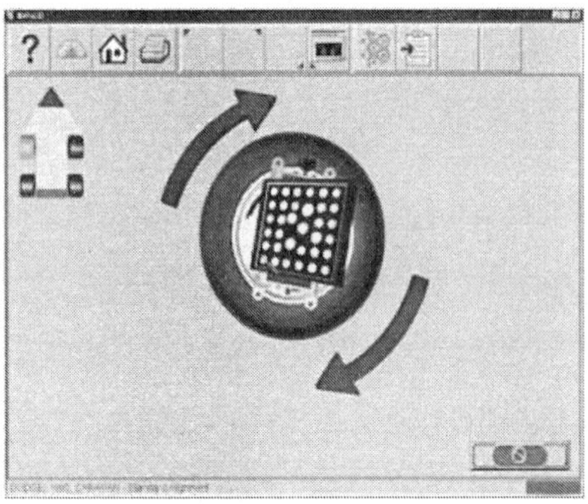

(a)

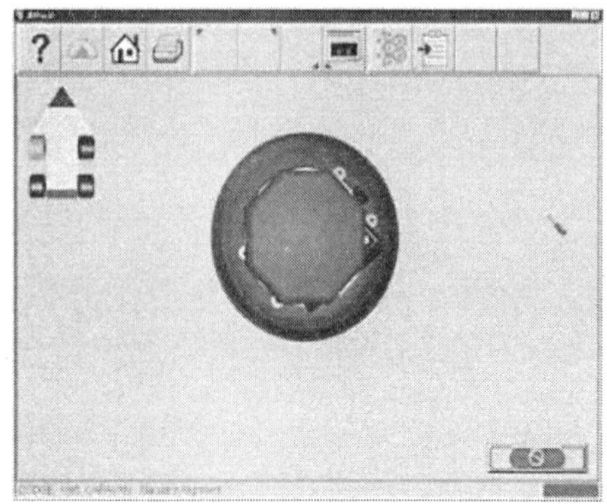

(b)

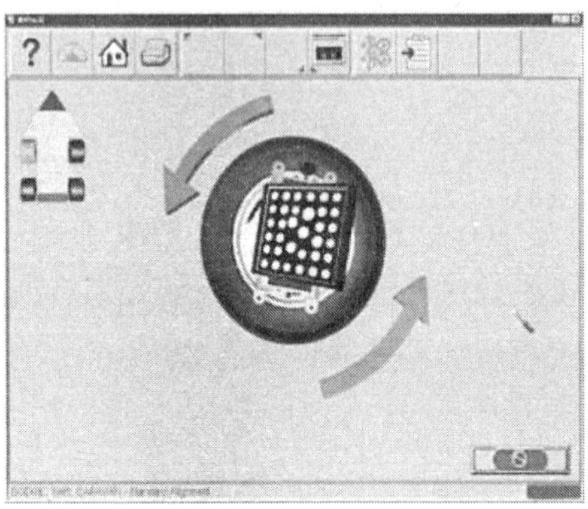

(c)

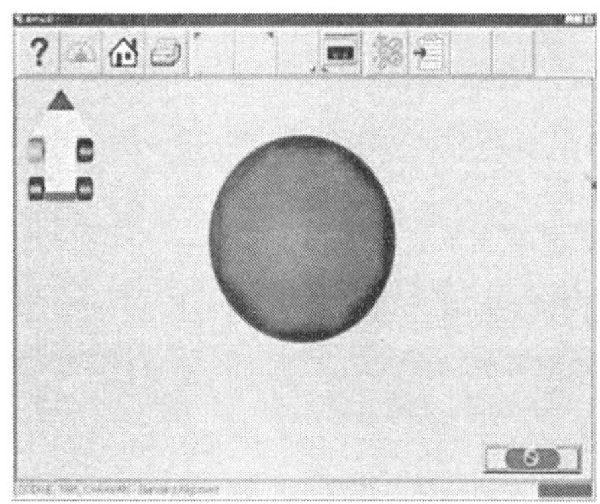

(d)

그림 132. 싱글 휠 포지션(2)

한 바퀴의 작업이 끝나면 프로그램은 작업 바퀴 선택 화면으로 돌아갑니다. 이 화면에서 바퀴 옆에 체크 표시가 나타났다면 그 바퀴는 측정이 끝났다는 의미이다.

"Cancel" 버튼을 누르면 얼라인먼트 측정값 화면으로 돌아간다.

6) 타이어 크기(사이즈)

타이어 크기의 차이는 핸들링의 문제를 일으키는 요인이 되기도 한다. "차량굴림" 단계가 끝나면 각 타이어의 크기가 표시된다. 화면에 표시하는 에러는 메뉴 선택에서 원하는 항목으로 설정할 수 있다. 만약 타이어 크기의 좌우 차나 전·후륜의 크기차이가 허용치를 벗어나면 에러표시가 적색으로 변하며 어디에 문제가 있는지 나타내 준다.

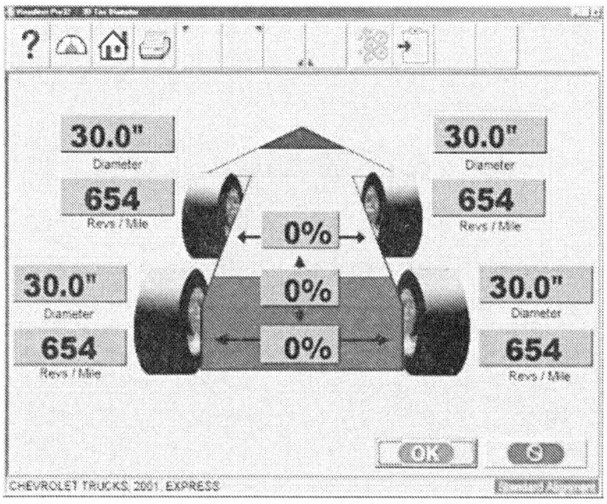

그림 133. 타이어 크기

이러한 타이어사이즈의 불일치는 자동차의 주행 시 핸들링에 큰 문제를 일이 킬 수 있으므로 주의해서 보아야 한다.

7) 토우 곡선 변화

이 기능은 차량 서스펜션 시스템이 작동될 때(스프링 압축, 확장) 각 휠의 토우 변화를 측정한다. 토우의 양이 지나치게 변화하면 타이어의 마모가 빨라질 수 있다. 한 쪽에만 큰 변화가 있다면 급격한 방향 변화가 일어나 위험한 상태가 발생할 수 있다. 변화량에 대한 제원이 없다면 아주 작게 유지하여야 하는데, 왼쪽과 오른쪽 휠을 비교하여 스티어링 시스템 부품에 손상이 있는지 진단할 수 있다.

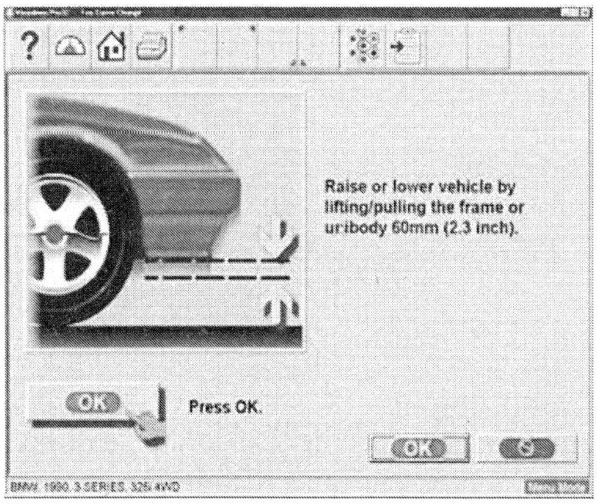

(a)

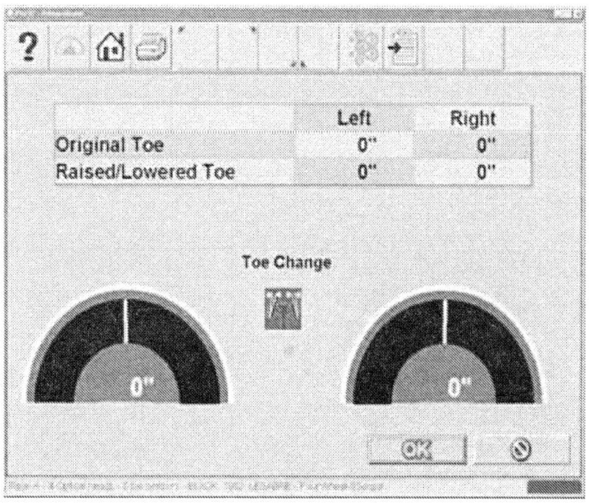

(b)

그림 134. 토우 곡선 변화

화면상의 지침을 주의 깊게 따라서 서스펜션이 60mm(2.3″) 위 또는 아래로 이동하도록 움직입니다(서스펜션을 당겨 내리거나 밀어 올려서). 눈금자나 줄자를 이용하여 프레임이 적절한 양만큼 움직이는지 관찰 한다. 결과가 표시되어 완료되면 "OK"를 선택한다.

8) 승차높이

많은 차량의 얼라이먼트 요소들은 차량의 승차높이와 밀접한 관련이 있다. 승차높이가 변하면 그 차량의 제원도 수정되어야 한다. 차량을 시험한 다음에 적절한 측정 방법을 선택한다. 전륜과 후륜 모두 각각 측정한 위치를 지정하고"OK"를 누르시오.

측정한 값을 맞는 위치에 입력하면 그 차량의 데이터에 저장이 된다. 많은 차량들이 승차 높이에 대한 제원은 제공되지 않지만 승차 높이는 현 차량의 앞,뒤 값이나 좌우 값들의 차이로 현재의 상태를 판단 할 수 있는 중요한 요소이다.

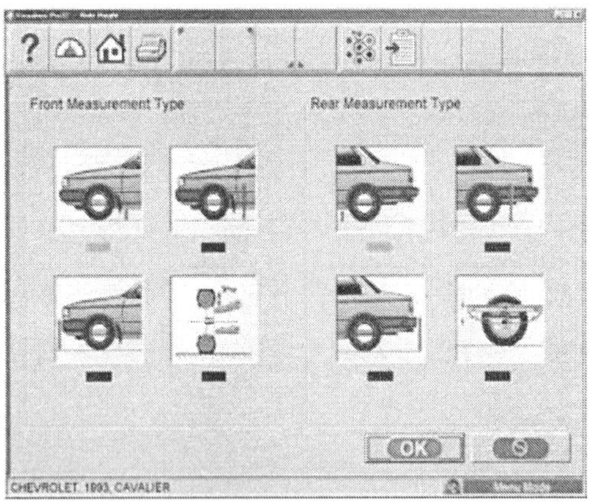

(a)

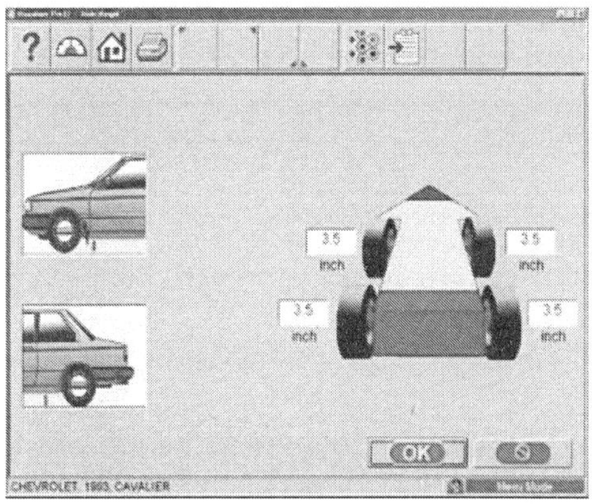

(b)

그림 135. 승차높이

[4] 조정(Adjust)

본 얼라이너 소프트웨어의 강력한 기능 중 하나는 차량 조정을 할 때 얼라인먼트 작업자에게 도움말을 제공하는 것이다. 이 기능은 조정 화면에 있는데, 홈 얼라인먼트 화면에 있는 조정 아이콘을 클릭 하여 진행하거나, 얼라인먼트 측정값이 표시되었을 때 툴바에서 조정 버튼을 클릭하여 진행한다. 조정화면의 선택 아이콘들은 다음과 같다.

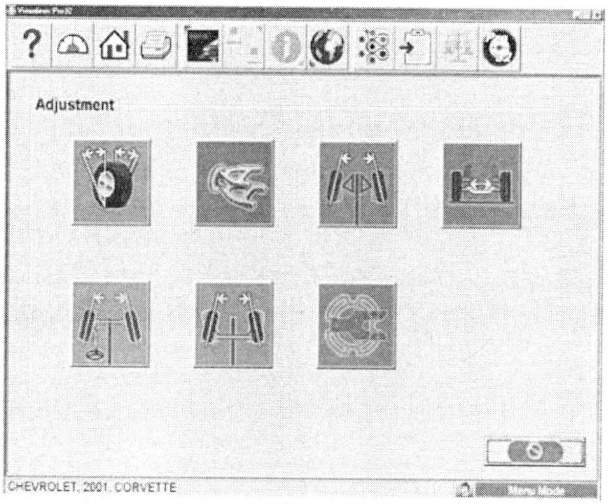

그림 136. 조정메뉴

① 캐스터 및 캠버 조정 : 여러 다양한 옵션을 사용하여 이 각도들을 지원할 수 있는데 여기에는 지속적으로 측정하는 라이브(LIVE) 캐스터와 들어 올린 모드가 포함된다.

② A-암 조정 : 서스펜션 A-암에서 캐스터와 캠버 조정을 한다면 두 각도를 동시에 수정할 수 있다.

③ 토우 : 이 진행 전륜토우를 조정하는 것으로 더 쉽게 스티어링 휠을 바르게 하는 새롭고 개선된 방법이다.

④ 크래들 조정 : 전륜 구동 차량의 엔진 크래들 조정을 도와준다.

⑤ 드래그 링크 조정 : 드래그 링크 조정으로 트럭 등의 토우 조정 시 스티어링 휠의 방향을 바로잡게 도와준다.

⑥ 싱글타이 로드 조정 : 싱글 타이 로드 타입의 토우 조정 시 사용 한다.

⑦ 쉼(Shims)과 키트(Kit) : 이 프로그램은 캠버와 캐스터 조정 시, 적절한 쉼을 사용하도록 도와준다.

(1) 캐스터 및 캠버 조정

이 기능을 선택하면 프로그램은 자동적으로 다음과 같이 작업 순서를 화면에 표시해준다.

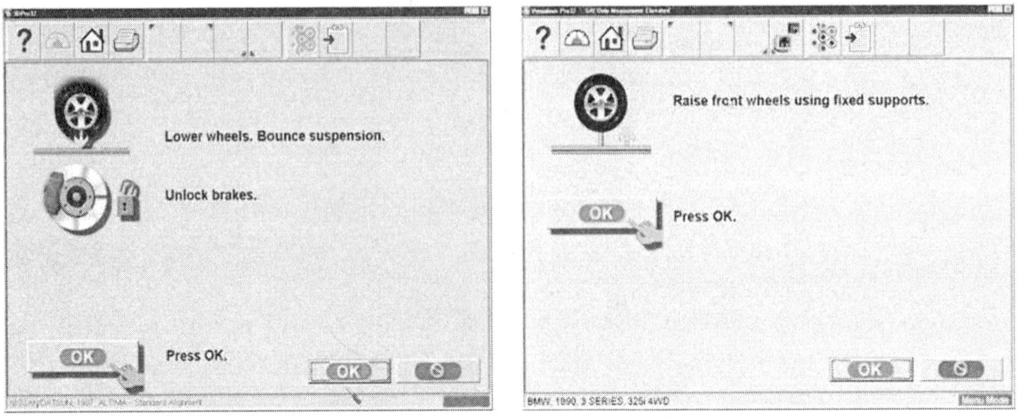

(a) (b)

그림 137. 캐스터 및 캠버 조정

① 차량을 위, 아래로 흔든다.

② 브레이크 고정구를 설치한다(캐스터/SAI 측정 시 이미 설치되어 있을 수도 있다).

③ “OK”버튼을 누른다.

④ 전륜을 올린다.

알아두기

화면에 나타난 지시 사항을 주의하여 따라야 한다. 만약 사용자가 임의대로 무시하고 작업을 진행한다면 정확한 조정이 이루어 지지 않을 수도 있다.
버튼을 누르면 화면에는 전륜 측정값 화면과 같은 화면이 보여진다. 이 화면이 보이는 동안 캐스터와 캠버를 조정한다. 예로, 편심캠을 돌리면 캠버와 캐스터가 변하는 것이 보인다. 조정을 하면 그에 맞춰서 화면에 보이는 수치가 변하는 것을 볼 수 있을 것이다.
그림들은 현 수치와 제원과의 관계에 맞춰서 색으로도 표시가 된다. 조정이 끝나면 버튼을 누르시오. 그러면 조정 후 작업이 화면에 표시된다. 자동차를 내리고 차체를 위아래로 흔든다. 그리고 브레이크 고정구를 해제한다. “OK” 버튼을 누른다. 프로그램은 이전에 있었던 결과값 화면으로 자동으로 돌아간다.

(2) 후륜 캠버 조정

전륜과 후륜 모두 다음과 같이 들어올리는 동안 측정된 값이 변하지 않도록 변화값을 보정해 주는 기능은 똑같이 작동한다. 이 기능은 하중이 가해지지 않을 때 서스펜션 부의 캠버값의 정확한 조정이 가능하도록 도와준다.

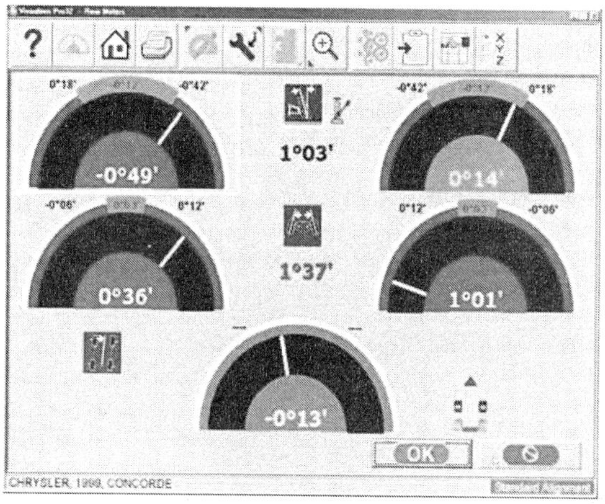

그림 138. 후륜 캠버 조정

이 조정화면은 좌우 캠버값을 “Live” 상태로 그래픽과 수치값을 통해서 보여준다. 캠버값과 토우값도 표시해 준다. 화면을 보고 얼마만큼 캠버값을 조정을 할 것인지 정하고 조정이 끝났으면 버튼을 누른다. 화면에 조정 후 작업이 표시된다.

(3) EZ Toe

이 기능은 좀 더 편하게 사용자가 전륜의 토우를 조정할 수 있게 도와준다. 이 기능을 사용하면 어느 방향으로 바퀴를 돌리더라도 조정이 가능하며, 심지어는 방화벽이 설치된 랙과 피니언 구조의 차량에도 적용이 가능하다.

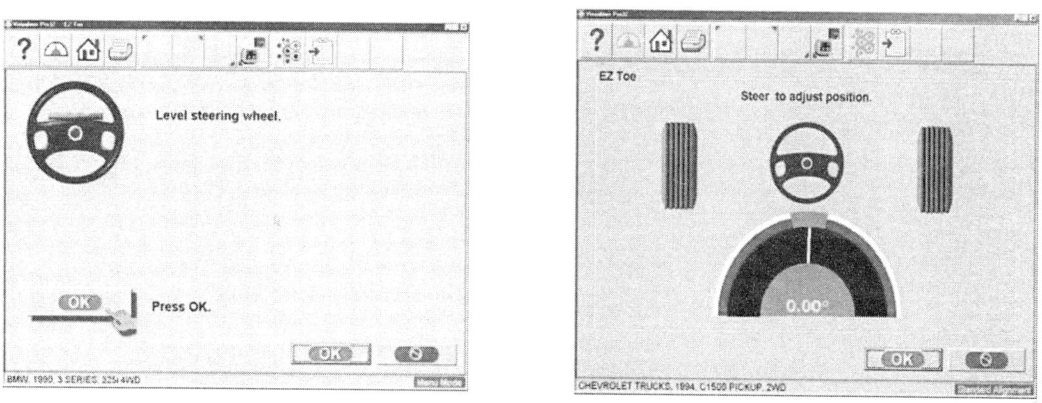

(a) (b)

그림 139. EZ Toe

① 얼라이먼트 마법사를 수행하여 얼라이먼트 측정결과를 확인한다. 그리고 조정할 필요가 있는 캐스터와 캠버를 조정한다.
② 조정 메뉴에서 "EZ Toe"기능을 선택한다.
③ 핸들을 중앙에 맞추고"OK"버튼을 누른다.
④ 우측바퀴를 그림이 녹색이 될 때까지 조정위치로 돌린다. "OK"버튼을 눌러 계속 진행한다.
⑤ 다음 화면에서는 조정하여야 할 만큼 변화된 우측 바퀴의 토우가 표시된다.
⑥ 그림이 녹색이 될 때까지 오른쪽 타이로드를 조정한다. 그 다음 "OK"버튼을 눌러 다음 과정을 진행한다.
⑦ 같은 과정을 좌측 바퀴에 대해서 수행한다.
⑧ 좌측 바퀴가 끝나면 "OK"버튼을 눌러 다음으로 진행한다.
⑨ 전륜 측정값 화면을 선택하여 다시 한번 전륜의 토우와 핸들의 위치를 검토한다.

알아두기

만약 토우 각을 많이 변화시켜야 할 경우에는 핸들 고정구를 사용한다.

3.7. 사이드슬립 테스터(ABS 테스터)

chapter 06. 브레이크 장치의 ABS TESTER에서 설명한다.

실습보고서

실습명	조향장치	실습일시:	
학번 및 조		이름	

01. 조향장치의 이상현상에 대하여 설명하시오.

02. 조향휠의 유격을 측정하시오.

03. 타이로드 엔드의 교환

04. 조향각도의 측정과 최소 회전 반경의 계산

05. 동력조향장치의 오일펌프의 벨트 장력조정

06. 동력조향장치의 오일교환과 공기빼기

07. 오일 압력측정으로 진단

점검결과 설명	
실습기자재, 재료, 공구	
작업결과 설명	
다음정비 소견	
학습평가	① 암기하고 충분히 활용할 수 있다. ② 암기는 하지만 활용할 수 없다. ③ 단지 이해만 할 수 있다. ④ 암기도 이해도 할 수 없다.

08. MDPS의 구성요소

09. MDPS의 영점조정

10. MDPS의 자기진단

점검결과 설명	
실습기자재, 재료, 공구	
작업결과 설명	
다음정비 소견	
학습평가	① 암기하고 충분히 활용할 수 있다. ② 암기는 하지만 활용할 수 없다. ③ 단지 이해만 할 수 있다. ④ 암기도 이해도 할 수 없다.

11. 토측정 요령

12. 캠버, 캐스터, 조향축 경사각 측정

13. 휠얼라인먼트 장비에 의한 앞바퀴정렬 측정

14. 앞바퀴정렬의 이상현상

점검결과 설명	
실습기자재, 재료, 공구	
작업결과 설명	
다음정비 소견	
학습평가	① 암기하고 충분히 활용할 수 있다. ② 암기는 하지만 활용할 수 없다. ③ 단지 이해만 할 수 있다. ④ 암기도 이해도 할 수 없다.

CHAPTER 06 브레이크장치 [brake system]

Automotive Chassis Exercise

1. 브레이크장치의 개요

브레이크장치는 주행 중인 자동차를 감속 또는 정지시키고, 또 주차상태를 유시하기 위하여 사용되는 매우 중요한 장치이며, 마찰력을 이용하여 자동차의 운동에너지를 열에너지로 바꾸어 브레이크작용을 하도록 되어 있다.

브레이크장치에는 여러 가지 형식의 것이 사용되고 있으나 기본적으로 운전자의 조작력을 링크나 유압을 이용하여 증대시켜 전달하는 조작기구와 그 힘으로 마찰력을 발생시키는 부분으로 되어 있다. 브레이크장치가 구비하여야 할 조건은 다음과 같다.

① 작동이 확실하고, 효과가 클 것

② 신뢰성과 내구성이 우수할 것

③ 점검이나 조정하기가 쉬울 것

브레이크장치에는 운전자의 발로 조작하는 풋 브레이크(foot brake)와 손으로 조작하는 핸드 브레이크(hand brake)가 있다. 풋 브레이크는 주행 중 사용되며, 바퀴에 직접 브레이크 작용하는 휠 브레이크(wheel brake)가 사용된다.

핸드 브레이크는 주로 주차용으로 사용되나 풋 브레이크가 고장 났을 때 비상용으로 사용되기도 한다. 핸드 브레이크는 주차 브레이크(parking brake) 또는 비상 브레이크(emergency brake)라고 부르고, 뒷바퀴만 브레이크 하는 휠 브레이크 방식과 추진축에 설치된 드럼에 작용시키는 센터 브레이크(center brake)의 2가지가 있다.

또 조작 기구에는 로드(rod)나 와이어(wire)를 사용하는 기계식과 유압을 이용하는 유압식으로 분류되며, 기계식은 핸드 브레이크에, 유압식은 풋 브레이크에 사용된다.

또 압축공기를 이용하는 공기 브레이크, 조작력을 경감하기 위해 엔진의 흡입 부압이나 압축공기를 이용하는 배력 브레이크(servo brake) 등이 있다. 풋 브레이크는 브레이크 페달을 밟는 힘으로 바퀴를 제동시키는 것으로 제동력을 발생시키는 기구에는 바퀴와 함께 회전하는 드럼(또는 디스크)과 여기에 밀착되어 마찰력을 발생시키는 브레이크슈(또는 패드)로 되어 있다. 또 슈 또는 패드에는 적절한 마찰계수를 가진 라이닝이 부착되어 있다. 드럼 브레이크에는 내부 확장방식과 외부 수축방식이 있으며, 내부 확장방식은 풋 브레이크에 사용되고 외부 수축방식은 핸드 브레이크의 센터 브레이크에서 사용된다.

2. 유압 브레이크(hydraulic brake)

유압 브레이크는 파스칼의 원리를 응용한 것이며, 유압을 발생시키는 마스터 실린더, 이 유압을 받아 브레이크 슈(또는 패드)를 드럼(또는 디스크)에 압착하여 제동력을 발생시키는 휠 실린더(또는 캘리퍼) 및 이 두 부품을 연결하여 오일회로를 형성하는 오일 파이프(oil pipe)나 호스 등으로 되어 있다. 그리고 파스칼의 원리란 밀폐된 용기 내에 액체를 가득 채우고, 그 용기에 힘을 가하면 그 내부의 압력은 용기의 각 면에 작용하여 용기 내의 어느 곳이든지 동일한 압력이 작용된다는 원리이다.

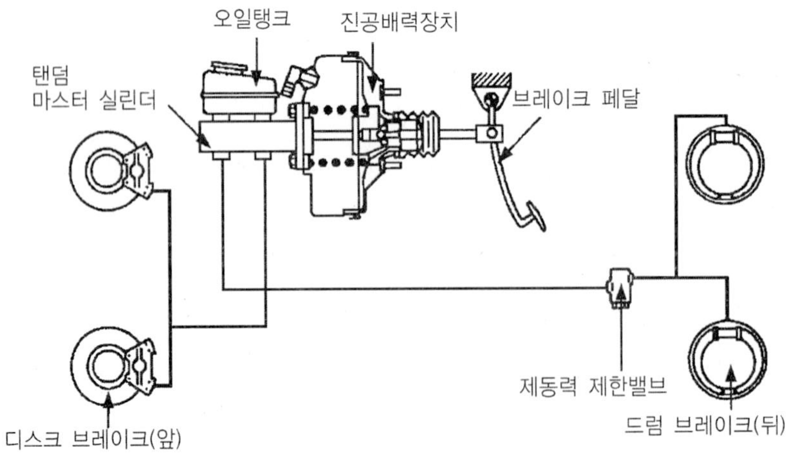

그림 1. 유압 브레이크의 구성

2.1. 유압 브레이크의 작용 및 구조

2.1.1. 마스터실린더(master cylinder)

[1] 마스터실린더의 구조

마스터실린더는 브레이크 페달을 밟는 것에 의해 소요의 유압을 발생시키는 부분이며 마스터실린더 보디와 오일탱크, 그리고 실린더 내에 들어있는 피스톤, 피스톤 컵, 체크밸브, 리턴스프링 등으로 구성되어 있다.

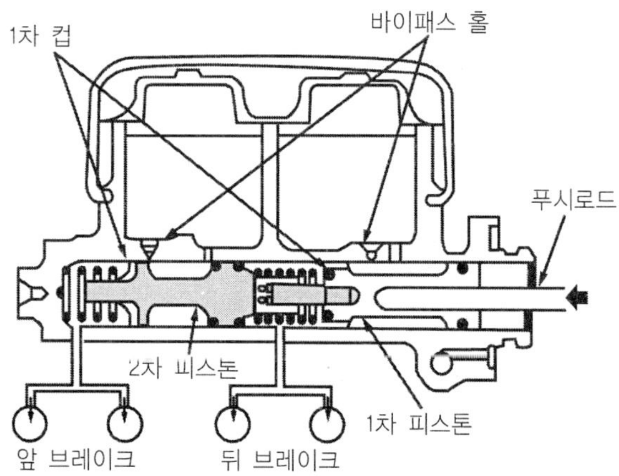

그림 2. 마스터실린더의 구조

[2] 탠덤 마스터실린더의 구조 및 작용

(1) 탠덤 마스터실린더(tandem master cylinder)의 구조

유압 브레이크에서는 유압회로에서 오일이 누출되면 브레이크작동 불능이 된다. 때문에 그 안전성을 높이기 위해 앞뒤 바퀴에 대하여 각각 독립적으로 작동하는 2계통의 회로를 두는 형식을 사용하는데 이러한 경우에 탠덤 마스터실린더가 사용된다. 탠덤 마스터 실린더는 2개의 마스터 실린더를 직렬로 배열한 것과 같으며, 1개의 실린더 안에 앞바퀴용과 뒷바퀴용의 피스톤이 각각 설치되어 있다.

구조는 실린더 위 부분에 앞·뒷바퀴 브레이크용으로 오일탱크 속이 분리되어 있고, 실린더 안에는 2개의 피스톤이 끼워져 있다(이 경우 푸시로드 쪽의 피스톤이 뒤 브레이크용이다). 각각의 피스톤은 리턴 스프링과 스토퍼에 의해 그 위치가 규정되어 있고 앞뒤 피스톤에는 리턴 스프링이 설치되어 있다. 또 각각의 피스톤에 대응하는 보상구멍과 블리더 구멍 및 체크밸브가 설치되어 있다.

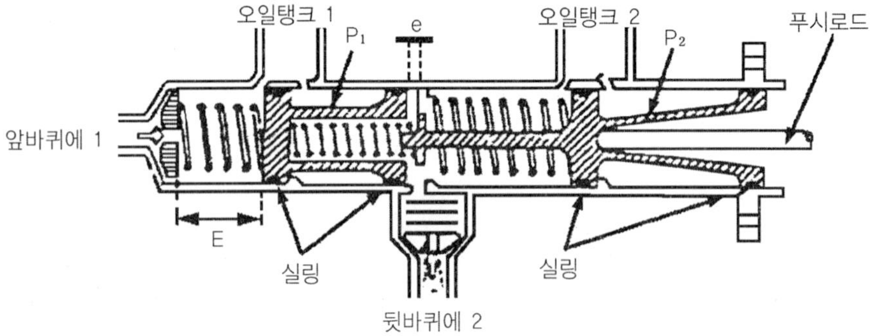

그림 3. 탠덤 마스터실린더의 작용

2.1.2. 휠 실린더(wheel cylinder)

휠 실린더는 마스터 실린더에서의 유압으로 브레이크 슈를 드럼에 압착시키는 작용을 하는 것이며, 브레이크 마찰기구의 형식에 따라서 여러 가지 모양의 것이 있다. 휠 실린더는 차축에 고정된 브레이크 배킹 판(brake backing plate)에 설치되어 있으며, 주철 또는 알루미늄합금의 휠 실린더 보디, 피스톤, 피스톤 컵(고무 또는 합성고무 제품) 등을 주요 부품으로 하여 구성되어 있다.

휠 실린더 보디 중앙부분에는 오일구멍(마스터 실린더와 파이프로 연결되는)과 브레이크회로 내에 들어간 공기를 빼는 공기배출용 나사(air bleeder screw)가 설치되어 있고 내부에 있는 확장 스프링(expanding spring)은 피스톤 컵을 항상 밀어서 벌어져 있게 한다. 휠 실린더에는 브레이크 마찰기구 형식에 따라 동일 직경형, 계단 직경형, 단일 직경형 등이 있다.

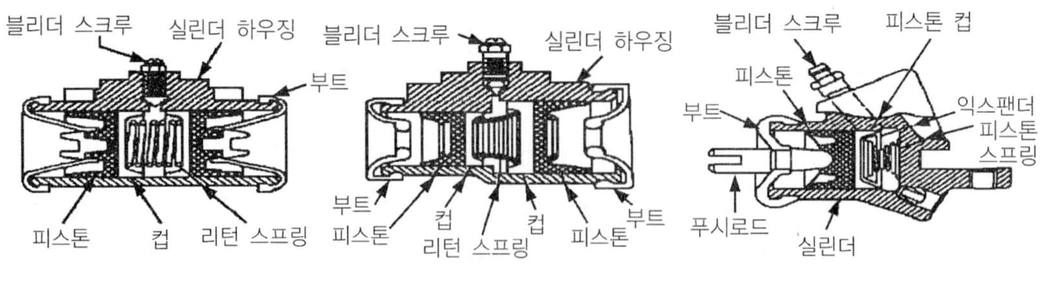

(a) 동일 직경형 (b) 계단 직경형 (c) 단일 직경형

그림 4. 휠 실린더의 종류

2.1.3. 브레이크슈(brake shoe)와 배킹 판

브레이크슈는 휠 실린더의 피스톤에 의해 드럼과 접촉하여 제동력을 발생하는 부분이며, 라이닝이 리벳이나 접착제로 부착되어 있다. 브레이크슈의 재질로는 대형 차량에서는 주철이나 가단주철을 사용하고 소형 차량에서는 강철판을 사용한다. 그리고 브레이크슈에는 리턴 스프링을 두어 마스터 실린더 유압이 풀렸을 때 슈를 제자리로 되돌아오게 하고, 홀드다운 스프링(hold down spring)은 슈가 알맞은 위치를 유지하도록 한다.

배킹 판은 강철판을 프레스 하여 제작하였으며 슈 간극 조정기구를 설치하고 있다. 브레이크 라이닝은 드럼과의 마찰을 크게 하기 위한 마찰재료이며, 석면계열을 주로 사용한다.

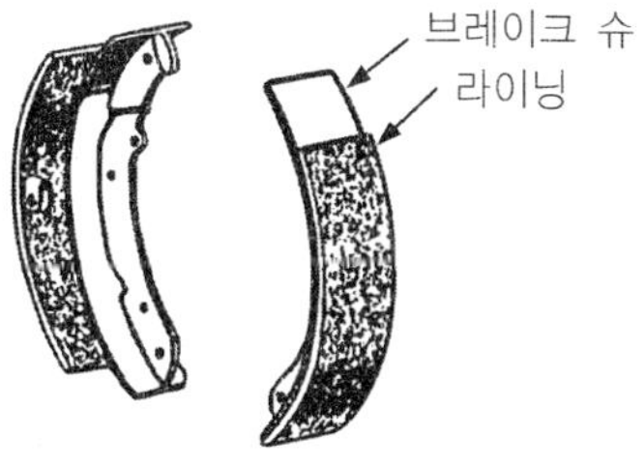

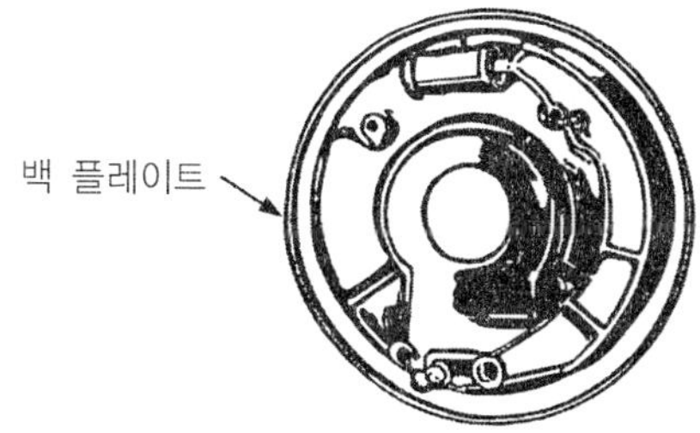

그림 5. 브레이크슈와 배킹 판

2.1.4. 브레이크 드럼(brake drum)

브레이크 드럼은 허브(hub)와 휠 사이의 휠 허브에 볼트로 설치되어 바퀴와 함께 회전하며, 브레이크슈와의 마찰로 제동력을 발생시키는 작용을 한다.

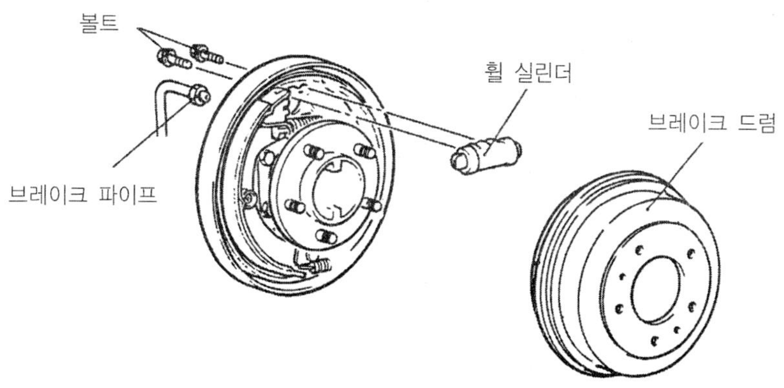

그림 6. 브레이크 드럼

2.1.5. 파이프(pipe)

브레이크 파이프는 마스터 실린더와 휠 실린더의 오일통로를 형성하며, 일반적으로 방청 처리를 한 강철 파이프와 플렉시블 호스(flexible hose)가 사용된다. 브레이크 파이프는 주행 중 진동하지 않도록 클립으로 확실하게 고정하고 있으며, 연결하는 부분에는 2중 플레어(double flare)로 하고 있다.

호스는 차체에 고정하는 파이프와 차축이나 바퀴를 연결하는 부분에 사용되며, 높은 유압에 견디도록 견사 등의 직물 층과 내유성의 고무로 만들어져 있고 그 연결부분에는 금속제 피팅(fitting)이 설치되어 있다.

2.2. 유압 브레이크장치의 점검 · 정비

준비기계 및 기구

자동차, 일반 공구세트, 스냅 링 플라이어, 공기압축기, 실린더 게이지, 마이크로미터, 바이스, 잭, 안전 스탠드 등을 준비한다.

안전 및 주의사항

① 브레이크 장치는 자동차의 안전에 매우 중요한 것이므로 특히 주의하여 작업해야 한다.
② 피스톤 컵 등의 고무 제품은 원칙적으로 재사용해서는 안 되며, 특히 피스톤 컵의 립은 유밀을 유지하는데 중요한 기능을 하므로 조립할 때 손상되지 않도록 해야 한다.
③ 마스터실린더 및 휠 실린더 등을 세척할 때에는 알코올이나 브레이크 오일을 사용해야 한다.
④ 브레이크 오일이 도장 면에 묻을 경우에는 즉시 닦아 내야 한다.

2.2.1. 유압 브레이크 고장진단

[1] 브레이크 페달을 밟아도 브레이크 효과가 나쁘다.

① 브레이크 오일의 부족
② 라이닝의 오일 부착
③ 브레이크 오일에 공기 유입
④ 브레이크 간격 조정이 지나치게 적을 때

[2] 브레이크 페달을 밟았을 때 조향핸들이 쏠린다.

① 좌 · 우 캐스터가 불평등하다.

② 조향 너클이 휘었다.

③ 타이어의 공기 압력이 낮거나 불평등하다.

④ 스태빌라이저 바가 파손되었다.

⑤ 좌우 타이어의 공기압력이 같지 않다.

⑥ 라이닝의 접촉이 불량하다.

⑦ 앞바퀴 얼라인먼트가 불량하다.

⑧ 라이닝의 접촉이 불량하다.

⑨ 브레이크 드럼이 편 마모 되었다.

[3] 브레이크가 한쪽만 듣는다.

① 브레이크 드럼이 편 마모 되었다.

② 타이어 공기압력이 불평형하다.

③ 라이닝의 접촉이 불량하거나 오일이 부착되었다.

[4] 브레이크가 풀리지 않는다.

① 마스터 실린더의 리턴 스프링이 불량하다.

② 마스터 실린더의 리턴 구멍이 막혔다.

③ 브레이크 드럼과 라이닝이 소결되었다.

④ 피스톤 1차 컵이 부풀었다.

⑤ 라이닝 간극이 없다.

⑥ 마스터 실린더의 푸시로드 길이가 너무 길다.

[5] 브레이크 페달의 자유간극이 크다.

① 브레이크 계통에 공기가 들어 있다.

② 브레이크 드럼이 마모되었다.

③ 피스톤 컵에서 오일이 샌다.

[6] 브레이크가 듣지 않는다.

① 브레이크 오일이 누설되고 있다.
② 브레이크 라이닝이 과대 마모되었다.
③ 브레이크 오일이 부족하다.
④ 브레이크 계통에 공기가 들어 있다.
⑤ 브레이크 드럼과 슈의 간극이 너무 과다하다.
⑥ 오일회로의 잔압이 낮다.
⑦ 마스터 실린더의 피스톤 컵이 파손되었다.

2.2.2. 브레이크 페달 점검·정비

[1] 브레이크페달 높이 측정

곧은 자를 이용하여 바닥(토우 보드)과 페달 패드 윗면과의 거리를 측정한다. 이때 페달 높이는 176mm 정도이면 정상이다.

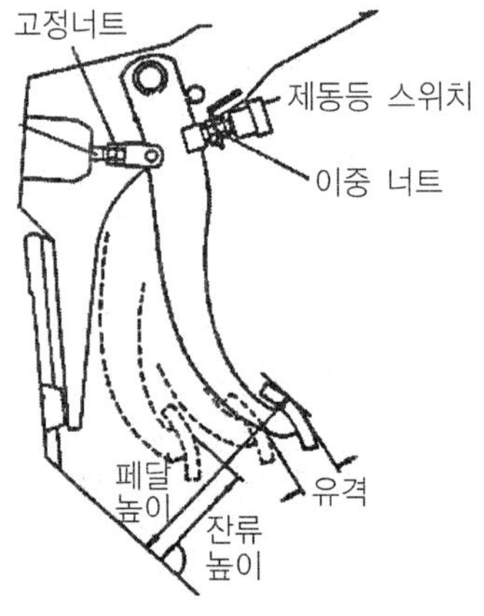

그림 7. 브레이크 페달 높이 점검

[2] 브레이크페달 높이 조정

① 제동등 스위치를 브레이크 페달 암과 접촉되지 않게 이동시킨다.
② 푸시로드 고정너트를 풀고 플라이어로 푸시로드를 돌려 브레이크 페달의 높이가 규정 값이 되도록 조정한다.

③ 제동등 스위치의 바깥쪽 케이스와 브레이크 페달 암사이의 치수가 규정 값(0.5~1.0mm)이 되도록 제동등 스위치를 조정하고 고정 너트로 스위치를 정해진 위치에 고정시킨다.

[3] 브레이크페달 유격 점검

① 엔진의 가동을 정지시키고 페달을 2~3회 정도 밟아 브레이크 부스터의 진공을 없앤 후 곧은 자를 설치하고 손으로 페달을 누르면서 저항 전의 이동량을 점검한다.

페달의 유격은 6~10mm 정도이다. 페달의 유격이 규정 값 이하이면 제동등 스위치의 바깥쪽 케이스와 페달 사이 간극이 규정 값과 일치하는가를 점검한다.

② 엔진을 가동시킨 후고 브레이크 페달을 약 50kgf의 힘으로 밟았을 때 브레이크 페달과 바닥사이의 간극을 측정한다. 이때 50kgf의 힘으로 밟았을 때 75mm 이상이어야 하고, 브레이크 페달을 완전히 밟았을 경우에는 35mm 이상 되어야 한다.

[4] 브레이크페달 유격 조정

규정 값이 되도록 푸시로드 고정너트를 풀고 푸시로드를 플라이어로 돌려 조정한 후 고정 너트를 죈다.

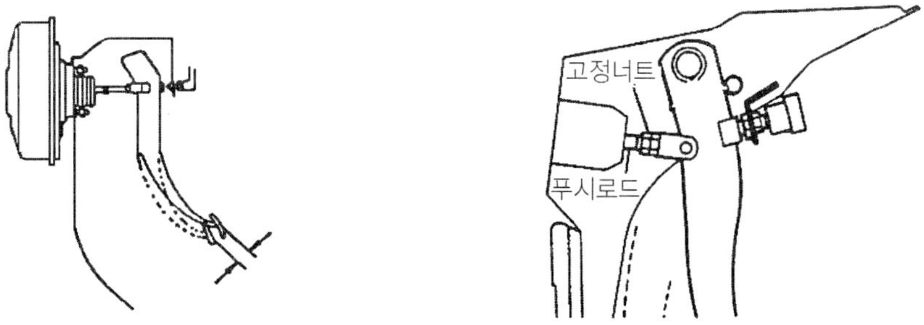

(a) (b)

그림 8. 브레이크 페달 유격 점검 및 조정

[5] 브레이크계통 공기빼기작업

① 오일탱크 캡을 열고 브레이크 오일이 부족하면 보충한 후 휠 실린더 공기빼기 나사에 비닐 호스를 연결하고 그 호스의 다른 끝은 브레이크 오일이 담긴 용기에 담근다.

② 브레이크 페달을 몇 번 밟았다가 놓고 페달을 완전히 밟은 채로 공기빼기 나사를 브레이크 오일이 빠져 나올 때까지 푼다. 그 다음 공기빼기 나사를 잠근다.

③ 위 작업을 오일에 기포가 없어질 때까지 반복한다.

④ 공기빼기 나사를 조인다.

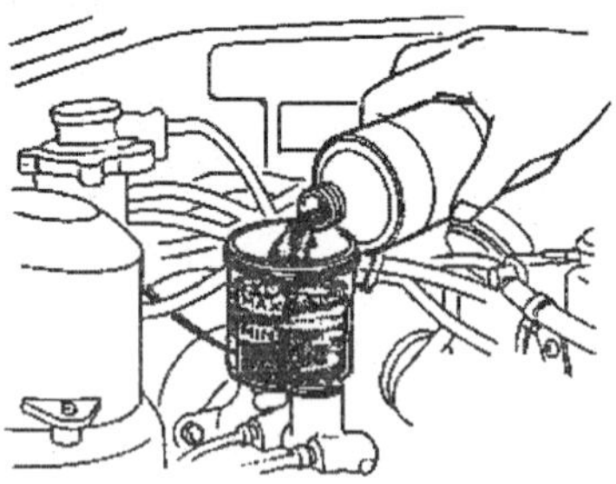

(a) 브레이크 오일 보충

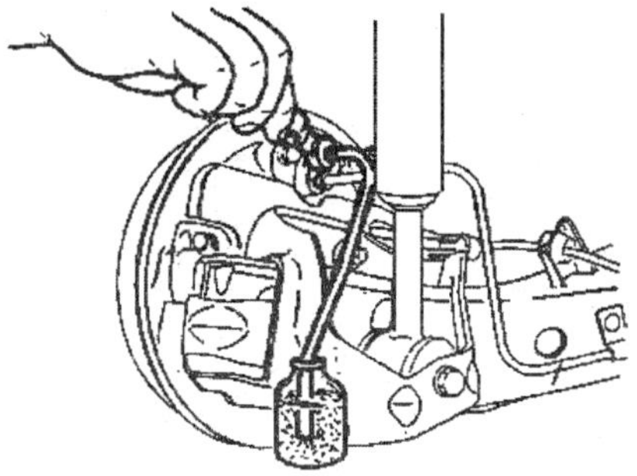

(b) 공기빼기 호스 연결

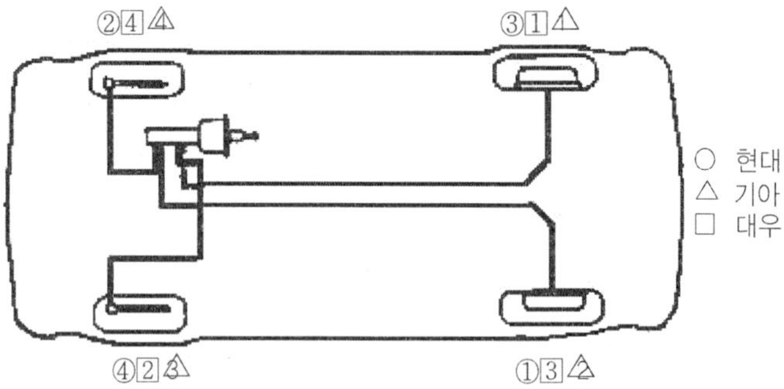

(c) 공기빼기 순서

그림 9. 브레이크계통 공기빼기 작업

[6] 브레이크페달 떼어내기

① 브레이크페달 리턴 스프링을 분리한 후 조향 컬럼 지지 멤버를 분리한다(필요시).

② 제동등 스위치를 분리하고, 클러치 스위치 커넥터를 분리한 후 코터 핀과 클레비스 핀을 분리한다.

③ 스토퍼 및 와셔를 오른쪽 페달 지지 멤버에서 분리한다.

④ 부스터 마운팅 너트를 풀고 오른쪽 페달 지지 멤버를 분리한다.

⑤ 운전석 쪽에서 브레이크 페달을 분리한 후 페달 로드 부싱 및 웨이브 와셔를 분리한다.

⑥ 페달 지지 멤버 고정볼트와 너트를 풀고 왼쪽 페달 지지 멤버를 분리한다.

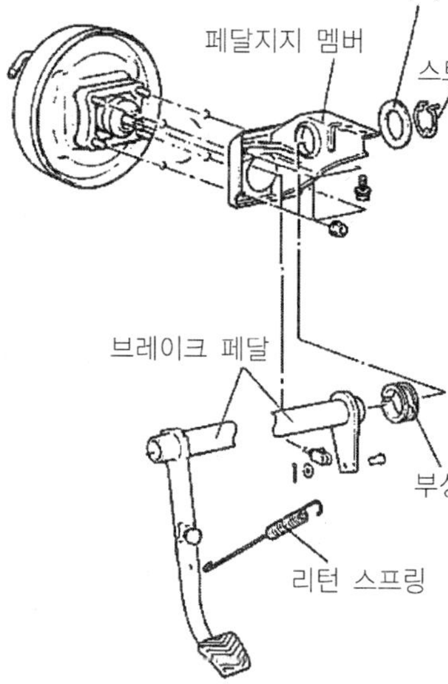

그림 10. 브레이크페달의 구성부품

[7] 브레이크페달 점검

① 부싱의 마멸을 점검한다.

② 브레이크 페달의 비틀림을 점검한다.

③ 브레이크 페달 리턴 스프링의 손상을 점검한다.

2.2.3. 마스터실린더(master cylinder) 분해 · 정비

[1] 마스터실린더 떼어내기

① 브레이크오일 레벨센서의 커넥터를 분리하고, 오일탱크에서 브레이크오일을 빼낸다.

② 마스터실린더에서 브레이크 파이프를 분리하고 플러그를 설치한다.

③ 마스터실린더 푸시로드와 연결된 클레비스 핀을 빼낸다.

④ 마스터실린더 고정 너트를 풀고 프로 포셔닝밸브 설치 브래킷을 떼어낸 다음 마스터 실린더를 들어 올려 빼낸다.

[2] 마스터 실린더 분해하기

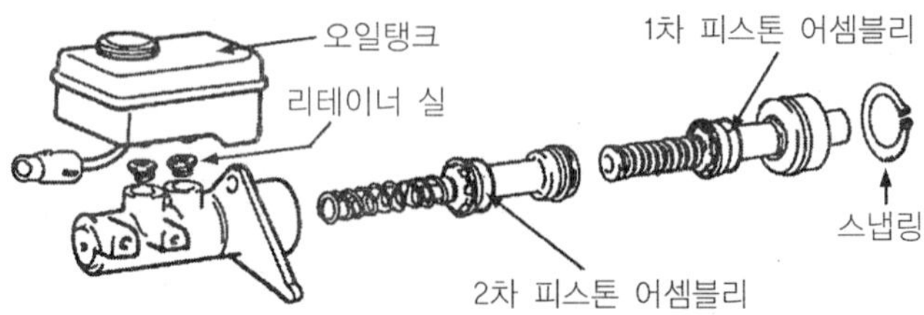

그림 11. 마스터실린더의 분해도

① 마스터 실린더를 바이스에 물리고 오일탱크를 분리한 후 스냅 링 플라이어로 스냅 링을 분리하고 1차 피스톤 어셈블리를 분리한다.

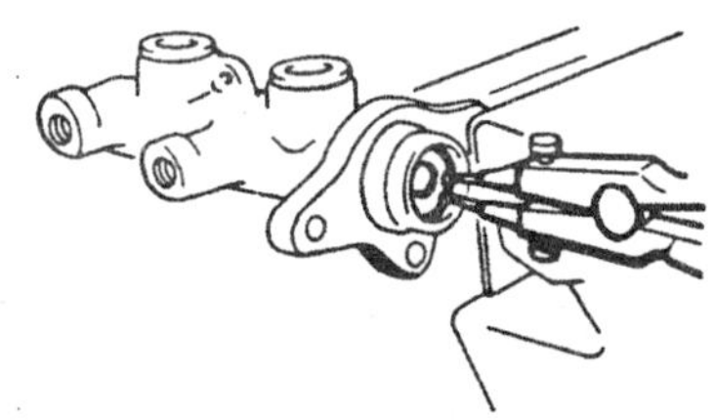

그림 12. 마스터실린더 피스톤 스냅 링 분리

② 스크루드라이버 등으로 2차 피스톤 어셈블리를 완전히 밀고 피스톤 스토퍼를 빼낸 후 2차 피스톤 어셈블리를 분리한다. 그리고 1, 2차 피스톤 어셈블리는 분해하지 않는다.

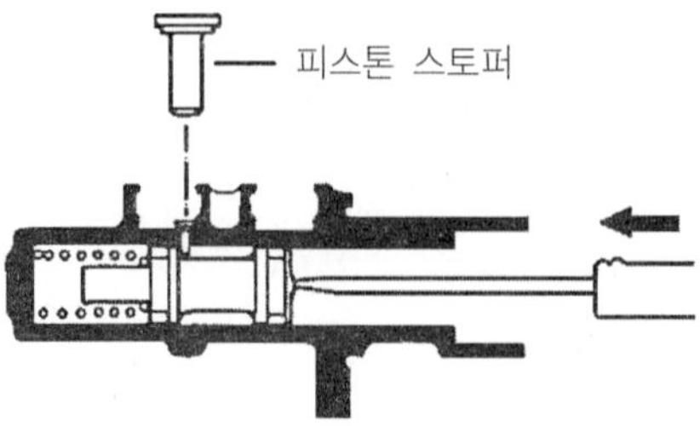

그림 13. 2차 피스톤 어셈블리 분해하기

[3] 마스터실린더 점검

① 분해된 부품을 알코올로 세척한 후 압축공기로 건조시킨 다음 점검한다.

② 마스터실린더 내부의 손상, 마멸을 육안으로 점검하고, 실린더 게이지와 마이크로미터로실린더 내부의 마멸을 측정 · 점검하여 규정값 이상이거나 손상이 있으면 실린더 어셈블리를 교환한다.

③ 피스톤의 손상, 마멸을 측정 · 점검하고, 이상이 있으면 교환한다.

④ 피스톤 리턴 스프링의 자유 길이 및 장력을 점검하고, 이상이 있으면 교환한다.

⑤ 피스톤 컵, 스페이스, 체크밸브 시트 등의 긁힘, 손상 및 마멸에 대하여 점검하고 이상이 있으면 교환한다.

⑥ 오일탱크의 변형, 손상 및 균열유무를 육안으로 점검하여, 이상이 있으면 교환한다.

[4] 마스터 실린더 조립

① 브레이크 오일을 실린더 내면과 피스톤 어셈블리에 바른 후 피스톤 어셈블리를 똑바로 조심스럽게 밀어 넣는다.

② 스크루드라이버로 피스톤을 완전히 민 채로 2차 피스톤 어셈블리 스토퍼를 설치한 후 스크루드라이버로 1차 피스톤 어셈블리를 밀면서 스냅 링을 설치한다.

③ 2개의 그로메트를 마스터 실린더에 설치한 다음 오일탱크를 설치한다.

[5] 마스터 실린더 설치

① 브레이크 부스터 리액션 피스톤과 마스터 실린더 1차 피스톤사이의 간극을 조정한다(브레이크 부스터 편 설명 참조).

② 프로포셔닝 밸브 설치 브래킷과 함께 브레이크 부스터에 마스터 실린더를 설치한 후 마스터 실린더에 브레이크 파이프를 연결한다.

③ 브레이크 오일탱크에 오일을 채운 후 공기빼기작업을 실시한다.

2.2.4. 브레이크 부스터(brake booster) 점검 · 정비

[1] 체크밸브(check valve)시험

① 브레이크 부스터 어셈블리에서 부스터 호스를 분리 후 엔진을 시동한다.

② 손으로 체크밸브 구멍을 막고 진공이 느껴지는가를 점검한다.

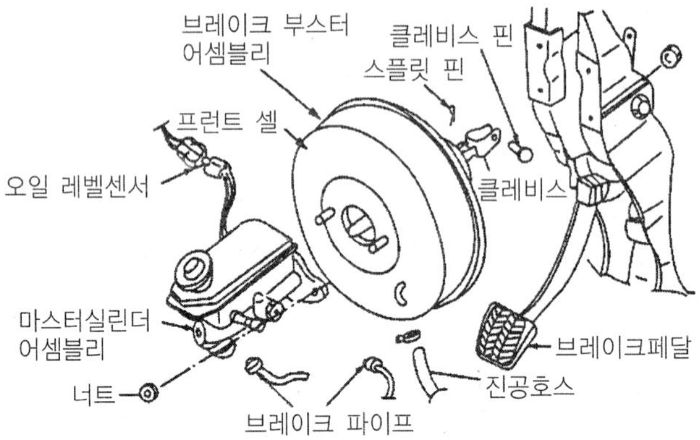

그림 14. 브레이크 부스터의 구조

[2] 브레이크 부스터 떼어내기

① 클레비스 핀을 빼내고, 브레이크 페달과 클레비스를 분리한다.

② 브레이크 오일 레벨 센서를 떼어낸다.

③ 브레이크 파이프를 분리하고 마스터 실린더 어셈블리를 떼어낸다.

④ 부스터에서 진공호스를 분리한다.

⑤ 부스터 고정 너트를 풀고 부스터 어셈블리를 떼어낸다.

[3] 브레이크 부스터 설치

① 부스터 어셈블리를 설치하고 마운팅 너트를 규정 토크로 죈다.

② 클레비스 핀으로 브레이크 페달과 클레비스를 연결하고 클레비스 핀에 분할 핀을 설치한다.

③ 마스터 실린더를 설치한 후 브레이크 파이프를 설치한다.

④ 부스터에 진공호스를 연결한다. 이 때 진공호스의 방향이 틀리지 않도록 주의한다.

⑤ 브레이크 오일 레벨 센서를 설치하고, 브레이크 오일을 마스터 실린더 오일탱크에 채운 다음 공기빼기작업을 한다.

⑥ 브레이크 오일의 누출과 페달을 점검 및 조정한다.

⑦ 설치 후 클레비스와 페달 접촉부분에 그리스를 충분히 바른다.

※ 브레이크 부스터는 분해・정비가 되지 않으므로 분해하지 않도록 한다.

[4] 브레이크 부스터 작동시험

(1) 테스터 없이 시험하는 방법

① 엔진을 1~2분 정도 가동을 하다가 가동을 정지시킨 후 정상적으로 페달을 밟는 힘으로 브레이크 페달을 여러 번 밟는다. 브레이크페달이 처음에는 완전히 들어가다가 점차적으로 페달이 올라오면 부스터(booster)는 정상적으로 작동하는 것이며 페달 높이가 변화하지 않으면 부스터는 손상된 것이다.

② 엔진의 가동을 정지시킨 상태에서 브레이크 페달을 여러 번 밟았을 때 페달의 높이가 변화하지 않는지를 점검한 후, 브레이크 페달을 밟은 상태로 엔진 시동한다. 이때 페달이 약간 아래로 들어가면 부스터는 양호한 상태이다. 그러나 페달이 상승하면 부스터는 손상된 것으로 판단한다.

③ 엔진을 가동시킨 상태에서 브레이크 페달을 밟고 엔진의 가동을 정지시킨 후 30초 동안 페달을 밟고 있었을 때 페달의 높이가 변화하지 않으면 부스터는 양호한 상태이며 페달이 상승하면 부스터는 손상된 상태이다.

위의 세 가지 시험이 만족스러우면 부스터의 성능은 양호한 것이며, 한 가지라도 조건을 만족치 못할 경우에는 체크밸브, 진공호스 및 부스터 등이 손상된 것이다.

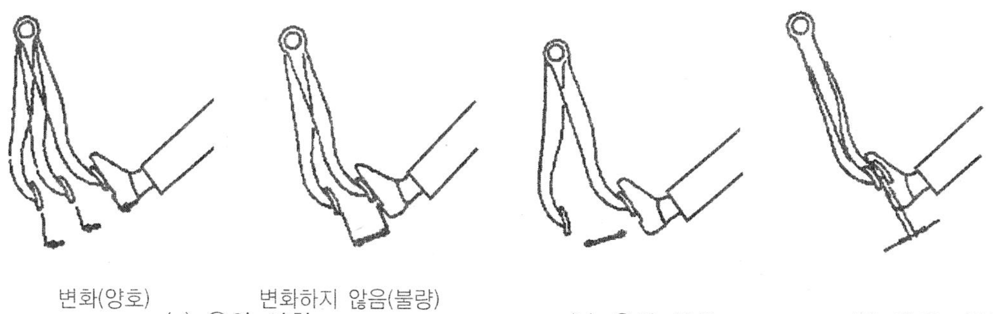

(a) ①의 시험 (b) ②의 시험 (d) ③의 시험

그림 15. 브레이크 부스터 점검

(2) 게이지를 사용한 작동 점검

① 압력게이지, 진공게이지, 압력계를 그림 6-21과 같이 접속하고 압력게이지의 압축공기를 배출시킨 후에 실시한다. 엔진을 시동한 후 진공게이지가 500mmHg 에 도달하면 엔진의 가동을 정지시킨다. 엔진의 가동을 정지시킨 후 15초 동안 진공 게이지의 진공압력이 저하되는 수치가 25mmHg 이하이면 양호한 것으로 판정한다.

② 게이지가 설치된 상태에서 엔진을 시동한 후 브레이크 페달을 약 20kgf의 힘으로 밟은 상태에서 진공게이지가 500mmHg에 도달하면 엔진의 가동을 정지한다. 엔진의 가동을 정지시킨 후 15초 동안의 진공게이지 수치의 저하량이 25mmHg 이하이면 양호한 것으로 본다.

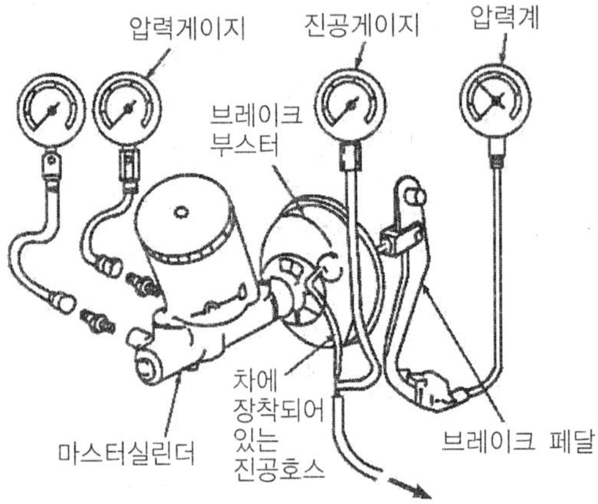

그림 16. 게이지의 설치상태

3. 디스크 브레이크(disc brake)

3.1. 디스크 브레이크의 개요

디스크 브레이크는 마스터 실린더에서 발생한 유압을 이용하는 유압 브레이크이며, 유압을 캘리퍼(caliper)로 보내어 바퀴와 함께 회전하는 디스크를 양쪽에서 패드(pad : 슈)로 압착시켜 제동을 시킨다. 브레이크장치는 앞에서 설명한 바와 같이 자동차가 지니는 에너지를 열로 바꾸어 방출시키는 것이다.

자동차의 주행속도가 빨라지면 드럼 브레이크에서는 드럼 안쪽 면에서의 마찰열을 효과적으로 방출시키기가 어려워 브레이크 페이드현상이 일어난다. 이를 방지하기 위해 고안된 것이 디스크 브레이크이다.

알아두기 — 페이드(fade)현상

브레이크 페달의 조작을 반복하면 드럼과 슈에 마찰열이 축적되어 제동력이 감소하는 현상이다.

원인은 드럼과 슈의 열팽창과 라이닝 마찰계수 저하에 있으며 방지방법은 다음과 같다.
① 브레이크드럼의 냉각성능을 크게 하고, 열팽창률이 적은 형상으로 한다.
② 브레이크드럼은 열팽창률이 적은 재질을 사용한다.
③ 온도 상승에 따른 마찰계수 변화가 적은 라이닝을 사용한다.

디스크 브레이크는 디스크가 대기 중에 노출되어 회전하므로 페이드현상이 작으며, 자동조정 브레이크 형식이다. 그리고 이 형식의 구성은 바퀴와 함께 회전하는 디스크, 디스크와 함께 제동력을 발생시키는 패드, 패드와 피스톤을 지지하며 스핀들이나 판에 고정된 캘리퍼 등으로 구성되어 있다.

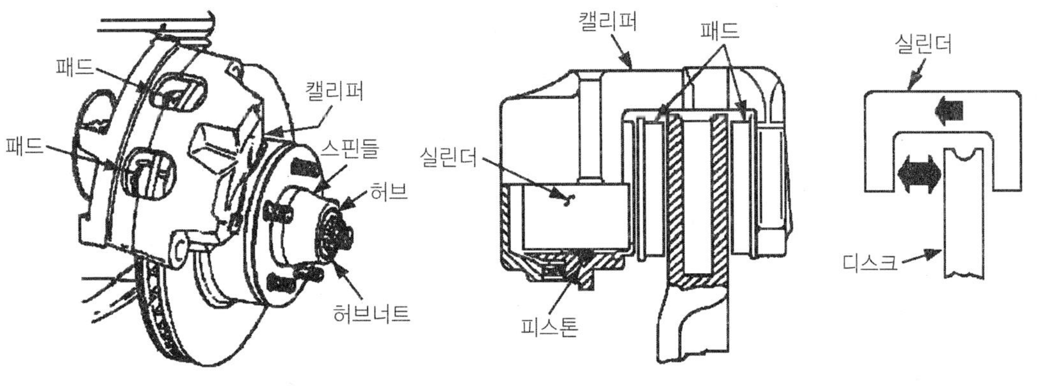

그림 17. 디스크 브레이크

3.2. 디스크 브레이크의 점검·정비

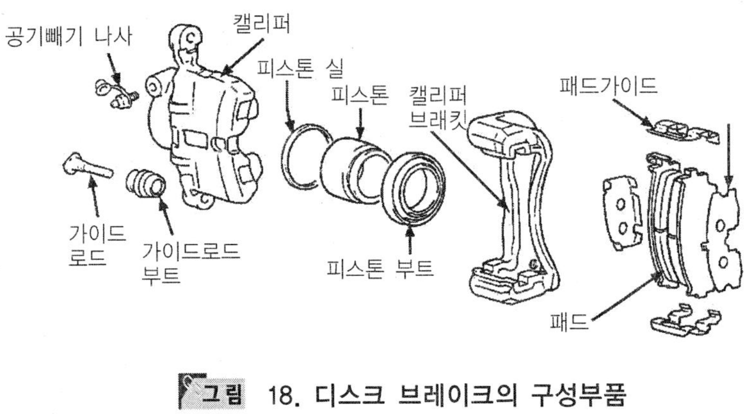

그림 18. 디스크 브레이크의 구성부품

3.2.1. 브레이크 패드(brake pad)

브레이크 패드에는 패드 두께가 2mm로 되었을 때 브레이크 디스크와 접촉하여 경고음을 발생시켜 운전자에게 패드 교환 시기를 알려 주는 마멸 지시기를 두고 있는 경우도 있다.

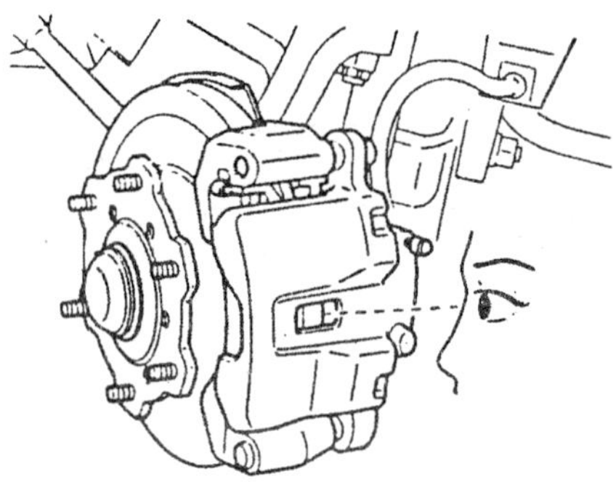

그림 19. 패드 마멸량 점검

[1] 브레이크 패드 교환 순서

① 뒷바퀴에 고임목을 고인 후 자동차 앞부분을 잭으로 들어 올리고 안전 스탠드로 지지한다.

② 캘리퍼 아래쪽의 로크 핀 볼트를 풀고 캘리퍼 아랫부분을 디스크에서 분리한다.

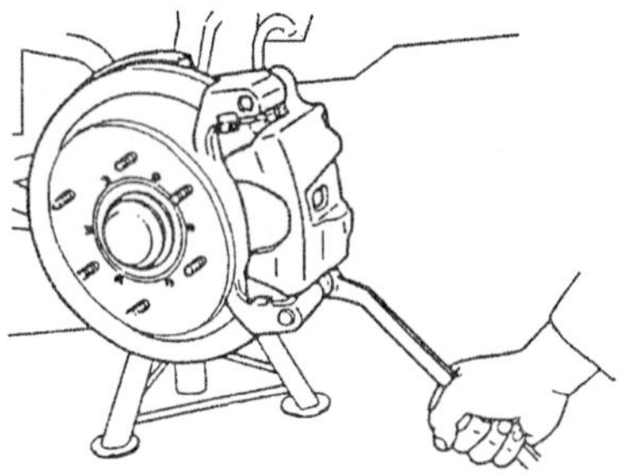

그림 20. 로크 핀 볼트 풀기

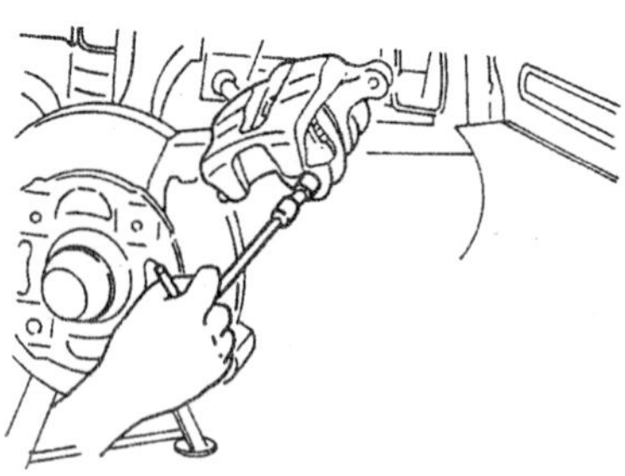

그림 21. 캘리퍼 분리하기

③ 캘리퍼로부터 브레이크 패드를 떼어낸다.

④ 익스팬더를 사용하여 피스톤을 안쪽으로 밀고 새것의 브레이크 패드를 설치한다.

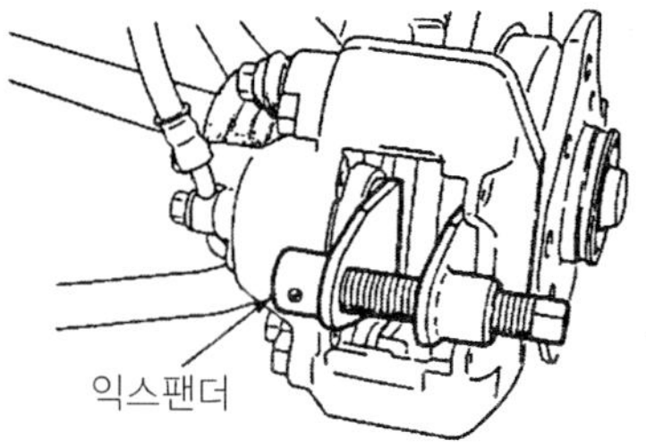

그림 22. 브레이크 패드 조립

⑤ 마운팅 지지 부분에 캘리퍼 아랫부분을 설치한다.

⑥ 로크 핀 볼트를 규정 토크로 죈다.

⑦ 바퀴를 설치한다.

3.2.2. 캘리퍼(caliper) 정비

[1] 캘리퍼 떼어내기

① 자동차를 잭으로 들어 올린 후 안전 스탠드로 지지한 후 바퀴를 분리한다.

② 브레이크 오일이 새지 않도록 브레이크 호스를 바이스 플라이어로 압축하거나 브레이크 오일을 받을 용기를 준비한 후 브레이크 호스를 분리한다.

③ 브레이크 호스를 캘리퍼에서 떼어낸 후 캘리퍼 마운팅 볼트를 풀고 브레이크 패드와 캘리퍼 어셈블리를 떼어낸다.

[2] 캘리퍼 분해

① 캘리퍼에 부착된 가이드 볼트를 풀고 캘리퍼를 분리한다.

② (−)스크루드라이버를 사용하여 부트 링(boot ring)을 분리한 후 피스톤 부트를 분리한다.

③ 브레이크 호스 피팅 구멍으로 압축공기를 불어넣어 피스톤을 빼낸다. 이때 피스톤 앞에 부드러운 헝겊 등으로 받쳐서 작업을 하여야 하며, 손가락을 대지 않아야 한다. 그리고 브레이크 오일이 비산되지 않도록 주의한다.

④ 스크루드라이버로 실린더에서 피스톤 실을 분리한다.

⑤ 피스톤 외측 면 및 실린더 안쪽 면을 브레이크 오일로 세척한다.

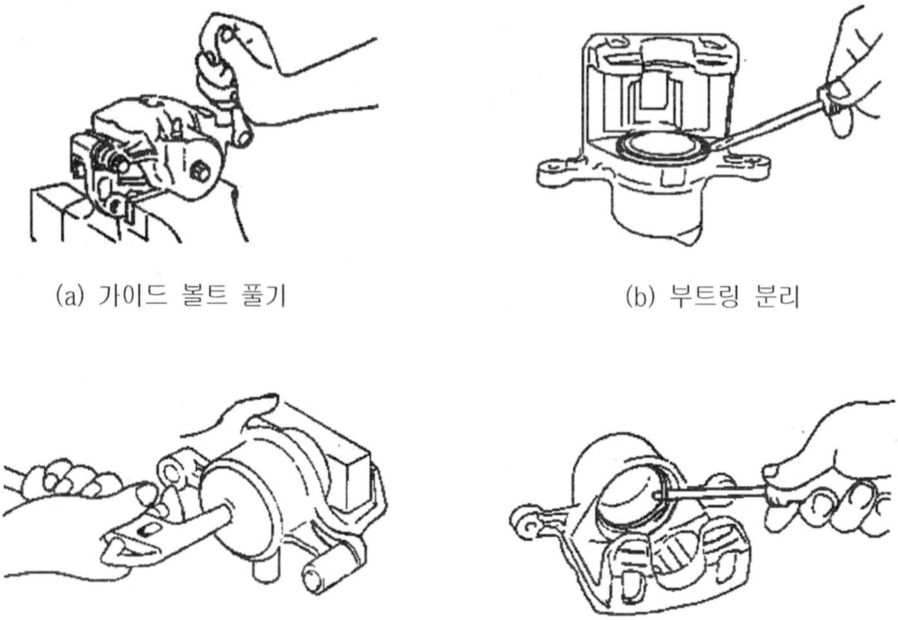

(a) 가이드 볼트 풀기

(b) 부트링 분리

(c) 압축공기로 피스톤 탈착

(d) 피스톤실 분리

그림 23. 캘리퍼 분해

[3] 캘리퍼 점검

① 캘리퍼의 손상, 균열, 부식을 점검한다.

② 피스톤의 손상, 균열, 외면의 마멸을 점검한다.

③ 슬리브 및 핀의 손상, 부식을 점검한다.

④ 패드 스프링과 부트의 손상을 점검한다.

⑤ 캘리퍼의 손상, 부식, 마멸, 균열을 점검한다. 피스톤 면은 샌드페이퍼를 사용해서는 안 되며 모든 고무 부품은 신품으로 교환한다.

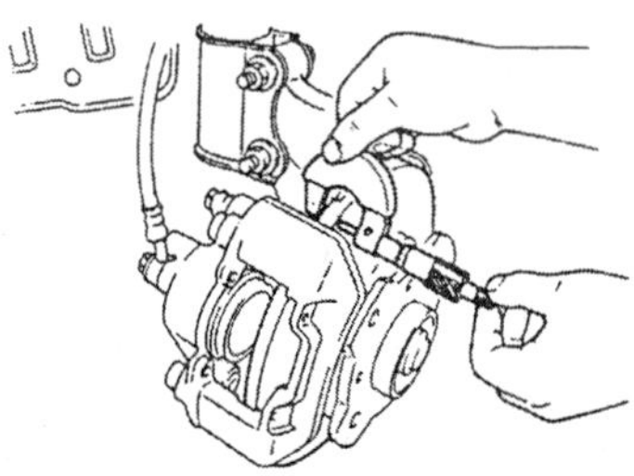

그림 24. 디스크 두께 점검

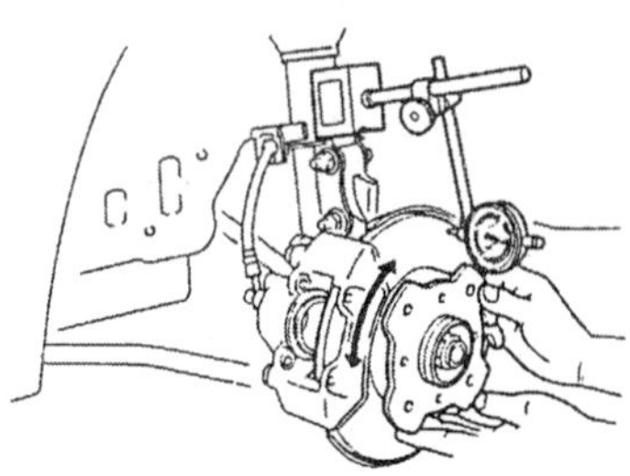

그림 25. 디스크 런 아웃 점검

⑥ 마이크로미터(디스크 두께 점검), 다이얼 게이지(디스크 런 아웃 점검) 등으로 디스크를 검사한다.

⑦ 필요하면 다음의 순서로 브레이크 디스크를 교환한다.

㉮ 조향 너클에서 토크 판을 분리하고 이것을 철사로 지지한다.

㉯ 풀러를 사용하여 허브에서 구동축을 분리하고 브레이크 디스크와 허브를 분리한다.

㉰ 브레이크 디스크와 허브를 구동축에 설치한다.

㉱ 허브 너트와 와셔를 설치하고 너트를 조인다. 이때 조임 토크는 20~26kgf·m 이다.

㉲ 조향 너클에 토크 판을 설치한다.

(a) 토크판 분해 (b) 허브분해

그림 26. 브레이크 디스크 교환

[4] 캘리퍼 조립순서

① 패드와 심을 제외한 모든 부품을 알코올로 세척한다.

② 피스톤 실에 그리스를 바르고 실린더 내에 설치한다.

③ 피스톤 부트 및 부트 링을 다음 순서로 설치한다.

㉮ 캘리퍼 안면, 피스톤 바깥 면 및 피스톤 부트에 그리스를 바른다.

㉯ 피스톤에 피스톤 부트를 설치한다.

㉰ 캘리퍼 내부 홈에 피스톤 부트를 끼우고 캘리퍼 안쪽으로 피스톤을 밀어 넣는다.

④ 가이드 핀 부트 및 가이드 핀을 다음의 순서에 의해서 설치한다.

㉮ 슬리브 및 핀의 바깥 면, 캘리퍼 핀 및 슬리브 안면, 핀 및 슬리브 부트에 그리스를 바른다.

㉯ 캘리퍼의 홈 안쪽으로 부트를 넣는다.

[5] 캘리퍼 설치

① 패드 및 캘리퍼를 설치한 후 브레이크 호스를 캘리퍼에 설치한다.

② 마스터 실린더 오일탱크에 오일을 채운 후 공기빼기작업을 실시한다.

4. 배력 브레이크(servo brake)

배력 브레이크는 유압 브레이크의 제동력을 증대시키기 위해 엔진의 흡입행정에서 발생하는 진공(부압)과 대기압력 차이를 이용하는 진공 배력방식(하이드로 백)과 압축공기의 압력과 대기압력 차이를 이용하는 공기 배력방식(하이드로 에어 팩)이 있다.

4.1. 진공 배력방식의 종류

진공 배력방식의 종류에는 마스터실린더와 배력장치를 일체로 한 직접 조작형(마스터 백)과 마스터실린더와 배력장치를 별도로 설치한 원격 조작형(하이드로 백)이 있다.

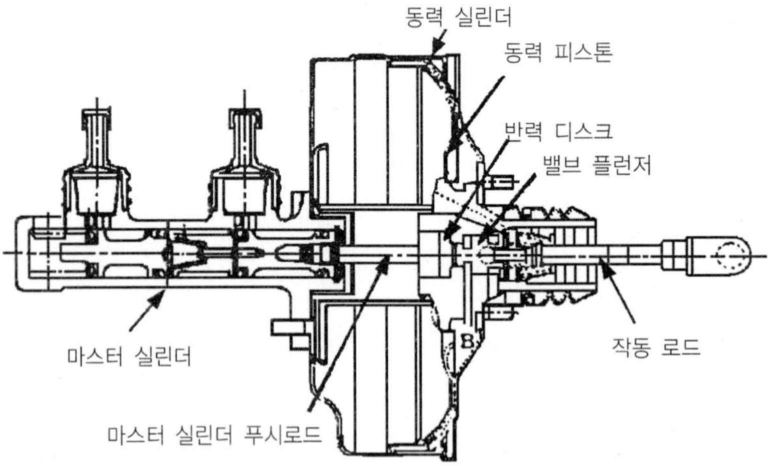

그림 27. 직접 조작형의 구조

4.1.1. 직접 조작형(마스터 백)

직접 조작형은 브레이크 페달을 밟으면 작동로드가 포핏과 밸브 플런저를 밀어 포핏이 동력 실린더 시트에 밀착되어 진공밸브를 닫으므로 동력실린더(부스터)에 진공 도입이 차단된다. 동시에 밸브 플런저는 포핏으로 부터 떨어지고 공기밸브가 열려 동력 실린더 뒤쪽에 여과기를 거친 공기가 유입되어 동력 피스톤이 마스터 실린더의 푸시로드를 밀어 배력작용을 한다.

4.1.2. 원격 조작형(하이드로 백)

원격 조작형의 구조는 유압계통과 진공계통으로 나누어지며, 유압계통은 하이드롤릭 실린더(hydraulic cylinder)를 제외한 마스터실린더 등 본래의 유압 브레이크와 동일한 부품으로 되어 있다. 진공계통은 동력 실린더, 동력 피스톤, 릴레이밸브 및 밸브 피스톤, 체크밸브 등으로 되어있다.

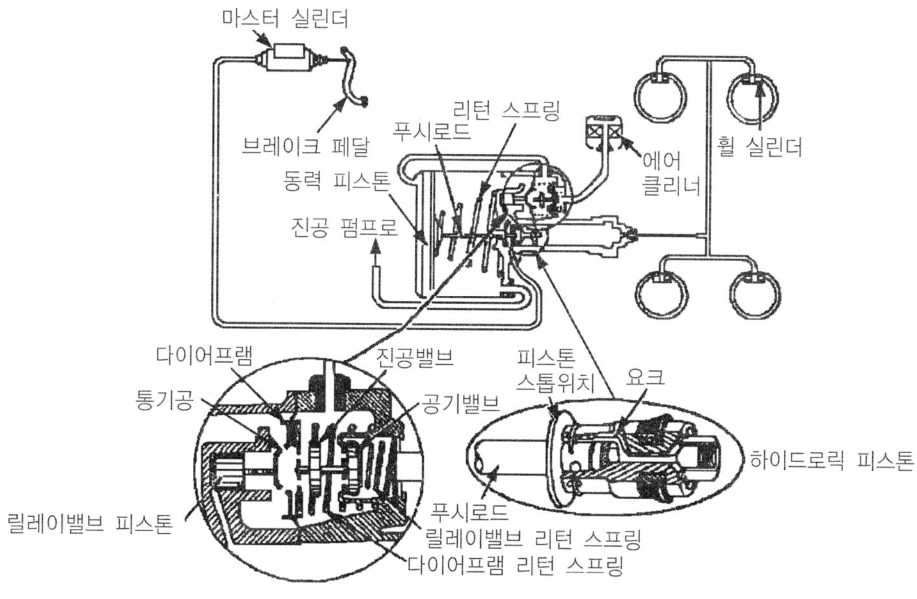

그림 28. 원격조작형의 구조

4.2. 배력 브레이크의 점검·정비

4.2.1. 뒤 브레이크(rear brake)

[1] 드럼 브레이크(drum brake)

(1) 브레이크 드럼 떼어내기

① 바퀴를 빼내고 브레이크 드럼을 분리한다. 이때 브레이크 드럼을 빼내기 어려우면 드럼의 나사 홈에 볼트를 끼운 후 빼낸다.

② 너트를 풀고 브레이크 드럼과 함께 뒤 허브를 분리한 후 브레이크 슈 리턴 스프링(상 · 하), 슈 홀드다운 스프링을 분리한다.

③ 브레이크 슈와 라이닝 간극 조정기를 함께 분리한다.

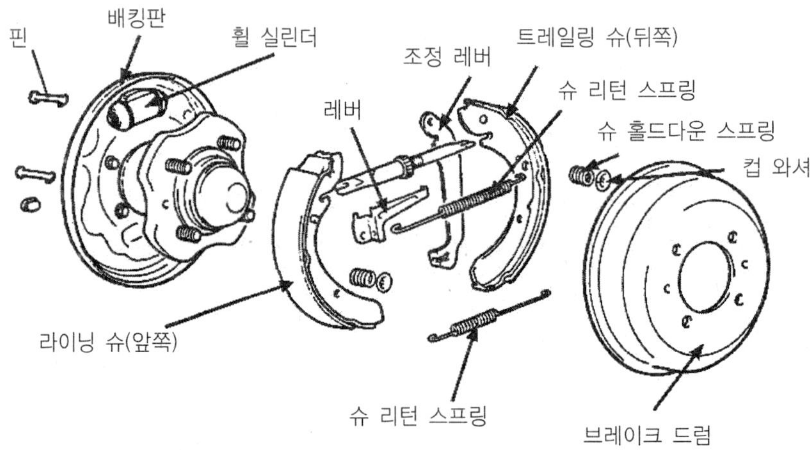

그림 29. 드럼 브레이크의 구성부품

(2) 브레이크 드럼 점검

① 브레이크 드럼의 안지름을 측정하고 다이얼 게이지로 브레이크 드럼의 런 아웃을 점검한다.

② 브레이크 슈 라이닝의 두께를 측정한다.

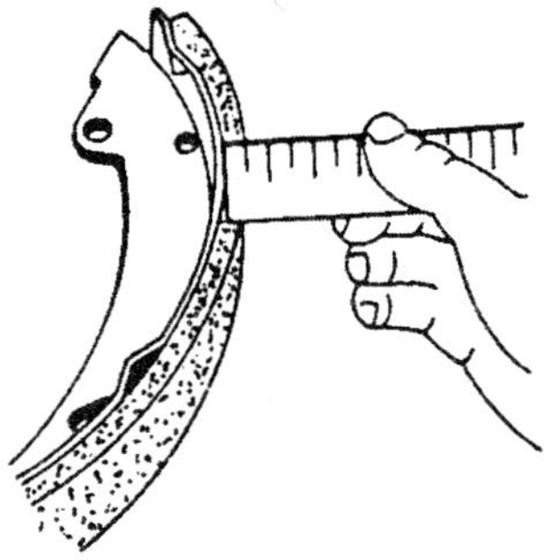

그림 30. 슈 라이닝 두께 점검

③ 브레이크 드럼과 라이닝의 접촉상태가 적절한가를 점검한다.

④ 휠 실린더 바깥쪽의 과도한 부식 및 손상을 점검한다.

⑤ 배킹 판(backing plate)의 마멸과 손상을 점검한다.

(3) 브레이크 드럼 실치

① 슈와 배킹 판의 접촉면, 슈와 앵커 판 접촉면에 그리스를 바른 후 슈 홀드다운 스프링을 설치한다.

② 푸시로드를 줄이고 리턴 스프링을 조립한다.

③ 드럼을 조립하고 주차 브레이크 레버를 완전히 위쪽으로 몇 번 당긴다.

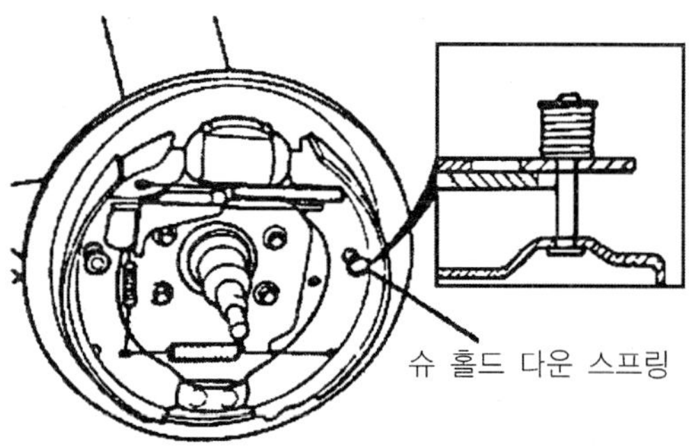

그림 31. 브레이크슈 조립상태

[2] 휠 실린더(wheel cylinder) 교환

① 브레이크 튜브와 슈를 분리한다.

② 휠 실린더 어셈블리를 분리한다.

③ 휠 실린더의 더스트 부트, 피스톤과 피스톤 컵 및 스프링을 분리한다.

④ 조립은 분해의 역순으로 분해하며 다음 사항에 주의한다.

㉮ 조립 전에 실린더 및 내부 부품을 알코올로 세척한다.

㉯ 피스톤 컵 및 실린더에 충분히 브레이크 오일을 바른다.

㉰ 피스톤 컵과 더스트 부트는 신품을 사용하여야 한다.

㉱ 공기빼기나사에 있는 볼(steel ball)을 분실하지 않도록 주의한다.

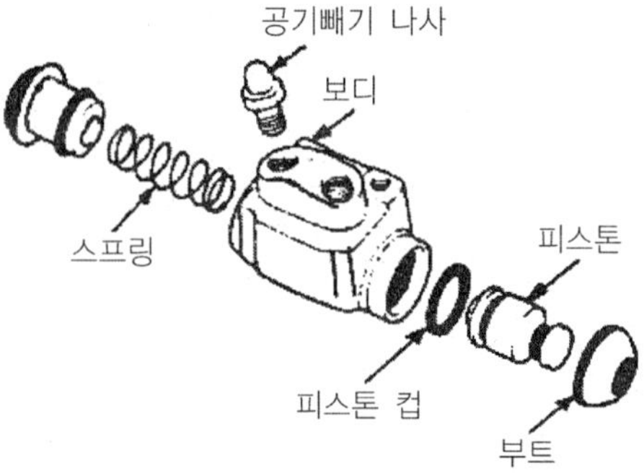

그림 32. 휠 실린더 분해도

4.2.2. 뒤 디스크 브레이크(rear disk brake)

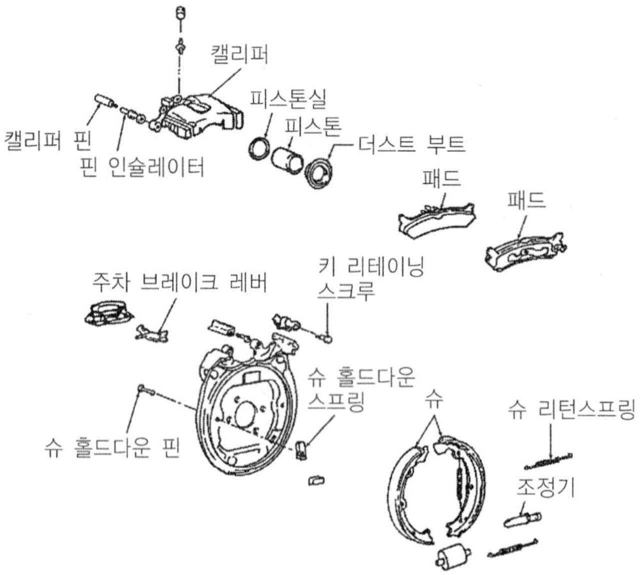

그림 33. 뒤 디스크 브레이크의 구성부품

[1] 캘리퍼 떼어내기

① 앞바퀴에 고임목을 고이고, 잭을 이용하여 자동차 뒤쪽을 들어 올린 후 안전 스탠드로 지지한 다음 바퀴를 떼어낸다.

② 아래쪽 캘리퍼 고정 볼트를 풀고 캘리퍼를 위로 들어올린다.

③ 브레이크 패드의 심, 패드, 리테이너 등을 떼어낸다.

④ 캘리퍼를 떼어낼 때에는 캘리퍼를 아래쪽으로 내리고 위 캘리퍼 고정 볼트를 푼다.

⑤ 떼어낸 캘리퍼는 철사를 사용하여 자동차에 매어둔다.

⑥ 캘리퍼 브래킷을 고정 볼트를 풀고 캘리퍼 브래킷을 떼어낸다.

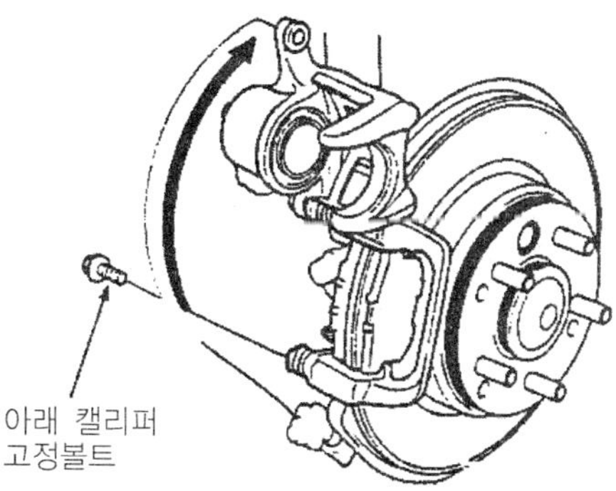

그림 34. 아래쪽 캘리퍼 고정 볼트 풀기

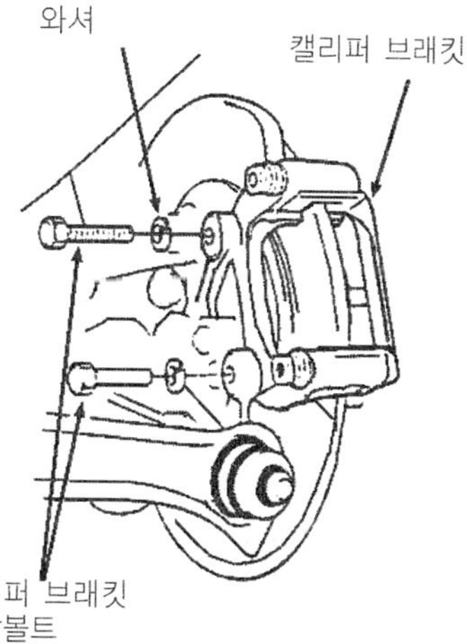

그림 35. 캘리퍼 브래킷 떼어내기

[2] 캘리퍼 피스톤 분해 · 조립

① 캘리퍼에서 브레이크 호스를 떼어낸다.

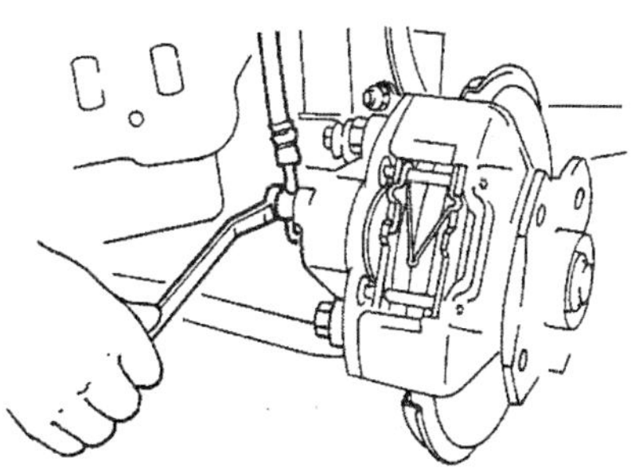

그림 36. 브레이크 호스 떼어내기

② 2개의 캘리퍼 고정 볼트를 풀고, 캘리퍼를 떼어낸다.

③ 브레이크 패드 스프링을 떼어낸다.

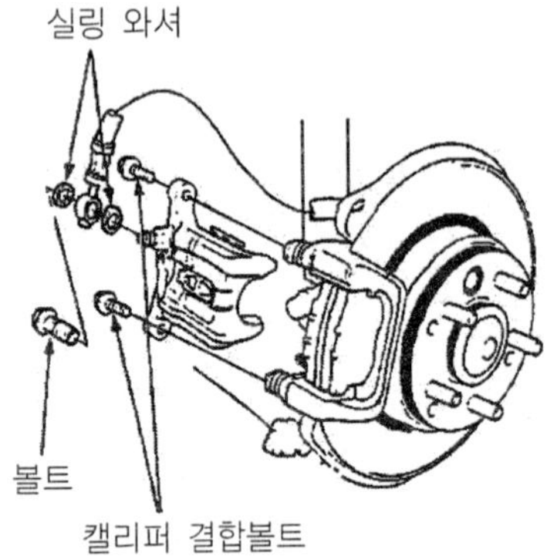

그림 37. 캘리퍼 떼어내기

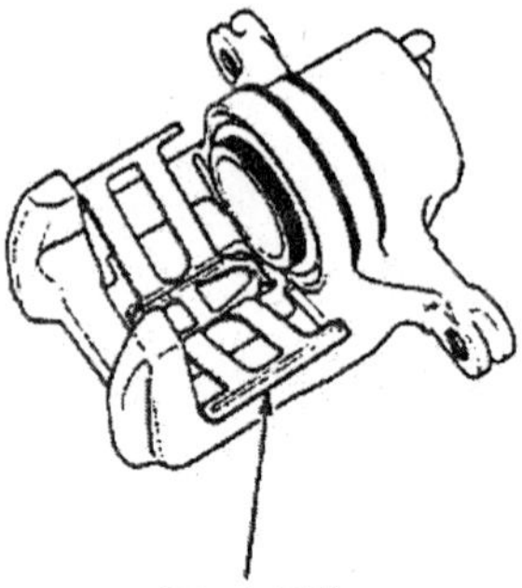

그림 38. 패드 스프링 떼어내기

④ 압축공기를 이용하여 캘리퍼 피스톤을 떼어낸다.

⑤ 피스톤 부트 및 오일 실을 떼어낸다.

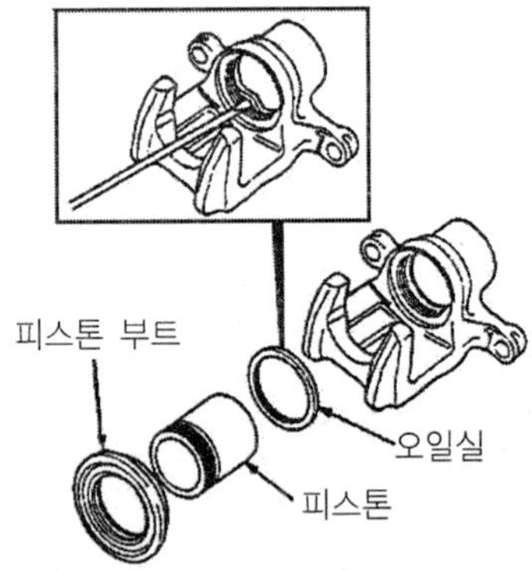

그림 39. 피스톤 부트 및 오일 실 떼어내기

5. 주차 브레이크(parking brake)

5.1. 센터 브레이크(center brake)

5.1.1. 외부 수축형식

외부 수축형식은 강판제 브레이크 밴드 안쪽에 라이닝을 리벳으로 조립하고, 브래킷을 통해 설치되어 있으며 브레이크 드럼은 변속기 출력축이나 추진축에 설치되어 있다. 작동은 레버를 당기면 풀 로드(pull-rod)가 당겨지며, 작동 캠의 작용으로 밴드가 수축하여 드럼을 강하게 조여서 제동이 된다. 그리고 레버에는 래칫(ratchet)을 두어 주차 상태를 유지시킨다.

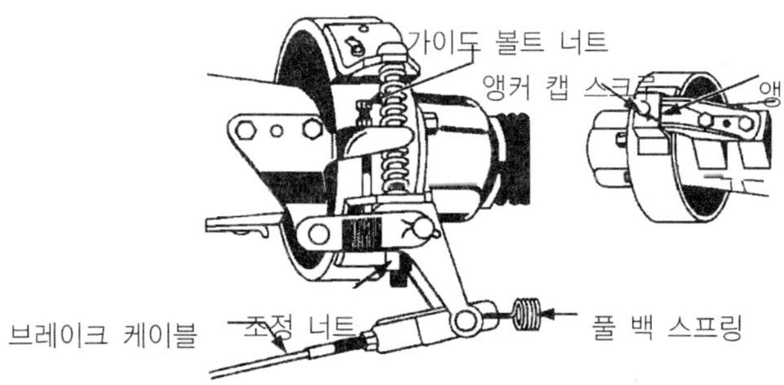

그림 40. 외부 수축형식

5.1.2. 내부 확장형식

내부 확장형식은 레버를 당기면 와이어(wire)가 당겨지며, 이때 브레이크슈가 확장되어 제동 작용을 한다.

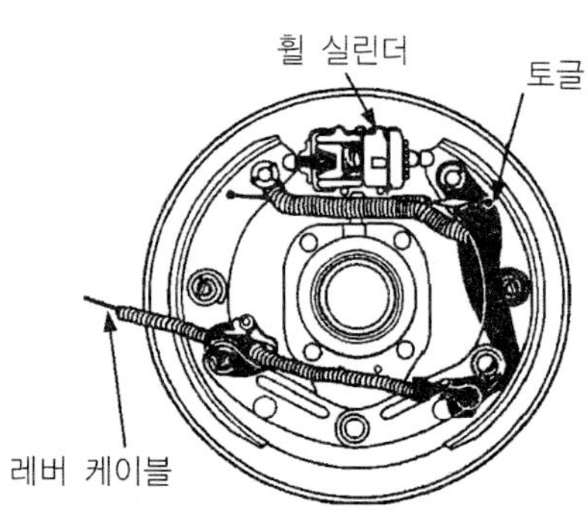

그림 41. 내부 확장형식

5.1.3. 휠 브레이크형식(wheel brake type)

휠 브레이크형식은 레버를 당기면 와이어와 로드의 조합에 의해 뒷바퀴의 브레이크 슈를 움직여 드럼에 밀착시키는 것이며, 양쪽 바퀴에 작동하는 제동력을 균일하게 하기 위해 이퀄라이저가 설치되어 있다.

> **알아두기**
> 주차 브레이크 레버를 잡아당기기 시작할 때 어느 정도의 유격이 있고 완전히 작동할 때까지 당긴 행정이 전체 작동범위의 50~70% 이내여야 한다.

5.2. 주차 브레이크(parking brake)의 점검 · 정비

5.2.1. 드럼방식의 주차 브레이크

[1] 드럼방식의 주차브레이크 떼어내기

① 메인 콘솔을 분리한 후 케이블 조정기, 핀, 이퀄라이저 및 너트 홀더를 풀고 주차 브레이크 케이블을 떼어낸다.

② 주차 브레이크 스위치와 브레이크 레버를 떼어낸다.

③ 뒤 시트 쿠션을 분리하고 카페트를 걷어낸다.

④ 주차 브레이크 케이블 클램프와 그로메트(grommet)을 분리한다.

⑤ 바퀴와 브레이크 드럼을 분리한 다음 뒤 허브를 분리한다.

⑥ 슈 리턴 스프링 및 슈 홀드다운 핀을 분리한다.

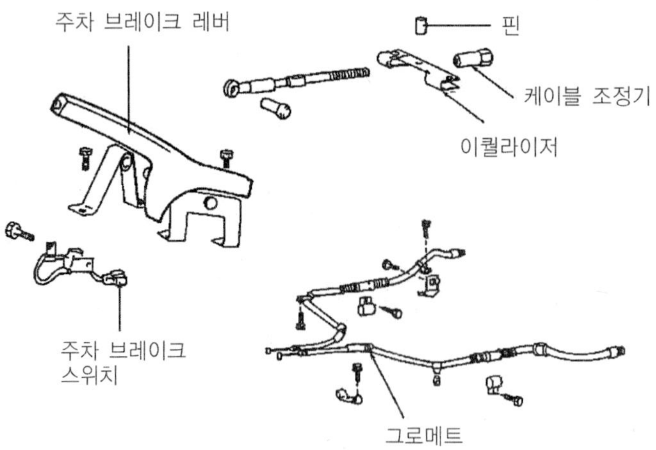

그림 42. 드럼방식 주차 브레이크 구성부품

⑦ 케이블 클립을 분리한 다음 케이블 끝을 트레일링 슈에서 분리한다.
⑧ 주차 브레이크 케이블을 하체 쪽에서 빼낸다.

[2] 드럼방식의 주차브레이크 점검
① 주차 브레이크 스위치의 작동을 점검한다.
② 주차 브레이크 레버 래칫의 마멸을 점검한다.
③ 주차 브레이크 케이블의 작동 또는 손상을 점검한다.

[3] 드럼방식의 주차브레이크 설치
① 주차 브레이크 케이블의 좌·우 식별표시를 확인하고 정확히 설치한다.
② 슈와 슈 리턴 스프링을 설치할 때 조정기 레버를 완전히 뒤로 놓는다.
③ 그로메트을 설치한 다음 래칫판이나 래칫폴의 미끄럼운동 부분에 그리스를 바른다.
④ 케이블 조정기를 설치한 후 주차 브레이크 행정을 조정한다.

5.2.2. 디스크방식의 주차 브레이크

[1] 디스크방식의 주차 브레이크 떼어내기
① 뒷바퀴와 뒤 캘리퍼 어셈블리를 분리한 다음 뒤 디스크 로터와 허브 어셈블리 및 베어링을 분리한다.
② 1차 슈와 슈 리턴 스프링 및 조정기 어셈블리를 분리한다.
③ 2차 슈와 슈 리턴 스프링 및 슈 홀드다운 스프링을 분리한다.
④ 부트가 파손되지 않도록 주의하면서 레버에서 주차 브레이크 케이블 클레비스를 분리한다. 또 레버와 슬라이더 어셈블리는 브레이크 바깥쪽으로 당긴다.
⑤ 클립을 분리한 다음 고정 볼트를 풀고 현가 암에서 배킹판을 분리한다.

[2] 디스크방식의 주차 브레이크 점검
① 라이닝의 마멸 및 오일 또는 그리스의 오염을 점검한다.
② 슈 둘레의 꺾임이나 휘어짐을 점검한다.
③ 케이블 조정기 어셈블리의 휨과 조정을 점검한다.
④ 스프링의 파손, 과도한 휨, 늘어짐을 점검한다.

⑤ 레버와 슬라이더의 균열, 휨, 마멸을 점검한다.
⑥ 드럼면의 물때, 마멸 또는 오염을 점검한다.
⑦ 부트의 파손, 균열을 점검한다.

[3] 디스크방식의 주차 브레이크 설치

① 배킹판을 설치 플랜지에 설치하고 볼트를 대각선 순서로 조인다. 이때 조임 토크는 5~6kgf · m이다.
② 배킹판 턱에 그리스를 바르고 배킹판과 접촉하는 슬라이더 암과 레버와 슬라이더 사이에도 그리스를 바른다.
③ 부트가 파손되지 않도록 주의하면서 배킹판 위에 있는 윈도로우 레버 어셈블리를 설치한다. 레버는 케이블 클레비스용 톱니가 자동차의 뒤쪽을 향하게 하여 긴 쪽을 먼저 배킹판에 밀어 넣는다. 슬라이더는 레버의 위에 놓아야 하며 원활한 회전을 위하여 그리스를 바른다. 슬라이더의 긴 암은 배킹판의 뒤쪽으로 향하여야 하며 어셈블리는 부드럽게 미끄럼 운동을 하고 회전하여야 한다.
 주차 브레이크의 클레비스를 레버의 톱니에 연결한다.
④ 2차 슈를 적당한 위치에 놓는다. 배킹판의 뒤에 있는 구멍을 통하여 홀드다운 핀을 밀어 넣고 플라이어 등으로 핀의 양쪽 끝이 완전히 나올 때까지 슈웨브(shoe web)에 홀드다운 스프링을 누른다. 핀을 90°회전시키고 스프링을 천천히 놓는다. 이때 스프링 구멍에 양쪽 끝이 정확히 들어갔는가를 확인한다.
⑤ 1차 슈를 설치한다. 레버와 슬라이더의 탭 끝은 슈 웨브와 접촉하여야 한다.
⑥ 케이블 조정기 어셈블리를 접어 길이를 줄이고 너트를 1회전 정도 풀어 자유롭게 회전하도록 한 후 슈 밑 부분에 있는 구멍사이로 케이블 조정기 어셈블리를 설치한다.
⑦ 플라이어를 사용하여 상 · 하 슈 리턴 스프링을 설치한다.
⑧ 슈 웨브의 윗부분이 앵커 블록과 접촉하는가를 확인하고 필요시에는 주차브레이크 케이블을 조정한다. 이때 케이블 클레비스로 레버의 끝을 밀어 레버 어셈블리의 기능을 점검하고 슈의 움직임을 검사한다. 레버의 탭(tab) 끝은 슈에 대하여 움직여야 하며 슬라이더의 탭 끝은 다른 슈와 완전히 접촉하여야 한다.
⑨ 허브를 설치한다.

⑩ 로터 드럼부분의 안지름을 측정한다.

⑪ 중앙에서 브레이크 슈 바깥지름을 드럼 안지름 보다 0.5mm 적게 조정한다. 조정은 조정 너트를 그림 43과 같은 방향으로 돌리면 되며, 케이블 조정기 어셈블리는 좌·우측이 동일한 부품이다.

⑫ 로터와 고정 스크루를 죈다.

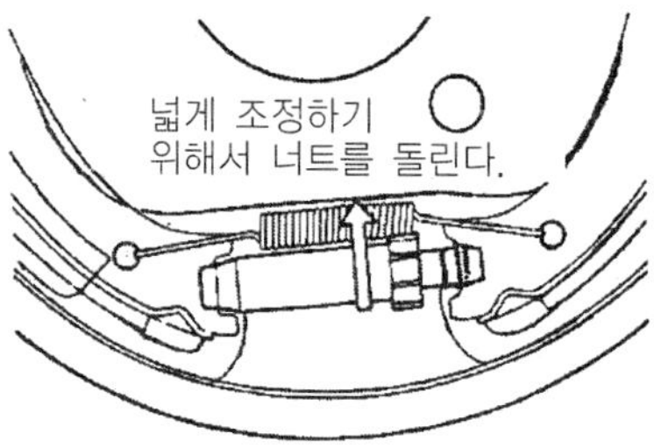

그림 43. 조정 너트

6. ABS(anti lock brake system)

6.1. 브레이크 기초이론

ABS를 보다 쉽게 이해하기 위해서는 제동력과 제동토크의 발생 원리와 차량 운동특성을 알아야할 필요성이 있으므로 이론적으로 이것을 설명하기로 한다.

6.1.1. 바퀴에 작용하는 힘

차량이 주행할 때 바퀴와 노면 사이에는 제동력(Q)와 코너링 포스(Cf)가 그림 44와 같이 작용한다.

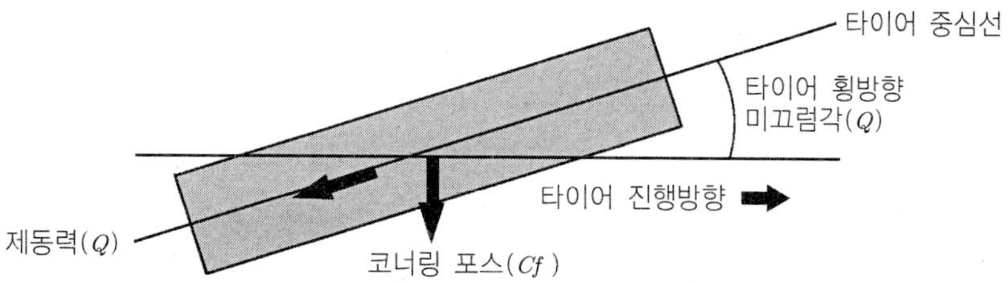

그림 44. 바퀴에 작용하는 힘

6.1.2. 제동력

[1] 제동력과 제동 토크의 관계

운전자가 브레이크 페달을 밟으면 마스터 실린더에서 유압을 발생시켜 브레이크 캘리퍼를 통하여 바퀴의 회전을 멈추도록 하려는 힘이 발생하는데 이 힘을 제동 토크(brake torque)라 한다.

그림 45에서 자동차가 일정한 속도로 주행하고 있을 때 쉽게 알 수 있도록 주행저항을 0으로 가정하면 바퀴의 회전 각속도(w)를 바퀴 회전속도(Vw)로 환산하면 자동차의 주행속도(V)와 일치한다.

$$V = Vw \ (= r \times W)$$

r : 바퀴의 반지름

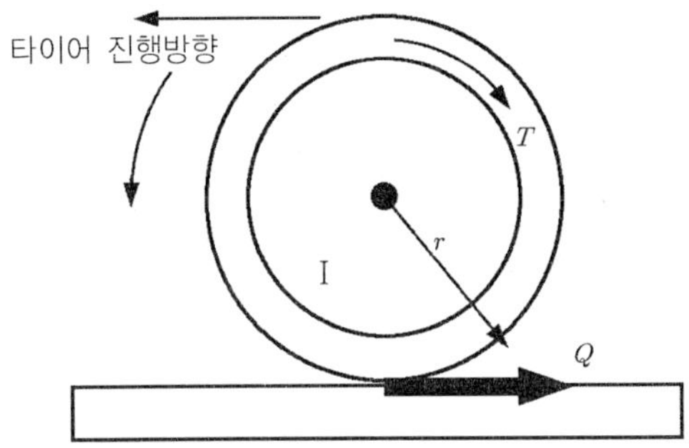

그림 45. 바퀴에 제동 토크가 작용하는 경우

운전자가 자동차를 감속시키려고 브레이크 페달을 밟았을 때 유압이 상승하여 제동토크(T)가 증가하면 바퀴의 회전 각속도가 감소한다. 이 경우에 바퀴의 회전속도가 주행속도보다 작아져 바퀴와 노면 사이에 미끄럼이 발생하게 되며, 이에 따라 바퀴와 노면사이에 발생하는 힘이 제동력이다.

제동력은 바퀴와 노면의 미끄러짐 비율(slip : S), 바퀴에 가해지는 하중(W), 바퀴의 가로방향 미끄럼 각도(Q)에 따라 변화하게 된다. 미끄러짐 비율은 다음 공식으로 나타내며 미끄러짐이 클수록($Vw = 0$) 미끄러짐 비율(S)은 100%에 가깝게 된다.

$$미끄러짐\ 비율 = \frac{V - WR}{V} \times 100$$

V : 자동차의 주행속도
WR : 바퀴의 회전속도

이때 제동력(Q)은 바퀴를 회전계로 보았을 때 바퀴를 돌리려는 힘(rQ)으로 되며, 자동차 진행방향에 대하여 자동차를 감속시키려는 힘(Q)이 된다.

[2] 제동력의 미끄러짐 비율 의존도

미끄러짐 비율(S)에 대한 제동력 특성은 그림 46과 같으며, 제동력은 처음에 미끄러짐 비율이 증가하면 함께 증가하나 어느 미끄러짐 비율(Si) 이상에서는 오히려 감소한다.

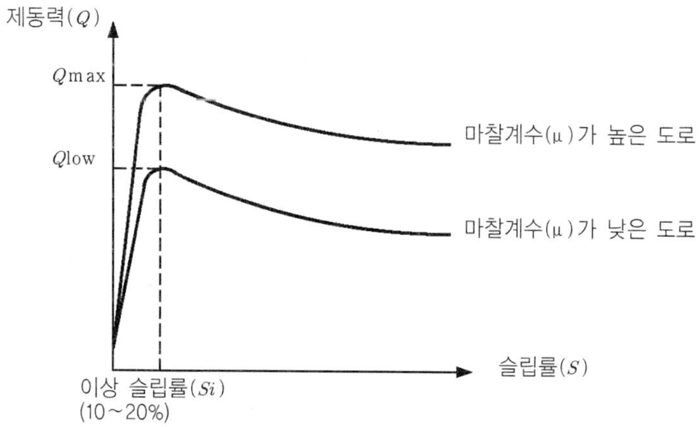

그림 46. 제동력의 미끄러짐 비율 의존도

[3] 제동력의 하중 의존도

제동력을 일반적인 마찰 개념으로 생각하면 다음과 같은 공식으로 표현할 수 있다.

제동력(Q)= 노면의 마찰계수(μ) × 바퀴에 가해지는 하중(W)

따라서 노면이 같은 경우에는 바퀴에 걸리는 하중이 크면 클수록 제동력도 커진다. 또 마찰계수가 클수록 제동력이 커진다.

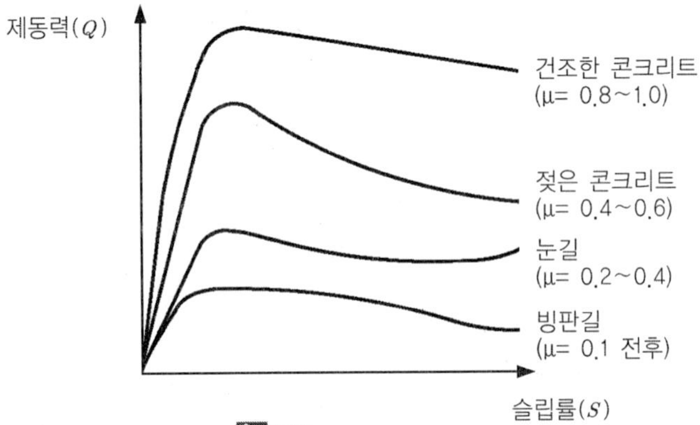

그림 47. 제동력의 하중 의존도

6.1.3. 코너링 포스(cornering force : Cf)

[1] 제동을 하지 않을 때의 특성

제동력이 걸리지 않는 경우에는 가로방향 미끄럼 각도(θ)가 커질수록 어느 단계까지는 코너링 포스가 증가하다가 어느 단계를 넘어서면 감소한다.

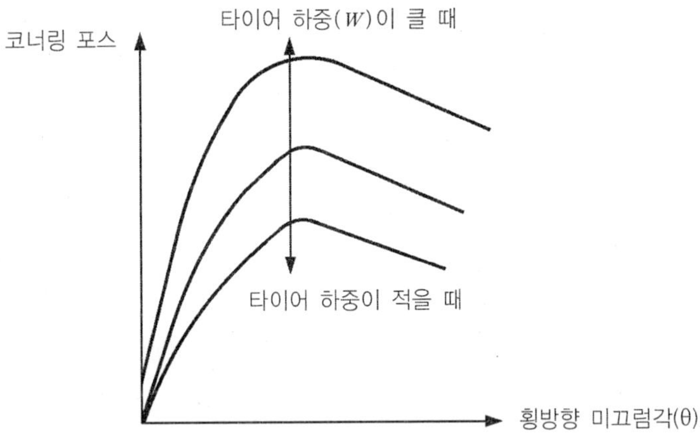

그림 48. 제동을 하지 않을 때의 특성

[2] 제동할 때의 특성

바퀴에 제동력이 가해지면 코너링 포스는 가로방향 미끄럼 각도(θ)와 차량하중(W)에 대한 특성 변화가 제동을 하지 않을 때의 특성과 같으나 그 크기가 미끄러짐 비율(S)에 따라 변화한다고 생각하면 된다.

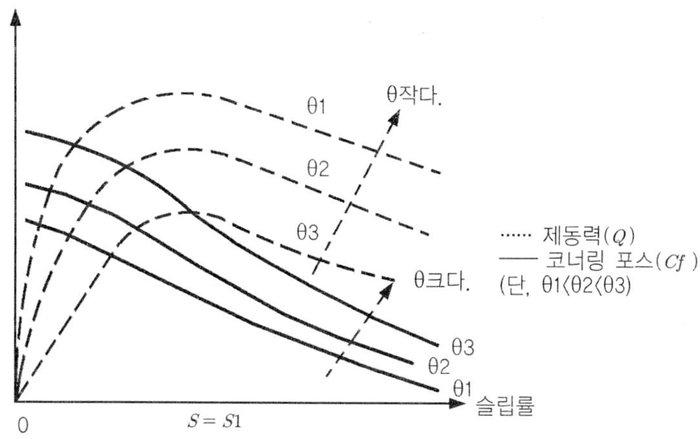

그림 49. 제동할 때의 특성

그림 49는 차량 하중을 일정하게 유지하였을 때 코너링 포스의 미끄러짐 비율과 가로 방향 미끄럼 각도에 대한 관계를 나타낸 것으로 미끄러짐 비율이 0인 상태에서는 코너링 포스가 최대로 되지만 미끄러짐 비율이 증가할수록 코너링 포스는 감소한다.

6.1.4. 제동력과 코너링 포스와의 관계

바퀴의 능력을 제동력 쪽에 많이 사용하면 코너링 포스는 감소한다. 그러나 바퀴의 능력을 제동력 쪽에 적게 사용하면 코너링 포스가 증가한다. 지금까지 설명한 브레이크 이론 특성을 정리하면 그림 50과 같다.

① 운전자가 브레이크 페달을 밟아 제동 토크(T)를 서서히 증가시키면 제동 토크에 거의 비례하여 미끄러짐 비율(S)과 제동력(Q)도 커진다. 코너링 포스는 제동 토크가 증가하면 서서히 조금씩 감소한다.

② 제동 토크가 증가하면 제동력은 이상 미끄러짐 비율(Si)에서 최대가 되는데 코너링 포스의 감소도 작아 바퀴의 능력이 최대 상태로 된다.

③ 미끄러짐 비율이 이상 미끄러짐 비율보다 크면 제동력이 조금씩 감소하면서 바퀴가 고착(locking)된다. 이때 코너링 포스는 급격히 감소하기 때문에 자동차는 불안정한 상태가 된다.

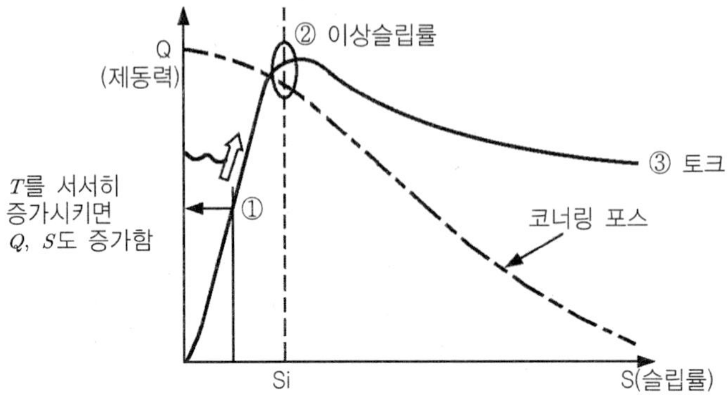

그림 50. 제동력과 코너링 포스와의 관계

④ 앞바퀴가 고착(locking)되면 코너링 포스는 거의 0에 가까워져 주행 중의 조향 효과가 현저하게 떨어지며, 뒤 바퀴가 고착되면 코너링 포스가 0에 가까워져 주행 중의 자동차 안전성이 떨어져 좌우 진동이나 스핀(spin)이 발생하기 쉽다.

⑤ 4바퀴가 모두 고착이 되면 앞뒤 바퀴의 코너링 포스가 모두 0에 이르러 제어할 수 없게 된다.

6.2. ABS의 개요

6.2.1. ABS의 필요성

ABS란 주행 중 제동을 할 때 바퀴의 고착을 방지하는 것으로 급제동 또는 노면의 악조건 상태에서 제동을 할 때 바퀴의 고착으로 인하여 차량이 제어 불능상태로 진행되어 조향조작력 상실뿐만 아니라 제동거리도 길어진다. ABS는 이러한 바퀴의 고착현상을 미연에 방지하여 최적의 점착력을 유지하므로 사전에 사고의 위험성을 감소시키는 예방 안전장치이다.

6.2.2. ABS의 설치목적

① 방향 안정성 확보(stability) 스핀(spin)방지

② 조향안정성 확보(steerability)

③ 제동거리 단축(stopping distance)

6.2.3. ABS의 효과

ABS의 효과는 주행조건 및 노면상태에 따라 차이가 크며, 노면 마찰계수(μ)이상의 제동성능 기대는 금물이며, 자동차방향 안정성 확보에는 운전자의 조향 능력이 조금은 필요하다는 것을 반드시 명심하여야 한다.

[1] 직진주행 중 제동을 할 때

자동차가 직진방향으로 주행 중 한쪽 바퀴의 노면이 미끄러지기 쉬운 상태에 있고, 한쪽 바퀴의 노면이 통상적인 상태에서 제동을 할 때 마찰계수가 낮은 바퀴가 고착되어 ABS를 설치하지 않은 자동차는 마찰계수가 높은 방향으로 쏠려서 그림 51(a)과 같이 스핀을 일으킨다. 이와 반대로 ABS를 설치한 차량은 그림 51(b)과 같이 제동을 할 때 각 바퀴의 제동력이 독립적으로 제어되므로 직진상태로 제동되는 것은 물론 제동거리도 단축된다.

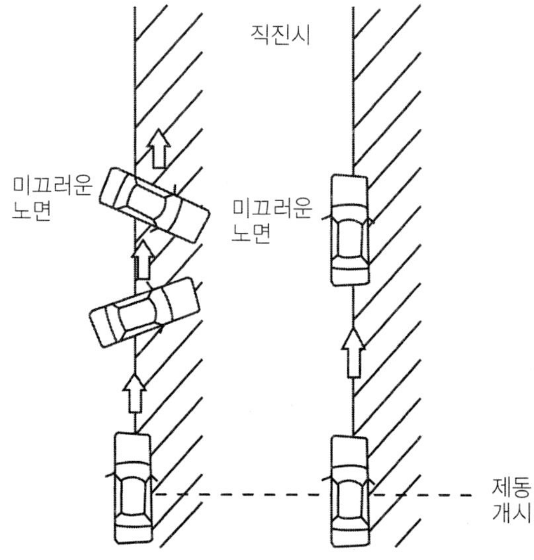

그림 51. 직진주행 중 제동을 할 때

[2] 선회 중에 제동을 할 때

주행 중 미끄러운 노면에서 선회를 할 때 급제동을 하면 ABS를 설치하지 않은 자동차는 바퀴가 고착되어 그림 52(a)와 같이 선회 코스의 접선방향으로 미끄러진다.

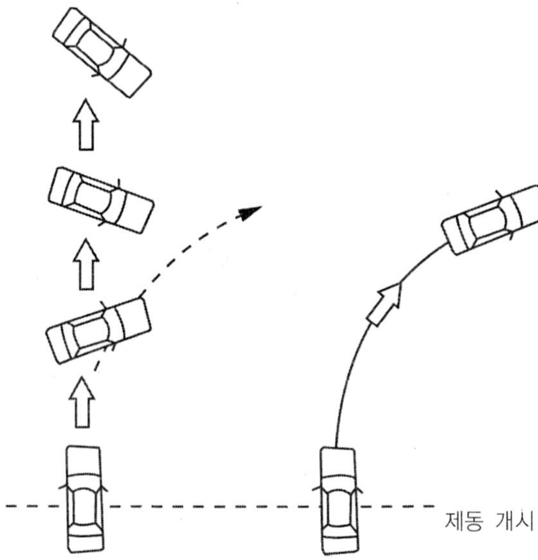

(a) ABS 비장착 차량 (b) ABS 장착차량

그림 52. 미끄러운 노면을 선회할 때

이에 반해 ABS 설치 자동차 그림 52(b)는 바퀴의 고착(lock)이 방지되어 선회 코스를 따라 운전자의 의지대로 주행을 할 수 있다. 즉, 제동제어를 할 때 노면의 상태에 따라 자동적으로 제동력을 제어하여 제동 안정성을 보다 높게 확보할 수 있는 장치이다.

[3] ABS설치 자동차와 설치하지 않은 자동차의 제동 비교(노면은 빙판상태임)

(1) ABS를 설치하지 않은 자동차

그림 53. ABS를 설치하지 않은 자동차

(2) ABS를 설치한 자동차(1채널 뒷바퀴 제어방식)

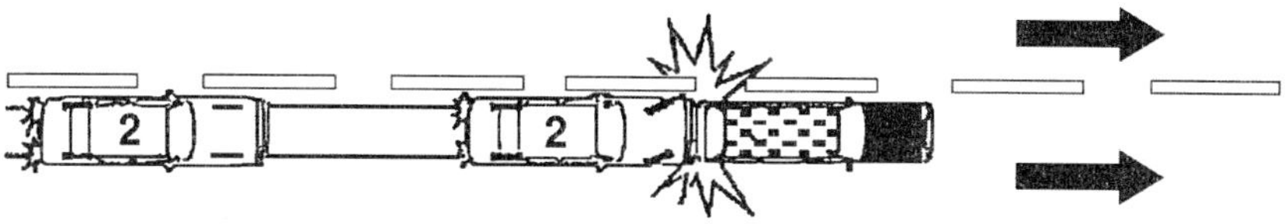

그림 54. ABS 설치 차량

(3) ABS를 설치한 자동차(2채널 앞바퀴 제어방식

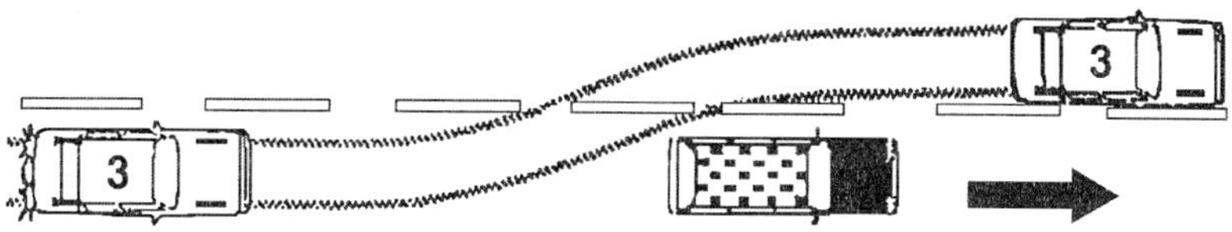

그림 55. ABS 설치 차량

(4) ABS를 설치한 자동차(3채널, 4채널 제어방식)

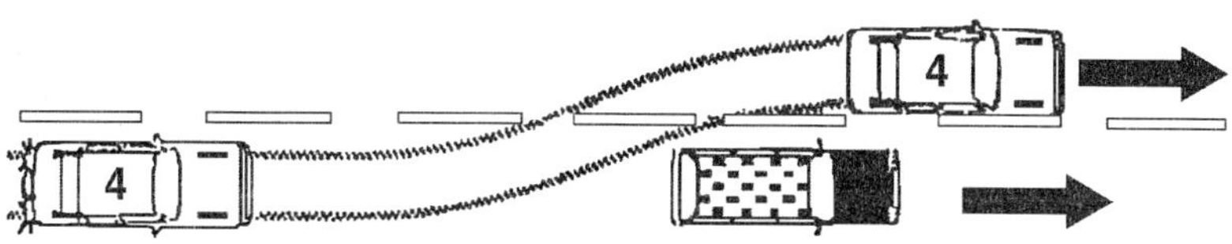

그림 56. ABS 설치 차량

6.3. ABS의 제어 원리

6.3.1. 미끄러짐 비율과 노면과의 관계

① 주행 중 제동을 할 때 바퀴와 노면과의 마찰력으로 인하여 바퀴의 회전속도가 낮아진다. 이때 자동차 주행속도와 바퀴 회전속도에 차이가 발생하는 것을 미끄러짐 현상이라 하며, 그 미끄러짐 양을 백분율로 표시하는 것을 미끄러짐 비율(%)이라 한다.

② 제동할 때 바퀴와 노면의 마찰특성으로 인한 ABS의 효과를 설명하면 다음과 같다.
주행 중 운전자가 브레이크 페달을 밟으면 라이닝과 드럼사이의 마찰로 인한 제동 토크가 발생하여 바퀴의 회전속도가 감소하고 바퀴의 회전속도는 차체의 속도보다 작아진다. 이것을 미끄러짐 현상이라고 하며 이 미끄러짐에 의하여 바퀴와 노면 사이에 발생하는 마찰력이 제동력이 된다.

그러므로 제동력은 미끄러짐의 크기에 의존하는 특성을 나타내며, 미끄러짐 비율은 미끄러짐의 크기를 나타내는 것이다.

③ 미끄러짐 비율을 한마디로 요약하면 주행 중 제동을 할 때 바퀴는 고착되나 관성에 의해 차체가 진행하는 것을 말한다. 미끄러짐 비율은 자동차 주행속도가 빠를수록, 제동 토크가 클수록 크다.

6.3.2. 제동력 및 코너링 포스의 특성

그림 57의 특성곡선은 제동 특성 및 코너링 특성에 대하여 바퀴와 노면 사이의 마찰계수와 바퀴의 미끄러짐 관계를 보이고 있다.

① 그림 57의 가로축은 바퀴의 미끄러짐 비율을 표시하고 0%는 바퀴의 노면에 대하여 회전하는 상태를 나타내고 100%는 바퀴가 고착된 상태이다.

② 브레이크 특성에 따라 미끄러짐 비율이 약 20% 전후에 최대 마찰계수가 얻어지지만 이후에는 감소한다. 코너링 포스의 특성에 따라서는 미끄러짐 비율이 증대하면 마찰계수는 감소하여 미끄러짐 비율이 100%에서는 마찰계수가 0이 된다.

이러한 현상은 마찰계수가 높은 노면이나 낮은 노면에서도 마찬가지이다.

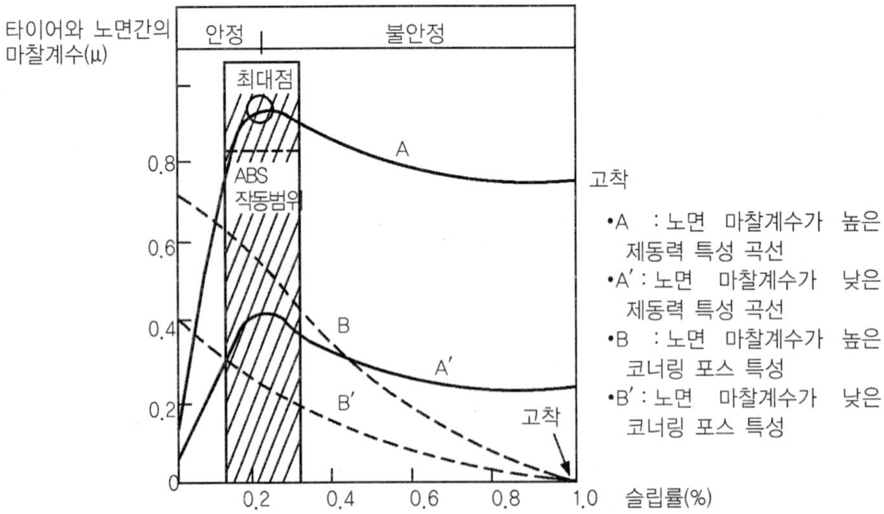

그림 57. 제동력과 코너링 포스의 특성

따라서 바퀴가 고착(미끄러짐 비율 100%)되면 제동력이 저하되어 제동거리가 길어지며 코너링 포스를 잃어 조향 및 방향 안정성이 상실되어 자동차에 스핀이 일어날 수 있다. 즉 코너링 포스는 미끄러짐 비율 0%에서 최대가 되고 미끄러짐 비율 증가와 함께 감소하여 미끄러짐 비율 100%에서는 거의 0이 된다.

ABS는 이러한 원리를 기본적으로 하여 바퀴가 고착되는 현상이 발생할 때에 브레이크 유압을 제어하여 미끄러짐 비율을 최종적인 값을 그림 6-57의 빗금 친 부분에서 유지되도록 제동력을 최대한 발휘하여 사고를 미연에 방지한다.

6.3.3. ABS의 기본 제어 원리

[1] 작동원리에 따른 제동력의 변화

(1) ABS를 설치하지 않은 자동차

급제동을 할 때 브레이크 유압은 일반적으로 바퀴의 고착이 발생할 정도로 과대해 진다. 이로 인하여 뜻하지 않은 사고가 발생할 가능성이 매우 높다.

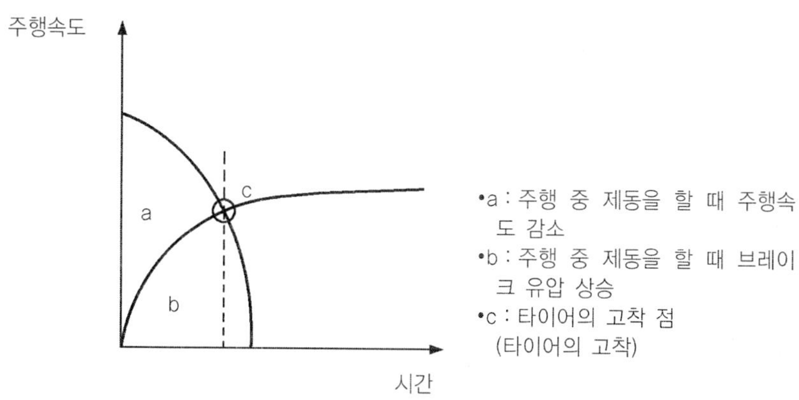

그림 58. ABS를 설치하지 않은 자동차

(2) ABS를 설치한 자동차

급제동을 할 때 휠 스피드 센서를 통하여 ABS-ECU로 전달된 바퀴의 감속도가 과대하여 바퀴가 고착되는 순간 그 바퀴의 브레이크 압력을 더 이상 증가시키지 않고 일정하게 유지시켜 적당한 점착력이 형성되어 제동거리의 단축에 영향을 준다.

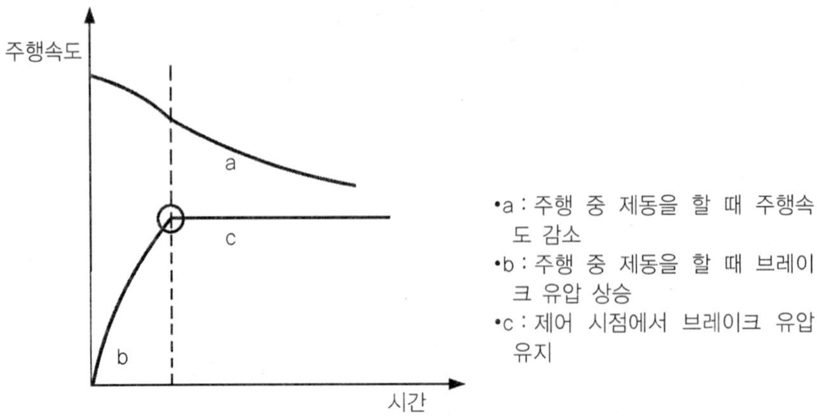

그림 59. ABS를 설치한 자동차

[2] 작동상태의 사이클(ABS를 설치한 자동차)

① 주행 중 급제동을 할 때 바퀴의 회전속도를 연산하여 바퀴 회전속도가 저하되고 바퀴 회전속도가 설정 값(b)를 초과하면 "A"점에서 압력을 낮춘다.

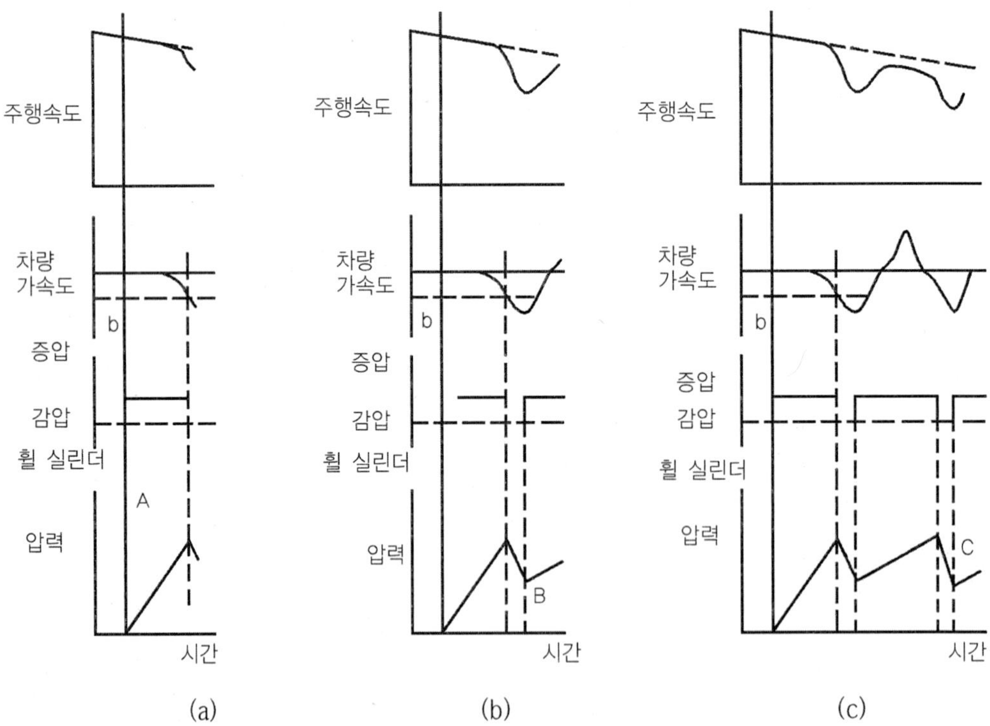

그림 60. 작동상태의 사이클

② 감압에 의하여 바퀴 회전속도가 증가하여 바퀴 고착으로부터 회복 경향이 있다고 판단되면 "B"지점에서 압력을 높이기 시작한다.

③ 증압에 의하여 다시 바퀴의 고착 경향을 보이면 "C"지점에서 감압을 시작한다.

그림 60과 같이 감압 및 증압의 동작을 반복 제어하며 최적의 미끄러짐 비율 범위 내에서 제어한다.

6.4. ABS의 특징 및 작동원리

ABS의 구성은 바퀴의 회전속도를 감지하는 휠 스피드 센서에서 고착 예정 상태를 판단하여 감압 및 증압 명령을 내리는 ABS-ECU, ABS-ECU의 명령에 의하여 휠 실린더의 유압을 제어하는 하이드롤릭 유닛(hydraulic unit) 등이 주요 구성부품이다.

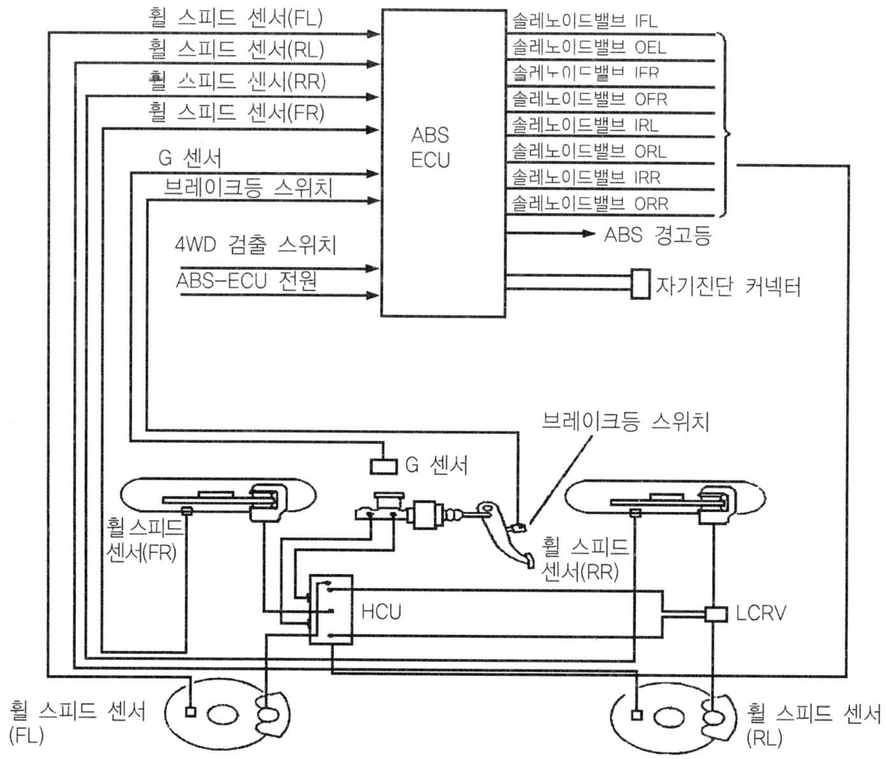

그림 61. ABS의 기본 개요도

① HECU(하이드로릭 & 일렉트로닉 컨트롤 유닛), ② 마스터 실린더
③ 앞 휠 스피드센서, ④ 뒤 휠 스피드센서

그림 62. ABS의 구성부품

6.4.1. 휠 스피드센서

휠 스피드 센서(wheel speed sensor)는 마그네트와 코일로 구성되어 있으며, 톤 휠(tone wheel)은 휠 스피드 센서로부터 나오는 자속이 변화하며 교류 전압이 발생한다. 이 교류 전압은 구동축의 회전속도에 비례하여 주파수가 변화하기 때문에 이에 의하여 4 바퀴 각각의 회전속도를 검출한다. 센서의 제원은 다음과 같다.

저 항		간 극(mm)		최소 출력 전압(mVP-P)
FRT	RR	FRT	RR	
1260±80Ω	1.3~2.1kΩ	0.2~0.9	0.2~0.9	120
톤 휠의 잇수 앞 뒤 모두 47개				

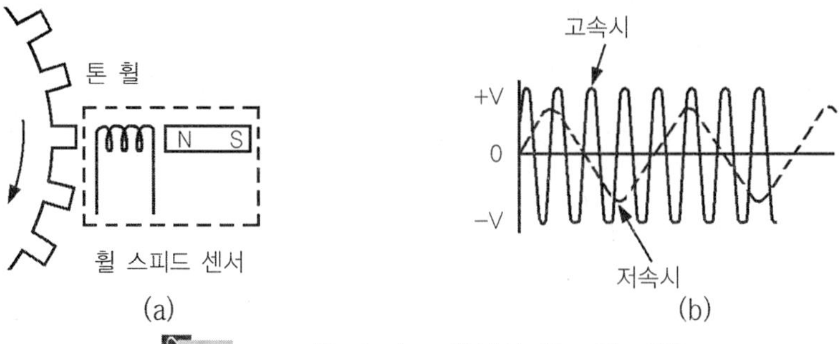

그림 63. 휠 스피드 센서의 구조와 파형

알아두기

> 휠 스피드 센서는 그 기능상 각 바퀴의 차축(axle shaft)에 가깝게 설치되기 때문에 설치할 때 런 아웃(run out)에 특히 주의하여야 하며 내열성, 내충격성 및 오염된 환경에서도 검출 성능이 유지될 수 있어야 한다.

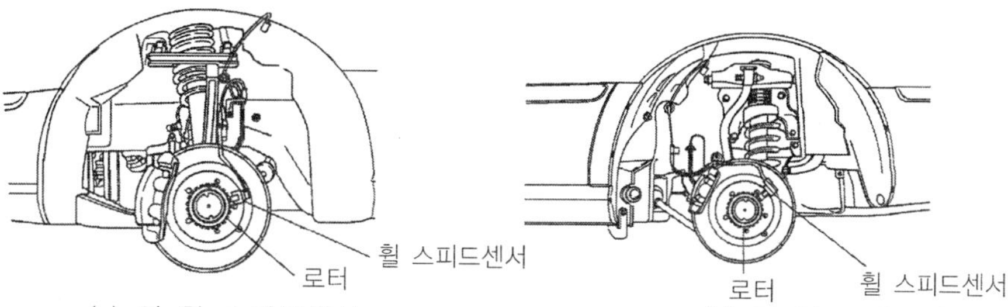

(a) 앞 휠 스피드센서 (b) 뒤 휠 스피드센서

그림 64. 휠 스피드 센서의 설치위치

6.4.2. G-센서(4WD)

G-센서는 자동차 앞뒤 방향의 가속도를 검출하였을 때 전압 차이에 대응하는 신호를 ABS-ECU로 입력시킨다.

6.4.3. 하이드롤릭 유닛(유압 조절기, 모듈레이터)

하이드롤릭 유닛(hydraulic unit)은 ABS-ECU 제어신호에 의해서 각 휠 실린더로 가는 유압을 조절하여 바퀴의 회전상태를 제동 제어한다.

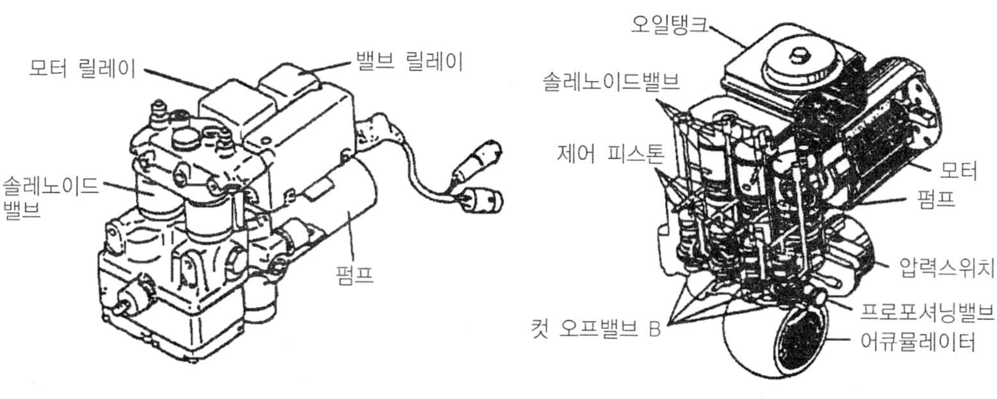

(a) 외부구조 (b) 내부구조

그림 65. 하이드롤릭 유닛의 구조

[1] 솔레노이드밸브

솔레노이드밸브(solenoid valve)는 ABS-ECU에 의해 전류가 ON일 때 코일에 발생된 자력에 의하여 플런저를 움직여 감압모드를 수행하고 전류가 OFF되면 스프링 장력에 의하여 플런저가 다시 닫혀 증압모드를 수행한다.

[2] 오일탱크(oil tank)

제동을 할 때 바퀴가 고착되기 직전에 ABS-ECU의 신호에 의해 솔레노이드밸브를 작동할 때 캘리퍼 내의 유압은 감압되며 이때 복귀된 브레이크 오일이 오일탱크로 들어가 저장된다.

[3] 어큐뮬레이터

어큐뮬레이터(accumulator)는 ABS가 작동할 때 펌프로부터 배출된 고압의 브레이크 오일을 일시적으로 저장하여 유압의 맥동을 완화시키는 역할을 한다.

[4] 펌프(pump)

펌프는 FL(front left)/RR(rear right), FR(front right)/RL(rear left)회로용 2개의 방사형 유압 발생 피스톤으로 구성되어 있으며, ABS가 작동할 때 유압을 발생시켜 압송하는 역할을 한다.

[5] 모터(motor)

모터는 12V DC 4극으로 구성되어 있으며 모터 축에 압입된 편심 캠의 회전으로 피스톤 펌프를 작동시키는 역할을 한다.

[6] ABS-ECU

ABS-ECU는 ABS 제어기능을 실행하는 중요부품으로 안전성과 직접 연결되는 만큼 매우 높은 신뢰성이 요구된다. 휠 스피드 센서 신호를 입력 처리하는 입력 증폭회로, 제어를 위한 연산과 페일 세이프(fail safe)를 실행하는 ABS제어 및 안전회로 및 하이드롤릭 유닛의 구동을 실행하는 출력회로, 전압을 일정하게 유지하는 전압 조정회로 및 고장을 기억하는 페일 메모리(fail memory)회로 등으로 구성되어 있다.

주요 연산부분은 2개의 마이크로컴퓨터(micro computer)를 사용하여 컴퓨터사이의 신호 이상을 감지하고 센서, 액추에이터 등의 고장진단 기능을 지니고 있으며, 고장이 발생한 경우에도 페일 세이프 기능이 작동하여 통상의 브레이크로 작동하도록 한다.

(1) ABS-ECU의 입·출력 신호

입력신호와 출력신호의 관계는 각 휠 스피드 센서에서 신호를 받아 ABS-ECU 내의 프로그램(program)에 의해 연산을 실행하여 하이드롤릭 유닛 및 경고등에 대하여 제어 신호를 출력 제어한다.

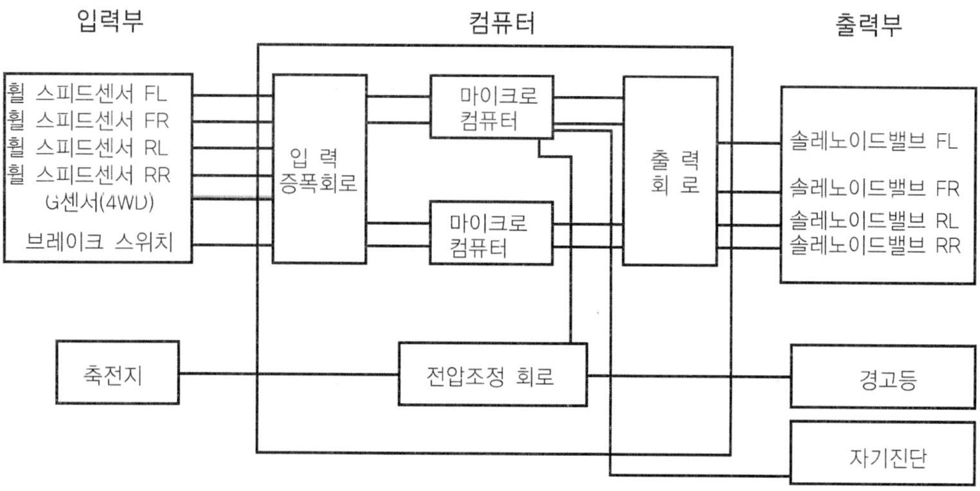

그림 66. ABS-ECU의 입·출력 블록도

(2) ABS-ECU의 연산

ABS-ECU는 4개의 휠 스피드 센서의 신호 또는 G-센서(4WD의 경우)의 신호에 의하여 각각의 바퀴 가·감속도를 연산하여 바퀴의 미끄러짐 상태를 판단하고 상태에 맞춰서 하이드롤릭 유닛내의 솔레노이드밸브에 대한 증압 · 감압모드를 결정하여 제어신호를 출력한다.

(3) 최초 점검기능

엔진을 시동한 후 자동차 주행속도가 약 6km/h 정도에 도달하면 하이드롤릭 유닛의 각 솔레노이드밸브, 휠 스피드 센서, 모터 펌프 및 하니스 와이어링(harness wiring)에 대한 전기적 점검을 실행하여 이상 유무를 진단한다.

(4) 페일 세이프

ABS-ECU 신호계통, 하이드롤릭 유닛계통 및 ABS-ECU 본체에 이상이 발생한 경우 페일 세이프 회로는 솔레노이드밸브로 전원을 공급하는 릴레이를 OFF시킴과 동시에 제어신호 출력을 정지하고 경고등을 점등시켜 운전자에게 ABS 이상을 알리며, 이 경우 ABS를 설치하지 아니한 자동차와 동일한 조건으로 통상 브레이크 기능을 확보한다.

6.4.4. ABS 작동원리

[1] ABS가 작동하지 않을 때

ABS가 작동하지 않는 통상 브레이크의 경우에는 ABS-ECU로부터 솔레노이드밸브 IN, OUT에 통전이 되면 각 솔레노이드밸브는 OFF상태가 된다. 이때 솔레노이드밸브는 스프링의 작용에 따라 IN은 열리고, OUT는 닫힌다.

브레이크 페달을 밟으면 마스터 실린더의 유압은 솔레노이드밸브를 지나 캘리퍼에 도달하며 제동이 된다. 그 후에 브레이크 페달을 놓으면 마스터 실린더내의 유압은 낮아지고 오일은 솔레노이드 IN 및 체크밸브를 지나 마스터 실린더로 돌아오면 제동이 해제된다.

솔레노이드밸브	통전 상태	밸브 개폐	개폐 통로
IN	OFF	열림	마스터 실린더 ↔ 캘리퍼
OUT	OFF	닫힘	캘리퍼 ↔ 오일탱크

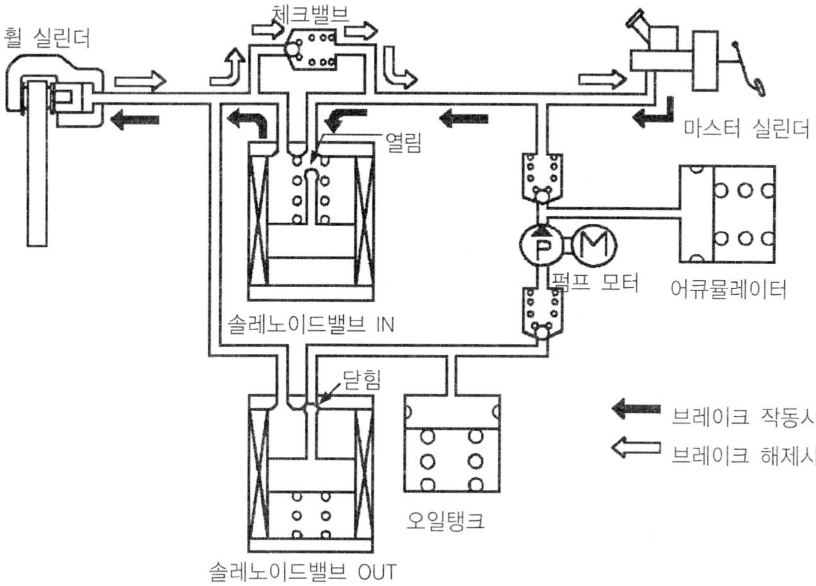

그림 67. ABS가 작동하지 않을 때

[2] ABS작동(유압감소)

급제동을 할 때 바퀴가 고착되려고 하면 ABS-ECU는 유압을 낮추는 신호를 솔레노이드밸브에 출력시키므로 각 솔레노이드밸브는 ON이 된다. 이때 솔레노이드밸브 IN이 닫혀 마스터 실린더로부터 오일회로를 차단한다. 또 솔레노이드밸브 OUT는 열려 캘리퍼로부터 오일탱크로의 오일회로를 연다. 따라서 캘리퍼 내의 유압은 솔레노이드밸브 OUT를 지나 오일탱크에 도달하고 압력을 낮춘다.

솔레노이드밸브	통전상태	밸브 개폐	개폐 통로
IN	ON	닫힘	마스터 실린더↔캘리퍼
OUT	ON	열림	캘리퍼↔오일탱크

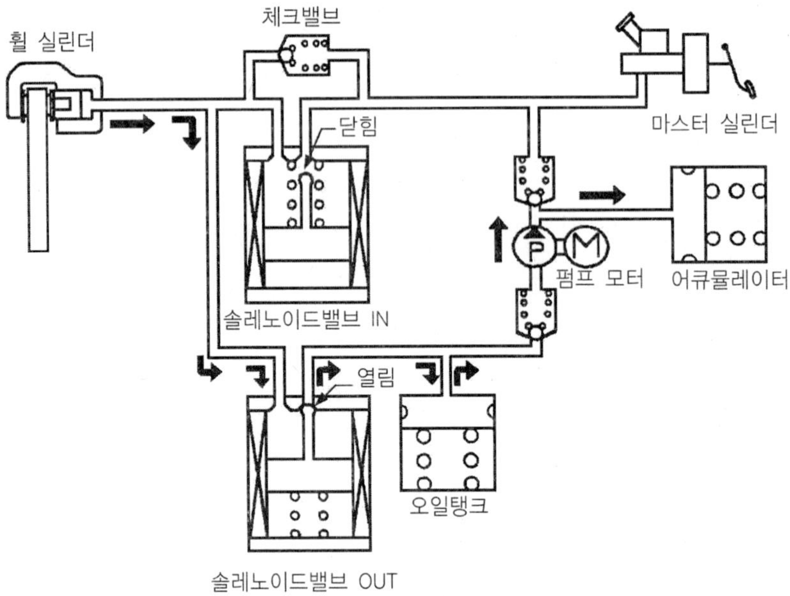

그림 68. 유압감소

[3] ABS작동(유압유지)

브레이크 캘리퍼의 유압이 최종적인 상태까지 유압이 감소되면 ABS-ECU는 유압을 유지시키는 신호를 솔레노이드밸브에 출력시켜 솔레노이드밸브 IN은 ON이 되고, OUT은 OFF된다. 이때 솔레노이드밸브 IN과 OUT은 모두 닫혀 오일회로가 차단되기 때문에 캘리퍼 내의 유압은 유지가 된다.

솔레노이드밸브	통전 상태	밸브 개폐	개폐 통로
IN	ON	닫힘	마스터 실린더 ↔ 캘리퍼
OUT	OFF	닫힘	캘리퍼 ↔ 오일탱크

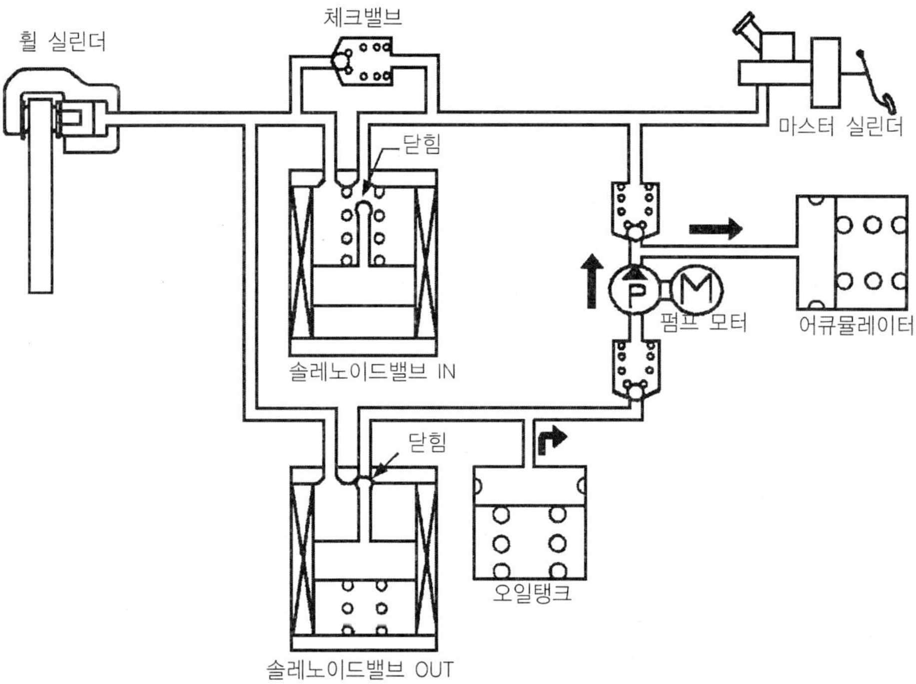

그림 69. 유압유지

[4] ABS작동(유압증가)

ABS-ECU가 바퀴에 고착 현상이 없다고 판단되면 ABS-ECU는 솔레노이드밸브에 통전을 차단한다. 따라서 각 솔레노이드밸브는 OFF되고 펌프 모터에 의한 유압은 솔레노이드밸브 IN을 거쳐 브레이크 캘리퍼에 도달하여 증압이 된다.

솔레노이드밸브	통전상태	밸브 개폐	개폐 통로
IN	OFF	열림	마스터 실린더 ↔ 캘리퍼
OUT	OFF	닫힘	캘리퍼 ↔ 오일탱크

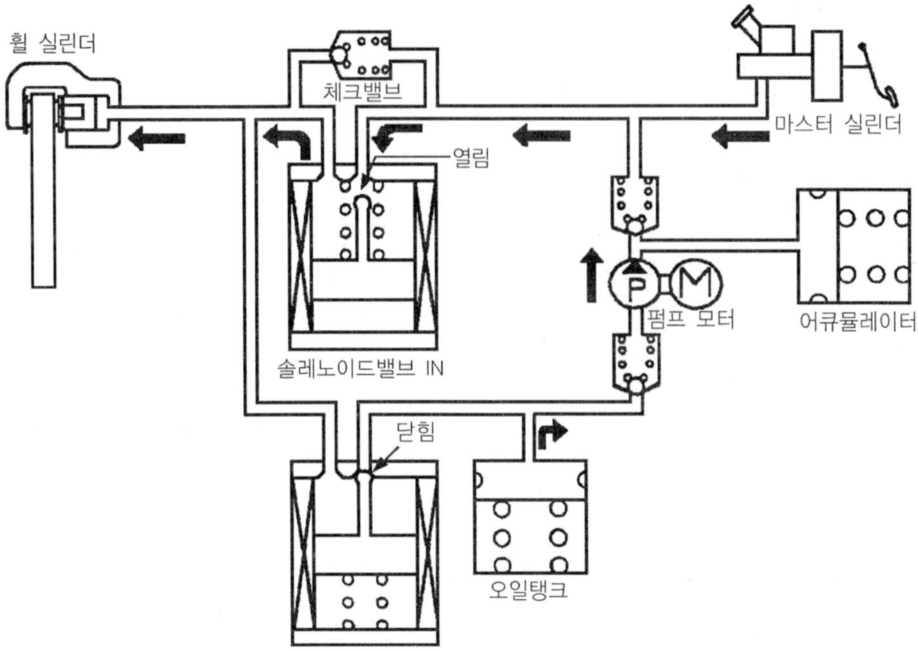

그림 70. 유압증가

6.5. ABS의 점검 · 정비

6.5.1. 하이드롤릭 유닛(유압 조절기)정비

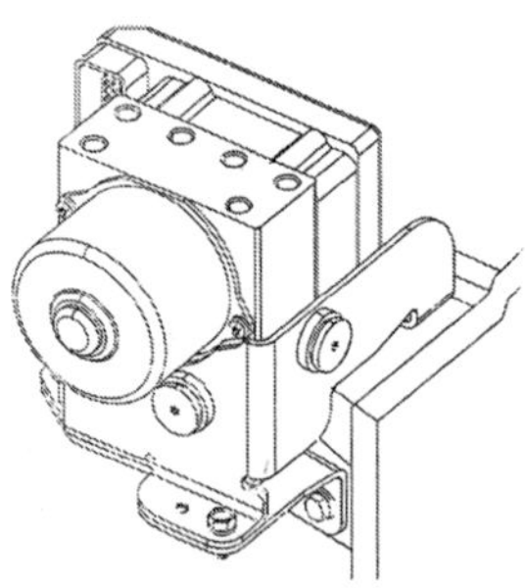

그림 71. 하이드롤릭 유닛의 구성부품

[1] 하이드롤릭 유닛 떼어내기

① 점화스위치를 OFF시킨다.

② ABS-ECU 더블 로크 커넥터를 위쪽으로 당겨 커넥터를 분리한 후 하이드롤릭 유닛 어셈블리를 떼어낸다. 이때 주의할 사항은 다음과 같다.

㉮ 하이드롤릭 유닛은 무거우므로 떼어낼 때 주의한다.

㉯ 하이드롤릭 유닛은 절대로 분해를 해서는 안 된다.

㉰ 하이드롤릭 유닛을 위·아래로 돌리거나 옆으로 세우지 않도록 한다.

㉱ 하이드롤릭 유닛에 충격을 주지 않도록 한다.

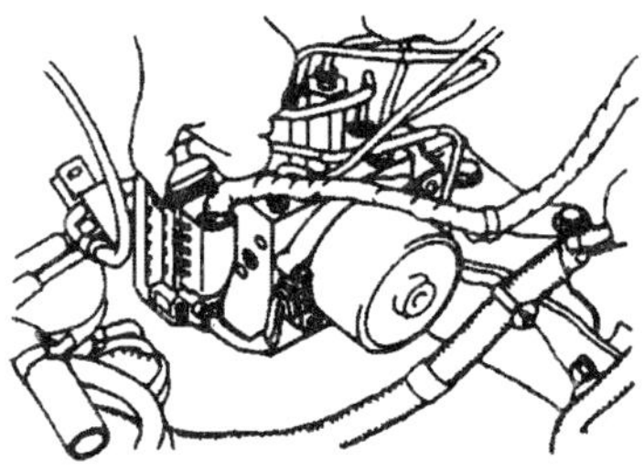

그림 72. 하이드롤릭 유닛 떼어내기

[2] 하이드롤릭의 구조

① 모터 펌프 및 ABS-ECU가 하이드롤릭 유닛과 일체형으로 되어 있다.

② 내부에는 NO(normal open)과 NC(normal close)밸브가 각각 4개씩 들어 있다.

③ LPA(low pressure accumulator) 및 HPA(high pressure accumul- ator)가 각각 2개씩 들어있다.

6.5.2. 휠 스피드 센서

[1] 휠 스피드 센서의 작동원리

휠 스피드 센서는 마그네트와 코일로 구성되어 있으며, 톤휠과 0.2~0.9mm의 간극을 유지하고 설치되어 있다. 톤휠이 회전하면 마그네트로부터 나오는 자속이 변화하여 코일에 교류 전압이 발생한다. 이 교류전압은 톤휠의 회전속도에 비례하여 주파수가 변화하며, 이 주파수에 의해 4바퀴 각각의 회전속도를 검출한다. 휠 스피드 센서의 제원은 다음 표와 같다.

항 목	앞 휠 스피드 센서	뒤 휠 스피드 센서	비 고
코일 저항	1100±50Ω	1100±50Ω	최소 P-P 전압은 7km/h 이하에서 측정
최소 P-P 전압	150mV	150mV	
톤 휠	47개	47개	
간극	0.3~0.9mm	0.2~0.7mm	

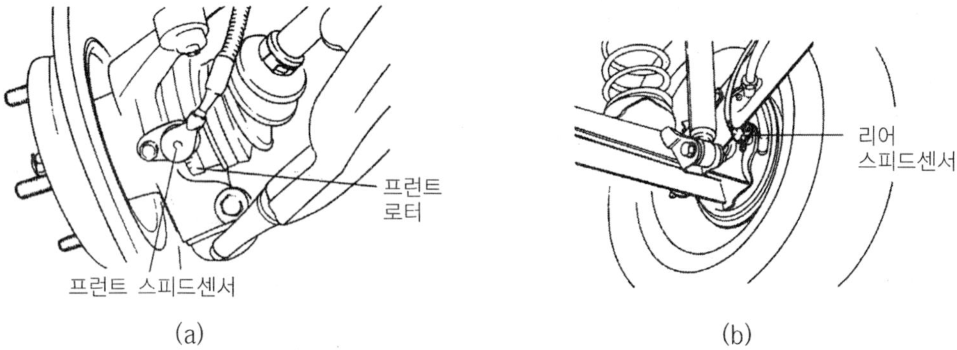

그림 73. 휠 스피드 센서의 설치위치

[2] 휠 스피드 센서의 점검

① 폴 피스에 이물질 부착유무 및 손상유무를 점검하여 불량하면 신품으로 교환한다. 폴 피스는 자력성이 있으므로 금속물질이 쉽게 부착된다. 폴 피스가 손상된 경우에는 바퀴의 회전속도 감지능력이 불가능하게 된다.

② 휠 스피드 센서 단자 사이의 저항 값을 측정한다. 이때 저항 값이 규정 값(1100±50Ω)을 벗어난 경우에는 휠 스피드 센서를 신품으로 교환한다,

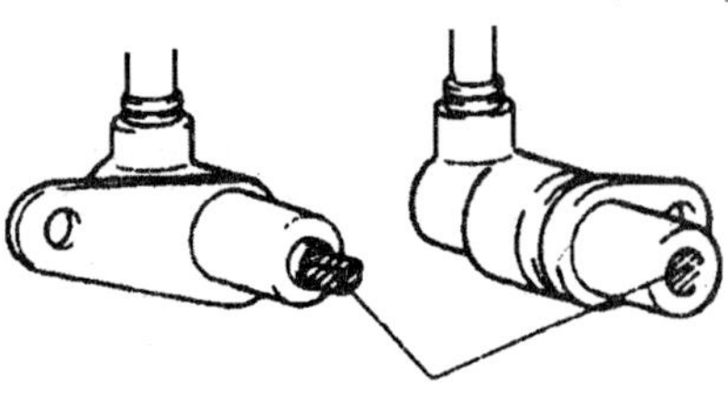

그림 74. 폴 피스 점검

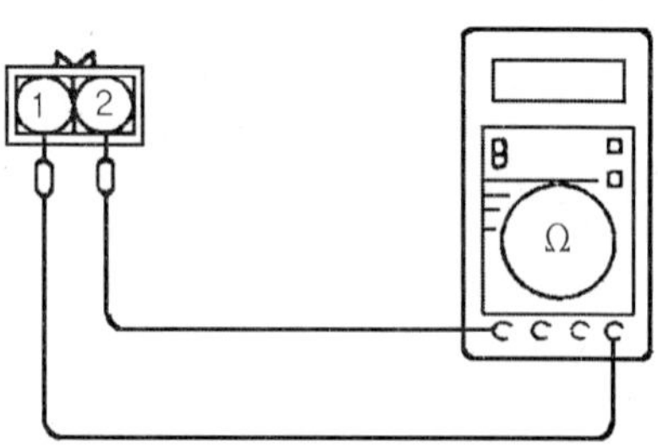

그림 75. 휠 스피드 센서 저항점검

③ 휠 스피드 센서 케이블의 손상 및 단선을 점검한다. 케이블의 손상 여부를 점검할 때 접속 불량 여부를 점검하기 위해 클램프 부근으로 케이블을 당기거나 구부려 보디의 케이블 클램프 부품을 떼어낸다.

④ 휠 스피드 센서의 절연저항(규정 값 : 100MΩ 이상)을 측정한다.

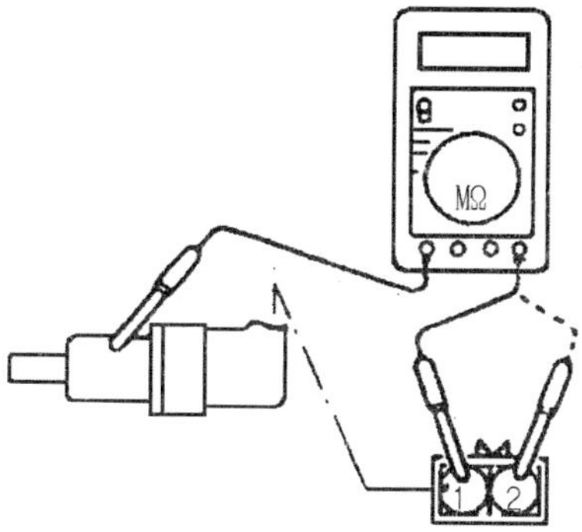

그림 76. 휠 스피드 센서의 절연저항 점검

6.5.3. ABS의 공기빼기 작업

[1] 공기빼기 기본 작업

ABS에서는 특별한 공기빼기 과정은 없고, 일반 브레이크장치의 공기빼기와 동일한 방법으로 하면 된다.

① 오일탱크 캡을 연 후 브레이크 탱크에 브레이크 오일을 채운다.

② 휠 실린더 공기빼기나사에 비닐 튜브를 연결한 후 브레이크 오일 용기에 튜브를 끼운다.

③ 브레이크 페달을 여러 번 천천히 밟는다.

④ 브레이크 페달을 완전히 밟았을 때 브레이크 오일이 모두 빠질 때까지 공기빼기 나사를 푼 후 공기빼기 나사를 잠근다.

⑤ 브레이크 오일에 거품이 생기지 않을 때까지 ③, ④과정을 반복한 다음 공기빼기 나사를 조인다.

⑥ 각 바퀴에 위의 과정을 순서에 맞추어 반복 작업을 한다.

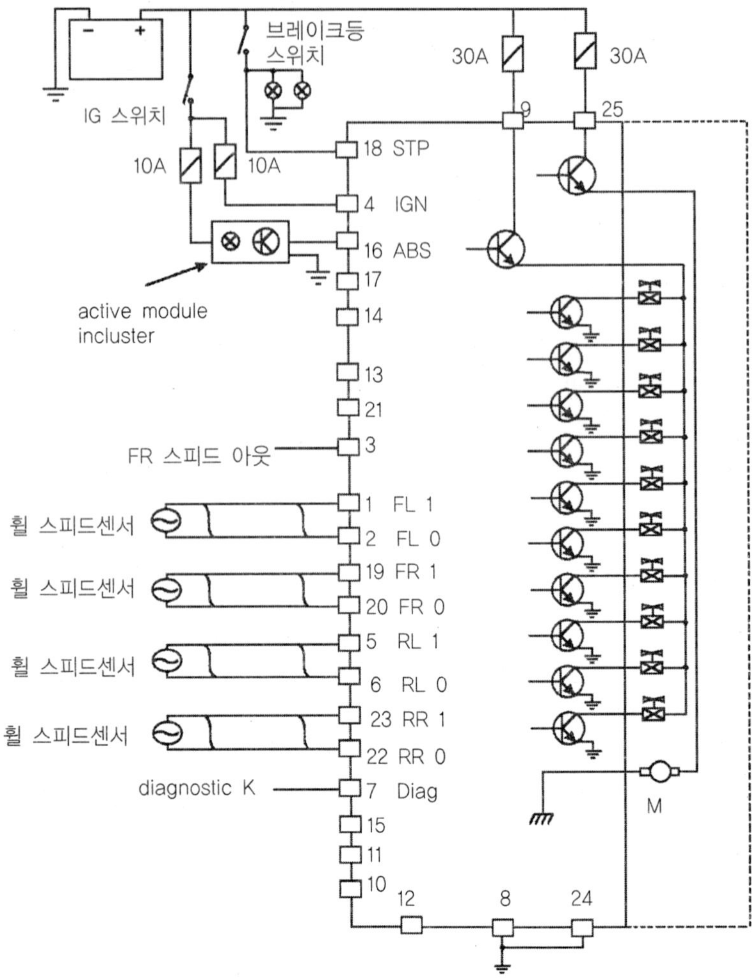

그림 77. ABS회로도(EF소나타)

[2] 하이드로릭 유닛 교환 후 공기빼기 작업

① 다용도 테스터를 설치한 후 점화스위치를 ON시킨 후 다용도 테스터를 운용하여 임의 작동시험의 화면이 나타나도록 한다.

② 점화스위치를 ON시키면 초기의 화면이 나타나고 선택 버튼을 누르면 자동차 제조업체 화면이 나타난다.

③ 자동차 제조업체 선택화면에서 점검대상 차량을 선택버튼을 눌러 모델 선택화면이 나타나도록 한 후 내림버튼으로 해당차량에 위치시킨 후 선택 버튼을 누르면 모델 선택화면이 나타난다.

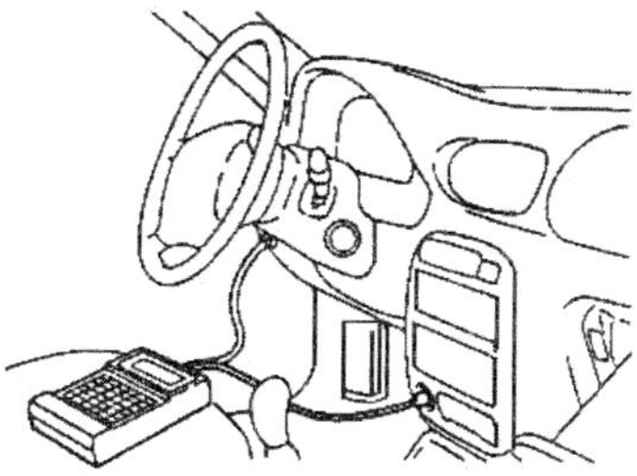

그림 78. 다용도 테스터 설치

④ 장치 선택화면이 나타나면 올림 또는 내림 버튼을 이용하여 지시 손을 자동 제동장치에 위치시키고 선택 버튼을 누르면 기능 선택화면이 나타난다.

⑤ 기능선택 화면에서 올림 또는 내림 버튼으로 지시 손을 임의 작동 시험에 위치시키고 선택 버튼을 누르면 임의 작동시험의 화면이 나타난다.

⑥ 임의 작동시험에서 해당 솔레노이드를 강제적으로 작동시켜 공기빼기 작업을 한다. 공기빼기 작업의 순서는 다음과 같다.

㉮ 점화스위치를 ON(엔진 정지)시킨다.

㉯ 브레이크 페달을 3~4회 밟는다.

㉰ 원하는 위치의 솔레노이드밸브의 공기빼기 나사를 푼다.

㉱ 테스터의 선택번호를 눌러 각각의 솔레노이드의 밸브를 작동시킨다.

㉲ 브레이크 페달을 계속 밟는다.

㉳ 브레이크 오일에 기포의 발생이 없으면 공기빼기 나사를 조인다.

㉴ 4개의 공기빼기나사를 각각 ①~⑥번까지의 방법으로 공기빼기 작업을 한다.

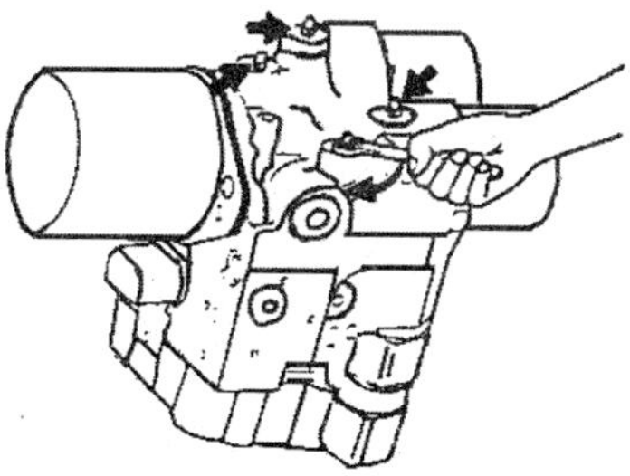

(a) 위치

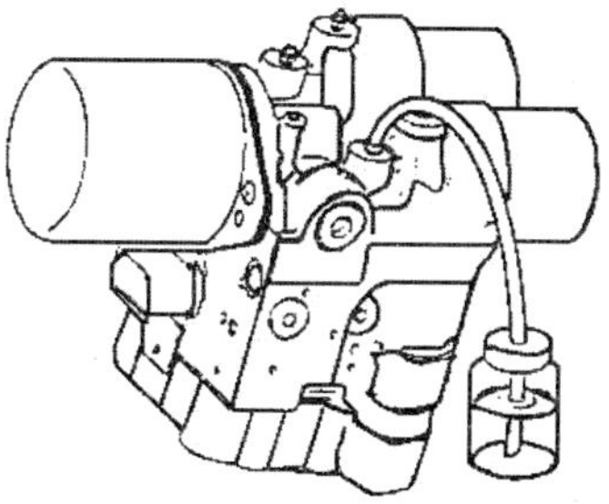

(b) 비닐튜브 설치

그림 79. 블리더 스크루

6.5.4. ABS 브레이크의 고장진단

[1] 경고등 점검

점화스위치를 ON으로 하였을 때 ABS 경고등이 3초 동안 작동하는지 점검한다. 경고등이 점화스위치를 돌린 후 즉각 점등되지 않을 때 ABS 경고등 고장진단 릴레이가 문제가 생긴 것으로 판단된다.

[2] 다용도 테스터 점검

① 엔진의 가동을 정지시키고 다용도 테스터를 자기진단 커넥터에 연결한다.

② 다용도 테스터의 전원단자를 담배 라이터 소켓에 연결한다.

③ 엔진을 시동하고 다용도 테스터를 사용하여 자기진단 코드를 점검한다.

④ 문제점을 수정한 후 점화스위치를 OFF시킨 후 다용도 테스터를 사용하여 결함 코드를 삭제한다.

⑤ 다용도 테스터를 분리한다.

[6] 커넥터 점검

① 축전지 (-)단자의 케이블을 분리한다.

② 커넥터를 분리한 후 고장진단 방법에 의해 단자를 점검한다.

※ 단자를 점검할 때 커넥터 단자가 손상되지 않도록 작은 핀을 사용하도록 한다.

6.6. ABS테스터

이 ABS테스터는 사이드슬립(A), 제동력(B), 속도계(S)를 함께 측정할 수 있도록 되어 있다.

6.6.1. 프로그램 설명

본체 왼쪽에 있는 빨간 버튼을 위로 누르면 전원이 들어오고 아래로 누르면 꺼진다. 전원이 들어오면 멀티 탭을 거쳐 각 장치들로 전원이 공급이 된다. 본체의 전원이 켜진 상태에서 PC에 있는 버튼을 누르면 불이 들어오면서 자동으로 하드디스크를 읽어 실행이 된다.

그러나 PC를 끌 때는 프로그램에서 종료를 하면 버튼을 누르지 않아도 자동으로 PC가 꺼진다.

[1] 프로그램의 시작 및 종료

① 윈도우 바탕화면에서 [JDevices AutoRun Jastec] 아이콘을 선택하여 실행(마우스 왼쪽 버튼을 연속하여 두 번 누르던지 키보드의 Enter를 누르면 됨)시키면 프로그램이 시작된다.

그림 80. JDevices AutoRun Jastec 아이콘 선택

② 윈도우 바탕화면에서 [시작] 버튼을 선택하여 한 번 마우스 왼쪽 버튼을 누르면 [JDevices AutoRun Jastec]이 나타나게 되는데 이때 마우스를 움직여 클릭을 하면 프로그램이 시작되며 초기화면이 나타난다.

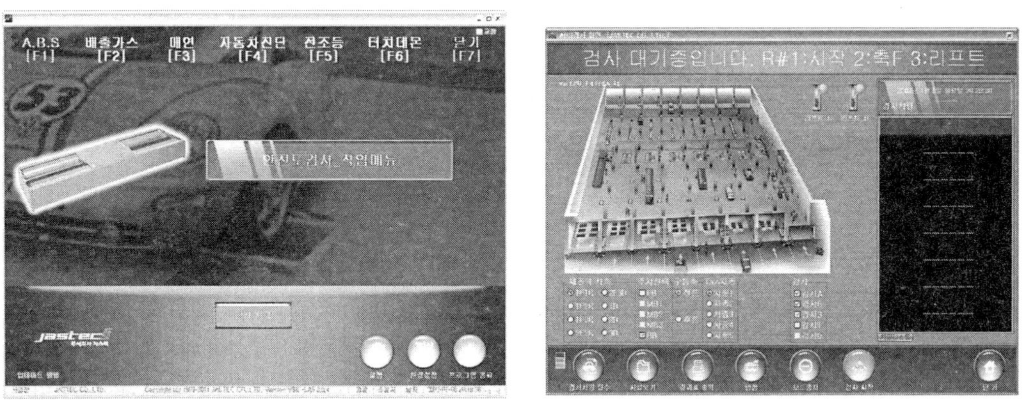

(a) (b)

그림 81. 초기화면

③ 초기 화면에서 좌측 상단의 ABS 메뉴를 클릭한다(혹은 F1키를 누른다). 이때 나타나는 메인 화면에서 검사항목을 설정하고 측정할 수 있는 준비단계이다.

[2] 테스터 사용방법

(1) 리프트의 작동

〈리프트_S〉, 〈리프트_B〉 버튼은 해당 항목에서 작동하는 리프트를 강제로 Up/Down 할 수 있다. 리프트_S는 차속 측정을 위해 진입하는 리프트의 Up/Down을, 리프트_B는 제동력 측정을 위해 진입하는 리프트의 Up/Down을 설정할 수 있다.

그림 82. 리프트 작동

(2) 제동력 차축

선택화면은 검사차량의 차축 개수를 선택할 수 있다. 예를 들어 25T 트레일러의 경우 앞의 구동축 2개와 후륜축 3개가 있으므로 2F3R을 체크하면 된다. 일반적으로 기본선택은 1F1R이 체크되어 있다.

(3) 주차선택

선택화면은 주차브레이크를 작동 시 제동이 걸리는 차축을 뜻하며 일반적으로 주차브레이크 작동 시 후륜이 잠기게 되므로 RB가 체크되어 있다.

(4) 구동축 선택

구동축 선택화면은 전, 후진시 구동되는 바퀴가 전륜인지 후륜인지를 판단하여 선택을 한다.

(5) 검사 선택

검사 선택화면은 총 5가지 항목 중에 검사 T, D를 제외한 나머지 항목들을 설정할 수 있다. 각 항목들은 중복 선택이 가능하며 위에서부터 순차적으로 진행된다.

① 검사 A : 사이드슬립

② 검사 B : 제동력

③ 검사 S : 속도계

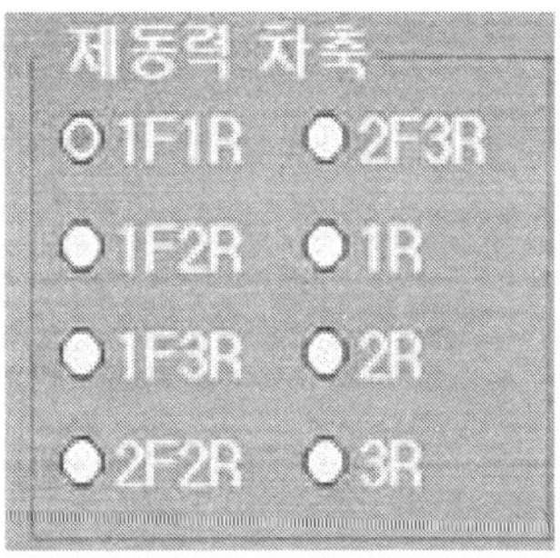

그림 83. 차축개수 선택

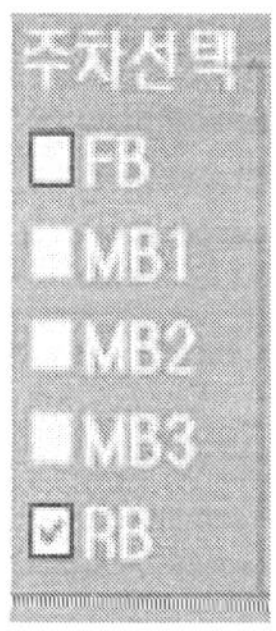

그림 84. 주차선택

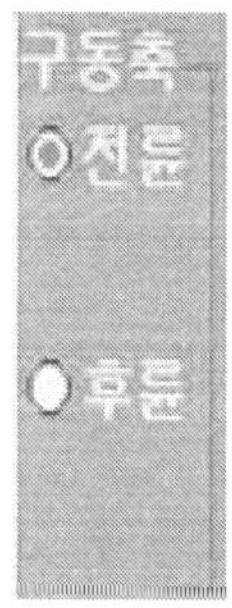

그림 85. 구동축 선택

그림 86. 검사항목 선택

(6) 검사접수

첫 화면 진입 후 차량 접수를 위해 검사차량 접수 버튼을 클릭한다. 검사차량 접수시 나타나는 항목이다. 접수번호, 차량번호, 차량명을 입력한다. 차종은 검사차량에 해당되는 항목을 찾아서 맞는 것을 입력한다.

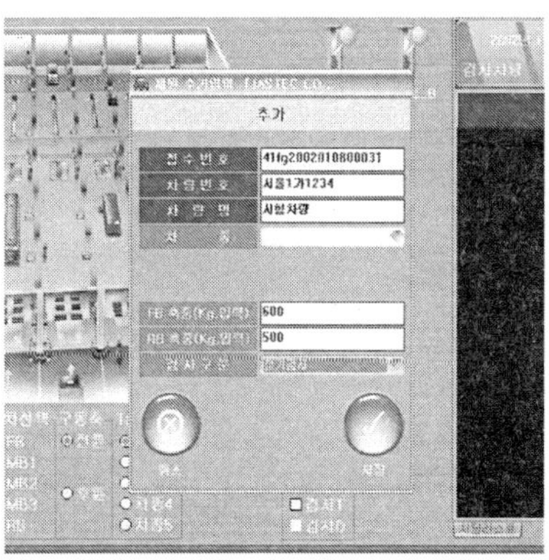

(a)

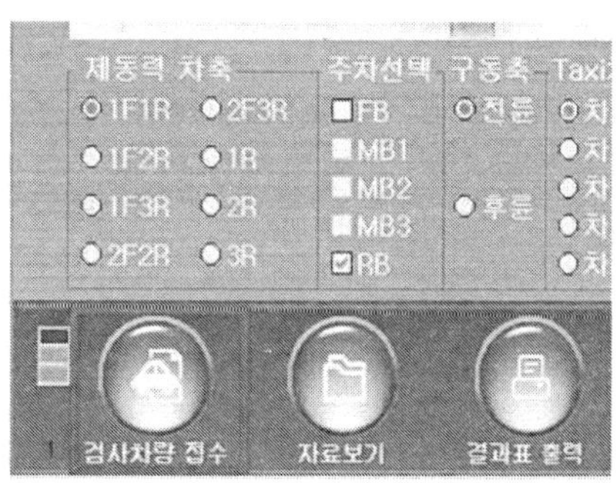

(b)

그림 87. 검사접수

축중 입력은 FB(앞 축중), RB(뒤 축중)로 나뉘어져 있으며 해당 축중의 무게를 직접 입력하거나 동력계에서 직접 측정이 가능하다. 조건을 모두 입력한 후 저장을 누르면 오른쪽 상단에 *서울1가1234라고 표시가 되며 우측 하단의 '검사시작' 버튼을 누르면 검사가 진행되게 된다.

6.6.2. 검사

선택검사에 대하여 설명한다.

[1] 사이드슬립 검사

① 검사 선택에서 "검사 A" 을 선택하고 검사차량에 대한 정보를 입력한 후, 검사 시작을 클릭하면 메인모니터 화면에는 다음과 같은 화면이 나타나며, 보조 모니터에는 "사이드슬립 측정기를 통과하십시오." 라는 메시지가 나타난다.

② 검사차량이 사이드슬립 답판을 통과하여 퇴출확인 포토센서가 작동하면 적합 또는 부적합 판정을 내리며 화면 밑 부분의 A하단에 "O" 또는 "X" 가 표시된다.

그림 88. 사이드슬립 측정

[2] 브레이크 테스트

① 검사 선택에서"검사B"를 선택하고 검사차량에 대한 정보를 입력한 후, 검사 시작을 클릭하면 메인모니터 화면에는 다음과 같은 화면이 나타나며, 보조 모니터에는"제동시험기에 앞 바퀴를 올려 놓으십시오."라는 메시지가 나타난다.

② 차량이 제동시험기의 포토센서를 가리면 일정시간이 지난 후, 축중을 측정한다(그림에서 적색 칸에 제원상의 차량중량이 표시된다).

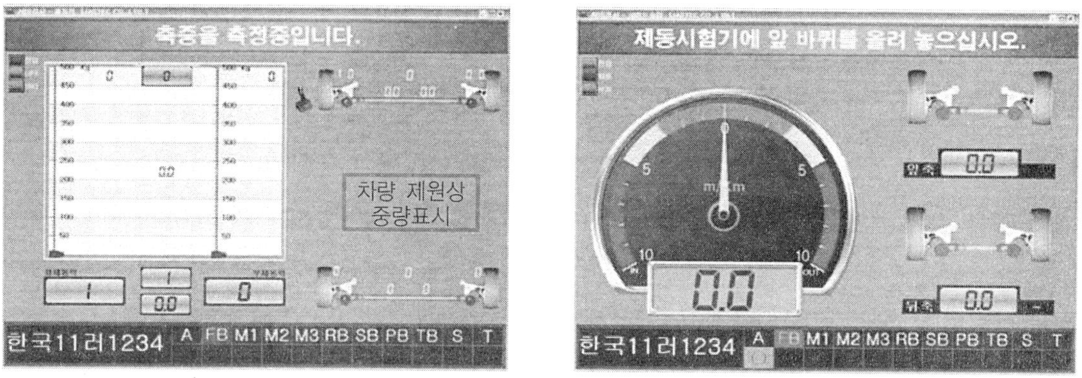

(a) 메인 모니터 (b) 보조 모니터

그림 89. 브레이크 테스트

③ 축중 측정이 끝나면 리프트가 하강을 하며, 완전히 하강하면 롤러가 회전을 시작하고 "브레이크를 밟으시오." 메시지가 나타나며 최대 제동력의 검출을 시작한다.

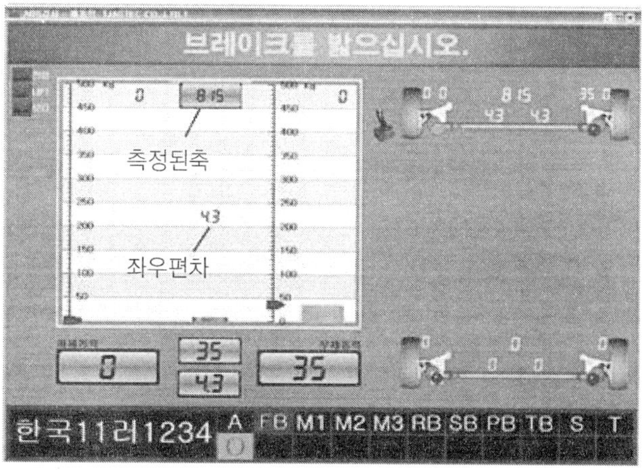

그림 90. 제동력 검출 시작

④ 최대 제동력 측정 중 제동력의 좌우 최대 편차가 당해 축중의 8% 이상이 되면, 모터가 회전을 멈추고 "다시한번"이 깜빡이면서 리프트가 상승하여 축중을 다시 측정한 뒤, 리프트가 하강을 하고 롤러가 회전하면서 최대 제동력을 측정한다(주의 : 편차는 최종 편차를 측정하는 것이 아니라 측정중 최대 편차를 측정함).

⑤ 최대 제동력의 측정이 끝나면,"브레이크를 놓으시오"메시지가 나타나고 복원 제동력을 검사한다(3초 이내에 좌·우 제동력의 합이 당해 축중의 20%이내가 되어야 한다).

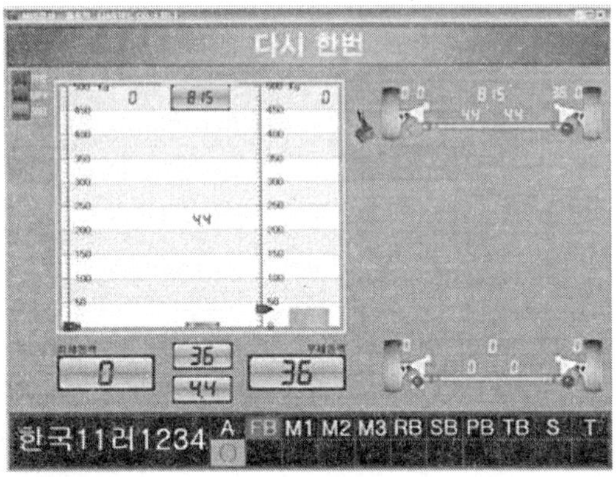

그림 91. 편차가 당해 축중의 8% 이상시

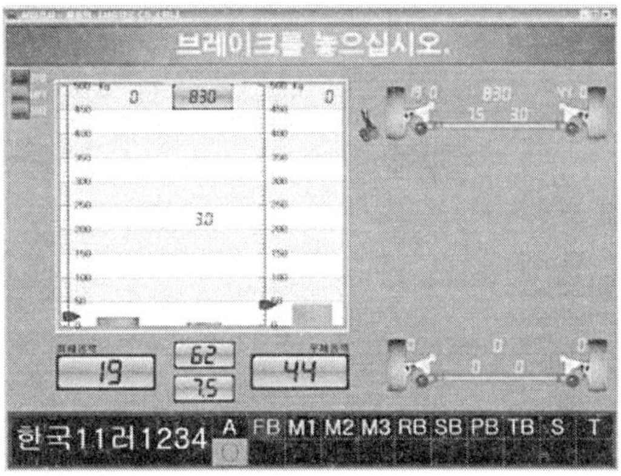

그림 92. 제동력의 측정 완료

⑥ 복원 제동력의 검사가 끝나면 제동력에 대한 적·부 판정을 내린다.

⑦ 주차제동력(PB)은 주차브레이크가 설치된 축일 경우에 측정을 하며, 맨 뒤축의 제동력검사가 끝났을 때 주차제동력에 대한 판정을 한다.

⑧ 합계 제동력(SB)은 맨 뒤축의 제동력의 검사가 끝난 뒤에 판정을 한다.

⑨ 종합 제동력(TB)은 제동력의 검사에서 부적합 항목이 없어야 "O" 로 표시된다.

알아두기 — 제동력 판정 기준

① 모든 축의 제동력 합이 각각 당해 축중의 50% 이상일 것
② 동일 차축의 좌・우 차륜 제동력의 편차는 당해 축중의 8% 이내일 것
③ 주차 제동력의 합은 차량 중량의 20% 이상일 것
④ 최고 속도가 80km/h 이상이고 차량 총 중량이 차량 중량의 1.2배 이하인 자동차의 각축의 제동력 합은 차량 총 중량의 50% 이상일 것
⑤ 최고 속도가 80km/h 미만이고 차량 총중량이 차량 중량의 1.5배 이하인 자동차의 각축의 제동력 합은 차량 총 중량의 40% 이상일 것

⑥ 그 밖의 자동차
　㉮ 각 축의 제동력의 합은 차량 중량의 50% 이상
　㉯ 각 축중의 제동력은 각 축중의 50% 이상(단, 뒷차축의 경우에는 당해 축중의 20%)

[3] 속도계 테스트

① 검사 선택에서 “검사 S”을 선택하고 검사차량에 대한 정보를 입력한 후, 검사 시작을 클릭하면 메인모니터 화면에는 다음과 같은 화면이 나타나며, 보조 모니터에는 “속도계시험기에 구동축을 올려 놓으십시오.”라는 메시지가 나타난다.

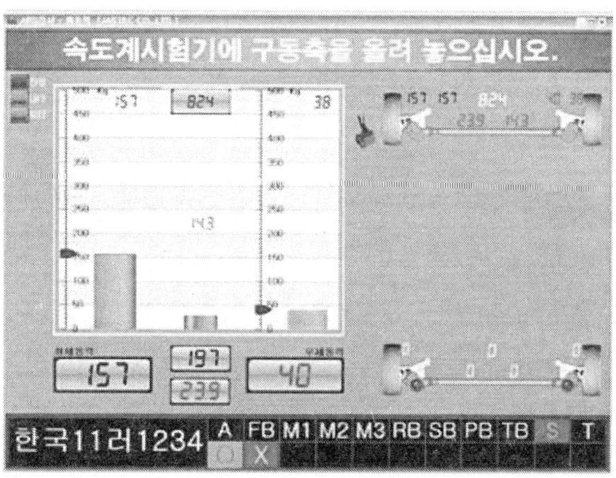

그림 93. 속도계 테스트 초기 메시지

② 차량이 속도계시험기의 포토센서를 가린 후, 일정한 시간이 지나면“브레이크를 놓으십시오”라는 메시지와 함께 리프트가 하강을 시작한다.

③ 리프트가 완전히 하강하면 “천천히 가속 하십시오.” 메시지가 나타나며, 변속기어를 제1단에서부터 변속시키면서 서서히 가속시켜 롤러에서 검출되는 속도가 5km/h 이상이 되면 “40km/h에서 신고버튼을 누르십시오.”라는 메시지가 표시되며 이때 리모콘 1번 버튼을 이용하여 속도 신고를 하면 된다(또는 F1을 눌러도 신고가 되며 추가적으로 속도계 합격 범위에서 일정시간(기본값 5초) 속도가 유지 되면 리모콘을 사용하지 않고도 자동 신고가 된다).

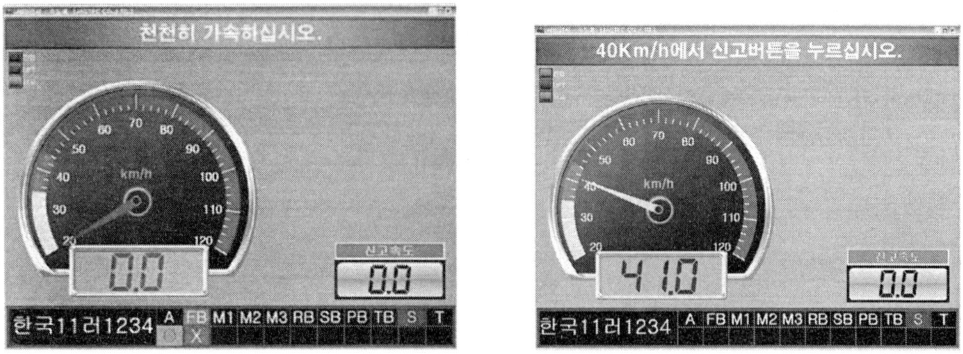

(a) 천천히 가속 (b) 속도 신고

그림 94. 속도계 테스트

④ 신고된 속도가 합격범위(34.8km/h~44.4km/h) 내에 있으면 [적합]이 표시되며 "브레이크를 천천히 밟으십시오."라는 메시지가 표시된다.

그림 95. 속도계 테스트 판정

⑤ 브레이크를 밟아서 속도계시험기의 롤러의 회전속도가 5km/h이하가 되면 속도계의 리프트가 상승을 시작한다.

⑥ 신고한 속도가 합격범위(34.8km/h~44.4km/h) 밖에 있으면 [부적합]이 표시되고, "다시 한번"이 깜빡인 뒤, "40km/h에서 신고버튼을 누르십시오." 메시지가 표시된다.

알아두기 — 속도계 판정기준 및 판정

1. 판정기준

속도계는 수평 노면에서의 속도가 40km/h(최고 속도가 40km/h 미만인 자동차에 있어서는 그 최고 속도)인 경우 그 지시오차가 정 25%, 부 10% 이하일 것.

2. 자동차를 기준으로 하였을 때 판정(자동차 주행속도 40km/h)

$\frac{40km}{1.25(125\%)}$ 이상 $\frac{40km}{0.9(90\%)}$ 이하이면 합격이다.

즉 테스터의 속도계에 지시되는 눈금이 32~44.4km/h사이의 값이면 합격이다. 운전석에서 자동차의 속도계가 40km/h일 때 테스터의 속도계의 눈금을 읽는다.

3. 테스터를 기준으로 하였을 때(테스터 속도계 40km/h)

40km/h×0.9(90%) 이상 40km/h×1.25(125%) 이하이면 합격이다. 즉 차량의 속도계에 지시되는 눈금이 36~50km/h사이의 값이면 정상이다. 이때, 테스터의 부저 및 표시등이 점등될 때 자동차의 속도계의 눈금을 읽는다.

7. 전자 제동력 분배제어(EBD: electronic brake-force distribution control)

7.1. EBD의 필요성

주행 중 급제동을 하면 자동차 무게의 이동으로 인하여 뒷바퀴가 앞바퀴보다 먼저 고착되어 자동차 스핀발생으로 인한 사고를 일으킬 수 있다. 그러므로 이에 대한 대응 방법으로 P밸브(프로포셔닝밸브 - 승용차에 부착)나 또는 LCRV(load conscious reducing valve), LSPV(load sensing proportioning valve - 소형 상용자동차에 부착)을 설치하여 뒷바퀴의 유압을 앞바퀴 보다 감소시켜 뒷바퀴가 먼저 고착되는 것을 방지하였다.

그러나 이것들은 모두 기계적 장치이므로 이상적인 뒷바퀴의 유압 분배는 실현하지 못하였다. 특히 소형 상용자동차에 설치한 LCRV 및 LSPV는 자동차의 하중에 따른 뒤 브레이크의 유압을 어느 정도 분배를 하였으나 승용자동차에 설치한 P밸브는 무게 증가에 따른 제동력을 배분을 실행하지 못하여 제동력 열세가 문제점으로 지적된다.

또 브레이크 라이닝 및 패드의 마찰재료 산포에 따라 각 바퀴에서 발생되는 제동력의 차이가 발생하여 각 바퀴에 따라 이상적으로 제동하기 위한 요구 유압 분배곡선은 차이가 발생하지만 기계적인 P밸브나 LCRV 또는 LSPV만으로는 일정한 유압 분배곡선만 유지되어 이상적인 제동을 수행할 수 없다.

그리고 P밸브나 LCRV 또는 LSPV 등이 고장을 일으켰을 때 운전자가 알 수 없으며, 이것들이 고장이 발생하면 급제동을 할 때 차체의 스핀이 발생할 수 있다. 이런 문제점을 해소하기 위해 뒷바퀴와 앞바퀴를 동일하게 제어하거나 또는 뒷바퀴가 늦게 고착되도록 ABS-ECU가 제어하는 방식을 EBD(전자 제동력 분배제어)라 한다.

7.2. EBD의 원리

기존의 P밸브 대신 ABS-ECU에 논리(logic)를 추가하여 뒷바퀴 제동력을 요구 유압 분배곡선(이상 제동 배분곡선)에 가깝게 제어한다. 즉, 제동할 때 각각의 휠 스피드 센서로부터 미끄러짐 비율을 연산하여 뒷바퀴 미끄러짐 비율을 앞바퀴보다 항상 작거나 동일하게 유압을 제어한다. 따라서 뒷바퀴의 고착이 앞바퀴 보다 먼저 일어나지 않는다. 그림 96(a)의 ⓐ부분만큼 뒷바퀴 유압을 크게 할 수 있어 제동력이 향상되며, 마찰재료 산포에 따른 각 바퀴의 요구 분배곡선으로 제동력을 조절할 수 있어 전체 제동력이 향상된다.

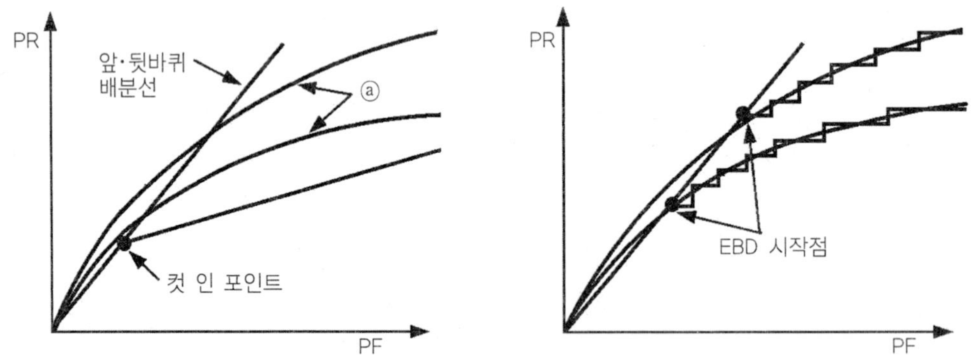

(a) P밸브 장착차량 (b) EBD 장착차량

그림 96. EBD의 원리

7.3. EBD의 작동과 효과

7.3.1. EBD의 작동

뒷바퀴가 앞바퀴보다 먼저 고착되기 직전에 ABS-ECU는 고착되려는 바퀴 쪽의 NC (normal closed)밸브를 ON(열림)으로 하여 고착되려는 바퀴의 브레이크 유압을 감소시켜 고착을 방지한다. 이때 제동력이 감소하여 바퀴가 회전하면 다시 NC밸브를 OFF(닫음)하여 가해진 유압을 캘리퍼로 전달한다. 이때 모터 펌프는 작동하지 않는다.

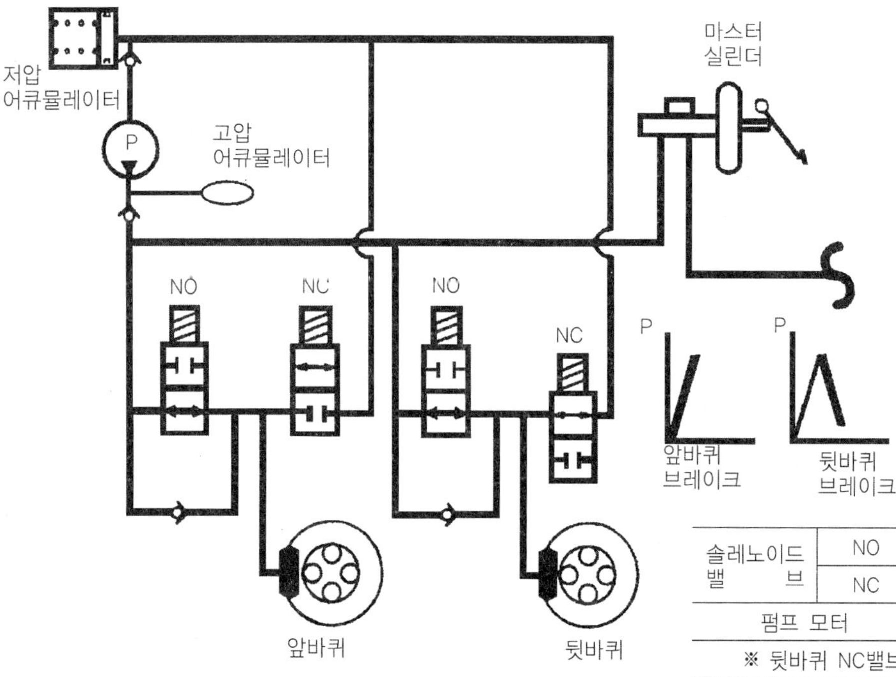

솔레노이드 밸브	NO	OFF
	NC	OFF
펌프 모터		OFF
※ 뒷바퀴 NC밸브만 ON		

그림 97. EBD의 작동

7.3.2. EBD의 효과

기존의 P밸브보다 뒷바퀴의 제동력을 향상시키므로 제동거리가 단축되며, 또한 뒷바퀴의 유압을 각각 독립제어가 가능하므로 선회하면서 제동할 때 안정성이 확보된다. 그리고 브레이크페달 밟는 힘이 감소하며, 제동할 때 뒷바퀴의 제동효과가 증가하므로 앞바퀴 브레이크 패드 마모 및 온도상승 등이 감소하여 안정된 제동효과를 얻을 수 있다. EBD만 설치한 경우와 EBD와 P밸브를 함께 설치한 경우의 효과는 다음과 같다.

	EBD만 설치한 경우	EBD와 P밸브를 함께 설치한 경우
일반 성능 비교	자동차의 무게가 무겁고, 고속인 상태에서 급제동을 하면 30bar 보다 훨씬 큰 압력 제어가 가능하므로 이상적인 뒤 브레이크 유압 분배가 가능하다.	자동차의 무게가 무겁고, 고속인 상태에서 급제동을 하면 30bar 보다 훨씬 큰 압력의 제어가 요구되지만 P밸브가 30bar 정도의 압력에서 유지시키므로 EBD기능이 한정된다.
고장이 발생하였을 때	일반적인 브레이크로 전환되지만 P밸브가 없어 스핀 발생이 염려된다.	일반적인 브레이크로 전환되며, P밸브는 계속 작동되어 자동차의 스핀을 방지한다.

7.3.3. EBD의 안정성

ABS의 고장 원인 중 다음과 같은 사항에서도 EBD는 계속 작동하므로 ABS보다 고장률이 감소된다.

① 휠 스피드 센서 1개 고장

② 모터 펌프 고장

③ 전압 저하 고장

또 프로포셔닝(P)밸브가 고장을 일으켰을 때 운전자가 알 수 있는 경고장치가 없어 고장 여부를 알 수 없으며, 만약 고장인 상태에서 급제동을 하면 차체의 스핀이 발생할 수 있으나 EBD가 고장일 때에는 기존의 주차 제동등를 점등시켜 운전자에게 경고한다. 그리고 EBD의 페일 세이프(fail safe)는 다음과 같다.

고장 원인	EBD 제어계통		경고등	
	ABS	EBD	ABS	EBD
None	작동	작동	OFF	OFF
센서 1개 고장	비 작동	작동	ON	OFF
모터펌프 고장	비 작동	작동	ON	OFF
전압 저하 고장	비 작동	작동	ON	OFF
센서 2개 이상 고장 밸브 고장, ECU 고장 기타 고장	비 작동	비 작동	ON	ON

7.3.4. 경고등 제어

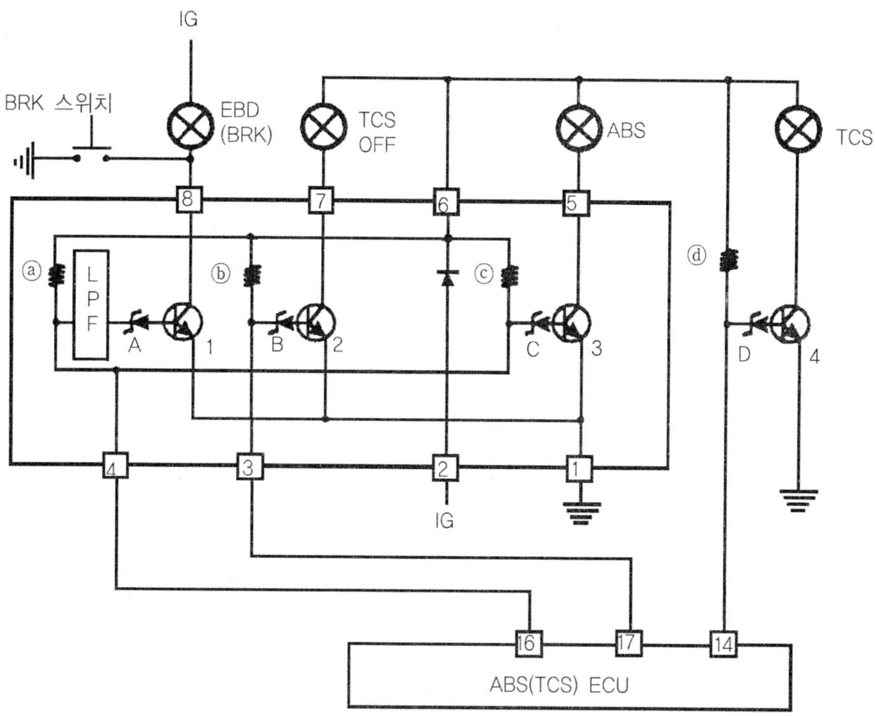

그림 98. 경고등 회로

[1] TCS기능 경고등

① TCS 제어 중에 점등된다.

② ABS-ECU 14번이 접지 되면 저항 ⓓ를 통과한 전류는 ABS-ECU 14번을 통하여 접지되므로 제너다이오드 D를 통과하지 못하여 트랜지스터 4가 작동하지 않으므로 경고등은 소등된다(평상 제동 - TCS 비 제어상태).

③ TCS를 제어 중일 때에는 ABS ECU 14번의 접지를 차단한다.

④ 저항 ⓓ를 통과한 전류는 제너다이오드 D를 거쳐 트랜지스터 4를 작동시킨다.

⑤ 트랜지스터 4의 작동으로 TCS의 경고등은 접지가 연결되므로 점등된다.

⑥ ABS-ECU의 커넥터를 분리할 때에도 14의 접지 차단과 같이 점등된다.

[2] TCS OFF 경고등

① TCS OFF스위치에 의해 TCS를 OFF로 선택하였을 때 점등한다.

② TCS에 고장이 발생하면 점등된다.
③ ABS-ECU 17번을 접지하였을 때 저항 ⓑ를 통과한 전류는 ABS-ECU 17번을 통하여 접지되므로 제너다이오드 B를 통과하지 못하여 트랜지스터 2가 작동하지 않으므로 TCS OFF 경고등은 소등된다(정상상태 및 TCS OFF를 선택하지 않은 경우).
④ TCS OFF를 선택하거나 장치에 고장이 발생하면 ABS-ECU 14번의 접지를 차단한다.
⑤ 저항 ⓑ를 통과한 전류는 제너다이오드 B를 거쳐 트랜지스터 2를 작동시킨다.
⑥ 트랜지스터 2의 작동으로 TCS OFF 경고등은 접지가 연결되므로 점등된다.
⑦ ABS-ECU 커넥터를 분리할 때에도 17번의 접지 차단과 같이 점등된다.

[3] ABS 및 EBD 동시 점등

① ABS의 고장이나 EBD를 동시에 제어가 불가능할 때 ABS 및 EBD 경고등이 점등된다.
② ABS-ECU 16번이 접지되었을 때 저항 ⓐ를 통과한 전류는 ABS-ECU 16번을 통하여 접지되므로 제너 다이오드 A를 통과하지 못하여 트랜지스터 1이 작동하지 않으므로 EBD 경고등은 소등된다. 또 저항 ⓒ를 통과한 전류도 ABS-ECU 16번을 통하여 접지되므로 제너다이오드 C를 통과하지 못하여 트랜지스터 3이 작동하지 않으므로 ABS 경고등도 소등된다(정상인 경우).
③ ABS와 EBD 동시 점등조건이 발생하면 ABS-ECU 16번의 접지를 차단한다. 이때 저항 ⓐ를 통과한 전류는 제너다이오드 A를 통과하여 트랜지스터 1을 작동시킨다. 트랜지스터 1의 작동에 의해 EBD 경고등은 접지와 연결되어 점등된다. 또 저항 ⓒ를 통과한 전류도 제너다이오드 C를 통과하여 트랜지스터 3을 작동시킨다. 트랜지스터 3의 작동에 의해 ABS 경고등도 접지와 연결되어 점등된다.
④ ABS-ECU 커넥터를 분리할 때에도 16번의 접지 차단과 같은 조건이 되어 ABS 및 EBD 경고등이 점등된다.

[4] ABS경고등 ON 및 EBD경고등 OFF

ABS경고등 ON, EBD경고등 OFF 조건이 발생하면 ABS-ECU는 고주파 신호로 접지 제어를 실행한다.

(1) ABS-ECU 구동신호

① ABS 경고등은 200μs 동안만 경고등이 OFF되므로 ABS 경고등은 연속적으로 점등되어 있다.

② EBD 경고등은 로 패스 필터(low pass filter)가 삽입되어 있으므로 고주파가 입력될 경우 이 필터를 통과하지 못하여 트랜지스터 1을 작동시키지 못해 EBD 경고등은 점등되지 않는다.

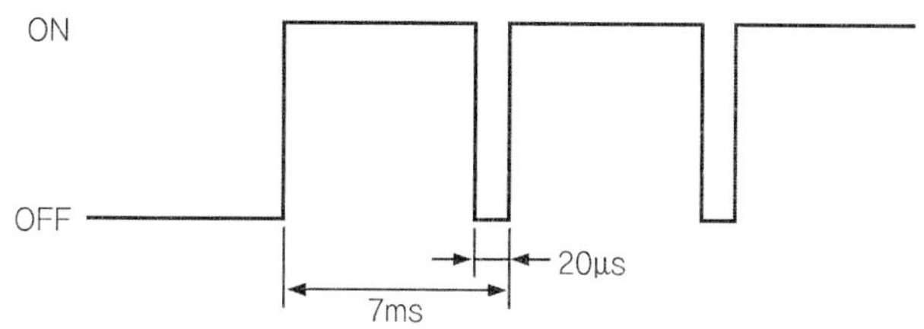

그림 99. ABS-ECU 구동신호

8. 동적 제어시스템(VDC : vehicle dynamic control)

8.1. VDC의 개요

VDC는 ESP(electric stability program)이라고도 부르며, 차량의 자세를 제어장치를 말한다. VDC가 설치된 경우에는 ABC와 TCS제어를 포함한다. VDC는 요 모멘트 제어(yaw moment control)와 자동 감속기능을 포함하여 차량의 자세를 제어할 수 있다. 기존의 장치에는 요잉(yawing)제어를 할 수 있는 장치가 없다.

차량의 자세제어를 제어하는데 기여한 ECS(electronic control suspension system)는 차량의 롤링(rolling), 피칭(pitching) 및 바운싱(bouncing)제어를 통해 차량 주행 중 발생되는 진동을 억제하여 안전을 확보하였으나 선회(cornering) 할 때 발생되는 언더/오버 스티어링(under & over steering)에 대한 제어를 할 수 없다.

VDC는 차량의 요 모멘트 제어를 통해 언더/오버 스티어링를 제어하므로서 차량의 한계 스핀(spin)을 억제하여 안정된 주행성능을 확보할 수 있는 장치이다. 즉 VDC란 차량의 미끄럼을 검출하여 운전자가 브레이크 페달을 밟지 않아도 자동으로 각 바퀴의 브레이크 유압과 엔진 출력을 제어하여 안전성을 확보한다. VDC는 EBD제어, ABS제어, TCS제어 기능을 포함하고 있으며, 요 모멘트 제어와 자동 감속제어를 함께 실행한다.

VDC는 스핀 또는 언더 스티어링 등의 발생을 억제하여 이로 인한 사고를 미연에 방지하는 장치로 차량에 스핀이나 언더/오버 스티어링이 발생하면 이를 검출하여 자동적으로 안쪽 바퀴나 바깥쪽 바퀴에 브레이크를 작동시켜 차량의 자세를 제어하여 안정된 상태를 유지하고, 스핀 한계 직전에서 자동 감속하며, 이미 발생한 경우에는 각 바퀴별로 제동력을 제어하여 스핀이나 언더 오버 스티어링의 발생을 미연에 방지하여 안정된 운행을 하도록 도와준다.

이 장치는 ABS와 TCS의 기존 장치에 요-레이터 & 횡 가속도센서, 마스터 실린더 압력센서를 추가한 것으로 주행속도, 조향핸들 각속도센서, 마스터 실린더 압력센서 등으로부터 운전자의 의도를 판단하고, 요-레이터 & 횡 가속도센서로부터 차체의 자세를 계산하여 운전자가 별도로 브레이크를 작동시키지 않아도 4바퀴를 개별적으로 브레이크를 작동시켜 차량의 자세를 제어하여 차량의 모든 방향에 대한 안전성을 확보한다.

8.2. VDC의 기능

8.2.1. VDC제어 이론

[1] 차량의 진동

차량에서 발생되는 주요 진동에는 크게 4가지가 있다. 즉 롤링, 피칭, 바운싱, 요잉 운동인데 롤링, 피칭, 바운싱은 ECS에서 제어하고 있으나 요잉은 제어하지 못한다. VDC에서는 차량의 중심을 기준으로 차량의 앞뒤 부분이 좌우로 이동되려는 요 모멘트를 제어한다.

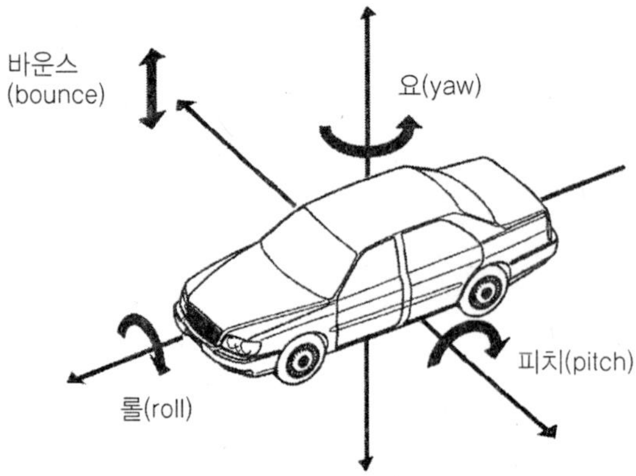

그림 100. 차량의 진동

(1) 요 모멘트

선회할 때 안쪽바퀴 또는 바깥쪽 바퀴로 이동하려는 힘이 발생하여 오버 스티어링과 언더 스티어링과 같은 횡력(drift out) 등이 발생하여 주행 안전성이 저하된다. VDC는 요 모멘트가 발생하면 브레이크 제어로 반대방향의 요 모멘트를 발생시켜 차량의 주행안전성 및 선회 안전성을 향상시킨다.

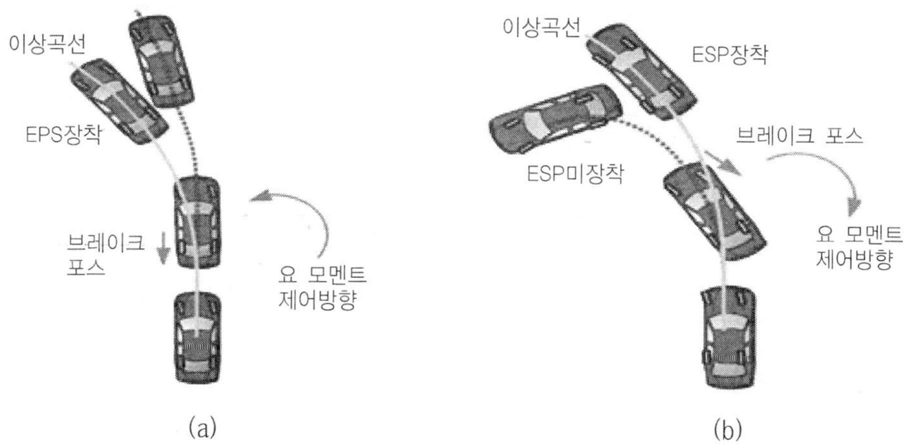

그림 101. 요 모멘트 발생

(2) 언더/오버 스티어링(under & over steering)

오버 스티어링은 차량이 운전자가 의도한 목표라인보다 안쪽으로 선회하는 것을 말한다. 일정한 조향각도로 선회하는 도중에 뒷바퀴에 원심력이 작용하여 바깥쪽으로 미끄러져 나가 접지력을 잃었을 때 일어난다.

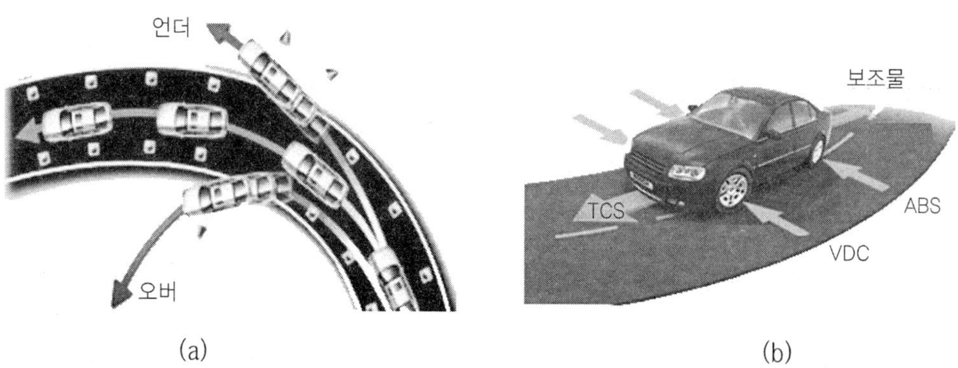

그림 102. 언더/오버 스티어링

뒷바퀴가 미끄러진 상태이므로 스핀 현상으로 이어지기 쉽고 가속할 때에는 엔진의 출력이 도로면에 충분히 전달되지 않아 출력도 떨어진다. 반면 언더 스티어링은 차량이 운전자가 의도한 목표라인보다 바깥쪽으로 벗어나는 경향을 말한다. 조향핸들을 지나치게 조작하거나 과속, 브레이크 잠김 등이 원인이 되어 앞바퀴에 원심력이 작용하면, 일정한 조향각도로 선회하려고 하여도 접지력을 잃고 바깥쪽으로 미끄러진다. 언더 스티어링이 심하면 커브를 돌지 못하고 도로 밖으로 튀어나갈 수도 있다.

일반적인 차량은 직진성능을 향상시키기 위해 약간의 언더 스티어링으로 설정되어 있다. 즉 오버 스티어링은 차량의 주행속도를 높이면 원주 안으로 파고드는 현상이며, 언더 스티어링은 주행속도를 높이면 원주 밖으로 벗어나는 현상이다. 주행속도를 높여도 정확하게 원주 위를 주행하는 성질을 뉴트럴 스티어링(neutral steering)라 부르며, 또 처음에는 언더 스티어링 이였던 것이 나중에 오버 스티어링 으로 바뀌거나 처음에는 오버 스티어링이였던 것이 언더 스티어링으로 바뀌는 것을 리버스 스티어링(revers steering)이라 한다.

[2] 물체의 운동

(1) 등속원운동

물체에 외부 힘이 작용하면 모양이 변하거나, 운동의 제2법칙에 따라 속력이나 운동방향이 변한다. 이때 물체의 운동방향에 수직인 힘은 운동방향을 변화시키고, 평행한 힘은 물체의 속력을 변화시킨다. 평행한 힘의 성분이 없고 수직인 성분이 일정할 때, 물체는 등속원운동을 한다. 그리고 원의 중심방향으로 작용하여 물체의 운동방향을 바꾸는 힘을 구심력이라 한다.

(2) 원운동과 구심력

운동방향에 평행한 힘의 성분은 원을 따라 움직이는 물체의 속력를 더 빠르거나 느리게 한다. 이때 수직인 힘, 즉 구심력이 일정하다면 원 궤도의 반지름이 변한다. 속력이 더 빨라지면 반지름은 커지고, 느려지면 반지름은 작아진다. 따라서 원 궤도의 반지름이 일정하려면 물체의 속력에 따라 구심력도 달라져야 한다. 길이가 일정한 실에 돌멩이를 매달고 속력을 바꾸면서 돌려보자. 이때 돌멩이에 작용하는 구심력은 실의 장력이다.

천천히 돌리면 실이 느슨해지고, 빨리 돌릴수록 팽팽해진다. 그러므로 반지름이 일정하다면, 속력이 빠를 때 구심력이 더 크다.

(3) 선속력와 각속력

물체가 단위시간당 움직인 거리를 알면 물체의 속력을 구할 수 있다. 하지만 원운동에서는 단위시간당 변화한 중심각도의 크기를 빠르기의 척도로 삼으면 유용하다. 이를 각속력이라 하고, 이와 구분하기 위해 접선방향으로의 속력을 선속력이라 부른다. 선속력을 v, 원의 반지름을 R, 각속력을 ω라 하면, $v = R \times \omega$가 성립한다.

8.3. VDC의 분류

VDC는 크게 2가지 방식으로 분류할 수 있는데 먼저 유압 부스터방식의 VDC와 진공 부스터방식의 VDC가 있다. 대부분의 차량에 진공 부스터방식을 사용한다.

8.3.1. 유압 부스터 방식의 VDC

유압 부스터 방식(hydraulic booster type)의 VDC가 국내 최초로 사용되었다. 브레이크 배력 장치인 부스터를 기존에 진공방식에서 유압모터를 이용한 유압방식 배력 장치를 사용한다. 기존의 진공 배력장치는 엔진의 가동이 정지되면 작동 할 수 없는 단점이 있었는데 유압부스터는 엔진 가동여부와 관계없이 축전지만 정상이라면 항상 브레이크 배력이 가능한 장점이 있다.

반대로 축전지가 방전되면 배력 작용이 일어나지 못하므로 위험 할 수도 있다. 이를 방지하기 위해 부스터 압력을 수시로 점검하고 압력에 문제가 생기면 부저로 압력에 문제가 있다는 경보를 한다. 또 계기판에 관련 경고등을 점등하여 경보하기도 한다. 이 방식은 기존의 ABS와 EBD, TCS기능을 포함해 VDC기능까지 통합 제어한다.

[1] 유압 부스터 방식의 VDC 입·출력 구성도

유압 부스터방식 VDC의 입력부분은 바퀴의 회전속도를 검출하기 위한 휠 스피드 센서 신호와 조향핸들의 조향각도를 검출하기 위한 조향핸들 각속도센서의 신호가 입력된다. 이 신호는 요 모멘트를 제어할 때 언더/오버 스티어링을 판단하고자 입력된다.

또 차량의 비틀림을 알기위해 요-레이트 센서의 신호가 입력되며, 차량의 횡력(drift out)을 알기위해 G-센서의 신호가 입력된다. 또 마스터실린더에서 배출되는 유압을 검출하기 마스터실린더 압력센서의 신호가 입력되며, 가속페달을 밟은 정도를 알기위한 가속페달 위치센서(APS)의 신호도 입력된다.

ABS를 제어할 때 참조신호인 브레이크 스위치 신호도 입력되며, TCS제어를 해제하기 위한 TCS OFF스위치 신호도 입력된다. 출력부분은 하이드로릭 유닛(H/U)과 유압 부스터 유닛(H/B UNIT)의 솔레노이드밸브로 전압을 출력한다. 또 유압 부스터 유닛의 유압 모터를 제어하기 위해 VDC ECU에서 전압을 출력하며, VDC릴레이를 직접 제어한다. TCS제어를 위해 엔진 ECU와 자동변속기 TCU사이에 통신을 하며, TPW(바퀴 공기압력 경보)를 포함한 ABS, TCS, VDC 경고등을 제어한다.

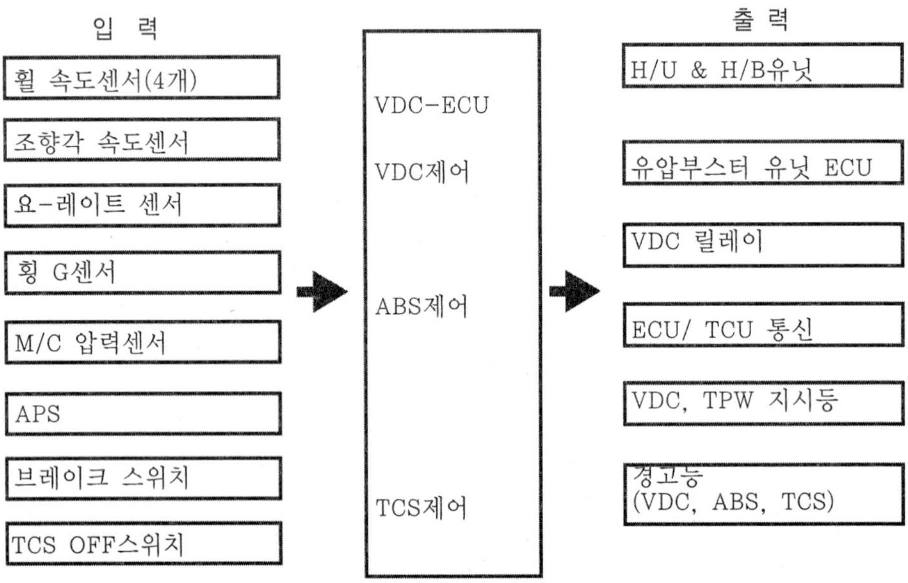

그림 103. 유압 부스터 방식의 VDC 입 · 출력도

[2] 유압 부스터방식 VDC 구성부품의 기능

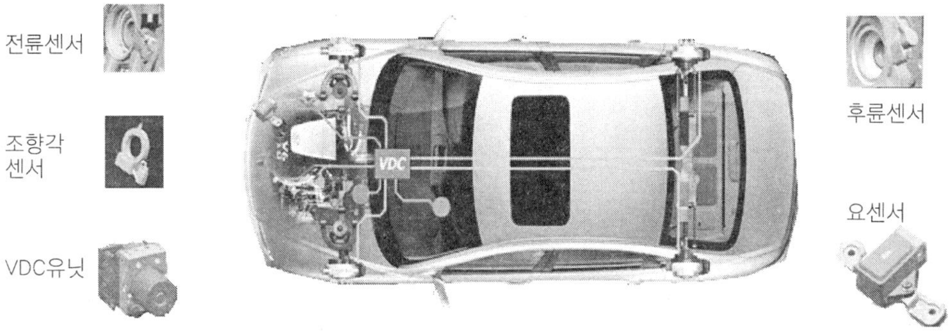

그림 104. 유압 부스터방식의 VDC 구성부품의 설치위치

(1) 조향핸들 각속도센서

조향핸들 각속도센서는 조향핸들의 조향각도와 조향방향 그리고 조향속도를 VDC ECU로 입력한다. 이 신호를 기준으로 언더/오버 스티어링을 판단한다. 만약 조향핸들을 많이 돌렸는데 요-레이트 센서로부터 비틀림 신호가 적게 들어오면 언더 스티어링으로 판단하고 조향핸들 각속도센서의 신호가 적게 조향하였는데도 요-레이트 센서 값이 크게 입력되면 오버 스티어링이라 판단한다.

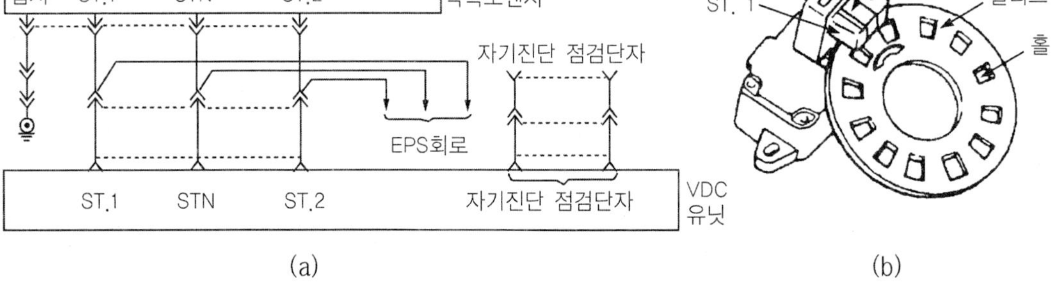

그림 105. 조향핸들 각속도 센서

(2) 요-레이트(yaw-rate) 센서

요-레이트 센서는 차량에 비틀림을 검출하는 것으로 차량이 선회하거나 그 밖의 비틀림이 있을 경우 반응하여 신호를 보낸다. 언더 스티어링의 경우에는 차량의 비틀림이 적은 상태이므로 요-레이트 센서의 출력 값의 변화가 적다. 반대로 오버 스티어링인 경우는 차량이 많이 비틀린 경우이므로 요-레이트 센서의 출력 값이 높게 출력된다. 이 신호를 기준으로 VDC ECU는 요 모멘트 제어를 실행한다.

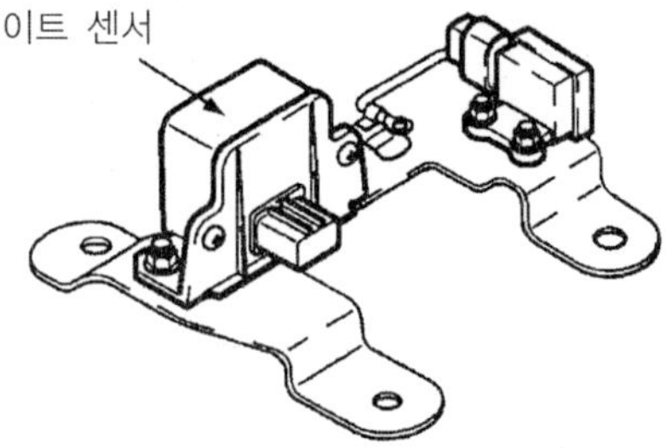

그림 106. 요레이트 센서의 설치위치

(3) G(gravity)-센서

G-센서는 차량의 횡력(drift out)을 판단하여 VDC ECU로 입력시킨다. VDC ECU는 이 신호를 이용하여 현재 차량의 횡력이 얼마인지를 판단하여 VDC제어에 참조한다.

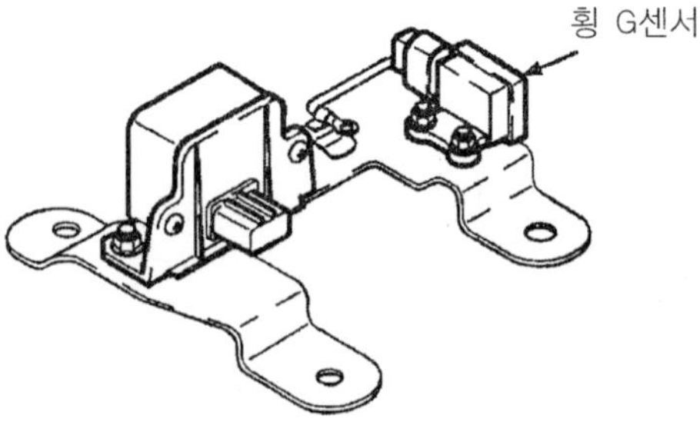

그림 107. G-센서 설치위치

(4) 유압 부스터(H/B) 및 유압 부스터 유닛(H/B UNIT)

유압 부스터에는 유압을 발생시키는 유압모터와 펌프가 설치되어 있으며, 배력에 필요한 유압을 저장하는 어큐뮬레이터가 있다. 또 유압을 검출하는 마스터실린더 압력센서가 설치되며 내부에는 고·저압 압력스위치도 설치된다.

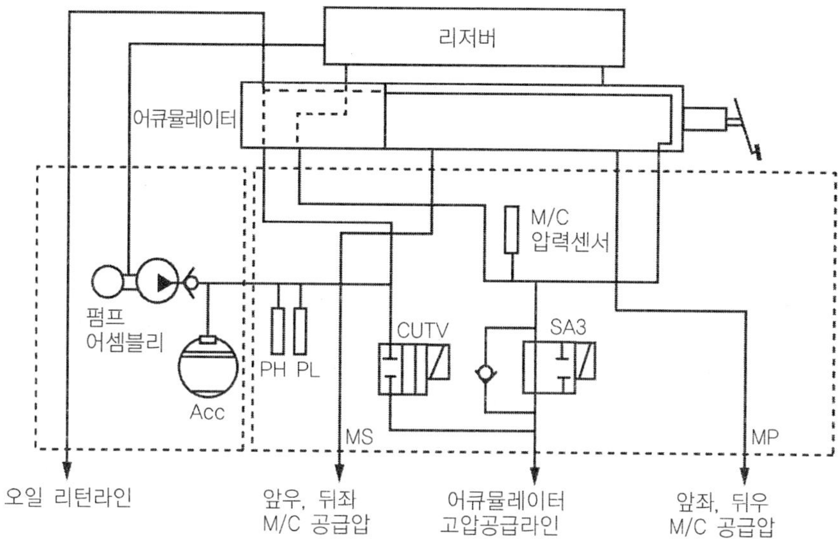

그림 108. 유압 부스터 유닛

(5) 하이드로릭 유닛(H/U)

하이드로릭 유닛은 엔진 룸에 설치되며 기존 ABS/TCS와 거의 비슷하다. 기존과 다른 점은 어큐뮬레이터에서 공급되는 고압라인이 있는 점이다. 나머지는 NC/NO밸브도 마찬가지이고 원리도 비슷하다.

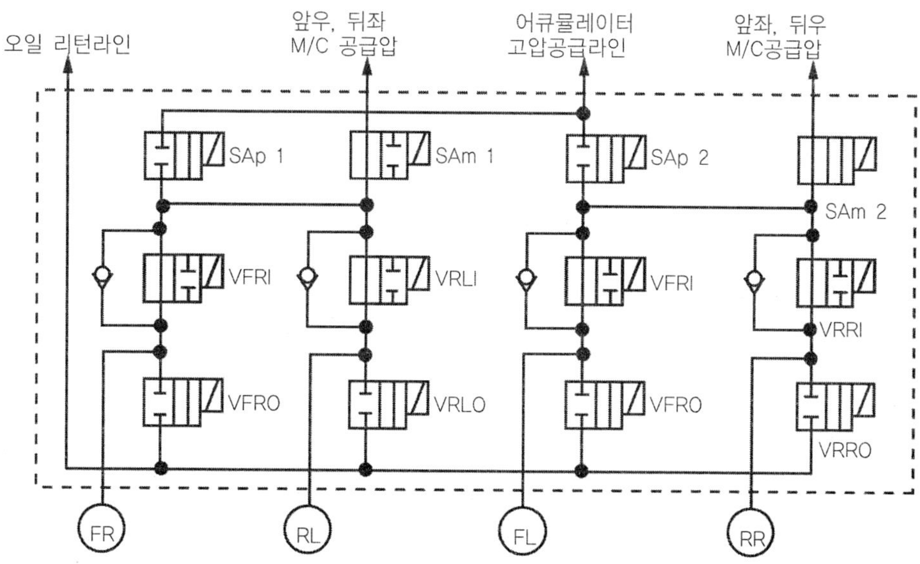

그림 109. 하이드로릭 유닛

(6) 유압 부스터

유압 부스터는 유압모터에서 발생된 유압을 어큐뮬레이터에 약 150bar의 압력으로 저장하여 배력작용을 할 때 마다 이용한다.

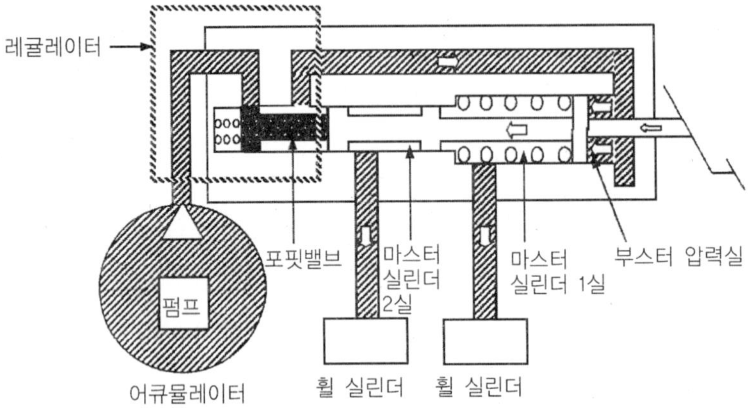

그림 110. 유압 부스터의 구조

(7) VDC ECU와 엔진 ECU & TCU통신

VDC ECU는 엔진 ECU와 자동변속기 TCU간 서로 통신을 한다. 이때 TCS관련 정보를 주고받는다. 엔진에서는 점화시기 지각 및 ETS(electric throttle system) 유압모터에 의한 흡입공기량 제한 제어도 실시한다. 그리고 자동변속기는 변속 단 홀드요구를 출력한다.

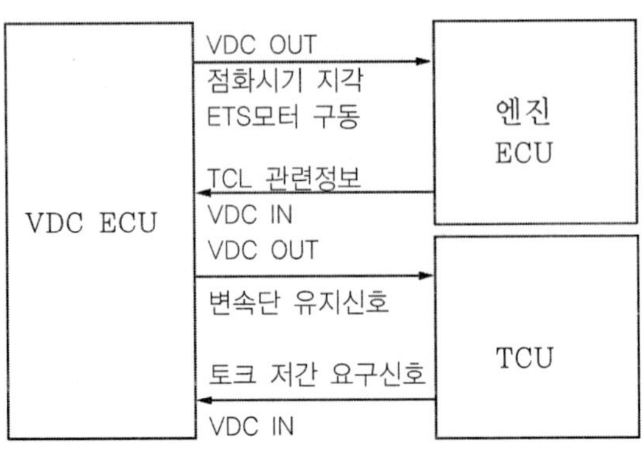

그림 111. VDC ECU와 엔진 ECU 및 TCU 통신(1)

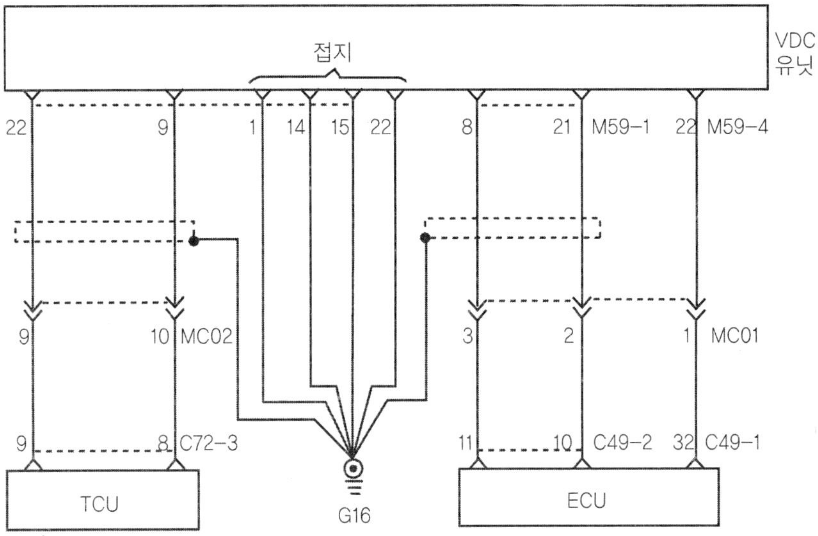

(b)

그림 112. VDC ECU와 엔진 ECU 및 TCU 통신(2)

8.3.2. 진공 부스터 방식의 VDC

진공 부스터 방식의 VDC는 현재 대부분의 차량에서 사용되는 것으로 브레이크 배력작용은 진공 부스터를 이용하며, VDC제어는 ABS 하이드로릭 유닛에 VDC 관련 장치를 업그레이드 하고 또 마스터 실린더에 압력을 검출하는 압력센서를 설치하여 운전자가 현재 제동하고 있는 압력을 검출하여 각종제어나 BAS를 제어할 때 이용한다.

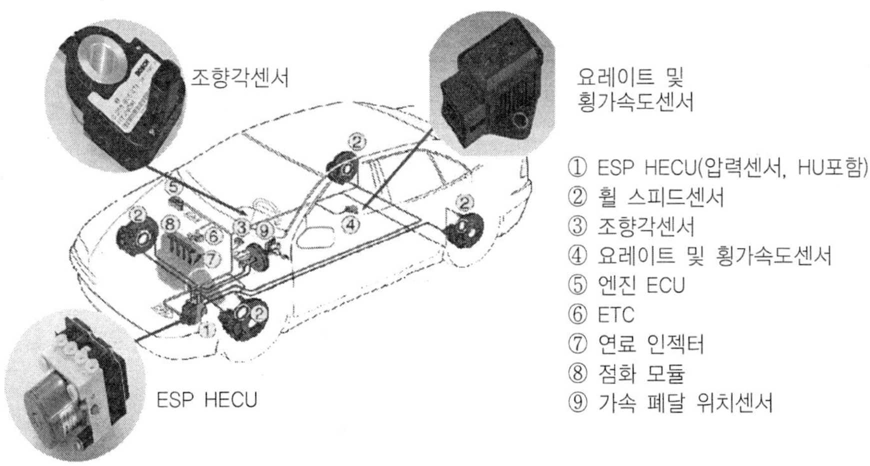

그림 113. 진공 부스터방식 VDC의 구성도

기존에 사용되었던 유압부스터 방식의 VDC는 이 방식에 비해 구조가 복잡하고 가격이 비싸기 때문에 간단하고 신뢰성은 우수한 진공부스터 방식을 주로 사용한다.

[1] 진공 부스터 방식의 구성

VDC ECU로 입·출력되는 정보들은 다음과 같다. 먼저 입력부분으로 입력되는 가장기본적인 신호인 휠 스피드 센서 신호가 4개 입력된다. 다음으로는 조향핸들의 조향각도와 조향정도 그리고 조향속도를 알려주는 조향핸들 각속도센서 신호가 입력된다. 다음으로는 차량의 비틀림을 판단하여 언더/오버스티어링을 제어할 때 핵심 신호로 이용되는 요-레이트 센서이다. 다음은 차량의 횡력을 검출하는 G센서가 입력된다. 다음은 마스터실린더의 압력을 검출하여 VDC ECU로 입력하는 마스터 실린더 압력센서 1,2가 입력된다.

마지막으로 브레이크 스위치와 VDC(TCS) OFF스위치 신호가 입력된다. VDC OFF 스위치를 누르면 VDC OFF 경고등이 들어오는데 이때는 TCS 기능만 정지된다.

출력부분은 유압을 발생시키는 모터 펌프가 있으며, 최고 150bar까지 형성할 수 있다. 또 하이드로릭 유닛에 각종밸브로 출력이 나가고 각종 경고등 및 지시등으로 출력이 나간다. 마지막으로 엔진 ECU와 자동변속기 TCU와 CAN 통신을 통해 정보를 주고받는다.

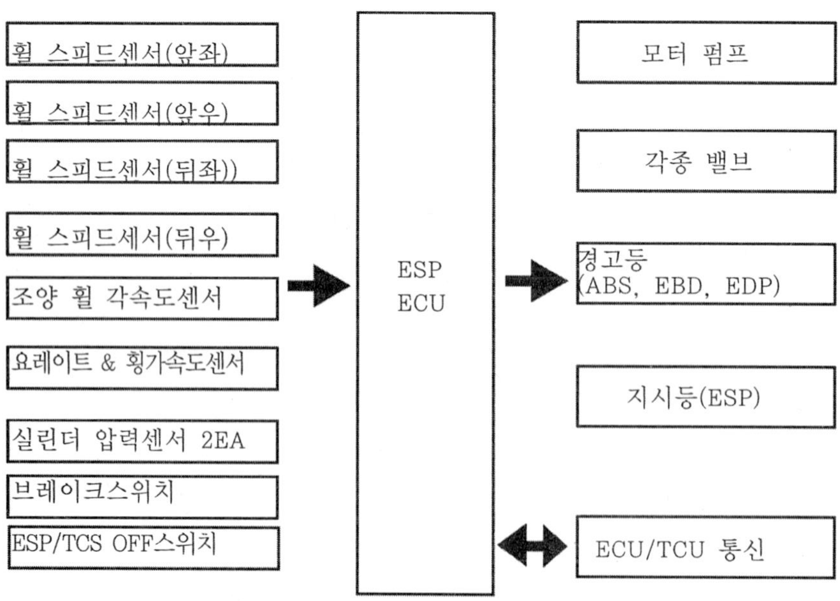

그림 114. 진동 부스터방식 VDC 입·출력도

[2] 진공 부스터방식 VDC 구성부품의 기능

(1) 휠 스피드 센서(액티브방식)

액티브방식 휠 스피드 센서는 홀센서를 이용하며 2개의 배선으로 이루어져 있다. 1개의 배선은 전원 공급배선으로 12V가 공급되고 나머지 배선은 출력선으로 0.5V와 1.0V로 각각 변화한다. 출력특성은 On/Off(14mA/7mA) 전류출력으로 변화하며, 바퀴 회전속도와 Air-gap 변화에 따른 출력신호의 크기 변화가 작은 장점이 있다. 또 저속에서도 바퀴의 회전속도를 검출할 수 있어 0rpm까지 검출이 가능하고, 외부 전자계 간섭이 적다. 또 패시브(passive)방식의 센서 대비 40~50% 소형으로 설계가 가능하고, 온도특성 및 노이즈(noise) 내성 우수하다.

(a)

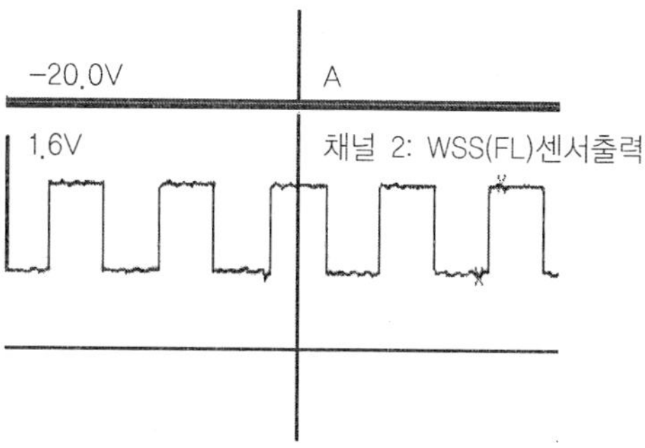

(b)

그림 115. 액티브방식 휠 스피드센서

(2) 조향핸들 각속도 센서

조향핸들 각속도센서는 비접촉 방식으로 AMR(anisotropy magneto resistive)을 사용하며, 조향핸들의 조작각도 및 작동속도를 측정한다. CAN interface를 통해 영점조정이 가능하며, 지속적인 자기진단을 실시한다.

그림 116. 조향핸들 각속도 센서

(3) 요-레이트 & G(횡가속도) 센서

요-레이트 센서는 차량에 비틀림을 검출하고, G센서는 차량의 횡력을 검출하는 센서이다. 이 2가지 신호를 이용하여 VDC ECU는 차량의 언더/오버 스티어링을 제어한다.

출력특성은 아날로그 파형이 출력되며 두 센서 모두 0~5V까지 변화하는 특성이 있다. 요-레이트 센서 또는 G센서가 고장 났을 때에는 자기진단기구에 고장을 출력하며, 센서 데이터 값은 G센서는 G(gravity)값으로 요-레이트 센서는 DEGREE로 표시된다.

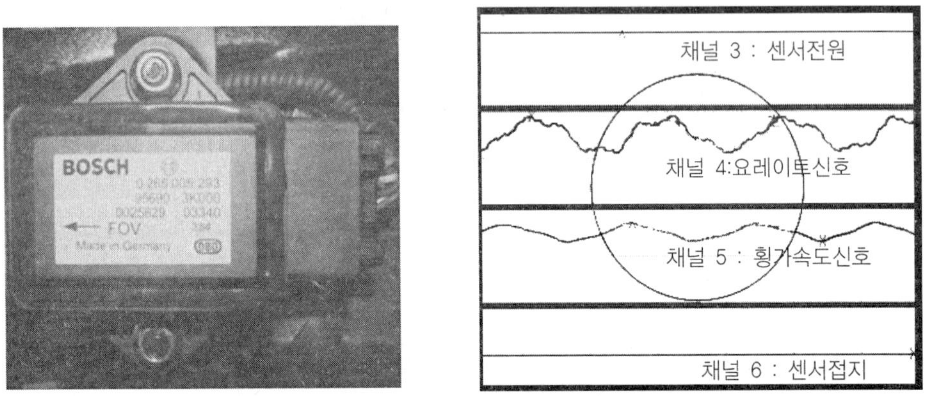

(a) 요레이트 센서 & G센서

(b) 요레이터 센서

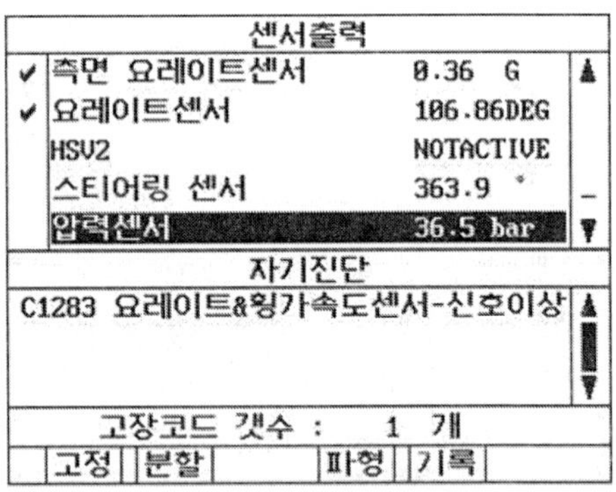

(c) G센서 데이터

그림 117. 요레이트 센서 & G센서

(4) 마스터 실린더 압력센서

마스터 실린더 압력센서는 VDC작동 중에 운전자가 브레이크 페달을 밟는 힘을 검출하며 예비 브레이크 압력을 조절한다.

작동압력은 주행속도 7km/h에서 20bar 이상이고, 최대 측정압력은 170bar이며, 작동할 때의 유압은 1,100bar/sec이다.

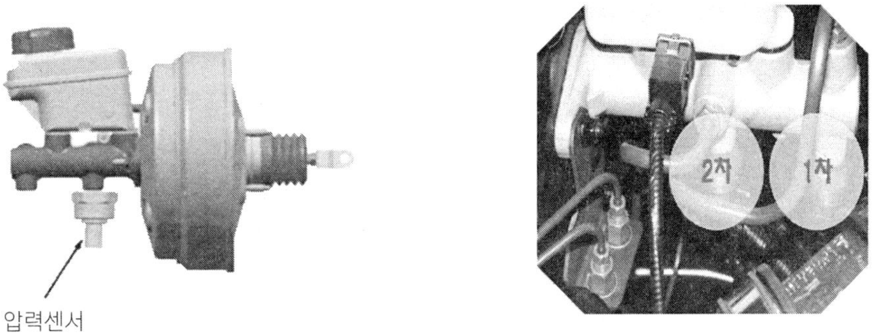

(a) (b)

그림 118. 마스터실린더 압력센서

(5) 브레이크 스위치

브레이크 상태를 VDC ECU가 검출하여 신속히 ABS 또는 VDC제어를 하기 위한 참조 신호로 이용한다.

(6) VDC OFF 스위치

이 스위치는 VDC기능을 OFF하는 것이 아니라 TCS기능을 OFF하는 스위치이다. 출발을 하거나 선회할 때 TCS제어를 필요로 하지 않는 운전자를 위한 스위치이다. 이 스위치는 OFF로 하여도 긴박한 상황에서는 VDC가 작동되어야한다.

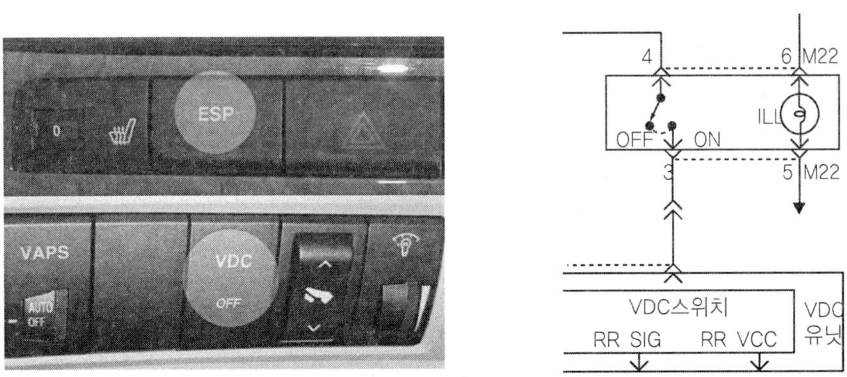

(a) (b)

그림 119. VDC OFF 스위치

(7) 하이드로릭 유닛

하이드로릭 유닛에는 ABS/TCS/VDC기능을 수행하기위한 밸브들이 설치되어있다. VDC는 각각의 솔레노이드밸브를 작동시켜 각종 제어를 할 때 이용한다.

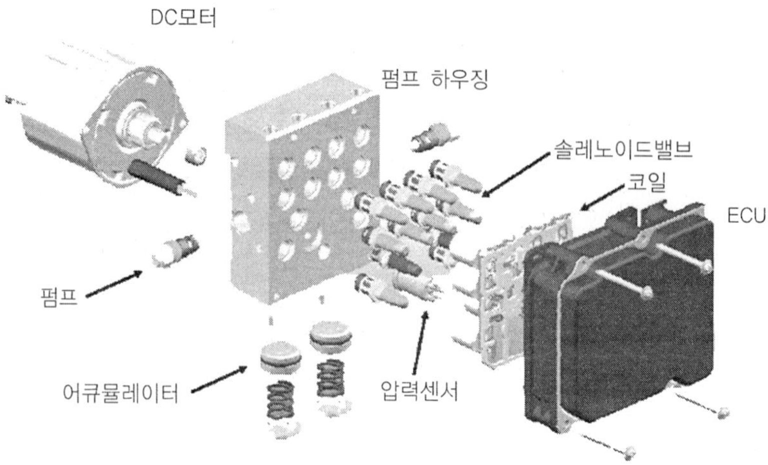

그림 120. 하이드로릭 유닛의 내부구조

1) 평상(normal)상태의 유압 회로도

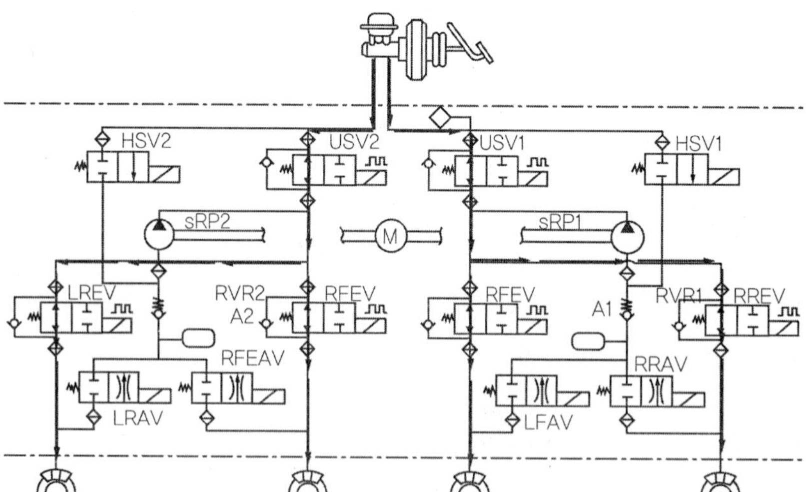

EV	AV	USV	HSV	펌프
열림	닫힘	열림	닫힘	OFF

그림 121.평상상태의 유압회로

운전자가 평상상태로 브레이크 페달을 밟을 때의 유압회로이며, ABS/TCS/EBD/VDC가 전혀 작동하는 않는 경우이다. 마스터실린더에서 발생한 유압은 USV(traction control valve)를 거쳐 EV(inlet valve, 입력밸브)를 통과하여 각 바퀴로 유압이 전달된다. 전기적으로 작동하는 솔레노이드밸브나 모터 펌프도 작동하지 않는다.

2) 증압상태의 유압 회로도

마스터실린더에서 공급되는 유압은 HSV(hydraulic shuttle valve)를 거쳐 모터 펌프로 전달된다. 여기서 펌핑 되어 증압된 압력이 각각의 EV(inlet valve)밸브를 거쳐 각 바퀴로 공급된다.

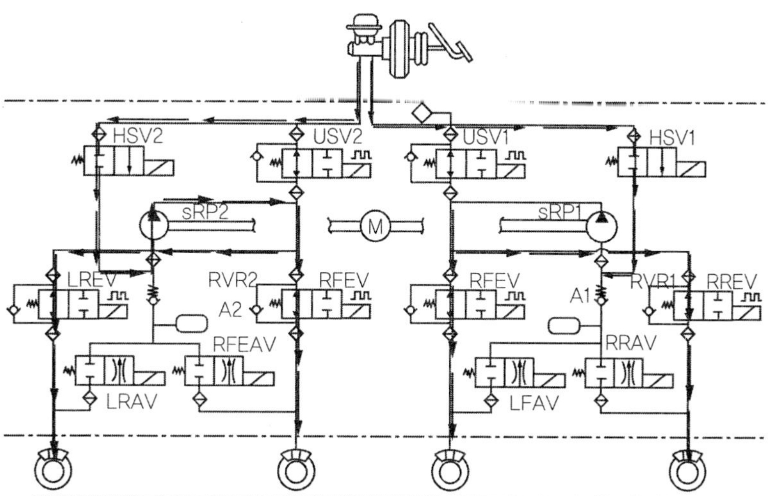

EV	AV	USV	HSV	펌프
열림	닫힘	열림	닫힘	ON

그림 122. 증압상태의 유압회로도

3) 유지상태의 유압회로도

유지 상태에서는 EV(inlet valve)가 닫히고 AV(outlet valve)는 계속해서 닫혀있다. EV는 마스터실린더 쪽 또는 펌프 쪽에서 공급되는 유압을 제어하므로 닫히면 유압이 차단된다. 반면 AV는 복귀 쪽이므로 역시 닫혀있으므로 오일의 복귀가 불가능하다. 따라서 현재 바퀴에 가해지는 유압은 그대로 유지된다.

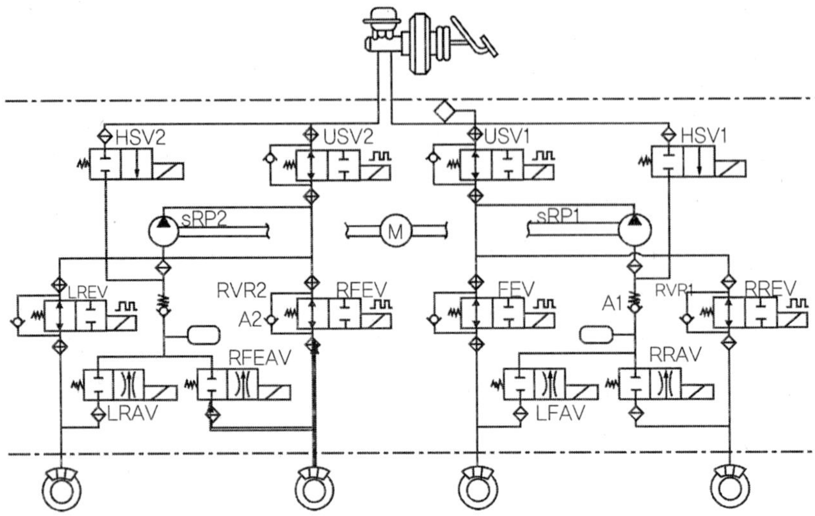

EV	AV	USV	HSV	펌프
닫힘	닫힘	열림	닫힘	ON

그림 123. 유지상태의 유압회로도

4) 감압상태 유압회로도

감압상태에서는 바퀴에 가해지고 있던 유압이 마스터실린더 오일탱크로 되돌아가야 하기 때문에 이와 관련된 장치들이 작동한다. 우선 AV(outlet valve)가 열려 복귀를 유도하고, 또 모터펌프가 회전하여 오일을 마스터실린더 쪽으로 역류시킨다. 이때 오일은 USV(traction control valve)를 거쳐 복귀한다.

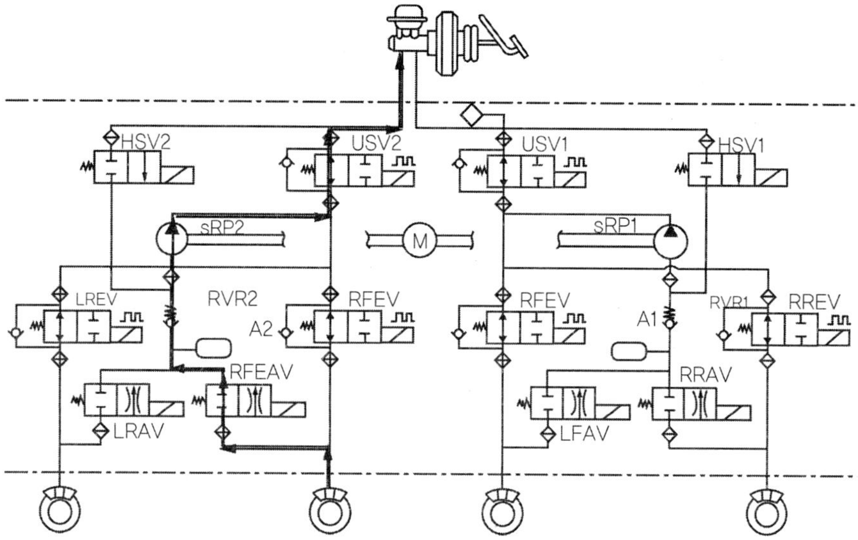

EV	AV	USV	HSV	펌프
닫힘	열림	열림	닫힘	ON

그림 124. 감압상태의 유압회로도

표 VDC가 작동할 때 각 밸브의 전기적인 작동

구 분	ESP 제어중			
	1차 증압	유지모드	감압모드	증압모드
EV	열림 PWM	닫힘	닫힘	열림 PWM
AV	닫힘	닫힘	열림	닫힘
USV	닫힘 PWM	닫힘 PWM	닫힘 PWM	닫힘 PWM
HSV	열림	열림	열림	열림
펌프	작동 MSC	작동 MSC	작동 MSC	작동 MSC

- PWM : pulse width modulation
- MSC : motor speed control

(8) 경고등 및 지시등 제어

VDC ECU는 운전자가 VDC OFF스위치를 선택하면 VDC OFF 경고등을 점등하고, 긴박한 상황에서 VDC를 작동할 때에는 VDC 지시등을 점등하여 지시한다.

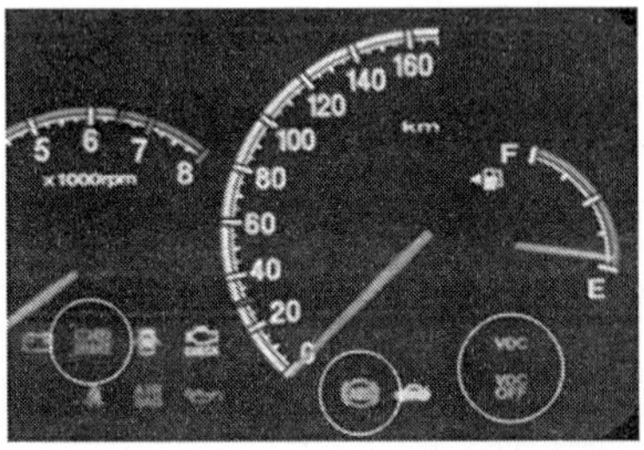

(a)

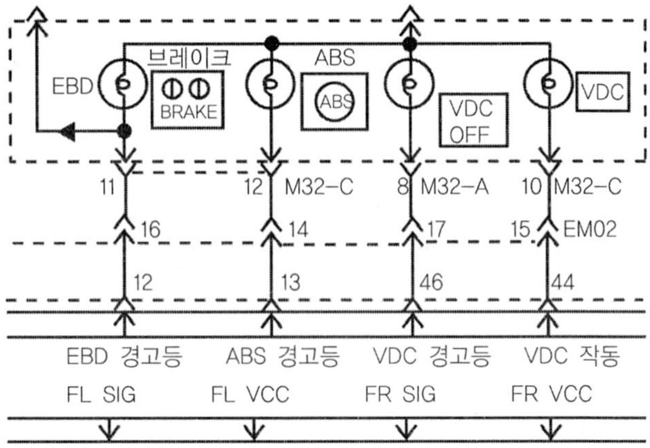

(b)

그림 125. VDC 경고등 및 지시등

(9) CAN통신

VDC ECU는 엔진 ECU와 자동변속기 TCU사이에서 CAN통신을 통해 서로의 정보를 교환한다. VDC 쪽에서는 TCS제어나 VDC를 제어할 때 엔진 회전력 감소를 요구하여 TCS 및 VDC효과를 극대화 할 수 있도록 한다. 또 자동변속기에게는 현재 TCS나 VDC 작동상황을 알려 현재 변속 단을 유지하도록 요구한다. 또 엔진에서는 현재 엔진에 데이터 엔진 회전력, 형식, 스로틀 위치센서(TPS)값 등의 정보를 전달하여 VDC제어를 극대화 할 수 있도록 한다.

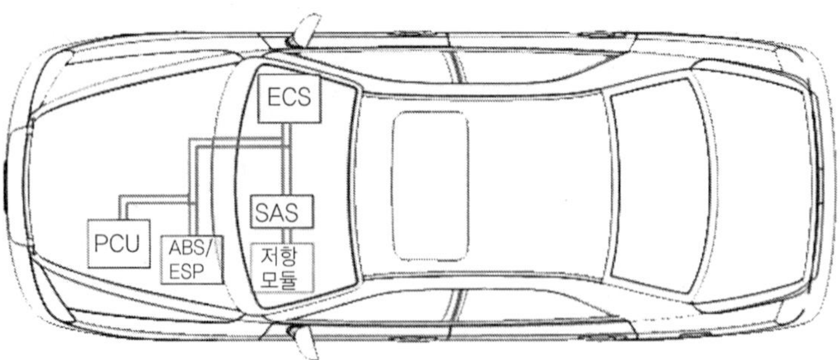

그림 126. CAN 라인구성

CAN방식에는 하이 스피드(high speed)와 로우 스피드(low speed) CAN이 사용되는데 하이 스피드는 동력전달 계통에서 사용하고 로우 스피드 방식은 바디전장 계통에서 사용한다.

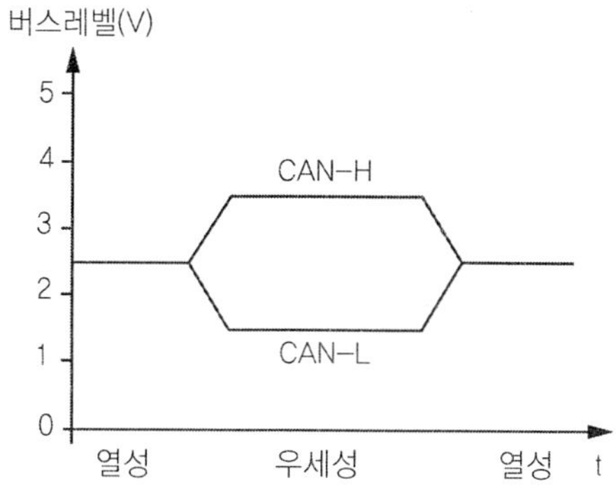

(a) 하이스피드 CAN

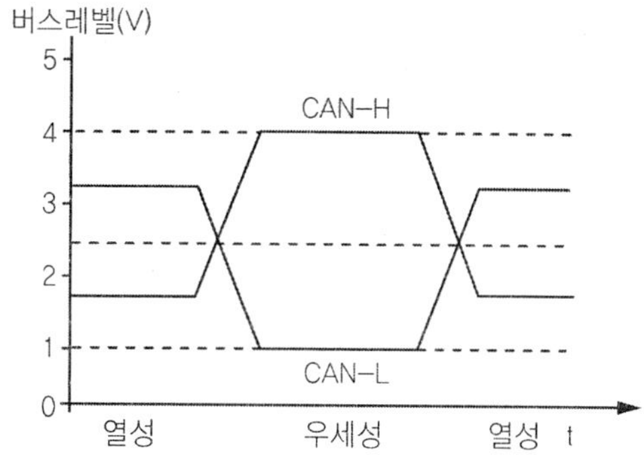

(b) 로우 스피드 CAN

그림 127. CAN방식의 종류

9. TCS(traction control system)

9.1. TCS의 개요 및 목적

TCS는 차량 주행 중 구동력에 의해서 발생할 수 있는 상황을 컴퓨터로 제어하는 장치이다. 구동력은 클수록 좋지만 때로는 출발할 때 너무 큰 구동력에 의해 바퀴에서 미끄럼이 발생하고 이로 인해 출발지연 및 바퀴 마모 등과 같은 비효율적인 문제가 발생한다. 또 선회할 때 가속을 하면 구동력이 커지면서 바퀴에 미끄럼이 발생하게 된다. 이때에 바퀴와 도로면 사이의 마찰력이 저하되면서 차량은 안정된 선회가 어렵게 된다. 눈길이나 빗길 주행에서도 마찰력 상실로 한쪽 바퀴가 미끄럼을 하면 출발이 어렵게 된다. 이런 상황에서 TCS가 작동하면 상황을 벗어날 수 있다. 구동력을 저하시킬 수 있는 방법에는 여러 가지가 있다.

예를 들어 원천적으로 엔진에 회전력 자체를 감소시키는 방법과 보다 적극적으로 바퀴에 제동을 가하는 방법이 있다. 예전에는 엔진으로 흡입되는 공기량을 제한하여 엔진 회전력을 낮추었지만 최근에는 엔진 ECU가 점화시기만을 늦추어 엔진 회전력을 감소시킨 후 보다 적극적으로 바퀴에 제동을 가하는 방식이 선호되고 있다. 흡입공기량을 제한하는 방법은 여러 가지로 비효율적인 부분이 있다.

별도의 장치를 구성해야하고 효과가 브레이크방식보다 떨어지기 때문이다. TCS의 효과는 빙결된 도로면에서 급가속할 때 예를 들어 앞지르기하는 것 등에서 명확하게 나타난다. 앞지르기를 할 때에는 가볍게 조향핸들을 돌리면서 가속페달을 밟고, 조향핸들 조작에 의한 불안정한 상태를 거쳐 앞서가는 차량을 쫓으면서 다시 가속에 의하여 원래의 차선으로 되돌아오는 과정으로 TCS가 없는 차량이면 바퀴의 공전에 의하여 안정성을 잃게 되고 또 추진력의 부족으로 인하여 앞지르기를 하는데 긴 거리를 필요로 한다.

TCS를 설치한 차량은 같은 도로면에서 보다 옆방향 미끄럼이 적고, 짧은 거리에서 앞지르기가 가능하다. 또 TCS가 작동하면 계기판의 램프나 부저 등에 의하여 미끄러지기 쉬운 위험한 도로면을 주행하고 있다는 것을 운전자에게 알려 주어 대처할 수 있도록 하는 예방적인 역할도 한다.

9.2. TCS의 종류

9.2.1. ETCS(engine intervention traction control) & 흡입공기량 제한방식

이 방식은 엔진의 회전력을 감소시켜 구동력을 제한하는 것으로 국내에 처음 TCS가 도입되었을 당시에 주로 사용하였다. ETCS는 TCS와 ABS가 분리된 형식으로 브레이크를 제어하기 어려웠다. 현재 사용하고 있는 TCS는 브레이크 제어와 함께 엔진 점화시기 제어인 EM(engine management)제어를 실행한다. 그러나 흡입공기량 제어는 실행하지 않는다.

[1] 점화시기 지각제어

엔진 ECU가 TCS와 통신을 통해 점화시기를 늦추어 엔진 회전력을 감소시킨다.

[2] 흡입공기량 제한제어

메인 스로틀밸브 제어방식과 보조 스로틀밸브 제어방식 2가지가 있으며, 엔진으로 유입되는 흡입공기량을 제한하여 엔진 회전력을 감소시켜 TCS기능을 수행한다.

9.2.2. BTCS(brake traction control system)

이 방식은 구동바퀴에서 미끄럼이 발생하는 바퀴에 제동유압을 가해 구동력을 저하시키는 것으로 TCS 효과가 EM방식에 비해 우수하다.

9.2.3. FTCS(full traction control system)

이 방식은 TCS에서 구동바퀴가 미끄러진다고 판단하면 엔진 ECU로 신호를 보내어 점화시기 늦춤(지각)을 요구하고 또 TCS는 하이드로릭 유닛의 유압모터를 구동시켜 제동유압을 형성하여 미끄러지는 바퀴에 제동을 가해 미끄럼을 억제한다.

FTCS의 장점은 부품수요 감소(통합)를 통한 가격 경쟁력 우위와 효과적인 제어가 가능한 점이다. ABS와 TCS의 통합제어로 가장 이상적이다.

9.3. TCS의 기능 및 제어

9.3.1. TCS의 기능 특성

① 미끄러운 도로면에서 발진 및 가속할 때 미세한 가속페달 조작이 불필요하여 주행성능을 향상시킨다(미끄럼제어).

② 일반적인 도로에서 선회하면서 가속할 때 운전자의 의지대로 가속을 보다 안정되게 하여 주행성능을 향상시킨다(트레이스제어).

③ 가속페달의 조작빈도를 감소시켜 선회능력을 향상시킨다(트레이스 제어).

④ 미끄러운 도로면에서 뒤 휠 스피드 센서로 구한 차체속도와 앞 휠 스피드 센서로 구한 구동바퀴의 회전속도를 검출 비교하여 구동바퀴의 미끄럼 비율이 적절하도록 감소시켜 주행성능을 향상시킨다.

⑤ TCS OFF모드 선택으로 TCS를 설치하지 않은 차량과 동일하게 작동이 가능하므로 스포티(sporty)한 운전 및 다양한 운전영역을 제공한다.

9.3.2. TCS의 작동원리

[1] 바퀴 미끄럼과 구동력

(1) 미끄럼 비율에 관련되는 힘

① 구동력은 바퀴와 도로면과의 사이에서 미끄럼 현상에 의해 발생되며 바퀴에 구동력을 전달시켜 차량을 가속한 경우 속도를 유지하고 있는 상태에서의 정도차이는 있지만 미끄럼이이 발생한다고 볼 수 있다.

② 차량이 주행할 때 바퀴가 도로면에 대하여 미끄럼 상태이면 바퀴의 회전속도와 접지점 속도와는 차이(미끄러짐 속도)가 발생한다.

(2) 미끄럼 비율

바퀴의 회전속도에 대한 미끄럼 비율은 미끄럼 속도/바퀴 회전속도를 나타내며 공식으로는 다음과 같다.

$$\text{미끄럼비율} = \frac{\text{구동축 바퀴 회전속도} - \text{차량 실제 주행속도}}{\text{구동축 바퀴 회전속도}} \times 100$$

(3) 미끄럼 비율과 구동력, 횡력의 관계

① 구동력(traction force) : 미끄럼 비율이 0일 때에는 전혀 발생하지 않는다. 미끄럼 비율에 비례하여 증가하다가 미끄럼 비율 15~20% 정도에서 최대가 되며, 그 이상 미끄럼 비율이 증가하면 반대로 낮아진다.

② 횡력(side dorce) : 미끄럼 비율이 0일 때 최대가 되며 미끄럼 비율이 증가함에 따라 저하된다.

③ 미끄럼 비율 제어 : 미끄럼 비율 제어가 가능하다면 큰 구동력을 얻는 경우는 미끄럼 비율이 20% 정도이고 큰 코너링 포스를 얻는 경우는 미끄럼 비율이 0%일 때이다. 즉 TCS는 엔진출력을 자동으로 제어하는 것으로 미끄럼 비율을 최적으로 제어하여 주행. 회전성을 높이는 장치라 할 수 있다.

[2] 미끄럼제어의 작동원리

미끄럼제어는 ABS 작동원리와 같이 바퀴 미끄럼 비율을 제어하여 바퀴의 구동 및 횡력을 차량의 운전상황에 대응하여 최적의 상태로 제어하는 것이다. 차량이 주행할 때 바퀴에는 가속으로 인한 구동력과 회전에 의한 횡력이 발생한다.

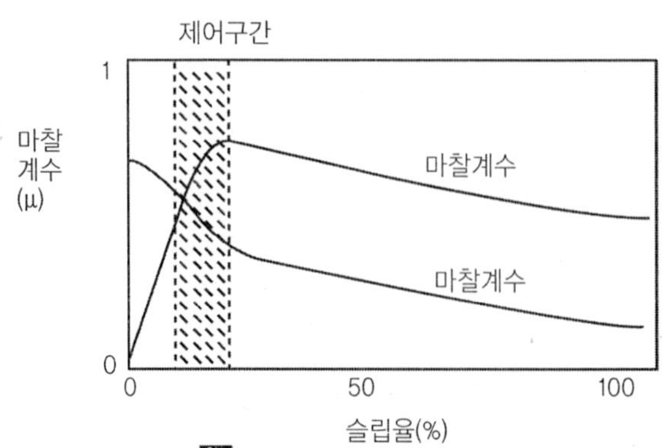

그림 128. 미끄럼 제어영역

9.4. TCS의 구성

9.4.1. MELCO EMS 방식

이 방식은 국내에 초기 TCS가 보급되었을 때 사용방식으로 엔진 점화시기 지각제어와 흡입공기량 제한방식을 이용하는 것으로 TCS 작동영역에서 스로틀밸브를 닫아 흡입공기량을 제한하여 엔진의 회전력을 감소시켜 TCS를 제어한다.

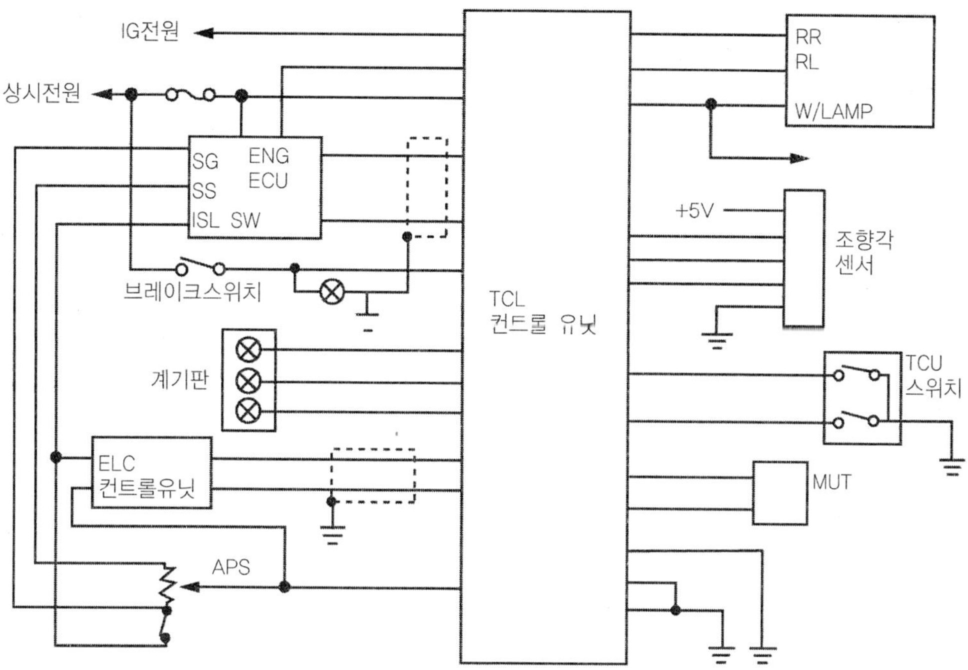

그림 129. MELCO EMS 방식

[1] MELCO EMS방식 구성 회로도

엔진과 자동변속기가 서로 통신을 하여 엔진에게는 점화시기 늦춤 요구를 하고, 자동변속기에는 현재 변속단계 고정을 요구한다.

[2] MELCO EMS방식의 작동원리

이 방식은 특이하게 TCS 작동을 엔진 ECU가 작동시킨다. TCS ECU는 각종센서로부터 받은 정보를 연산하여 최종적으로 엔진 ECU로 전달하면 엔진 ECU는 진공 솔레노이드밸브와 대기 솔레노이드밸브를 작동시켜 TCS기능을 수행한다.

엔진 서지탱크에서 공급받는 진공을 진공 솔레노이드밸브에 의해 진공 액추에이터로 전달하면 진공 액추에이터가 작동한다. 제어할 때에는 진공 솔레노이드밸브와 대기 솔레노이드밸브가 동시에 작동하는데 대기 솔레노이드밸브를 설치한 목적은 원활한 작동을 유도하기 위함이다.

만약 진공 솔레노이드만 단독으로 작동한다면 부드러운 작동이 어려울 것이다. 그러나 대기가 공급되는 통기 솔레노이드를 작동시키므로 안정된 작동이 가능한 것이다. 한편 TCS ECU는 가속페달 위치센서(APS) 값과 스로틀 위치센서(TPS) 값을 비교하여 현재 제어가 정상적으로 이루어지는가를 피드백 받는다.

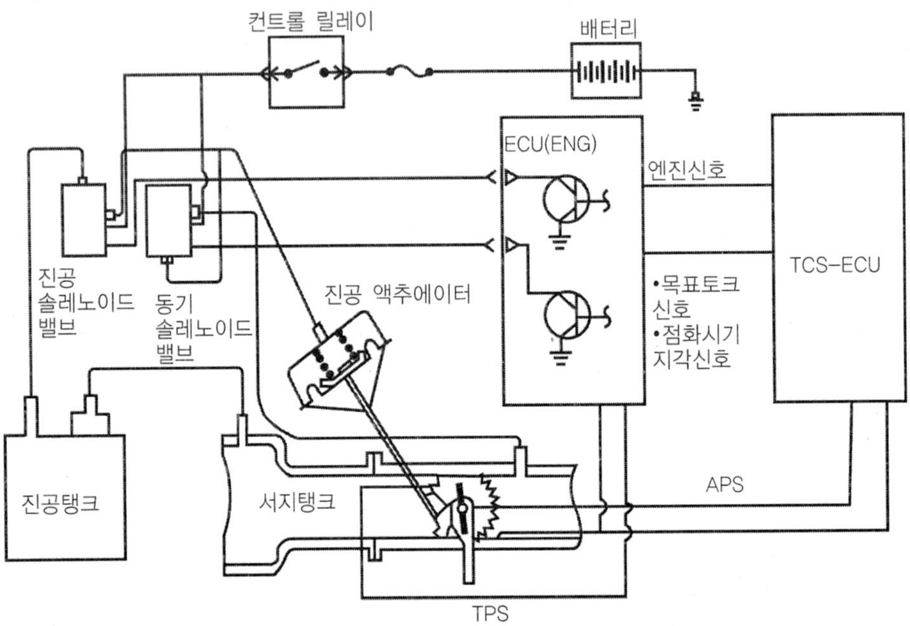

그림 130. MELCO EMS방식의 TCS 작동도

9.4.2. HELLA방식

이방식도 90년대 일부 차종에 사용하던 것으로 MELCO EMS방식과의 차이점은 간접적으로 스로틀밸브를 제어한다. MELCO EMS방식의 경우는 흡입공기량을 제한하기 위해 메인 스로틀밸브를 직접 구동하여 흡입공기량을 제어하였으나 HELLA방식은 메인 스로틀밸브이 외에 별도의 보조 스로틀밸브를 설치하여 흡입공기량을 제어한다.

[1] HELLA방식의 입·출력계통

입력부분으로 TCS ON/OFF 스위치가 입력되면 브레이크 신호를 통해 현재 제동상태인가를 확인한다. 또 4개의 휠 스피드 센서 신호를 받아 미끄럼 비율을 연산한다. 스로틀 위치센서(TPS) 값을 입력받아 TCS밸브 위치 값과 비교하여 현재의 제어상태를 피드백 받는다. 출력부분은 엔진 비동기분사 신호를 ECU로 보내어 제어시점을 알려주고 보조 스로틀밸브로 (+)와 (-)를 각각 듀티 제어 신호를 출력한다.

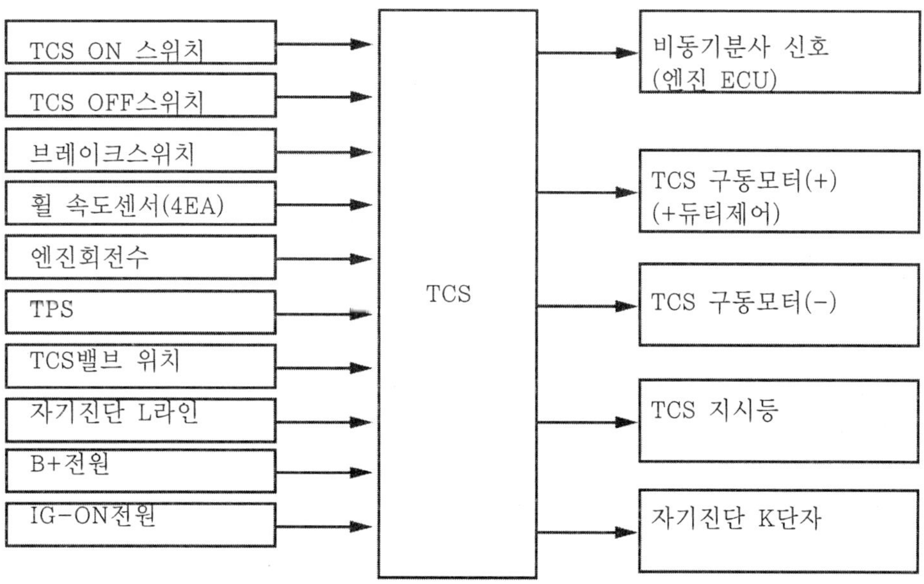

그림 131. HELLA 방식의 입·출력계통

[2] HELLA방식의 구성 회로도

이 방식은 보조 스로틀밸브 제어방식으로 MELCO EMS방식에는 엔진과 자동변속기 사이의 통신이 유기적으로 이루어진 반면 HELLA방식은 엔진과 ABS로부터 일부정보를 직접라인을 통해 입력받고 모든 제어를 TCS ECU가 단독적으로 수행한다. 엔진으로부터 스로틀 위치센서(TPS)값과 부하 금지신호와 엔진 회전속도 신호를 입력받고, ABS로 부터는 4바퀴의 회전속도 신호를 받는다.

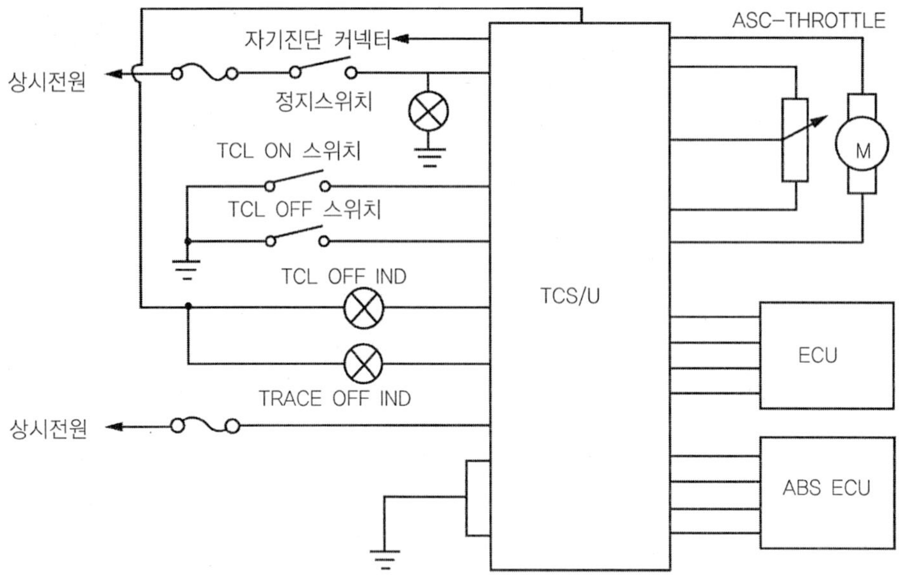

그림 132. HELLA방식의 구성회로도

9.4.3. FTCS(full traction control system)

2000년대 이후에 사용되는 방식으로 엔진 제어와 브레이크 제어를 동시에 수행하는 방식이다. 앞에서 설명한 방식과는 다르게 부품이 간소화 되었으며, 성능이 더욱 향상된 방식이다.

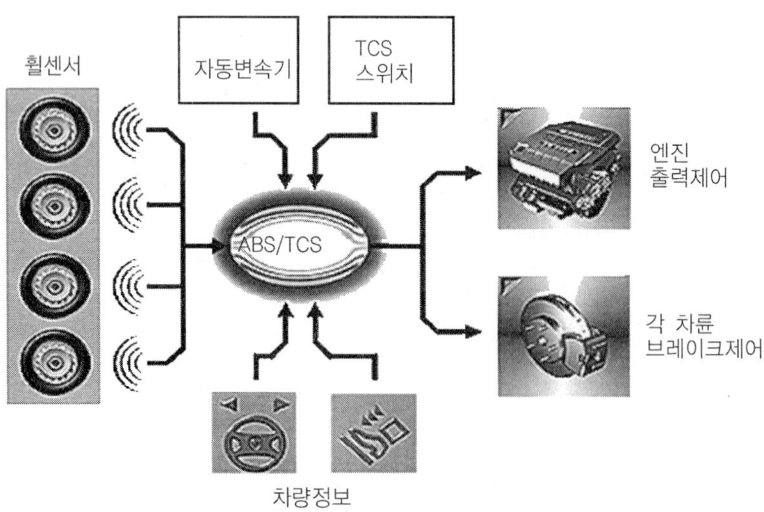

그림 133. FTCS방식의 구성도

TCS는 차량정보를 분석하여 현재 TCS 제어영역으로 판단되면 통신을 통해 엔진 ECU로 점화시기 지각을 요구하고 자동변속기 쪽에는 현재 변속단계 고정을 CAN통신을 통해 요구한다. 한편 하이드로릭 유닛의 유압모터와 솔레노이드밸브를 구동하여 미끄러지는 바퀴에 제동유압을 공급한다. 또 운전자가 TCS스위치를 OFF하면 TCS기능은 정지되고 ABS기능과 기타 기능만 수행한다.

9.5. FTCS의 구성요소 및 작동원리

9.5.1. FTCS 입·출력계통

입력신호는 전원 공급되고, 4바퀴로부터 휠 스피드센서가 입력되어 미끄럼비율은 연산하는 데이터로 쓰인다. 또 운전자가 TCS스위치 OFF여부를 TCS OFF스위치로부터 입력받고 현재 브레이크가 제동상태인지 여부를 브레이크스위치를 통해 입력받는다. 출력부분은 하이드로릭 유닛 유압모터와 TCS관련 솔레노이드밸브, TCS관련 지시등, CAN통신으로 구성된다.

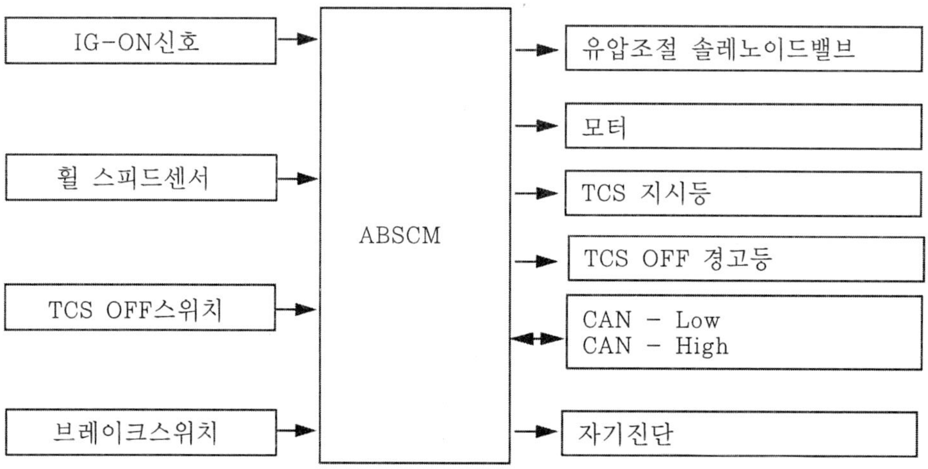

그림 134. FTCS의 입·출력도

9.5.2. FTCS 구성요소의 기능 및 작동원리

[1] 휠 스피드 센서

휠 스피드 센서는 ABS, EBD, TCS제어의 핵심신호로 이용되는데 구동바퀴인 앞바퀴 쪽과 피동바퀴인 뒷바퀴 쪽의 회전속도를 정밀 연산하여 TCS기능을 수행한다.

[2] TCS 선택스위치

운전자가 TCS기능을 선택할 수 있도록 하는 스위치이며, 스위치를 누를 때마다 ON과 OFF가 반복된다. TCS의 OFF를 선택한 경우에는 ABS와 EBD만 작동한다.

그림 135. TCS 선택스위치

[3] 하이드로릭 유닛

하이드로릭유닛은 ABS와 달리 TC(traction control)밸브가 설치되어 있으며, TC밸브가 작동할 때 유압은 펌프에서 고압 어큐뮬레이터를 거쳐 바퀴로 공급된다.

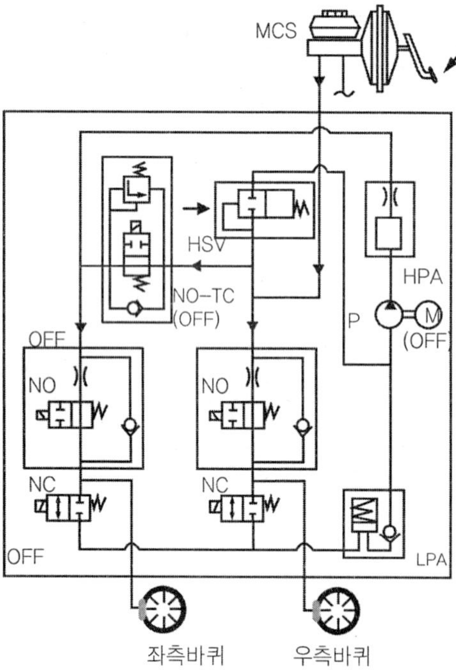

솔레노이드밸브	NO	OFF
	NC	OFF
모터		OFF
TC밸브		OFF

그림 136. 하이드로릭 유닛 내부 유압회로도

(1) 증압모드일 때의 유압 회로도

구동바퀴에서 미끄럼 신호가 휠 스피드 센서로부터 입력되면 TCS는 TC(traction control)밸브를 ON하고 구동바퀴 쪽에 NC(normal close)/NO(normal open)밸브를 OFF 제어한다. 이때 마스터 실린더의 유압은 유압모터를 거쳐 고압 어큐뮬레이터에 저장 후 미끄러지는 바퀴로 전달된다. 이때는 유압이 증압되어 미끄러지는 바퀴에 제동을 가할 수가 있다. 또 마스터 실린더에서 유압이 X자 형태로 공급되므로 피동바퀴인 뒷바퀴는 NO밸브를 ON하여 차단한다.

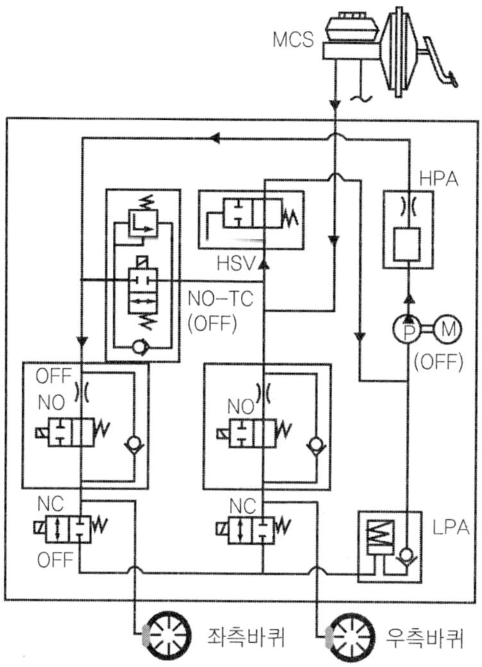

솔레노이드밸브	NO	OFF
	NC	OFF
모터		ON
TC밸브		ON

그림 137. 증압 모드일 때의 유압 회로도

(2) 유지모드일 때의 유압회로도

TCS가 판단할 때 미끄럼정도가 완화되어 현재 공급되고 있는 유압으로 충분하게 TCS 제어를 할 수 있다고 판단되면 유지모드로 진입한다. 이때 펌프와 TC밸브는 계속해서 ON하고 NO밸브는 ON하여 고압 어큐뮬레이터로부터의 유압을 차단하고 NC밸브는 OFF 하여 현재유압이 계속해 해당 바퀴에 공급되도록 유도한다.

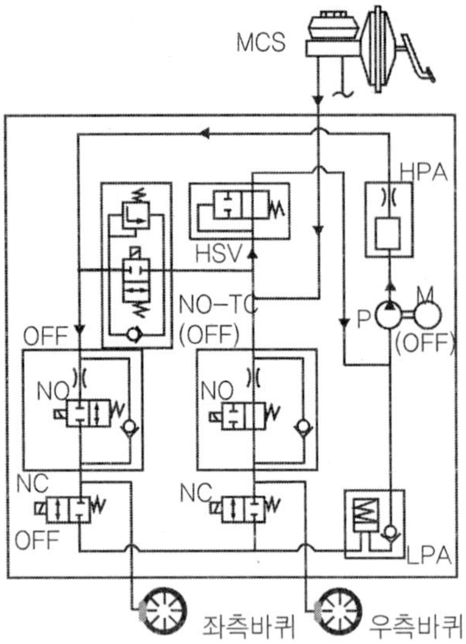

솔레노이드밸브	NO	OFF
	NC	OFF
모터		ON
TC밸브		ON

그림 138. 유지모드일 때의 유압회로도

(3) 감압모드일 때 유압회로도

TCS가 판단할 때 바퀴 회전속도를 증가시켜야 한다고 판단하면 다시 유압을 감압하여 제동 압력을 낮추어야한다. 이때 바퀴에 가해지는 유압을 해제하여 LPA(저압 어큐뮬레이터)쪽으로 순환시켜야한다.

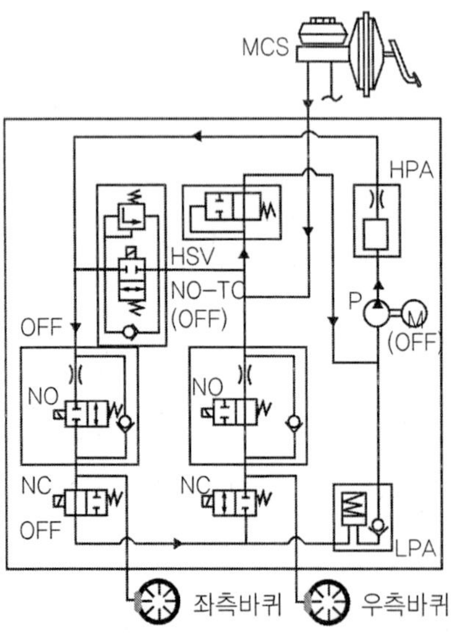

솔레노이드밸브	NO	ON
	NC	ON
모터		ON
TC밸브		ON

그림 139. 감압모드일 때의 유압회로도

이때 바퀴에 가해지던 제동압력이 해제되면서 바퀴의 회전속도가 다시 증가하게 된다. 이때는 거의 TCS 해제모드라고 보면 된다. 이때 유압모터와 TC밸브는 각각 ON으로 오일을 순환시키는데 작용하고 NC와 NO가 역시 각각 ON되어 바퀴에 유압을 공급 쪽과 해제 쪽 두 곳으로부터 각각 분리하여 제동압력이 전혀 영향을 주지 못한다.

[4] TCS 경고등 제어

(1) 경고등 기능

TCS작동 등과 TCS OFF 등이 있는데 TCS작동 등은 TCS가 작동할 때 점등되는 지시등이고, TCS OFF 등은 운전자가 TCS OFF를 선택하거나 TCS계통에 문제가 발생하면 운전자에게 경고하기 위한 경고등으로 점등된다.

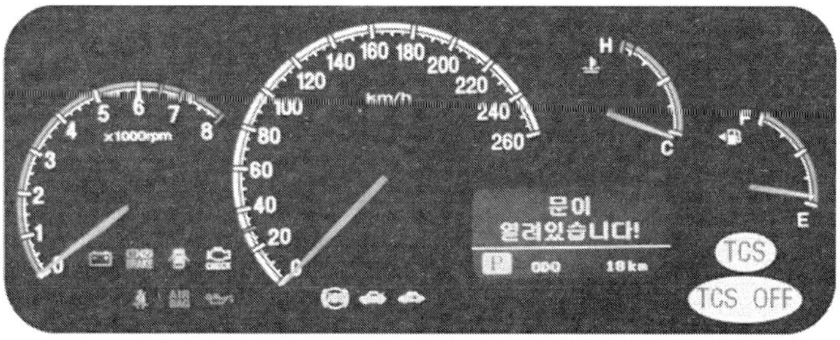

그림 140. TCS 경고등

(2) 경고등 점등조건

① TCS를 제어할 때 3Hz로 점멸된다.

② 점화스위치를 ON 후 3초간 점등된다.

③ TCS에 고장이 있을 때 점등된다.

④ TCS스위치 OFF때 점등(TCS는 스위치 OFF때 TCS OFF 경고등 점등)된다.

⑤ 그 외는 소등된다.

(3) TCS 경고등 제어방법

그림 115는 TCS ECU 내부의 TCS 경고등 점등회로이다. 스위치를 ON하면 전위가 낮아져 제너다이오드를 구동할 수 없으므로 경고등은 소등된다. 반대로 스위치를 OFF하면 전위가 높아져 제너다이오드를 작동시켜 TCS 경고등을 점등시킨다.

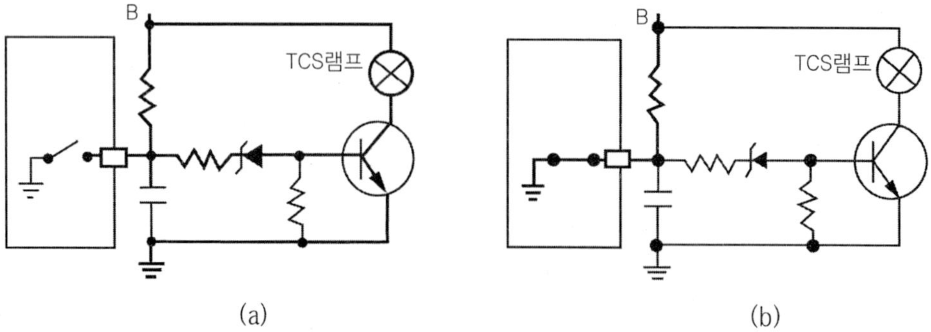

그림 141. TCS 경고등 제어방법

(4) CAN 통신정보

CAN 정보는 엔진 ECU와 자동변속기 TCU 그리고 TCS가 각각 수행한다. TCS기능을 수행하기위해서는 엔진과 자동변속기간 서로 보조를 맞추어가며 실행해야한다. 엔진 회전력 감소요구 신호는 TCS가 엔진 ECU로, 변속단계 고정요구 신호는 TCS가 TCU에게 요구한다. 반면 자동변속기에서도 엔진 ECU에게 변속의 원활을 기하기 위해 회전력 감소요구 신호를 보낸다.

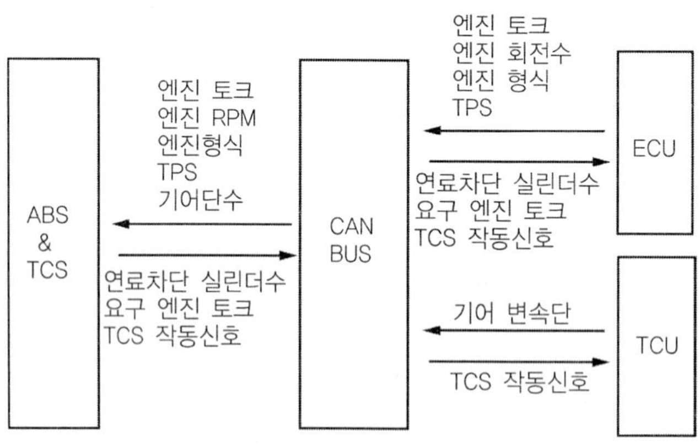

그림 142. TCS관련 CAN 통신정보

실습보고서

실습명	브레이크장치	실습일시:	
학번 및 조		이름	

01. 브레이크 페달 점검

02. 브레이크계통 공기빼기작업

03. 마스터 실린더(master cylinder) 분해 · 정비

04. 브레이크 부스터(brake booster) 점검 · 정비

05. 캘리퍼(caliper) 정비

06. 뒤 브레이크(rear brake) 정비

07. 주차 브레이크(parking brake) 정비

08. ABS 정비

09. ABS TESTER

점검결과 설명	
실습기자재, 재료, 공구	
작업결과 설명	
다음정비 소견	
학습평가	① 암기하고 충분히 활용할 수 있다. ② 암기는 하지만 활용할 수 없다. ③ 단지 이해만 할 수 있다. ④ 암기도 이해도 할 수 없다.